电力工程设计手册

国家出版基金项目
NATIONAL PUBLICATION FOUNDATION

电力工程设计手册

技术经济

中国电力工程顾问集团有限公司
中国能源建设集团规划设计有限公司　编著

Power
Engineering
Design Manual

中国电力出版社

内 容 提 要

本书是《电力工程设计手册》系列手册中的一个分册，是按电力工程技术经济文件编制要求编写的实用性工具书，可帮助技术经济专业人员解决工作中遇到的问题，规范编制方法，提升编制水平。

本书依据现行标准的内容要求编写，主要介绍了电力工程技术经济相关的概念，以及火力发电工程和电网工程各阶段，包括初步投资估算、投资估算及财务评价、初步设计概算、施工图预算、招投标造价管理、工程结算、经济评价和后评价阶段技术经济文件的编制流程、内容深度、编制方法和注意事项。

本书可作为电力工程技术经济专业人员的工具书，也可作为高等院校技术经济专业师生的参考用书。

图书在版编目（CIP）数据

电力工程设计手册. 技术经济 / 中国电力工程顾问集团有限公司，中国能源建设集团规划设计有限公司编著. —北京：中国电力出版社，2019.6（2022.1 重印）

ISBN 978-7-5198-2404-4

Ⅰ. ①电…　Ⅱ. ①中…　②中…　Ⅲ. ①电力工程–技术经济–手册

Ⅳ. ①TM7-62　②F407.613.7-62

中国版本图书馆 CIP 数据核字（2018）第 212281 号

出版发行：中国电力出版社
地　　址：北京市东城区北京站西街 19 号（邮政编码 100005）
网　　址：http://www.cepp.sgcc.com.cn
印　　刷：三河市万龙印装有限公司
版　　次：2019 年 6 月第一版
印　　次：2022 年 1 月北京第二次印刷
开　　本：787 毫米×1092 毫米　16 开本
印　　张：22.25
字　　数：788 千字
印　　数：1501—2500 册
定　　价：150.00 元

序 言

改革开放以来，我国电力建设开启了新篇章，经过 40 年的快速发展，电网规模、发电装机容量和发电量均居世界首位，电力工业技术水平跻身世界先进行列，新技术、新方法、新工艺和新材料得到广泛应用，信息化水平显著提升。广大电力工程技术人员在多年的工程实践中，解决了许多关键性的技术难题，积累了大量成功的经验，电力工程设计能力有了质的飞跃。

电力工程设计是电力工程建设的龙头，在响应国家号召，传播节能、环保和可持续发展的电力工程设计理念，推广电力工程领域技术创新成果，促进电力行业结构优化和转型升级等方面，起到了积极的推动作用。为了培养优秀电力勘察设计人才，规范指导电力工程设计，进一步提高电力工程建设水平，助力电力工业又好又快发展，中国电力工程顾问集团有限公司、中国能源建设集团规划设计有限公司编撰了《电力工程设计手册》系列手册。这是一项光荣的事业，也是一项重大的文化工程，彰显了企业的社会责任和公益意识。

作为中国电力工程服务行业的"排头兵"和"国家队"，中国电力工程顾问集团有限公司、中国能源建设集团规划设计有限公司在电力勘察设计技术上处于国际先进和国内领先地位，尤其在百万千瓦级超超临界燃煤机组、核电常规岛、洁净煤发电、空冷机组、特高压交直流输变电、新能源发电等领域的勘察设计方面具有技术领先优势；另外还在中国电力勘察设计行业的科研、标准化工作中发挥着主导作用，承担着电力新技术的研究、推广和国外先进技术的引进、消化和创新等工作。编撰《电力工程设计手册》，不仅系统总结了电力工程设计经验，而且能促进工程设计经验向生产力的有效转化，意义重大。

这套设计手册获得了国家出版基金资助，是一套全面反映我国电力工程设计领域自有知识产权和重大创新成果的出版物，代表了我国电力勘察设计行业的水平和发展方向，希望这套设计手册能为我国电力工业的发展作出贡献，成为电力行业从业人员的良师益友。

汪建平

2019 年 1 月 18 日

总前言

电力工业是国民经济和社会发展的基础产业和公用事业。电力工程勘察设计是带动电力工业发展的龙头，是电力工程项目建设不可或缺的重要环节，是科学技术转化为生产力的纽带。新中国成立以来，尤其是改革开放以来，我国电力工业发展迅速，电网规模、发电装机容量和发电量已跃居世界首位，电力工程勘察设计能力和水平跻身世界先进行列。

随着科学技术的发展，电力工程勘察设计的理念、技术和手段有了全面的变化和进步，信息化和现代化水平显著提升，极大地提高了工程设计中处理复杂问题的效率和能力，特别是在特高压交直流输变电工程设计、超超临界机组设计、洁净煤发电设计等领域取得了一系列创新成果。"创新、协调、绿色、开放、共享"的发展理念和全面建成小康社会的奋斗目标，对电力工程勘察设计工作提出了新要求。作为电力建设的龙头，电力工程勘察设计应积极践行创新和可持续发展理念，更加关注生态和环境保护问题，更加注重电力工程全寿命周期的综合效益。

作为电力工程服务行业的"排头兵"和"国家队"，中国电力工程顾问集团有限公司、中国能源建设集团规划设计有限公司（以下统称"编著单位"）是我国特高压输变电工程勘察设计的主要承担者，完成了包括世界第一个商业运行的 1000kV 特高压交流输变电工程、世界第一个 ±800kV 特高压直流输电工程在内的输变电工程勘察设计工作；是我国百万千瓦级超超临界燃煤机组工程建设的主力军，完成了我国 70%以上的百万千瓦级超超临界燃煤机组的勘察设计工作，创造了多项"国内第一"，包括第一台百万千瓦级超超临界燃煤机组、第一台百万千瓦级超超临界空冷燃煤机组、第一台百万千瓦级超超临界二次再热燃煤机组等。

在电力工业发展过程中，电力工程勘察设计工作者攻克了许多关键技术难题，形成了一整套先进设计理念，积累了大量的成熟设计经验，取得了一系列丰硕的设计成果。编撰《电力工程设计手册》系列手册旨在通过全面总结、充实和完善，引导电力工程勘察设计工作规范、健康发展，推动电力工程勘察设计行业技术水平提升，助力电力工程勘察设计从业人员提高业务水平和设计能力，以适应新时期我国电力工业发展的需要。

2014 年 12 月，编著单位正式启动了《电力工程设计手册》系列手册的编撰工作。《电力工程设计手册》的编撰是一项光荣的事业，也是一项艰巨和富有挑战性的任务。为此，编著单位和中国电力出版社抽调专人成立了编辑委员会和秘书组，投入专项资金，为系列手册编撰工作的顺利开展提供强有力的保障。在手册编辑委员会的统一组织和领导下，700 多位电力勘察设计行业的专家学者和技术骨干，以高度的责任心和历史使命感，坚持充分讨论、深入研究、博采众长、集思广益、达成共识的原则，以内容完整实用、资料翔实准确、体例规范合理、表达简明扼要、使用方便快捷、经得起实践检验为目标，参阅大量的国内外资料，归纳和总结了勘察设计经验，经过几年的反复斟酌和锤炼，终于编撰完成《电力工程设计手册》。

《电力工程设计手册》依托大型电力工程设计实践，以国家和行业设计标准、规程规范为准绳，反映了我国在特高压交直流输变电、百万千瓦级超超临界燃煤机组、洁净煤发电、空冷机组等领域的最新设计技术和科研成果。手册分为火力发电工程、输变电工程和通用三类，共 31 个分册，3000 多万字。其中，火力发电工程类包括 19 个分册，内容分别涉及火力发电厂总图运输、热机通用部分、锅炉及辅助系统、汽轮机及辅助系统、燃气-蒸汽联合循环机组及附属系统、循环流化床锅炉附属系统、电气一次、电气二次、仪表与控制、结构、建筑、运煤、除灰、水工、化学、供暖通风与空气调节、消防、节能、烟气治理等领域；输变电工程类包括 4 个分册，内容分别涉及架空输电线路、电缆输电线路、换流站、变电站等领域；通用类包括 8 个分册，内容分别涉及电力系统规划、岩土工程勘察、工程测绘、工程水文气象、集中供热、技术经济、环境保护与水土保持、职业安全与职业卫生等领域。目前新能源发电蓬勃发展，编著单位将适时总结相关勘察设计经验，编撰有关新能源发电方面的系列设计手册。

《电力工程设计手册》全面总结了现代电力工程设计的理论和实践成果，系统介绍了近年来电力工程设计的新理念、新技术、新材料、新方法，充分反映了当前国内外电力工程设计领域的重要科研成果，汇集了相关的基础理论、专业知识、常用算法和设计方法。全套书注重科学性、体现时代性、强调针对性、突出实用性，可供从事电力工程投资、建设、设计、制造、施工、监理、调试、运行、科研等工作的人员使用，也可供电力和能源相关教学及管理工作者参考。

《电力工程设计手册》的编撰和出版，凝聚了电力工程设计工作者的集体智慧，展现了当今我国电力勘察设计行业的先进设计理念和深厚技术底蕴。《电力工程设计手册》是我国第一部全面反映电力工程勘察设计成果的系列手册，且内容浩繁，编撰复杂，其中难免存在疏漏与不足之处，诚恳希望广大读者和专家批评指正，以期再版时修订完善。

在此，向所有关心、支持、参与编撰的领导、专家、学者、编辑出版人员表示衷心的感谢！

《电力工程设计手册》编辑委员会

2019 年 1 月 10 日

前言

　　《技术经济》是《电力工程设计手册》系列手册之一。

　　本书在满足现行国家标准和规程规范的前提下，严谨、简洁地将火力发电工程和电网工程技术经济专业在设计过程中使用的方法进行整理、归纳和提炼，凝聚了大量电力工程技术经济人员在工作中积累的宝贵经验，对技术经济专业人员解决工作中遇到的问题、规范编制方法、提升编制水平等起到指导作用。

　　本书分为三篇，分别是通用篇、火力发电篇和电网篇。通用篇主要系统地介绍电力工程技术经济专业相关的概念，包括计价模式、费用组成、项目划分、定额的分类和使用方法等；火力发电篇和电网篇主要是按照国家现行标准和规程规范的内容规定，分别结合火力发电工程和电网工程的特点，全方位介绍了电力工程技术经济文件的作用、编制流程、编制深度、编制内容、编制方法以及我国的上网电价政策等，其中更是突破传统专业书对技术经济文件编制方法理论性讲解的局限，结合图纸和表格，以大量示例为依托，以通俗易懂的方式详细介绍了各阶段技术经济文件的具体编制方法，包括初步投资估算、投资估算、初步设计概算、施工图预算、招投标造价管理、工程结算、经济评价和后评价等，十分贴近电力工程技术经济人员的实际工作，是一本对电力工程技术经济专业人员入门和提高都具有很强指导性和实用性的工具书。

　　本书主编单位为中国电力工程顾问集团西南电力设计院有限公司，参加编写的单位有中国电力工程顾问集团东北电力设计院有限公司、中国电力工程顾问集团中南电力设计院有限公司、中国电力工程顾问集团华北电力设计院有限公司。本书由庄蓉、冯黎担任主编，负责总体框架设计、全书校核等统筹性工作；袁泉担任副主编。黄晓莉、袁泉编写第一、二章；李然、顾为朝编写第三章；黄晓莉、袁泉、李然、顾为朝、杨磊编写第四章；方岗编写第五章；徐宁宁编写第六章；刘雷、郑世伟编写第七章；徐宁宁、方岗、刘雷编写第八章；郑同帅、方岗、张腾龙编写第九章；陈威、郑同帅编写第十章；曹文琪、任军编写第十一章；奚雅文、苗终娜编写第十二章；周婷婷、游健编写第十三章；肖宇、赖静瑜编写第十四章；何婧、王寒梅编写第十五章；秦博编写第十六、十七章；宫玉琨、韩彬、张晗编写第十八、十九章；黄晓莉、周婷婷、王寒梅整理附录。

本书可作为电力工程技术经济人员的工具书，可以满足火力发电厂前期工作、初步设计、施工图设计等阶段的深度要求。本书也可作为高等院校技术经济专业师生的参考用书。

《技术经济》编写组

2019 年 1 月

目 录

第三篇　电　网　篇

第 一 篇

通 用 篇

第一章

电力工程造价综述

第一节　电力工程造价的定义及作用

一、定义

电力工程造价是指电力工程项目在建设期预计或实际支出的建设费用。

电力工程造价是电力工程项目为形成所需的固定资产，按照确定的建设内容、建设规模、建设标准、功能要求和使用要求全部建成，并经验收合格交付使用所需的全部费用。电力工程造价和建设项目总投资中的固定资产投资在量上是相等的。

二、电力工程各阶段技术经济专业内容

电力工程造价具有多次计价的特点，在工程的不同阶段其内容可参见表 1-1。

表 1-1　　电力工程各阶段技术经济专业内容表

序号	电力工程造价阶段		电力工程造价成果
1	决策阶段	初步可行性研究阶段	初步投资估算、经济评价
		可行性研究阶段	投资估算、经济评价
2	设计阶段	初步设计阶段	初步设计概算
		施工图设计阶段	施工图预算
3	招投标阶段	招标投标阶段	招标控制价、标底、投标报价、合同价
4	施工阶段	施工阶段	结算、设计变更、现场签证费用等
5	竣工阶段	竣工验收阶段	工程决算

三、作用

1. 项目决策和筹集建设资金的依据

在项目决策阶段，电力工程造价是项目财务分析、经济评价和项目决策的重要依据。电力工程造价决定了项目建设资金的需求，当建设资金需要贷款时，金融机构需要根据工程造价来确定给予投资者的贷款金额。

2. 评价投资效果的指标

电力工程造价是评价投资合理性和投资效益的重要依据。在评价建筑安装产品或设备价格的合理性、评价建设项目偿贷能力或获利能力等方面，都需要依据工程造价。

3. 制订投资计划的工具

电力工程的投资计划是逐年分月进行的，在不同设计阶段，对投资的多次计价有助于合理有效地制订投资计划。

4. 控制投资的手段

电力工程每一次工程造价都是对投资的控制过程，原则上，后一阶段的建设预算金额不能超过前一次。可行性研究估算是工程的最高限价，初步设计概算原则上不能超过可行性研究估算、施工图预算原则上不能超过初步设计概算。

四、电力工程造价人员工作范围

电力工程造价专业人员工作范围主要包括以下方面：

（1）电力工程造价编制办法、费用标准和定额等计价依据的编制、审核；

（2）电力工程造价项目投资估算、经济评价、初步设计概算、预算的编制、审核；

（3）电力工程项目招投标文件、标底和投标报价、价款结算和工程项目后评价的编制、审核；

（4）电力工程变更及合同价款的调整和索赔费用的计算与审核；

（5）电力工程经济纠纷的鉴定；

（6）电力工程项目各阶段工程造价控制与管理；

（7）其他与电力工程造价业务相关的能力。

第二节 电力工程计价

电力工程计价模式不断调整完善，发展到与当前市场经济适应的、门类齐全的估算指标、预算定额、概算定额、费用定额、工程量清单计价和计算规范以及相应配套的价格管理体系。

一、电力工程定额计价模式

定额计价模式是传统计价模式，是建立在以行业指导的经济管理基础上，体现的是行业对工程价格的管理和调控。

电力工程定额计价模式采用国家相关部门批准颁布的电力工程定额（估算指标、概算定额、预算定额等）进行分布组合计价，计价中以定额为依据，按项目划分导则规定的分部分项子目，逐项计算工程量，套用定额单价确定直接费，按规定取费标准确定构成工程价格的其他费用和利税，获得建筑安装工程造价。

二、电力工程工程量清单模式

工程量清单报价模式是全新的计价体系，通过企业自主报价、市场有序竞争形成价格。

电力工程工程量清单计价，是按照国家相关部门批准颁布的电力工程量清单计价规范和计量规范，依据图纸计算出各个清单项目的工程量，根据清单计价规定中所规定的方法计算出综合单价，并汇总各清单合价得出工程总价。

三、电力工程计价依据

电力工程造价的计价依据是指用于编制造价文件所采用的各类基础资料的总称。

1. **法律法规**

电力工程造价相关的法律法规，如《中华人民共和国建筑法》《中华人民共和国招标投标法》《中华人民共和国合同法》等。

2. **行业标准**

电力工程造价相关的行业标准、规程规范，如《火力发电工程建设预算编制与计算规定（2013年版）》、DL/T 5464—2013《火力发电工程初步设计概算编制原则》、DL/T 5341—2016《电力建设工程工程量清单计量规范 变电工程》等。

3. **行业管理部门颁布的造价信息文件**

行业管理部门颁布的造价信息文件，如电力工程预算价格，各省市人工、材料、施工机械台班等要素价格调整文件，各地区材料市场价格信息、造价指数信息等。

第二章

电力工程造价构成

第一节 建设项目费用项目组成

建设项目费用的划分和组成一般是由国家行政主管部门颁发的文件规定的，随着建设项目的发展和法律法规的变化也有一定程度的变化和调整。目前现行的2017年9月中华人民共和国住房和城乡建设部发布的《建设项目总投资费用项目组成（征求意见稿）》对建设项目总投资的组成做出了规定，详见图2-1。

建设项目总投资包括工程造价、增值税、资金筹措费和流动资金。

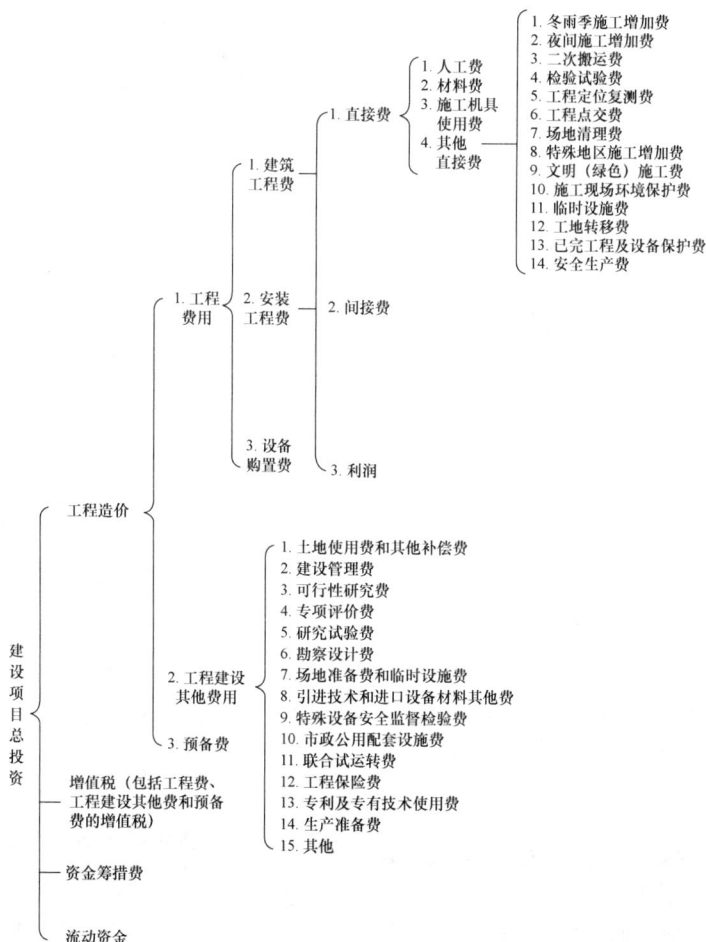

图 2-1 建设项目总投资构成图

工程造价包括工程费用、工程建设其他费用和预备费。工程费用包括建筑工程费、设备购置费和安装工程费。工程建设其他费用主要包括土地使用费和其他补偿费、建设管理费、可行性研究费、专项评价费、研究试验费、勘察设计费、场地准备费和临时设施费、引进技术和进口设备材料其他费、工程保险费、联合试运转费、特殊设备安全监督检验费、市政公用配套设施费、专利及专有技术使用费、生产准备费等。预备费包括基本预备费和价差预备费。

增值税是指应计入建设项目总投资内的增值税额。

资金筹措费包括各类借款利息、债券利息、贷款评估费、国外借款手续费及承诺费、汇兑损益、债券发行费用及其他债务利息支出或融资费用。

流动资金系指运营期内长期占用并周转使用的营运资金，不包括运营中需要的临时性营运资金。

第二节　电力工程费用项目组成

国家能源局发布的《火力发电工程建设预算编制与计算规定（2013 年版）》和《电网工程建设预算编制与计算规定（2013 年版）》（简称《预规》）。《预规》根据国家相关标准及电力行业有关规定，对电力工程建设预算的费用构成做出了相关规定。

电力工程项目计划总资金包括项目建设总费用和铺底流动资金，见图 2-2。

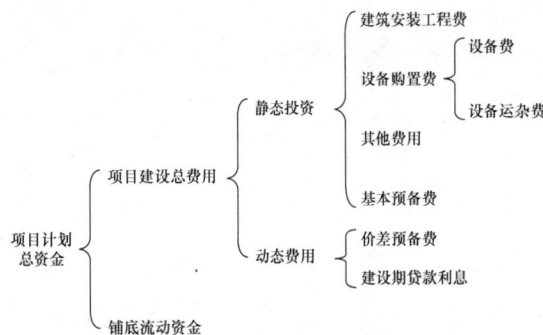

图 2-2　项目计划总资金构成图

项目建设总费用包括静态投资和动态费用。静态投资包括建筑安装工程费、设备购置费、其他费用和基本预备费。动态费用包括价差预备费和建设期贷款利息。

建筑安装工程费包括直接费、间接费、利润、编制基准期价差和税金，见图 2-3。

其他费用包括建设场地征用及清理费、项目建设管理费、项目建设技术服务费、生产准备费和大件运输措施费，见图 2-4。

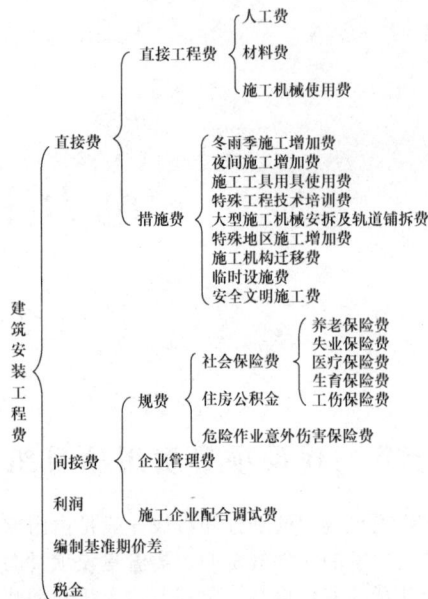

图 2-3　建筑安装工程费构成图

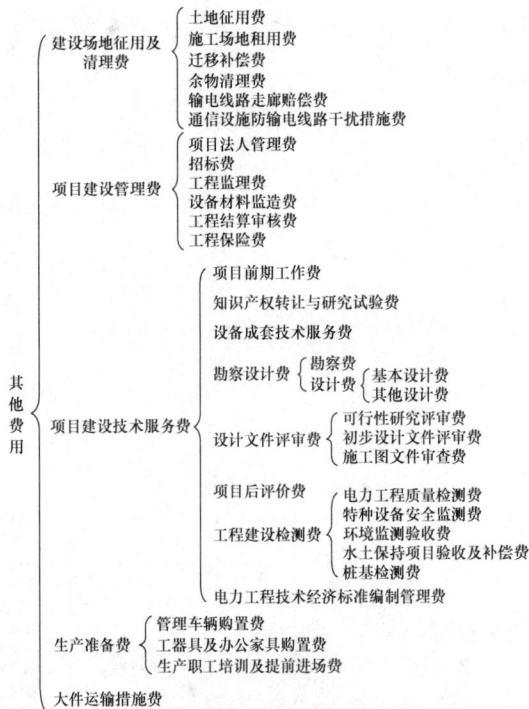

图 2-4　其他费用构成图

一、建筑安装工程费

建筑安装工程费是指对构成建设项目的各类建筑物、基础设施、构成生产工艺系统的各类设备、管道、线缆及其辅助装置进行组合、装配和调试，使之达到设计要求的功能和指标所需要的费用。

（一）直接费

直接费是指施工过程中直接消耗用于建筑、安装工程产品的各项费用的总和，包括直接工程费和措施费。

1. 直接工程费

直接工程费是指按照正常的施工条件，在施工过程中耗费的构成工程实体的各项费用，包括人工费、材料费和施工机械使用费。

（1）人工费。人工费包括基本工资、工资性补贴、辅助工资、职工福利费、生产工人劳动保护费。

（2）材料费。材料划分为装置性材料和消耗性材料，其价格均为预算价格。预算价格包括材料原价、材料运输费、保险保价费、运输损耗费、采购及保管费。

（3）施工机械使用费。施工机械使用费是包括折旧费、大修理费、经常修理费、安装及拆卸费、场外运费、操作人员人工费、燃料动力费、车船税及运检费等。

2. 措施费

措施费是指为完成工程项目施工而进行施工准备、克服自然条件的不利影响和辅助施工所发生的不构成工程实体的各项费用，包括冬雨季施工增加费、夜间施工增加费、施工工具用具使用费、特殊工程技术培训费、大型施工机械安拆与轨道铺拆费、特殊地区施工增加费、临时设施费、施工机构转移费、安全文明施工费和多次进场增加费。

（1）冬雨季施工增加费。冬雨季施工增加费的内容包括在冬季施工期间，为确保工程质量而采取的养护、采暖措施所发生的费用；在雨季施工期间，采取防雨、防潮措施所增加的费用；因冬季、雨季施工增加施工工序、降低工效而发生的补偿费用。

（2）夜间施工增加费。夜间施工增加费包括按照规程要求，工程必须在夜间连续施工所发生的夜班补助、夜间施工降效、夜间施工照明设备摊销及照明用电等费用，不包括赶工用费。

（3）施工工具用具使用费。施工工具用具使用费应注意其所指的施工工具用具是现场施工工具用具而不是现场管理用的工具用具。

（4）特殊工程技术培训费。特殊工程技术培训费包括人工费、材料费、施工机械使用费、工具摊销费及其他学杂费。

（5）大型施工机械安拆与轨道铺拆费。大型施工机械安拆与轨道铺拆费包括大型施工机械在施工现场进行安装、拆卸以及轨道铺设、拆除发生的人工、材料、机械费等。

（6）特殊地区施工增加费。特殊地区施工增加费是指在高海拔、酷热、严寒等地区施工，因特殊自然条件影响而需额外增加的施工费用。

（7）施工机构转移费。施工机构转移费包括职工调遣差旅费和调遣期间的工资，以及办公设备、工具、家具、材料用品以及施工机械等的搬运费等。

（8）临时设施费。临时设施包括职工宿舍，办公、生活、文化、福利等公用房屋，仓库、加工厂、工棚、围墙等建（构）筑物，站区围墙范围内的临时施工道路及水、电（含380V降压变压器）、通信的分支管线，以及建设期间的临时隔墙等。

（9）安全文明施工费。安全文明施工费包括安全生产费、文明施工费和环境保护费。

（10）多次进场增加费。多次进场增加费是指技术改造工程实施过程中，为保证电网运行或受运行方式限制原因而影响停电，需施工人员及施工机具多次进出场所需增加的费用。

（二）间接费

间接费是指建筑安装产品的生产过程中，为全工程项目服务而不直接消耗在特定产品对象上的费用，包括规费、企业管理费、高原医疗保障费、高原习服费、施工企业配合调试费。

1. 规费

规费包括社会保险费、住房公积金和危险作业意外伤害保险费。

社会保险费包括养老保险费、失业保险费、医疗保险费、工伤保险费和生育保险费。

2. 企业管理费

企业管理费用内容包括管理人员工资、办公经费、差旅交通费、固定资产使用费、工具用具使用费、劳动补贴费、工会经费、职工教育经费、财产保险费、财务费、税金和其他属于企业管理费的费用，包括工程排污费、投标费、建筑工程定位复测、施工期间沉降观测、施工期间工程二级测量维护、工程点交、场地清理费、建筑安装材料检验试验费、技术转让费、技术开发费、业务招待费、绿化费、广告费、公证费、法律顾问费、咨询费、竣工清理费、未移交的工程看护费等。

3. 高原医疗保障费

高原医疗保障费是指根据特定的高海拔地区劳动卫生保健和医疗救治工程的需要，在工程建设施工过程中提供氧气、药品、现场抢救器械等所发生的费用。

4. 高原习服费

高原习服费是指施工企业参建人员进驻习服基地进行高原适应性休息和调整所发生的住宿、医疗等费用。

5. 施工企业配合调试费

施工企业配合调试费是指在工程整套启动试运阶段，施工企业安装专业配合调试所发生的费用。

（三）编制基准期年价差

编制基准期价差主要包括人工费价差、消耗性材料价差、施工机械使用费价差和装置性材料价差。

（四）利润

利润是指施工企业完成所承包工程获得的盈利。

（五）税金

税金是指按照我国现行税法规定应计入建筑安装

工程造价内的增值税销项税额。

二、设备购置费

设备购置费是指为项目建设而购置或自制各种设备，并将设备运至施工现场指定位置所支出的费用，包括设备费和设备运杂费。

设备运杂费包括设备的上站费、下站费、运输费、运输保险费以及仓储保管费。

三、其他费用

其他费用包括建设场地征用及清理费、项目建设管理费、项目建设技术服务费、整套启动试运费、生产准备费和大件运输措施费。

（一）建设场地征用费及清理费

建设场地征用费及清理费包括土地征用费、施工场地租用费、迁移补偿费、余物清理费、输电线路走廊赔偿费、通信设施防输电线路干扰措施费。

1. 土地征用费

土地征用费包括土地补偿费、安置补助费、耕地开垦费、勘测定界费、征地管理费、证书费、手续费以及各种基金和税金等。

2. 施工场地租用费

施工场地租用费包括占用补偿、场地租金、场地清理、复垦费和植被恢复等费用。

3. 迁移补偿费

迁移补偿费包括对所征用土地范围内的机关、企业、住户及有关建筑物、构筑物、电力线、通信线、铁路、公路、沟渠、管道、坟墓、林木等进行迁移所发生的补偿费用。

4. 余物清理费

余物清理费包括对所征用土地范围内原有的建（构）筑物等有碍工程建设的设施进行清理所发生的各种费用，但不包括拆除费用。

5. 输电线路走廊赔偿费

输电线路走廊赔偿费包括对线路走廊内非征用和租用土地上的建（构）物、林木、经济作物进行清理，或因工程施工对其造成破坏而进行赔偿所发生的费用。

6. 通信设施防输电线路干扰措施费

通信设施防输电线路干扰措施费包括通信线迁移或加装保护设施所发生的费用。

（二）项目建设管理费

项目建设管理费是指建设项目经国家行政主管部门核准后，自项目法人筹建至竣工验收合格并移交生产的合理建设期内，对工程进行组织、管理、协调、监督等工作所发生的费用，包括项目法人管理费、招标费、工程监理费、设备材料监造费、工程结算审核费、工程保险费。

1. 项目法人管理费

项目法人管理费包括项目管理机构开办费和项目管理工作经费。

项目管理机构开办费包括相关执照及相关手续的申办费，必要办公家具、生活家具、办公用具和交通工具的购置费用。

项目管理工作经费包括工作人员基本工资、工资性补贴、辅助工资、职工福利费、劳动保护费、社会保险费、住房公积金、日常办公费用、差旅交通费、固定资产使用费、工具用具使用费、技术图书资料费、工程档案管理费、水电费、教育及工会经费、工程审计费、合同订立与公证费、法律顾问费、咨询费、会议费、董事会经费、业务接待费、消防治安费、采暖及防暑降温费、印花税、房产税、车船税、车辆保险费、设备材料的催交、验货费、建设项目劳动安全验收评价费、工程竣工交付使用的清理及验收费等。

2. 招标费

招标费包括组织或委托相关机构编制审查技术规范书、最高投标限价、标底、工程量清单等和委托招标代理机构进行招标所需要的费用。

3. 工程监理费

工程监理费包括项目法人委托工程监理机构对建设项目所支付的费用。

4. 设备材料监造费

设备材料监造费包括委托相关机构在主要设备材料的制造、生产期间对原材料质量以及生产、检验环节进行必要的见证、监督的费用。

5. 工程结算审核费

工程结算审核费包括组织或委托工程造价咨询机构进行工程量计算、核定、编制、审核和确认工程结算文件的费用。

6. 工程保险费

工程保险费是指项目法人对项目建设过程中可能造成工程财产、安全等直接或间接损失进行保险所支付的费用。

（三）项目建设技术服务费

项目建设技术服务费包括项目前期工作费、知识产权转让与研究试验费、设备成套技术服务费、勘察设计费、设计文件评审费、项目后评价费、工程建设检测费、电力工程技术经济标准编制管理费。

1. 项目前期工作费

项目前期工作费包括进行项目可行性研究设计、规划许可、土地预审、环境影响评价、劳动安全卫生预评价、地质灾害评价、地震灾害评价、水土保持方案编审、矿产压覆评估、林业规划勘测、文物普勘、节能评估、社会稳定风险评估等各项工作所发生的费用，以及分摊在本工程中的电力系统规划设计、接入系统设计的咨询费与设计文件评审费，开展前期工作所发生的实际管理费用等。

2. 知识产权转让与研究试验费

知识产权转让费包括使用专项研究成果、先进技术所支付的一次性转让费用。研究试验费包括为本建设项目提供或验证设计数据或施工过程中必要的研究试验费用。

3. 设备成套技术服务费

设备成套技术服务费包括设备成套技术咨询、商务咨询和现场技术服务所支付的费用。

4. 勘察设计费

勘察设计费包括项目的各项勘探、勘察费用，初步设计费、施工图设计费、竣工图文件编制费、施工图预算编制费、设计代表的现场技术服务费，以及非标准设备设计文件编制费等。

5. 设计文件评审费

设计文件评审费包括可行性研究设计文件评审费、初步设计文件评审费、施工图文件审查费。

6. 项目后评价费

项目后评价费包括对项目立项政策、实施准备、建设实施和生产运营全过程的技术经济水平和产生的相关效益、效果、影响等进行系统性评价所支出的费用。

7. 工程建设检测费

工程建设检测费包括电力工程质量检测费、特种设备安全监测费、环境监测验收费、水土保持项目验收及补偿费、桩基检测费。

8. 电力工程技术经济标准编制管理费

电力工程技术经济标准编制管理费包括编制、管理电力工程计价依据、标准和规范等费用。

（四）整套启动试运费

整套启动试运费包括在机组整套启动试运行所发生的燃煤费、燃油费、其他材料费，扣除售出电费和售出蒸汽费。

（五）生产准备费

生产准备费包括管理车辆购置费、工器具及办公家具购置费、生产职工培训及提前进厂费。

1. 管理车辆购置费

管理车辆购置费包括车辆原价、购置税费、运杂费、车辆附加费。

2. 工器具及办公家具购置费

工器具及办公家具购置费包括购置必要的家具、用具、标志牌、警示牌和标示桩等的费用，不包括展示企业形象的标志墙、标志牌、广告牌和视觉识别系统等。

3. 生产职工培训及提前进厂费

生产职工培训及提前进厂费包括培训人员和提前进厂人员的培训费，基本工资、工资性补贴、辅助工资、职工福利费、劳动保护费、社会保险费、住房公积金、差旅费、资料费、书报费、取暖费、教育经费和工会经费等。

（六）大件运输措施费

大件运输措施费包括超限大型电力设备在运输过程中发生的路、桥加固改造，以及障碍物迁移等措施费用。

四、基本预备费

基本预备费是指为因设计变更（含施工过程中工程量增减、设备改型、材料代用）增加的费用、一般自然灾害可能造成的损失和预防自然灾害所采取的临时措施费用，以及其他不确定因素可能造成的损失而预留的工程建设资金。

五、特殊项目费用

特殊项目费用是指工程项目划分中未包含且无法增列，或定额未包含且无法补充，或取费中未包含而实际工程必须存在的项目及费用。

六、动态费用

动态费用是指在建设预算编制基准期至竣工验收期间，工程造价各要素因时间和市场价格变化而引起价格增长和资金成本增加所发生的费用，包括价差预备费和建设期贷款利息。

七、铺底流动资金

铺底流动资金是指建设项目投产初期所需，为保证项目建成后进行试运转和初期正常生产运行所必需的流动资金。铺底流动资金包括用于购买燃料、生产消耗材料、生产用备品备件和支付工资所需的周转性自有资金。

第三章

电力工程项目和费用性质划分

第一节 电力工程项目划分层次

建设预算项目划分是按照工程特点，对建设预算的项目设置、编排次序和编排位置进行划分，项目划分的规定原则上与设计的专业划分及分卷分册图纸划分相适应。

电力工程项目在各个专业系统（工程）下分为三级：第一级为单项工程，第二级为单位工程，第三级为分部工程。

（1）单项工程。单项工程是指具有独立的设计文件，建成后能够独立发挥生产能力或效益的工程项目。

（2）单位工程。单位工程是指具有独立的设计文件，能够独立组织施工，但不能独立发挥生产能力或效益的工程项目，是单项工程的组成部分。

（3）分部工程。分部工程是根据工程部位和专业性质等的不同，将单位工程分解形成的工程项目单元，是单位工程的组成部分。

第二节 建筑与安装工程费用性质划分

费用性质划分是为了统一概预算费用的计算口径，将不同的费用性质进行界定，利于项目技术经济指标比较分析体系的建立。该界定是编制概预算和工程量清单报价的各项费用性质界定依据。

一、建筑工程费用性质划分

凡属于构成建设项目的各类建（构）筑物等设施工程进行施工，使之达到设计要求及功能所需要的费用，为建筑工程费。

（一）火力发电工程

建筑工程费除包括建筑工程本体费用之外，以下项目也列入建筑工程费中。

（1）建筑物的给排水、采暖、通风、空调、照明设施。

（2）建（构）筑物的平台扶梯。

（3）建筑物照明配电箱，建筑物的避雷接地装置。

（4）消防设施，包括气体消防、水喷雾系统设备、喷头及其探测报警装置。

（5）采暖加热站（制冷站）设备及管道、采暖锅炉房设备及管道、厂区采暖管道。

（6）混凝土或石材砌筑的文丘里除尘器、箱、罐、池等。

（7）建筑物用电梯的设备及其安装，工业用电梯井的建筑结构部分。

（8）各种直埋设施的土方、垫层、支墩，各种沟道的土方、垫层、支墩、结构、盖板，各种涵洞，各种顶管措施。

（9）建筑物的金属网门、栏栅，独立的避雷针、塔。

（10）屋外配电装置的金属构架、支架、避雷针塔、栏栅。

（11）建（构）筑物的防腐设施，混凝土沟、槽、池、箱、罐等的防腐设施。

（12）冷却塔内部的配水管、托架、淋水装置、除水装置及其结构等。

（13）水工结构、水工建筑、预应力钢筋混凝土管、顶管措施、岸边水泵房引水管道。

（14）燃气—蒸汽联合循环电站独立布置的余热锅炉烟囱。

（二）电网工程

建筑工程费除包括建筑工程本体费用之外，以下项目也列入建筑工程费中。

（1）建筑物的上下水、采暖、通风、空调、照明设施（含照明配电箱）。

（2）建筑物用电梯的设备及其安装。

（3）建筑物的金属网门、栏栅及防雷设施，独立的避雷针、塔，建筑物的防雷接地。

（4）屋外配电装置的金属构架、金属构架或支架。

（5）换流站直流滤波器的电容器门型构架。

（6）各种直埋设施的土方、垫层、支墩，各种沟道的土方、垫层、支墩、结构、盖板，各种涵洞，各种顶管措施。

（7）消防设施，包括气体消防、水喷雾系统设备、喷头及其探测报警装置。

（8）站区采暖加热站设备及管道，采暖锅炉房设备及管道。

（9）生活污水处理系统的设备、管道及其安装。

（10）混凝土砌筑的箱、罐、池等。

（11）设备基础、地脚螺栓。

二、安装工程费用性质划分

凡属于建设项目中对构成生产工艺系统的各类设备、管道及其辅助装置进行组合、装配和调试，使之达到设计要求的功能指标所需要的费用，为安装工程费。

（一）火力发电工程

安装工程费除包括工艺系统的各类设备、管道、线缆及其辅助装置的组合、装配，以及其材料费用之外，以下项目也列入安装工程费中：

（1）各种设备、管道的保温油漆。

（2）设备的维护平台及扶梯。

（3）电缆、电缆桥（支）架及其安装，电缆防火。

（4）发电机出线间的金属构架、支架、金属网门。

（5）厂用屋内配电装置及发电机出线小间的金属结构、金属支架、金属网门。

（6）锅炉砌筑工程，灰沟镶板砌筑。

（7）施工现场加工配制组装的金属外壳文丘里除尘器、金属支架、金属网门。

（8）混凝土水膜式除尘器、箱、罐的内部加热装置、搅拌装置。

（9）化学水处理系统金属管道的内外防腐。

（10）冷却塔内的钢制循环水管道。

（11）循环水系统、补给水系统、厂区及厂外除灰系统（包括灰水回收系统）的工艺设备、管道及其内衬，包括各种钢管、铸石管、铸铁管、钢闸板门、闸槽及启闭机。

（12）设备本体照明、道路、屋外区域（如变压器区、配电装置区、管道区、储煤区、油罐区等）的照明。

（13）厂区接地工程的接地极、降阻剂、焦炭等。

（14）消防水泵房设备、管道，消防车辆。

（15）集中控制系统中的消防控制装置，空调系统的自动控制装置安装。

（16）工业用电梯及其设备安装。

（17）生活污水处理系统的设备、管道及其安装。

（18）燃气—蒸汽联合循环电站余热锅炉炉顶布置的越热锅炉烟囱及其旁路烟道。

（二）电网工程

安装工程费除包括工艺系统的各类设备、管道及其辅助装置的组合、装配及其材料费用之外，以下项目也列入安装工程费中：

（1）设备的维护平台及扶梯。

（2）电缆、电缆桥（支）架及其安装，电缆防火。

（3）屋内配电装置的金属结构、金属支架、金属网门。

（4）换流站阀厅冷却系统。

（5）换流站的交、直流滤波电容器塔。

（6）设备本体、道路、屋外区域（如变压器、配电装置区、管道区等）的照明。

（7）电气专业出图的空调系统集中控制装置安装。

（8）集中控制系统中的消防集中控制装置。

（9）接地工程的接地极、降阻剂、焦炭等。

三、建筑安装工程费用界限划分

（一）火力发电工程

（1）凡建筑工程建设预算定额中已明确说明规定列入建筑工程的项目，按定额中的规定执行，如二次灌浆均列入建筑工程。

（2）凡设备安装工程建设预算定额中已明确规定列入安装工程的项目，按定额中的规定执行。

（3）建筑专业出图的厂区工业管道，列入建筑工程；工艺专业出图的厂区工业用水管道，列入安装工程。

（4）建筑专业出图的设备基础框架、地脚螺栓，列入建筑工程；工艺专业出图的设备基础框架、地脚螺栓，列入安装工程。

（二）电网工程

（1）凡建筑工程建设预算定额中已明确说明规定列入建筑工程的项目，按定额中的规定执行，如二次灌浆均列入建筑工程。

（2）凡设备安装工程建设预算定额中已明确规定列入安装工程的项目，按定额中的规定执行。

（3）建筑专业出图的站区工业管道，列入建筑工程。

（4）建筑专业出图的电线、电缆埋管工程，列入建筑工程。安装专业出图的电线、电缆埋管、工业管道工程，列入安装工程。

（5）安装专业出图的设备支架、地脚螺栓，列入安装工程。

第三节 设备与材料费用性质划分

一、设备费用性质划分

设备购置费用是指为项目建设而购置或自制组成工艺流程的各种设备，并将设备运至施工现场指定位置所支出的费用。

以下内容为设备购置费用：

（1）设备的零部件、备品备件、专用机械工具均列入相应设备的设备费。

（2）对随设备本体供应或者是设备本体的一个部件的，应属于设备的一部分，否则应属于材料。例如，管道及阀门在一般情况下属于材料，但随设备本体供应的管道及阀门应属于设备的一部分。

（3）凡属于一个设备的组成部分或组合体，无论用何种材料做成，或由哪个制造厂供应，即使是现场加工配制的，均属于设备。例如，热力系统的工业水箱和疏水箱、油冷却系统的油箱、酸碱系统的酸碱存储罐、水处理系统的水箱、油处理系统的油箱等均属设备。

（4）设备中的填充物品，无论其是否属于设备供应，都属于设备的一部分。例如，汽轮发电机组冷却用汽轮机油，变压器、断路器用的变压器油，大型转动机械冷却系统用的机械油，润滑系统用的润滑油，化学水处理箱、罐内的各种填充料，蓄电池组用的硫酸，钢球磨煤机第一次装入的钢球及润滑剂，转动机械的电动机，化学水处理系统用箱、罐的防腐内衬等，均属于设备。

（5）凡属于各生产工艺系统设备成套供应的，无论是由该设备厂供应，或是由其他厂配套供应，或在现场加工配制，均属于设备。

（6）某些设备难以统一确定其组成范围或成套范围的，应以制造厂的文件及其供货范围为准，凡是制造厂的文件上列出且实际供应的，应属于设备。

（7）随设备供应的设备基础框架、地脚螺栓属于设备。

（8）自动阀门的动力装置随阀门主体划分，阀门属于设备的，其动力装置属于设备；阀门传动装置（包括远方操作装置），不分传动方式（手动或自动），也一律随阀门性质界定。

（9）锅炉或汽轮机供货范围内随设备本体供应的管道及阀门、给水泵汽轮机的排汽管道应划分为设备。

（10）锅炉主蒸汽出口阀门、再热蒸汽进出口阀门、汽轮机高压缸蒸汽进出口阀门、低压缸蒸汽进口阀门、主给水泵进出口阀门属于设备。

（11）对于直接空冷机组，空冷管道上的排气管蝶阀及排气管道伸缩节属于设备。

（12）循环水系统的旋转滤网、启闭机械均属于设备。

（13）成套供应的牺牲阳极装置机器备（辅）料属于设备。

（14）配电系统的断路器、电抗器、电流互感器、电压互感器、隔离开关属于设备。

（15）热工控制检测仪表、显示仪表、过程控制仪表、变送器、执行器、计算机、配电箱等属于设备。

（16）35kV 及以上高压穿墙套管属于设备。

（17）换流阀内冷却系统管道属于设备。

（18）电缆线路工程中，避雷器属于设备。35kV 及以上电缆、电缆头属于设备性材料，在编制建设预算时计入设备购置费。

（19）建筑工程中给排水、采暖、通风、空调、消防、采暖加热（制冷）站（或锅炉）的风机、空调机（包括风机盘管）和水泵属于设备。

二、材料费用性质划分

电力工程技术经济将材料划分为装置性材料和消耗性材料两大类。装置性材料是指建设工程中构成工艺系统实体的工艺性材料，也称主要材料。消耗性材料是指施工过程中所消耗的、在建设成品中不体现原有形态的材料，以及因施工工艺及措施要求需要进行摊销的施工工艺材料，也称辅助材料。

以下内容为材料费用：

（1）对于设备扩大供货范围内的，应按照常规的成套供货方式和设计专业划分。例如，某些水泵的进出口阀门，有时制造厂虽然也供应，但不固定在本体范围内，并且也不计入水泵本体价格的，应属于材料。

（2）自动阀门的动力装置随阀门主体划分，阀门属于材料的，其动力装置也属于材料；阀门传动装置（包括远方操作装置），不分传动方式（手动或自动），也一律随阀门性质界定；随设备本体供应的阀门，需要在现场增加的远方操作装置属于材料。

（3）设备基础框架、地脚螺栓除随设备供应外，均属于材料。

（4）循环水系统的钢闸板门、拦污栅、拦污网属于材料。

（5）配电系统的封闭母线、共箱母线、管母线、软母线、绝缘子、金具、管材、电缆、导线、设备照明灯具、金属软管、电缆头、防火封堵、阻燃槽盒、接地等属于材料。

（6）仪表控制的钢管、合金管、管缆、仪表加工件及配件（钢制卡式管接头、压垫式管接头、承插焊管接头等）、仪表阀门（针阀、三阀组、五阀组等）、电磁阀、汇线桥架、电缆、补偿导线、接线盒等属于材料。

（7）换流阀外冷却系统管道属于材料。

（8）换流站的直线极线和中性线属于材料。

三、设备材料费用界限划分

（1）在划分设备与材料时，对同一品名的物品不应硬性确定为设备或材料，而应根据其供应或使用情况分别确定。

（2）凡安装工程建设预算定额中已经明确了设备与材料划分的，应按定额中的规定执行。

（3）对于进口设备，应根据相应工程的设计规定，按照其设备设计供货范围界定进行设备材料划分。

第四章

电力建设工程定额

第一节 定额的作用

一、定额的定义及分类

定额通常是指在一定的施工条件下，完成规定计量单位的合格建筑安装产品所需消耗资源的数量标准。电力建设工程定额是根据电力建设相关设计标准、技术规程、规范、质量评定标准和安全技术操作规程，按正常的电力施工条件及合理的施工组织设计进行编制的，并在一定时间范围内进行修订。

（一）按定额反映的生产要素消耗内容分类

定额按生产要素消耗可分为劳动消耗定额、机械消耗定额和材料消耗定额。

（1）劳动消耗定额简称劳动定额，也称人工定额，是在正常的施工技术和组织条件下，完成规定计量单位合格的建筑安装产品所消耗的人工工日的数量标准。劳动定额的表现形式为时间定额或产量定额。

（2）材料消耗定额简称材料定额，是指在正常的施工技术和组织条件下，完成规定计量单位合格的建筑安装产品所消耗的原材料、成品、半成品、构配件、燃料以及水、电等动力资源的数量标准。

（3）机械消耗定额又称机械台班定额，以一台机械一个工作班为计量单位。它是指在正常的施工技术和组织条件下，完成规定计量单位合格的建筑安装产品所消耗的施工机械台班的数量标准。机械消耗定额主要表现形式是机械时间定额或产量定额。

（二）按定额编制程序和用途分类

按定额编制程序和用途可分为施工定额、预算定额、概算定额、概算指标、估算指标、费用标准、工期定额等。

（1）施工定额。施工定额是按照施工企业管理及施工水平，完成一定计量单位的某一施工过程或基本工序所需消耗的人工、材料和机械台班数量标准。施工定额基于组织生产和施工企业成本管理的需要，是定额中项目划分最细，定额子目最多的基础性定额。

（2）预算定额。预算定额是完成一定计量单位合格分项工程和结构构件所需消耗的人工、材料、施工机械台班数量及其费用标准。预算定额基于劳动定额、材料定额以及机械台班定额，也可以适当的施工定额为基础综合扩大编制，是编制概算定额的基础。

（3）概算定额。概算定额是完成单位合格扩大分项工程或扩大结构构件所需消耗的人工、材料和施工机械台班的数量及其费用标准。概算定额一般是在预算定额的基础上综合扩大而成的，每一综合分项概算定额都包含了数项预算定额。

（4）概算指标。概算指标是以单位工程为对象，反映完成规定计量单位建筑安装产品的经济消耗指标。概算指标是概算定额的扩大与合并。

（5）估算指标。估算指标是以建设项目、单项工程、单位工程为对象，反映建设总投资及其各项费用构成的经济指标。投资估算指标可基于预算、概算定额，也可根据历史预、决算资料及价格变动等资料编制。

（6）费用标准。费用标准包括建设预算编制方法、费用构成、费用计算标准、费用性质划分、建设预算项目划分以及建设预算的计价格式等规定。费用标准仅作为估、概、预算定额的配套，不单独使用。

（7）工期定额。工期定额是为各类工程规定的建设期限的额定天数，包括建设工期定额和施工工期定额两个层次，施工工期是建设工期的一部分。

（三）按专业性质划分

工程定额按专业性质可分为建筑工程定额和安装工程定额两个大类。

（1）建筑工程定额。建筑工程定额按专业性质可细分为建筑及装饰工程定额、房屋修缮工程定额、市政工程定额、铁路工程定额、公路工程定额、矿山井巷工程定额等。

（2）安装工程定额。安装工程定额按专业性质分为电气设备安装工程定额、机械设备安装工程定额、热力设备安装工程定额、通信设备安装工程定额、化学工业设备安装工程定额、工业管道安装工程定额、工艺金属结构安装工程定额等。

现行电力建设工程定额按专业性质划分，通常包括建筑工程、热力设备安装工程、电气设备安装工程、输电线路工程、调试工程、通信工程六个专业。其中建筑工程属于建筑定额，热力设备安装工程、电气设备安装工程、输电线路工程、调试工程、通信工程都属于安装工程定额。

（四）按管理权限和执行范围划分

预算定额按管理权限和执行范围划分，可分为全国定额、行业定额、地区定额、企业定额及补充定额。电力建设工程定额可分为行业定额、企业定额及补充定额。

（1）全国定额是由国家建设行政主管部门综合全国工程建设中技术和施工组织管理的情况编制，并在全国范围内适用的定额。

（2）行业定额是考虑到各行业部门专业工程技术特点，以及施工生产和管理水平编制的。电力建设工程主要使用的《电力建设工程概（预）算定额》《西藏地区电力建设工程概（预）算定额（2013 年版）》《20kV 及以下配电网工程改（预）算定额》《电网技术改造工程概（预）算定额》《电网拆除工程预算定额》《电网检修工程预算定额》《电力建设工程定额估价表》《西藏地区电网工程概（预）算定额估价表》《电网技术改造工程概（预）算定额估价表》《电网拆除工程预算定额估价表》《电网检修工程预算定额估价表》《20kV 及以下配电网工程预算定额估价表》《20kV 及以下配电网工程估价指标》等都属于行业定额，由国家能源局委托中国电力企业联合会编制并颁布，适用于电力行业建设项目核准、建设、竣工结算过程中的投资编制。一般是只在本行业和相同专业性质的范围内使用。

（3）地区定额一般指省、自治区、直辖市的市政定额，主要是在全国定额水平基础上根据地区性特点做适当调整和补充编制的。

（4）企业定额是由企业根据企业需求、特点自行组织编制，由电力工程造价与定额管理总站审核批复后发布，仅作为企业内部投资控制使用，不作为项目核准的编制依据，如《西藏地区电力建设工程概（预）算定额》在 2013 年版正式成为行业定额前，一直是国家电网公司的企业定额。

（5）补充定额是指随着设计、施工技术的发展，修订定额速度不能满足需要的情况下，为了补充缺陷所编制的定额。补充定额只能在指定的范围内使用，可以作为以后修订定额的基础，如《机械施工补充定额》《送电线路大跨越补充定额》。

（五）按资金使用性质的不同划分

按资金使用性质的不同，预算定额可分为基建工程定额、技术改造工程定额、拆除工程定额、检修工程定额。

二、定额作用

定额从不同的角度可以划分为不同的类别，电力建设工程计价最常用的主要是估算指标、概算定额、预算定额以及配套的费用标准，其作用如下。

（一）估算指标

估算指标是电力工程初步可行性研究和可行性研究阶段，确定与控制投资估算的计价依据，是分析工程外部条件和设计方案经济合理性的标准。

（二）概算定额

概算定额是初步设计阶段工程概算编制的计价依据；是初步设计阶段工程招标标底、投标报价编制的参考依据；是施工图阶段通过合同约定，按照概算定额工程量计算规则计算施工图工程量进行工程结算的依据；是调节处理工程经济纠纷的依据。

（三）预算定额

（1）预算定额是政府进行电力建设投资宏观调控、核准电力建设项目的重要依据。预算定额为政府规范建设市场行为，形成公平、公正和适度的竞争环境发挥着十分重要的作用。

（2）预算定额是编制施工图预算的基本依据。预算定额中的人工消耗量指标、材料消耗量指标和机械台班消耗量指标，是确定各单位人工费、材料费和机械使用费的基础。

（3）预算定额是对设计方案进行技术经济比较，对新结构、新材料进行技术经济分析的依据。

（4）预算定额是编制施工组织设计时，确定劳动力、建筑材料、成品、半成品、设备和建筑机械需要量的标准，是施工企业进行经济核算和经济活动分析的依据。

（5）预算定额是编制概算定额的基础。加强预算定额的管理，对于控制和节约建设资金，降低建筑安装工程的劳动消耗，加强施工企业的计划管理和经济核算，都有重大的现实意义。

（6）预算定额是工程结算的依据。工程结算是建设单位和施工单位按照工程进度对已完成的分部分项工程实现货币支付的行为。按进度支付工程款，需要根据预算定额将已完成分项工程的造价算出。单位工程验收后，再按竣工工程量、预算定额和施工合同规定进行结算，以保证建设单位建设资金的合理使用和施工单位的经济收入。

（7）预算定额是合理编制招标标底、投标报价的基础。在深化改革中，预算定额的指令性作用将日益削弱，而施工单位按照工程个别成本报价的指导性作用仍然存在，这也是由于预算定额本身的科学性和权威性决定的。

（四）费用标准

（1）费用标准是电力建设工程进行科学计价和有效控制建设投资的根本性依据，是指导如何正确使用定额、依规并合理计取各项费用的基础性规定，同时，也是费用性质界定、项目划分、表现形式等方面的基础规定。

（2）费用标准是编制电力工程招标标底、最高投标限价、投标报价和工程结算的依据，同时也是调解处理工程建设经济纠纷依据。

（3）费用标准应与电力工程投资估算指标、概算定额、预算定额和工程量清单计价规范配套使用。

三、定额的结构和编码

（一）定额的结构

1. 估算指标、概算定额、预算定额结构

定额一般由总说明、目录、分部分项说明、工程量计算规则与计算方法、分项工程定额单价表和有关附录或附件构成，基本内容如下。

（1）总说明。总说明综合说明了定额的编制原则、指导思想、编制依据、适用范围以及定额的作用等。也说明编制定额时已经考虑的、没有考虑的因素和有关规定以及使用方法。

（2）分部分项说明。分部分项说明主要说明该分部的工程内容和该分部所包括工作内容及范围、定义、使用条件、调整方法以及调整系数。

（3）工程量计算规则。工程量计算规则是在按图纸算量的基础上充分考虑了行业施工需求，对于每一单位工程量的计量规定，主要包括工程量计算方法及计算单位。

（4）定额子目。定额子目是预算定额的主要组成部分。在定额项目表中人工是以分工种、工日数及合计工日数表示，工资等级按总（综合）平均等级编制，材料栏内只列主要材料消耗量，零星材料以"其他材料费"表示。有的分部工程列出施工机械台班数量。在定额项目中还列有根据取定的工资标准及材料预算价格等，分别计算出的人工、材料、施工机械的费用及其汇总的基价（即综合单价），这就是单位估价表部分。有的定额项目表还列有附注，即说明设计有特殊要求时，怎样调整定额，以及其他应说明的问题。

单位估价表中的定额基价（单价）由人工费、材料费和机械费组成，即

$$基价＝人工费＋材料费＋机械费$$

其中，人工费＝∑（人工消耗指标×人工单价）

材料费＝∑（材料消耗指标×材料预算价格）

机械费＝∑（机械台班消耗指标×机械台班预算价格）

如螺旋钻孔机钻孔灌注桩施工预算定额工作内容：钻孔机具布置、移动钻孔机、桩位校正、钻孔；浇灌混凝土、捣固、养护；清理钻孔余土、运至场内指定地点。详细的定额子目费用见表4-1。

表4-1　螺旋钻孔机钻孔灌注桩施工预算定额构成表

定　额　编　号			YT2-84	YT2-85
项　　目			履带钻孔桩	
			桩长	
			12m 以内	12m 以外
单　　位			m³	m³
基价（元）			433.01	382.93
其中	人工费（元）		57.34	40.41
	材料费（元）		290.57	290.57
	机械费（元）		85.10	51.95
	名称	单位	数量	
人工	建筑普通工	工日	1.2466	0.8786
	建筑技术工	工日	0.3116	0.2196
基价材料	现浇混凝土 C20～40 集中搅拌	m³	1.2688	1.2688
	水	t	1.0220	1.0220
	其他材料费	元	2.8800	2.8800
机械	履带式钻孔机ϕ700mm	台班	0.1500	0.0900
	混凝土振捣器（插入式）	台班	0.1600	0.1600

（5）附录、附件或附表。定额的最后一个组成部分就是附录、附件或附表，有建筑机械台班费用标准表；砂浆、混凝土、三合土、灰土等配合表；脚手架费用标准表；建筑材料、成品、半成品场内运输及操作损耗系数表；建筑材料名称及规格表（用以作为材料换算和补充计算预算价格之用）。

2. 费用标准

费用标准共有两册：

《火力发电工程建设预算编制与计算规定（2013年版）》简称《发电预规》，适用于单机容量50～1000MW级的燃煤发电工程、燃气—蒸汽联合循环发电工程；《电网工程建设预算编制与计算规定（2013年版）》，简称《电网预规》，适用于 35～1000kV 交流输变电工程、±800kV 及以下直流输电工程和换流站工程。

上述两册费用标准简称《预规》，主要构成包括建筑安装工程费用的构成、其他费用的构成、各项费用计算方法和计价标准、建设预算项目及费用性质划分、估算概算和预算的编制办法、进口设备工程预算编制办法、成品深度及表现形式等主要内容。

其他费用包括建设场地征用及清理费、项目建设管理费、项目建设技术服务费、启动试运费、生产准备费、大件运输措施费、基本预备费等。

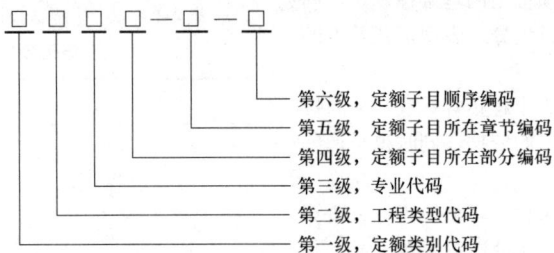

图 4-1 定额的项目编码

第一级为定额类别代码，用英文字母表示："Z"表示估算指标，"G"表示概算定额，"Y"表示预算定额，"X"表示西藏定额或检修工程预算定额，"P"表示配电网工程预算定额，"C"表示拆除工程预算定额。

第二级为工程类型代码，用英文字母表示"F"代表发电工程，"B"代表变电工程。

第三级为专业代码，用英文字母表示："T"代表建筑工程专业（基建），"J"代表热机专业（基建）或建筑工程专业（技改、检修、拆除），"D"代表电气专业（基建），"Q"代表电气专业（技改、检修、拆除），"X"代表输电线路专业，"S"代表调试专业，"Z"代表通信工程专业。

第四级为定额子目所在部分编码，用阿拉伯数字顺序表示。

第五级为定额子目所在章节编码，用阿拉伯数字顺序表示。

第六级为定额子目顺序编码，用阿拉伯数字顺序表示。

如 ZBT1-2-5 表示估算指标变电工程建筑第一部分第二章第 5 条的定额子目；GD2-55 表示基建概算定额电气设备安装工程第二章第 55 条的定额；GQ2-55 表示技改概算定额电气设备安装工程第二章第 55 条的定额；CJ2-55 表示拆除预算定额土建工程第二章第 55 条的定额。

2. 费用标准

《电网工程建设预算编制与计算规定》无编码。

第二节 定额使用方法

电力建设工程定额常用的计价定额主要有估算指标、概算定额、预算定额以及配套费用标准。

《电力建设工程估算指标》（以〔2017 年版〕为例，下同）共分两卷、六册。第一卷为《火力发电工程》，

（二）定额的编码构成

1. 估算指标、概算定额、预算定额

定额的项目编码为六级编码，如图 4-1 所示。

包括《第一册 建筑工程》《第二册 热力设备安装工程》《第三册 电气设备安装工程》。第二卷为《输变电工程》，包括《第一册 变电建筑工程》《第二册 变电电气设备安装工程》《第三册 输电线路工程》。

《电力建设工程概算定额》（以〔2013 年版〕为例，下同）共分五册，即《第一册 建筑工程》《第二册 热力设备安装工程》《第三册 电气设备安装工程》《第四册 调试工程》《第五册 通信工程》。

《电力建设工程预算定额》（以〔2013 年版〕为例，下同）共分为七册，即《第一册 建筑工程（上册、下册）》《第二册 热力设备安装工程》《第三册 电气设备安装工程》《第四册 输电线路工程》《第五册 调试工程》《第六册 通信工程》《第七册 加工配置品》。

《电力工程/电网工程建设预算编制与计算规定》（以〔2013 年版〕为例，简称《预规》，下同）对电网工程建设预算的费用构成与计算、费用性质划分、建设预算编制方法以及建设预算的计价格式等进行了规定，不单独使用，与电网建设工程投资估算指标、概算定额、预算定额配套使用。

以下对主要专业估算指标、概算定额、预算定额以及费用标准的使用方法进行分类介绍。

一、估算指标

（一）建筑工程

《电力建设工程估算指标（2016 年版） 第一卷 火力发电工程 第一册 建筑工程》（简称"本册指标"），包括燃煤发电厂（热电厂）、燃气—蒸汽联合循环（简称"燃机"）电厂静态投资综合指标、系统（单项）建筑工程指标、单位建筑工程指标、独立子项建筑工程指标。

本册指标适用于燃煤发电厂（热电厂）单机容量 300MW 级、600MW 级、1000MW 级机组新建或扩建

工程和燃气—蒸汽联合循环电厂燃气轮机为 E 级、F 级机组新建或扩建工程。本册指标价格取定与 2013 年版概算定额相同，其中建筑设备价格按照 2016 年价格水平综合取定，实际应用中可根据工程实际，进行调整。指标中建筑体积、建筑面积、建筑长度工程量计算规则，执行《电力建设工程预算定额（2013 年版）第一册　建筑工程（上册）》附录 A 和附录 B。

静态投资综合指标为工程综合指标，是根据工程类别、规模，以完整的典型工程为标准，综合考虑建厂条件、方案布置、技术标准等因素，按照发电厂和发电容量为计量单位形成指标。主要用于编制系统规划投资。静态投资为 2016 年价格水平。

系统（单项）建筑工程指标是根据项目划分，以工艺流程为主线，考虑专业设计分工，按照发电容量、系统出力等为计量单位形成指标。主要用于编制初步可行性研究投资估算。单位建筑工程指标是根据项目划分，以相对独立的设计文件为主体，考虑项目管理界面，按照建筑工程量（建筑体积、面积、长度、个数等）为计量单位形成指标。它主要用于编制可行性研究投资估算。

独立子项建筑工程指标是根据可行性研究设计深度，以实体工程量为主体，考虑相关的施工要素，按照实体工程量为计量单位形成指标。它主要用于编制可行性研究投资估算时需要调整或独立计算的工程项目。

（二）热力设备安装工程

1. 第一部分　系统（单项）热力设备安装工程

第一章　热力系统

本章指标由锅炉本体、风机、除尘装置、制粉系统、烟风煤管道、锅炉其他辅机、汽轮发电机本体、汽轮机附属机械及辅助设备、旁路系统、除氧给水装置、汽轮机其他辅机、热力系统汽水管道、热网系统设备及管道、热力系统保温及油漆、分系统及整套启动调试、特殊调试（含性能调试）等热力系统单位工程指标组合而成。

（1）热力系统指标按照机组容量、炉型、主蒸汽参数、冷却方式、煤质等设置子目。

（2）指标的单位为 kW，装机容量按照汽轮机在纯凝运行工况下发电机的额定铭牌出力计算。

第二章　燃料供应系统

本章内容包括火力发电厂围墙内完整的燃料供应系统指标。

（1）场外皮带输煤的燃料供应系统指标的范围包括煤场机械、皮带上煤系统、碎煤系统、水力清扫系统、油罐及燃油供应系统。未包括厂外皮带与原煤取样系统。

（2）汽车卸煤系统的燃料供应系统指标的范围包括汽车卸煤设施及称重系统、煤场机械、皮带上煤系统、碎煤系统、水力清扫系统、油罐及燃油供应系统。

（3）循环流化床输煤系统还包括石灰石输送系统。

第三章　除灰系统

本章内容包括火力发电厂围墙内完整的除灰系统指标。其中循环流化床机组除灰系统未包含石子煤处理系统。

第四章　水处理系统

本章指标由锅炉补给水处理系统、凝结水精处理系统、循环水加药处理系统、给水炉水校正处理系统、汽水取样系统、厂区管道、化学系统保温及油漆、分系统及整套启动调试等单位工程指标组合而成。其中，化学系统按照机组容量、主蒸汽参数、冷却方式种类等不同执行指标。中水预处理系统、海水制氯系统、海水淡化系统执行单位工程指标。

第五章　供水系统

本章指标由主机冷却系统、辅机冷却系统、循环水管道等供水系统单位工程指标组合而成。其中，供水系统按照机组容量、主机冷却方式执行相应指标。补给水系统按照围墙外 1m 为界，未包括厂外补给水泵房及管道。

第六章　脱硫系统

本章指标由吸收剂制备、储存及供应系统，吸收塔系统、烟气系统、浆液疏排系统、石膏处理及浆液回收系统、废水处理系统、公用系统、脱硫系统管道、分系统及整套启动调试等脱硫系统单位工程指标组合而成。

第七章　脱硝系统

本章指标由 SCR 反应器、催化剂、氨制备供应系统、氨喷射系统、分系统及整套启动调试等脱硝系统单位工程指标组合而成。其中，脱硝系统按照液氨、尿素制氨气法设置子目。

第八章　附属生产工程

本章指标由制氢系统、空压机系统、油处理系统、车间检修设备、启动锅炉、综合水泵房、试验室、工业废水处理系统、生活污水处理系统、含油污水处理系统、含煤废水处理系统、消防系统、雨水泵房、厂区其他工业水管道等附属生产系统单位工程指标组合而成。

第九章　燃气—蒸汽联合循环发电机组

本章指标内容为燃气—蒸汽联合循环发电机组 F 级、E 级工程估算指标，包括热力系统调压站系统、化水系统、供水系统、附属生产工程等设备安装（调试）工程。本指标暂不考虑的热网工程、脱硝系统、补给水工程，工程需要时执行二级子目单位工程相应指标。

（1）本章指标由设备费、装置性材料费、安装工程费组成。

（2）本章热力系统指标包括燃机发电机组、余热锅炉、蒸汽轮发电机组及其附属设备汽水管道、保温及调试工程。

（3）本章燃料供应系统指标包括调压站、增压站设备及调（增）压站至厂区燃气管道。

（4）本章水处理系统指标包括锅炉补给水系统、凝结水精处理系统、循环水处理系统、给水炉水校正系统、厂区化水管道及调试工程。E 级燃气—蒸汽联合循环发电机组不考虑凝结水精处理。

（5）本章供水系统指标包括循环水泵房及泵房内管道、冷却塔设备、厂区循环水管道及其防腐工程。

（6）本章附属生产工程指标包括的空压机系统、制氢系统、油处理系统、车间检修设备、燃气启动锅炉、综合水泵房、试验室设备、环保配套设施、消防系统及系统管道。E 级燃气—蒸汽联合循环发电机组不包括制（供）氢系统。

（7）调（增）压站、水处理系统、供水系统及附属生产工程指标综合考虑了 F 级联合循环机组单轴、一拖一多轴及二拖一多轴的机组类型，E 级联合循环机组一拖一多轴及二拖一多轴的机组类型，执行指标时均不做调整。

2. 第二部分 单位热力设备安装工程

第一章 热力系统

本章内容包括锅炉本体、风机、除尘装置、制粉系统、烟风煤管道、锅炉其他辅机、汽轮发电机本体、汽轮机附属机械及辅助设备、旁路系统、除氧给水装置、汽轮机其他辅机、热力系统汽水管道、热网系统设备及管道、热力系统保温及油漆、分系统调试及整套启动调试、特殊调试等热力系统单位工程指标。

（1）锅炉指标包含锅炉本体试验、酸洗、燃油、除盐水、蒸汽管道吹洗临时管道安装与拆除等费用。选用指标时锅炉重量与指标中的重量不同时，可按独立子项工程中的锅炉本体子目调整安装费。

（2）除尘装置选用指标时除尘器重量与指标中的重量不同时，可按独立子项工程中的除尘装置子目调整安装费。

（3）烟风煤管道指标包含冷风道、热风道、烟道、原煤管道、送粉管道等相关费用。

（4）热力系统汽水管道按照主蒸汽管道、再热蒸汽热段管道、再热蒸汽冷段管道、主给水管道、中低压汽水管道、直接空气冷排汽管道设置子目。热力系统汽水管道指标包含上述管道的相关费用，不含保温油漆费用。

（5）热网系统设备指标包含热网循环水泵及电动机、热网补水泵及电动机、热网加热器、热网循环水泵及电动机（含液力耦合器）、热网加热器疏水泵及

电动机、热网补充水泵及电动机、热网定压泵及电动机、低压除氧器及水箱、滤水器、检修设备、热网站内管道等费用。厂区热网管道适用于厂区围墙外 1m 内的管道，管道不含保温油漆费用。

（6）分系统及整套启动调试调试指标包含锅炉、汽机分系统及整套启动调试费用。特殊调试指标包含内容如下。

1）1000MW 机组：炉热效率、炉最大出力、炉额定出力、断油最低出力、制粉系统出力、磨煤机单耗、机组热耗、轴系振动试验、汽轮机最大出力、汽轮机额定出力、机组供电煤耗测试、机组 RB 试验、污染物排放监测试验、噪声测试、散热测试、粉尘测试、除尘器效率试验、发电机额定负荷温升试验、发电机最大出力试验、发电机定子绕组端部固有振动频率测试及模态分析、发电机定子绕组及引出线水测量试验、给水、减温水调节阀漏流量与特性试验、单侧辅机运行调整、冷炉空气动力场试验。

2）600MW 机组：炉热效率、炉最大出力、炉额定出力、断油最低出力、制粉系统出力、磨煤机单耗、机组热耗、轴系振动试验、汽轮机最大出力、汽轮机额定出力、机组供电煤耗测试、机组 RB 试验、污染物排放监测试验、噪声测试、散热测试、粉尘测试、除尘器效率试验、发电机额定负荷温升试验、发电机最大出力试验、发电机定子绕组端部固有振动频率测试及模态分析、发电机定子绕组及引出线水测量试验。

3）300MW 机组：炉热效率、炉最大出力、炉额定出力、断油最低出力、制粉系统出力、磨煤机单耗、机组热耗、轴系振动试验、汽轮机最大出力、汽轮机额定出力、机组供电煤耗测试、机组 RB 试验、污染物排放监测试验、噪声测试、散热测试、粉尘测试、除尘器效率试验、发电机额定负荷温升试验、发电机最大出力试验、发电机定子绕组端部固有振动频率测试及模态分析、发电机定子绕组及引出线水测量试验、给水、减温水调节阀漏流量与特性试验、单侧辅机运行调整、冷炉空气动力场试验、供热系统调试。

4）F、E 级联合循环机组：炉热效率、炉最大出力、炉额定出力、断油最低出力、机组热耗、轴系振动试验、汽轮机最大出力、汽轮机额定出力、机组 RB 试验、污染物排放监测试验、噪声测试、散热测试、发电机额定负荷温升试验、发电机最大出力试验、供热系统调试（F 级联合循环供热机组有此项）。

第二章 燃料供应系统

本章内容包括卸煤系统、储煤系统、皮带机上煤系统、碎煤系统、水力清扫系统、燃油系统、燃气系统及厂外输煤系统等燃料供应系统单位工程指标。

（1）翻车机、底开车及汽车来卸煤指标均按单一来煤方式、满足 2 台机组系统用量考虑的，未考虑多

种方式组合的卸煤系统。当卸煤系统不是单一形式来煤时，可根据来煤比例套用其他相应子目，并根据实际工程量调整主要设施工程量。火车来煤卸煤指标中未考虑机车头的设备费。其中：

1）翻车机卸煤系统包括整套翻车机卸煤设备，即翻车机及其调车系统、轨道衡、振动煤篦、活化给煤机、火车入厂煤采样装置及检修起吊设施等。

2）底开车卸煤系统包括轨道衡、火车入厂煤采样装置、叶轮给煤机、挡煤帘及检修起吊设施等。

3）自卸汽车卸煤系统包括整套汽车卸煤设备，即汽车衡、叶轮给煤机、汽车入厂煤采样装置、挡煤帘、振动煤篦及检修起吊设施等。

（2）储煤系统指标包括储煤设备、检修起吊设备。其中：

1）斗轮堆取料机包括两台斗轮堆取料机及推煤机、装载机及检修起吊设施等。

2）圆形煤场堆取料机包括堆取料机、推煤机、装载机、活化给煤机及检修起吊设施等。直径120m圆形煤场设备是按照新建2座圆形煤场为1套进行编制的，当新建1座圆形煤场时，执行指标时可具体调整相关设备数量；直径110m圆形煤场设备是按照新建1座为1套进行编制的，当新建2座时，执行指标时可具体调整相关设备数量。

3）筒仓设备包括布料机、给煤机、筒仓保护装置、惰性气体发生装置。筒仓设备是按照新建1座筒仓为1套进行编制的，当新建多座筒仓时，除惰性气体发生装置其他执行指标时乘以筒仓座数。筒仓设备指标中不包括电梯。

4）本章指标不包括储煤系统中堆取料机的重型轨道（包括在建筑工程指标内）。

（3）上煤系统其他设备指标是按照新建2台机组为1套进行编制的，其中包括皮带秤、犁式卸料器、锁气器、电动三通挡板、头部伸缩装置、入炉煤采样装置、循环链码标定装置、输煤一次元件、胶带修补机、胶带硫化机、检修起吊设施等设备以及平台扶梯。当执行本指标时，原则上不因设备的增减进行调整。

（4）双曲线落煤管指标包括双曲线落煤管，落煤管指标包括落煤管和落煤管陶瓷衬板等。

（5）碎煤机系统指标包括碎煤机、滚轴筛、除铁器、检修起吊设施（循环流化床锅炉还包括细碎机和细筛机）等设备以及平台扶梯。碎煤机系统指标是按照2台机组配2台碎煤机设备为1套进行编制的。

（6）厂外输煤系统中管状带式输送机指标包括管状带式输送机、中间构架和支架等。长距离曲线带式输送机指标包括长距离曲线带式输送机、中间构架、支架以及防雨罩等。厂外输煤系统指标未考虑跨桥、跨路等超高情形及转运站等，当有上述情况时可根据

实际情况增加相应设施及调整钢结构工程量。

（7）调压站工程包括供气末站出口，至燃机前置模块入口（含启动锅炉）燃料入口接口之间的所有的设备、各单元之间连接管道和阀门，含进口单元、过滤单元、加热单元、计量单元、调压单元、出口单元、放散、疏液系统及设备等。增压站工程包含增压机、流量测量装置、放散塔等。

第三章　除灰系统

本章内容包括除渣系统、石子煤系统、气力除灰系统、除灰系统管道以及干灰分选系统等除灰系统单位工程指标。

（1）除渣系统指标包括湿式除渣系统、干式除渣系统、高效浓缩机系统和除渣系统管道。其中：

1）湿式除渣系统包括刮板捞渣机、渣仓、冷却水平衡系统、电动葫芦、立式排污泵以及相应的管道和平台扶梯。

2）干式除渣系统包括风冷式排渣机、干灰散装机、湿式搅拌机、真空压力释放阀、排气过滤器、电动葫芦以及相应的管道和平台扶梯。

3）高效浓缩机系统按 $\phi15m$、$\phi10m$ 和 $\phi8m$ 进行划分，每套指标含两台浓缩机。

4）干式排渣斗式提升机系统（循环流化床锅炉）包括埋刮板输送机、斗式提升机、钢制底渣仓、搅拌机、散装机、抑尘系统等。

（2）灰场机械：包括灰场平整、碾压及喷洒水车等设施，不包括石膏堆卸。灰场喷洒水设备管道子目包括升压泵及高压清洗装置、水箱等。

第四章　水处理系统

本节内容包括锅炉补给水系统、凝结水处理系统、循环水处理系统、给水炉水校正处理系统、中水处理系统、海水淡化系统、水质净化系统、厂区管道、分系统调试及整套系统调试单位工程指标。

（1）超滤处理系统为生水箱入口至清水泵出口之间的设备及安装费，含生水箱、生水泵、双滤料过滤器、反洗水泵、反洗风机、超滤装置、超滤清洗装置、清水箱、清水泵及配套加药装置等。

（2）反渗透处理系统为反渗透装置至淡水泵出口之间的设备及安装费，分为一级反渗透装置和二级反渗透装置，一级反渗透装置含反一级渗透保安过滤器、高压泵、一级反渗透装置、RO给水泵、清洗水泵、清洗过滤器等；二级反渗透装置含二级反渗透保安过滤器、高压泵、二级反渗透装置、淡水箱、淡水泵设备等。

（3）一级除盐加混床处理系统及电除盐处理系统为淡水泵出口至除盐水泵之间的设备及安装费，一级除盐加混床处理系统含离子交换器、除盐水箱、除盐水泵、计量装置、除碳装置、加药装置、树脂填料、

检修设备等；电除盐处理系统含 EDI 除盐装置、除盐水箱、除盐水泵、计量装置、加药装置、检修设备等。

（4）补给水处理系统管道适用于超滤、反渗透、除盐系统内设备之间的连接管道及阀门。

（5）前置过滤器加高速混床处理系统适用于湿冷及间接空冷机组，前置过滤器加阴阳分床处理系统及粉末树脂覆盖过滤器加高速混床处理适用于直接空冷机组，粉末树脂覆盖过滤处理系统适用于亚临界直接空冷机组。

（6）加药处理系统适用于循环水加酸、加氯、加稳定剂等循环水加药处理方式，指标含一种处理方式的加药装置及管道阀门；2 机合用 1 套。

（7）石灰石深度处理系统含加消石灰、加凝聚剂、加氯、加硫酸 pH 调整系统、脱水机等设备及管道阀门。浸没式生物加强超滤处理系统含超滤装置、加药装置等设备及管道阀门。

（8）海水淡化系统按照低温多效蒸发淡化处理系统、多级反渗透海水淡化处理系统执行指标。其中：

1）低温多效蒸发淡化处理系统含 MED 及附属设备、淡水 pH 调节加药装置等装置内设备及管道阀门，不包括海水预处理。

2）多级反渗透海水淡化处理系统含海水多级反渗透淡化处理系统内设备及管道阀门，不包括海水预处理。

（9）厂区管道按照材质不同分别执行厂区碳钢管道、厂区衬塑管道、厂区不锈钢管道指标。厂区管道适用于化水车间外 1m 至主厂房外 1m 的管道。

（10）分系统及整套启动调试指标包含补给水、废水处理、加药取样、化学碱洗酸洗、凝结水精处理及其他化学系统调试，包含整套启动调试。

第五章 供水系统

本节内容包括凝汽器冷却系统、厂内外循环水管道及补给水管道、厂外补给水系统单位工程指标。

（1）直接空冷系统包含冷却风机（含变频）、空冷凝汽器管束及联箱、管束 A 支撑架、单元分隔墙、清洗装置、蒸汽分配管、起重设备及严密性试验。空冷凝汽器管束为铝制，冷却风机为普通轴流风机。

（2）间接空冷系统包含间接空冷散热器、清洗设备、水箱及间冷塔内其他设备及阀门管道。

（3）机力通风冷却塔包含冷却风机及其配套设备。

（4）直接空冷系统、间接空冷系统以系统散热器面积"m²"为计量单位计算工程量，机力通风冷却塔以"台"为计量单位计算工程量。

（5）厂区围墙 1km 外施工管道的降效及机械增加，按超过围墙 1km 外部分人工和机械费的定额乘以系数 1.1 计算。

第六章 脱硫系统

本章内容包括吸收剂制备储存及供应系统、吸收塔系统、烟气系统、浆液疏排系统、石膏处理及浆液回收系统、废水处理系统、公用系统、脱硫系统管道、防腐、分系统及整套启动调试等脱硫系统单位工程指标。

（1）吸收剂制备、储存及供应系统选用指标时防腐面积与指标中的面积不同时，可按独立子项工程中的防腐子目调整安装费。

（2）脱硫烟道指标包含防腐费用。

（3）废水处理系统指标包含废水处理系统成套设备及安装费用、不含脱硫废水零排放费用。

（4）脱硫系统管道指标包含管道费用，不含保温油漆费用。

第七章 脱硝系统

本章内容包括 SCR 反应器、催化剂、SCR 钢架、氨制备供应系统、氨喷射系统、燃机脱硝装置、分系统调试、整套启动调试等脱硝系统单位工程指标。

（1）SCR 反应器指标包含 SCR 反应器壳体、内部支撑结构、蒸汽吹灰器、检修设备等相关费用。催化剂指标包含催化剂、单轨吊、手动平板车等相关费用。

（2）SCR 钢架指标包含钢结构、平台扶梯等费用。

（3）燃机脱硝装置按配 F 级联合循环机组设置子目。

第八章 附属生产工程

本章内容包括辅助生产工程、附属生产安装工程、环境保护设施与监测装置、消防系统、雨水泵房、厂区其他工业废水管道单位工程子目。

（1）附属生产安装工程包括化学试验室、金属试验室、电气试验室、热控试验室、环保试验室、劳动监测站、安全教育室，各指标均含试验室仪器及设备费。

（2）消防泵房包含柴油机消防泵、电动消防泵、消防稳压泵、泵房内其他设备及管道。

（3）厂区其他工业水管道适用于除各系统、各厂房管道外的厂区其他生产用水管道、服务水管道、废水排水管道等厂区管道。

第九章 燃气—蒸汽联合循环发电机组

本章内容包括燃气轮发电机本体、燃气轮发电机组本体附属设备、余热锅炉本体、余热锅炉附属设备、蒸汽轮发电机组本体、旁路烟囱、蒸汽轮发电机组辅助设备、旁路系统、蒸汽轮发电机组其他辅机等单位工程指标。各指标包含设备购置费和安装直接工程费。

（1）燃气轮发电机本体工程包含燃气轮机、发电机、整套空负荷试运费等。

（2）燃气轮发电机组本体附属设备包括天然气前置装置、天然气过滤装置、二氧化碳灭火保护装置、水清洗装置等，设备购置费仅包含起吊设备、其余设备按随主机配供考虑。

（3）余热锅炉本体工程包含余热锅炉本体、出口钢烟道、钢制烟囱、本体管道、本体油漆、本体平台扶梯、分部试验及试运工程等。

（4）蒸汽轮发电机组本体工程包含，蒸汽轮机、发电机、汽轮机充油、试运蒸汽和除盐水。

燃气—蒸汽联合循环由燃气轮机＋蒸汽轮机＋余热锅炉组合而成，本估算指标编制只考虑不补燃余热锅炉联合循环，分 F 级、E 级两种出力形式，机组配置的形式主要如下：

燃气轮发电机本体、燃气轮发电机组本体附属设备是以"套"为单位计算工程量，每套为一台机组。

3. 第三部分　独立子项热力设备安装工程

本部分内容包括锅炉本体、除尘装置、防腐、烟气换热器、凝汽器等独立子项工程指标。

（1）锅炉本体不分机组容量设置一个子目。指标中已综合考虑了钢炉架、钢炉架油漆、炉本体的含量。

（2）除尘装置按照电除尘器、电（布）袋除尘器设置两个子目。指标适用于不同的锅炉容量。

（三）电气设备安装工程

本册估算指标适用于燃煤发电厂（热电厂）单机容量 1000、600、300MW 级机组新建或扩建工程、燃气—蒸汽联合循环电厂燃气轮机为 F 级、E 级机组新建或扩建工程。

估算指标由系统（单项）电气设备安装工程指标、单位电气设备安装工程指标、独立子项电气设备安装工程指标三级指标构成。

（1）系统（单项）电气设备安装工程指标中，设备购置费按照含税价计算，直接工程费按照不含税价计算。

（2）系统（单项）电气设备安装工程指标除各章另有说明外，原则上按照"综合系数法"调整其价差，有关价差调整执行电力工程造价与定额管理总站相关文件规定。

（3）工程设计主要工程量与指标主要工程量不同时，结合主要技术条件，可以根据单位电气设备安装工程指标或独立子项电气设备安装工程指标进行调整。

（4）单位电气设备安装工程指标，是根据项目划分，以实体工程量为主体，考虑施工界面的划分，按照机组、台、间隔、项、千米、吨为计量单位形成指标，主要用于编制可行性研究投资估算。

（5）单位电气设备安装工程指标中，直接工程费（含装置性材料费）按照不含税价计算，设备购置费按照含税价计算。

（6）单位电气设备安装工程指标列出的主要设备、主要材料，原则上可以按照"实物量单价法"调整其价差，指标中没有列出的设备、材料原则上按照"综合系数法"调整其价差。有关价差调整执行电力工程造价与定额管理总站相关文件规定。

（7）执行单位电气设备安装工程指标时，工程设计主要工程量与指标主要工程量不同时，结合主要技术条件，可以根据独立子项电气设备安装工程指标进行调整。

（8）独立子项电气设备安装工程指标，是根据可行性研究设计深度，以实体工程量为主体，考虑相关的施工要素，按照米/三相、回、台等为计量单位形成指标。主要用于编制可行性研究投资估算时需要调整的工程项目。

（9）独立子项电气设备安装工程指标不作为独立编制可行性研究投资估算的依据，仅作为补充、调整系统（单项）电气设备安装工程指标和单位电气设备安装工程指标使用。

（10）独立子项电气设备安装工程指标基价与单位电气设备安装工程指标基价相同。

（11）本册指标中以"机组"为单位的子目，是按照全厂新建两台机组工程量平均一台的工程量编制；本册指标中以"项"为单位的子目，是按照全厂新建两台机组工程量编制。

（12）本册各级指标中均包含单体调试。系统（单项）工程指标包含分系统调试、整套调试和特殊试验，执行指标时不做调整。

（13）工程中设备型号和参数、DCS 点数、闭路电视点数与指标不同时，原则上可以调整设备费，安装费不做调整。

（四）输电线路工程

输电线路工程估算指标适用于 1000、750、500、330、220、110kV 交流架空输电线路工程；±1100、±800、±660、±500kV 直流架空输电线路工程及换流站与接地极站相连接的架空接地极线路工程；与架空输电线路同步架设的 OPGW 光缆线路工程；电压等级为 500、330、220、110kV 电缆输电线路工程；与电缆输电线路同步敷设的管道光缆线路工程。

输电线路工程估算指标包括交流和直流架空输电线路及交流电缆输电线路静态投资综合指标、本体工程指标、分部工程指标、独立子项工程指标。

输电线路工程估算指标人工、材料、机械（含仪器仪表）消耗标准及预算价格水平与同期电力建设工程概算定额、预算定额一致。

输电线路工程估算指标中主要工程量是根据各地区有代表性、不同类型工程的施工图阶段设计文件，按照概算定额或预算定额工程量计算规则计算形成。

输电线路工程估算指标中主要消耗量是在分析组

成估算指标工程量的基础上，通过概算定额或预算定额工料分析计算、汇总形成。材料消耗量包括施工损耗量（钢筋包括施工措施量）。

1. 静态投资指标

静态投资综合指标为工程综合指标，是根据工程类别、规模，以完整的典型工程为标准，综合考虑线路地形、气象条件、输送容量、技术标准等因素，按照输电线路路径长度为计量单位形成的指标，是估算指标中的一级指标，主要用于编制系统规划投资。

静态投资综合指标基价中包括本体工程费、辅助设施工程费、其他费用（含基本预备费），不包括特殊项目费用。

静态投资综合指标按照年度调整更新，随电力行业概预算定额年度价格水平调整文件一并发布实施，即静态投资由线路路径长度结合地形调整综合指标综合计算所得；地形调整综合指标由不同地形比例与各地形静态投资综合指标综合计算所得。

2. 本体工程指标

本体工程指标是根据项目划分，以电压等级为主线、以线路长度为计量单位形成的指标，是估算指标中的一级指标。主要用于编制系统规划投资及初步可行性研究投资估算。

本体工程指标基价中包括设备购置费、装置性材料费、直接工程费，不包括措施费、间接费、利润、编制基准期价差、税金、其他费用、基本预备费，编制投资估算时，设备购置费、装置性材料费、直接工程费以外投资应按照《电网工程建设预算编制与计算规定》计算。

本体工程指标中，设备购置费按照含税价计算，直接工程费、装置性材料费按照不含税价计算。

本体工程指标原则上按照"综合系数法"调整其价差，有关价差调整执行电力工程造价与定额管理总站相关文件规定。

执行本体工程指标时，工程设计主要工程量与指标主要工程量不同时，结合主要技术条件，可以根据二级指标（分部工程、独立子项）工程指标进行调整。

静态投资包括设备购置费、装置性材料费、直接工程费、措施费、间接费、利润、编制基准期价差、税金、其他费用、基本预备费。

设备购置费、装置性材料费、直接工程费=线路路径长度×地形调整综合指标

地形调整综合指标=∑地形比例×各地形本体投资综合指标

措施费、间接费、利润、编制基准期价差、税金、其他费用、基本预备费按《电网工程建设预算编制与计算规定》计算方法计算。

3. 分部工程指标

分部工程指标是根据项目划分，以相对独立的设计文件为主体，考虑项目管理界面，按照线路实体工程量（基础体积、杆塔重、线路长度、沟道净空体积、排管或顶管敷设长度等）为计量单位形成的指标，是估算指标中的二级指标。分部工程指标主要用于编制可行性研究投资估算。

分部工程指标基价中包括设备购置费、装置性材料费、直接工程费，不包括措施费、间接费、利润、编制基准期价差、税金、其他费用、基本预备费，编制投资估算时，应按照《电网工程建设预算编制与计算规定》计算。

分部工程指标中，设备购置费按照含税价计算，直接工程费、装置性材料费按照不含税价计算。

分部工程指标列出的主要设备、装置性材料、建筑材料，原则上可以按照"实物量单价法"调整其价差，指标中没有列出的材料、设备原则上按照"综合系数法"调整其价差。有关价差调整执行电力工程造价与定额管理总站相关文件规定。

执行分部工程指标时，工程设计标准与指标不同时，结合主要技术条件，可以根据独立子项工程指标进行调整。

静态投资包括设备购置费、装置性材料费、直接工程费、措施费、间接费、利润、编制基准期价差、税金、其他费用、基本预备费。

设备购置费、装置性材料费、直接工程费均由线路路径长度结合地形调整综合指标综合计算所得；地形调整综合指标由不同地形比例与各地形本体投资综合指标综合计算所得。

措施费、间接费、利润、编制基准期价差、税金、其他费用、基本预备费按《电网工程建设预算编制与计算规定》计算方法计算。

4. 独立子项工程指标

独立子项工程指标，是根据可行性研究设计深度，以实体工程量为主体，考虑相关的施工要素，按照实体工程量（立方米、平方米、米、吨、个等）为计量单位形成的指标，是估算指标二级指标中的补充指标。主要用于编制可行性研究投资估算时需要调整或独立计算的工程项目。

独立子项工程指标不作为独立编制可行性研究投资估算的依据，仅作为补充、调整本体工程和分部工程指标使用。

独立子项工程指标基价为不含税、不包括取费基价。

输电线路工程估算指标与输电线路工程预算定额构成及关系比较见表4-2、表4-3。

表 4-2　　　　　　　　　　　　　　　线路估算指标与估算定额构成比较表

线路估算指标 | 线路预算定额

估算指标：

- 静态指标
  - 交流架空输电线路
    - 1000kV
    - 750kV
    - 500kV
    - 330kV
    - 220kV
    - 110kV
  - 直流架空输电线路
    - ±1100kV
    - ±800kV
    - ±660kV
    - ±500kV
    - 接地极线路
  - 电缆输电线路
- 本体指标
  - 交流架空输电线路
    - 1000kV
    - 750kV
    - 500kV
    - 330kV
    - 220kV
    - 110kV
  - 直流架空输电线路
    - ±1100kV
    - ±800kV
    - ±660kV
    - ±500kV
    - 接地极线路
  - 电缆输电线路
- 分部工程
  - 基础工程
  - 杆塔工程
  - 架线工程
  - 附件工程
  - 电缆安装
  - 电缆建筑
- 独立子项
  - 架空线路
  - 电缆线路

预算定额：
- 工地运输
- 土石方工程
- 基础工程
- 杆塔工程
- 架线工程
- 附件工程
- 电缆工程
- 辅助工程

表 4-3　　　　　　　　　　　　　　　线路估算指标与预算定额指标关系对比表

项目	估算指标	预算定额
定额设置	一级指标：静态、本体指标 二级指标：分部工程指标 补充使用指标：独立子项	分项和构件子目
适用范围	1000、750、500、330、220、110kV 交流架空线路，±1100、±800、±660、±500kV 直流架空线路，接地极线路，OPGW 光缆，500、330、220、110kV 电缆输电线路和与电缆输电线路同步敷设的管道光缆线路	35～1000kV 交流架空线路、±800kV 及以下直流架空线路和 35～500kV 电力电缆线路
对象	建设项目、单项工程、单位工程	分项工程、结构构件
用途	规划、初步可行性研究阶段投资匡算、可行性研究阶段投资估算	初步设计概算、施工图预算
项目划分	粗	细
提资深度	一级指标：导线型式及线路长度 二级指标：主要工程量指标	施工图图纸或与施工图图纸深度相当的工程量
主要编制基础	架空输电线路预算定额、材料预算价格、费用标准、标准施工图设计文件、价格水平调整文件、政府走廊赔偿等相关文件	架空输电线路劳动定额、材料定额、机械定额、标准施工组织设计文件

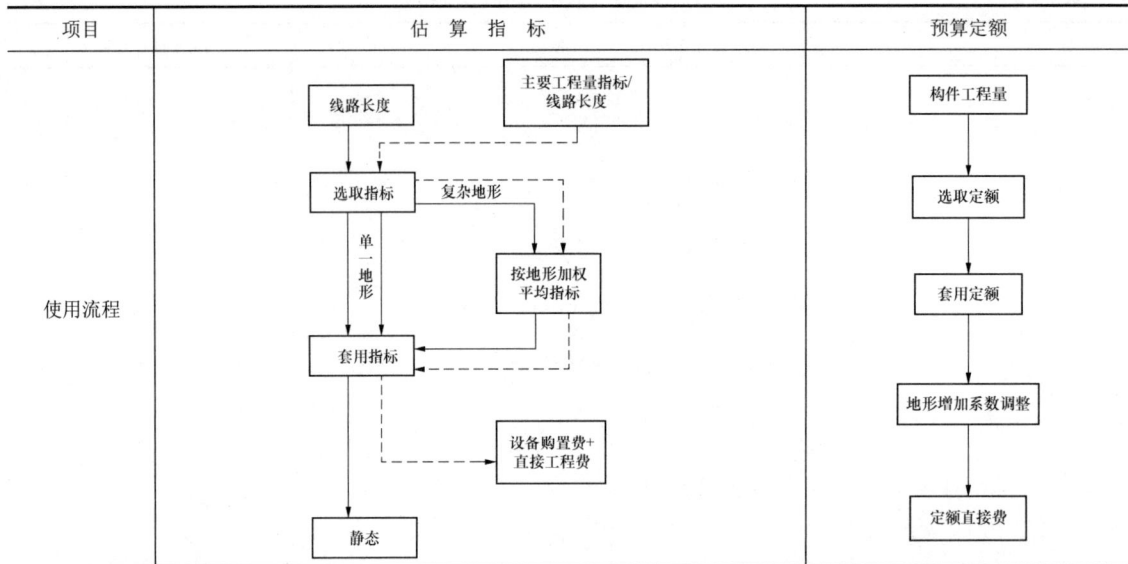

项目	估 算 指 标	预算定额
使用流程		

二、概算定额

（一）建筑工程

《电力建设工程概算定额 第一册 建筑工程》（简称本定额）共包含总说明、11 章详细概算定额子目及附录 A 三部分。

依据本定额的项目划分规定，确定工程内容所属定额章节，根据工作内容（一般为分项工程）所属定额子目，依据该章说明、计算规则对应的规定，确定定额所包含的工作范围、工程量及计算方法，正确套用定额子目，计算工程量并最终确定定额合价。

本定额适用于单台汽轮发电机发电容量 50～1000MW 级机组新建或扩建工程和变电电压等级 35～1000kV 新建或扩建工程、换流站新建或扩建工程、通信站新建或扩建工程、串补站新建或扩建工程。上述工程以外的项目可以参照执行。

除另有说明外，本定额第 2 章中钢筋混凝土基础工程、第 4 章楼面与屋面工程、第 7 章钢筋混凝土结构工程、第 9 章构筑物工程（除含土方与基础的变配电构支架、灰场工程）不包括钢筋费用，应按照第 7 章第 9 节钢筋定额子目单独计算，定额中以未计价材料的形式列出了不包括钢筋费用子目的钢筋参考用量。其他章节子目均包括钢筋费用，工程实际用量与定额含量不同时，不做调整。除另有说明外，定额中包括预埋铁件费用，工程实际用量与定额含量不同时，不做调整。

1. 第 1 章 土石方与施工降水工程

本章定额适用于区域平整、建筑物与构筑物的土石方工程、施工降水工程（除坝体工程、冲填工程、堆载预压工程）。

2. 第 2 章 基础与地基处理工程

本章定额包括条形基础，独立基础，筏形、箱形基础，设备基础，地基处理等内容。基础与地基处理定额中，不包括特殊防腐费用。当地下水含有硫酸盐等腐蚀性物质时，混凝土外表面刷防腐剂、钢桩补表面加强防腐、采用耐腐蚀混凝上等特殊防腐的费用应根指设计的要求单独计算。

3. 第 3 章 地面与地下设施工程

本章定额包括主厂房各车间地下设施、阀厅与配电室地下设施、半地下建筑地面、复杂地面、普通地面等内容。

4. 第 4 章 楼面与屋面工程

本章定额包括楼板与平台板、屋面板、屋面保温、屋面防水、楼面面层、天棚吊顶等内容。

5. 第 5 章 墙体工程

本章定额包括外墙、内墙、隔断墙、墙体装饰等内容。墙体定额包括砖石、加气混凝土块、硅酸盐砌块、轻骨料混凝土墙板、金属墙板、苯板等不同材料的墙体。当墙体中的雨篷悬挑宽度大于 1.2m 时，其整个雨篷板按照钢筋混凝土悬臂板定额另行计算。

墙体工程中不包括门窗安装，门窗安装按照第 6 章相应的定额另行计算。围墙、防火墙、抑尘墙、隔声墙工程执行第 10 章相应定额。

6. 第 6 章 门窗工程

本章定额包括不同材质的门、窗、窗护栏等内容；适用于建（构）筑物的门窗工程（第 9 章构筑物工程定额中主体工程包括的门窗除外）。

7. 第 7 章 钢筋混凝土结构工程

本章定额适用于建（构）筑物的钢筋混凝土框架、梁柱、悬臂板、墙、底板工程（除第 9 章与第 10 章构筑物外），以及全厂（站）各单位工程钢筋与铁件工程。

8. 第 8 章 钢结构工程

本章定额适用于建（构）筑物的钢结构工程（除第 9 章、第 10 章构筑物外）。烟囱、冷却塔、变电构支架、管道支架等钢结构工程不在本章范围内，应执行第 9 章、第 10 章定额。

9. 第 9 章 构筑物工程

本章定额包括输煤、除灰构筑物，水工构筑物，烟囱与烟道，变、配电构支架，避雷针塔、灰场等内容。本章定额适用于输煤系统中的输煤地道、输煤栈桥、地下转运站、卸煤沟地下部分、翻车机室地下部分、储煤筒仓，除灰系统中灰库、石灰石筒仓，供水系统中的冷却塔、沉井、循环水沟渠、供水管道，容积大于 500m³ 水池、热力系统中的烟囱、烟道、烟道支架；变配电工程中的构支架、避雷针塔，灰场工程中的灰坝、灰场排水工程。输煤地下煤斗执行地下转运站定额，脱硫、脱硝工程根据构筑物的结构形式参照相应的定额执行。本章定额是以主要构筑物的混凝土结构为主体进行编制的，非本章列举的构筑物不能执行本章定额。

10. 第 10 章 厂（站）区性建筑工程

本章主要内容为厂（站）区建筑工程定额，适用于厂（站）区道路与地坪、围墙与大门、支架与支墩、沟（管）道与隧道、井池、挡土墙与护坡、护岸工程。本章定额是以厂（站）区性构筑物工程为主体进行编

制的，非本章列举的项目不能执行本章定额。

11. 第 11 章 室内给水、排水、采暖、通风、空调、除尘及建（构）筑物照明、防雷接地、特殊消防工程

本章定额包括室内给水、排水、采暖、通风空调、除尘、建（构）筑物照明与防雷接地、特殊消防安装等内容；适用于建（构）筑物室内给排水（含常规水消防）、采暖、通风空调、除尘以及建（构）筑物照明与防雷接地、特殊消防工程。室外消防管道工程执行第 10 章沟管道定额。

（二）热力设备安装工程

适用于单机容量为 50～1000MW 级火力发电厂、单机容量为 36～275MW 燃气—蒸汽联合循环电厂和燃气轮机简单循环电厂新建或扩建的热力设备安装工程。

1. 使用方法

（1）依据项目划分规定，确定工程内容所属定额章节，根据工作内容（一般为分项工程）所属定额子目，依据该章说明、计算规则对应的规定，确定定额所包含的工作范围、工程量及计算方法，正确套用定额子目，计算工程量并最终确定定额合价。

（2）本定额配套使用装置性材料综合预算价格，工程量以设计需要量为准。

（3）分系统试运行（水压、酸洗、吹管）、循环流化床锅炉烘炉时燃油及除盐水每一台机组的使用量按表 4-4 计列。

表 4-4　　　　　　　　　　水压、酸洗、吹管、烘炉时燃油及除盐水使用量表

参　数	数　值					
机组容量等级（MW）	50	135	250	300	600	1000
燃油使用量（t）（循环流化床锅炉烘炉增加量）	134（140）	332（240）	534（320）	739（400）	1450	1698
除盐水使用量（t）	11660	19880	29400	35000	52500	73500

注 1. 表中燃油使用量是按常规的点火方式，按两台机组用油量的平均值取定。
　　2. 管道冲洗所需蒸汽（折算为燃油）或除盐水包括在总量内。
　　3. 当工程为以下情况时，应做如下调整：
　　（1）600MW 级机组为亚临界时，分系统试运燃油使用量按表 4-4 相应数量减少 12%；
　　（2）300MW 机组为超临界时，分部试运燃油使用量按表 4-4 相应数量增加 12%；
　　（3）当工程设计采用挥发分不大于 5% 的无烟煤时，按本表数量相应数量增加 10%；
　　（4）新建、扩建一台机组时，燃油用量按相应规定数量增加 10%；
　　（5）采用等离子及其他节油点火方式时，燃油用量按相应规定数量乘以系数 0.2 计算；
　　（6）锅炉与汽轮机数量不同时，按锅炉台数计算。

（4）蒸汽管道吹洗临时管道使用量按表 4-5 计列。

表 4-5　蒸汽管道吹洗临时管道使用量

机组容量（MW）	50	135	250	300	600	1000
管道使用量（t）	15	30	55	78	152	260

注 临时管道为未计价材料，表 4-5 中所列使用量为一台机组的全部使用量，临时管道的费用按四次摊销在未计价材料价格中体现。

2. 各章节使用要点

（1）第 1 章 锅炉机组安装。本章包括锅炉本体组合安装、锅炉本体分部试验及酸洗，风机安装，除尘装置安装，制粉系统安装，烟、风、煤管道安装，锅炉辅助设备安装等。

除上述内容外未包括以下内容：

1）锅炉之间以及锅炉与厂房之间的联络平台扶

梯安装锅炉炉墙敷设、保温及保温面油漆；锅炉紧身封闭等需单独计价。

2）除尘装置中由制造厂扩大供货的烟道安装，应另执行烟、风、煤管道安装相应子目；由制造厂供货的电气装置安装；保温油漆等需单独计价。

3）制粉系统的蒸汽消防管道安装及原煤管道上空气炮的压缩空气气源管道安装等需单独计价。

（2）第2章 汽轮发电机组安装。本章包括汽轮发电机组本体安装、汽轮机附属机械及辅助设备安装、旁路系统安装、除氧器及水箱安装、起重设备安装、水泵安装等。

除上述内容外未包括以下内容：

1）汽轮发电机组油系统的汽轮机油充油量（含滤油损耗）见表4-6，按设备性材料对待。

表4-6　　汽轮发电机组油系统充油数量

容量（MW）	50	100	125	200	300	600	1000
充油量（t）	18	22	26	26	50	80	112

2）工字钢轨道安装，适用于机务专业设计的项目，定额中未包含工字钢的材料费。

（3）第3章 热力系统汽水管道安装。

1）包括管道、管件、阀门、支吊架、阀门传动装置等的安装，热处理及无损检验，并包括管道的冲洗。

2）对于随锅炉厂供货的部分主蒸汽管道、再热热段蒸汽管道、再热冷段蒸汽管道、主给水管道等安装，根据管道安装工作范围分别按厂供主蒸汽、再热热段、再热冷段、主给水等项目计算工程量。

（4）第4章 热网系统安装。

1）包括热网站设备安装、热网站管道及热网厂区管道安装。

2）热网加热器按不同换热面积，以"台"为计量单位。

3）热网站内管道及热网厂区管道安装，以"t"为计量单位。

（5）第5章 炉墙敷设及保温油漆。包括锅炉炉墙耐火耐磨材料、保温材料、填料、抹面材料、密封材料的安装；全厂范围内设备及管道的保温；炉墙及保温工程热态测试、炉墙敷设脚手架搭拆工作。

1）锅炉炉墙敷设按不同锅炉出力等级、设备管道的保温按其材质划分子目，以"m"为计量单位。

2）保温外抹面和设备管道缠玻璃丝布不含搭接的面积。

3）设备管道油漆以"m²"为计量单位。

（6）第6章 燃料供应系统安装。

1）翻车机室成套设备安装子目包括翻车机、给煤机、各种起重机设备及各种支承梁的安装。碎煤机不分设备型号，统一按设备出力设置定额子目。碎煤机安装子目中包括减震装置的安装。

2）皮带机系按整台机长度10m考虑的，实际长度不同时，可另执行皮带机中间构架定额。皮带机中间构架定额每节长度按12m考虑，不足12m时，按增加一节计算。

3）皮带机的安装，按皮带的宽度，以"套/10m"为计量单位。

除上述内容外未包括以下内容：

1）叶轮给煤机不包括轨道安装，需要时，另执行第2章有关子目。

2）钢制燃油罐的制作安装需另行计价。

3）属电气安装的各种信号装置（如胶带跑偏开关、煤流信号、堵煤信号、双向拉绳开关等）的安装需另行计价。

（7）第7章 除灰系统安装。本章包括碎渣、除渣、除石子煤设备安装，冲洗除尘水系统设备及管道安装，除灰（渣）泵房设备及管道安装，气力除灰系统设备及管道安装。

1）捞渣机含液压关断门的安装，渣的输送距离不同时，定额不作调整。

2）水力除石子煤设备安装包括4台石子煤斗、8台水力喷射器、1台刮板捞石子煤机的安装。

3）机械除石子煤设备安装包括6台石子煤斗、1台石子煤仓、1台斗式提升机、3台振动输送机及1台排污泵的安装。

4）气力除灰系统管道安装子目适用于任何容量机组，包括电除尘器气力除灰管道，省煤器下除灰管道，除灰空压机房管道，气化风机房及气化风管道，卸灰管道，脉冲反吹管道，厂区气力除灰管道等。

5）室外除灰管道安装不包括油漆或防腐的工作内容。

（8）第8章 化学水处理系统安装。本章包括预处理系统设备安装、补充水除盐系统设备安装、凝结水处理系统设备安装、循环水处理系统设备安装、给水炉水校正处理设备安装、水处理系统管道安装。

1）循环水加酸、加氯处理系统及凝汽器铜管镀膜成套设备安装子目适用于任何容量机组，不调整。

2）设备内部各种填料需单独报价。

（9）第9章 供水系统安装。包括泵房内管道安装、供水设备安装、焊接钢管安装、钢骨架复合管安装、管道防腐、直接空气冷却系统设备安装、间接空冷散热器系统设备安装、机力通风冷却塔设备安装。

1）供水管道安装已综合考虑了阀门的安装。

2）直接空冷管束A支撑架、单元分隔墙及蒸汽分配管安装子目适用于任何容量机组，不调整。

3）间接空冷系统中所包括的水泵、水箱和管道等项目可参照本册其他章节中相关定额执行。补充水泵、清洗水泵安装根据泵结构形式、电动机容量执行水泵安装相应定额；充氮装置安装根据设备出力与储罐容量执行空压机安装相应的定额；膨胀水箱、储存水箱安装执行相应容量的除氧器安装定额。

4）未包括室外压力水管道钢管外壁防腐、钢管内壁的特殊防腐，需要时应另执行本章有关子目。

5）未包括间冷塔百叶窗执行机构电气控制部分的安装、调试。

（10）第10章　脱硫系统安装。包括石灰石浆液制备系统安装、吸收塔系统安装、烟气系统安装、石膏脱水及储存系统安装、事故排放系统安装、脱硫废水处理系统安装、脱硫系统管道安装、脱硫设备及烟道防腐。

1）石灰石卸料装置包括石灰石卸料斗入口至石灰石储仓入口全部设备及金属结构的安装。

2）石灰石仓制作安装指石灰石仓入口至石灰石下料口止全部设备及金属结构的制作安装。它包括仓壳体金属结构、金属支架、平台及扶梯配制、组合、安装，壳体外壁、金属支架、平台及扶梯的油漆。

3）湿式制浆系统指石灰石下料口（含石灰石下料阀）至石灰石浆液泵出口止除石灰石浆液箱外的全部设备的安装。它包括石灰石下料阀、称重给料机、皮带输送机、湿式球磨机、磨机浆液箱、磨机浆液箱搅拌器、磨机浆液泵、石灰石浆液水力旋流器、石灰石浆液箱搅拌器、石灰石浆液泵的设备组合、安装；随设备供货的地脚螺栓及框架、金属支架、管道、阀门及平台、扶梯和栏杆等安装。

4）干式制粉系统指石灰石下料口（含石灰石下料阀）至石灰石浆液泵出口止除石灰石浆液箱、石灰石粉仓外的全部设备的安装。

5）吸收塔本体制作安装指吸收塔烟气入口法兰至吸收塔烟气出口法兰止金属结构的制作安装。

6）吸收塔内部装置安装包括支撑件、塔内除雾器、喷淋层、喷嘴等全部内部件（含FRP内部件、合金钢内部件）的安装和内部连接的各类管道的安装。

7）烟气换热器（GGH）安装包括烟道法兰至吸收塔法兰及除雾器出口法兰止换热设备及其金属结构的安装。

8）脱硫烟道安装包括脱硫岛内烟道系统中包括膨胀节、挡板门在内的全部烟道组件的安装。

9）石膏脱水系统：石膏浆液旋流器至石膏仓（库）入口全部设备的组合、安装。

10）脱硫废水处理系统安装包括脱硫废水处理系统成套设备安装。

11）湿式制浆系统安装按湿磨机出力和磨机数量划分，以"套"为计量单位，分为2（4）炉公用1套系统，1套系统配置2（3）台湿磨机等情形。干式制粉系统安装按磨机出力和磨机数量划分，以"套"为计量单位，分为2（4）炉公用1套系统，1套系统配置1（2）台干磨等情形。

12）吸收塔内部装置安装以"套"为计量单位，吸收塔内部装置全部按设备供货考虑，以入塔烟气对应的锅炉容量和三层喷淋层为1套，当设计的喷淋层数发生变化时，每增减一层，相应定额基价增减20%。

13）烟气换热器（GGH）安装按GGH换热面积，以"套"为计量单位。

14）脱硫烟道安装综合统一考虑，以"t"为计量单位，包括脱硫岛内烟道系统中包括膨胀节、挡板门在内的全部烟道组件的安装。

15）事故排放系统安装以"套"为计量单位，定额按2炉公用一套事故排放系统考虑，若为4炉公用一套事故排放系统，相应定额基价增加40%。

除上述内容外未包括以下内容：

1）石灰石卸料斗及格栅按设备供货，不包含衬里防腐施工及材料费用。

2）不包含仓内衬里防腐施工及材料费用。

3）浆液箱、搅拌器衬里防腐施工及材料费用；石灰石浆液箱制作安装，其费用计算按设计图纸和相应定额规定。

4）石灰石粉仓、石灰石浆液箱制作安装，其制作安装费按设计图纸和相应定额规定。

5）不包含粉仓内衬里防腐施工及材料费用。

6）不包括箱内衬里防腐施工及材料费用。

7）吸收塔内衬防腐、保温及除防腐底漆外的油漆。

8）吸收塔内部搅拌器的安装。

9）搅拌器的防腐衬里施工的费用及材料费用。

10）除雾器内部件的安装，壳体衬里防腐施工及材料费用。

11）除雾器壳体衬里防腐施工及材料费用。

12）不包含壳体衬里防腐施工及材料费用。

13）地脚螺栓及框架费用。

14）烟道内壁衬里防腐施工及材料费用。

15）箱罐组合安装后的衬里防腐施工及材料费用、设备之间的连接管道安装及保温、油漆费用。

16）壳体衬里防腐施工及材料费用。

17）不包括箱内衬里防腐施工及材料费用。

18）排水坑、事故浆液箱及搅拌器衬里防腐施工及材料费用、设备之间的连接管道安装及保温、油漆；事故浆液箱的制作安装，其费用计算按设计图纸和相应定额规定。

19）不包括箱内衬里防腐施工及材料费用、设备之间的连接管道安装及保温、油漆费用。

20）不包括管道及阀门的保温及油漆费用。

21）吸收塔内搅拌器的防腐和衬里防腐材料费用。

（11）第 11 章 脱硝系统安装。本章包括脱硝区装置安装、氨制备供应系统安装。

1）脱硝区其他装置安装包括除脱硝反应器和催化剂模块外的全部设备的安装，包括氨气—热空气混合器、稀释风机、喷射格栅、喷嘴、吹灰器、起吊设施安装；设备本体的安装、就位，随设备供应的混合器、加热器、烟道的连接管道、阀门和附件等的安装。

2）制氨区装置安装包括液氨卸料压缩机组安装、液氨储罐、液氨蒸发器、氨气缓冲罐、氨气稀释罐、氮气存储罐、液氨供应泵、废水泵、废水加热器的安装，随设备供应的平台扶梯、连接管道、阀门和附件等的安装。

3）催化剂模块安装以"m³"为计量单位。

4）制氨区装置安装以 2 炉或 4 炉公用一套制氨系统，按系统所配设备以"套"为计量单位，执行定额时按配备的液氨储罐容积大小选用定额子目。

除上述内容外未包括以下内容：

1）脱硝区钢支架、平台扶梯、烟道的安装。

2）各种罐按照设备成品供货考虑，不包括设备之间的连接管道安装及保温、油漆。

（12）第 12 章 附属生产工程设备及管道安装。本章包括机、炉、输煤检修间设备安装；空气压缩机室设备及管道安装；制氢站设备及管道安装；油处理室设备及管道安装；露天油库设备安装；启动锅炉房设备及管道安装。

1）空气压缩机室设备安装包括空压机、各种气罐、净化干燥装置、电加热装置、起重设备、罗茨风机等的安装，但不包括冷却水及其连接管路安装。

2）制氢站设备安装包括制氢设备、各种气罐及起重设备安装，系统试运转，但不包括气体分析仪器、仪表的安装。

3）启动锅炉房设备安装包括锅炉本体及本体范围内的管道、阀门、管件、仪表、水位计等附件的安装；与锅炉配套的附属机械、辅助设备及相关的配件、附件的安装；锅炉水压试验、风压试验、烘煮炉、蒸汽严密性试验、安全阀校验，以及上述各种试验相关的安装工作。

（13）第 13 章 燃气—蒸汽联合循环机组安装。本章包括燃气轮发电机组及其附属设备安装；余热锅炉及其附属设备安装；凝汽式蒸汽轮发电机组安装；重油处理站、天然气调压站设备安装。

1）燃气轮发电机间（本体）安装包括发电机、励磁机、发电机冷却系统、密封油系统的设备安装。

2）燃用液体燃料附属设备安装包括轻（重）油前置装置、轻（重）油加热装置、轻（重）油过滤装置、抑钒装置、双联滤网、二氧化碳灭火保护装置、闭式冷却水装置、水—水热交换装置、冷却风机装置、注水装置、水清洗装置、清洗水箱、排污装置的安装。

3）燃用气体燃料附属设备安装包括天然气前置装置、天然气过滤装置、二氧化碳灭火保护装置、闭式冷却水装置、水—水热交换装置、冷却风机装置、注水装置、水清洗装置、清洗水箱、排污装置的安装。

4）燃气轮发电机组整套空负荷试运包括燃气轮发电机组整套空负荷试运（包括附属设备启动投入、暖管、暖机、升速、超速试验；调速系统动态试验和调整；配合发电机的电气试验，以及停机后的清扫检查等）。

5）燃气—蒸汽轮发电机组（同轴）整套空负荷试运包括：燃气—蒸汽轮发电机组（同轴）整套空负荷试运（包括附属设备启动投入、暖管、暖机、升速、超速试验；调速系统动态试验和调整；配合发电机的电气试验，以及停机后的清扫检查等）。

6）余热锅炉本体安装包括钢结构、出口钢烟道、平台、扶梯、栏杆、其他金属结构、受热面、汽包、本体管道、本体油漆。

7）余热锅炉本体分部试验及试运包括风压或烟气密闭试验、蒸汽严密性试验及安全门调整、水压试验、碱煮或酸洗。

8）凝汽式蒸汽轮发电机组整套空负荷试运包括凝汽式蒸汽轮发电机组整套空负荷试运行（包括各附属机械启动投入、暖管、暖机、升速、超速试验、调整系统动态试验，配合发电机的电气试验，以及停机后的清扫、检查等）。

9）天然气调压装置安装包括变频离心式压缩机、旋风分离装置、计量装置、过滤分离装置、调压装置检查，垫铁与基础接触面凿平、垫铁配置、吊装就位与安装，设备本体的管道及支撑吊架安装，设备本体的平台、栏杆、扶梯安装；水压试验，气密性试验；随设备供应的附件和一次仪表安装。

燃气轮发电机组整套空负荷试运行（液体燃料时）所消耗的液体燃料及除盐水按表 4-7 数量计列。

表 4-7 燃气轮发电机组整套空负荷试运行（液体燃料时）所消耗的液体燃料及除盐水量表

机组容量（MW）	单位	燃油（t）	除盐水（t）
36～56	套	43	70
115～130	套	100	85
145～165	套	126	95

燃气轮发电机组、燃气—蒸汽轮发电机组（同轴）整套空负荷试运行（气体燃料时）所消耗的气体燃料及除盐水按表4-8数量计列。

表4-8　燃气轮发电机组、燃气—蒸汽轮发电机组（同轴）整套空负荷试运行（气体燃料时）所消耗的气体燃料及除盐水量表

机组容量（MW）	单位	天然气（万 Nm³）	蒸汽（t）	除盐水（t）
36～56	套	4.536		70
115～130	套	10.530		85
145～165	套	13.365		95
230～275	套	22.275		155
360～420（同轴）	套	22.275	3608	180

余热锅炉本体水压试验、碱煮或酸洗、蒸汽严密性试验时蒸汽、除盐水使用量按表4-9的数量计列。

表4-9　余热锅炉本体水压试验、碱煮或酸洗、蒸汽严密性试验时蒸汽、除盐水使用量

蒸发量	单位	项　目	蒸汽（t）	除盐水（t）
60～70	台炉	水压试验、碱煮、蒸汽严密性试验	55	1300
170～210	台炉	水压试验、碱煮、蒸汽严密性试验	150	3650
170～210	台炉	水压试验、盐酸酸洗、蒸汽严密性试验	160	4100
170～210	台炉	水压试验、乙二胺四乙酸（EDAT）酸洗、蒸汽严密性试验	230	2860
360～420	台炉	水压试验、盐酸酸洗、蒸汽严密性试验	235	6100
360～420	台炉	水压试验、EDAT 酸洗、蒸汽严密性试验	340	4230

凝汽式蒸汽轮发电机组启动空负荷试运行所消耗的蒸汽及除盐水按表4-10数量计列。

表4-10　凝汽式蒸汽轮发电机组启动空负荷试运行所消耗的蒸汽及除盐水参照表

机组容量（MW）	单位	蒸汽（t）	除盐水（t）
10～18	套	650	35
20～30	套	1200	65

（三）电气设备安装工程

《电力建设工程概算定额　第三册　电气设备安装工程》（简称本定额）适用于单机 50～1000MW 火力发电工程，燃气—蒸汽联合循环发电工程、35～1000kV 变电（串补）工程、±800kV 及以下换流工程的电气安装工程。

1. 使用方法

（1）依据本定额的项目划分规定，确定工程内容所属定额章节，根据工作内容（一般为分项工程）所属定额子目，依据该章说明、计算规则对应的规定，确定定额所包含的工作范围，工程量及计算方法，正确套用定额子目，计算工程量并最终确定定额合价。

（2）本定额配套使用装置性材料综合预算价格，工程量以设计需要量为准。

（3）采用装置性材料预算价时，在计算用量时需要计入损耗量，见表4-11。

表4-11　　未计价材料损耗率

序号	材料名称	损耗率（%）	序号	材料名称	损耗率（%）
1	裸软导线（铜线、铝线、钢线、钢芯铝绞线）	1.3	11	螺栓	2.0
2	绝缘导线	1.8	12	绝缘子类	2.0
3	电力电缆	1.0	13	一般灯具及附件，刀开关	1.0
4	控制联电缆、通信电缆	1.5	14	塑料制品（槽、板、管）	5.0
5	硬母线（铜、铝、槽母线）	2.3	15	石棉水泥制品、砂、石	8.0
6	拉线材料（钢绞线、镀锌薄钢板）	1.5	16	油类	1.8
7	金属板材（钢板、镀锌薄钢板）	4.0	17	灯泡	3.0
8	金属管材、管件	3.0	18	灯头、灯开关、插座	2.0
9	型钢	5.0	19	电缆头套件	5.0
10	金具	1.5	20	桥架	0.5

注　绝缘导线、电缆、硬母线、裸软导线，其损耗率不包括未连接电气设备、器具而预留长度，也不包括各种弯曲（包括弧度）而增加的长度，这些长度均应计算在工程量的基本长度中，已基本常速为基数而计入损耗量。

（4）66kV 无相应定额子目的可按照 110kV 定额子目调整系数 0.88，154kV 可按照 220kV 定额子目调整系数 0.9。

（5）本定额不包括电器设备（如电动机等）带动机械设备的试运转；不包括表计修理和面板修改、翻新、设备修复、更换后的重新安装及调试；不包括为了保证安全生产和施工所采取的措施费用。

2. 各章节使用要点

（1）第 1 章 发电机及除尘器电气。本章定额包括发电机电气与除尘器电气安装两大项目。除上述外未包括内容，例如，接地电缆（线）、接地材料，基础槽钢、铁构件制作中所用到的钢材（角钢、扁钢、圆钢、槽钢）网门制作中的各种钢材和镀锌材料费。

（2）第 2 章 变压器。本章包括变压器、箱式变电站、电抗器、消弧线圈等安装项目。

使用要点：包含设备单体调试工作内容。

除上述外未包括内容，例如，设备连接导线、金具，接地材料，基础槽钢、铁构件和网门制作安装中的钢材和镀锌材料费。

（3）第 3 章 配电装置。本章包括各类断路器、组合式电器、隔离开关、互感器、避雷器、电容器、熔断器、放电线圈、阻波器、结合滤波器、成套高压配电柜、集合式并联电容器、自动无功补偿装置等配电装置的安装。配电装置定额按设备类型设置子目。

除上述外未包括内容，例如，设备连接到导线、金具、接地材料、悬垂绝缘子、散热器、基础槽钢、帖构件和网门制作安装中的钢材和镀锌材料费。

（4）第 4 章 母线、绝缘子。本章包括支柱绝缘子、穿墙套管、软母线、带形母线、槽形母线、管形母线、封闭母线安装工作。

除上述外未包括内容，例如，封闭母线、带形母线、槽形母线、软母线、管形母线、管形母线衬管、阻尼导线、母线伸缩头、支柱绝缘子、绝缘子串、穿墙套管、金具、绝缘热缩管、接地材料、基础槽钢合铁构件制作中的钢材和镀锌材料费。

（5）第 5 章 控制、继电保护屏及低压电器。本章包括发电厂和变电站控制、保护盘台柜，高、低压成套配电柜，铁构件及保护网制作安装等项目。

除上述外未包括内容，控制保护盘台柜、高压成套配电柜和低压成套配电柜中的接地引下线材料、基础槽钢和铁构件制作中的镀锌材料费。

（6）第 6 章 交直流电源。本章包括蓄电池组、免维护蓄电池、交直流配电屏、事故保安电源、不停电电源等设备安装项目。

除上述外未包括内容，例如，接地引下线、支架、基础槽钢和铁构件制作中的钢材和镀锌材料费。

（7）第 7 章 起重设备电气装置。本章包括抓斗式起重机电气、轮式度取料机电气、滑触线等设备安装项目。

除上述外未包括内容，例如，滑触线、基础槽钢

和铁构件制作中的钢材和镀锌材料费。

（8）第 8 章 电缆。本章包括全厂（站）电缆敷设、电缆支（桥）架安装、电缆防火等项目。

除上述外未包括内容，例如，电力电缆、控制电缆、电缆保护管及接头、6kV 及以上电缆头、电缆支架、电缆桥架、阻燃槽盒、防火隔板、防火堵料、防火涂料、防火包、防火墙、接地材料、基础槽钢和铁构件制作中的钢材和镀锌材料费。

（9）第 9 章 照明及接地。本章包括照明设备安装、全厂（站）接地、深井接地埋设、电子设备防雷接地装置安装等项目。

除上述外未包括内容，例如，灯具、插座、接线盒、电线管及管件、电缆（线）、支架、电杆、接地母线、降阻剂、接地模块、接地极、石墨电极、电子设备防雷接地装置、基础槽钢和铁构件制作中的钢材和镀锌材料费。

（10）第 10 章 自动控制装置及仪表。

1）分散控制系统：包括数据采集（DAS）、模拟量控制（MCS）、顺序控制（SCS，含电气控制系统）、锅炉安全监控（FSSS）、汽轮机旁路控制（TBC）等功能子系统和分布控制系统（DCS）配套盘柜、就地设备仪表的安装、DCS 设备接地、盘柜配线、随设备配供联络线的安装、单体调试。

2）盘台柜：盘、台、柜及其自动控制、检测、报警等热工装置以及与装置相关的一次仪表的安装，盘柜设备接地，盘柜配线，随设备配供联络线的安装，单体调试。

3）工业闭路电视：监视主机、摄像机（头）及其附属、辅助设备的安装，电源、信号、控制电缆线及其配管的敷设、安装，单体调试。

4）烟气连续监测系统：分析盘柜及其装置以及与装置相关的一次仪表的安装，电源、信号、控制电缆线及其配管的敷设、安装，单体调试。

5）分散控制系统工程量计算时不分机组容量大小，均按 DCS 的 I/O 点总数（含电气控制）以"100 点"为单位计列，但不包括备用 I/O 点数。

6）盘台柜综合了主要的主厂房单项目自动控制装置和辅助车间自动控制装置，按主、辅厂房以"块"为单位计量，其数量范围包括自动控制装置盘、柜和操作盘、台，不计算保温（护）箱、电磁阀箱、就地电控柜（箱）等的数量。

7）热力配电箱不包括阀用控制箱和就地电控柜（箱）等的数量。

8）导线敷设按补偿导线和耐高温导线单根延长米计算，不计保护管的长度。

9）管路敷设按脉动管路和气源管路单根延长米计算，包括管件和阀门所占长度。

10）伴热电缆（管路）敷设按伴热电缆（管路）单根延长米计算。

除上述外未包括内容，例如，管材、仪表阀门、补偿导线、耐高温导线、电缆、保护管、伴热电缆、接地电缆（线）、管件（管接头、三通、弯头等）、基础槽钢和铁构件制作中的钢材和镀锌材料费。

（11）第 11 章　换流站设备。本章包括阀厅设备安装、换流变压器安装、交流滤波装置安装、直流配电装置安装、直流接地极安装、阀冷却系统安装等。

除上述外未包括内容，例如，导线、管形母线、带形母线、金具、绝缘子、光缆、光缆槽盒、光缆配件、设备接地引线等。阀厅内的接地材料和阀本体的冷却管道。直流接地极施工所用的电缆、馈电棒、混凝土盖板、焦炭、卵石、焊粉、模具。基础槽钢和铁构件制作中的钢材和镀锌材料费。

（四）通信工程

《电力建设工程概算定额　第四册　通信工程》（简称本定额）共有 15 章。本定额适用于电力专用的通信网、信息网及视频监控、电子围栏、门禁系统、输电线路在线监测、光纤入户等相关工程建设。

1. 使用方法

（1）本定额是由预算定额综合扩大而成，除定额规定可以调整或换算外，不因具体工程实际施工组织、施工方法、劳动力组织与水平、材料消耗种类与数量、施工机械规格与配置等不同而调整或换算。

（2）本定额中考虑的工作内容均包括设备接地、设备单机调试、设备组网联调。

（3）定额内不包括的工作内容：

1）管道支吊架、电缆桥架等金属构件的制作安装。

2）安装设备所需混凝土基础的浇制。

3）土石方工程、工地运输。

4）机房照明灯具、消防器材等的安装。

5）OPGW（光纤复合架空地线）光缆架设。

6）为了保证安全生产和复合环境要求而在施工过程中所采取特殊措施所发生的费用。

7）机房接地网及环形接地母线的制作安装。

2. 各章节使用要点

（1）光纤通信数字设备。本条包括光纤准同步数字（PDH）传输设备安装调测，光纤同步数字（SDH）传输设备、接口盘安装调测，SDH 网络管理系统、PDH 监控系统安装调测，数字通信通道调测，密集波分复用设备（DWDM）安装调测，密集波分复用设备（DWDM）系统通道调测，无源光网络设备安装调测，数字交叉连接设备安装调。未包括设备之间电缆（线）敷设、与外部通道相连的通信光缆敷设。

使用要点：

1）光功率放大器不论容量（波道）均执行此子目。

2）密集波分复用设备安装调测定额子目包括合波器、分波器的安装与调试。

3）光纤通信数字设备安装调测不得因长途、市话、场地、厂家的不同而调整。

4）压缩通道的脉码调制录音（PCM）设备（ADPCM）套用 PCM 设备子目。

5）安装调测密集波分复用设备的网络系统套用 SDH 网络系统定额子目。

6）转换器子目包括光转换器、协议转换器，使用时按实际套用。

7）在已有光端机上增加接口单元盘，除安装调测接口单元盘，套用相应的接口单元盘子目外，还需对已有光端机基本子架及公共单元盘进行调测，套用基本子架及公共单元盘子目。并且在同一台光端机上无论增加接口盘的数量、种类多少，都只套用一次基本子架及公共单元盘子目。

（2）同步网设备。包括通信数字同步网设备安装调测、变电站（电厂）数字同步设备安装调测。未包括设备之间电网（线）敷设。

使用要点：卫星接收设备子目包括了卫星接收机安装调测、卫星接收天线、馈线布放调测，不论天线、馈线长度均不调整。

（3）电力载波设备。包括电力载波设备安装调测、电力载波设备联调。

1）未包括电力载波高频电缆敷设；阻波器、滤波器、耦合电容器等结合设备的安装。

2）定额套用及调整。与电力载波设备配套的阻波器、滤波器、耦合电容器等载波高频通道加工设备、高频电缆安装套用相关子目。

（4）微波设备。包括抛物面天线安装调测、微波馈线、微波设备安装调测、微波数字段调试、全电路测试。

1）未包括避雷装置安装、铁构件制作安装、设备之间电缆（线）敷设。

2）定额套用及调整。微波馈线安装所应用的机械台班含在抛物面天线的（吊装）机械台班定额中。

（5）程控交换设备。包括程控电话交换设备安装调测、程控电话交换设备系统联调、电力调度程控交换机安装调测、电力调度程控交换机系统联调、软交换设备安装调测、软交换设备系统联调。

1）未包括设备电源电缆敷设、设备之间电缆（线）敷设。

2）不论长途、市话程控交换设备均执行同一标准，机柜、电源分配架等安装使用本定额相关子目。

3）用户集线器子目包括与电话交换机间的线缆连接。

4）电力调度台为综合子目，使用时不论是键盘型还是触摸屏型均不调整。

（6）会议电话、会议电视设备。包括会议电话设备安装及系统联调、会议电视设备安装及视频终端联网试验、会议电视系统联调。

1）未包括设备电缆及导线布放，分线设备的安装、摄像机、显示装置、调音台的安装调试。

2）设备连线机摄像机等辅助设备使用时套用本册其他章节相关子目。

（7）数据网设备。包括路由器安装调测、交换机安装调测、宽带接入设备安装调测、服务器安装调测、网络安全设备安装调测、数据存储设备安装调测、网络系统调试。

1）未包括设备连接线布放。

2）路由器按所处网络位置分为三类：

a. 接入层路由器位于网络的边缘，负责将流量馈入网络，执行网络访问控制，并且提供其他边缘服务；

b. 汇聚层路由器位于网络的中间，负责聚合网络路由，并且收敛数据流量；

c. 核心层路由器位于网络的核心，具有完整的路由信息，负责高速地运送数据流量。

3）低端网络交换机为二层网络交换机。中、高端网络交换机为三层网络交换机。

（8）监控设备、电子围栏、门禁系统。包括采集设备安装调测、视频管理机、监控管理设备安装调测及系统联调，通信动力环境监控设备安装调测，远端接入联调、输电线路监测装置安装调测、变电设备监测装置安装调测、扩音呼叫系统安装调测、显示装置、记录设备安装调测，电子围栏安装调测，门禁系统安装调测。

1）未包括安装支架制作安装、设备连接缆线、电源线敷设、光（电）缆敷设。

2）摄像机子目包括云台、照明灯（含红外）安装调测，且综合考虑了型号、安装方式，无特殊要求不得调整。

3）通信动力环境监控定额子目不包括采集设备的安装调测工作，使用时套用本章其他节相关子目。

4）门禁系统联调的控制点是指读卡器、键盘、电磁锁等。

5）数据采集器、集中器子目是指在导线、地线、绝缘子串、线夹等金具上安装数据采集器在铁塔、横担上安装数据采集器或数据集中器的安装调测。

（9）卫星通信甚小口径地面站(VAST)设备系统。包括中心站、站端设备安装调测，中心站站内环测及全网系统对测。

1）未包括设备电源电缆（线）敷设、室内—室外的连接电缆、铁构件制作安装。

2）天线安装调测套用本定额微波设备相关子目。

（10）通信电源设备。包括蓄电池安装调测、蓄电池在线监测设备安装调测、开关电源安装调测、配电设备安装调测、其他电源设备安装调测。

1）未包括电源线缆的布放连接、蓄电池安装支架的制作。

2）如在原有开关电源上扩容或更换模块，套用高频开关整流模块定额。

3）蓄电池选型为阀控式密封铅酸蓄电池，其他类型免维护蓄电池均使用本定额。

4）蓄电池安装调测已包括蓄电池补充电及蓄电池容量试验。

5）电源变换器不论是 AC/DC、DC/DC 变换均执行电源变换器子目。

（11）通信线路。包括架（敷）设光缆、架（敷）设音频电缆、音频电缆接续与测试、光缆单盘测试、光缆接续、光缆测试、光缆跨越。

1）未包括管道支吊架等铁构件制作安装，复合地线光缆（OPGW）缆架设，牵、张场场地建设。

2）成端电缆定额，适用于音频分配架及电缆交接箱、组线箱的成端接头。

3）电缆全程充气定额只适用于充气型市话电缆。

4）杆塔基础、土石方工程、工地运输、OPGW架设套用相关子目。

5）接续定额子目已含光缆接头盒或保护盒的安装及盘余缆。

6）光缆架设子目已含金具安装及余缆架设的安装。

7）中继光缆是指用于传输设备间中继连接的光缆，用户光缆是指用于用户和用户之间或用户与传输设备之间业务连接的光缆。

8）对于用户光缆除特殊需要外一般不再套用光缆单盘测试子目。

9）OPPC（相线复合光缆）安装套用《电力建设工程预算定额 第四册 输电线路工程》OPGW 光缆安装相关子目。

10）OPPC（相线复合光缆）光缆单盘测试套用本章 OPGW 光缆单盘测试相关子目。

11）OPGW、OPPC 复合光缆测试套用本章中继光缆测试相关子目。

12）揭盖盖板、开挖路面、保护管敷设等套用《电力建设工程概算定额 第三册 电气设备安装工程（2013 年版）》相关子目。

13）管道封堵、清理淤泥等套用《电力建设工程预算定额 第一册 建筑工程（2013 年版）》相关子目。

14）水泥杆立杆子目综合了不同类型水泥杆，使用时子目不调整。

（12）辅助设备及其他设备。包括电缆槽道、走线架、设备底座安装、机架、分配架安装、敞开式音频配线架安装、分线设备安装。

1）未包括内容：

a. 电缆槽道通过沉降缝、伸缩缝等特殊处理地带所增加的费用。

b. 电缆槽道支吊架制作安装。

c. 凿槽刨沟、打穿墙洞。

d. 设备底座的制作。

2）电缆槽道定额子目部分主槽道、过桥、汇流、垂直、对墙槽道，均执行统一定额标准。

3）分配架整架定额子目是按成套配置取定的包括机架安装，定额不分国产、引进执行同一定额标准。分配架扩容时应套用分配架子目。

（13）布放设备电缆。包括布放线缆、配线架布放跳线、放绑软光纤、线缆头制作、固定线缆、电源线缆。

1）未包括设备电缆布放不含设备内的布线。

2）布放线缆子目包含做头及试通，同轴电缆头为未计价材料。

（14）公共设备。包括通用计算机、打印机、扫描仪、传真机、电话机、信息模块、防雷模块、语音网关、投影机（含屏幕）。

未包括设备之间电缆（线）敷设。

电话机子目综合了电话机、IP 话机（含可视）、特殊电话机的安装调测。

（15）业务接入。包括电口业务、光口业务、以太网业务。其中，业务接入是指主站与业务端具体业务的割接、接入开通，不论中间经过多少转接均按一条业务计列。

三、预算定额

（一）建筑工程

《电力建设工程预算定额 第一册 建筑工程（上册、下册）（2013 年版）》（简称《2013 年版建筑预算定额》）是为了满足电力行建设工程造价管理需要，结合电力行业建设领域出现的"四新"（新材料、新设备、新工艺、新技术），根据法律、法规以及电力行业建设领域中的规程、规范及工程实际施工技术与方法，按照定额编制原则与管理体系编制的电力行业计价依据标准。

定额分上、下册，上册包含总说明、1～15 章详细预算定额子目及附录 A～附录 H 三部分；下册包含总说明及 16～22 章详细预算定额子目两部分。定额子目由定额编号、项目（名称）、单位、基价（含人工费、材料费、机械费）以及人工工日、计价材料、机械的详细含量。预算编制人员依据定额的项目划分规定，

确定工程内容所属定额章节，根据工作内容（一般划分到工序级别）所属定额子目，依据该章说明、计算规则对应的规定，确定定额所包含的工作范围、工程量及计算方法，正确套用定额子目并根据定额相关规定进行调整，计算工程量并最终确定定额合价。

1. 适用范围

本定额适用于单台汽轮发电机发电容量 50～1000MW 级机组新建或扩建工程和变电电压等级 35～1000kV 新建或扩建工程、换流站新建或扩建工程、通信站新建或扩建工程、串补站新建或扩建工程。上述工程以外的项目可以参照执行。

2. 定额消耗量和价格的确定

（1）关于人工。本定额人工等级分普通工（简称"普工"）和技术工（简称"技工"），不分工种以工日表示。人工单价允许按电力工程造价与定额管理总站发布的调整文件进行调整。由于人工单价形成要素不同以及日工作时间组成内容不同，各省市地区、各部委发布的人工费调整文件一律不作为电力行业定额人工费调整的标准。

（2）关于材料、半成品、成品。本定额包括材料、半成品、成品的场内运输费用。地坪面上的水平运输距离为 1km 以内，运距大于 1km 时费用另行计算。材料价格不包括材料、半成品、成品的检验试验费。材料价格按照 2013 年电力行业定额材机库中材料预算价格综合取定，材料单价允许按电力工程造价与定额管理总站发布的调整文件进行调整。

（3）关于施工机械（包括仪器仪表）台班。本定额施工机械台班单价中包括行走机械、吊装机械的操作司机人工费。加工机械、泵类机械、焊接机械、动力机械、仪器仪表等操作人工，含在相应定额子目的人工消耗量中。施工机械台班单价按电力工程造价与定额管理总站发布的调整文件进行调整。

3. 混凝土及砂浆施工费用调整

本定额中混凝土（除第 15 章灰场工程）是按照施工现场集中搅拌站制备考虑的，当工程采用施工现场搅拌机制备混凝土或购置商品混凝土时，按照本定额附录 D 相应的单价进行调整。当工程施工采用混凝土输送泵车浇灌时，混凝土材料单价按照附录 D9 进行换算，同时每立方米混凝土增加混凝土输送泵车（30m³/h 出力）0.01 个台班、减少普通工 0.16 工日。工程采用商品混凝土时，其商品混凝土增加费按照价差处理。在混凝土配合比中不包括由于施工工期或施工措施的要求额外增加的混凝土外加剂。

本定额中砂浆是按照施工现场搅拌机制备考虑的，当工程采用人工制备时不做调整；当采用商品砂浆时，按照价差处理。

4. 下册中有关费用的规定

材料或设备安装高度距离楼面或地面 5m 以上的工程，计算超高安装增加费。超高安装增加费按照相应定额人工费的 15% 计算，其中人工费 65%，材料费 30%，机械费 5%。下册中脚手架搭拆费按照单位工程人工费 5% 计算，其中人工费 40%，材料费 50%，机械费 10%。在建筑高度大于 20m 的建筑物内进行材料或设备安装时，应计算建筑超高安装增加费。建筑超高安装增加费按照表 4-12 计算，其中人工费 65%，材料费 20%，机械费 15%。单位工程安装与生产同时进行时，定额人工费增加 10%。

表 4-12　　建筑超高安装增加费计算表

计算标准（m）	30	40	50	60	70	80	90	100	110	120
按照人工费（%）	2	3	4	6	8	10	13	16	19	22

5. 第 1 章　土石方与施工降水工程

本章定额适用于区域平整、建（构）筑物（灰场工程除外）的土石方工程与施工降水工程。工程把土石方作为材料进行利用的项目（如筑坝、冲填、地基处理等）不执行本章定额。施工降水工程定额适用于施工地下工程时，出现地下水并需要排水引发的项目。不适用于施工期间由于降雨或其他地表积水需要排除的项目。

6. 第 2 章　地基与边坡处理工程

本章定额适用于建（构）筑物地基处理与全厂（站）边坡处理工程。挡土墙、护坡工程根据所用材质执行相应章节预算定额。

7. 第 3 章　砌筑工程

本章定额适用于建（构）筑物不同位置、不同砌筑材料的墙体、沟道、零星砌体工程。

8. 第 4 章　混凝土与钢筋、铁件工程

本章定额适用于建（构）筑物（除第 2 章、第 8 章、第 9 章、第 12 章、第 15 章）不同部位、不同施工方法的浇制或预制混凝土与钢筋混凝土工程，适用于全厂（站）钢筋、铁件、螺栓工程。

9. 第 5 章　金属结构工程

本章定额适用于建（构）筑物（除第 2 章、第 7 章、第 12 章）不同部位、不同成品加工方式的钢结构工程。购置成品钢结构的费用中包含钢结构除锈、防腐。现场加工配制的钢结构不包括除锈、防腐费用，应执行第 11 章油漆定额子目计算相应的费用。

10. 第 6 章　隔墙与天棚吊顶工程

本章定额适用于建（构）筑物不同部位、不同材质的隔墙（砌筑隔墙除外）与天棚吊顶工程，包括现场加工制作的隔墙与购置成品隔墙安装。

11. 第 7 章　门窗与木作工程

本章定额适用于建（构）筑物的门窗（第 12 章除外）工程。购置成品门窗的费用中包括除锈、防腐。现场加工制作的门窗不包括除锈、防腐费用，应执行第 11 章油漆定额子目计算相应费用。

12. 第 8 章　地面与楼地面工程

本章定额适用于建（构）筑物地面（室外地坪、道路除外）与楼面工程，适用于平面和立面的伸缩缝、防潮、防水工程。

13. 第 9 章　屋面工程

本章定额适用于建（构）筑物的屋面工程。找平层与隔气层根据材质执行第 8 章相应的定额。

14. 第 10 章　防腐、耐磨、屏蔽、隔声、抑尘工程

本章定额适用于建（构）筑物不同部位、不同材质的防腐（油漆防腐除外）、耐磨、绝热（屋面保温和隔热除外）、屏蔽工程，适用于冷却塔隔声墙和煤厂挡风抑尘墙。

15. 第 11 章　装饰工程

本章定额适用于建（构）筑物不同部位、不同材质的内外墙装修工程，适用于木结构、钢结构、抹灰面的油漆工程，适用于混凝土界面处理工程。

16. 第 12 章　构筑物工程

本章定额适用于构筑物的主体结构工程。构筑物的土方、钢筋、铁件、防腐（烟囱、冷却塔除外）、抹灰、油漆、钢结构（烟囱、冷却塔除外）、变配电构支架基础等工程执行前 11 章相应的定额。本章定额是按照构筑物项目进行子目划分与设置，与本册定额其他章节子目配套使用。凡是本章定额设置的子目均执行本章定额，本章定额未设置的子目执行其他章节定额子目。

17. 第 13 章　脚手架工程

本章定额适用于建（构）筑物工程在施工过程中所搭拆的不同形式、不同材质、不同位置的脚手架的工程。

18. 第 14 章　垂直运输及超高工程

本章定额适用于建筑高度大于 3.6m 的建筑物与构筑物的垂直运输，适用于高度大于 20m 超高降效工程。

19. 第 15 章　灰场工程

本章定额适用于不同结构形式、不同施工方法、不同材质坝体的灰场工程。海滩灰场护岸工程采用水路施工时，应参照执行交通部水运定额。

20. 第 16 章　给水与排水工程

本章定额适用于建（构）筑物室内外不同材质（混凝土管道除外）、不同施工方法、不同位置的给水与排水工程。工程室外采用混凝土管道排水时，执行《电

力建设工程预算定额 第一册 建筑工程（上册）（2013年版）》第12章钢筋混凝土管道相应的定额。室外管道安装定额不包括管道建筑（土方、基础、垫层等）工程，应执行《电力建设工程预算定额 第一册 建筑工程（上册）（2013年版）》相应的定额。生产类给水、排水管道执行《电力建设工程预算定额 第二册 热力设备安装工程（2013年版）》定额。

21. 第17章 照明与防雷接地工程

本章定额适用于建（构）筑物室内照明工程，适用于烟囱、冷却塔照明与接地工程。设备照明、室外场地照明、设备防雷接地、全厂（站）接地等执行《电力建设工程预算定额 第三册 电气设备安装工程（2013年版）》定额。

22. 第18章 消防工程

本章适用于建（构）筑物室内外不同位置、不同布置形式的水消防工程、特殊消防工程。

23. 第19章 消除尘工程

本章定额适用于建（构）筑物室内除尘工程。锅炉清扫、输煤系统真空清扫、输煤水冲洗等工程，执行《电力建设工程预算定额 第二册 热力设备安装工程（2013年版）》相应定额。

24. 第20章 通风与空调工程

本章定额适用于建（构）筑物室内通风、空调工程。

25. 第21章 采暖工程

采暖管道、阀门工程，执行第16章相应的定额；暖风器、换热器、热网系统设备及管道安装工程，执行《电力建设工程预算定额 第二册 热力设备安装工程（2013年版）》定额。

26. 第22章 防腐与绝热工程

本章定额适用于建筑物、构筑物室内外建筑设备与建筑管道的防腐、绝热工程。工艺系统设备、管道的防腐、绝热工程，执行《电力建设工程预算定额 第二册 热力设备安装工程（2013年版）》定额。

（二）热力设备安装工程

《电力建设工程预算定额 第二册 热力设备安装工程》（简称本定额）由总说明、章（含章说明）、节、定额子目组成。定额子目由定额编号、项目（名称）、单位、基价（含人工费、材料费、机械费）以及人工工日、计价材料、机械的详细含量，部分定额还包括未计价材料（如圆钢）含量等组成。适用于单机容量为50～1000MW级火力发电厂、单机容量为 36～275MW 燃气—蒸汽联合循环电厂和燃气轮机简单循环电厂新建或扩建的热力设备安装工程。

本定额包含总说明、15章详细预算定额子目两部分。

1. 使用方法

（1）依据本定额的项目划分规定，确定工程内容所属定额章节，根据工作内容（一般为分项工程）所属定额子目，依据该章说明、计算规则对应的规定，确定定额所包含的工作范围、工程量及计算方法，正确套用定额子目，计算工程量并最终确定定额合价。

（2）本定额配套使用装置性材料综合预算价格，工程量以设计需要量为准。

（3）本定额除各章节的说明外，还包括脚手架搭拆和超高增加因素。

（4）本定额除各章另有说明外，均未包括设备的联络平台、梯子、栏杆、支架安装；设备、管道保温和油漆；分部试运时调试专业人员工作。

2. 各章节使用要点

（1）第1章 锅炉机组安装。本章定额包括基础验收、纵横中心线校核、基础铲平、垫铁配制；设备开箱、清点、编号、分类、复核、运搬，制造焊口的抽验，校正、组合，焊接或螺栓连接，吊装、找正、固定；管件、管材及焊缝的无损检验（光谱、射线、超声波等），受热面焊缝的质量抽验；合金钢部件及厚壁碳钢管的焊前预热及焊后热处理；校管平台、组装平台及组合支架的搭拆、修整；组合件的临时加固及加强铁构件的制作；锅炉外装板安装；整体试验、点火、蒸汽严密性试验及安全门调整。

本章定额未包括以下内容：露天锅炉的特殊防护措施；炉墙砌筑、保温及保温面的油漆；设备本体底漆修补及表面油漆；管箱上防磨套管间的耐火可塑料浇灌工作；转子隔舱和外壳为散件供货时的现场拼装；重油及轻油点火管路、阀门的安装；排汽消音器的安装；制造厂供货的给水操作台阀门及管件的安装；制造厂供货的主蒸汽及再热蒸汽连接管段的安装；分离器内衬耐火耐磨材料的砌筑；燃油及等离子点火装置的附属设备与管道；废液中和池后的排放系统工程施工。

（2）第2章 锅炉附属机械设备安装。本章定额包括锅炉附属设备安装主要包括磨煤机、给煤机、给粉机、送风机、引风机、一次风机、空压机以及基础埋件等的安装。

本章定额未包括以下内容：电动机冷却风筒的制作、安装；冷却水管路安装；平台、扶梯、栏杆、地脚螺栓的配制；设备本体底漆修补及表面油漆；冷却水及其连接管路安装。

（3）第3章 烟、风、煤管道及锅炉辅助设备安装。本章定额包括测粉装置、煤粉分离器以及烟、风、煤管道安装；电除尘器、扩容器、消音器安装；其他金属结构及设备安装配套项目的安装；启动锅炉安装。

本章定额未包括以下内容：烟、风、煤管道的制作或烟、风道半成品（指按侧片交货）的组装；设备附件、风门、人孔门、防爆门、支吊架等的配制；设备的周围平台、梯子、栏杆、支架及防雨罩的配制；不随设备供货而与设备连接的各种管道安装；设备的保温及保温面的油漆；设备本体底漆修补及表面油漆；管道内部防磨衬里；制粉系统的蒸汽消防管道安装；测粉装置的加工、配制；防爆门引出管的配制、安装；灰斗下方的导向挡板、落灰管的配制；排汽管、疏水管的安装；消音器本体及支架的配制；暖风器框架的配制；炉墙砌筑及保温。

（4）第 4 章 筑炉、保温。包括轻型炉墙砌筑和设备、管道的保温工程。锅炉本体炉墙砌筑、保温的工程范围以锅炉制造厂的设计为准。循环流化床锅炉的旋风分离器和外置式换热器的内衬砌筑不适用本定额。

1）锅炉炉墙筑炉属于锅炉制造厂设计，其工程量即全炉的筑炉、保温量。锅炉本体炉墙耐火混凝土砌筑、耐火砖砌筑、炉墙填料填塞按设计图示尺寸计算，以"m"为计量单位。炉墙抹面和密封涂料按设计图示尺寸计算，以"100m²"为计量单位。

计算工程量时不扣除以下内容。

a. 小于 25mm 伸缩膨胀缝所占体积。

b. 断面积小于 0.02m² 的孔洞。

c. 炉门喇叭口的斜度。

d. 墙根交叉处的小坡度。

2）锅炉本体炉墙砌筑脚手架搭拆按锅炉容量大小以"台"为计量单位。

3）小口径管道缠绕耐热编织绳保温，以"100m"为计量单位，按管道延长米（不扣除管件和阀门长度）计算工程量。

4）设备、管道保温层抹面按抹面层厚度分类，以"100m²"为计量单位，面积计算方法为：以抹面厚度的中心展开计算抹面面积。

5）设备、管道保温和保温层抹面计算所得工程量中不扣除以下内容：① 小于 25mm 的膨胀缝所占体积；② 断面积小于 0.25m² 的孔洞；③ 管道相交时必要留出的间距；④ 滑动支架处预留的膨胀间隙。

6）保温层金属护壳及铁件安装：

a. 保温层金属护壳安装按接口方法分为钉口安装、平板钉口安装和波型板、压条安装，以"100m²"为计量单位，以保温层表面积计算。

b. 保温铁件安装分为异型件和支件，按设计所示量计算，以"100kg"为计量单位。

7）凡主保温层厚度大于 100mm，分层施工，其

保温工程量可按两层相加计算。

8）炉墙、保温工程热态测试按机组容量分 200、300、600、1000MW 四个子目，以"台"为计量单位，测试范围包括锅炉四侧和炉顶、主蒸汽管、再热蒸汽出口管、热风道、烟道的保温层或金属罩壳表面的热态检测。

本章定额未包括以下内容：

a. 炉墙金属密封件安装。

b. 炉墙金属护板（波板）支承连接件安装。

c. 脚手架搭拆。

d. 框架拼装、校正、吊装就位、找正、连接及炉墙密封板施焊。

e. 平台铺设场地的平整夯实及支承墩子砌筑。

f. 填塞部位的钢板密封焊接。

g. 安全网拉设。

h. 汽轮机缸体保温用耐热圆钢螺杆的加工制作，主保温层的抹面保护层。

i. 烟、风、煤粉管道金属护壳（外装板）的支承、固定铁件的排板与焊接，保温结构设计带空气隔热层钢筋网格设置、焊接。

j. 补偿节铁件结构焊接。

k. 非抹面保温层外增加的镀锌铁丝网敷设绑扎。

l. 管道保温外金属护壳的制作、安装。

m. 管道保温外抹面。

n. 支承件、连接件、压条等制作加工。

9）材料说明。

a. 硬质材料：指使用时基本保持原形的硬质成型绝热制品，如微孔硅酸钙、珍珠岩制品等。

b. 矿纤材料：指矿物纤维毡状绝热制品。其半硬质制品在 2kPa 荷重下可压缩性为 6%～30%，或弯曲度在 90° 以下时能恢复原状；其软质制品在相同荷重下可压缩性为 30%，或弯曲度在 90° 以上时仍不损坏，如岩棉、矿棉、硅酸铝棉、玻璃棉、复合硅酸盐等制品。

c. 汽机打底料：指以块状保温材料为主保温层的复合式保温结构的打底材料，用于国产及引进型机组的汽机缸体保温。

d. 支承件：指用于烟风道、电除尘及管道的垂直段的支承绝热层或保护层的金属件（如钢筋网格、钢板网、托架、支承环、支承板等）。

e. 异形件：指采用金属薄板（如镀锌铁皮）按金属护壳结构图加工成各种形式的异形配件，用于烟、风道以及电除尘器等压型板（波形或槽形金属护壳板）的连接。

定额中未列示的构成工程量的装置性材料，其损

耗率见表 4-13。部分装置性材料使用量无法采用损耗率表示的，其使用量见有关节内容的说明。

表 4-13　炉墙、保温材料损耗率表

材料名称	损耗率（%）	材料名称	损耗率（%）
耐火混凝土	6.0	硅酸铝毡	4.0
磷酸盐混凝土	10.0	石棉硅藻土	15.0
耐火塑料	6.0	石棉绒剂	4.0
耐火砖	3.0	抹面材料	6.0
硅酸盐保温混凝土	4.0	硅酸钙专用抹面材料	6.0

10）本章定额中锅炉炉墙砌筑及本体设备保温所需的自锁保温钉按制造厂供货考虑，未列入计价材料内。

11）本章定额未包括：炉墙金属密封件安装；炉墙金属护板（波板）支承连接件安装；脚手架搭拆；框架拼装、校正、吊装就位、找正、连接及炉墙密封板施焊；平台铺设场地的平整夯实及支承墩子砌筑；填塞部位的钢板密封焊接；安全网拉设；汽轮机缸体保温用耐热圆钢螺杆的加工制作，主保温层的抹面保护层；烟、风、煤粉管道金属护壳（外装板）的支承、固定铁件的排板与焊接，保温结构设计带空气隔热层钢筋网格设置、焊接；补偿节铁件结构焊接；非抹面保温层外增加的镀锌铁丝网敷设绑扎；管道保温外金属护壳的制作、安装；管道保温外抹面；支吊件、连接件、压条等制作加工等。

（5）第 5 章　输煤、除灰、点火燃油设备安装。本章定额包括卸煤设备、碎煤设备以及煤场机械安装；输煤转运站落煤设备、贮煤罐空气炮安装。计量设备、皮带机及附属设备安装；输煤系统联动；油过滤器、鹤式卸油支架以及油水分离装置安装；冲渣、冲灰设备安装及冲灰沟内镶砌铸石板；气力除灰设备、水力除灰设备安装；除灰专用钢管、阀门及泵类安装。

本章定额未包括以下内容：电动机的检查、干燥、接线及空载试转；设备本体行走轨道的安装；设备平台、扶梯、栏杆、基础预埋框架、地脚螺栓、支架、底座、防护罩、减振器的配制；设备之间非厂供连接管道及冷却水管的安装；管道支吊架的配制及安装；管材衬里；设备本体底漆修补及表面油漆；活化式给煤机上部落煤装置安装和下部落煤装置的安装；落煤管的制作和内衬的安装；电子设备及其他电气装置的安装、调试；属电气安装的各种信号装置（如胶带跑偏开关、煤流信号、堵煤信号、双向拉绳开关等）的安装；仓体组件和钢支架的配制、平台扶梯制作和顶

盖起吊装置的安装；冲灰沟基面的平整度超标准填料或打凿修整；搅拌机本体外的灰、水管路安装。

（6）第 6 章　汽轮发电机设备安装。本章定额包括：汽轮机本体安装；汽轮机基础预埋框架及地脚螺栓安装；汽轮机 EH（抗燃油）系统安装；发电机本体安装（桥式起重机起吊法）；发电机本体安装（静子液压提升法）；汽轮机本体管道安装；汽轮发电机组启动试运配合。

本章定额未包括以下内容：基础二次灌浆；设备、管道的保温及保温面油漆；定额中配制工作所需的材料，均根据其用途按使用量或摊销量计入定额；汽轮发电机系统油循环用油按设备供货考虑，油循环过程中的油质检验已在定额中考虑；汽轮机叶片频率测定；发电机及励磁机的电气部分的检查、干燥、接线及电气调整试验；随机供应的密封油系统、氢气及二氧化碳系统、冷却水系统设备及管道的安装；蒸汽管道的蒸汽吹洗；阀门电气部件的检查、接线及调整；由设计部门设计的非厂供的本体管道（整套设计或补充设计）的安装；随汽机本体设备供应的抽汽逆止阀的安装；分系统调试的调试专业工作；主蒸汽管道蒸汽吹扫的临时管道和消音器的安装和拆除。

（7）第 7 章　汽轮发电机附属机械设备安装。本章定额包括电动给水泵安装、汽动给水泵安装、分置式前置泵安装、循环水泵安装、凝结水泵安装、机械真空泵安装、循环水入口设备安装、通用泵类安装。

本章定额未包括以下内容：冷却风筒的制作、安装；平台、扶梯、栏杆、地脚螺栓的配制；随设备供货的冷却水管路安装；设备表面油漆；暖泵管的安装；设计单位设计的油系统管道安装；前置泵、液力耦合器的解体检查；暖泵管的安装；设计单位设计的油系统管道的安装；深井泵深井的开挖和井套的安装。

（8）第 8 章　汽轮发电机辅助设备安装。本章定额包括凝汽器组合安装、除氧器及水箱安装、热交换器安装、油系统设备安装、发电机冷却水装置安装、发电机氢气系统装置安装、闭式冷却水稳压水箱安装、胶球清洗装置安装、高、低压旁路系统设备安装、减温减压装置安装、检修起吊设施安装。

本章定额未包括以下内容：设备保温及保温面油漆；基础二次灌浆；不随设备供货而与设备连接的各种管道的安装；非保温设备或管道表面的油漆；铜管或铜管头退火以及退火工具的制作（铜管如需退火时，按设备缺陷处理）；凝汽器水位调整器的汽、水侧连通管道的安装；凝汽器水封管及放水管的安装；不锈钢式凝汽器的不锈钢管的涡流检验；蒸汽压力调整阀的自动调整装置安装和水箱内部油漆；疏水器与热交换器间汽、水侧连接管的安装；空气管的配制、安装；

液压保护装置阀门及管道系统的安装；热交换器水侧出、入口自动阀的检查、安装；电磁阀、快速电动阀电气系统的接线、调整；胶球清洗装置的胶球泵安装；胶球清洗装置与凝汽器连接的管道安装；自动控制装置的安装、调整；由设计单位设计的管道、阀门、支架的安装；减温减压装置的调节设备安装与调试；各种支架制作、电气部分安装和电梯的喷漆未包括在内；与设备本体非同一底座的其他设备、启动装置、仪表盘等的安装、调试。

（9）第 9 章　管道安装。本章定额包括管道安装、阀门安装、管道支吊架安装、管道冲洗及水压试验。

本章定额未包括以下内容：随设备供应的汽轮机本体管道和锅炉本体管道的安装；热工仪表与自动控制装置管道的安装；卷制钢管安装定额中，30°以上弯头及加固圈的制作；管道支吊架的制作与安装（螺纹连接钢管安装除外）；管道的保温、油漆，管道支吊架的油漆，钢管内部除锈以及钢管衬里等工作，防护壳体的制作、安装；直埋的钢管防腐，挖填土方，铺沙垫层。

本章定额中未列示的构成工程量的材料，其损耗率见表4-14。

表 4-14　　管道、阀门损耗率表

材料名称	损耗率（%）	材料名称	损耗率（%）
螺纹连接钢管	3.0	合金钢管	4.5
卷制钢管	3.5	不锈钢管	4.5
中、低压无缝钢管	3.5	螺纹阀门	1.5
高压无缝钢管	4.5	螺栓、螺母、垫圈	3.0

未列入的其他管件（包括铸造和锻制三通、热压弯头、法兰、堵头等）阀门、支吊架、蠕胀测点等装置性材料均不计损耗。

（10）第 10 章　油漆、防腐。本章定额包括人工除锈、喷砂除锈、焊缝打磨、油漆、防腐工程。

本章定额未包括以下内容：混凝土表面的防腐；烟气脱硫装置内衬面焊缝打磨。

（11）第 11 章　化学专用设备安装。本章定额包括钢筋混凝土池内设备安装、水处理设备安装、油处理设备安装、制氢站设备安装、海水制氯设备安装、硬聚氯乙烯管及阀门安装、衬里阀门安装、汽水取样设备安装。

本章定额未包括以下内容：随设备供货的平台、梯子、栏杆的制作；设备之间的管道及支吊架的配制、安装；设备、管道的保温和保温面油漆；基础二次灌

浆；各种填料的化学稳定性试验；混凝土池体的施工、池体之间的连接平台、梯子、栏杆的安装；池体内部的钢制平台、梯子、栏杆、反应室、导流窗、集水槽、取样槽等的配制；池体内部加工件及池壁的防腐；设备内部的除锈、防腐工作；氢气管道、氧气管道的安装；气体分析仪器、仪表的安装；系统管道的配制；取样架除锈、油漆防腐；基础框架及地脚螺栓的配制；电动机和电磁线圈的检查、干燥、接线；轴承冷却水管及附件的安装。

（12）第 12 章　脱硫设备安装。本章定额包括基础验收、中心线校核、铲平，基础框架的安装，垫铁配制；设备开箱、清理、搬运、检查、安装、分部试运；设备本体及附件、管道的检查、组合、安装；电动机及减振器安装；联轴器或皮带防（保）护罩的配置、安装；设备基础二次灌浆配合。

本章定额未包括以下内容：设备之间的管道及支吊架的配制、安装；随设备供货的平台、梯子、栏杆的制作；设备、管道的保温和油漆；设备基础二次灌浆。

（13）第 14 章　燃气—蒸汽联合循环发电设备安装。本章定额包括燃气轮发电机组及其附属设备安装，余热锅炉及其附属设备安装，汽轮发电机组安装，重油处理站、天然气调压站设备安装。

1）燃气轮机本体设备安装，包括燃气轮机间（本体）安装和燃气轮发电机间（本体）安装，按相应的机组容量选用定额。

2）燃气轮机进气装置安装，包括进气装置钢结构、空气过滤装置、进气室和进气风道安装，按相应的机组容量选用定额。

3）隔音罩安装（含平台、扶梯）、罩壳及隔热板的安装，按相应的机组容量选用定额。

4）燃气轮机附属设备安装，包括轻（重）油前置装置、加热装置和过滤装置安装，天然气前置装置和过滤装置安装，抑钒装置、双联滤网、二氧化碳灭火保护装置、闭式冷却水装置、水—水热交换装置、冷却风机装置、注水装置、水清洗装置、排污装置及其管道的安装。按相应的机组容量及设备出力（功率）选用定额。

5）燃气轮机组空负荷试运行，包括危急保安器和调速系统静态试验和调整，润滑油系统的油循环以及机组空负荷试运行。

6）余热锅炉及其附属设备安装，包括余热锅炉本体、烟气旁路装置和余热锅炉成套附属设备的安装以及锅炉风压、水压、严密性试验、碱煮和酸洗及本体油漆。

7）凝汽式蒸汽轮机发电机组安装，包括凝汽式蒸汽轮机本体、汽轮发电机本体和汽轮机本体管道的

安装和汽轮发电机组空负荷试运，按相应的机组容量选用定额。

8）燃气轮机发电机组相关专用设备安装，包括重油处理设备和天然气调压站装置。按设备出力和机组容量选用定额。

（14）第 15 章 燃气—蒸汽联合循环发电设备安装。本章定额包括直接空冷系统设备安装；间接空冷系统设备安装。

本章定额未包括以下内容：风机起吊梁组合安装；列间步道和上部检修梯子；滑轨安装、调整；暖泵管的安装；由设计单位设计的油系统管道安装；管道、管件、补偿器、加固圈的制作；管道的喷砂处理；支吊架、支撑座、防护罩壳的制作；管道的保温、油漆。

（三）电气设备安装工程

本定额适用于单机 50～1000MW 火力发电工程，燃气—蒸汽联合循环发电工程、35～1000kV 变电（串补）工程、±800kV 及以下换流工程的电气安装工程。

（1）第 1 章 发电机电气。本章定额包括电机的检查接线、发电机励磁电阻器安装、柴油发电机组本体的安装。

本章定额未包括以下内容：接地电缆（线）、接地材料，基础槽钢和铁构件制作安装中的钢材和镀锌材料费。

（2）第 2 章 变压器。本章定额包括干式变压器、三相变压器、单相变压器、箱式变压器、电抗器、消弧线圈、绝缘油过滤设备的安装。

本章定额未包括以下内容：设备连接导线、金具，接地引下线、接地材料。

（3）第 3 章 配电装置。本章定额包括各类配电装置设备材料的安装。

本章定额未包括以下内容：SF$_6$ 气体质量检验、金属平台和爬梯的安装，组合电器的整体油漆、电容式电压互感器抽压装置支架及防雨罩的制作、安装；成套高压配电柜的基础槽钢或角钢的安装、埋设，主母线与隔离开关之间的母线配制，柜的二次油漆或喷漆；端子箱安装、设备支架制作与安装、铁构件制作安装、预埋地脚螺栓、设备二次灌浆；绝缘油过滤；110kV 及以上的配电装置的交直流耐压试验或高电压测试；局部放电试验；SF$_6$ 气体和绝缘油试验；接地引下线、接地材料，设备间连线、金具。

（4）第 4 章 母线、绝缘子。本章定额包括适用于绝缘子、软母线、硬母线、引下线等安装。

本章定额未包括以下内容：支架、铁构件的制作安装；悬垂绝缘子串安装：绝缘子、金具；支持绝缘子及穿墙套管安装：绝缘子、穿墙套管、接地引下线；软母线及组合软母线安装：导线、绝缘子、

金具；引下线、跳线及设备连引线安装：导线、金具；硬母线安装：硬母线、金具、管件、阻尼线、悬吊式管形母线绝缘子；母线伸缩节头安装：母线伸缩节；硬母线热缩安装：热缩材料；分相封闭母线安装：分相封闭母线、连接件；共箱母线安装：共箱母线、连接件；电缆母线安装：电缆母线；发电机出线箱安装：出线箱；低压封闭式插接母线槽安装：低压封闭式插接母线槽。

（5）第 5 章 控制、继电保护屏及低压电器。本章定额包括各种控制、保护屏柜、低压电器、表盘附件、铁构件等设备安装。

本章定额未包括以下内容：喷漆及喷字；设备基础（包括支架、底座、槽钢等）制作及安装；电气设备及元件的干燥工作；扩建工程在原有屏上安装电气元件的开孔工作；屏（柜）、箱安装：接地材料；变频器安装：接地材料、端子箱安装：接地材料；表盘附件及二次回路配线安装：接地材料、小母线；穿通板制作安装：穿通板、接地材料；低压电器安装：接地材料；铁构件制作安装：铁构件、网门、接地材料。

（6）第 6 章 交直流电源。本章定额包括直流系统的蓄电池支架、蓄电池、整流装置等安装。

本章定额未包括以下内容：蓄电池组充放电定额中充电设备的安装；支架、接地材料。

（7）第 7 章 起重设备电气装置。本章定额包括发电厂中各类起重机电气设备、滑触线安装。

本章定额未包括以下内容：滑触线、滑触线支架、软电缆、滑轮、拖架。

（8）第 8 章 电缆。本章定额包括变电站（发电厂）内的电力和控制电缆的敷设和电缆头制作、安装。

本章定额未包括以下内容：电缆钢支架制作、安装；隔热层、保护层的制作、安装；35kV 及以上电力电缆交流耐压试验；交叉互联性能试验；直埋电缆、保护管挖填土；保护管；电缆沟揭盖盖板；电缆沟盖板；支架、桥架、托盘、槽盒安装；支架、桥架、托盘、槽盒；电缆保护管敷设；电缆保护管；电缆敷设：电缆；电力电缆头制作、安装：电缆头、终端盒、中间盒、保护盒、插接式成品头、支架；控制电缆头制作、安装：电缆头、终端盒、保护盒、插接式成品头、支架；电缆防火设施安装：防火隔板、堵料、涂料、防火包、防火墙材料；集束导线安装、整理：集束导线。

（9）第 9 章 照明及接地。本章定额包括变电站（发电厂）内的设备照明和户外照明的安装、接地安装、接地母线敷设等内容。

本章定额未包括以下内容：设备照明安装定额中照明配电箱的电源电缆敷设及接线；阴极保护井、深井接地安装中钻井费用；接地网单体调试。

（10）第 10 章　自动控制装置及仪表。本章定额包括变电站（发电厂）内的热力控制盘安装、各种仪表安装，检（监）测装置安装，阀门、附件安装，管路敷设及伴热电缆敷设，导线敷设。

本章定额未包括内容：

1）热力控制盘安装中：盘、箱、柜制作及重新喷漆，盘柜箱上的电气设备和元件安装、盘柜配线，基础槽钢（角钢）和支架制作安装。

2）检测及监测仪表安装中：高温高压管道或设备上开孔（按预留孔考虑）；仪表接头以外的阀门及管路敷设；平衡容器的制作（按制造厂成品件考虑）；节流装置安装的法兰焊接、环室一次安装及一次安装的垫子制作；放射源保管和安装的特殊措施费。

3）过程控制仪表安装中：电动调节阀、隔离挡板、气动调节阀、一体化电动阀的安装和法兰安装，调节阀研磨。仪表接头以外的阀门及管路敷设。

4）检测及监测仪表安装中：分析仪表辅助装置制作安装，不配套供货而另行配置的显示仪表安装；火焰监视装置的探头冷却风管路、就地接线箱、火检控制柜安装；炉管泄漏装置的吹扫管路安装；支架及底座制作安装，配管，线路、电缆敷设，阀门安装，工艺管道和设备上的法兰焊接。

5）常用仪表安装：表计插座、取压短管、取样部件、法兰、仪表接头、仪表加工件。

6）过程控制仪表安装：表计插座、取样部件、仪表接头、执行机构连杆组件。

7）智能仪表、分析仪表安装：法兰（带螺栓）、取样部件、仪表接头。

8）管路敷设及伴热电缆敷设：管材、管件（管接头、三通、弯头等）、伴热电缆。

9）阀门、附件安装：阀门、仪表加工件、仪表接头、温度插座（套管）、取压短管。

10）导线敷设：补偿导线、耐高温导线。

（11）第 11 章　换流站设备。本章包括±800kV 以下换流站设备安装。

本章定额未包括以下内容：阀厅内管母线及设备连线、支柱绝缘子、环网屏蔽铜排安装；换流变压器中：不随设备到货的铁构件的制作、安装；变压器油的过滤，执行第 2 章中绝缘油过滤定额；换流变压器防地震措施的制作、安装；端子箱、控制柜的制作、安装；二次喷漆；换流变压器套管进阀厅孔洞的临时封堵；直流配电装置中：平波电抗器安装准备平台的施工和拆除；端子箱、控制柜的制作、安装；二次喷漆；直流接地极安装中：为满足焦炭床铺设、导流电缆敷设沟槽开挖的井点降水措施费；接地极极环施工的余土外运；不包含接地极极址的内容；特殊调试。

（12）第 12 章　其他单体调试。本章定额包括励磁灭磁装置调试，高压除尘装置电气调试、电力电缆试验，保护装置调试，自动装置调试，电厂微机监控元件调试，变电站、升压站微机监控元件调试，职能变电站调试，电网调度自动化主站设备调试，二次系统安全防护调试检测，变电站视频及环境监控系统元件调试，I/O（输入/输出）现场送点校验。

（四）输电线路工程预算定额

输电线路工程无概算定额，实际工程中直接使用《电力建设工程预算定额　第四册　输电线路工程》（简称《输电线路工程预算定额》）。

1. 编制依据

《输电线路工程预算定额》是根据国家、行业和有关部门发布的输电线路设计标准、规范、质量评定标准和安全技术操作规程，采用正常的气候和地理条件，按照正常的施工条件及合理的施工组织设计进行编制的，反映了电力建设行业施工技术与管理水平，代表着社会平均生产力水平。

以 1993 年版《电力建设施工定额基础数据标准》的《第 11 册　场内水平搬运》《第 12 册　架空送电线路安装》《第 13 册　电缆送电线路安装》为蓝本，结合输电线路工程的新技术、新材料、新工艺，根据目前输电线路典型工程设计图纸进行编制。

2. 适用范围

《输电线路工程预算定额》适用于由送电端变电站（或发电厂）构架的引出线至受电端变电站（构架或穿墙套管）的引入线止的 35～1000kV 交流电力架空线路、±800kV 及以下直流电力架空线路和 35～500kV 电力电缆线路的新建、扩建工程。

《输电线路工程预算定额》共分为 8 章，分别为工地运输、土石方工程、基础工程、杆塔工程、架线工程、附件工程、电缆工程、辅助工程。

《输电线路工程预算定额》不包括输电线路试运行（参数测量、核相和试运行）工作。该部分工作应套用《电力建设工程概算定额　第四册　调试工程》或《电力建设工程预算定额　第五册　调试工程》。

3. 定额基价计算依据

（1）人工费。人工用量为机械台班定额所含人工以外的机械操作用工，包括施工基本用工和辅助用工，分为输电普通工和输电技术工。工日单价按照定额中规定的电力行业基准工日单价执行。人工工日为 8h 工作制计算。工日内已包括与调试之间的配合用工。

（2）材料费。材料费按照是否计入定额基价分为计价材料和未计价材料，也称消耗性材料和装置性材料。

计价材料（消耗性材料）是指施工过程中所消耗

的、在建设成品中不体现其原有形态的材料，以及因施工工艺及措施要求需要进行摊销的施工工艺材料，也称辅助材料。计价材料为现场出库价格，按照电力行业定额编制年基准材料库价格取定。用量包括合理的施工用量和施工损耗、场内搬运损耗、施工现场堆放损耗，其中周转性材料如挡土板、垫木、操作平台、跨越架、铺路钢板等工具性材料均按摊销量计列，零星材料合并为其他材料费。属于管理范畴的工器具不包括在内。

未计价材料（装置性材料）是指建设工程中构成工艺系统实体的工艺性，也称主要材料（含构配件、零件、半成品等工艺材料）。未计价材料按设计用量加规定的损耗量计算。

（3）机械费。施工机械台班均按正常合理的机械配备和大多数施工企业的机械化程度综合取定，用量包括场内搬运、合理施工用量和超运距、超高度、必要间歇消耗量以及机械幅度差等。机械台班价格按照定额编制年"定额基准施工机械台班库"价格取定。机械台班中均已考虑了施工人员上下班用车。不构成固定资产的小型机械或仪表，未计列机械台班用量。

4. 使用方法

当施工图中分项工程或结构构件的工作内容、单位、技术特征、施工方法与预算定额项目内容完全一致时，可以直接套用定额基价，形成定额直接费。公式如下

定额直接费＝工程量×定额基价

当施工图中分项工程或结构构件的工作内容、单位、技术特征、施工方法与预算定额项目内容不一致时，应用调整系数对定额基价进行调整或对定额基价进行换算。

（1）主要调整系数计算方法。

1）同一子目出现两种及以上调整系数时：根据定额的分部说明或附注规定，对于同一定额子目出现两种及以上调整系数时，一般按增加系数累加计算。

例如，某线路工程基础为高低腿、斜柱基础和插入式角钢，该线路工程定额人工、材料和机械调整系数见表4-15。

表4-15　　　现浇基础定额系数表

序号	名　　　称	调整系数			说明
		人工	材料	机械	
1	高低腿基础	1.15	1	1.15	
2	基础立柱为斜、锥形	1.25	1	1.25	
3	基础是插入式角钢、斜式地脚螺栓	1.05	1.05	1.05	

该定额基价调整系数如下

人工：$1+(1.15-1)+(1.25-1)+(1.05-1)=1.45$

材料：$1+(1.05-1)=1.05$

机械：$1+(1.15-1)+(1.25-1)+(1.05-1)=1.45$

2）地形增加系数。定额基价均按平地施工考虑，如在其他地形条件下施工时，在无其他规定的情况下，定额人工和机械可按定额地形增加系数表的系数结合线路实际地形划分计算综合地形增加系数予以调整，即

综合地形增加系数 $=\sum$（规定的地形增加系数×线路实际地形划分）

例如，某线路工程地形比例为丘陵 30%，山地 40%，高山大岭 5%，泥沼 5%，河网 20%，综合地形增加系数计算见表4-16。

表4-16　　　　　　　　　　　线路工程综合地形增加系数计算表

序号	定额名称	项　　目	规定的地形增加系数							线路实际地形划分							综合地形增加系数（%）
			丘陵	山地	高山大岭	峻岭	泥沼	河网	沙漠	丘陵	山地	高山大岭	峻岭	泥沼	河网	沙漠	
1	工地运输	1. 人力运输															
		（1）线材及混凝土预制品	40	150	300	400	70		65	30	40	5		5	20		90.5
		（2）金具绝缘子零塔材，钢材	20	100	150	200	40		35	30	40	5		5	20		55.5
		2. 汽车运输	20	80					40	40	5						12
2	土石方工程		5	10	20	25	10	5	10	30	40	5		5	20		8
3	基础工程		10	20	40	50	40	10	30	30	40	5		5	20		17
4	杆塔工程		20	70	110	120	70	20	50	30	40	5		5	20		47

续表

序号	定额名称	项目	规定的地形增加系数							线路实际地形划分							综合地形增加系数（%）
			丘陵	山地	高山大岭	峻岭	泥沼	河网	沙漠	丘陵	山地	高山大岭	峻岭	泥沼	河网	沙漠	
5	架线工程	1. 张力机械紧线	5	40	80	90	20	5	15	30	40	5		5	20		23.5
		2. 光缆接续	5	30	60	80	15	5	10	30	40	5		5	20		18.25
6	附件工程		5	20	50	60	10	5	10	30	40	5		5	20		13.5
7	辅助工程	1. 索道站设施：支架、绳索及附件运输	40	150	300	400					40	5		5	20		75
		2. 索道站设施：索道安装	20	70	110	120					40	5		5	20		33.5

（2）定额调整及换算方法。当预算定额项目中所列人工、材料、使用机械的要求、规格与施工图要求不一致的，并按定额规定允许调整或换算的，可进行定额调整或换算。常用调整或换算方式如下。

1）系数调整：根据定额的分部说明或附注规定，计算调整系数，对定额基价人工、材料、机械或部分内容乘以调整系数进行调整。

2）消耗量换算：按照定额规定扣减原定额项目中人工、材料、机械消耗量，替换新的消耗量。

3）单价换算：即按照定额规定扣减原定额项目中人工、材料、机械单价，替换新的单价。

四、费用标准

现行的费用标准为国家能源局发布的《火力发电工程建设预算编制与计算规定（2013 年版）》和《电网工程建设预算编制与计算规定（2013 年版）》（简称《预规》）。

以下各项费用的计算规则、计算基数和计算费率按现行《预规》编写，若国家相关部门修订后应执行最新版。

（一）建筑安装工程费

建筑安装工程费＝直接费＋间接费＋利润＋编制基准期价差＋税金

1. 直接费

直接费＝直接工程费＋措施费

（1）直接工程费计算式如下

直接工程费＝人工费＋材料费＋施工机械使用费

1）人工费计算式如下

人工费＝工程量×定额人工工日×定额人工单价

2）材料费计算式如下

材料费＝工程量×材料预算单价

3）施工机械使用费计算式如下

施工机械使用费＝工程量×定额施工机械台班价格

（2）措施费计算式如下

措施费＝冬雨季施工增加费＋夜间施工增加费＋施工工具用具使用费＋特殊工程技术培训费＋大型施工机械安拆与轨道铺拆费＋特殊地区施工增加费＋临时设施费＋施工机构转移费＋安全文明施工费

1）冬雨季施工增加费计算式如下

冬雨季施工增加费＝取费基数×费率

2）夜间施工增加费计算式如下

夜间施工增加费＝取费基数×费率

3）施工工具用具使用费计算式如下

施工工具用具使用费＝取费基数×费率

4）特殊工程技术培训费计算式如下

特殊工程技术培训费＝取费基数×费率

5）大型施工机械安拆与轨道铺拆费计算式如下

大型施工机械安拆与轨道铺拆费＝取费基数×费率

6）特殊地区施工增加费计算式如下

特殊地区施工增加费＝取费基数×费率

7）临时设施费计算式如下

临时设施费＝取费基数×费率

8）施工机构转移费计算式如下

施工机构转移费＝取费基数×费率

9）安全文明施工费计算式如下

安全文明施工费＝直接工程费×费率

2. 间接费

间接费＝规费＋企业管理费＋施工企业配合调试费

（1）规费计算式如下

规费＝社会保险费＋住房公积金＋危险作业意外伤害保险费

（2）企业管理费计算式如下

企业管理费＝取费基数×费率

（3）施工企业配合调试费计算式如下

施工企业配合调试费＝取费基数×费率

3. 利润

计算式如下

利润＝（直接费＋间接费）×利润率

4. 钢结构工程、灰坝工程及大型土石方取费

发电工程的钢结构工程和灰坝工程及电网工程大型土石方的取费（含措施费、间接费、利润）实行综合费率，大于 1 万 m^3 的独立土石方工程按照灰坝工程的取费标准执行，即

综合取费费用额＝取费基数×费率

5. 编制基准期价差

计算式如下

编制基准期价差＝定额人工价差＋定额消耗性材料价差＋定额施工机械费价差＋装置性材料价差

（1）定额人工价差计算式如下

建筑、安装工程定额人工费价差＝定额人工费×价格调整文件中人工调整系数

（2）定额材机价差。

1）建筑工程计算式如下

建筑材机价差＝材料消耗量×（市场价－预算价）＋典型机械台班实际消耗量×（市场价－预算价）

2）安装工程计算式如下

安装工程材机价差＝（定额消耗性材料费＋定额施工机械使用费）×价格调整文件中材机调整系数

3）装置性材料价差计算式如下

安装工程装置性材料价差＝装置性材料量×（编制基准期市场价－装置性材料预算价）

6. 税金

计算式如下

税金＝（直接费＋间接费＋利润＋编制基准期价差）×税率

（二）设备购置费

计算式如下

设备购置费＝设备费＋设备运杂费

设备费＝设备原价（不含进项税）×（1＋增值税销项税税率）

设备运杂费＝设备费×设备运杂费费率

设备运杂费费率＝铁路、水路运杂费费率＋公路运杂费费率

（三）其他费用

计算式如下

其他费用＝建设场地征用及清理费＋项目建设管理费＋项目建设技术服务费＋整套启动试运费＋生产准备费＋大件运输措施费

1. 建设场地征用及清理费

计算式如下

建设场地征用费及清理费＝土地征用费＋施工场地租用费＋迁移补偿费＋余物清理费

（1）土地征用费计算式如下

土地征用费＝征地面积×征地单价

（2）施工场地租用费计算式如下

施工场地租用费＝租地面积×租地单价

（3）迁移补偿费计算式如下

迁移补偿费＝迁移面积×补偿单价

（4）余物清理费计算式如下

余物清理费＝取费基数×费率

（5）输电线路走廊赔偿费。输电线路走廊赔偿费按照工程所在地人民政府规定计算。

（6）通信设施防输电线路干扰措施费。通信设施防输电线路干扰措施费依据设计方案以及项目法人与通信部门签订的合同或达成的补偿协议计算。

2. 项目建设管理费

计算式如下

项目建设管理费＝项目法人管理费＋招标费＋工程监理费＋设备材料监造费＋工程结算审核费＋工程保险费

（1）项目法人管理费计算式如下

项目法人管理费＝取费基数×费率

（2）招标费计算式如下

招标费＝取费基数×费率

（3）工程监理费计算式如下

工程监理费＝取费基数×费率

（4）设备材料监造费计算式如下

设备材料监造费＝取费基数×费率

（5）工程结算审核费计算式如下

工程结算审核费＝取费基数×费率

（6）工程保险费。工程保险费根据项目法人要求及工程实际情况，按照保险范围和费率计算。

3. 项目建设技术服务费

计算式如下

项目建设技术服务费＝项目前期工作费＋知识产权转让与研究试验费＋设备成套技术服务费＋勘察设计费＋设计文件评审费＋项目后评价费＋工程建设检测费＋电力工程基数经济标准编制管理费

（1）项目前期工作费计算式如下

项目前期工作费＝取费基数×费率

（2）知识产权转让与研究试验费计算式如下

根据项目法人提出的项目和费用计列

（3）设备成套技术服务费计算式如下

设备成套技术服务费＝取费基数×费率

（4）勘察设计费计算式如下

勘察设计费＝勘察费＋设计费

（5）设计文件评审费计算式如下

设计文件评审费＝可行性研究设计评审费＋初步设计文件评审费＋施工图文件审查费

（6）项目后评价费计算式如下

项目后评价费＝取费基数×费率

（7）工程建设检测费计算式如下

工程建设检测费＝电力工程质量监督检测费＋特种设备安全监测费＋环境监测验收费＋水土保持项目验收及补偿费＋桩基检测费

1）电力工程质量检测费计算式如下

电力工程质量检测费＝取费基数×费率

2）特种设备安全监测费计算式如下

特种设备安全监测费＝机组额定发电容量×费用规定

3）环境监测验收费。环境监测验收费根据工程所在省、自治区、直辖市行政主管部门的规定计算。

4）水土保持项目验收及补偿费。水土保持项目验收及补偿费根据工程所在省、自治区、直辖市行政主管部门的规定计算。

5）桩基检测费。桩基检测费由项目法人根据工程实际情况审核确定。

（8）电力工程技术经济标准编制管理费计算式如下

电力工程技术经济标准编制管理费＝（建筑工程费＋安装工程费）×费率

4. 整套启动试运费

计算式如下

燃煤发电工程整套启动试运费＝燃煤费＋燃油费＋其他材料费＋厂用电费－售出电费－售出蒸汽费

脱硫装置整套启动试运费＝石灰石材料费＋其他材料费

脱硝装置整套启动试运费＝氨液材料费＋其他材料费

5. 生产准备费

计算式如下

生产准备费＝管理车辆购置费＋工器具及办公家具购置费＋生产职工培训及提前进场费

（1）管理车辆购置费计算式如下

管理车辆购置费＝取费基数×取费费率

（2）工器具及办公家具购置费计算式如下

工器具及办公家具购置费＝取费基数×取费费率

（3）生产职工培训及提前进厂费计算式如下

生产职工培训及提前进厂费＝取费基数×费率

6. 大件运输措施费

大件运输措施费按照实际运输条件及运输方案计算。

（四）基本预备费

计算式如下

基本预备费＝（建筑工程费＋安装工程费＋设备购置费＋其他费用）×费率

（五）特殊项目费用

特殊项目费用根据工程项目实际情况计列。

（六）建设期贷款利息

1. 发电工程

计算式如下

建设期贷款利息＝第一台机组发电前建设期贷款利息＋第一台机组发电后建设期贷款利息

第一台机组发电前建设期贷款利息＝Σ（年初贷款本息累计＋本年贷款/2）×年利率

第一台机组发电后建设期贷款利息＝Σ（本年贷款/2×年利率）

2. 电网工程

计算式如下

电网工程建设期贷款利息＝Σ（年初贷款本息累计＋本年贷款/2）×年利率

注1：投资比例按实际开工和投产时间合理确定。

注2：计算贷款金额时，应从投资额中扣除资本金。

注3：年利率为编制期贷款实际利率。

第三节　定额使用注意事项

一、估算指标

（一）建筑工程

（1）静态投资综合指标。静态投资综合指标基价中包括建筑工程费、设备购置费、安装工程费、其他费用（含基本预备费），不包括特殊项目费用。税金按照增值税计算，静态投资为2016年价格水平。静态投资综合指标原则上按照年度调整更新，随电力行业概预算定额年度价格水平调整文件一并发布实施。建筑工程费中包括为电厂配套建设的铁路或码头工程费用，含铁路或码头建筑工程费、设备购置费、安装工程费、其他费用、基本预备费。

（2）系统（单项）建筑工程指标。系统（单项）建筑工程指标基价中包括直接工程费、建筑设备购置费，不包括措施费、间接费、利润、编制基准期价差、税金、其他费用、基本预备费，编制投资估算时，应按照《火力发电工程建设预算编制与计算规定》计算。系统（单项）建筑工程指标中，建筑设备购置费按照含税价计算，直接工程费按照不含税价计算。系统（单项）建筑工程指标原则上按照"综合系数法"调整其价差，有关价差调整执行电力工程造价与定额管理总站相关文件规定。

（3）单位建筑工程指标。单位建筑工程指标基价中不包括措施费、间接费、利润、编制基准期价差、税金、其他费用、基本预备费，编制投资估算时，应按照《火力发电工程建设预算编制与计算规定》计算。单位建筑工程指标中，建筑安装基价包括直接工程费、建筑设备购置费。土建工程基价、建筑安装直接工程费按照不含税价计算，建筑设备购置费按照含税价计算。单位建筑工程指标列出的主要建筑材料、建筑设备，原则上可以按照实物量单价法调整其价差，指标中没有列出的建筑材料、建筑设备原则上按照综合系数法调整其价差。有关价差调整执行电力工程造价与定额管理总站相关文件规定。

（4）独立子项建筑工程指标。独立子项建筑工程指标不作为独立编制可行性研究投资估算的依据，仅作为补充、调整系统（单项）建筑工程指标和单位建筑工程指标使用。独立子项建筑工程指标基价构成同单位建筑工程指标。

（5）工程最低设计温度、抗震设防烈度与指标不同时，可以根据指标附表进行调整。其他自然条件对指标的影响已经综合考虑，执行指标时不做调整。

（二）热力设备安装工程

1. 第一部分 系统（单项）热力设备安装工程

（1）热力系统指标以"kW"为计量单位计算工程量，设计装机容量按照汽轮机在纯凝运行工况下发电机的额定铭牌出力计算。

（2）底开车卸煤的燃料供应系统指标的范围包括：取样称重系统、煤场机械、皮带上煤系统、碎煤系统、水力清扫系统、油罐及燃油供应系统，未包括底开车。1000MW级机组没有底开车来煤系统指标。

（3）水处理系统指标以"kW"为计量单位计算工程量。设计装机容量按照汽轮机在纯凝运行工况下发电机的额定铭牌出力计算。

（4）燃气—蒸汽联合循环发电机组指标以"kW"为计量单位计算工程量。燃气—蒸汽联合循环机组容量按纯凝ISO工况出力考虑，F级2套"一拖一"多轴及"二拖一"多轴额定容量为920MW，2套单轴为846MW；E级2套"一拖一"多轴及"二拖一"多轴额定容量为375MW。

2. 第二部分 单位热力设备安装工程

（1）锅炉炉墙砌筑指标包含铝质主材、陶瓷纤维针刺毯、硅酸铝耐火纤维碎絮、超细玻璃纤维制品、硅酸铝耐火纤维制品、保温浇筑料、耐火可塑料、耐火浇注料、微孔硅酸钙制品、抹面等相关费用。其他保温油漆指标包含岩棉制品、硅酸铝耐火纤维制品、硅酸铝纤维绳、铝合金板、油漆等相关费用。选用指标时砌筑保温材质、含量与指标中的不同时，可按实

际材质与含量调整费用。

（2）锅炉本体重量计算到过热器出口联箱和再热器进出口联箱。

（3）补给水处理系统管道按照管道总重量"t"为计量单位计算工程量，其单价中综合了碳钢管道、衬塑管道、不锈钢管道，使用时不调整。

（4）厂内循环水管道及补给水管道中不含直径1m以上的阀门材料费，直径1m以上阀门材料费可单独计列。焊接钢管管道中含管道内外防腐，内防腐为环氧煤沥青加强防腐，外防腐为环氧煤沥青特加强防腐；如采用牺牲阳极防腐，可采用三级指标中牺牲阳极防腐指标。

（5）SCR反应器、催化剂、氨制备供应系统、氨喷射系统以"套/2炉"为计量单位计算。

（6）制氢站以"套"为计量单位计算工程量，每套的出力为10Nm³/h。

（7）F级燃气—蒸汽联合循环机组，只考虑单轴、"一拖一"多轴、"二拖一"多轴三种形式。

1）单轴（一套）：由1台F级燃机（单轴）+1台150MW级蒸汽轮机+1台发电机（423MW）+1台余热锅炉组成，联合循环出力纯凝ISO工况为423MW。

2）"一拖一"多轴（一套）：由1台F级燃机+1台310MW燃机发电机+1台150MW级蒸汽轮机+1台150MW蒸汽轮发电机+1台余热锅炉组成，联合循环出力纯凝ISO工况为460MW。

3）"二拖一"多轴（一套）：由2台F级燃机+2台310MW燃机发电机+1台300MW级蒸汽轮机+1台300MW蒸汽轮发电机+2台余热锅炉组成，联合循环出力纯凝ISO工况为920MW。

（8）E级燃气—蒸汽联合循环机组，分"一拖一"多轴、"二拖一"多轴两种形式。

1）"一拖一"多轴（一套）：由1台E级燃机+1台125MW燃机发电机+1台60MW级蒸汽轮机+60MW蒸汽轮发电机+1台余热锅炉组成，联合循环出力ISO工况为185MW。

2）"二拖一"多轴（一套）：由2台E级燃机+2台125MW燃机发电机+1台150MW级蒸汽轮机+1台125MW蒸汽轮发电机+2台余热锅炉组成，联合循环出力纯凝ISO工况为375MW。

3. 第三部分 独立子项热力设备安装工程

防腐中玻璃鳞片内衬指标适用于脱硫系统相关设施，牺牲阳极指标适用于供水系统的循环水管道，炉内防腐喷涂指标适用于W火焰炉和循环流化床锅炉。

（三）电气设备安装工程

（1）第一部分 系统（单项）电气设备安装工程。

1）本条指标燃煤机组不包括发电机出口断路器，需要时执行单位安装工程相应指标；燃气—蒸汽联合循环机组包括燃机发电机出口断路器，不包括蒸汽轮发电机出口断路器，需要时执行单位安装工程相应指标。

2）本指标不包括脱硫、脱销系统电气部分，该内容包含在《电力建设估算指标（2016年版）第一卷火力发电工程 第二册 发电热力设备安装工程》册相应子目中。

（2）第二部分 单位电气设备安装工程。

1）单相变压器增加备用相时，备用相执行相应单相变压器指标乘以系数0.33。

2）屋内GIS配电装置执行屋外GIS配电装置指标，其中安装费乘以系数1.1。

3）集控楼（室）设备、直流系统指标以"机组"为计量单位计算工程量；继电器楼设备、系统调度自动化、输煤集中控制指标以"项"为计量单位计算工程量。

4）主厂房用电系统、全厂行车滑线指标以"机组"为计量单位计算工程量。主厂房外车间厂用电指标以"项"为计量单位计算工程量。

5）事故保安电源装置指标按柴油发电机组的数量，以"套"为计量单位计算工程量；不停电电源装置指标按UPS装置的数量，以"套"为计量单位计算工程量。

6）设备及构筑物照明，其中设备本体照明指标以"机组"为计量单位计算工程量；构筑物、厂区道路广场照明及检修电源指标，以"项"为计量单位计算工程量。

7）机组现场仪表及执行机构指标仅包括一次测量仪表、变送器、逻辑开关、风压取样防堵、执行机构、电磁阀等设备费，其安装费含于分散控制系统及机组成套控制装置指标。燃煤机组按发电机组容量执行相应指标，燃机按联合循环机组容量等级执行相应指标。

8）机组电动门控制保护屏柜指标包括主厂房部分电源柜、电动门配电箱、变送器柜等。燃煤机组按发电机组容量执行相应指标，燃机按联合循环机组容量等级执行相应指标。

9）本册指标不包括110kV及以上厂外架空动力线，需要时执行输电线路工程相应指标。

（3）第三部分 独立子项电气设备安装工程。

1）封闭母线指标按各相母线外壳中心线的延长米之和（不扣除附件所占长度）的1/3计算，以"m/三相"为计量单位计算工程量。

2）高压厂用共箱母线指标按母线外壳中心线的

延长米，不扣除附件所占长度，以"m"为计量单位计算工程量。

3）高压厂用离相封闭母线指标按各相母线外壳中心线的延长米之和（不扣除附件所占长度）的1/3计算，以"m/三相"为计量单位计算工程量。

（四）输电线路工程

（1）指标中OPGW光缆线路指标适用于与架空输电线路同步架设的光缆线路工程；管道光缆指标适用于与电缆线路同步敷设的光缆线路工程。

（2）架空输电线路工程指标综合考虑了路径地形，有地形特征描述的指标，只适用于该地形条件下的线路工程，没有地形特征描述的指标，适用于各种地形条件下的线路工程。

（3）电缆输电线路工程指标综合考虑了路径地形及施工区域，执行指标时不做调整。

（4）本体、分部工程指标不包括井点降水、特殊支护等施工措施项目；不包括地基处理项目。工程设计需要时，执行独立子项相应的指标估算投资。

（5）架空输电线路工程指标中混凝土施工综合考虑了现场制备（搅拌）浇制和采用商品混凝土施工，执行指标时不做调整。

（6）电缆输电线路工程指标中混凝土施工按照商品混凝土考虑，工程采用施工现场制备（搅拌）浇制时不做调整。

（7）指标综合考虑了砂浆强度等级、砂浆配合比例、混凝土强度等级、混凝土粗骨料材质、钢结构材质、钢筋强度级别等要素，执行指标时不做调整。导线材质根据设计标准可以在价差中调整。

（8）指标综合考虑了混凝土外加剂（如：减水剂、早强剂、缓凝剂、抗渗剂、防水剂等）费用，执行指标时不做调整。

二、概算定额

（一）建筑工程

1. 第1章 土石方与施工降水工程

（1）注意区分主要建构筑物和其他建（构）筑物，其中主要建筑物和构筑物包括烟囱、冷却塔、卸煤沟、翻车机室、输煤地道、地下或半地下转运站、输煤筒仓、圆形煤场、循环水泵房、地下或半地下泵房、空冷平台支柱、灰库、石灰石筒仓、吸收塔、截供（排供）沟、换流站阀厅、220kV及以上电压等级的屋内配电装置室、地下变电站工程。

（2）施工土石方注意放坡工程量的计算方法，当土方挖深大于1.2m时，计算放坡工程量；当土方挖深小于1.2m时，不计算放坡挖方量。石方开挖允许超挖深度根据岩石类别选择加入石方开挖深度中。普通岩石0.2m，坚硬岩石0.12m。

2. 第 2 章 基础与地基处理工程

（1）基础。基础工程按照基础体积计算工程量，砌体结构墙分界线与基础、柱与基础不分所用材料是否相同，均以室内地坪标高分界，室内地坪标高以下为基础。浇制钢筋混凝土承台梁执行条形基础定额，浇制钢筋混凝土承台板执行独立基础定额。当承台梁长度小于 3 倍承台梁宽度时，执行独立基础定额；当承台板长度大于 3 倍承台板宽度时，执行条形基础定额。

主要辅机设备基础需要单独计算费用，其他辅机设备基础综合在地下设施或复杂地面中，不单独计算。

汽轮机基础体积计算基础底板、中间平台、上部框架、框架柱牛腿、框架梁挑耳的体积，不计算出线小室工程量。锅炉基础体积计算炉架独立基础、底板、基础间连梁、短柱、支墩、基础剪力墙体积。不计算锅炉基础保护帽体积。

变压器基础油池工程量按照变压器基础油池容积计算工程量，即容积 = 净空高度 × 净空面积，净空高度为油池底板顶标高至油池壁顶标高，净空面积 = 油池净空长度 × 油池净空宽度。

（2）地基处理。预制混凝土桩按照桩体积计算工程量。桩体积 = 桩截面面积 × 桩长（桩长为预制桩的实际长度，应计算桩尖长度；钢筋混凝土管桩截面面积为管桩混凝土圆环实体截面面积）。

灌注桩按照桩体积计算工程量。桩体积 = 灌注桩设计截面面积 × 桩长（桩长为灌注桩的设计长度，应计算桩尖长度；灌注桩截面面积不计算护壁面积）。充盈系数及超高灌注综合在定额中，不单独计算。人工挖孔灌注桩不计算扩孔部分及由于扩孔增加桩底入岩部分混凝土量。

3. 第 3 章 地面与地下设施工程

地面与地下设施定额中包括建筑物、构筑物外墙外 1m 以内沟道与隧道的费用，超过 1m 的沟道与隧道执行第 10 章相应的定额。本章定额子目内容均不包括钢盖板、栏杆、爬梯、平台等金属结构工程，发生时按照第 8 章的有关定额另行计算。

地下设施与地面根据地面面层材质，按照建筑轴线尺寸面积计算工程量，不扣除设备基础、洞口、地坑、池井、沟道、墙体、柱、零米梁板、地面伸缩缝等所占面积。

根据地面材质分别计算工程量，在同一轴线面积范围内不同材质的地面面积应分别计算。地面上支墩、设备基础四周的面层不计算工程量，其费用综合在地面中。

4. 第 4 章 楼面与屋面工程

（1）楼板与平台板工程。楼板根据结构形式按照面积计算工程量，面积按照楼板铺设部位的建筑轴线尺寸计算，不扣除楼梯间、洞口、支墩、设备基础、地面伸缩缝等所占面积。脱硫烟道支架楼板、平台板，根据平面布置，按照楼板外边缘线计算面积，扣除大于 1m² 洞口所占面积。

（2）屋面板工程。混凝土屋面板根据结构，按照建筑轴线尺寸面积计算工程量。压型钢板屋面按照屋面水平投影面积计算工程量。压型钢板接头、收头、盖顶、伸缩缝连接面积不计算工程量。

压型钢板屋面定额中不包括钢檩条、钢支柱、钢支架以及由建筑结构出图的设备支架，应按照第 8 章相应的定额另行计算。由于该部分钢结构需要制作厂与设计配合，在可行性研究设计、初步设计阶段，当设计无法提供钢结构重量时，可按照压型钢板屋面面积 26.5kg/m² 计算。

（3）钢梁浇制板工程。当钢梁浇制板采用压型钢板做底模时，其压型钢板底模单独计算。定额单价已考虑扣除原混凝土模板费用，"压型钢板底模"定额子目为补差性质的定额，其人工费与机械费综合在原定额子目中。压形钢板底模定额与钢梁浇制板定额配套执行。

（4）屋面建筑工程。卷材屋面防水按照铺设一层防水材料考虑的，工程实际铺设两层时，第二层执行定额乘以 0.9 系数。屋面架空隔热层定额为综合定额，执行时不做调整。

屋面有组织排水、保温、防水、屋面架空隔热层按照建筑轴线尺寸面积计算工程量，不扣除洞口、支墩、设备基础、屋面伸缩缝等所占面积。挑檐板、天沟板不计算面积。当压型钢板屋面设有组织排水时，按照建筑轴线尺寸面积计算排水工程量。

（5）室外楼梯工程。室外楼梯按照各层楼梯水平投影面积之和计算工程量，不扣除楼梯柱、楼梯井所占面积。楼梯屋面板、遮雨板不计算面积。楼梯的栏杆、栏板、扶手综合在定额中，不单独计算。定额中楼梯栏杆是按照木扶手、钢管刷油漆编制的，当楼梯栏杆扶手采用其他材质时，可以参照预算定额计算标准调整。

（6）其他。钢筋混凝土楼板与屋面板定额中，不包括钢筋费用。

本章不包括楼板与平台板、屋面板的钢梁、钢盖板、钢支柱、栏杆、爬梯、平台、钢格栅板等金属结构工程，发生时按照第 8 章有关定额另行计算。

5. 第 5 章 墙体工程

（1）女儿墙。女儿墙不单独计算工程量，其面积或体积合并到相应的外墙工程量中。砌体外墙采用现浇混凝土结构女儿墙时，女儿墙费用按照混凝土墙计算。

（2）砌体外墙工程。砌体外墙按照砌体体积计算工程量。外墙长度按照建筑轴线尺寸长度计算。外墙墙高:有女儿墙建筑从室内地坪(相当零米)标高(有基础梁的从基础梁顶标高)计算至女儿墙顶标高(不包括抹灰高度);无女儿墙建筑从室内地坪(相当零米)标高(有基础梁的从基础梁顶标高)计算至檐口板顶标高(不包括抹灰高度)。墙垛计算砌体工程量,通风道、腰线、窗台虎头砖、压顶线、山墙泛水、门窗套等砌体不计算工程量;扣除门窗及大于 1m² 洞口所占体积,不扣除钢筋砖过梁、过梁、砌体加固钢筋、圈梁、构造柱、雨篷梁、压顶、穿墙套板、框架或结构梁柱等所占体积。

(3)砌体内墙工程。砌体内墙按照砌体体积计算工程量。内墙长度按照建筑轴线尺寸长度计算。内墙墙高:屋架下边的内墙从室内地坪标高(有基础梁的从基础梁顶标高)计算至屋架下弦底标高;有楼板隔层内墙从室内地坪标高(有基础梁的从基础梁顶标高)计算至楼板底标高;梁下边的内墙从室内地坪标高计算至梁底标高。墙体厚度按照设计墙厚计算。

墙垛、壁柱计算砌体工程量,扣除门窗及大于 1m² 洞口所占体积,不扣除钢筋砖过梁、过梁、砌体加固钢筋、圈梁、构造柱、通风道、框架或结构梁柱等所占体积。加气混凝土与空心砖及苯板等砌体内墙不单独计算实心砖墙砌体工程量。砌体内墙定额不分墙厚按照材质执行定额。

(4)金属墙板工程。金属墙板定额中不包括墙板骨架、墙板支架、连接钢构件、洞口加固钢构件,应按照第 8 章相应的定额另行计算。由于该部分钢结构需要制作单位与设计单位配合,在可行性研究设计、初步设计阶段,当设计无法提供钢结构重量时,有保温金属墙板面积按照 20kg/m² 计算;无保温金属墙板面积按照 17.5kg/m² 计算。

(5)墙体装饰工程。墙体装饰分装饰材质按照装饰面积计算工程量。挑檐宽度与挑檐高度之和大于1.05m,雨篷悬挑宽度大于 1.2m 时,其装饰工程量另行计算,分材质并入墙体装饰工程量中。

独立柱、支架按照展开面积计算装饰工程量。

6. 第 6 章 门窗工程

(1)主要说明。木门窗按照现场制作、安装考虑,定额中包括木材的干燥、成品入门窗的场内运输等工作内容。购置成品木门窗亦执行相应的木门窗定额。保温门定额适用于隔音门。防火门定额综合考虑了不同的防火等级与材质,执行定额时不做调整。电子感应门、金属卷帘门工程包括感应装置、电动装置安装等工作内容。电动装置、感应装置不同时,其单价可随同门一并调整,但安装费不变。电缆沟道、隧道需要安装防火门时,参照本章 GT6-11 定额执行。

(2)主要计算规则。门窗按照门窗洞口面积计算

工程量。计算面积时,不考虑卷帘门的上卷面积、推拉门窗的框扇交叉等面积。窗护栏按照窗洞口面积计算工程量,突出墙壁部分的面积不计算工程量。

7. 第 7 章 钢筋混凝土结构工程

(1)混凝土工程中包括铁件费用,不包括植筋费用。钢筋混凝土结构按照钢筋混凝土构件体积计算工程量,应计算柱上牛腿、梁上挑耳体积,不扣除钢筋、铁件、预埋孔等所占体积,梁垫不计算体积。异形柱体积应计算柱帽体积。环形柱按照钢筋混凝土环形柱实体积计算工程量,不计算空心部分。注意环形柱与基础的划分是以空心与实心的交界处,并非零米标高。

(2)煤斗内衬单独计算。煤斗与煤斗大梁、框架梁以梁底标高分界。煤斗体积应计算煤斗上口梁、煤斗壁板、壁板肋梁、下口挡煤板体积,不计算煤斗大梁与框架梁体积。

(3)钢筋用量按照单位工程进行计算。工程钢筋用量由结构钢筋、构造钢筋、施工措施钢筋、钢筋连接用量组成。结构钢筋与构造钢筋按照设计用量计算。设计钢筋用量不含钢筋连接用量时,按定额要求进行计算。钢筋加工损耗量属于材料损耗量,综合在定额消耗量中,不单独计算。

计算钢筋设计用量时,不计算预埋在柱或门框中的墙体拉结钢筋重量,不计算预埋在楼板中的吊顶拉结钢筋重量。

8. 第 8 章 钢结构工程

(1)钢结构工程。钢结构工程包括钢结构构件制作、购置、连接、组装、拼装、运输、安装、除锈、刷油漆、喷锌、安装后补刷油漆或喷锌、安装沉降观测装置、安拆脚手架等工作内容。

钢结构按照钢结构构件成品重量计算工程量,应计算连接、组装所用连接件及螺栓的重量,不计算损耗量(包括钢结构下料剪切或切割损耗量、切边与切角及形孔的损耗量)。钢结构安装所用的螺栓不计算重量。

(2)钢结构防火、加强防腐、喷锌、镀锌。钢结构防火、加强防腐、喷锌、镀锌工程包括底面处理、刷喷面层等工作内容,其定额考虑了钢结构中含有的刷油漆工程量,执行定额时不做调整。

钢结构刷涂料(油漆)按照钢结构构件成品重量计算。计算钢结构刷涂料(油漆)的重量时,应注意是被刷钢结构的重量,并非所用涂料(油漆)的重量。

9. 第 9 章 构筑物工程

(1)管道建筑、循环水沟渠、含土方基础构支架与避雷针塔、灰场工程的定额为综合定额,定额中包括土方、铁件费用。含土方基础构支架与避雷针塔、灰场工程的定额包括钢筋费用。

（2）本章设置的输煤、除灰构筑物地上部分、地下部分的定额为综合定额，包括其结构与建筑，除特殊说明外，执行定额时不做调整。输煤、除灰建筑物、构筑物除本章单独设置子目外，均按照一般房屋建筑相应章节的定额执行。

输煤、除灰筑构物工程按照构筑物混凝土体积计算工程量。地上部分与地下部分、基础与筒壁均以零米（或相当于零米标高）分界。

（3）输煤建（构）筑物之间通过变形缝连接。建（构）筑物之间由于底板或基础标高不同，连接处需要做混凝土垫层、台阶基础等处理，其工程量不另行计算。连接处变形缝亦不计算。

10．第10章　厂（站）区性建筑工程

（1）本章定额中均包括土方施工。当工程发生石方施工时，相应的定额人工费按定额要求调整。

（2）道路与地坪工程。道路按照道路、地坪体积计算工程量。体积＝面积×厚度（厚度为基层、垫层、面层三层厚度之和；面积按照水平投影面积计算，有路缘石的道路按照路缘石内侧面积计算体积）。计算体积时，不扣除路面上雨水口所占的体积，其费用不单独计算。道路、地坪定额综合考虑了面层、垫层、基层不同厚度，执行定额时不因各层厚度差异而调整。当工程实际厚度大于1m时，超出部分根据最底层材质按照地基处理换填定额执行。

（3）围墙与大门工程。围墙厚度不同可以调整。砖围墙定额按照240mm厚编制，370mm厚砖围墙定额调整1.34系数，180mm厚砖围墙定额系数0.84调整；石墙定额按照350mm厚编制，石墙厚度每增加50mm定额调增0.115系数，石墙厚度每减少50mm定额调减0.115系数。

定额包括基础土方开挖、夯填及运输、砌筑基础等工作内容。围墙基础是按照1.5m埋深（室外整平标高至基础底标高）考虑的，基础埋深每增减30cm定额按照围墙长度计算工程量。基础埋深每增减30cm为一个调整深度，基础埋深增减余量不足30cm但大于或等于10cm的计算一个调整深度。

（4）沟（管）道与隧道工程。定额中沟盖板按照施工现场内预制考虑，当采用外购成品沟盖板时，每立方米沟道按照含295元沟盖板费用计算价差。295元沟盖板费用中包括沟盖板预制、运输1km、沟盖板角钢框制作与安装、沟盖板抹平压光、沟盖板制作与运输及安装的损耗。

（5）井、池工程。井、池按照井、池净空体积（容积）计算工程量，不扣除井或池内设备、支墩、支柱、管道等所占体积。在定额子目容积区间以外的井、池可以采用插入法计算定额单价。当井、池内设有隔墙或消能墙时，其体积不扣除，费用亦不增加。容积大

于500m³水池执行第9章水池定额。

深井定额子目适用于生活水源深井工程。施工期间的深井费用，原则上可以参照本定额子目确定。深井定额是按照井管φ219mm×8mm、井深75m编制的，当井管直径与井深不同时，按照表4-17系数调整。深井按照深井井管长度计算工程量，井管长度应计算沉砂管和滤管长度。

表4-17　深井调整系数

井管直径（mm）	井深≤75m	井深≤120m	井深＞120m
159	0.85	1.1	1.35
219	1	1.25	1.5
273	1.3	1.7	2.0
325	1.55	2.0	2.3
450	2.1	2.4	2.6
600	2.55	2.7	2.9

深井定额是在以土质为地质资料的条件下编制的，当工程实际为石质地质条件时，相应的定额单价中人工费与机械费需要调增45%费用。例如，井管φ219mm、井深75m，在钻井深至50m时，遇到10m厚岩石层。执行定额时，10m厚岩石层深井定额的人工费与机械费乘以1.45系数，其他65m深井定额单价不变。又如，井管φ325mm、井深150m，在钻井深至100m时，遇到30m厚岩石层。计算定额时，30m厚岩石层深井定额单价的人工费与机械费乘以系数2.3×1.45＝3.335，材料费乘以系数2.3，其他120m深井定额单价乘以系数2.3。

（6）护岩工程。重力式构件按照构件体积计算工程量，不计算损耗量。重力式构件一般是在已知重量的条件下计算体积。当已知重量时，栅栏板按照2.45t/m³计算体积，其他重力构件按照2.4t/m³计算体积。

11．第11章　室内给水、排水、采暖、通风、空调、除尘及建（构）筑物照明、防雷接地、特殊消防工程

（1）采暖、通风空调定额是按照Ⅲ类地区［地区分类见《火电发电工程建设预算编制与计算规定（2013年版）》与《电网工程建设预算编制与计算规定（2013年版）》］编制的，地区类别按照差表4-18进行调整。Ⅰ类地区原则上不实施采暖，当工程需要采暖时，可参照执行。由于给排水、照明、除尘工程与地区分类关系不大，所以不做调整。

表 4-18　　　　　　地区分类调整系数

地区分类	调整系数	
	采暖	通风空调
Ⅰ	0.3	1.3
Ⅱ	0.75	1.15
Ⅲ	1	1
Ⅳ	1.2	0.9
Ⅴ	1.3	0.8

（2）室内给排水、采暖、通风空调、除尘以及建（构）筑物照明与防雷接地工程按照建筑物、构筑物的建筑体积，或面积，或长度，或高度，或淋水面积计算工程量。建筑面积与建筑体积的计算规则执行《电力建设工程预算定额（2013 年版）第一册　建筑工程（上册）》附录 A、附录 B 计算规定。

发电工程炉后风机房相对独立时可以单独计算体积，建筑安装执行主厂房定额。

岛式布置、塔式炉布置、侧煤仓布置的煤仓间与胶带机廊道及与主厂房联合建筑的转运站，统一计算体积，建筑安装执行主厂房定额。风扇磨煤机检修间与锅炉房联合建筑时，风扇磨煤机检修间体积并入主厂房体积。当风扇磨煤机检修间体积单独计算时，建筑安装执行主厂房定额。

输煤栈桥、输煤地道按照水平投影长度计算工程量。

（二）热力设备安装工程

1. 第 1 章　锅炉机组安装

（1）计算锅炉质量时，不包括包装材料、运输加固件、炉墙材料。

（2）循环流化床锅炉炉本体安装按人工定额乘以系数 1.05，材料定额乘以系数 1.02 调整。

（3）锅炉化学清洗：定额内已包括了酸洗临时管道及设备的摊销。

（4）钢球磨煤机中间储仓式制粉系统包括磨煤机、粗细粉分离器、排粉风机、给煤机、给粉机、输粉机、设备本体平台扶梯栏杆及围栅、润滑油站设备及润滑油站管道安装，定额是按一台炉考虑。

（5）电子重力式给煤机安装包含了煤斗导流装置的安装。

（6）需现场加工配制的容积大于 45m³ 的水箱按设备考虑。

（7）锅炉底部的碎渣机、捞渣机、渣井、液压关断门及其液压油站等成套供货设备的安装，不管其如何供货，均应按照"项目划分"列入除灰系统。

2. 第 2 章　汽轮发电机组安装

（1）凝汽器安装的供货形式 7000m² 以下是整体供货，7000m² 以上是按现场组合考虑。

（2）凝汽器是按铜管考虑的。采用钛管时，其安装基价增加 5.10 元/m²，其中人工费增加 2.50 元/m²；采用不锈钢管时，其安装基价增加 6.10 元/m²，其中人工费增加 3.00 元/m²。

（3）给水泵汽轮机的试运转一般与主机、主炉同时进行，锅炉不必专门点火配合。因此，给水泵汽轮机试运时不另行增加试运所耗燃油费用。

（4）起重机械所用单轨的设计凡是由土建专业出图的，起重机械轨道的安装及主材费按已经包括在其主体建筑工程中考虑，凡由机务专业设计的单轨应套用本定额单轨有关子目。

3. 第 3 章　热力系统汽水管道安装

（1）管道的煨弯加工及煨弯的热处理费用，此部分费用为主材费。

（2）循环水管道定额按普通碳钢管考虑，当采用 10CrMoAl 时，其材料和机械定额乘以系数 1.4。

（3）300、600、1000MW 机组汽轮机由于无本体定型设计，相应管道包括在主蒸汽管道，再热蒸汽管道及中、低压管道子目中。

（4）蒸汽管道吹扫临时管道和消音器安装与拆除，需另计算相应工程量进行计算。

（5）空冷排汽管道按成品供货考虑。

（6）本定额不适用于热工仪表与自动控制装置管道的安装。

4. 第 4 章　热网系统安装

扩建工程新、老厂之间的蒸汽联络管道已包括在热力系统中、低压汽水管道安装定额中。

5. 第 5 章　炉墙敷设及保温油漆

（1）锅炉本体炉墙敷设与保温的工作范围以锅炉制造厂设计为准。

（2）锅炉炉墙敷设所需的自锁保温钉按制造厂设备成套供货考虑，未列入计价材料内。

（3）锅炉炉墙敷设不包括炉墙金属密封件及炉墙金属护板（波板）、支撑连接件安装，已包含在钢炉架安装中。

（4）硬质保温材料指使用时基本保持原形的硬质成型绝热制品，如微孔硅酸钙、珍珠岩制品等。

（5）矿纤保温材料指矿物纤维毡状绝热制品，如岩棉、矿棉、硅酸铝棉、玻璃棉、复合硅酸盐等制品。

（6）抹面、玻璃丝布、油漆，定额子目中已包括其材料费。

（7）设备管道油漆（含除锈）适用于全厂（钢炉架油漆除外）设备管道及平台扶梯、栏杆、支架金属结构，1kg 油漆按刷 7m² 折算。

6. 第6章 燃料供应系统安装

（1）卸煤系统及上煤系统联动定额只适用于该系统为全套新建的工程中，若卸煤系统或上煤系统只进行局部扩建的工程，不使用本定额。

（2）除杂物装置、除三块等可参考除木器安装定额。

（3）入炉（厂）煤取样装置安装可参考机械采煤样装置定额。

（4）落煤管耐磨衬板按由工厂化衬砌好后运至现场考虑，若由现场衬砌，其定额应增加65%。

（5）当皮带机为头尾双驱动时，按相应定额乘以系数1.4调整。

7. 第7章 除灰系统安装

（1）内衬铸石管按由工厂化衬砌好后运至现场考虑。

（2）厂区外除灰管道安装超出1km时，其超出部分人工和机械定额乘以系数1.10。

8. 第8章 化学水处理系统安装

（1）定额的标称出力均指系统的正常运行出力，定额中已包括系统备用出力所选用设备的安装。

（2）定额中涉及的钢筋混凝土池、罐设备的安装，仅包括内部搅拌装置及设备本体范围内的金属附件的安装。

（3）化水系统中的衬胶、衬塑管道、管件是按成品考虑的，不包括管道的衬胶、衬塑费用。

（4）超滤、反渗透处理系统安装按反渗透处理系统出力选择子目。

9. 第9章 供水系统安装

（1）空冷排汽管道属于热机工作范畴，另执行第3章有关定额子目。

（2）φ1620mm及以上的焊接钢管包括加固圈的安装。

（3）室外压力水管道均按埋地敷设考虑。若采用地面支墩架设，应另计支架安装费。

（4）厂区围墙1km外施工钢管的降效及机械增加，按超过围墙1km外部分人工和机械的定额乘以系数1.10计算。

（5）间接空冷散热器管束进、出口至地下环形母管之间的管道执行热力系统中低压管道定额，地下环形母管（冷、热水）管道执行热力系统中的循环水管道定额；以上管道的安装定额均按管道由设备厂提供考虑，如为非厂供时，对人工定额进行1.1倍的系数调整。

（6）地下环形母管（冷、热水）管道与厂区循环水管道的分界点为间冷塔环基外1m。

（7）百叶窗安装已综合考虑了百叶窗执行机构的安装。

（8）空冷散热器管束组件组合安装，包括组合平台的搭拆安装。

10. 第10章 脱硫系统安装

（1）石灰石卸料装置安装包括石灰石卸料斗入口至石灰石储仓入口全部设备及金属结构的安装，具体为石灰石卸料斗及金属格栅、振动给料机、卸料斗袋式除尘器及风机、石灰石皮带输送机、金属分离器、石灰石斗式提升机、仓顶皮带输送机、仓顶布袋除尘器及风机等设备的安装；随设备供货的管道、阀门、管件、金属结构等安装。

（2）石灰石贮仓制作安装指从石灰石贮仓入口至石灰石下料口止全部设备及金属结构的制作安装，包括仓壳体金属结构、金属支架、平台及扶梯配制、组合、安装，以及壳体外壁、金属支架、平台及扶梯的油漆。石灰石贮仓制作安装不包含仓内衬里防腐施工及材料费用。

（3）湿式制浆系统安装指从石灰石下料口（含石灰石下料阀）至石灰石浆液箱出口止，除石灰石浆液箱外的全部设备的安装。包括石灰石下料阀、称重给料机、皮带输送机、湿式球磨机、磨机浆液箱、磨机浆液箱搅拌器、磨机浆液泵、石灰石浆液水力旋流器、石灰石浆液箱搅拌器、石灰石浆液泵的设备安装；随设备供货的地脚螺栓及框架、金属支架、管道、阀门及平台、扶梯和栏杆等安装。湿式制浆系统安装不包括石灰石浆液箱的制作安装，其费用按设计图纸和相应定额计算；也不包括浆液箱及搅拌器衬里防腐的施工及材料费用。

（4）干式制粉系统安装指从石灰石下料口（含石灰石下料阀）至石灰石浆液泵出口止除石灰石浆液箱、石灰石粉仓外的全部设备的安装。包括石灰石下料阀、称重给料机、皮带输送机、引风机、蒸汽加热器、流化风加热器、干磨机、除尘器中间粉仓、提升双仓泵（石灰石粉斗式提升机）、仓顶除尘器及风机、送粉空气压缩机、石灰石浆液箱（池）搅拌器、石灰石浆液泵等设备的安装；随设备供货的地脚螺栓及框架、金属支架、管道、阀门及平台、扶梯和栏杆等安装。干式制粉系统安装不包括石灰石粉仓、石灰石浆液箱制作安装，其制作安装费按设计图纸和相应定额规定计算。

（5）石灰石粉仓制作安装包含仓壳体金属结构、金属支架、平台及扶梯配制、组合、安装；壳体外壁、金属支架、平台及扶梯的油漆。石灰石粉仓制作安装不包含粉仓内衬里防腐施工及材料费用。

（6）石灰石浆液箱制作安装包括箱体金属结构、金属支架、平台及扶梯的配制、组合、安装，以及箱体外壁、金属支架、平台及扶梯的油漆。石灰石浆液箱制作安装不包括箱内衬里防腐施工及材料费

（7）吸收塔本体制作安装指从吸收塔烟气入口法兰至吸收塔烟气出口法兰止金属结构的制作安装。包括基础预埋件、地脚螺栓、塔壳体、塔内金属梁、隔板、滤网、人孔门、接管座等金属结构的配制、组合安装，入口烟道金属衬里的焊接及塔内安装焊口的打磨，吸收塔本体范围内的平台、扶梯和栏杆，吸收塔搅拌器支架钢结构的制作安装，以及吸收塔外壳体、金属平台、扶梯和栏杆的油漆。吸收塔本体制作安装不包括吸收塔内衬防腐、保温及除防腐底漆外的油漆。吸收塔本体重量按吸收塔壳体、塔体范围内的支架、平台及扶梯设计成品重量计算。

11．第 11 章　脱硝系统安装

（1）SCR 反应器本体制作安装包括壳体的下料、配制、组合、拼装，吊装就位，反应器内金属梁、烟气整流装置、密封装置、隔板、滤网、人孔门、接管座等的组合安装及标识牌安装。

（2）催化剂模块安装包括催化剂装运、就位，反应器内催化剂定位及密封等。

（3）脱硝区其他装置安装指除脱硝反应器和催化剂模块外的全部设备的安装，包括氨气—热空气混合器、稀释风机、喷射格栅、喷嘴、吹灰器、起吊设施安装，设备本体的安装、就位，随设备供应的混合器、加热器、烟道的连接管道、阀门和附件等的安装。

（4）制氨区装置安装包括液氨卸料压缩机组安装，液氨贮罐、液氨蒸发器、氨气缓冲罐、氨气稀释罐、氮气存储罐、液氨供应泵、废水泵、废水加热器的安装，随设备供应的平台扶梯、连接管道、阀门和附件等的安装。各种罐按照设备成品供货考虑，不包括设备之间的连接管道安装及保温、油漆。

12．第 12 章　附属生产工程设备及管道安装

（1）空气压缩机室设备安装包括空压机、各种气罐、净化干燥装置、电加热装置、起重设备、罗茨风机等的安装，但不包括冷却水及其连接管路安装；管道安装包括空压机室至主厂房之间的厂区管道安装。

（2）制氢站设备安装包括制氢设备、各种气罐及起重设备安装，系统试运转，但不包括气体分析仪器、仪表的安装；管道安装包括制氢站至主厂房之间的厂区管道安装。

（3）油处理室设备安装包括滤油机、过滤器中间油箱、移动式油罐、油泵的安装。

（4）启动锅炉房设备安装包括锅炉本体及本体范围内的管道、阀门、管件、仪表、水位计等附件的安装，与锅炉配套的附属机械、辅助设备及相关的配件、附件的安装，锅炉水压试验、风压试验、烘煮炉、蒸汽严密性试验、安全阀校验，以及上述各种试验相关的安装工作。

13．第 13 章　附属生产工程设备及管道安装

计算余热锅炉重量时，不包括包装材料、运输加固件、保温金属铁件及保温材料。

（三）电气设备安装工程

1．第 1 章　发电机及除尘器电气

（1）电除尘器和电袋除尘器电气设备的单位"台"以整流变压器数量计算。

（2）发电机电气中不包含交直流励磁母线安装。

2．第 2 章　变压器

（1）三相变压器和单相变压器安装适用于油浸式变压器、自耦变压器安装；带负荷调压变压器安装执行同电压、同容量变压器安装定额乘以系数 1.1。

（2）10kV 干式电力变压器安装执行 20kV 干式电压器安装定额乘以系数 0.6，10kV 油浸式电力变压器安装执行 35kV 变压器安装定额乘以系数 0.6。

（3）变压器、电抗器的安装中已经包含在线监测装置的安装。

（4）定额未考虑变压器干燥，如发生按实际所需的费用计算。

（5）变压器回路内的避雷器、隔离开关、中性点设备，另执行第 3 章相应定额。

（6）变压器高、中、低压侧软母线和耐张绝缘子的安装，低压侧硬母线的安装，另执行第 4 章相应定额。

（7）支柱绝缘子的安装，另执行第 4 章相应定额。

（8）变压器的散热器外置时人工费乘以系数 1.3。

（9）电抗器安装适用于混凝土电抗器、铁芯干式电抗器和空心电抗器等干式电抗器安装，油浸式电抗器按同容量干式电抗器定额乘以系数 1.2。

（10）110kV 及以上设备安装在户内时人工费乘以系数 1.3。

（11）绝缘油按照设备供货考虑，根据设计要求具体设备参数确定油量，油过滤定额中包括过滤损耗量。

3．第 3 章　配电装置

（1）配电装置安装定额工作内容综合了本体安装、铁构件制作、油过滤、设备连接安装、引下线安装。

（2）罐式断路器按同电压等级的 SF_6 断路器定额乘以系数 1.2 计算。

（3）单相避雷器按同电压等级的避雷器定额乘以系数 0.4 计算。

（4）110kV 并联电容组安装已包含其中配电装置的安装，不需另计定额。

（5）66kV 并联电容器组执行 110kV 并联电容器组乘以系数 0.88，35kV 并联电容器组执行 110kV 并联电容器组乘以系数 0.6，10kV 并联电容器组执行 110kV 并联电容器组乘以系数 0.4。

（6）GIS 安装高度在 10m 以上时，人工定额乘以系数 1.05，机械定额乘以系数 1.20。

（7）GIS、断路器安装中已包含在线监测装置的安装。

（8）电压等级为 110kV 及以上设备安装在户内时，其人工乘以系数 1.3。

（9）本章定额中未包括设备支架制作安装，设备支架制作安装另执行第 5 章相应定额。

（10）本章定额中未包括保护网制作安装，保护网制作安装另执行第 5 章相应定额。

（11）本章定额中未包括支柱绝缘子安装，支柱绝缘子安装另执行第 4 章相应定额。

4. 第 4 章　母线、绝缘子

（1）带形母线定额已综合考虑单相多片及各种材质，使用时定额不作调整。

（2）带形母线安装中不包含铁构件的制作，如发生，另执行铁构件制作安装相应子目。

5. 第 5 章　控制、继电保护屏及低压电器

控制盘台柜定额子目是依据 600MW 机组电厂及 500kV 变电站编制的，其他电厂或变电站工程其定额基价应乘以相应系数，见表 4-19。

表 4-19　其他发电厂或变电站定额基价调整系数

发电厂或 变电站工程	系数	发电厂或 变电站工程	系数
50MW 机组	0.45	35kV 变电站	0.85
135MW 机组	0.65	110kV 变电站	0.9
300MW 机组	0.85	220kV 变电站	0.95
600MW 机组	1	330kV 变电站	1
1000MW 机组	1.15	500kV 变电站	1
		750kV 变电站	1.05
		1000kV 变电站	1.1

6. 第 6 章　交直流电源

（1）蓄电池安装中单位"组"是指一只电池的容量。

（2）交直流一体化电源在变电通信共用时，执行电气定额电池安装，柜体另执行有关柜的安装定额。

7. 第 7 章　起重设备电气装置

（1）安全滑触线单位"m"三相式是指三相米，单相式是指单相米。

（2）桥式起重机、单轨式起重机、电动葫芦电气包含在厂用电的低压配电盘安装中，不需要单独计算。

8. 第 8 章　电缆

（1）35kV 及以上高压电缆敷设、电缆试验、执行送电线路定额和调试定额特殊试验。

（2）计算机电缆敷设执行通信电缆。

（3）电缆桥架、支架根据设计具体参数型号，按重量计算。不锈钢桥架执行钢桥架乘以系数 1.1。复合桥架执行铝合金桥架乘以系数 1.3。

（4）导线截面在 800mm² 以上的电缆，执行单芯电缆 800mm² 的子目乘以系数 1.25。

（5）6kV 以上电缆头需要另计装材，装材中 6kV 电缆中包含相应电缆头的材料费。

（6）电缆井罩的制作安装另执行第 5 章铁构件制作安装定额。钢组合支架执行钢电缆桥架定额。

9. 第 9 章　照明及接地

（1）电子照明与建筑照明的具体划分执行《电网工程建设预算编制与计算规定》中费用性质划分的有关规定。

（2）建（构）筑物的防雷接地执行建筑定额。

（3）铜接地（铜包钢、铅包钢）按全厂、全站接地乘以系数 1.2 计算，化学放热焊接所需的材料费允许另计。

10. 第 10 章　自动控制装置及仪表

（1）热控设备安装定额中包括盘柜基础槽钢制作安装费用，不包含材料费。

（2）热控仪表设备及管路用支吊架制作安装执行第 5 章相关定额。

（3）热控电缆、电缆桥（支）架及电缆防火敷设、安装执行第 8 章相关定额，其中电缆敷设按相应控制电缆敷设定额乘以系数 1.05 计算。

（4）变电站闭路电视执行全厂工业闭路电视系统定额基价乘以系数 0.6 计算。

（5）门禁系统安装执行通信工程相关定额。

（6）盘台柜、热力配电箱安定额子目是依据 300MW 机组电厂编制的，其他电厂工程其定额基价按表 4-20 调整。

表 4-20　定额基价系数调整表　（MW）

机组	系数	机组	系数
50MW 机组	0.60	600MW 机组	1.20
135MW 机组	0.80	1000MW 机组	1.40
300MW 机组	1.00		

11. 第 11 章　换流站设备

阀厅内主母线和中性线母线的安装，使用时另套现行定额的相应子目。

阀厅的空调，使用时另套现行定额的相应子目。

换流变压器回路内的交流避雷器、中性点设备、主母线、中性线母线的安装，使用时另套现行定额的相应子目。

本体电缆的安装敷设，使用时另套现行定额的相应子目。

定额中未包括设备支架制作安装，设备支架制作安装执行铁构件定额。

换流变压器安装、油浸式平波电抗器安装定额中不包括一次运输的卸车工程量。此部分工作量按搭建运输考虑。

直流接地极安装中，包括焦炭床铺设、导流电缆敷设沟槽开挖的井点降水措施费、接地极极环施工的余土外运、接地极极址的内容。

二次喷漆。

（四）通信工程

1. 光纤通信数字设备

（1）密集波分复用设备为波分及同步数字传输一体化设备时，定额套用按对应密集波分复用设备定额加对应速率光端机定额之和乘以系数 0.6 计取。

（2）光分路器、光网络单元、光线路终端、无线设备安装在铁塔上，则子目按人工费乘以系数 1.5 调整。

2. 同步网设备

工作内容未包括设备之间电网（线）敷设，需单独计算。

3. 微波设备

微波天线安装调测（楼顶上）仅指楼顶平面，如在楼顶铁塔上安装应另增加对应的铁塔上安装定额，微波天线调测不管楼顶上是否有铁塔，调测定额只能使用一个子目。

4. 程控交换设备

2Mbit/s 中继线系统调试定额单位"系统"是指 32 个 64Kbit/s 支路的 2Mbit/s 中继线，对模拟中继线也按此定额执行。

5. 会议电话、会议电视设备

业务、指标、性能测试子目，只在主站套用，1 个系统只套用 1 次。对原有系统扩容，增加新会场，仍应在主站套用上述子目。

6. 数据网设备

（1）低端服务器属于工作组级服务器，可以满足中小型网络用户，通常仅支持单或双 CPU 结构，一般采用 Windows 操作系统。

终端服务器属于部门级服务器，一般都是支持双 CPU 以上的对称处理器结构，具备比较完全的硬件配置，可监测如温度、电压、风扇、机箱等状态参数，同时具有优良的系统扩展性，一般采用 LINUX、UNIX 系统操作系统，适用于对处理速度和系统可靠性高一些的中小型企业网络。

高端服务器属于企业级服务器。一般采用 4 个以上 CPU 的对称处理器结构。它具有高度的容错能力、

优良的扩展性能、故障预报警功能、在线诊断和热插拔性能。一般采用 LINUX、UNIX 系列操作系统。机箱一般为机柜式的。适合对处理数据和数据安全要求非常高的大型网络。

（2）磁盘列阵 12 块以上每增加 5 块子目，不足 5 块按 5 块计列。

（3）磁带库 1000 盒以上套用每增加 50 盒子目，不足 50 盒按 50 盒计列。

7. 监控设备、电子围栏、门禁系统

在铁塔上安装摄像机，套用摄像机安装调测子目，按人工费乘以系数 1.5 调整。

8. 通信电源设备

（1）1000Ah 以上大容量蓄电池采用并联方式安装的，并联部分套用相应子目乘以系数 0.8。

（2）蓄电池柜（架）定额子目是按成套配置取定的，不包括现场加工制作。如需现场加工制作，可另行计列加工制作所需要的工和料。

9. 通信线路

（1）架设架空光缆是按平地考虑的，如在其他地形条件施工时，在无其他规定的情况下，丘陵、水田地形定额人工、机械乘以系数 1.3；市区、山区地形时定额人工、机械乘以系数 1.5。

（2）OPPC（相线复合光缆）、800kV 及以上输电线路 OPGW 光缆接续套用本章 OPGW 光缆接续相关子目，人工工日乘以系数 1.5 调整。

（3）OPLC（光纤复合低压电缆）套用本章用户光缆相关子目，人工工日乘以系数 1.3 调整。

（4）管道光缆不穿自管敷设时，人工工日乘以系数 0.8 调整。

10. 辅助设备及其他设备

子架子目是配线子架及电源分配子架综合，使用时分别套用。

11. 布放设备电缆

固定线缆定额子目是指 PCM、程控交换机至音频配线架之间电缆并包括电缆两端头制作。

三、预算定额

（一）建筑工程

1. 第 1 章 土石方与施工降水工程

（1）人工开挖土方定额按照干土编制，工程挖湿土时人工工日数量乘以系数 1.16。人工开挖沟槽、地坑深度按照 6m 以内考虑，工程挖土深度超过 6m 时，超过 6m 部分工程量每增加 1m（不足 1m 按照 1m 计算）按照 6m 以内相应定额人工数量增加 9%工日。人工开挖桩间土方时，桩间区域内的土方开挖人工按照相应定额人工数量乘以系数 1.45。人工挖冻土厚度超过 1m 时，定额乘以系数 1.05。开挖有支撑设施条件

下的土方时，支撑设施区域内的土方开挖人工按照相应定额人工数量乘以系数 1.39。

（2）推土机推土、推土机推石碴、铲运机铲运土在重车上坡时，如果坡度大于 5%，其运距按照坡度区段斜长乘以表 4-21 中系数。人力车、汽车在重车上坡时的降效因素，已综合在相应的运输定额子目中，不另行计算。

表 4-21　　坡　度　系　数

坡度（%）	5~10	<15	<20	<25
系数	1.75	2	2.25	2.5

（3）机械挖土定额子目中已综合了人工清土修坡的费用，不再另行计算人工费。机械挖土土壤含水率在 25%~40% 时，定额人工工日数、机械台班量乘以系数 1.15。推土机推土或铲运机铲土，土层厚度平均小于 300mm 时，推土机台班量乘以系数 1.25，铲运机台班量乘以 1.17 系数。挖掘机在垫板上进行作业时，人工数量、机械台班量乘以系数 1.25。推土机推、铲运机铲未经压实的积土时，按照相应定额乘以系数 0.73。机械施工土方定额是按照一、二类土质编制的，如实际土壤类别不同时，定额中机械台班量乘以表 4-22 中系数。

表 4-22　　土 质 类 别 系 数 表

项目	三类土	四类土
推土机推土方	1.19	1.4
铲运机铲土方	1.19	1.5
挖掘机挖土方	1.19	1.36

（4）挖沟槽、挖基坑、挖土方需要放坡时，按照表 4-23 中的系数计算。

表 4-23　　放 坡 系 数 表

土壤类别	放坡起点（m）	人工挖土	机械坑内挖土	机械坑上挖土
普土	1.20	1:0.5	1:0.33	1:0.53
坚土	1.80	1:0.3	1:0.2	1:0.35

沟槽、基坑开挖需要支挡土板时，其开挖宽度按照图纸中沟槽、基坑底宽加预留挡土板宽度计算。单面支挡土板加预留宽度 100mm，双面支挡土板加预留宽度 200mm。支挡土板后不得再计算放坡工程量。

（5）地下垫层、支墩、基础、沟道、隧道、池井、地坑等工程施工时，按照表 4-24 计算施工工作面。搭拆双排脚手架时，搭拆侧按照 1500 mm 计算工作面；搭拆单排脚手架时，搭拆侧按照 1200 mm 计算工作面。垫层施工不支模板时，不计算施工工作面。施工地下工程时，由于施工工序不同需要的工作面宽度按照最大值计算，不允许叠加计算工作面宽度。

表 4-24　　地下工程施工工作面宽度计算表

项目名称	每边个增加工作面宽度（mm）	项目名称	每边个增加工作面宽度（mm）
砌砖基础、沟道	200	混凝土支模板	300
砌石基础、沟道	150	立面做防水层	800
灰土支模板	300		

（6）开挖管道沟槽底宽按照设计规定尺寸计算，设计无规定的单根管道开挖底宽按照表 4-25 计算，双根管道开挖底宽按照表 4-24 乘以系数 1.6 计算。当管道外径超过 2000mm 时，应根据批准的施工组织设计规定计算。

表 4-25　　管道沟槽底宽度计算表　　（m）

管径（mm）	铸铁管、钢管	混凝土管	玻璃钢管、UPVC 管
50~80	0.6	0.8	0.6
100~200	0.7	0.9	0.6
250~350	0.8	1.0	0.7
400~450	1.0	1.3	0.85
500~600	1.3	1.5	1.1
700~900	1.6	1.8	1.35
1000~1200	1.9	2.1	1.65
1300~1500	2.2	2.6	1.95
1600~1800	2.5	2.9	2.25
1900~2000	2.8	3.2	2.5

（7）管道沟槽回填土按照挖方体积减去管道、垫层、基础、支墩、各类井等所占体积计算。不扣除管径在 500mm 以下管道所占体积；管径超过 500mm 时，按照表 4-26 扣除管道所占体积计算；管道直径超过 1000mm 时按照实际填土量计算。直埋式保温管道直径按照保温后外径计算。

表 4-26　　管道扣除土方体积表　　（m³/m）

管道名称	管道直径（mm）		
	501～600	601～800	801～1000
钢管	0.21	0.44	0.71
铸铁管	0.24	0.49	0.77
混凝土管	0.33	0.6	0.92

（8）轻型井点降水系统每套由排水泵房、排水泵、水平管网、弯联管、井点管、滤管、排水辅助设施组成。轻型井点 50 根为一套，井管根数根据施工组织设计确定，施工组织设计无规定时，按照 1.4m/根计算。喷射井点降水系统每套由排水泵房、排水泵、喷射井管、高压水泵、排水管路、排水辅助设施组成。喷射井点 30 根为一套，井管根数根据施工组织设计确定，施工组织设计无规定时，按照 2.5m/根计算。

2. 第 2 章　地基与边坡处理工程

（1）计算工程打试验桩费用时，相应定额的人工数量、机械台班数量乘以系数 2.0。在打桩、打孔工程中，当桩间净距小于 4 倍桩径或桩边长时，相应定额中的人工数量、机械台班数量乘以系数 1.13。当钢板桩、钢管桩重复利用时，每打入一次按照 20%桩消耗量计算桩材费。

（2）定额中灌注材料消耗量已包括表 4-27 规定的充盈系数和材料损耗用量，工程实际用量与定额含量不同时，可以调整超出±10%部分，±10%以内部分不做调整。其调整系数为：设计充盈系数/定额充盈系数；或实际用量/定额用量。灌注沙石桩定额，除表 4-27 规定的充盈系数和材料损耗用量外，还包括级配密实系数 1.334。

表 4-27　　充盈系数及材料损耗率

项目名称	充盈系数	损耗率（%）	项目名称	充盈系数	损耗率（%）
打孔灌注混凝土桩	1.2	1.5	打孔灌注碎石桩	1.3	3
钻孔灌注混凝土桩	1.25	1.5	打孔灰土紧密桩	1.08	2
打孔灌注沙桩	1.3	3	钻孔灰土紧密桩	1.13	2
打孔灌注沙石桩	1.3	3	水泥搅拌桩	1.05	1.5

（3）本定额未编制 400t·m 及 500t·m 及强夯定额子目。当工程采用 400t·m 夯能机械施工时，按照 600t·m 定额子目乘以系数 0.7 计算费用；当工程采用 500t·m 夯能机械施工时，按照 600t·m 定额子目乘

以系数 0.85 计算费用。若设计要求夯点分两遍间隔夯击时，相应强夯定额的定额基价增加 25%，若设计要求夯点分三遍间隔夯击时，相应定额基价增加 50%，工程量不变。

3. 第 3 章　砌筑工程

（1）毛石护坡高度超过 4m 时，定额中的人工费乘以系数 1.14。砌筑弧形基础、弧形墙时，相应砌石定额中的人工费乘以系数 1.09。

（2）标准砖规格为 240mm×115mm×53mm，砖墙标准厚度按照表 4-28 计算。

表 4-28　　砖墙标准厚度计算表

墙厚度	1/4 砖	1/2 砖	3/4 砖	1 砖	1+1/2 砖	2 砖	2+1/2 砖
计算厚度（mm）	53	115	180	240	365	490	615

（3）墙高度计算。外墙高度：坡（斜）屋面无檐口天棚者，计算至屋面板底；有屋架且室内外均有天棚者，计算至屋架下弦底面另加 200mm；有屋架无天棚者，计算至屋架下弦底加 300mm；平屋面计算至钢筋混凝土板底。内墙高度：位于屋架下弦者，计算至屋架下弦底；无屋架有天棚者，计算至天棚底加 100mm；有钢筋混凝土楼板隔层者，计算至板底。内外山墙高度，按照其平均高度计算。女儿墙高度从屋面板顶标高计算至女儿墙顶标高，当女儿墙设有混凝土压顶时，计算至混凝土压顶底标高。

4. 第 4 章　混凝土与钢筋、铁件工程

（1）主要内容及适用范围。本章定额包括现浇混凝土、预制混凝土构件制作、预制预应力混凝土构件制作、钢筋、铁件、螺栓、预制混凝土构件运输、预制混凝土构件安装、混凝土蒸汽养护等内容。

本章定额适用于建筑物、构筑物（除第 2、8、9、12、15 章）不同部位、不同施工方法的浇制或预制混凝土与钢筋混凝土工程，适用于全厂（站）钢筋、铁件、螺栓工程。

（2）使用要点。

1）定额中 ϕ10mm 以内钢筋按照不同规格Ⅰ级钢考虑，ϕ10mm 以外钢筋按照不同规格Ⅰ～Ⅲ级钢考虑，执行定额时，除另有说明外不做调整。定额综合考虑了钢筋、铁件施工损耗率，工程实际施工与定额不同时不做调整。弧形钢筋（不分曲率大小）执行相应钢筋定额时，人工费与机械费乘以系数 1.6。

钢筋连接用量按照施工图规定计算。施工图未规定者，按照单位工程施工图设计钢筋总用量 4%计算。施工措施钢筋用量根据批准的施工组织设计计算。无批准的施工组织设计时，建筑物施工措施钢筋用量按

照单位工程施工图设计钢筋用量与连接用量之和0.5%计算，构筑物施工措施钢筋用量按照单位工程施工图设计钢筋用量与连接用量之和2%计算。

2）混凝土构件安装分现场预制构件安装和购置成品构件安装。现场预制构件安装定额中包括了1km场内运输，工程实际运距超出1km时，应增加构件运输费用。定额中构件安装、装卸、水平运输机械是综合考虑的，工程施工中不得因机械配备而调整费用。预制混凝土构件运输距离在30km以内时，执行本定额运输费用标准；运输距离超过30km时，按照公路货运标准计算运输费用。

3）整体楼梯应分层按照其水平投影面积之和计算。楼梯水平投影面积包括踏步、斜梁、休息平台、平台梁及楼梯与楼板连接的梁。楼梯与楼板的划分界限以楼梯梁的外侧面分界；当整体楼梯与现浇楼板无梁连接时，以楼梯最后一个踏步外沿加300mm分界。楼梯井宽度大于300mm时，其面积应扣除。楼梯基础、栏杆、栏板、扶手单独计算工程量。

4）预制混凝土定额中未包括预制混凝土构件的制作、安装、运输损耗，应按照表4-29的系数分别计算。

表4-29　预制混凝土构件支座、安装、运输损耗率

项　　目	损耗率（%）
托架梁、9m以上桩、薄腹梁、煤斗梁、主厂房梁、柱、框架	1.0
其他预制混凝土构件、钢筋混凝土桩	1.5

注　损耗系数由构件制作地点的堆放与运输损耗20%、构件场外运输损耗50%、构件安装损耗30%组成。

5. 第5章　金属结构工程

金属结构安装定额分现场制作构件安装和成品构件安装。现场制作构件安装定额中包括了1km场内运输，工程实际运距超出1km时，应增加构件运输费用。金属结构构件运输距离在30km以内时，执行本定额运输费用标准；运输距离超过30km时，按照公路货运标准计算运输费用。

6. 第6章　隔墙与天棚吊顶工程

（1）施工跌级天棚面层时，人工费乘以系数1.1。

天棚吊顶不包括灯光槽作与安装，包括天棚检查孔的制作与安装。天棚吊顶高度超过3.6m时，按照第13章定额规定计算满堂脚手架费用。

（2）板式楼梯底面装饰工程量按照水平投影面积乘以系数1.15计算工程量；梁式楼梯底面装饰工程量按照展开面积计算工程量。

7. 第7章　门窗与木作工程

（1）各类门窗制作、安装按照门窗洞口面积计算工程量。卷闸门按照洞口高度增加600mm计算工程量。

（2）扶手栏杆按照延长米计算工程量（不包括伸入墙内的长度部分），其斜长部分按照水平投影长度乘以系数1.17计算。

8. 第8章　地面与楼地面工程

（1）楼梯面层工程量计算。楼梯面层按照设计图示尺寸水平投影面积计算工程量，包括踏步、休息平台、平台梁投影面积。扣除宽度大于300mm楼梯井所占面积。楼梯与楼面相连，楼梯面积计算至楼梯平台梁外侧边沿；无楼梯平台梁时，楼梯面积计算至最上一层踏步边沿加300mm。

楼梯与地面分界：有楼梯平台梁时，楼梯面积计算至楼梯平台梁外侧边沿。有楼梯基础时，楼梯面积计算至楼梯基础外侧边沿。楼梯与地面混凝土浇成一体时，楼梯面积计算至第一个踏步边沿加300mm。

楼梯面层工程量不包括楼梯间踢脚板、楼梯梁板侧面及底面抹灰，应另行计算工程量，执行相应定额。

（2）防滑条按照设计图示尺寸以长度计算工程量。设计无规定时按照踏步两端距离减300mm计算。

9. 第9章　屋面工程

（1）铺设卷材屋面坡度超过15°时，人工乘以系数1.23。三元乙丙橡胶冷一贴、氯丁橡胶冷贴、橡胶卷材、改性沥青卷材定额按照铺设一遍编制，当工程设计每增加一遍时，定额人工费增加80%，卷材、黏结剂增加100%。

（2）铁皮排水定额中包括咬口和搭接的工料。工程设计铁皮厚度与定额不同时可以换算，其他工料与机械不做调整。

铁皮排水根据设计图示尺寸按照展开面积以平方米为单位计算工程量。如图纸未注明尺寸，按照表4-30计算。咬口和搭接部分不计算工程量。

表4-30　铁皮排水部件工程量折算表

名称	单位	水落管φ100mm	檐沟	水斗	雨水口	下水口	天沟	斜沟天窗窗台泛水	天窗侧面泛水	通风道泛水	通气管泛水	滴水檐口	滴水
		1m	1m	1个	1个	1个	1m	1m	1m	1m	1m	1m	1m
铁皮排水	m²	0.32	0.3	0.4	0.16	0.45	1.3	0.5	0.7	0.8	0.22	0.24	0.11

10. 第 10 章 防腐、耐磨、屏蔽、隔声、抑尘工程

（1）隔声按照设计图示尺寸外围面积以"m²"为单位计算工程量。长度按照结构外边线长计算，高度从隔音板边框结构顶标高计算至隔音板边框结构底标高。

（2）抑尘按照设计图示尺寸外围面积以"m²"为单位计算工程量。长度按照结构外边线长计算，高度从抑尘板边框结构顶标高计算至抑尘板边框结构底标高。

11. 第 11 章 装饰工程

（1）天棚面抹灰有坡度及拱顶的天棚、密肋梁和井字梁天棚，按照主墙间水平投影净面积乘以系数 1.5 计算工程量。坡度及拱顶不再计算面积，密肋梁和井字梁不再计算展开面积。

（2）钢结构喷砂除锈定额按照 Sa2.5 清洁度标准编制。工程采用 Sat 清洁度标准时，定额乘以系数 0.85；工程采用 Sa3 清洁度标准时，定额乘以系数 1.15。金属面防火涂料喷涂定额按照耐火极限 1h、防火涂料厚度 4mm 编制。工程设计与定额不同时可以调整，按照每增减耐火极限 0.5h、防火涂料厚度 2mm，定额相应增减系数 0.5。

（3）预制混凝土构件刷涂料工程量按照表 4-31 数据计算。

表 4-31 预制混凝土构件刷涂料工程量折算表

项目	每立方米构件折算面积（m²）
F 形板、双 T 形板、梁式板、槽形板 8m 以内	30
F 形板、双 T 形板、梁式板、槽形板 8m 以外	23
薄腹梁	15
吊车梁	11

12. 第 12 章 构筑物工程

（1）烟囱各层平台定额中，包括了压型钢板底模费用。

（2）冷却塔加肋的筒壁在执行定额时，除混凝土材料外，其他乘以系数 1.05；冷却塔定额不包括抹灰工程，执行其他有关章节定额子目，相应定额抹灰工日乘以系数 1.2。预制钢筋混凝土分水槽、配水槽成品损耗率按照安装后成品工程量的 3% 计算。淋水构架柱、梁、主水槽成品损耗率按照安装后成品工程量的 1.5% 计算。

13. 第 13 章 脚手架工程

（1）除室内高度大于 3.6m 天棚吊顶、天棚抹灰应单独计算满堂脚手架外，执行综合脚手架定额的工程，不再计算其他单项脚手架。综合脚手架定额综合考虑了结构的层高因素，执行定额时不做调整。综合脚手架的建筑高度是指建筑物或构筑物的室外地坪至主体建筑屋面顶面高度。突出主体建筑屋顶的电梯间、楼梯间、水箱间、提物间、通风间等的建筑面积大于主体屋顶面积 1/3 时计算建筑高度，小于 1/3 时不计算建筑高度；突出屋顶的隔热架空层、天窗及支架、通风设备及支架、排气管、挡风架、装饰灯架、电气与通信设备的天线架或塔等不计算高度。

（2）室内高度大于 3.6m 小于 5.2m 的天棚吊顶、天棚抹灰应计算满堂脚手架；室内高度大于 5.2m 时，天棚吊顶、天棚抹灰应计算满堂脚手架增加层。天棚高度大于 3.6m 小于 5.2m 时搭拆满堂脚手架基本层，高度超过 5.2m 时每增加 1.2m 计算一个增加层，增加高度在 0.6m 以内不计算增加层，增加高度大于 0.6m 计算一个增加层。

14. 第 14 章 垂直运输及超高工程

（1）同一建筑多种结构，按照不同结构分别计算建筑体积。同一建筑高度不同，按照不同高度分别计算建筑体积。建筑高度在 20m 以上的工程计算超高费。

（2）超高费以单位工程定额人工费、机械费为基数采用费率方式计算。人工费、机械费包括零米以下工程、脚手架工程、垂直运输工程、水平运输工程中的人工费与机械费，超高费费率见表 4-32。增加的超高费用构成相应工程人工工日与机械台班消耗。

表 4-32 超 高 费 费 率 表 （%）

项目	建 筑 高 度							
	30m 以内	40m 以内	50m 以内	60m 以内	70m 以内	80m 以内	90m 以内	100m 以内
人工增加费	2.33	4.2	6.3	9.33	12.5	15.75	19.05	24.64
机械增加费	1.67	3	4.5	6.67	8.93	11.25	13.61	17.6

15. 第 15 章 灰场工程

（1）本章定额适用于火力发电厂灰场的新建、扩建和加固工程。本章定额按照正常且合理的施工组织、机械配置、施工工艺、施工工期编制。在特殊的自然

条件下进行施工的工程，如高寒、酷热、沙漠地区，其增加的费用按照《火力发电工程建设预算编制与计算规定》计算，高原地区施工增加的费用按照表 4-33 规定计算。

表 4-33　　高原地区人工、机械定额调整系数

项目	海拔（m）				
	2000～2500	2500～3000	3000～3500	3500～4000	4000～4500
人工	1.15	1.2	1.3	1.45	1.6
机械	1.25	1.35	1.45	1.55	1.645

（2）坝基清表层土定额适用于坝基与坝肩平均厚度在 30cm 以内表层土的清理和削坡工程。当表层土平均厚度大于 30cm 时，超过部分执行相应的土方开挖定额。定额综合考虑了土石方运距，执行定额时，不做调整。工程实际清理石方时，执行相应的石方开挖定额。

（3）土石方开挖根据设计图示尺寸按照自然方以"m³"为单位计算工程量。基础土石方开挖可按照批准的施工组织设计的规定计算工程量。无批准的施工组织设计时，基础土石方开挖按照下列规定计算：砌石每边增加 15cm 工作面；混凝土基础或垫层支模板，每边增加 30cm 工作面；混凝土涵管需要挖土下埋时，其涵管挖土底宽尺寸按照表 4-34 规定计算。

表 4-34　　涵管挖土底宽计算表

涵管直径（m）	挖土底宽（m）	涵管直径（m）	挖土底宽（m）
$\phi 0.8 \sim \phi 1.0$	2.0	$\phi 2.2 \sim \phi 2.4$	3.5
$\phi 1.2 \sim \phi 1.5$	2.4	$\phi 2.5 \sim \phi 2.8$	4.0
$\phi 1.6 \sim \phi 2.0$	2.8	$\phi 3.0 \sim \phi 4.0$	5.0

16. 第 16 章　给水与排水工程

安装管道间、管廊内的管道、阀门、法兰、支架时，按照相应定额的人工工日数乘以系数 1.3。执行定额时，主体结构为全框架的工程，人工工日数乘以系数 1.05；主体结构为内框架的工程，人工工日数乘以系数 1.03。

17. 第 17 章　照明与防雷接地工程

（1）接地系统调试费按照接地安装工程人工工日数 10%计算，其中人工费 40%，材料费 20%，机械费 40%。

（2）避雷网、接地母线敷设按照设计图示敷设数量以延长米为计量单位计算工程量。计算长度时，按照设计图示水平和垂直规定长度 3.9%计算附加长度（包括转弯、上下波动、避绕障碍物、搭接头等长度），

当设计有规定时，按照设计规定计算。

18. 第 18 章　消防工程

（1）水灭火系统。安装管道间、管廊内的管道、阀门、法兰、支架时，按照相应定额的人工工日数乘以系数 1.3；执行定额时，主体结构为全框架的工程，人工工日数乘以系数 1.05；主体结构为内框架的工程，人工工日数乘以系数 1.03。

（2）气体灭火系统管道及管件安装：螺纹链接的不锈钢管、铜管及管件安装，按照无缝钢管和钢制管件安装相应定额乘以系数 1.20。

（3）消防系统调试费按照消防安装工程人工工日数 18%计算，其中人工费 55%，材料费 20%，机械费 25%。

19. 第 19 章　消除尘工程

本定额包括设备附件、底座螺栓孔检查；包括吊装、找平、找正、灌浆、螺栓固定、装爬梯、单体调试等工作内容；其中不包括安装除尘装置时需要配备的地脚螺栓费用，工程需要时另行计算；除尘系统不计算系统调试费。

20. 第 20 章　通风与空调工程

（1）通风系统设计采用渐缩管均匀送风者，圆形风管按照平均直径、矩形风管按照平均周长执行相应定额，其人工工日数乘以系数 2.5。工程制作空气幕送风管时，按照矩形风管平均周长执行相应风管定额，其人工工日数乘以系数 3.0，其他不变。

（2）不锈钢板通风管道及部件制作与安装定额中风管按照电焊施工考虑，工程使用手工氢弧焊时，其相应定额人工工日数乘以系数 1.238，材料消耗量乘以系数 1.163，机械台班用量乘以系数 1.673。薄钢板风管仅外或内单面刷油漆时，相应定额乘以系数 1.2；内外双面刷油漆时，相应定额乘以系数 1.1。薄钢板部件刷油漆执行金属结构刷油漆定额乘以系数 1.15。

（3）定额中人工、材料、机械凡未按照制作和安装分别列出的，其制作与安装费的比例可按照表 4-35 划分。通风、空调系统调试费按照通风、空调安装工程人工工日数 13%计算，其中人工费 55%，材料费 20%，机械费 25%。

表 4-35　　制作与安装费用比例表

序号	项目	支座占（%）			安装占（%）		
		人工	材料	机械	人工	材料	机械
1	薄钢板通风管道制作安装	60	95	95	40	5	5
2	风帽制作安装	75	80	99	25	20	1
3	空调部件及设备支架制作安装	86	98	95	14	2	5

序号	项目	支座占（%）			安装占（%）		
		人工	材料	机械	人工	材料	机械
4	不锈钢板通风管道及部件制作安装	72	95	95	28	5	5
5	复合型风管支座安装	60	99	40	100	1	

21. 第 21 章　采暖工程

（1）采暖系统调试费按照采暖安装工程人工工日数 15%计算，其中人工费 50%，材料费 30%，机械费 20%。

（2）钢柱式散热器安装按照个数以组为单位计算工程量，每 10 片为一组。一组片数大于或小于 10 片时，按照每增减 1 片定额执行。

22. 第 22 章　防腐与绝热工程

（1）刷油漆定额按照安装地点就地刷（喷）油漆考虑，如安装前管道集中刷油漆，相应定额人工乘以系数 0.7（暖气片除外）。

（2）管道绝热定额按照现场先安装后绝热施工考虑，工程先绝热后安装时，相应定额人工工日数乘以系数 0.9。

（3）计算设备、管道内壁防腐工程量时，当钢板或管道壁厚大于等于 10mm 时，按照其内壁或内径计算；当钢板或管道壁厚小于 10mm 时，按照其外壁或外径计算。

（二）热力设备安装工程

（1）第 1 章　锅炉机组安装。

1）1025t/h 锅炉是按亚临界考虑的。如为超临界，水冷、过热、再热、省煤器、本体管路系统安装的相关子目按材料定额乘以系数 1.1、人工和机械定额乘以系数 1.05 调整。

2）600MW 机组的 1900t/h 锅炉是按超临界考虑的。如为亚临界 2008t/h 锅炉，水冷、过热、再热、省煤器本体管路系统安装的相关子目按定额乘以系数 0.95 调整。如为超超临界，水冷、过热、再热、省煤器本体管路系统安装的相关子目按人工和材料定额乘以 1.15 系数调整。

3）循环流化床锅炉水冷系统安装的相关子目按人工定额乘以系数 1.15，材料定额乘以系数 1.1 调整。

4）不包括露天锅炉特殊防护措施项目的安装。

5）设备安装中不包括设备的底漆修补及表面油漆。

（2）第 2 章　锅炉附属机械设备安装。

带有油循环系统的润滑油和附机轴承箱用油等按设备供货考虑。

（3）第 3 章　烟、风、煤管道及锅炉辅助设备安装。

1）消声器安装定额设置了排气消声器和送风机入口消声器的安装子目。排气消声器按锅炉压力不同分为高压级、超高压级、亚临界级、超临界级及超超临界级几种情况；送风机入口消声器分为 DZ5、DZ12、DZ20、DZ30 及 DZ60 等几种形式。

2）定额为锅炉辅助设备安装设置了其他金属结构及设备安装配套项目，包括设备周围的平台扶梯栏杆安装、设备支架安装及 NT 型暖风器安装等子目。

（4）第 4 章　筑炉、保温。

1）设备、管道保温按设备、管道的种类和保温材料品种分类，以"m³"为计量单位，按保温的实际体积乘以系数 1.033 计算。

2）锅炉本体炉墙砌筑、保温的工程范围以锅炉制造厂的设计为准。

3）设计选用的耐火塑料、耐火浇注料、微膨胀耐火混凝土等均归属耐火混凝土类定额；设计选用保温浇注料的归属保温混凝土类定额。

4）循环流化床锅炉的旋风分离器和外置式换热器的内衬砌筑不适用于本定额。

5）设备、管道保温在计算工程量时要注意不要遗漏按保温的实体积乘以系数 1.033 计算。

6）硬质材料指刚性绝热制品，使用时基本保持原形，如微孔硅酸钙、珍珠岩制品等。

7）矿纤材料指柔性绝热制品，在 2kPa 荷重下，其半硬质制品可压缩性为 6%～30%，弯曲小于 90°时，能恢复原状；软质制品可压缩性为 30%，弯曲大于 90%时不损坏，如岩棉、矿棉、硅酸铝棉、玻璃棉、复合硅酸盐等制品。

（5）第 5 章　输煤、除灰、点火燃油设备安装。

1）输煤系统联动定额只适用于新建工程的全套输煤系统设备。

2）除灰专用管道安装定额只设置了内衬铸石管道安装子目，其他除灰专用管道安装的定额，对于钢制焊接连接的除灰专用管道，可执行低压碳钢无缝钢管的相关定额子目；对于钢制非焊接连接的除灰专用管道（如衬胶管、快速接头管道等）的安装，在执行低压碳钢无缝钢管的相关定额子目时，其中材料定额乘以系数 0.5 进行调整，人工和机械定额不变。

3）小型河流跨越管道定额适用于跨越河宽为 20～40m 的灰输送管道安装，其他长距离输送管道可参照执行。

4）定额中不包括设备及金属表面的底漆修补以及油漆工作。

5）设备轴承箱机械油按设备供货考虑。

（6）第 6 章　汽轮发电机设备安装。

1）汽轮机基础预埋框架及地脚螺栓安装是为 300、600MW 和 1000MW 机组安装考虑设置的定额子目，定额不分机组容量，综合确定。定额中已包括基础预埋框架的配制工作。

2）汽轮机本体管道是指随汽轮机本体供货的本体系统管道，定额设置了导汽管、本体油管、低压缸喷水管和汽封、疏水管的安装子目。

3）汽轮发电机组空负荷试运配合定额，是指由安装单位参加的汽轮发电机组各分系统调整试验及调试后的系统设备恢复工作和机组空负荷试运的配合工作的定额消耗。其中调试专业工作的消耗不包括在内。

4）定额中明确了"汽轮发电机组启动试运"中包含蒸汽吹管的工作内容，但不包括蒸汽吹管临时管道的拆、装以及临时管道的材料费用。

5）蒸汽吹管临时管道材料费用按四次摊销计列。

（7）第7章 汽轮发电机附属机械设备安装。

1）对凝结水精处理系统，若选用带有升压泵的低压系统时，定额乘以系数1.80。

2）深井泵安装只包括进出水管及支承架的安装，不包括深井泵深井的开挖和井套的安装。

（8）第8章 汽轮发电机辅助设备安装。

凝汽器冷凝面积在7000m²以上的，按组件供货考虑，定额已包括凝汽器外壳、颈部、管板、隔板、膨胀节等组件的拼装、焊接等工作内容。

（9）第9章 管道安装。

1）厂房内和阀门井内循环水管道安装，其人工定额乘以系数1.3、材料定额乘以系数1.15；厂区围墙以外管道安装超过1km时，其超过部分的人工定额和机械定额乘以1.1系数。

2）循环水管道为10CrMoAl时，可套用卷制钢管安装定额，其材料定额和机械定额乘以系数1.4。

3）低温再热管道（冷段）视为高压管道。

4）汽轮机及附属机械的润滑油系统、操作油系统管道安装应套用中压碳钢管安装定额时，人工定额和机械定额乘以系数1.3。

5）化学系统的衬里钢管、复合钢管等按成品供货考虑，管道的安装可套用低压碳钢无缝钢管的相关子目，其中材料费乘以系数0.4；机械费乘以系数0.5；人工费不变。

6）安全阀安装（包括调试定压）按阀门安装相应定额乘以系数2.0。

（10）第10章 油漆、防腐。

1）玻璃钢衬里防腐定额中的玻璃布厚度按0.22mm考虑，如采用0.5mm厚度的玻璃布，定额乘以系数1.22。

2）本定额所列油漆材料为常规品种，如实际要求调整使用同类特殊品牌油漆，可调整所发生的材料价差，一般不调整消耗量；如实际要求调整使用定额外的油漆材料，可参照相近定额，并按材料使用说明书

的消耗量及实际价格同时调整材料量差和价差。

（11）第11章 化学专用设备安装。

1）阴阳离子交换器的树脂装填高度，每增加1m，定额乘以系数1.3，增加不足1m时不调整。

2）采用体内再生的阴阳混合离子交换器时，定额乘以系数1.1，但对体外再生的阴阳混合离子交换器、逆流再生或浮床运行的设备，定额均不调整。

3）体外再生罐安装带有空气擦洗装置时，定额乘以系数1.1。

4）除二氧化碳器填料装填高度每增加1m，定额乘以系数1.2，增加不足1m时，不调整。

5）化学系统的衬里钢管、复合钢管等按成品供货考虑，管道的安装可套用低压碳钢无缝钢管定额的相关子目，其中材料费乘以系数0.4；机械费乘以系数0.5；人工费不变。

6）环氧玻璃钢管及其复合管（孔网钢塑管等）的安装可按硬聚氯乙烯管安装定额乘以系数1.05调整。

（12）第12章 脱硫设备安装。

1）脱硝区钢结构、平台扶梯、烟道、起吊设施、风机、管道及支吊架的安装执行热力设备安装预算定额中相关定额子目。

2）氨区设备的废水泵、管道及支吊架的安装执行热力设备安装预算定额中相关定额子目。

（13）第14章 燃气—蒸汽联合循环发电设备安装。

1）燃气轮机本体设备安装，包括燃气轮机间（本体）安装和燃气轮发电机间（本体）安装，按相应的机组容量选用定额。

2）燃气轮机进气装置安装，包括进气装置钢结构、空气过滤装置、进气室和进气风道安装，按相应的机组容量选用定额。

3）隔音罩安装（含平台、扶梯）、罩壳及隔热板的安装，按相应的机组容量选用定额。

4）燃气轮机附属设备安装，包括轻（重）油前置装置、加热装置和过滤装置安装，天然气前置装置和过滤装置安装，抑钒装置、双联滤网、二氧化碳灭火保护装置、闭式冷却水装置、水—水热交换装置、冷却风机装置、注水装置、水清洗装置、排污装置及其管道的安装。按相应的机组容量及设备出力（功率）选用定额。

5）燃气轮机组空负荷试运，包括危急保安器和调速系统静态试验和调整，润滑油系统的油循环，以及机组空负荷试运。

6）余热锅炉及其附属设备安装，包括余热锅炉本体、烟气旁路装置和余热锅炉成套附属设备的安装以及锅炉风压、水压、严密性试验、碱煮和酸洗及本体油漆。

7）凝汽式蒸汽轮机发电机组安装，包括凝汽式蒸

汽轮机本体、汽轮发电机本体和汽轮机本体管道的安装和汽轮发电机组空负荷试运，按相应的机组容量选用定额。

8）燃气轮机发电机组相关专用设备安装，包括重油处理设备和天然气调压站装置。按设备出力和机组容量选用定额。

9）间接空冷散热器管束进、出口至地下母管之间的管道执行热力系统中低压管道定额，地下环形母管（冷、热水）管道执行热力系统中的循环水管道定额；以上管道的安装定额均按管道由设备厂提供考虑，如为非厂供时，人工定额乘以系数1.1。

（三）电气设备安装工程

（1）第1章 发电机电气。

1）防爆型电动机的检查、接线按交流电动机相应的容量定额人工乘以系数1.2。

2）定额中的电机干燥是按一次干燥综合考虑的，实际不论电机是否干燥或干燥的时间长短均不调整，如需多次干燥可按批准的施工方案另计。定额也不包括电机的保养工作，需要时另计。

（2）第2章 变压器。

1）三相变压器和单相变压器安装适用于油浸式变压器、自耦变压器安装；带负荷调压变压器安装执行同电压、同容量变压器安装定额，其人工费乘以系数1.1；电炉变压器安装执行同容量变压器定额乘以系数1.6；整流变压器安装执行同容量变压器定额乘以系数1.2。

2）变压器的器身检查，4000kVA以下按吊芯检查考虑，4000kVA以上按吊罩检查考虑。

4000kVA以上的变压器需要吊芯检查时，定额机械费乘以系数2.0。

3）干式变压器如果带有保护外罩时，其安装定额中的人工和机械都乘以系数1.2。

4）变压器的散热器外置时人工费乘以系数1.3。

5）电抗器安装适用于混凝土电抗器、铁芯干式电抗器和空心电抗器等干式电抗器安装，油浸式电抗器按同容量干式电抗器定额乘以系数1.2。

6）变压器安装过程中放注油、油过滤所使用的临时油罐等设施，已摊销入油过滤定额内。

7）110kV及以上设备安装在户内时人工费乘以系数1.3。

（3）第3章 配电装置。

1）罐式断路器安装按SF$_6$断路器安装定额乘以系数1.2。

2）GIS安装高度在10m以上时，人工定额乘以系数1.05，机械定额乘以系数1.2。

3）户内隔离开关传动装置需配延长轴时，人工定额乘以系数1.1。户外隔离开关按中形布置考虑，如安装高度超过6m时，不论三相带接地或带双接地均执行"安装高度超过6m"定额；如操动机构地面操作时另加垂直拉杆主材费；操动机构按手动、电动、液压综合取定，使用时不调整。

4）SF$_6$电流互感器安装时人工定额乘以系数1.08，SF$_6$电压互感器安装时按油浸式人工定额乘以系数1.05。油浸式互感器如需吊芯检查，人工费与机械费乘以系数2.0。

5）电压等级为110kV及以上设备安装在户内时，其人工乘以系数1.3。

（4）第4章 母线、绝缘子。

1）110kV及以上支持绝缘子户内安装时，人工乘以系数1.3。

2）软母线架设定额是按单串绝缘子悬挂考虑的，如设计为双串时，定额人工乘以系数1.1。

3）带形铜母线、钢母线安装，执行同截面铝母线定额乘以1.4的系数。支持式管形母线中，支柱绝缘子上的托架安装执行铁构件安装定额。

（5）第6章 交直流电源。免维护蓄电池组补充电按同容量蓄电池组充放电定额乘以系数0.2。

（6）第9章 照明及接地。铜接地（铜包钢、铅包铜）按户外接地母线扁钢、圆钢子目乘以系数1.2计算，材料费单独计算。

（7）第10章 自动控制装置及仪表。

1）本章均未包括设备底座和支架制作安装。

2）本章均未包括电气特殊项目试验相关的仪器仪表的校验工作，如需校验参照调试预算定额特殊调试项目。

（8）第11章 换流站设备。

1）本章主要考虑以进口设备为主。

2）本章设备安装定额中未包括接地材料费。

3）阀厅内设备安装的施工用电如照明等已考虑在定额内。阀厅空调系统在施工期间的用电未包括在定额内。

4）阀冷却已包含在定额内。阀厅冷却系统安装另执行现行定额有关子目。

5）主控楼、阀厅的空调安装另执行现行定额的有关子目。

6）备用干式平波电抗器现场无需安装。

7）阀冷却系统安装包含内、外冷水系统的所有设备、管道及各类附件的安装，动力控制盘柜安装另套其他相应子目。

（9）第12章 其他单体调试。

电厂微机监控元件调试以机组"台"为计量单位。本定额包含智能I/O测控装置、就地通信控制器、远动通信控制器、保护管理机、工程师站、操作员站、监控系统主机、AVQC主机、保护故障信息子站的元件调试,各项所占比例分别为35.32%,28.45%,3.07%,5.29%,1.9%,3.07%,3.07%,1.82%,18%。

（四）输电线路工程

（1）工地运输。

1）张力架线线材、钢管杆、电缆一般不计人力运输。

2）汽车运输中均已综合考虑了车辆型式,运输道路路面级别和一次装、分次卸等因素,使用定额时不另行换算。

3）索道站及索道的安、拆定额归属辅助工程。

4）索道运输按水平运输考虑,索道运输距离为上料点到下料点之间的水平投影距离。弦倾角超过10°时,定额人工、机械可按弦倾角增加系数进行调整,装卸不调整,初步设计无法确定弦倾角时,亦可采用索道运输线路段的相应地形进行调整。

5）定额中已考虑了混凝土的洗石、搅拌、养护、洗模板等所需的用水量100m范围内的运输。当运水距离超过100m时,自拌混凝土可按每立方米混凝土用水量500kg（运输重量则为600kg）,商品混凝土可按每立方米混凝土用水量300kg（运输重量则为360kg）,按工地运输定额另行计算运费。

6）沙石等材料一般采用地方材料信息价,只计算人力运输、拖拉机运输和索道运输,不计算汽车、船舶等机械运输。如果施工现场所处位置的运距超过了地方材料信息价组价运输距离计算范围,可以计算超出部分距离的运输费用,但不计装卸费用。

7）塔材在计算运输装卸重量时,包括螺栓、脚钉、垫圈的重量。

8）一般工程不考虑余土处理,需要时可考虑余土运至允许堆放地,运距超过100m的超过部分可列入工地运输。余土运输量的计算如下。

a. 灌注桩钻孔渣土:

余土运输量＝桩设计零米以下部分
体积（m³）×1.7（t/m³）

其中:1.7t/m³中包含了0.2t/m³的含水量。

b. 现浇、预制和挖孔基础基坑余土:

余土运输量＝混凝土设计零米以下部分
体积（m³）×1.5（t/m³）

湿陷性土余土运输量＝混凝土设计零米以下部分
体积（m³）×1.5（t/m³）×30%

9）回填土均按原挖填考虑,包括100m以内的取（换）土回填。需要100m以外的取（换）土回填时,可按设计规定的换土比例和平均运距,另行套用尖峰挖方和工地运输定额。

（2）土石方工程。

1）各类土、石质按设计地质资料确定,除挖孔基础和灌注桩基础外,不做分层计算。同一坑、槽、沟内出现两种或两种以上不同土、石质时,一般选用含量较大的一种确定其类型。出现流沙层时,不论其上层土质占多少,全坑均按流沙坑计算。出现地下水涌出时,全坑按水坑计算。

2）挖孔基础包括掏挖基础、岩石（直锚式、斜锚式、承台式、嵌固式）基础、挖（钻）孔（灌注）桩基础。挖孔基础,同一孔中不同土质,按地质资料,分层计算工程量,某一分层土质的底部至地面的高度作为坑深套用相应子目。

3）定额中已包括挖掘过程中因少量坍塌而多挖的,或石方爆破过程中因人力不易控制而多爆破的土石方工作量。

4）泥水、流沙、干沙坑的挖填方,已分别考虑必要的排水和挡土板的装拆工作量,套用定额时不再另计。

5）人力开凿岩石坑是指在变电站、发电厂、通信线、电力线、铁路、学校、医院、居民区以及国家级的风景区等附近受现场地形或客观条件限制,按设计要求不能采用爆破的地方施工。

6）岩石坑采用人工辅以钻岩机打眼,爆破施工。其余各类土质（机械挖土石方除外）均用人力以锹、铲镐、条锄等方式开挖。土质松软,容易坍塌的流沙坑、泥水坑,在挖掘过程中使用挡土板。坑内有地下水涌出时,使用人力或机械排水。

7）冻土厚度≥300mm时,冻土层的挖方量按坚土挖方定额乘以系数2.5,其他土层仍按地质规定套用原定额。

8）岩石坑挖填,如需要排水,可按挖填方（岩石）人工定额乘系数1.05。

9）在线路复测分坑中遇到高低腿杆、塔按相应定额的人工乘以系数1.5;跨越房屋按每处另外增加普通工0.7工日计算。

10）采用井点施工措施时,井点降水定额套用建筑工程,按普通土计算工程量并套用定额。

11）机械挖湿土时,定额乘以系数1.15。湿土指含水率在25%以上的土方,当含水率超过50%时,排水费另计。

12）机械挖方中,挖掘机在垫板上作业时,定额乘以系数1.25,垫板铺设费另计。

13）人工、机械挖土石方放边坡起点为基坑的总深度。如某基坑深（高）2.1m,其中地面以下2.0m,基础垫层厚0.2m,坑的总深度＝2.0＋0.2＝2.2（m）,放边坡起点为−2.2m。

14）施工操作裕度计算:

a. 基础无垫层时,按基础宽（长）每边增加操作裕度。

b. 基础垫层为坑底铺石时,按基础宽（长）每边增加操作裕度。

c. 基础垫层为坑底铺石灌浆、加浇混凝土或混凝土时，按垫层宽（长）每边增加操作裕度。

（3）基础工程。

1）底盘安装如遇铰接式底盘，每基应增加技工工日：单杆0.37工日，双杆0.74工日。

[例4-1]某线路工程有混凝土杆4基，基础采用预制铰接式底盘，单杆、双杆各两基。输电技术工单价55元。计算底盘安装定额子目增加的人工费。

解:

铰接式单杆式底盘安装定额增加人工费=55×0.37=20.35（元）

铰接式双杆式底盘安装定额增加人工费=55×0.74=41.44（元）

2）三联杆的预制基础安装定额，套相应的单杆定额乘以系数2.5。

3）"底盘安装"定额中，单杆、双杆都按一根杆子一个底盘考虑，如每杆底盘数量超过子目的规定时，可按每块重量相对应定额乘以组合的块数（单杆对应单杆定额、双杆对应双杆定额），即对应的定额×底盘数量。

[例4-2]三联杆、每杆2个底盘的基础安装：

调整系数=（单杆、每基一块）对应重量的

定额（人、材、机）×2.5×2

4）定额中已包括二次灌浆工作，但未包括基础的底盘安装，如发生应另套相应的底盘安装定额。

5）"卡盘安装"中，是按一根杆子1~2块卡盘考虑，定额中每基一块用于单杆每杆一块，每基两块用于单杆每杆2块或双杆每杆1块，每基4块是指双杆每杆2块。当卡盘数量超过每杆2块时，按以下公式套用

单杆工程量=块数（3块及以上），套用每基1块

对应重量的定额×块数（3块及以上）

双杆工程量=块数/2（6块及以上），套用每基2块

对应重量的定额×块数/2

6）"拉线盘"的组合块数如果超过2块，调整定额=（每组一块）对应重量的定额×块数。

7）混凝土装配式基础定额不分分组和块数，以每个基础混凝土方量套用定额，并以"m³"为计量单位计算。

8）钢筋加工及制作定额不包括热镀锌。

9）损耗率表钢筋有两个损耗，钢筋、型钢（成品、半成品）损耗率0.5%和钢筋（加工制品）损耗率为6%。

钢筋、型钢（成品、半成品）在购买、运输、存放过程中的损耗含在材料单价中，这里的损耗是指施工损耗。

钢筋（加工制作）损耗率是指制作过程中的损耗

[地脚螺栓（加工制作）也应该计算此损耗]，如钢筋为现场加工制作，制作质量为成品的设计质量，但计算材料费时可按设计质量×（1+损耗率）计算。

[例4-3]某线路基础按照图纸需要钢筋10t，则加工制作工程量为10t，材料费计算钢筋使用量=10t×（1+0.5%+6%）=10.65t。

如发生运输时，另外套工地运输定额。

10）铺石灌浆、铺石加浇混凝土定额的砂浆或混凝土的用量应按设计规定计算。如设计未作规定时，其砂浆的用量可以按垫层体积的20%计列，混凝土的用量可以按垫层体积的30%计列。

（4）杆、塔工程。

1）定额一般不包括铁塔、钢管杆、混凝土电杆横担、地线顶架、脚钉（爬梯）、拉线抱箍等组合构件、接地体及接地极的防腐处理。若设计有防腐要求，一般加工制作时按设计要求已做防腐处理，不再计列此项费用。如设计要求施工现场做防腐处理，其费用另计。

2）杆塔组立定额已综合考虑了各种电压等级、结构形式、杆高和施工方法。使用时，不能由于电压等级、杆型、施工方法的不同而调整定额。

3）工程中如有三联杆混凝土组立，可套用单杆分段式相应重量定额乘以系数2.5。

4）混凝土杆组立定额不适用于组合杆重在17t以上或单杆高在42m以上的电杆组立，如需要，则按批准的施工组织设计另计。

5）钢环连接定额包括钢环的连接与刷漆防锈处理。

6）由于紧凑型铁塔上部安装组立及就位时比其他常用的铁塔组立难度大，故紧凑型铁塔组立时按相应的铁塔组立定额以人工、机械乘以系数1.1。

[例4-4]500kV线路工程呼称高45m紧凑型角钢铁塔，塔头高度为5m，总重量为18.575t，如何套用定额？

答: 塔全高=45+5=50（m）

每米塔重=18.575/50=371.5（kg/m）

因此，套用定额角钢塔、塔全高50m以内、每米塔重400kg以内子目，并人工、机械乘以系数1.1进行调整。

7）混凝土塔的基础及筒身使用建筑工程预算定额中的基础和烟囱不分。塔头部分的支架及横担（型钢）的吊、组装未设置定额，需要时可按塔头的总重量（t）与塔全高（m）的乘积计算工程量，其基价按6.7元/（t·m）计算，其中人工费占38%，材料费占15%，机械费占47%，并按塔位的所在地另计地形增加系数。

8）定额中不包括航空标志（航空警示灯等）安装，

电梯、测试、试验装置的安装等。设计等有要求时费用另计，列入其他费用中。

（5）架线工程。

1）架线通信联络使用的对讲机按一般常用工器具考虑，没有计列在定额机械台班中。

2）导线架设定额不包括导线的耐张终端头制作、耐张串组合连接、耐张塔挂线、跳线及跳线串安装工作。

3）避雷线架设定额已包括耐张终端头制作、耐张串组合连接和挂线、除防震锤以外的附件安装工作，未计价材料地线金具、绝缘子一般列入附件工程。

4）跨越架设定额不包括被跨越物产权部门提出的咨询、监护、路基占用等，需要时可按政府或有关部门的规定另计。

5）跨越铁路定额分为一般铁路和电气化铁路，如遇高速铁路时，按施工组织设计另计费用。

6）跨越河流架线定额仅适用于有水的河流、湖泊（水库）的一般跨越。在架线期间，凡属人能涉水而过的河道，或正值干涸时的河流、湖泊（水库）均不能作为跨越河流计。对于水面宽度虽然不大，但属通航河道，必须采取封港手段或水流湍急以及施工难度大的峡谷，其跨越架设可按审定的施工组织设计，由工程主审部门另行核定。

（6）附件工程。

1）同塔非同时架设下一回路或邻近有带电线路时，由于受已架设带电线路感应电等影响，在架设下一回路时其定额人工、机械乘以系数1.1。

2）在线监测设备安装套用通信工程定额。

3）导线悬垂线夹安装定额已综合考虑各种导线的截面面积，套用定额时不得因导线截面的不同进行定额调整。

（7）电缆工程。

1）定额未考虑路面修复及各类赔偿费用，可根据实际情况执行地方的有关规定，费用可计入其他费用中。

2）人行道预制板路面厚度按60mm考虑，无论实际厚度是多是少，均不做调整。彩色预制板路面厚度按120mm考虑，包括彩色预制块下面的混凝土垫层开挖，无论实际厚度是多少，均不做调整。

当市区人行道预制板路面成"品"字形铺设，在开挖路面计算宽度时，可根据沟槽实际开挖平均宽度计算（包括交叉重叠部分）。

3）砂浆或混凝土的用量按设计规定计算，如设计未规定时，其砂浆的用量按垫层体积的20%计列，混凝土的用量按垫层体积的30%计算。

4）充油电缆包括拆装压力箱。

5）电缆敷设均已考虑采用蛇形敷设及电缆固定工作。

6）电缆敷设中已包含了牵引头制作安装，并且考虑了穿越地下管线交叉作业的施工难度因素。

7）35kV交联单芯电缆敷设套用同电压相同截面的定额乘以系数2。

（8）辅助工程。

1）输电线索道运输分为索道站安装和索道运输两部分，其中索道运输列入工地运输。

2）施工道路为工程建设期间施工临时道路，不包括线路巡检道路的施工。

四、费用标准

（1）编制年价差时，价格调整依据一般是编制基准期工程所在地的市场价格和概预算定额价格水平调整文件，其中包括定额人工、材料和施工机械的调整系数，以及建筑工程材料机械品种规格。在选取调整系数时，要注意选择符合本工程所在地区域和机组规模/电压等级的调整系数。

（2）城市电缆线路工程施工中的城市道路挖掘和破路费、绿化赔偿费列入"送电线路走廊赔偿费"计列。

（3）输油、输气管道大量铺设，与电力线路有互为干扰的现象，如发生相关费用，可列计在通信设施防输电线路干扰措施费中。

第 二 篇

火力发电篇

第五章

火力发电工程初步投资估算

第一节 初步投资估算的定义、作用及编制流程

一、定义

根据国家现行法律法规和产业政策的有关要求，遵循工程项目基本建设程序及方针，首先需要在项目建设阶段进行初步可行性研究。初步可行性研究是对工程项目的可行性做出初步判断，是工程项目基本建设程序中的一个重要环节。初步可行性研究阶段需要编制初步投资估算。

火力发电工程初步投资估算是在火力发电工程项目建议书阶段，按照规定的程序和方法，对拟建火力发电工程项目所需总投资及其构成进行的预测和估计，是在研究项目的产品方案、建设规模、技术方案、厂址方案以及项目进度计划等的基础上，估算火力发电工程从筹建、施工直至建成投产所需的全部建设资金总额。

二、作用

火力发电工程初步投资估算是火力发电工程项目主管部门审批项目的依据之一，是编制项目规划、确定建设规模的参考依据。

三、编制流程

火力发电工程初步投资估算编制流程如图 5-1 所示。

（一）准备阶段

（1）项目启动。初步了解工程的投资背景、项目规模等。

（2）编写收资提纲，收集外部资料。项目初步可行性研究启动后，应根据编制初步投资估算与经济评价的需求收集外部资料。初步投资估算收资一览表见表 5-1。

图 5-1 火力发电工程初步投资估算编制流程

表 5-1　　初步投资估算收资一览表

序号	项　　目	单位	备注
一	初步投资估算		
1	征地单价	元/亩	包括税费等综合价格
2	租地单价	元/(亩·年)	包括税费等综合价格
3	房屋迁移补偿费用	元/m² 或万元	

续表

序号	项　目	单位	备注
4	余物清理等相关费用	元/m² 或万元	
5	原煤价或标煤价	元/t	原煤价须注明原煤热值
6	石灰石（粉）价格	元/t	
7	液氨或尿素单价	元/t	
8	外委设计项目单项工程投资（铁路、公路、码头、桥梁、航道等）	万元	静态投资
二	财务评价		
1	明确资金来源及资本金比例		
2	生产运行用水水价	元/t	
3	平均材料费	元/(MW·h)	
4	其他费用	元/(MW·h)	
5	职工年人均工资	元/(人·年)	
6	职工福利系数	%	

注　以上价格应注意区分含税价与不含税价。

（3）收集内部资料。收集火力发电工程限额设计参考造价指标，同类已建、在建或拟建工程估算、概算资料，工程所在地大工业类电度电价、标杆上网电价、信息价等。

（二）编制阶段

1. 接收专业提资，熟悉工程方案

初步可行性研究阶段参与的设计专业包括热机、运煤、除灰、供水、电气、脱硫、总图、水结、施工组织、环保、系统等。收到各专业提资后，应仔细研究，了解并熟悉本工程的设计方案。

（1）热机专业。提资内容包括炉型、机型、主厂房布置方式、磨煤机形式、除尘器形式、给水系统方案配置、是否同步建设脱硝装置及方案等，并应提供发电标准煤耗、供热煤耗、供热量、脱硝剂耗量、机组定员数等技术参数。

（2）运煤专业。提资内容包括输煤系统规划容量，来煤方式及配套设备数量，煤场设备数量及尺寸，带式输送机及配套栈桥、隧道长度，转运站数量等。

（3）除灰专业。提资内容包括明确除灰、除渣方案，是否设置飞灰分选系统，灰渣外运方案等。

（4）供水专业。提资内容包括电厂水源、补给水系统配置方案及规划容量、冷却水方式等。采用二次

循环冷却水系统的须明确冷却塔形式、数量及面积；直流系统要明确取/排水沟渠尺寸与长度；采用直接空冷系统须明确风机数量与空冷凝汽器面积；间接空冷系统须明确间接空气冷却塔数量、空冷散热器面积。除此以外，供水专业还应提供发电年耗水量、供热年耗水量等技术参数。

（5）电气专业。提资内容包括是否设置发电机出口断路器，配电装置的形式与电压等级，进出线回路数、间隔数量、断路器数量，主变压器容量、电压等级、数量，发电厂用电率，供热厂用电率等技术参数。

（6）脱硫专业。提资内容包括明确工艺方案，脱硫效率，脱硫吸收剂的种类，是否设置脱硫旁路、烟气换热器、湿式除尘器等，并应提供燃煤含硫量、脱硫吸收剂耗量等技术参数。

（7）总图专业。提资内容包括征地面积，拆迁户数或面积，厂区护坡厚度、面积及挡土墙体积，截洪沟长度，交通设施（铁路、公路）等级及长度，厂区土石方量等。

（8）水结专业。提资内容包括灰场类型及堆灰年限，厂外运灰公路、补给水管道检修道路等级及长度，灰场及补给水管道征地面积，拆迁户数或面积等。

（9）施工组织。提资内容包括大件运输措施费、施工租地面积及租地年限、施工区土石方量、施工进度安排等。

（10）环保专业。提资内容包括降噪的初步设想及其费用与环保排放指标。

（11）系统专业。提资内容包括年利用小时数。

2. 编制初步投资估算及财务评价

在完成准备阶段工作并接收到设计提资后即可编制初步投资估算，具体编制方法见本章第三节相关内容。

财务评价是在国家现行财政，税收制度和价格体系的前提下，从项目的角度出发，计算项目范围内的财务效益和费用，分析项目的盈利能力和清偿能力，评价项目在财务上的可行性。编制财务评价的具体方法见本手册第十一章火力发电工程经济评价相关内容。

3. 校核

编制完成初步投资估算及财务评价后，要进行校核。初步可行性研究阶段的校核内容主要为判断工程估算方法是否合理，分析投资估算的设计输入是否正确，检验投资估算的计算是否有错误或遗漏、检验财务评价的参数输入是否正确，财务分析报告是否合理等。编制人员应根据校核意见修改初步投资估算与财务评价。

4. 审核、批准

初步投资估算及财务评价经校核后，需设总、总

工、院长对初步投资估算进行审核、批准。审核批准内容包括是否符合有关规范、规程、规定，原始资料和数据是否正确可靠，计算项目是否齐全完整，计算是否准确，并判断计算结果的正确性。

5. 汇入设计总报告

经科组校核和主工、设总、总工审阅后的初步投资估算及经济评价最后汇入设计总报告，提交相关机构审查。

（三）设计确认阶段

1. 审查

初步投资估算的审查，一般由建设单位牵头，主管部门或第三方咨询机构进行主审并形成初步投资估算审查纪要。

2. 修改并形成最终初步投资估算

编制单位应根据初步投资估算审查纪要，对初步投资估算进行修改。经修改后的初步投资估算提交审查部门复核，复核无误后即可批准，形成最终的初步投资估算。

第二节　初步投资估算编制深度及内容

一、编制深度

初步投资估算应按现行投资估算规定，包括 DL/T 5466《火力发电工程可行性研究投资估算编制导则》、《火力发电工程建设预算编制与计算规定（2013 年版）》、《电力建设工程估算指标（2016 年版）》、《电力建设工程概算定额（2017 年版）》和《火电工程限额设计参考造价指标（2017 年版）》等标准或文件。基于专业汇总估算表（表二甲、表二乙）深度的分析或测算，提出总估算表（表一）。

初步可行性研究阶段需要对推荐进入可行性研究阶段的一个或多个厂址方案进行初步投资估算，并按现行的电力建设项目经济评价规定，对推荐厂址方案进行财务分析，测算出项目经营期平均上网电价（或投资回报）并分析其清偿能力，提出财务分析结论。

二、编制内容

初步投资估算应包括编制说明、总估算表（表一甲）、财务分析报告等。

（一）编制说明

编制说明应包含以下内容。

（1）工程概况。包括工程的建设规模及机组类别，初步投资估算编制的范围。

（2）编制依据。包括《火力发电工程建设预算编制与计算规定》《火电工程限额设计参考造价指标》等。

（3）造价水平。包括价格水平年、静态投资及单位投资，动态投资及单位投资。

（4）造价水平分析。指与同时期火电工程限额设计参考造价指标的简单对比分析。

（二）总估算表（表一甲）

表格样式参考附录 B。

（三）财务分析

财务分析的依据为国家发展改革委、建设部《关于印发建设项目经济评价方法与参数的通知》（发改投资〔2006〕1325 号）、电力规划设计总院颁发的《火力发电厂工程经济评价导则》及我国的有关现行法律、法规、财税制度。

初步投资估算财务分析通常采用设定收益率反算电价或根据项目所在地标杆电价正算项目投资收益两种方法。财务分析报告应包括原始参数、财务分析指标一览表、财务分析三部分内容。

1. 原始参数

（1）工程建设工期及年度资金使用计划。工程建设工期应包含开工时间及建设月份数，年度投资比例为建设期内每年拟投入的资金比例，应根据工期合理确定，年度资金使用计划表见表 5-2。

表 5-2　　　年度资金使用计划表

年度	第一年	第二年	第三年	合计
比例（%）				100

（2）资金来源。应明确项目出资情况、投融资比例、融资利率等。

（3）经济评价原始参数见表 5-3。计入评价中的各原始参数应标明价格是否含税。

表 5-3　　　经 济 评 价 原 始 参 数

序号	项　　　目	单位	数值
1	计算期	年	
2	折旧年限	年	
3	年发电小时	h	
4	电厂定员	人	
5	年人均工资	元/（人·年）	
6	福利费系数	%	
7	年用水量	t	
8	水费	元/t	
9	修理费率	%	
10	保险费率	%	
11	材料费	元/（MW·h）	

续表

序号	项 目	单位	数值
12	其他费用	元/（MW·h）	
13	标煤耗（评价用）	kg/（MW·h）	
14	到厂标煤价	元/t	
15	厂用电率	%	
16	脱硫剂耗量	t/h	
17	脱硫剂单价	元/t	
18	脱硝剂耗量	t/h	
19	脱硝剂单价	元/t	
20	所得税率	%	
21	法定公积金	%	
22	城市维护建设税	%	
23	教育附加费	%	
24	基准收益率	%	

2. 财务分析指标一览表

初步投资估算财务分析应附财务评价指标一览表，格式见表 5-4。

表 5-4　　　财务评价指标一览表

序号	项 目	单位	指标
1	机组容量	MW	
2	工程静态投资	万元	
3	工程动态投资	万元	
4	单位造价（静态）	元/kW	
5	流动资金	万元	
6	铺底流动资金	万元	
7	总投资收益率	%	
8	资本金净利润率	%	
9	项目投资所得税前内部收益率	%	
10	项目投资所得税前净现值	万元	
11	项目投资所得税前投资回收期	年	
12	项目投资所得税后内部收益率	%	
13	项目投资所得税后净现值	万元	
14	项目投资所得税后投资回收期	年	
15	项目资本金内部收益率	%	

续表

序号	项 目	单位	指标
16	投资方内部收益率	%	
17	含税上网电价	元/（MW·h）	
18	不含税上网电价	元/（MW·h）	

3. 财务分析

初步可行性研究阶段应对项目的盈利能力、偿债能力、生存能力进行分析。通过净现值、总投资收益率、资本金净利润率及年利润分析项目盈利能力，通过利息备付率、偿债备付率及资产负债率分析项目偿债能力，通过财务现金流是否充沛分析项目生存能力。

为便于做项目投资决策及分析投资风险，还应对项目总投资、年利用小时数及燃料价格等要素的变化进行敏感性分析。

根据经营期平均上网电价与国家公布的地区标杆上网电价的对比情况，判断项目财务上是否可行。

第三节　初步投资估算编制方法

初步投资估算编制方法主要有估算指标编制法与投资分析法两种。

一、估算指标编制法

（一）定义

估算指标是电力行业建设工程的计价规定，是工程规划阶段、初步可行性研究阶段、可行性研究阶段确定与管理投资估算的依据，是分析工程设计方案经济合理性的依据。适用于火力发电新建或扩建工程。

估算指标分为系统（单项）工程指标、单位工程指标、独立子项工程指标三级。其中，系统（单项）工程指标是根据项目划分，以工艺流程为主线，考虑专业设计分工，按照发电容量、系统出力等为计量单位形成指标。采用系统（单项）工程指标编制初步可行性研究投资估算的方法即为估算指标编制法。

（二）编制方法

1. 计量

初步可行性研究阶段，投资估算采用的工程量来源于设计专业提供的资料。

采用系统（单项）工程指标编制初步投资估算时，安装工程各系统均以"kW"为单位，工程量按照热机专业提供的该工程汽轮机在纯凝运行工况下的发电机的铭牌功率计算。

建筑工程以"kW"为单位的定额工程量，如主厂房本体及设备基础工程、除尘排烟系统工程、厂内供水系统工程等，按发电机的铭牌功率计算；以"套"为单位的定额工程量，如厂内燃料供应系统工程、厂内除灰渣系统工程、厂外循环水系统工程等，均以两机为一套。当工程建设一台机组时，指标应按各系统规定的调整系数进行调整；其余以"m""km""t/h"等为单位的定额工程量应根据设计专业提供的相应工程量计算。

2. 计价

系统（单项）工程指标基价中包括直接工程费、设备购置费、装置性材料费，采用估算指标编制法的计价工作内容主要有套用估算指标、计算费税、计算编制期基准价差、计算其他费用、计算基本预备费与汇总形成初步投资估算等。

（1）套用估算指标。系统（单项）工程指标按机组等级或方案设置定额。编制初步投资估算时，应根据设计专业提供的工艺方案或机组等级选择估算指标中方案对应的定额。

以某地区 2×350MW 燃煤发电工程为例，建设 2×350MW 超临界 CFB 燃煤发电机组，主厂房采用钢筋混凝土结构，来煤为汽车来煤。

建筑工程热力系统应根据方案选择定额 ZFT1-1-18 "300MW 级循环流化床锅炉机组　混凝土结构主厂房"与定额 ZFT1-1-29"300MW 级机组除尘排烟系统"两个定额，两个定额计量单位均为"kW"。

燃料供应系统应根据方案选择定额 ZFT1-2-7 "2×300MW 级机组　循环流化床机组 汽车运煤"，该定额计量单位为"套"。

建筑工程单位工程估算表见表 5-5。

表 5-5　　建筑工程单位工程估算表　　（元）

序号	名称	单位	数量	单价 基价	单价 其中 建筑设备购置费	单价 其中 人工费	单价 其中 材料费	单价 其中 机械费	合价 基价	合价 其中 建筑设备购置费	合价 其中 人工费	合价 其中 材料费	合价 其中 机械费
	建筑工程												
一	主辅生产工程												
（一）	热力系统												
1	主厂房本体及设备基础												
ZFT1-1-18	300MW 级循环流化床炉机组混凝土结构主厂房	kW											
2	除尘排烟系统工程												
ZFT1-1-29	300MW 级机组除尘排烟系统	kW											
（二）	燃料供应系统												
1	厂内燃料供应系统												
ZFT1-2-7	2×300MW 级机组　循环流化床机组 汽车运煤	套											
…	…												

安装工程热力系统应根据方案选择定额 ZFJ1-1-37 "300MW 级超临界供热湿冷机组（循环流化床锅炉）"，该定额计量单位为"kW"。

燃料供应系统应根据方案选择定额 ZFJ1-2-13

"2×300MW 级机组（汽车卸煤、循环流化床锅炉）"，该定额计量单位为"kW"。

安装工程单位工程估算表见表 5-6。

表 5-6 安装工程单位工程估算表 （元）

序号	名称	单位	数量	基价	单价 其中（元）				基价	合价 其中（元）			
					设备费	装置性材料费	安装费	其中：人工费		设备费	装置性材料费	安装费	其中：人工费
一	主辅生产工程												
（一）	热力系统												
ZFJ1-1-37	300MW 级超临界供热湿冷机组（循环流化床锅炉）	kW											
（二）	燃料供应系统												
ZFJ1-2-13	2×300MW 级机组（汽车卸煤、循环流化床锅炉）	kW											
...	...			...	...	...	...	...	...	...	...	...	...

（2）计算费税。系统（单项）工程指标基价中包括直接工程费、设备购置费、装置性材料费，不包括措施费、间接费、利润、编制基准期价差、税金、其他费用、基本预备费，编制投资估算时，应按照《火力发电工程建设预算编制与计算规定》计算。初步投资估算计算费税方法与本手册第六章 火力发电工程投资估算与财务评价中估算指标法计算费税方法相同。

（3）计算编制期基准价差。估算指标按以下价格取定：

1）人工工日单价按照 2013 年版电力行业定额"基准工日单价"取定。

2）材料价格按照 2013 年版电力行业定额"材机库"中材料预算价格取定。

3）施工机械台班价格按照 2013 年版电力行业定额"材机库"中施工机械台班价格取定。

4）设备价格按照 2016 年设备价格水平综合取定。

采用估算指标编制法原则上按照"综合系数法"调整其价差，有关价差调整执行电力工程造价与定额管理总站相关文件规定。

（4）计算其他费用。

1）建设场地征用及清理费根据设计提供的征租地面积乘以征租地单价计列。并按设计提供的拆迁户数计列迁移补偿费。

2）项目建设管理费、项目建设技术服务费、整套启动试运费、生产准备费直接采用同等级机组可研估算费用计列，或按《火力发电工程建设预算编制与计算规定（2013 年版）》规定的费率计算（具体计算方法见本手册第七章 火力发电工程初步设计概算编制相关内容）。

（5）计算基本预备费。按以上计算出的建筑、设备、安装、其他费用计算基本预备费。

（6）汇总形成初步投资估算。通过以上方法，分别计算出拟建工程建筑费、设备费、安装费、其他费用和基本预备费后，经汇总就形成了一个工程的初步投资估算，之后按初步投资估算深度要求编写编制说明和经济评价后，就完成了初步投资估算的编制工作。

二、投资分析法

（一）定义

投资分析法是以类似工程投资为基础，结合拟建工程方案对其进行调整的一种初步投资估算编制方法。投资分析法的基本公式为

拟建工程投资=类似工程投资±方案差异调整

（二）方案差异调整的几种方法

方案差异调整是在已有类似工程估（概）算的基础上，根据编制工程方案进行增减调整，主要有以下三种方法。

（1）方案增减法。方案增减法是在编制初步投资估算时，在类似工程投资基础上直接扣除或增加某单位工程投资的一种方法。例如，拟建工程为扩建项目，不设置启动锅炉，而类似工程设置启动锅炉，则拟建工程附属生产工程投资=类似工程投资-类似工程启动锅炉的建安、设备费，见表 5-7。

表 5-7 方案增减法示例 （万元）

编号	工程或费用名称	建筑工程费	设备购置费	安装工程费
（十）	类似工程附属生产工程投资	A_1	B_1	C_1
	类似工程启动锅炉投资	A_2	B_2	C_2
	拟建工程投资	A_1-A_2	B_1-B_2	C_1-C_2

（2）单位工程替换法。单位工程替换法是在编制初步投资估算时，把类似工程中相关单位工程投资替换为拟建项目相关单位工程方案投资的一种方法。

例：拟建项目烟囱型式为钢筋混凝土外筒钛钢复合板双内筒烟囱，而类似工程烟囱型式为钢筋混凝土外筒、玻璃钢双内筒套筒式结构烟囱，则拟建工程热力系统建筑工程费计算式为

拟建工程热力系统建筑工程费=类似工程热力系统建筑工程费−烟囱投资+钛钢复合板双内筒烟囱投资

其中，钛钢复合板双内筒烟囱投资可以参考限额设计指标或同方案类似工程费用。单位工程替换法示例见表5-8。

表5-8　　　　　单位工程替换法示例　　　　（万元）

序号	工程或费用名称	建筑工程费	设备购置费	安装工程费
（一）	类似工程热力系统投资	A_1		
	类似工程烟囱投资	A_2		
	拟建工程烟囱投资	A_3		
	拟建工程投资	$A_1-A_2+A_3$		

（3）单位造价指标法。单位造价指标法是在编制初步投资估算时，按单位造价指标计算单位工程造价的一种方法。主要适用于道路、土石方、挡土墙护坡等。

[例]拟建工程厂区平整土方数量为 $a_1\text{m}^3$，石方数量为 $a_2\text{m}^2$，参考同类工程单位造价指标，土方单位造价为 b_1 元/m^3，石方单位造价为 b_2 元/m^3，该工程厂区、施工区土石方工程投资额为 $a_1\times b_1+a_2\times b_2$ 元。

各系统的调整须按以上三种方法结合工程实际情况交叉使用。

（三）调整内容及方法

编制初步投资估算时，主要根据热力系统方案、输煤系统方案、供水系统方案等选择参考工程，其中与热力系统方案相同的工程一般作为拟建工程初步投资估算调整的基础值，将与输煤系统方案、供水系统方案相同的工程作为对应输煤系统、供水系统的基准值，其后再根据拟建工程设计提资方案进行调整。

1. 主辅生产工程投资分析方法

（1）热力系统。拟建工程初步投资估算调整基础值应根据热力系统方案选择，选取相同炉型（常规煤粉炉、W火焰炉、CFB炉、褐煤炉）、机型（亚临界机组、超临界机组、超超临界机组、提高参数超超临界机组）和冷端式（湿冷、间接空冷、直接空冷）的工程作为参考工程。热力系统初步投资估算调整内容及方法见表5-9。

表5-9　　　　　　　　　　　　热力系统初步投资估算调整内容及方法

序号	项目	包含方案	调整内容及方法			备注
			建筑费用	设备费用	安装费用	
一	热力系统					
1	三大主机		不调整	替换法，按限额价格调整	不调整	
2	是否供热	设置/不设置	方案增减法	方案增减法	方案增减法	
3	主厂房布置方案	前煤仓/侧煤仓	替换法，按限额模块调整建筑费	差异较小，不调整	替换法，按限额模块调整安装费	
4	是否设置节油点火装置	设置/不设置	无差异，不调整	方案增减法	方案增减法	另需要调整分部试运中的柴油量和相应费用
5	磨煤机型式及配置	中速磨/双进双出钢球磨/风扇磨		替换法，按限额价格调整设备费		
6	除尘器形式	静电除尘器/低低温静电除尘器/电袋除尘器/布袋除尘器/湿式除尘器	不调整	替换法，按限额价格调整设备费	单位造价指标法，按限额重量调整安装费	
7	凝汽器	不锈钢/钛钢	不调整	替换法，按限额价格调整设备费	不调整	
8	给水系统配置	2×50%汽泵+1×30%电泵/3×50%电泵/100%汽泵+1×30%电泵	不调整	替换法，按限额价格调整设备费	无较大差异，可不调整	

序号	项目	包含方案	调整内容及方法			备注
			建筑费用	设备费用	安装费用	
9	烟囱形式	钢筋混凝土外筒钛钢复合板双内筒烟囱/钢筋混凝土外筒、耐硫酸露点腐蚀钢板双内筒套筒式结构烟囱，内筒内喷涂烟囱专用防腐涂料/钢筋混凝土外筒、耐硫酸露点腐蚀钢板双内筒套筒式结构烟囱，内筒内粘贴硼硅泡沫玻璃砖/钢筋混凝土外筒、玻璃钢双内筒套筒式结构烟囱/钢筋混凝土外筒、密实型整体浇筑料双内筒套筒式结构烟囱/钢筋混凝土双筒耐酸砖套筒烟囱	替换法，按限额模块或类似工程同方案烟囱投资调整			
10	主厂房结构	钢结构/钢筋混凝土结构	替换法，根据限额模块调整			
11	其他					
		W 形火焰炉高温硫腐蚀喷涂			方案增减法，参考类似工程增加喷涂费用	
		锅炉紧身封闭	方案增减法，参考类似工程计列建筑费	方案增减法，参考类似工程补列紧身封闭费		
		一次再热与二次再热	替换法，参考类似工程调整建筑费用	替换法，参考限额调整主机费用	替换法，参考类似工程调整锅炉安装费、烟风煤管道及汽水管道费用	

（2）燃料供应系统。燃料供应系统应根据来煤方式（铁路敞车来煤、铁路底开车来煤、汽车运煤进厂、海运来煤、坑口来煤）选取参考工程。燃料供应系统初步投资估算调整内容及方法见表5-10。

表 5-10　　　　　　燃料供应系统初步投资估算调整内容及方法

序号	项目	包含方案	调整内容及方法			备注
			建筑费用	设备费用	安装费用	
1	卸煤系统	（1）铁路敞车来煤	替换法，按相同容量工程翻车机室费用调整	替换法，根据翻车机型号（单车、双车）及数量调整	单位造价指标法，根据翻车机数量调整安装费	
		（2）铁路底开车来煤	单位造价指标法，根据底开车卸煤沟长度及底开车车位数调整	不调整	不调整	
		（3）汽车运煤进厂	单位造价指标法，根据汽车卸煤沟长度及汽车车位数调整	不调整	不调整	
		（4）海运来煤	单位造价指标法	单位造价指标法	单位造价指标法	
		（5）坑口来煤	单位造价指标法，参考类似工程单位造价指标调整	单位造价指标法，根据皮带机管径或带宽、长度调整	单位造价指标法，根据皮带机管径或带宽、长度调整	

续表

序号	项目	包含方案	调整内容及方法			备注
			建筑费用	设备费用	安装费用	
2	储煤系统	（1）圆形煤场	替换法，按同直径煤场投资调整	替换法，按同直径煤场投资调整	替换法，按同直径煤场投资调整	
		（2）敞开式/封闭式条形煤场	单位造价指标法，调整煤场地坪、干煤棚费用	单位造价指标法，根据数量调整堆取料机设备费	单位造价指标法，根据数量调整堆取料机安装费	
3	输煤栈桥、运煤隧道		单位造价指标法，根据长度调整			
4	转运站		单位造价指标法，按照数量根据技术经济指标调整			
5	皮带机			单位造价指标法，根据皮带机带宽、长度调整	单位造价指标法，根据皮带机带宽、长度调整	
6	混煤设施	设置筒仓/不设置筒仓	方案增减法	方案增减法	方案增减法	

（3）除灰系统。水力除灰是以水为输送介质和动力把灰渣送至灰场，目前国内工程已较为少见。当工程采用此方式时，可直接按限额设计中水力输送灰渣方案的模块计列投资。

除灰系统通常采用气力输送方式，除灰系统初步投资估算调整内容及方法见表 5-11。

表 5-11　　　　　　　　　　除灰系统初步投资估算调整内容及方法

序号	项目	包含方案	调整内容及方法			备注
			建筑费用	设备费用	安装费用	
1	厂内除渣系统	刮板捞渣机直接至渣仓/刮板捞渣机+水力除渣至脱水仓/风冷式排渣机+机械输送至渣仓/风冷式输渣机+气力输送至渣仓	替换法，按限额模块投资调整	替换法，按限额模块投资调整	替换法，按限额模块投资调整	
2	厂内气力除灰系统					通常不调整
3	空压机系统（建筑、安装）	设置/不设置	方案增减法，参考同类工程调整		方案增减法，参考同类工程调整	
4	空压机系统（设备）			单位造价指标法，按数量调整		
5	飞灰分选系统	设置/不设置	方案增减法，参考同类工程飞灰分选系统调整	方案增减法，参考同类工程飞灰分选系统调整	方案增减法，参考同类工程飞灰分选系统调整	
6	厂外气力除灰系统	社会运力汽车运灰渣		不计列投资		
		电厂自备汽车运灰渣		按数量×设备单价计列设备费		
		高浓度水力运灰+汽车运渣		按水泵、汽车数量×设备单价计列设备费	按输灰管长度计列安装费	
		管带机至灰场		按管带机口径及长度计列设备费	按管带机口径及长度计列安装费	

（4）化学水处理系统。通常同容量同地区机组化学水处理系统方案不会有较大差异，一般不予调整。但需关注表 5-12 所示调整内容。

（5）供水系统。供水系统应根据循环冷却水方案选择参考工程，主要有二次循环系统、直流供水河（湖）心取水、直流供水岸边敞开式取水、直接空冷、间接空冷 5 种不同的方案，其调整内容及方法见表 5-13。

表 5-12　　　　　　　　水处理系统初步投资估算调整内容及方法

序号	项目	包含方案	调整内容及方法			备注
			建筑费用	设备费用	安装费用	
1	海水淡化处理系统	低温多效蒸发方案/反渗透方案	方案增减法，按限额模块费用调整	方案增减法，按限额模块费用调整	方案增减法，按限额模块费用调整	仅海边电厂
2	循环水加氯系统	电解食盐制氯/电解海水制氯	替换法，按限额模块费用调整	替换法，按限额模块费用调整	替换法，按限额模块费用调整	
3	再生水深度处理系统		方案增减法，按限额模块费用调整	方案增减法，按限额模块费用调整	方案增减法，按限额模块费用调整	水源为中水时

表 5-13　　　　　　　　供水系统初步投资估算调整内容及方法

序号	项目	包含方案	调整内容及方法			备注
			建筑费用	设备费用	安装费用	
1	二次循环系统					
	冷却塔		单位造价指标法，根据冷却塔面积调整			
2	直流供水河（湖）心取水/直流供水岸边敞开式取水	（1）循环水管	如为钢筋混凝土管，单位造价指标法，根据类似工程单位造价指标计算，并扣减安装中的防腐费用		如为焊接钢管，单位造价指标法，根据各口径综合单价计算循环水管安装、主材防腐费用	
		（2）引水隧道	单位造价指标法，根据尺寸与长度计算			
		（3）排水沟	单位造价指标法，根据尺寸与长度计算			
		（4）排水隧道	单位造价指标法，根据尺寸与长度计算			
3	直接空冷	（1）空冷平台	单位造价指标法，根据参考工程单位造价指标调整			
		（2）空冷凝汽器/冷却风机		替换法，根据限额单价调整设备费		
4	间接空冷	（1）空冷散热器		替换法，根据限额单价与冷却面积调整设备费	不调整	
		（2）间冷塔	替换法，注意区分"一机一塔"与"二机一塔"方案，根据同类工程调整			

（6）电气系统。电气系统通常按照出线等级及配电装置型式选择参考工程，电气系统调整内容见表5-14。

表5-14　电气系统初步投资估算调整内容及方法

序号	项目	包含方案	调整内容及方法			备注
			建筑费用	设备费用	安装费用	
1	发电机是否设置出口断路器	设置/不设置		方案增减法		
2	配电装置	（1）GIS		替换法，根据进出线回路数、间隔数量、断路器数量等调整设备费		
		（2）屋外配电装置		替换法，根据最新限额调整设备费		
3	主变压器	电压等级/单相变压器/三相变压器	替换法，根据变压器类型调整基础费用	替换法，根据变压器类型调整设备费用	替换法，根据变压器类型调整设备费用	

（7）热工控制系统。各等级机组热工控制系统都几乎采用炉、机、电、网、辅助车间单元控制室集中控制方式，两机一控，因此编制初步投资估算时，一般可不调整。

（8）烟气脱硫工程。烟气脱硫工程在初步可行性研究阶段，设计专业一般仅能确定脱硫剂种类及采用的脱硫方案，脱硫系统初步投资估算调整内容及方法见表5-15。

（9）烟气脱硝工程。烟气脱硝装置主要有选择性催化还原法（SCR）与选择性非催化还原法（SNCR）两种，其中选择性非催化还原法多用于配循环流化床锅炉的机组（CFB）。脱硝系统初步投资估算调整内容及方法见表5-16。

表5-15　脱硫系统初步投资估算调整内容及方法

序号	项目	包含方案	调整内容及方法			备注
			建筑费用	设备费用	安装费用	
1	湿法脱硫					
1.1	吸收剂制备系统	石灰石+湿磨制浆/石灰石粉制浆	替换法，按限额模块调整	替换法，按限额模块调整	替换法，按限额模块调整	
1.2	脱硫废水系统	（1）集中处理排放	按限额设计模块中集中处理方案计列各项费用	按限额设计模块中集中处理方案计列各项费用	按限额设计模块中集中处理方案计列各项费用	
		（2）零排放	替换法，参考类似工程调整	替换法，参考类似工程调整	替换法，参考类似工程调整	
2	海水脱硫	海水脱硫	参考类似工程单位造价计入总估算	参考类似工程单位造价计入总估算	参考类似工程单位造价计入总估算	海水脱硫造价与海水氯离子含量有较大关系，氯离子含量影响曝气池的大小从而影响造价
3	CFB机组	（1）湿法脱硫	参考同等级机组湿法脱硫投资，费用调整同（1）湿法脱硫方案			CFB机组炉内脱硫后的烟气处理
		（2）干法脱硫	参考同等级机组干法脱硫投资计列			

（10）附属生产工程。附属生产工程应选择同等容量新建工程为参考工程。附属生产系统初步投资估算调整内容及方法见表5-17。

表5-16 脱硝系统初步投资估算调整内容及方法

序号	项目	包含方案	调整内容及方法			备注
			建筑费用	设备费用	安装费用	
1	选择性催化还原法（SCR）					
1.1	氨制备供应系统	液氨方案/尿素制氨方案	替换法，并参考限额模块调整投资	替换法，并参考限额模块调整投资	替换法，并参考限额模块调整投资	
2	选择性非催化还原法（SNCR）					
2.1	氨制备供应系统	液氨方案/尿素制氨方案	替换法，并参考限额模块调整投资	替换法，并参考限额模块调整投资	替换法，并参考限额模块调整投资	

表5-17 附属生产系统初步投资估算调整内容及方法

序号	项目	包含方案	调整内容及方法			备注
			建筑费用	设备费用	安装费用	
1	确认项目是否存在					
1.1	制氢站	设置/不设置	方案增减法，参考同等级机组投资计列	替换法，根据制氢站出力调整设备费	不调整	
1.2	启动锅炉	设置/不设置	方案增减法，参考同等级机组投资计列	替换法，根据启动锅炉型式及出力调整设备费	替换法，仅存在燃油炉和燃煤炉差异时调整	
1.3	综合水泵房	设置/不设置	方案增减法，参考同等级机组投资计列，如不设置，则扣除			
1.4	各废水处理处理系统	设置/不设置	方案增减法，参考同等级机组投资计列，如不设置，则扣除			
2	厂区道路与广场		单位造价指标法，按类似工程技术经济指标计算			
3	厂区沟道与煤水沟		单位造价指标法，按类似工程技术经济指标计算			
4	厂区挡土墙与护坡		单位造价指标法，按类似工程技术经济指标计算			
5	截洪沟		单位造价指标法，按类似工程技术经济指标计算			
6	雨水排水管		替换法，根据方案参考类似工程调整费用			
7	生产行政综合楼		单位造价指标法，核实是否建设，按单位造价指标调整			
8	厂前公共工程		单位造价指标法，核实是否建设，按单位造价指标调整			
9	降噪工程	设置/不设置	方案增减法，根据工程实际情况计列			

2. 与厂址相关的单项工程调整方法

与厂址相关的单项工程初步投资估算调整内容及方法见表5-18。

3. 价差

价差参考同地区同等级机组价差，并根据市场价格变动幅度调整计列。

4. 其他费用

（1）建设场地征用及清理费根据设计提供的征租地面积乘以征租地单价计列，并按设计提供的拆迁户数计列迁移补偿费。

（2）项目建设管理费、项目建设技术服务费、整套启动试运费、生产准备费直接采用同等级机组可研估算费用计列或按预规规定的费率计算。

5. 基本预备费

按以上计算出的建筑费、设备费、安装费、其他费用计算基本预备费。

6. 汇总形成初步投资估算

通过以上方法，分别计算出拟建工程建筑费、设备费、安装费、其他费用和基本预备费后，汇总形成一个工程的初步投资估算。之后，按初步投资估算深度要求编写编制说明和经济评价，即完成了初步投资估算的编制工作。

表 5-18　　　　　与厂址相关的单项工程初步投资估算调整内容及方法

序号	项　　目	包含方案	调整内容及方法			备　注
			建筑费用	设备费用	安装费用	
（一）	交通运输工程	道路	单位造价指标法，按规划道路等级，根据单位造价指标计列			
（二）	储灰场	平原灰场/山区灰场	单位造价指标法，按同类型灰场，根据单位造价指标调整堆石棱体投资	不调整	单位造价指标法，根据长度调整灰场喷洒水管道安装费	
（三）	净水站		参考类似工程计列建筑费、设备费、安装费，一般不调整			
（四）	补给水工程	（1）泵船方案	参考同方案类似工程计列建筑费、设备费、安装费			
		（2）补给水泵房方案	替换法，先确定工程补给水泵房分为几级，江边泵房按类似工程方案费用计列，每增加一级中继泵房，按同类工程中继泵房增加建筑安装设备费用			
		（3）补给水管	单位造价指标法，根据布置形式（单管/双管）、管道口径与长度按指标计列安装与建筑费用			
（五）	地基处理工程		替换法，参考同地区同等级机组费用计列			
（六）	厂区、施工区土石方工程		单位造价指标法，根据土石方量参考类似工程单位造价指标计算			
（七）	临时工程		参考同等级机组工程的平均水平计列费用			

第六章

火力发电工程投资估算及财务评价

第一节 投资估算及财务评价的定义、作用及编制流程

一、定义

火力发电工程可行性研究投资估算及财务评价是可行性研究文件的重要组成部分，是由设计单位根据可行性研究确定的设计方案、工程量、设备和材料预算价格等技术经济资料，按照现行《火力发电工程建设预算编制与计算规定》《火力发电工程经济评价导则》及《电力建设工程估算指标》等相关规定，编制的火力发电工程从筹建至竣工交付使用所需全部费用及项目财务可行性分析的技术经济文件。

二、作用

火力发电工程可行性研究投资估算及财务评价是火力发电工程技术经济评价和投资决策的重要依据，是项目实施阶段投资控制的目标值，它的作用可以归纳为以下几个方面：

（1）是项目投资决策的重要依据，是研究、分析、计算项目投资经济效果的重要条件。

（2）对各设计专业实行投资切块分配，作为控制和指导设计的尺度。

（3）可以作为项目资金筹措及制订建设贷款计划的依据，建设单位可根据批准的投资估算额，进行资金筹措和向银行申请贷款。

（4）是核算建设项目固定资产投资需要额和编制固定资产投资计划的重要依据。

三、编制流程

火力发电工程投资估算及财务评价编制流程包括准备阶段、编制阶段、设计确认阶段三个阶段，不同阶段编制流程及主要工作如图6-1所示。

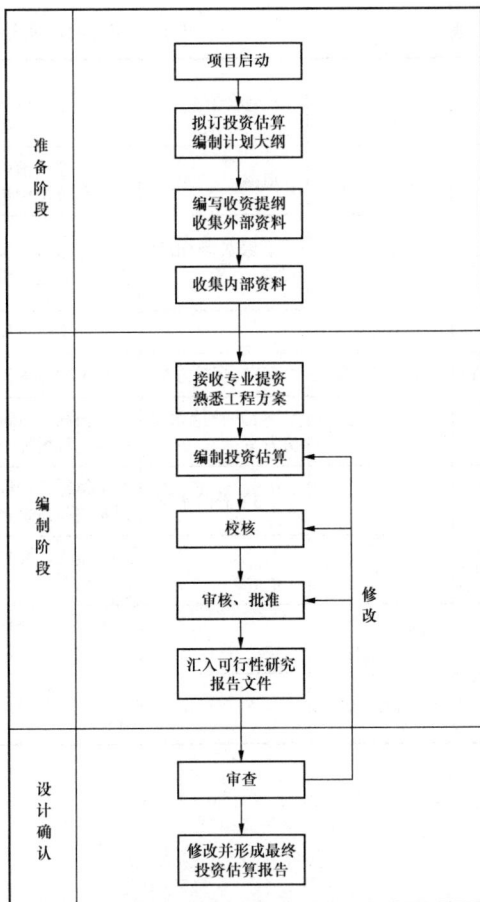

图6-1 火力发电工程投资估算及财务评价编制流程及主要工作

（一）准备阶段

1. 项目启动

初步了解工程的投资背景、项目规模、设计方案等，明确项目可行性研究的时间进度安排。

2. 制订投资估算编制计划大纲

可行性研究工作启动后，应根据可行性研究设计总体大纲、投资估算编制的相关规定，制订投资估算

编制计划大纲。

明确统一的编制依据和原则等事项，对投资估算及财务评价的编制进行策划和指导，一般包括如下主要内容。

（1）工程名称。工程名称与可行性研究设计大纲的工程名称保持一致。

（2）编制依据。编制依据为项目设计任务书以及可行性研究设计等文件。

（3）编制范围。根据设计范围确定投资估算的编制范围，明确业主另行委托项目的接口界限。

（4）编制原则。确认投资估算编制基准期，确定工程量，估算指标或定额的选取，人工、材料、机械预算价格及价差的确定原则，取费标准和其他费用的确定原则，造价分析比较的方法及比较工程名称等。

（5）评审、验证和确认。根据质量管理体系要求，明确投资估算的评审、验证和确认程序。

（6）计划进度。明确投资估算及财务评价编制、校核的计划进度。

（7）人力资源。明确编制、校核、审核的人员。

3. 收集外部、内部资料

（1）收集外部资料。制订投资估算及财务评价编制计划大纲后，根据大纲的要求及开展投资估算编制工作的需要，向工程建设单位收集外部资料。应收集的外部资料清单见表6-1。

表6-1　投资估算及财务评价外部资料清单

序号	项　　目	单位	备注
一	投资估算		
1	征地单价	元/亩	包括税费等综合价格
2	租地单价	元/（亩·年）	包括税费等综合价格
3	租地复垦费单价	元/亩	
4	房屋迁移补偿费用	元/m² 或万元	单价或总价均可
5	拆除及余物清理等相关费用	元/m² 或万元	单价或总价均可
6	当地大工业类电度电价	元/（kW·h）	
7	当地燃煤发电机组标杆上网电价	元/（kW·h）	
8	原煤价或标煤价	元/t	原煤价须注明原煤热值
9	石灰石（粉）价格	元/t	到厂含税价
10	液氨或尿素单价	元/t	到厂含税价
11	外委设计项目单项工程投资（铁路、公路、码头、桥梁、航道等）	万元	静态投资

续表

序号	项　　目	单位	备注
二	财务评价		
1	明确资金来源及注入资本金比例		
2	生产运行用水水价	元/t	到厂含税价
3	平均材料费	元/（MW·h）	
4	其他费用	元/（MW·h）	
5	职工年人均工资	元/（人·年）	
6	职工福利系数	%	

（2）收集内部资料。编制人员应收集投资估算及财务评价编制的相关标准、规范、文件及其他工程资料等其他资料。应收集的内部资料包括：

1）现行《电力建设工程估算指标》；

2）现行《火力发电工程建设预算编制与计算规定》；

3）现行《电力建设工程概（预）算定额》；

4）现行《电力建设工程装置性材料综合（预算）价格》；

5）现行《火电工程限额设计参考造价指标》；

6）估算定额人工、材料、机械价格水平调整文件；

7）编制当期工程所在地造价信息；

8）《火力发电工程经济评价导则》；

9）其他资料。

（二）编制阶段

1. 接收专业提资，熟悉工程方案

在投资估算编制阶段，设备及建筑安装工程的工程量均来源于设计专业提供的资料，涉及的设计专业及专业提资的主要内容见本手册第七章　火力发电工程初步设计概算。

设计专业提供资料的范围、内容应执行 DLGJ 159.3《电力工程勘测设计专业间接口内容规定》，并向技术经济专业提供"专业间互提资料交接单"。

技术经济专业应了解并熟悉本工程的设计方案和系统特征，复核设计专业提供的资料，将其中疑问之处反馈给设计专业。

2. 编制投资估算及财务评价

准备阶段工作完成并接收到设计专业资料后，开展投资估算及财务评价的编制工作，投资估算编制方法见本章第三节，财务评价编制方法见本手册第十一章　火力发电工程经济评价。

3. 校核

投资估算及财务评价编制完成后，应开展校核工作。校核工作的主要内容包括：复核工程量输入是否正确，定额套用是否准确，设备材料价格是否合理，检验投资估算及财务评价的计算是否有错误或遗漏等。

4. 主工、设总、总工审阅

科组校核完成后，主工、设总、总工对投资估算及财务评价进行审阅。

5. 汇入设计总报告

科组校核和主工、设总、总工审阅后，投资估算及财务评价达到成品标准，汇入设计总报告，提交建设单位和相关机构审查。

（三）设计确认阶段

提交建设单位和相关机构的投资估算及财务评价，须经过严格、充分的审查，复核无误后才能批准、下达。

1. 审查

投资估算及财务评价的审查，一般由建设单位牵头，主管部门或第三方咨询机构进行主审。

2. 修改并形成最终可行性研究投资估算及财务评价

编制单位应根据审查报告提出的意见和建议，对投资估算及财务评价进行修改。经修改后的投资估算及财务评价提交审查部门复核，复核无误经批准，形成最终的投资估算及财务评价。

第二节　投资估算及财务评价编制深度及内容

一、编制深度

火力发电工程投资估算及财务评价应制定统一的编制原则，确定统一的编制依据，严格按照现行《火力发电工程可行性研究投资估算编制导则》《火力发电工程建设估算编制与计算规定》《火力发电工程经济评价导则》以及配套的政策文件等进行计算。

投资估算基于投资估算指标编制或工程概算深度编制后，汇总形成投资估算表（表二）、其他费用估算表（表四），最终汇总形成总估算表（表一）。

财务评价编制深度见本手册第十一章　火力发电工程经济评价。

二、编制内容

根据现行《火力发电工程投资估算编制导则》的要求，火力发电工程投资估算及财务评价由编制说明、工程概况及主要技术经济指标表（表五）、总估算表（表一）、建筑及安装工程专业汇总估算表（表二甲、乙）、其他费用估算表（表四）、附件及附表等组成。

（一）编制说明

投资估算及财务评价编制说明要表述准确，内容具体、简练、规范，主要包括以下内容。

1. 工程概况

内容包括工程名称、建设性质、建设规模、计划投产日期、项目地址特点、交通运输状况、主要设备容量、型号、制造商、主要工艺系统特征、外委设计项目名称及设计分工界线等。

2. 编制依据

内容包括与业主签订的勘察设计合同、现阶段执行的法律法规、政策性文件、行业规范等。

3. 编制原则

（1）确认投资估算编制基准期。投资估算编制时的基准日历时点，至少确认到编制基准月份。

（2）工程量。依据设计专业提供的设计资料、图纸、设备清册及说明结合估算工程计算规则确定。

（3）设备价格。投资估算设备价格的取定原则。

（4）建筑安装工程费。定额选用、装置性材料价格选用、编制基准期价差计取。

1）定额选用。编制投资估算当期所采用的投资估算指标或其他定额名称。

2）装置性材料价格选用。投资估算编制基准期所采用的装置性材料价格依据，如《电力建设工程装置性材料综合预算价格》等。

3）编制基准期价差计取。包括人工价差、材料价差、机械价差的调整依据，如电力工程造价与定额总站颁布的年度价格水平调整文件、项目所在地定额（造价）管理部门发布的价格信息等。

（5）其他费用的计算。计算其他费用所采用的相关规定。

4. 工程投资及分析

（1）工程投资。静态投资及其单位指标、动态投资及其单位指标、建设期贷款利息、项目计划总资金。

（2）投资分析。与同期《火电工程限额设计参考造价指标》、同类机组工程对比分析。

（3）其他有关重大问题的说明。投资估算相关的重大问题，如外委项目的投资、改扩建工程的设计范围等。

5. 财务评价

财务评价编制内容见本手册第十一章　火力发电工程经济评价。

（二）工程概况及主要技术经济指标

工程概况及主要技术经济指标包括工程建设规模、厂区自然条件及主厂房特征、主要工艺系统简况、主要技术经济指标等工程信息。

（三）总估算表（表一）

（四）专业汇总估算表（表二甲、表二乙）

（五）其他费用估算表（表四）

（六）附表及附件

包括编制基准期价差计算表、必要的附件和支撑性文件等。

（二）~（六）附表及附件参见附录 B 表格格式。

第三节　投资估算编制方法

投资估算编制方法有估算指标法和概算定额法。

财务评价编制方法见本手册第十一章　火力发电工程经济评价。

一、估算指标法

（一）定义

估算指标法是以设计专业提供的工程量等为计量依据，以现行《电力建设工程估算指标》、设备市场价、材料综合价格、相关费税政策等为计价依据的一种可行性研究投资估算的编制方法，包括计量和计价。

（二）计量

可行性研究阶段，投资估算采用的工程量来源于设计专业提供的资料。

设计专业提供"专业间互提资料交接单"中的工程量应严格按照现行《电力建设工程估算指标》工程量计算规则进行计算，《电力建设工程估算指标》不足部分执行相应专业概算定额或预算定额的工程量计算规则。

技术经济专业在签收设计专业提供的"专业间互提资料交接单"后，注意复核以下内容：

（1）复核"专业间互提资料交接单"中设计项目、子目的完整性。通过对设计方案和系统特征的了解，结合类似工程的建筑及安装工程项目、设备材料的选取，大致确定资料中工程项目的完整性，如复核是否遗漏建（构）筑物、复核是否遗漏设备材料品种等。

（2）复核"专业间互提资料交接单"的工程量、设备材料清册的工程量与现行《电力建设工程估算指标》工程量计算规则是否匹配，如：

《电力建设工程估算指标》中厂区各类井、池的工程量根据容积等级等划分不同子目，按设计数量以"座"计，《电力建设工程概算定额》中厂区各类井、池的工程量按井、池净空体积计算等。

《电力建设工程估算指标》中锅炉本体按照机组等级、炉型等划分不同子目，以"台炉"为计量单位计算工程量，包括锅炉本体安装、锅炉炉架安装、炉架油漆、点火装置安装、锅炉本体试验等工作内容的设备费和安装工程费，《电力建设工程概算定额》中锅炉本体需按照锅炉本体安装、锅炉炉架安装、炉架油漆、

点火装置安装、锅炉本体试验等子目的工程量计算规则分别计算相应工程量，并分别计列设备费、安装费和材料费。

（3）技术经济专业对"专业间互提资料交接单"的项目及工程量有疑问的，应及时反馈给相应设计专业。

（三）计价

计价工作内容共计十三项，包括套用估算指标、确定材料预算价格、确定设备价格、计算费税、计算编制期基准价差、计算其他费用、计算基本预备费、特殊项目费用、汇总静态投资、计算动态费用、汇总动态投资、计算铺底流动资金、汇总项目计划总资金。

1. 套用估算指标

根据可行性研究阶段设计专业提供的"专业间互提资料交接单"，结合工程设计方案和工程量，在综合考虑设备型号、主要材料材质、主要施工方法等基础上，选择合适的单位工程指标，把指标子目的编号、名称、基价以及工程量等信息填入单位工程估算表，然后计算分部分项工程直接工程费。

分部分项工程直接工程费=分部分项工程工程量×相应系统（单项）工程指标子目单价

以某地区 2×350MW 燃煤发电工程为例，厂址地区基本地震烈度为 6 度，重要建（构）物抗震设防烈度 7 度，建设 2×350MW 超临界 CFB 燃煤发电机组，同步建设烟气脱硫、脱硝装置。

（1）建筑工程。"专业间互提资料交接单"提出主厂房结构形式、主厂房建筑体积、锅炉基础工程量、锅炉基础钢筋含量等工程量，并据此估算主厂房本体及锅炉基础直接工程费。

1）主厂房本体。查询《电力建设工程估算指标　第一册　建筑工程　第三部分　单位建筑工程》中第一章热力系统，根据燃煤机组等级、主厂房结构形式，选取指标子目 ZF2-1-6，将指标子目的编号、名称、基价以及工程量等信息填入建筑工程单位工程估算表进行计算。

2）锅炉基础。

a. 根据燃煤机组等级及炉型为 CFB 锅炉，选取指标子目 ZF2-1-47。

b. 结合指标说明要求，"专业间互提资料交接单"中的锅炉基础工程量与指标子目 ZF2-1-47 中的锅炉基础工程量不一致，应按照"专业间互提资料交接单"中的工程量进行调整计算，调整计算选取指标子目 ZF3-2-4、ZF3-2-6，将全部指标子目的编号、名称、基价以及工程量等信息填入建筑工程单位工程估算表进行计算，调整指标子目 ZF2-1-47 的费用。

3）建筑工程单位工程估算表见表 6-2。

表 6-2 建筑工程单位工程估算表

表二 乙 （元）

序号	名称	单位	数量	单价				合价			
				基价	其中			基价	其中		
					人工费	材料费	机械费		人工费	材料费	机械费
	建筑工程										
一	主辅生产工程										
（一）	热力系统										
1	主厂房本体及设备基础										
1.1	主厂房本体										
ZFT2-1-6	300MW 级机组混凝土结构主厂房	m³									
1.3	锅炉基础										
ZFT2-1-47	300MW 级机组 CFB 独立基础	座									
ZFT3-2-4	构造混凝土	m³									
ZFT3-2-6	钢筋	t									

（2）安装工程。"专业间互提资料交接单"提出钢炉架、炉本体、脱硝钢架（不含空预器）、主蒸汽管道（含支吊架）的工程量，并据此估算锅炉设备及组合安装、主蒸汽管道直接工程费。

1）锅炉设备及组合安装。

a. 查询《电力建设工程估算指标》（第二册 热力设备安装工程）的"第三部分 单位热力设备安装工程"中"第一章 热力系统"，根据燃煤机组等级、锅炉炉型，选取指标子目 ZF2-1-22。

b. 结合指标说明要求，"专业间互提资料交接单"中的锅炉本体工程量与指标子目 ZF2-1-22 中的锅炉本体工程量不一致，应按照"专业间互提资料交接单"

中的工程量进行调整计算，调整计算选取指标子目 ZF3-1-1，将全部指标子目的编号、名称、基价以及工程量等信息填入安装工程单位工程估算表计算，调整指标子目 ZF2-1-22 的费用。

2）主蒸汽管道。查询《电力建设工程估算指标》（第二册 热力设备安装工程）的"第三部分 单位热力设备安装工程"中"第一章 热力系统"，根据燃煤机组等级、管道品种，选取指标子目 ZF2-1-121，将指标子目的编号、名称、基价以及工程量等信息填入安装工程单位工程估算表进行计算。

3）安装工程单位工程估算表见表 6-3。

表 6-3 安装工程单位工程估算表 （元）

序号	名称	单位	数量	单价					合价				
				基价	其中				基价	其中			
					设备费	装置性材料费	安装费	其中：人工费		设备费	装置性材料费	安装费	其中：人工费
一	主辅生产工程												
（一）	热力系统												
1	锅炉机组												
1.1	锅炉本体												
1.1.1	组合安装												

续表

序号	名称	单位	数量	单价					合价				
				基价	其中				基价	其中			
					设备费	装置性材料费	安装费	其中：人工费		设备费	装置性材料费	安装费	其中：人工费
ZFJ2-1-22	300MW级机组（循环流化床）	台炉											
ZFJ3-1-1	锅炉本体	t											
3	热力系统汽水管道												
3.1	主蒸汽、再热蒸汽及主给水管道												
3.1.1	主蒸汽管道												
ZFJ2-1-121	主蒸汽管道（300MW级超临界机组）	t											

2. 确定材料预算价格

估算指标中的材料包括消耗性材料、装置性材料，其费用均已包含在估算指标单价中，不再单独计列。

3. 确定设备购置费

（1）建筑工程。建筑工程估算指标基价中包括设备购置费。

（2）安装工程。安装工程估算指标基价中包括设备购置费。

4. 计算费税

估算指标基价中包括直接工程费、设备购置费、装置性材料费，不包括措施费、间接费、利润、编制基准期价差、税金、其他费用、基本预备费，编制投资估算时，应按照《火力发电工程建设预算编制与计算规定》及相关政策性文件中的费税计算办法，编制方法与本手册第七章初步设计概算一致。

以某属Ⅱ类地区的省份的工程为例，新建 2 台 350MW 燃煤发电机组，直接查询《火力发电工程建设预算编制与计算规定》中相应费率。社会保险、住房公积金费率按工程所在地劳动和社会保障部门、住房公积金管理中心公布的最新费率取定；税率按工程所在地税务部门的规定取定。

（1）建筑工程税费计算。建筑工程单位工程估算表见表 6-4。

表 6-4　　　　　　　　　　　　建筑工程单位工程估算表

表三　乙　　　　　　　　　　　　　　　　　　　　　　　　　　　　　　（元）

序号	名称	单位	数量	单价				合价			
				基价	其中			基价	其中		
					人工费	材料费	机械费		人工费	材料费	机械费
	建筑工程										
一	主辅生产工程										
（一）	热力系统										
1	主厂房本体及设备基础										
1.1	主厂房本体										
ZFT2-1-6	300MW级机组混凝土结构主厂房	m³									
	小计										
一	直接费	元									
1	直接工程费	元									

续表

序号	名称	单位	数量	单价				合价			
				基价	其中			基价	其中		
					人工费	材料费	机械费		人工费	材料费	机械费
1.1	人工费	元									
1.2	材料费	元									
1.3	施工机械使用费	元									
2	措施费	元									
2.1	冬雨季施工增加费	%									
2.2	夜间施工增加费	%									
2.3	施工工具用具使用费	%									
2.4	大型施工机械安拆与轨道铺拆费	%									
2.5	临时设施费	%									
2.6	施工机构迁移费	%									
2.7	安全文明施工费	%									
二	间接费	元									
1	规费	元									
1.1	社会保险费	%									
1.2	住房公积金	%									
1.3	危险作业意外伤害保险费	%									
2	企业管理费	%									
三	利润	%									
四	税金	%									
五	合计	元									

由建筑工程单位工程估算表汇总形成建筑工程汇总估算表（表二乙）见表6-5。

（2）安装工程费税计算。以上述案例安装工程锅炉本体组合安装为例，安装工程单位工程估算表见表6-6，安装工程汇总估算表（表二甲）见表6-7。

表6-5　　　　　　　　　　　建筑工程汇总估算表

表二　乙　　　　　　　　　　　　　　　　　　　　　　　　　　　　　（元）

序号	工程项目名称	设备费	建筑费		建筑工程费合计	技术经济指标		
			金　额	其中人工费		单位	数量	指标
	建筑工程							
一	主辅生产工程							
（一）	热力系统							
1	主厂房本体及设备基础							
1.1	主厂房本体							

表6-6   安装工程单位工程估算表

表三 甲   （元）

序号	名称	单位	数量	单价					合价				
				基价	其中				基价	其中			
					设备费	装置性材料费	安装费	其中：人工费		设备费	装置性材料费	安装费	其中：人工费
一	主辅生产工程												
（一）	热力系统												
1	锅炉机组												
1.1	锅炉本体												
1.1.1	组合安装												
ZFJ2-1-22	300MW级机组（循环流化床）	台炉											
ZFJ3-1-1	锅炉本体	t											
	小计												
一	直接费	元											
1	直接工程费	元											
1.1	安装费	元											
1.1.1	人工费	元											
1.1.2	材料费	元											
1.1.3	施工机械使用费	元											
1.2	装置性材料费	元											
2	措施费	元											
2.1	冬雨季施工增加费	%											
2.2	夜间施工增加费	%											
2.3	施工工具用具使用费	%											
2.4	特殊工程技术培训费	%											
2.5	大型施工机械安拆与轨道铺拆费	%											
2.6	临时设施费	%											
2.7	施工机构迁移费	%											
2.8	安全文明施工费	%											

续表

序号	名称	单位	数量	单价					合价				
				基价	其中				基价	其中			
					设备费	装置性材料费	安装费	其中:人工费		设备费	装置性材料费	安装费	其中:人工费
二	间接费	元											
1	规费	元											
1.1	社会保险费	%											
1.2	住房公积金	%											
1.3	危险作业意外伤害保险费	%											
2	企业管理费	%											
3	施工企业配合调试费	%											
三	利润	%											
四	税金	%											
五	安装工程费	元											
	其中,安装费	元											
	其中,主材费	元											
六	设备购置费	元											
七	合计	元											

由安装工程单位工程估算表形成安装工程汇总估算表（表二甲）。

5. 计算编制基准期价差

可行性研究投资估算编制基准期价差由人工价差、材料价差及机械价差构成，单位工程、分部工程的价差应汇总计入总估算表（表一）的"编制基准期价差"中。

单位建筑工程指标、单位安装工程指标中人工价

差、材料价差、机械价差，原则上可以按照"实物量单价法"调整其价差，有关价差调整执行电力工程造价与定额管理总站相关文件规定。

6. 计算其他费用

其他费用的计算执行编制期《火力发电工程建设预算编制与计算规定（2013 年版）》的划分及计算方法，结合设计专业提供的"专业间互提资料交接单"中相应内容计算，其他费用计算基数中建筑工程费、

表 6-7   安装工程汇总估算表

表二 甲   （元）

序号	工程项目名称	设备购置费	安装工程费					合计	技术经济指标		
			装置性材料费	安装费	其中:人工费	小计			单位	数量	指标
	安装工程										
一	主辅生产工程										
（一）	热力系统										
1	锅炉机组										
1.1	锅炉本体										
1.1.1	组合安装										

安装工程费、设备购置费、装置性材料费来源于估算汇总表（表二）。

编制方法与本手册第七章火力发电工程初步设计概算一致。

7. 计算基本预备费

执行可行性研究投资估算编制期《火力发电工程建设预算编制与计算规定（2013 年版）》的规定，编制方法与本手册第七章火力发电工程初步设计概算一致。

8. 计列特殊项目费用

可行性研究投资估算特殊项目费一般包括水权置换费、容量置换费、电厂专用送出线路投资等，发生时按项目法人提供的项目资料计列费用。

9. 汇总静态投资

静态投资由主辅生产工程费用、与厂址有关的单项工程费用、编制基准期价差、其他费用、基本预备费、特殊项目费用累加汇总。

10. 计算动态费用

执行可行性研究投资估算编制期《火力发电工程建设预算编制与计算规定（2013 年版）》的规定。

动态费用=价差预备费+建设期贷款利息

其中，价差预备费按原国家发展计划委员会《国家计委关于加强对基本建设大中型项目概算中"价差预备费"管理有关问题的通知》（计投资〔1999〕1340号文）的规定，价差预备费不再计取。

建设期贷款利息应按施工组织专业提供的工期计划并结合工程的实际情况按编制期实际利率计算。

价差预备费及建设期贷款利息的编制方法与本手册第七章火力发电工程初步设计概算一致。

11. 汇总动态投资

动态投资=静态投资+动态费用

12. 计算铺底流动资金

执行可行性研究投资估算编制期《火力发电工程建设预算编制与计算规定（2013 年版）》的规定。

铺底流动资金可简化为按照 30 天燃料费用的 1.1 倍计算。

13. 项目计划总资金的汇总

项目计划总资金=动态投资+铺底流动资金

以上费用编制完成后，汇总形成总估算表（表一），编写编制说明、工程概况及主要技术经济指标、投资分析报告、附件及附表等，最后形成火力发电工程可行性研究投资估算报告。

二、概算定额法

概算定额法是以设计图纸、清册工程量等为计量依据，以概算定额、设备市场价、材料综合价格、相关费税政策等为计价依据的一种投资估算的编制方法。

在可行性研究阶段，根据工程实际需要，当收集的外部资料、设计专业提供的"专业间互提资料交接单"的内容深度具备《电力建设工程概算定额（2013年版）》编制工程投资的条件，可以采用此方法编制投资估算，其编制方法与本手册第七章火力发电工程初步设计概算一致。

第七章

火力发电工程初步设计概算

第一节　初步设计概算的定义、作用及编制流程

一、定义

火力发电工程初步设计概算是火力发电工程初步设计文件的重要组成部分，是火力发电工程设计单位根据初步设计方案确定的工程量、概算定额、火力发电工程建设预算编制与计算规定、建设地区自然技术经济条件和设备、材料预算价格等资料编制的火电建设项目从筹建至竣工交付使用所需全部费用的技术经济文件。

二、作用

（1）火力发电工程初步设计概算是编制火力发电工程投资计划，确定和控制火力发电工程投资的依据。

（2）火力发电工程初步设计概算是衡量火力发电工程设计方案经济合理性和选择最佳设计方案的依据。

（3）火力发电工程初步设计概算是签订火电工程建设合同和贷款合同的依据。

（4）火力发电工程初步设计概算是考核火电工程投资效果的依据。

三、编制流程

火力发电工程初步设计概算的编制须满足国家、行业和地方政府有关建设和造价管理的法律、法规和规定。初步设计概算在设计单位内部要履行编制、校核、审核和批准流程，其后还需外部单位进行审查和批复。

火力发电工程初步设计概算编制流程如图7-1所示。

（一）准备阶段

1. 项目启动

初步了解工程的投资背景、项目规模、主机方案、核准情况等。

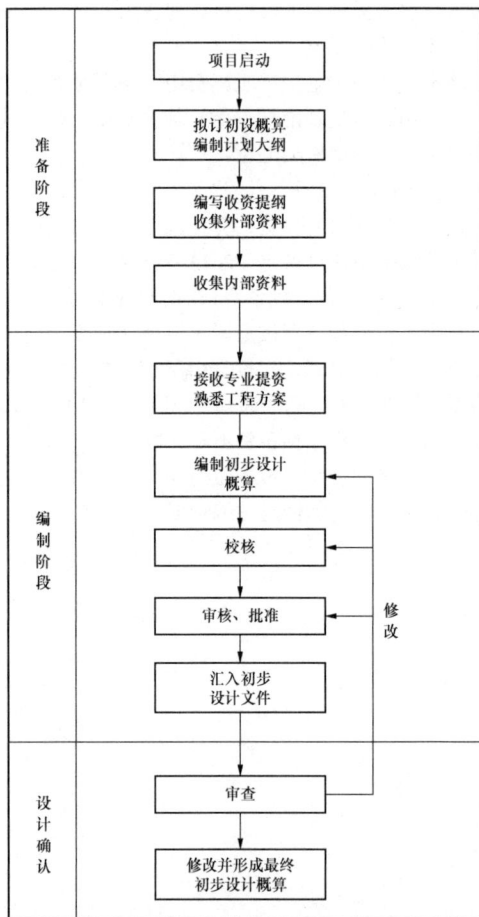

图7-1　火力发电工程初步设计概算编制流程

2. 拟订初步设计概算编制计划大纲

根据工程初步设计大纲及概算编制的相关规定，制订初步设计概算编制计划大纲。计划大纲需明确统一的编制依据和原则等，同时对初步设计概算的编制进行策划和指导，一般包括以下内容：

（1）工程名称。确定初步设计概算统一使用的项目名称。

（2）编制依据。项目设计任务书以及可行性研究设计等文件。

（3）编制范围。根据设计合同确定初步设计概算的编制范围，明确业主外委项目的接口界限。

（4）编制原则。确定概算编制基准期，工程量的确定原则，概算定额的选取，人工、材料、机械预算价格及价差的确定原则，取费标准和其他费用的确定原则等。

（5）评审、验证和确认。明确初步设计概算的评审、验证和确认程序。

3. 编写收资提纲，收集外部资料

制订初步设计概算编制计划大纲后，应根据计划大纲的要求及编制初步设计概算的需要，向工程建设单位收集外部资料。初步设计概算收资一览表见表7-1。

表 7-1　　　初步设计概算收资一览表

序号	项　目	单位	备注
1	征地费用	元/亩或万元	如有协议需提供
2	租地费用	元/(亩·年)或 万元	如有协议需提供
3	租地复垦费	元/亩或万元	如有协议需提供
4	迁移补偿费用	万元	如有协议需提供
5	余物清理费用	万元	如有协议需提供
6	原煤（标煤）单价	元/t	如有协议需提供
7	石灰石（粉）单价	元/t	如有协议需提供
8	液氨（尿素）单价	元/t	如有协议需提供
9	前期费用	万元	如有审计报告需提供，并提供费用明细
10	大件运输措施费	万元	如有协议需提供，并提供措施报告
11	业主外委设计项目工程投资（铁路、公路、码头、桥梁、航道等）	万元	需提供外委项目单项概算
12	主机设备合同及技术协议	—	—
13	本工程可研估算及审查意见		
	……		

4. 收集内部资料

概算编制人员应准备和收集有关概算编制的标准、规范、文件，以及其他同类工程资料，主要包括《火力发电工程建设预算编制与计算规定》，《电力建设工程概（预）算定额》，《电力建设工程装置性材料综合（预）算价格》，《火电工程限额设计参考造价指标》，现行概（预）算人工、材料、机械调差文件，编制当期工程所在地造价信息和同类工程概（预）算资料等。

（二）编制阶段

1. 接收专业提资，熟悉工程方案

在初步设计概算编制阶段，设备数量及建筑安装工程工程量均来源于设计专业提资。火力发电工程需要给技术经济专业提资的其他设计专业主要有总图、建筑、土建结构、水工结构、暖通、热机、运煤、除灰、化水、废水、供水、消防、脱硫、电气、继保、远动、通信、热控、环保、岩土、劳安和施工组织设计等。

专业提资一般包括以下主要内容。

（1）总图专业。厂区道路及广场、围墙及大门、厂区综合管架、厂区沟道、隧道、室外给排水、厂区挡土墙及护坡、铁路、道路、生产区土石方的工程量，另外还需提出厂区征地面积及拆迁项目的工程量等。

（2）建筑专业。热力系统、燃料供应系统、除灰系统、水处理系统、供水系统、电气系统、脱硫系统、脱硝系统、附属生产工程等的全部建筑工程量，包括楼（地）面、屋面、墙体、墙面、天棚、门窗等建筑物结构形式及结构尺寸。

（3）结构专业。主厂房及烟囱结构形式、地基处理等方案描述；热力系统、燃料供应系统、除灰系统、水处理系统、供水系统、电气系统、脱硫系统、脱硝系统、附属生产工程等水工专业以外的结构工程量，包括土石方、基础、钢结构、框架结构、钢筋等；地基处理及施工降水工程量等。

（4）水工结构专业。冷却塔结构形式描述；水力除灰系统的管桥、管沟及支墩、灰水回收管路建筑的工程量；凝汽器冷却系统相关建筑结构工程量；变配电系统事故油池工程量；综合水泵房、环境保护设施建筑结构工程量；水工系统地基处理及征、租地面积等。

（5）暖通专业。全厂建筑物采暖、通风、除尘设备工程量。

（6）热机专业。热力系统主要技术方案描述；锅炉机组、汽轮发电机组及热网系统设备、汽水管道、砌筑及保温的工程量及相关参数；燃油系统设备管道的工程量及相关参数；脱硝系统设备管道的工程量及相关参数；启动锅炉房、金属试验室、柴油发电机室起吊设备及机炉维修间设备管道的工程量及相

（7）运煤专业。运煤系统主要技术方案描述；厂内燃料供应系统、厂外皮带机及厂外管状带式输送机设备管道的工程量及相关参数等。

（8）除灰专业。除灰系统主要技术方案描述；石灰石供应系统中制备、输送及储存设备管道的工程量及相关参数（循环流化床锅炉适用）；厂内除渣系统、除灰系统及灰渣运输设备管道、保温油漆的工程量及相关参数等。

（9）化水专业。化学水处理系统主要技术方案描述；锅炉机组分部试验及试运的酸洗方式；化学水处理系统设备管道的工程量及相关参数；制氢站、启动锅炉房、化学实验室设备管道的工程量及相关参数；脱硝氨制备供应系统设备管道的工程量及相关参数等。

（10）废水专业。废水处理系统主要技术方案描述；环境保护与监测装置设备管道的工程量及相关参数；脱硫废水处理系统设备管道的工程量及相关参数；灰水回收处理装置设备管道的工程量及相关参数等。

（11）供水专业。供水系统主要技术方案描述；水力清扫系统设备管道的工程量及相关参数；凝汽器冷却系统设备管道、防腐、保温油漆的工程量及相关参数；综合水泵房、雨水泵房、生活污水处理及含煤废水处理设备管道、生活给排水、厂区雨水管道的工程量及相关参数；储灰场、水质净化及补给水系统设备管道的工程量及相关参数；水工模型试验项目等。

（12）消防专业。消防系统主要技术方案描述；全厂移动消防、特殊消防系统的工程量及相关参数等。

（13）脱硫专业。脱硫系统主要技术方案描述；吸收剂制备供应系统、吸收塔系统、烟风系统、浆液疏排系统、石膏处理浆液回收系统及公用系统设备管道、保温油漆的工程量及相关参数等。

（14）电气专业。电气系统主要技术方案描述；发电机电气与引出线、主变压器系统、配电装置、厂用电系统、电力电缆及辅助设施、全厂接地、电气试验室设备的工程量及相关参数等。全厂建构筑物及设备照明工程量，包括照明配电箱、检修电源箱、灯具、管线等。主控及直流系统、不停电电源装置、控制电缆的工程量及相关参数等。

（15）继保专业。线路保护、母线保护、故障录波、安全稳定控制的工程量及相关参数等。

（16）远动专业。远动装置、电能量计量、电源管理单元（PMU）、电网的自动电压无功控制（AVC）、调度配合的工程量及相关参数等。

（17）通信专业。行政与调度通信系统、厂内通信线路及系统通信设备、管线的工程量及相关参数等。

（18）热控专业。热工控制系统主要技术方案描述；系统控制、机组控制及仪表、辅助车间控制及仪表、热控电缆及其他材料、热工试验室设备的工程量及相关参数等。管理信息（MIS）系统、门禁系统、电子围栏、仿真系统的工程量及相关参数等。

（19）环保专业。烟气连续监测、水土保持验收及补偿、环境监测站仪器设备、噪声治理的工程量及相关参数等。

（20）岩土专业。高边坡治理工程量等。

（21）劳安专业。劳动安全教育室设备工程量及相关参数等。

（22）施工组织专业。施工区土石方工程、施工电源、施工水源、施工道路、施工降水的工程量等。另外还需提出施工租地面积、大件设备运输特殊措施、工程施工进度安排等。

技术经济专业收到各设计专业的提资后，了解并熟悉本工程的设计方案和系统特征并仔细研究，如有疑问需及时向设计专业反馈。

2. 编制初步设计概算

在完成准备阶段工作并接收到设计提资后即可编制初步设计概算，具体编制方法见本章第三节相关内容。

3. 校核

编制完成初步设计概算后，相关成品要在科组内进行校核。初步设计阶段的校核内容主要是复核工程量是否合适，定额套用是否准确，设备材料价格是否合理，判断初步设计概算的设计输入是否正确，检验初步设计概算的计算是否有错误或遗漏等。

4. 审核、批准

科组校核后，主工、设总对初步设计概算进行审核，审查初步设计概算文件是否符合国家法规、行业规范和标准等。审核完成后，总工对初步设计概算进行批准。

5. 汇入初步设计文件

经科组校核，主工、设总审核，总工批准后的初步设计概算最后汇入初步设计文件，提交建设单位和相关机构审查。

（三）设计确认

提交建设单位和相关机构的初步设计概算，还需经过严格、充分的审查，复核无误后才能批准、下达。

1. 审查

初步设计概算的审查，属于初步设计审查的一部分，一般由建设单位牵头，主管部门或第三方咨询机构进行主审并形成初步设计审查纪要。

2. 修改并形成最终初步设计概算

编制单位应根据初步设计审查纪要，对初步设计概算进行修改。经修改后的概算提交审查部门复核，复核无误后即可批准，形成并出版最终的初步设计概算。

第二节　初步设计概算编制深度及内容

一、编制深度

初步设计概算应按现行规程规范 DL/T 5464—2013《火力发电工程初步设计概算编制导则》、《火力发电工程建设预算编制与计算规定（2013 年版）》、《电力建设工程概算定额（2013 年版）》、《火电工程限额设计参考造价指标（2017 年水平）》等标准或文件，编制初步设计概算建筑工程预算表（表三乙）、安装工程预算表（表三甲），汇总形成建筑工程初步概算表（表二乙）、安装工程初步设计概算表（表二甲），其他费用编入表四，将表二、表四、编制期基准价差、基本预备费和特殊项目费用汇总形成表一，计算动态费用及铺底流动资金，编制出项目计划总资金。

二、编制内容

根据现行 DL/T 5464—2013《火力发电工程初步设计概算编制导则》的要求，火力发电工程初步设计概算由编制说明、工程概况及主要技术经济指标表（表五）、总概算表（表一）、专业汇总概算表（表二甲、表二乙）、安装、建筑工程概算表（表三甲、表三乙）、其他费用概算表（表四）、进口设备工程费用计算表（需要时）、附件及附表等组成。编排次序也应按上述内容顺序排列。

初步设计概算编制说明要表述准确，内容具体、简练、规范，主要包括以下内容：

1. 工程概况

内容包括工程名称、设计依据、建设性质、建设规模、计划投产日期及资金来源、自然地理条件（地震烈度、地基承载力、地形、地质、地下水位等）、交通运输状况、主要设备容量、型号、制造商、主要工艺系统特征、公用系统建设规模、外委设计项目名称及设计分工界线等。改建及扩建工程应根据工程实际补充项目的建设范围、过渡措施方案及其费用，可利用或需拆除的设备、材料、建构筑物等情况。

2. 编制依据

内容包括与业主签订的勘察设计合同、可研审查纪要、现阶段执行的法律法规、政策性文件、行业规范等。

3. 编制原则

包括工程量计算原则，建筑安装工程费编制原则，

地区人工工资调整原则，材料、机械市场价格取定原则，设备价格选用原则，以及建设期贷款利息计算原则等。

4. 有关重大问题的说明

除编制依据及原则以外需单独说明的内容。

5. 造价水平

内容包括价格水平，静态投资及静态投资单位投资，动态投资及动态投资单位投资，项目铺底流动资金及项目计划总资金。

6. 造价水平分析

（1）与编制期电力行业参考造价指标的比较、分析。

（2）造价控制情况分析。初步设计概算投资应控制在核准的投资范围内，当概算投资超出核准投资时，编制单位应分析投资超出的原因。

7. 工程概况及主要技术经济指标

工程概况及主要技术经济指标应按编制当期《火力发电工程建设预算编制与计算规定》中工程概况及主要技术经济指标表（表五）格式填写。

注意事项：火力发电工程初步设计概算附件应包括外委设计项目的概算表（铁路、公路、码头等）、特殊项目的依据性文件及概算表等内容。

第三节　初步设计概算编制方法

初步设计概算目前通常采用概算定额法编制。

概算定额法是以设计图纸、清册工程量等为计量依据，以概算定额、设备市场价、材料综合价格、相关税费政策等为计价依据的一种初步设计概算的编制方法，步骤包括计量和计价。

一、计量

（1）核实设计专业提供的专业间互提资料交接单、设备材料清册的完整性。

（2）核实提资单工程量与电力建设工程概算定额计算规则是否匹配。

（3）对工程量有疑问的部分提出反馈意见。

注意事项：计量工作需要在对定额及预规体系充分熟悉掌握后，经过一段时间与相关设计专业的沟通配合后才能正确地完成。

工程量计量的示例：

以热力系统烟风煤管道为例。按热机专业提资内容，在热力系统锅炉机组项目下找到对应的冷风道＋支吊架工程量，热机专业技经资料见表7-2。

表7-2　　　　　　　　　　　　　　　热机专业技经资料

序号	项目名称	型号及规范	单位	数量				备注
				#1	#2	公用	合计	
（一）	热力系统							
1	锅炉机组							
1.5	烟风煤管道							
	冷风道＋支吊架	提资型号	t	提资工程量	提资工程量		提资工程量	

二、计价

计价包括套用定额、确定材料价格、确定设备价格、计算费税、计算编制期基准价差、计算其他费用、计算基本预备费、特殊项目费用、汇总静态投资、计算动态费用、汇总动态投资、计算铺底流动资金、汇总项目计划总资金。

（一）定额套用

套用定额分为以下步骤：

（1）根据初步设计阶段相关专业的提资，综合考虑设备类别、设备型号、材料材质、施工方法等选取合适的定额子目。

（2）根据初步设计阶段相关专业的提资及概算定额工程量计算规则，确定与所选取的定额子目相对应的工程量。

1）建筑工程定额套用以建筑工程热力系统主厂房基础结构为例。在设计专业提出主厂房土石方工程量后，应根据《电力建设工程概算定额·第一册　建筑工程》第一章"土石方与施工降水工程"项目下的"机械施工土方"分项，在此项目下查询到对应的子目"主厂房土方"后将定额名称对应的定额编号及基价输入建筑工程概算表，见表7-3。

表7-3　　　　　　　　　　　　　　　建筑工程概算表

表三乙　　　　　　　　　　　　　　　　　　　　　　　　　　　　　　　　（元）

序号	编制依据	项目名称	单位	数量	设备单价	建筑费单价		设备合价	建筑费合价	
						金额	其中工资		金额	其中工资
		建筑工程								
一		主辅生产工程								
（一）		热力系统								
1		主厂房本体及设备基础								
1.1		主厂房本体								
1.1.1		基础结构								
	GT1-3	机械主厂房土方	m³							

2）安装工程定额套用以安装工程热力系统烟风煤管道中的冷风道为例。在设计提出冷风道工程量后，应根据《电力建设工程概算定额》《第三册　热力设备安装工程》第一章"锅炉机组安装"项目下的"烟、风、煤管道安装"分项，在该项目下结合锅炉出力查询到对应的子目，示例工程锅炉出力为1020t/h，因此应套用"GJ1-124 直吹式系统 1025t"。选定定额子目后，将定额名称、定额编号及基价输入安装工程概算表，见表7-4。

表7-4　　　　　　　　　　　　　　　安装工程概算表

表三甲　　　　　　　　　　　　　　　　　　　　　　　　　　　　　　　　（元）

序号	编制依据	项目名称	单位	数量	单价				合价			
					设备	装置性材料	安装	其中工资	设备	装置性材料	安装	其中工资
1.5		烟风煤管道										

续表

序号	编制依据	项目名称	单位	数量	单价				合价			
					设备	装置性材料	安装	其中工资	设备	装置性材料	安装	其中工资
1.5.1		冷风道										
	GJ1-124	烟、风、煤管道安装 直吹式系统	t									

（二）确定材料价格

初步设计概算材料费包括消耗性材料费、装置性材料费。

1. 消耗性材料费

消耗性材料费指包含在建筑安装定额基价中，不再单独计列的材料费。

2. 装置性材料费

装置性材料费指属于定额未计价材料，需要单独计列价格的材料费。装置性材料费价格应采用编制期《装置性材料综合预算价格（2013 年版）》，不足部分采用《装置性材料预算价格（2013 年版）》。

3. 示例

以安装工程热力系统烟、风、煤管道中的冷风道为例。在套用冷风道安装定额后，应计列冷风道装置性材料费。该装置性材料费应选用《装置性材料综合预算价格（2013 年版）》中 300MW 等级冷风道综合价，选定综合子目后，将综合价名称、综合价编号及单价输入安装工程概算表，见表 7-5。

表 7-5　　　　　　　　　安 装 工 程 概 算 表

表三甲　　　　　　　　　　　　　　　　　　　　　　　　　　　　　　　　　　　　　　　（元）

序号	编制依据	项目名称	单位	数量	单价				合价			
					设备	装置性材料	安装	其中工资	设备	装置性材料	安装	其中工资
1.5		烟风煤管道										
1.5.1		冷风道										
	GJ1-124	烟、风、煤管道安装 直吹式系统	t									
	FZ013	冷风道	t									

（三）确定设备购置费

1. 主机

初步设计阶段主机设备（锅炉、汽轮机、发电机）均已招标，其设备价格应按合同价或招标协议价计列。

按合同价格或招标协议价格计列时，需查看合同协议中主机设备的交货地点。交货地点在工程现场的，运杂费只考虑卸车及保管费；不在工程现场交货的，按《火力发电工程建设预算编制与计算规定（2013 年版）》中主设备铁路、水路运杂费计算办法计算交货地点至工程现场的运杂费；根据合同协议交货地点，计列相应的设备运杂费。另外还应注意在计算主机设备运杂费时应扣除主机设备合同价格中技术服务费部分。

2. 除主机以外的其他设备

除主机以外的其他设备价格可参考近期市场价格计列。采用编制期《火电工程限额设计参考造价指标》或近期订货价的主要辅机设备只考虑卸车及保管费；其他则应按《火力发电工程建设预算编制与计算规定（2013 年版）》中其他设备铁路、水路、公路运杂费计算办法计算其他设备运杂费。

3. 示例

以安装工程热力系统单位工程"风机"为例，在套用一次风机安装定额后，应计列一次风机设备购置费。该设备费选用编制期《火电工程限额设计参考造价指标》中相应等级机组一次风机限额设备价格计列。选定设备价格后，将设备名称、设备参数及设备价格输入安装工程概算表，见表 7-6。设备运杂费按设备运杂费率 0.7% 乘以设备购置费后计列。

表 7-6

安 装 工 程 概 算 表

表三甲

（元）

序号	编制依据	项目名称及规范	单位	数量	单价				合价			
					设备购置费	装置性材料费	安装费	其中:人工费	设备购置费	装置性材料费	安装费	其中:人工费
		安装工程										
一		主辅生产工程										
（一）		热力系统										
1.2		风机										
	GJ1-83	轴流式一次风机（动叶可调）安装 100～160m³/s	台									
		轴流式一次风机（动叶可调），Q=114.46m³/s，14513Pa	台									
		设备运杂费	%									

（四）计算费税

建筑安装工程费税包括措施费、间接费、利润和税金，其计取标准执行编制期《火力发电工程建设预算编制与计算规定（2013 年版）》及相关政策性文件中的费税计算办法。

1. 建筑工程费税计算

（1）汇总形成该分部工程的直接工程费。

（2）确定取费基数。

1）措施费及间接费的取费基数等于直接工程费。

2）利润的取费基数为直接费与间接费的和。

3）税金的取费基数等于直接费、间接费和利润三者的和。

（3）确定费率。根据工程的地区类别及机组容量按预规规定取定各项费率；社会保险、住房公积金费率应按工程所在地劳动和社会保障部门、住房公积金管理中心公布的最新费率取定。其中社会保险费由基本养老保险费、失业保险费、基本医疗保险费、生育保险费、工伤保险费构成，其费率应按工程所在地社会保障机构颁布的以工资总额为基数的各项目费率计算；增值税应根据工程编制当期国家相关部门发布的增值税税率计算。

（4）计算各项费税。费税等于取费基数与费率的乘积。

（5）计算形成单位工程建筑工程概算（表三乙），见表 7-7。单位工程合计等于直接费、间接费、利润和增值税四者的和。

（6）由单位工程建筑工程专业概算表汇总形成建筑工程专业汇总概算表（表二乙），见表 7-8。

表 7-7

建 筑 工 程 概 算 表

表三乙

（元）

序号	编制依据	项目名称	单位	数量	设备单价	建筑费单价		设备合价	建筑费合价	
						金额	其中工资		金额	其中工资
		建筑工程								
一		主辅生产工程								
（一）		热力系统								
1		主厂房本体及设备基础								
1.1		主厂房本体								
1.1.1		基础结构								

续表

序号	编制依据	项目名称	单位	数量	设备单价	建筑费单价		设备合价	建筑费合价	
						金额	其中工资		金额	其中工资
	GT1-3	机械主厂房土方	m³							
	GT1-16	场地平整石方 普通岩石	m³							
	GT2-8	独立基础 钢筋混凝土基础	m³							
	GT7-23	普通钢筋	t							
	GT7-1	主厂房钢筋混凝土结构基础梁	m³							
	GT7-23	普通钢筋	t							
		小计								
	一	直接费	元							
	1	直接工程费	元							
	1.1	人工费	元							
	1.2	材料费	元							
	1.3	施工机械使用费	元							
	2	措施费	元							
	2.1	冬雨季施工增加费	%							
	2.2	夜间施工增加费	%							
	2.3	施工工具用具使用费	%							
	2.4	大型施工机械安拆与轨道铺拆费	%							
	2.5	临时设施费	%							
	2.6	施工机构迁移费	%							
	2.7	安全文明施工费	%							
	二	间接费	元							
	1	规费	元							
	1.1	社会保险费	%							
	1.2	住房公积金	%							
	1.3	危险作业意外伤害保险费	%							
	2	企业管理费	%							
	三	利润	%							
	四	税金	%							
	五	合计	元							

表 7-8 建筑工程专业汇总概算表

表二乙 （元）

序号	工程项目名称	设备费	建筑费		建筑工程费合计	技术经济指标		
			金额	其中人工费		单位	数量	指标
	建筑工程							
一	主辅生产工程							
（一）	热力系统							
1	主厂房本体及设备基础							
1.1	主厂房本体							
1.1.1	基础结构							

2. 安装工程费税计算

（1）汇总形成该分部工程的直接工程费，为装置性材料费与安装费的和。

（2）确定取费基数。除临时设施费、安全文明施工费、施工企业配合调试费外，其他项目取费基数为定额人工费，临时设施费、安全文明施工费取费基数为直接工程费，施工企业配合调试费取费基数为直接费，利润的取费基数为直接费与间接费的和，税金的取费基数等于直接费、间接费与利润三者之和。

（3）确定费税率。根据工程的地区类别及机组容量按预规规定取定各项费率；社会保险、住房公积金费率应按工程所在地劳动和社会保障部门、住房公积

金管理中心公布的最新费率取定；税率财税部门的规定计取。其中社会保险费及增值税税率的取定办法与建筑工程中确定费税率的办法一致。

（4）计算各项费税。费税等于取费基数与费率的乘积。

（5）计算形成单位工程安装工程概算表（表三甲），见表 7-9。

单位工程合计等于直接费、间接费、利润与增值税四者之和。

（6）由单位工程建筑工程专业概算表汇总形成安装工程专业汇总概算表（表二甲），见表 7-10。

表 7-9 单位工程安装工程概算表

表三甲 （元）

序号	编制依据	项目名称及规范	单位	数量	单价				合价			
					设备购置费	装置性材料费	安装费	其中：人工费	设备购置费	装置性材料费	安装费	其中：人工费
		安装工程										
一		主辅生产工程										
（一）		热力系统										
1		锅炉机组										
1.5		烟风煤管道										
1.5.1		冷风道										
	GJ1-124	冷风道安装	t									
	FZ013	300MW 冷风道	t									
		主材费小计										
		小计										
	一	直接费	元									

续表

序号	编制依据	项目名称及规范	单位	数量	单价				合价			
					设备购置费	装置性材料费	安装费	其中：人工费	设备购置费	装置性材料费	安装费	其中：人工费
	1	直接工程费	元									
	1.1	定额直接费	元									
	1.1.1	人工费	元									
	1.1.2	材料费	元									
	1.1.3	施工机械使用费	元									
	1.2	装置性材料费	元									
	2	措施费	元									
	2.1	冬雨季施工增加费	%									
	2.2	夜间施工增加费	%									
	2.3	施工工具用具使用费	%									
	2.4	特殊工程技术培训费	%									
	2.5	大型施工机械安拆与轨道铺拆费	%									
	2.6	临时设施费	%									
	2.7	施工机构迁移费	%									
	2.8	安全文明施工费	%									
	二	间接费	元									
	1	规费	元									
	1.1	社会保险费	%									
	1.2	住房公积金	%									
	1.3	危险作业意外伤害保险费	%									
	2	企业管理费	%									
	3	施工企业配合调试费	%									
	三	利润	%									
	四	税金	%									
	五	安装费	元									
	六	主材费	元									
	七	合计	元									

表 7-10 安装工程专业汇总概算表

表二甲

（元）

序号	工程项目名称	设备购置费	安装工程费				合计	技术经济指标		
			装置性材料费	安装费	其中人工费	小计		单位	数量	指标
	安装工程									
一	主辅生产工程									

续表

序号	工程项目名称	设备购置费	安装工程费				合计	技术经济指标		
			装置性材料费	安装费	其中人工费	小计		单位	数量	指标
（一）	热力系统									
1	锅炉机组									
1.1	锅炉本体									
1.1.1	组合安装									
1.1.2	分部试验及试运									
1.2	风机									
1.3	除尘装置									
1.4	制粉系统									
1.5	烟风煤管道									
1.5.1	冷风道									

（五）计算编制基准期价差

初步设计概算编制期基准价差由人工价差、材料价差及机械价差构成。

1. 人工价差

采用编制初步设计概算当期定额站发布的年度定额水平调整文件中的人工费调整相关规定计算。

（1）建筑工程人工价差。建筑工程人工价差以建筑工程热力系统主厂房基础结构为例。在表 7-11 中分部工程定额套用完成后汇总人工费小计，然后根据初步设计概算编制当期定额站发布的年度定额水平调整文件中的人工费调整相关规定，按百分比系数在表7-12 中计算人工价差并计取增值税。

表 7-11　　　　　　　　　　建筑工程概算表

表三乙
（元）

序号	编制依据	项目名称	单位	数量	设备单价	建筑费单价		设备合价	建筑费合价	
						金额	其中工资		金额	其中工资
		建筑工程								
一		主辅生产工程								
（一）		热力系统								
1		主厂房本体及设备基础								
1.1		主厂房本体								
1.1.1		基础结构								
	GT1-3	机械主厂房土方	m³							
	GT1-16	场地平整石方　普通岩石	m³							
	GT2-8	独立基础　钢筋混凝土基础	m³							
	GT7-23	普通钢筋	t							
	GT7-1	主厂房钢筋混凝土结构　基础梁	m³							
	GT7-23	普通钢筋	t							
		小计								

表 7-12 建筑人工按系数调差明细表

（元）

序号	项目名称	单位	系数	单价	合价（系数×单价）
	建筑工程				
一	主辅生产工程				
（一）	热力系统				
1	主厂房本体及设备基础				
1.1	主厂房本体				
1.1.1	基础结构	%			
	税率	%			
	小计	元			

（2）安装工程人工价差。以安装工程热力系统烟风煤管道中的冷风道为例，在表 7-13 分部工程定额套用完成后汇总人工费小计，然后根据初步设计概算编制当期定额站发布的年度定额水平调整文件中的人工费调整相关规定，按百分比系数在表 7-14 中计算人工价差并计取增值税。

表 7-13 安 装 工 程 概 算 表

表三甲

（元）

序号	编制依据	项目名称及规范	单位	数量	单价				合价			
					设备购置费	装置性材料费	安装费	其中：人工费	设备购置费	装置性材料费	安装费	其中：人工费
		安装工程										
一		主辅生产工程										
（一）		热力系统										
1		锅炉机组										
1.5		烟风煤管道										
1.5.1		冷风道										
	GJ1-124	冷风道安装	t									
	FZ013	冷风道	t									
		小计										A

表 7-14 安装人工按系数调差明细表

（元）

序号	项目名称	单位	系数	单价	合价
	安装工程				
一	主辅生产工程				
（一）	热力系统				
1	锅炉机组				
1.5	烟风煤管道				
1.5.1	冷风道	%			
	税率	%			
	小计	元			

2. 材料价差

（1）建筑工程材料价差。在分部工程中所有定额套用完成后，首先汇总分析表 7-15 中分部工程定额计价材料含量，再按电力工程造价与定额管理总站文件中规定的调差种类选出分部工程定额计价材料需调差的品种，而后按编制基准期工程所在地市场信息价（不含税价格），与选出的该分部工程定额计价材料需调差的品种对应的定额消耗性材料价格，逐项做价差并计取增值税。

表 7-15　　　　　　　　　　　　　　　建筑消材价差汇总表

（元）

编号	材料名称	单位	数量	单价（不含税）		合价（不含税）		
				预算价	市场价	预算价	市场价	价差
	建筑工程							
一	主辅生产工程							
（一）	热力系统							
1	主厂房本体及设备基础							
1.1	主厂房本体							
1.1.1	基础结构							
C01020701	铁件钢筋	kg						
C01020702	铁件型钢	kg						
C01020712	圆钢 ϕ10 以内	kg						
C01020713	圆钢 ϕ10 以外	kg						
C09032031	现浇混凝土 C10-40 集中搅拌	m³						
C09032034	现浇混凝土 C25-40 集中搅拌	m³						
C09032037	现浇混凝土 C40-40 集中搅拌	m³						
	小计							
	税金	%						
	合计							

（2）安装工程材料价差。安装工程材料价差包括定额消耗性材料价差和装置性材料价差。

1）定额消耗性材料价差。定额消耗性材料价差的计算依据是编制年度电力建设工程概预算定额价格水平调整文件。

在表 7-16 中分部工程中定额套用完成后，汇总分析单位工程定额消耗性材料费，按编制当期的定额站发布的定额价格水平调整文件对应地区规定的调整系数乘以单位工程定额材料费后得出价差，并计取增值税。

表 7-16　　　　　　　　　　　　　　　安装材料按系数调差明细表

（元）

序号	项目名称	单位	系数	材料费不含税	材料不含税价差
	安装工程				
一	主辅生产工程				
1	热力系统				
1.5	锅炉机组				
1.5.1	烟风煤管道	%			
	税率	%			
	小计	元			

2）安装装置性材料价差。采用编制初步设计概算当期的《火电工程限额设计参考造价指标》与装置性材料综合预算价格之差在表 7-17 中计列，并计取增值税。

3. 机械价差

机械价差由建筑工程机械价差和安装工程机械价差组成。

（1）建筑工程机械价差。建筑工程机械价差的计算依据是编制年度电力建设工程概预算定额价格水平调整文件。

在单位工程中所有定额套用完成后，汇总分析分部工程定额机械含量，然后根据编制当期的定额站发布的电力建设工程概预算定额价格水平调整文件，按文件中对应的机械台班价格与定额基价中的机械台班价格之差在表 7-18 中乘以定额机械含量后得出价差，并计取增值税。

表 7-17　　　　　　　　　　　　　　安装装置性材料价差汇总表

（元）

编号	材料名称	单位	工程量	单价（不含税）		合价（不含税）		
				综合价	限额价	综合价	限额价	价差
一	安装工程							
（一）	主辅生产工程							
1	热力系统							
1.5	锅炉机组							
1.5.1	烟风煤管道							
	冷风道	t						
	税金	%						
	小计							

表 7-18　　　　　　　　　　　　　　建筑机械价差汇总表

（元）

编码	机械名称	单位	数量	单价		合价		
				预算价	市场价	预算价	市场价	价差
J01-01-001	履带式推土机 75kW	台班						
J01-01-023	轮胎式装载机 2m³	台班						
J01-01-035	履带式单斗挖掘机（液压）1m³	台班						
J01-01-047	振动压路机（机械式）15t	台班						
J01-01-053	夯实机	台班						
J01-01-068	液压锻钎机 11.25kW	台班						
J01-01-069	磨钎机	台班						
J03-01-007	履带式起重机 40t	台班						
J03-01-033	汽车式起重机 5t	台班						
J03-01-034	汽车式起重机 8t	台班						
J03-01-038	汽车式起重机 25t	台班						
J03-01-078	塔式起重机 1500kN·m	台班						
J03-01-079	塔式起重机 2500kN·m	台班						
J03-01-092	自升式塔式起重机 3000t·m	台班						
J04-01-002	载重汽车 5t	台班						
J04-01-003	载重汽车 6t	台班						
J04-01-004	载重汽车 8t	台班						

续表

编码	机械名称	单位	数量	单价		合价		
				预算价	市场价	预算价	市场价	价差
J04-01-016	自卸汽车 12t	台班						
J04-01-041	洒水车 4000L	台班						
J05-01-001	电动卷扬机（单筒快速）10kN	台班						
J05-01-010	电动卷扬机（单筒慢速）50kN	台班						
J06-01-052	混凝土振捣器（插入式）	台班						
J06-01-053	混凝土振捣器（平台式）	台班						
J08-01-006	钢筋弯曲机 40mm	台班						
J08-01-024	木工圆锯机 500mm	台班						
J08-01-058	摇臂钻床（钻孔直径 50mm）	台班						
J08-01-073	型钢剪断机 500mm	台班						
J10-01-001	交流电焊机 21kVA	台班						
J11-01-018	电动空气压缩机　排气量 3m³/min	台班						
J11-01-020	电动空气压缩机　排气量 10m³/min	台班						
	小计							
	税金	%						
	合计							

（2）安装工程机械价差。安装工程机械价差的计算依据是编制年度电力建设工程概预算定额价格水平调整文件。

在单位工程中所有定额套用完成后，汇总分析分部工程定额机械费，然后按编制当期的定额站发布的电力建设工程概预算定额价格水平调整文件对应地区规定的调整系数在表 7-19 中乘以单位工程定额机械费，并计取增值税。

表 7-19　　　　　　　　　安装机械按系数调差明细表

（元）

序号	项目名称	单位	系数	单价	合价
	安装工程				
一	主辅生产工程				
1	热力系统				
1.5	锅炉机组				
1.5.1	烟风煤管道	%			
	税率	%			
	小计	元			

（六）计算其他费用

其他费用的计算执行编制期《火力发电工程建设预算编制与计算规定（2013 年版）》的划分及计算方法，结合设计专业提资内容计算。其他费用计算基数中的"建筑工程费（含价差）""安装工程费（含价差）""设备购置费""装置性材料费（含价差）"来源于概算汇总表（表一），特别还应注意业主外委设计项目工程费用如果包含了外委工程的其他费用，则在计算项目其他费用时外委部分费用不纳入计算基数。

1. 建设场地征用及清理费

（1）土地征用费。根据有关法律、法规、国家行政主管部门以及省（自治区、直辖市）人民政府的规定计算土地征用费。具体计算办法可按设计专业有关征地面积的提资及综合征地单价或项目法人与被征用土地的权属主体达成的协议价格计算。这里征地综合单价是在综合考虑了土地补偿、安置补助、耕地开垦、勘测定界、征地管理、证书、手续以及各种基金和税金等因数后测算的价格。另外还应特别注意办理土地使用权证时向政府部门交纳的税费应列入"土地征用费"项目。

（2）施工场地租用费。根据有关法律、法规、国家行政主管部门以及省（自治区、直辖市）人民政府的规定，按照项目法人与土地所有者签订的租用合同计算。具体可按设计专业提供的有关租地面积及业主提供的租地单价或租用合同计算施工场地租用费。其中复垦费适用范畴包括非生产建设或临时堆放活动造成的土地破坏。土地复垦费和植被恢复费一般是施工租用场地到期后进行复垦和植被恢复发生的费用，通常应计入施工场地租用费。对于权属地基调查费、房屋拆迁配套费、宅基地补偿费、房屋拆迁赔偿费、青苗赔偿费等，如果是在工程所征用土地上发生的，应计入"土地征用费"，如果是施工租用场地上发生的，则应计入"施工场地租用费"。

（3）迁移补偿费。按照工程所在地人民政府规定计算迁移补偿费。可按设计专业提供的有关迁移补偿内容及业主提供的拆迁补偿费用标准计算迁移补偿费。若涉及森林砍伐及植被恢复费用应视该土地的使用性质而定，如果是厂区被征用土地上的林木砍伐和植被恢复费用应在"施工场地租用费"计算。

（4）余物清理费。余物清理费计算标准按编制初步设计概算当期《火力发电工程建设预算编制与计算规定（2013年版）》的计算规则计取；电网工程拆除及设备材料清运费参照编制初步设计概算当期电网技术改造工程定额及费用计算规定中的拆除部分相关内容计算；非电网工程的拆除和余物清理费按编制初步设计概算当期《火力发电工程建设预算编制与计算规定使用指南（2013年版）》中的计算规则计取。可根据设计专业有关场地余物清理的内容结合拆除及余物清理费率计算余物清理费。

注意事项：为满足建设需要，对建设场地范围内的军事区、规划区、机关、企业、住宅及其他建（构）筑物、电力线、通信线、公路、铁路、地下管道、沟渠道、坟墓、林木等进行拆除、迁移、改造、封闭或采取限制措施所发生的补偿费用，以及打谷场、鱼塘、经济作物的赔偿费用，应以下原则处理：需要迁移

补偿的列入"迁移补偿费"项目，征用场地内建（构）筑物的清理费用列入"余物清理费"；需要就地保护的设施和打谷场、鱼塘、经济作物的赔偿费用，属于被征用土地上的计入"土地征用费"项目，属于所租用的建设场地上的计入"施工场地租用费"。

2. 项目建设管理费

（1）项目法人管理费。按初步设计概算编制当期《火力发电工程建设预算编制与计算规定（2013年版）》规定计取相应费用。

注意事项：关于工程审计应遵循谁委托谁付费的原则处理，如果是项目法人委托审计，则审计费应计入项目法人管理费中；设备材料的招标、订货、合同签订服务费在招标费中计列，催交验货服务费由项目管理费计列，现场开箱检查费在采保费（包括在材料预算价格中）中计列；关于工程达标评优费，只计列项目建设法人主张的评优工作费；发生市政配套工程时应视其性质进行归类处理，工程类的费用应计入建安工程费，政府部门的市政配套审批收费在"项目前期工程费"中计取，检查验收费在"项目法人管理费"中计列；工程决算费用由项目法人管理费开支；若按初步设计概算编制当期《火力发电工程建设预算编制与计算规定（2013年版）》的规定计取的费用与初步设计概算收口时项目公司实际发生费用不一致，可按经有资质的审计单位审计后的项目法人管理费计入。

（2）招标费。按初步设计概算编制当期《火力发电工程建设预算编制与计算规定（2013年版）》的规定计取相应费用。

注意事项：技术规范书、最高投标限价、标底、工程量清单的编制审查费、招标文件的编制审查费、评标过程发生的费用、招标代理费在本项费用中列支；不包括项目前期工作费中发生的招标费用（采用招标方式确定项目可研报告编制单位等）；若项目业主采用集中招标方式确定主要设备及材料的供货单位，则在初步设计阶段仍按规定计算费用，在实际使用时可由企业根据实际情况制定相应的使用、管理办法。

（3）工程监理费。按初步设计概算编制当期《火力发电工程建设预算编制与计算规定（2013年版）》的规定计取相应费用。

注意事项：在初步设计概算初始编制阶段，工程监理费可按规定计算。在初步设计概算收口时，可根据监理合同价格计入。

（4）设备材料监造费。按初步设计概算编制当期《火力发电工程建设预算编制与计算规定（2013年版）》的规定计取相应费用。

注意事项：进口设备部分费用不计入计算基数，建筑工程中的设备购置费不计入计算基数。

（5）工程结算审核费。按初步设计概算编制当期《火力发电工程建设预算编制与计算规定（2013 年版）》的规定计取相应费用。

（6）工程保险费。根据项目法人要求及工程实际情况，参考同期类似工程或按照保险范围和费率计算。

注意事项：在初步设计阶段，工程保险费可参照同类工程计列。

3. 项目建设技术服务费

（1）项目前期工作费。按初步设计概算编制当期《火力发电工程建设预算编制与计算规定（2013 年版）》的规定计取相应费用。

注意事项：在初步设计概算初始编制阶段，项目前期工作费可按规定计算，在初步设计概算收口时，可根据项目法人提供的经审计后的费用计列；项目前期工作费的时间计算节点应与项目可研收口批文下达的时间保持一致。

（2）知识产权转让与研究试验费。根据项目法人提出的项目和费用计列。

注意事项：此项目费用不包括应由科技三项费用开支的项目，不包括应由管理费开支的鉴定、检查和试验费，不包括应由勘察设计费中开支的项目。

（3）设备成套技术服务费。按初步设计概算编制当期《火力发电工程建设预算编制与计算规定（2013 年版）》的规定计取相应费用。

注意事项：取费基数不包括成套进口设备和建筑工程中的设备购置费；如果委托设备成套专业机构（具备设备监造或招标代理资格）承担设备监造或招标代理业务，则应从设备监造或招标费用项目下列支。

（4）勘察设计费。包括勘察费和设计费两部分。此部分费用应根据归口部门（如市场开发部）提供的勘察设计合同金额计列。

（5）设计文件评审费。按初步设计概算编制当期《火力发电工程建设预算编制与计算规定（2013 年版）》的规定计取相应费用。

（6）项目后评价费。按初步设计概算编制当期《火力发电工程建设预算编制与计算规定（2013 年版）》的规定计取相应费用。

注意事项：烟气脱硫项目后评价费仅适用于脱硫单项工程，对于新建机组同步脱硫的项目按发电工程后评价费计算办法计算。

（7）工程建设检测费。按初步设计概算编制当期《火力发电工程建设预算编制与计算规定（2013 年版）》的规定计取相应费用。

注意事项：其中环境监测验收费及水土保持项目验收及补偿费应按环保专业根据工程所在省、自治区、直辖市行政主管部门规定的计算金额计取。桩基检测费应根据勘测专业相关规定计取。

（8）电力工程技术经济标准编制管理费。按初步设计概算编制当期《火力发电工程建设预算编制与计算规定（2013 年版）》的规定计取相应费用。

4. 整套启动试运费

（1）燃煤发电工程。按初步设计概算编制当期《火力发电工程建设预算编制与计算规定（2013 年版）》及业主提供的到厂含税标煤价、到厂含税机组整套启动试运燃油价、试运外购电价、试运售出电价等计取相应费用。

（2）脱硫装置。按初步设计概算编制当期《火力发电工程建设预算编制与计算规定（2013 年版）》及业主提供的到厂含脱硫剂价格等计取相应费用。

（3）脱硝装置。按初步设计概算编制当期《火力发电工程建设预算编制与计算规定（2013 年版）》及业主提供的到厂含脱硝剂价格等计取相应费用。

注意事项：整套试运费用中 K 值取定由发电机组出力满负荷比率、燃料中燃煤的比例、试运行期间燃烧不稳定带来的耗煤量增加系数因素来确定，计算时根据典型工程测算后综合取定，实际使用中不同时不作调整；循环流化床锅炉在整套启动试运时的整套启动试运小时数采用机组整套启动试运小时数即可；整套启动试运费中的其他材料费主要指在整套启动试运过程中所消耗的水、蒸汽、酸、碱、锅炉的炉水加药、氮气、氢气、二氧化碳等材料；工程同步建设脱硫脱硝装置的整套启动试运小时数采用机组的整套启动试运小时数，不同步建设的按照设计提供的数据计算。在初步设计阶段，如果没有相关数据时，可按照168h计算；改扩建工程在整套启动试运时如果需要启动用电及启动用蒸汽，可按照整套启动试运费用中的相关规定计列费用。

5. 生产准备费

（1）管理车辆购置费。按初步设计概算编制当期《火力发电工程建设预算编制与计算规定（2013 年版）》的规定计取相应费用。

（2）工器具及办公家具购置费。按初步设计概算编制当期《火力发电工程建设预算编制与计算规定》的规定计取相应费用。

注意事项：此费用不包括展示工程形象的标识墙、标识牌、广告牌和发电厂视觉识别系统等。

（3）生产职工培训及提前进厂费。按初步设计概算编制当期《火力发电工程建设预算编制与计算规定（2013 年版）》的规定计取相应费用。

6. 大件运输措施费

大件运输措施费按大件运输报告中大件运输措施费计列。

注意事项：如大件运输报告中包含运输费则应扣除，仅计入措施费部分。

（七）计算基本预备费

按初步设计概算编制当期《火力发电工程建设预算编制与计算规定（2013 年版）》的规定计取相应费用。

注意事项：在计算基本预备费时，应扣除已招标签订合同部分的费用。

（八）计列特殊项目费用

特殊项目费根据工程实际情况计列。如由政府财政性投资项目涉及本项目分摊的费用、水权置换费用、收购项目的收购费用等。

（九）汇总静态投资

静态投资由主辅生产工程费用、与厂址有关的单项工程费用、编制基准期价差、其他费用、基本预备费、特殊项目费用累加汇总，见表 7-20。

表 7-20　　　　　　　　　　　　　　　　　静 态 投 资 汇 总 表

序号	工程或费用名称	建筑工程费	设备购置费	安装工程费	其他费用	合计
一	主辅生产工程					
（一）	热力系统					
（二）	燃料供应系统					
（三）	除灰系统					
（四）	水处理系统					
（五）	供水系统					
（六）	电气系统					
（七）	热工控制系统					
（八）	脱硫系统					
（九）	脱硝系统					
（十）	附属生产工程					
二	与厂址有关的单项工程					
（一）	交通运输工程					
（二）	储灰场、防浪堤、填海、护岸工程					
（三）	水质净化工程					
（四）	补给水工程					
（五）	地基处理					
（六）	厂区、施工区土石方工程					
（七）	临时工程					
三	编制年价差（仅计列，不汇总）					
四	其他费用					
1	建设场地征用及清理费					
2	项目建设管理费					
3	项目建设技术服务费					
4	整套启动试运费					
5	生产准备费					
6	大件运输措施费					
五	基本预备费					
六	特殊项目费用					
	工程静态投资					
七	动态费用					
1	价差预备费					
2	建设期贷款利息					
	项目建设总费用（动态投资）					

（十）计算动态费用

动态费用由价差预备费与建设期贷款利息组成。

1. 价差预备费

价差预备费计算公式为

$$C = \sum_{i=1}^{n_2} F_i[(1+e)^{n_1+i-1} - 1]$$

式中　C——价差预备费；

　　　e——年度造价上涨指数；

　　　n_1——建设预算编制年至工程开工年时间间隔（年）；

　　　n_2——工程建设周期（年）；

　　　i——从开工年开始的第 i 年；

　　　F_i——从第 i 年投入的工程建设资金。

注意：年度造价上涨指数依据国家行政主管部门及电力行业主管部门颁布的有关规定执行；应注意涨价预备费与价差预备费的关系，涨价预备费是价差预备费的一部分，涨价预备费更多的是站在承包人的角度去计算，因为它没有考虑从编制估算到项目开工这段时间投资的时间价值，而直接考虑从项目开工到竣工阶段的涨价风险。价差预备费是站在发包人的角度，考虑从编制估算开始一直到项目竣工这段时间的涨价风险，初步设计概算应从发包人的角度考虑价差预备费。价差预备费是否计取按国家相关政策规定执行。

2. 建设期贷款利息

应按专业施工组织提供的工期计划并结合工程的实际情况按编制期实际利率计算建设期贷款利息。

以某工程为例介绍利息计算方法。如工期按 2 年计算，假设第 1 年 1 月开工，第 2 年 9 月投产，年投资比例第 1 年 60%，第 2 年 40%。建设工程的年计息次数为 4 次，即按季结算，人民银行发布的建设当期长期贷款名义利率为 4.9%（5 年以上）。

则利息计算式为

第一年贷款利息=静态投资×0.6（第一年投资比例）×0.8（贷款比例）×0.5（按平均年中发生贷款计算）×［（1+4.9%/4）⁴-1］（实际利率）

第二年贷款利息=［第一年贷款本息合计+（静态投资）×0.4（第二年投资比例）×0.8（贷款比例）×0.5（按平均年中发生贷款计算）］×［（1+4.9%/4）⁴-1］（实际利率）×9/12（按 9 个月计算）

（十一）汇总动态投资

动态投资由静态投资和动态费用汇总形成，见表7-21。

（十二）计算铺底流动资金

按初步设计概算编制当期《火力发电工程建设预算编制与计算规定（2013 年版）》的规定计取相应费用。

铺底流动资金可简化为按照 30 天燃料费用的 1.1 倍计算，30 天是指机组等效运行一个月的实际天数，如机组年运行小时数为 6000h，则计算时间指 6000h/12 个月×1 个月所对应的小时数。

（十三）汇总项目计划总资金

项目计划总资金由动态投资和铺底流动资金之和形成。

表7-21　　　　　　　　　　　　　项目计划总资金

序号	工程或费用名称	建筑工程费	设备购置费	安装工程费	其他费用	合计
	项目建设总费用（动态投资）					
八	铺底流动资金					
	项目计划总资金					

以上费用编制完成后，还应按编制当期《火力发电工程建设预算编制与计算规定（2013 年版）》中对总概算表的要求编制形成初步设计概算总表（表7-22）。

表7-22　　　　　　　　　　　　发电工程总概算表

表一　　　　　　　　　　　　　　　　　　　　　　　　　　　　　　（万元）

序号	工程或费用名称	建筑工程费	设备购置费	安装工程费	其他费用	合计	各项占静态投资（%）	单位投资（元/kW）
一	主辅生产工程							
（一）	热力系统							
（二）	燃料供应系统							
（三）	除灰系统							
（四）	水处理系统							
（五）	供水系统							
（六）	电气系统							

续表

序号	工程或费用名称	建筑工程费	设备购置费	安装工程费	其他费用	合计	各项占静态投资（％）	单位投资（元/kW）
（七）	热工控制系统							
（八）	脱硫系统							
（九）	脱硝系统							
（十）	附属生产工程							
二	与厂址有关的单项工程							
（一）	交通运输工程							
（二）	储灰场、防浪堤、填海、护岸工程							
（三）	水质净化工程							
（四）	补给水工程							
（五）	地基处理							
（六）	厂区、施工区土石方工程							
（七）	临时工程							
三	编制年价差（仅计列，不汇总）							
四	其他费用							
1	建设场地征用及清理费							
2	项目建设管理费							
3	项目建设技术服务费							
4	整套启动试运费							
5	生产准备费							
6	大件运输措施费							
五	基本预备费							
六	特殊项目费用							
	工程静态投资							
	各项占静态投资（％）							
	各项静态单位投资（元/kW）							
七	动态费用							
1	价差预备费							
2	建设期贷款利息							
	项目建设总费用（动态投资）							
	其中：生产期可抵扣的增值税							
	各项占动态投资（％）							
	各项动态单位投资（元/kW）							
八	铺底流动资金							
	项目计划总资金							

第八章

火力发电工程施工图预算

第一节 施工图预算的定义、作用及编制流程

一、定义

火力发电工程施工图预算是在施工图设计阶段，以火力发电工程项目为对象，以施工图设计文件为依据，按照《电力建设工程预算定额（2013年版）》和《火力发电工程建设预算编制与计算规定（2013年版）》的规定，通过编制预算文件预先测算工程造价。

二、作用

火力发电工程施工图预算作为火力发电工程建设程序中一个重要的技术经济文件，是施工图设计阶段对工程建设所需资金、工程量做出相对精确计算的设计文件，在工程建设实施过程中具有十分重要的作用。

（1）火力发电工程施工图预算是施工图设计阶段控制工程造价的重要文件，是检验、控制施工图设计（预算）不突破初步设计（概算）的有力工具。

（2）火力发电工程施工图预算是控制造价和资金合理使用的依据。

（3）火力发电工程施工图预算编制计划资金安排使用的重要依据。

（4）火力发电工程施工图预算是编制工程量清单和确定招标控制价的重要依据。

（5）火力发电工程施工图预算是确定合同价款、拨付工程进度款和办理工程结算的重要依据。

三、编制流程

火力发电工程施工图预算编制流程包括准备、编制、审查及确认三个阶段，不同阶段的编制流程及主要工作如图8-1所示。

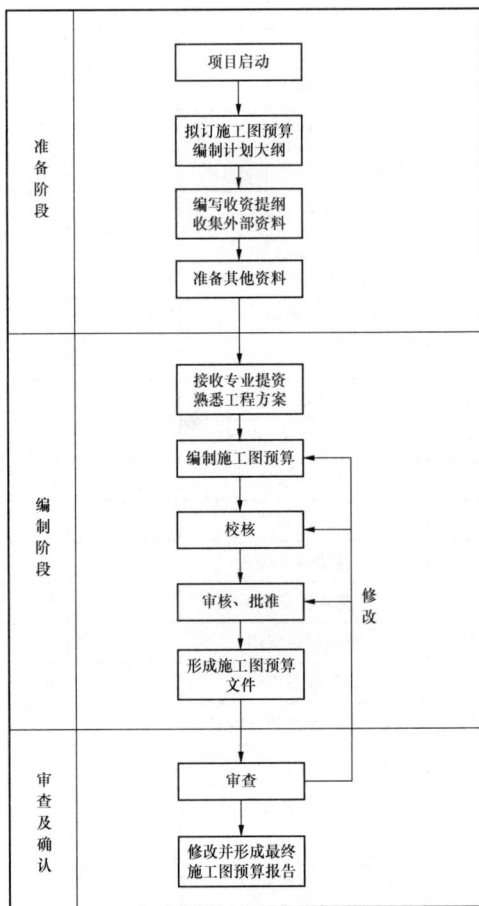

图8-1 火力发电工程施工图预算
编制流程及主要工作

（一）准备阶段

1. 项目启动

（1）初步了解工程建设规模、地点、投资背景、工期等信息。

（2）初步确定施工图预算编制工作的进度计划及纲要等。

2. 收集、整理施工图及其他资料

（1）收集、整理施工图。

（2）收集、整理项目法人采购的主要设备及材料合同等。

（3）收集、整理项目法人委托外部设计项目的施工图预算。

（4）收集、整理建设项目发生的其他费用的合同及协议文件等。

（5）收集、整理设备厂家图纸或工程量资料。

（6）收集、整理项目法人委托施工单位采购的主要设备及材料等合同资料。

（7）收集、整理预算定额中不包含的经项目法人批准的特殊施工措施方案及费用。

（8）收集、整理批准的初步设计概算等。

（9）收集、整理其他技术经济资料。

3. 制订施工图预算编制计划大纲

根据已经收集的图纸资料编制计划大纲，施工图预算编制计划大纲是施工图预算编制的原则和依据，主要内容如下。

（1）项目名称和工程检索号。

（2）编制依据。

（3）明确项目立项文件、工程造价咨询服务合同及委托等。

（4）编制范围。明确施工图预算编制的范围，包括单项工程、单位工程等，明确项目法人委托外部设计项目的施工图预算等，明确汇总计入总投资的若干内容组成。

（5）主要编制原则。

1）明确施工图预算编制基准期。

2）明确工程量计算的依据。

3）明确采用的定额。

4）明确设备、材料的价格来源及依据。

5）明确直接费、间接费等费税计算的依据。

6）明确人工、材料及施工机械编制基准期价差计算的依据。

（6）贯彻质量管理体系要求，明确管理目标及风险对策措施。

（7）施工图预算的评审验证和确认。

（8）明确施工图预算编制的计划进度要求。

（9）其他要求及附件。

（二）编制阶段

编制阶段的工作是施工图预算编制的重点工作，应按照以下步骤进行：

第一，熟悉工程情况、施工图纸等资料，识图；

第二，列项并计算工程量；

第三，套用预算定额子目单价、计列主材费及设备购置费、计算编制年价差；

第四，计算直接费、间接费、利润、税金，形成单位工程预算表（表三）、单项工程预算表（表二）；

第五，编制其他费用表（表四）并汇总形成总预算表（表一）；

第六，编制总说明及各专业分册说明；

第七，内部校核及修改。

具体编制方法见本章第三节相关内容。

（三）审查及确认阶段

将送审稿提交合同单位或相关咨询机构，并组织和接受合同单位或相关咨询机构的审查，根据审查意见修改、复核无误后，由合同单位批准后出版。

1. 审查

施工图预算的审查，一般由合同单位或第三方咨询机构进行主审并形成施工图预算审查纪要。

2. 修改并形成最终施工图预算

编制单位应根据施工图预算审查意见，对施工图预算进行修改。经修改后的施工图预算提交审查部门复核，复核无误后即可批准，形成最终的施工图预算。

第二节　施工图预算编制深度及内容

一、编制深度

火力发电工程施工图预算应制定统一的编制原则，确定统一的编制依据，严格按照《火力发电工程建设预算编制与计算规定（2013 年版）》《电力建设工程预算定额（2013 年版）》以及配套的政策文件要求进行计算。

火力发电工程施工图预算应编制建筑工程预算表（表三）、安装工程预算表（表三），汇总形成建筑工程预算汇总表（表三）、安装工程预算汇总表（表二），计算编制基准期价差，编制其他费用预算表（表四），计算基本预备费，根据表二、编制基准期价差、表四、基本预备费及特殊项目费用汇总计算工程静态投资、动态费用、铺底流动资金以及项目计划总资金，并形成总预算表（表一），同时，应编制施工图预算的编制说明、工程概况及主要技术经济指标表（表五）、附件、投资分析报告，最终形成施工图预算书。

二、编制内容

根据《火力发电工程建设预算编制与计算规定（2013 年版）》的要求，火力发电工程施工图预算由编制说明、工程概况及主要技术经济指标表（表五）、总预算表（表一）、安装专业汇总预算表（表二甲）、建筑专业汇总预算表（表二乙）、安装工程预算表（表三甲）、建筑工程预算表（表三乙）、其他费用预算表（表四）、附件、投资分析报告等组成。

（一）编制说明

（1）封面：封面上的项目名称、项目检索号、编制单位、编制日期等应与施工图预算编制计划大纲（或编制原则）相应内容保持一致。

（2）签署页：编制、校核、审核、批准四级签署。

（3）目录。

（4）工程概况。

1）项目地理位置、交通运输状况、自然地理条件（地震烈度、地基承载力、地形、地质、地下水等）；

2）项目建设规模（本期容量及规划容量）、建设工期及资金来源；

3）项目主要工艺系统特征，公用系统建设规模，主要设备容量、型号、数量及制造商；

4）外委设计项目名称及设计分工界限。

（5）编制依据：施工图预算编制合同、合同范围。

（6）编制原则：

1）施工图预算编制基准期的确定；

2）采用的国家、行业及地方政策文件、标准、规范，顾客财产，设计接口，质量信息等；

3）项目划分，工程量的计算依据，定额的确定，设备价格、人工费、材料费、机械费以及编制年价差的确定，取费费用标准的确定，其他说明等。

（7）工程投资：静态投资，动态投资，项目计划总资金。

（8）投资分析：

1）与编制期电力行业参考造价指标进行对比分析；

2）与批准的初步设计概算进行对比分析。

（二）工程概况及主要技术经济指标（表五）

工程概况及主要技术经济指标包括工程建设规模、厂区自然条件、主厂房特征、主要工艺系统简况以及主要技术经济指标等工程信息。

（三）总预算表（表一）

（四）安装工程专业汇总预算表（表二甲）

（五）建筑工程专业汇总预算表（表二乙）

（六）安装工程预算表（表三甲）

（七）建筑工程预算表（表三乙）

（八）其他费用预算表（表四）

（九）附表及附件

包括编制基准期价差计算表、必要的附件或支撑性文件等。

（二）～（九）表格见附录 B 表格格式。

第三节 施工图预算编制方法

火力发电工程施工图预算的编制方法主要是预算定额单价法。

预算定额单价法是以施工图设计图纸、清册工程量等为计量依据，以预算定额、设备市场价、材料综合价格、相关费税政策等为计价依据的一种施工图预算编制方法，编制步骤主要包括计量和计价。其中，计量包括识图、列项和工程量的计算，计价包括套用定额、确定材料预算价格、确定设备价格、计算费税、计算编制基准期价差、计算其他费用、计算基本预备费、特殊项目费用、汇总静态投资、计算动态费用、汇总动态投资、计算铺底流动资金和汇总项目计划总资金。

一、计量

计量包括识图、列项和工程量的计算。

（一）建筑工程

1. 识图

识图是通过逐一整理、浏览施工图卷册，识别建（构）筑物的构件图形、文字及数字等信息，掌握建（构）筑物的基本情况。识图是开展施工图工程量计算和计价的基础工作。

建（构）筑物施工图卷册包含封面、目录、建筑或结构设计说明、建筑或结构设计图等。其中，建筑设计图包括 0.000m 层（或地下各层）地面平面图、各层楼面平面布置图、屋面排水图、立面图、剖面图、建筑节点详图等，结构设计图包括基础布置图及配筋图、地下部分（地下设施）平面图及配筋图、框架或梁柱布置图及配筋图、楼屋面板布置图及配筋图、楼梯配筋图、其他构件配筋图等。

识图的方法、步骤及要点如下：

（1）整理、确认图纸的完整性和有效性。

（2）初步识图：按一定顺序浏览全部建筑图、结构图，建立对建（构）筑物的整体认识。

（3）结构图识图顺序：卷册总说明→基础图（或地下结构图等）→框架、柱、梁结构图（含配筋图）→楼、屋面板结构图（含配筋图）→构件结构详图。

（4）建筑图识图顺序：卷册总说明→地面布置图（地下建筑图等）→楼面布置图→屋面图→立面图→剖面图→建筑节点详图。

（5）详细识图：结构图、布置图等图纸应按一定顺序详细识图，一般情况下，可按照顺时针方向、"先横后竖、先上后下、先左后右"等顺序进行详细识图，构件图或配筋图可采用轴线编号、构配件编号等顺序进行详细识图。

（6）识图应注意以下要点：

1）建筑结构的指标参数、设计采用的规范及标准、设计的其他要求等信息，如基础混凝土标号 C30、墙体采用页岩实心砖、外墙砖墙厚240mm、××室楼面面层采用 800mm×800mm 黑色玻化砖等。

2）构件的位置、尺寸等，如构件布置的位置、主要轴线尺寸、构件尺寸、沟道长度及截面大小等。

3）完成识图工作后，重新浏览图纸，形成对建（构）筑物的整体印象，再开展下一步工作。

4）在识图过程中，如发现有疑问的地方，应及时与设计人员沟通，了解设计意图，避免误读误解施工图信息，导致工程量计算错误。

2. 列项与工程量计算

完成识图工作后，开展列项与工程量的计算工作。

列项与工程量的计算，是依据识图获取的信息，按照识图顺序，根据预算定额的子目设置，列出子目名称，根据预算定额工程量计算规则计算对应的工程量，并对同类定额子目进行合并汇总。

列项与工程量的计算要点如下：

（1）子目列项完整，勿漏项。

（2）列项与工程量的计算应遵循一定的顺序，原则上与识图顺序一致。同时，应按照先主后次、先整体后零星、先共性后个性等原则，分类列项并计算工程量。

（3）根据以上列项，列式计算分部子目工程量，并分类汇总工程量。

（4）结合图纸说明等内容信息，补充、备注与计价相关的重要信息，如材质、标准等。

（5）工程量计算公式的基础数据应保证可追溯性，能在施工图中对应识别，便于后期校核和计算其他子目工程量时借用数据。

（6）施工图预算计算底稿参考格式见表 8-1。

表 8-1　　　　　　　　　　　　　　施工图预算计算底稿参考格式

序号	图号	定额	项目名称	单位	数量	宽 （m）	长 （m）	高或厚 （m）	构件 数量	放坡系数 或比重	备注
			结构图								
1			基础								
1.1	02	YT4-7	C30 钢筋独立基础	m³							
			J-1（1）	m³							

3. 实例

某地区 2×1000MW 燃煤发电工程的主厂房为框架结构的建筑物，图 8-2～图 8-7 分别是基础及短柱平面图，基础及短柱详图，A 列 1、2 轴线框架柱配筋图，1 号机组 A 列框架纵梁配筋图，1 号机组

8.050m 层楼面梁布置图和 8.050m 层平面图。由于版面有限，仅以主厂房的 A 列 1～2 轴线柱基础、A 列 1～2 轴线框架、BC 列 1～2 轴线间 8.050m 层楼板及其建筑示例。

（1）图纸。

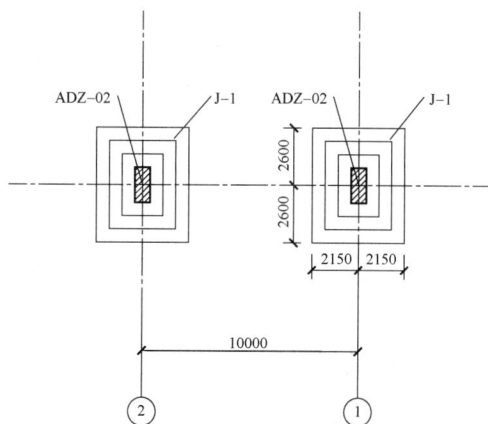

图 8-2　基础及短柱平面图

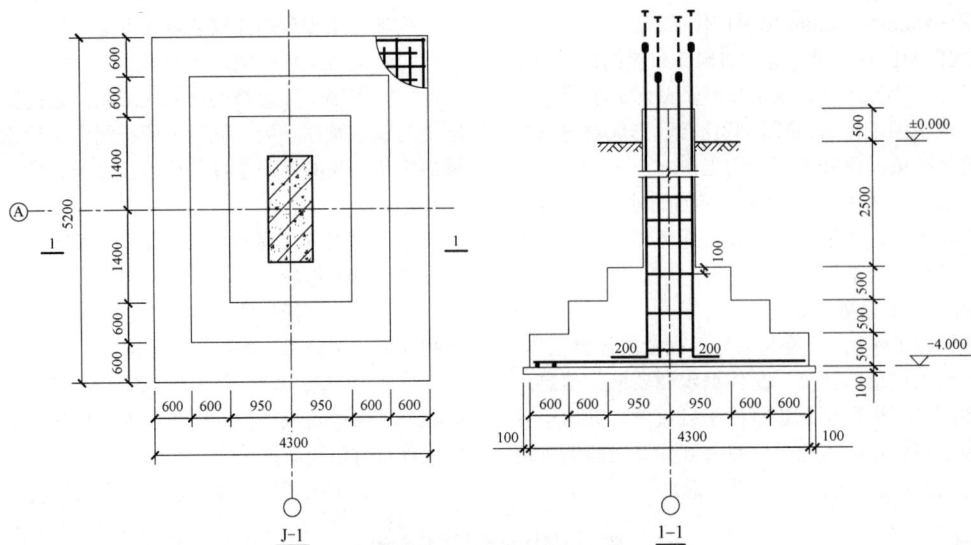

图 8-3 基础及短柱详图

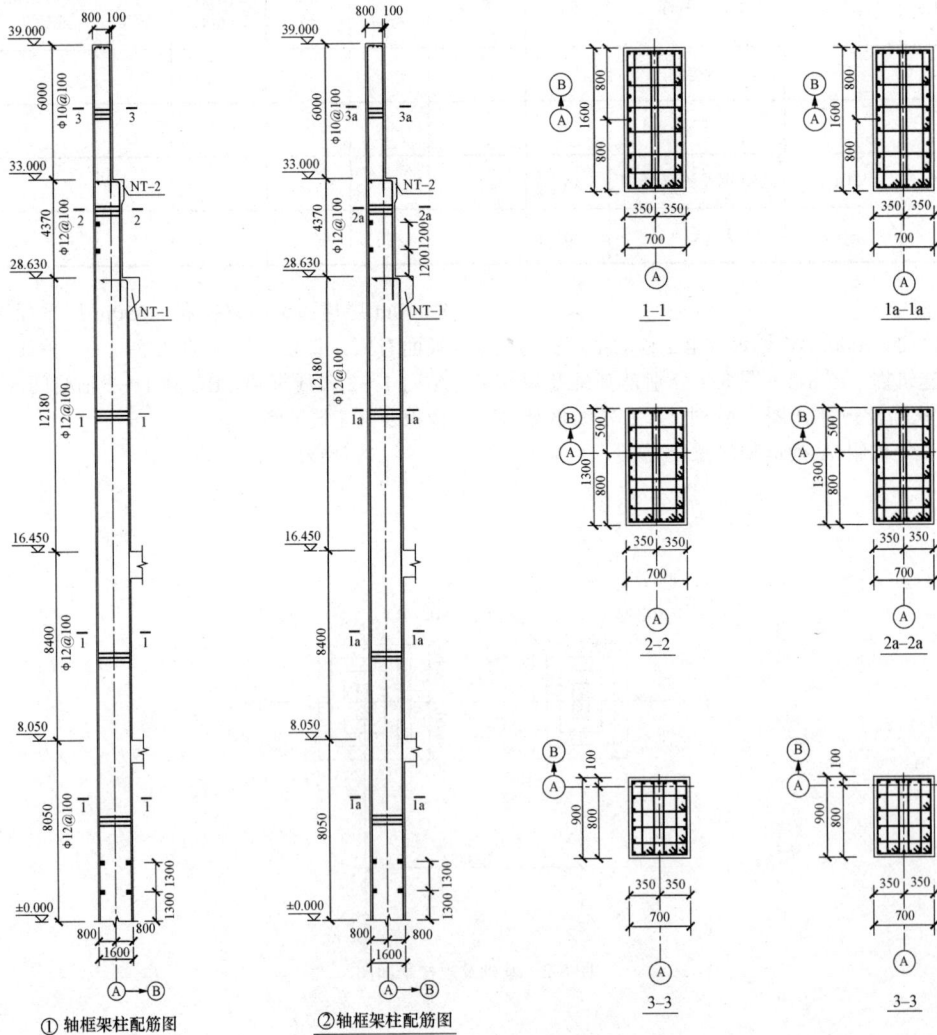

图 8-4 A 列 1、2 轴线框架柱配筋图

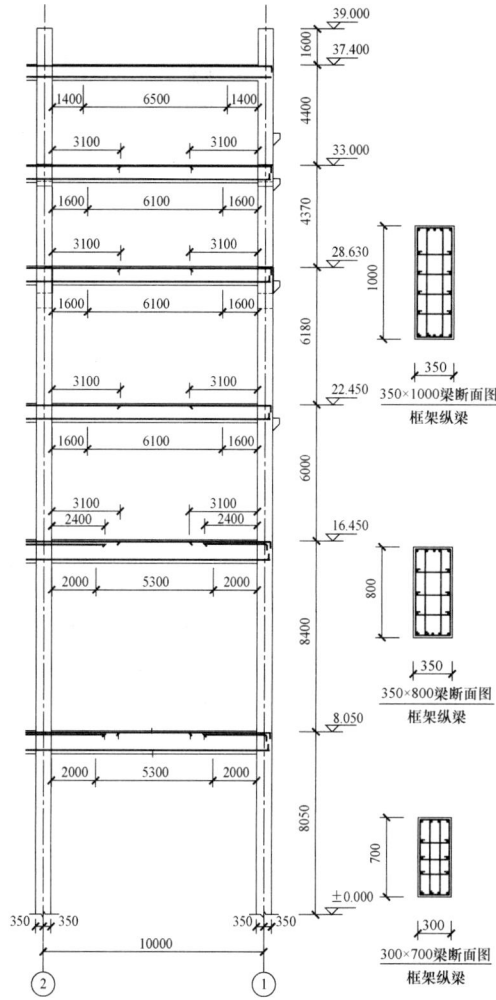

图 8-5　1 号机组 A 列框架纵梁配筋图

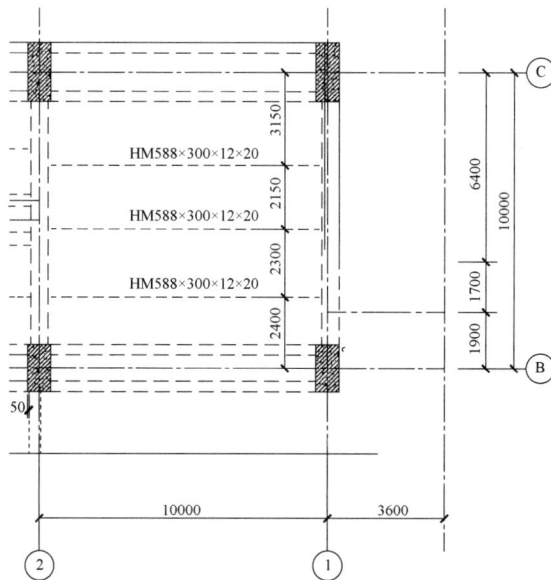

图 8-6　1 号机组 8.050m 层楼面梁布置图

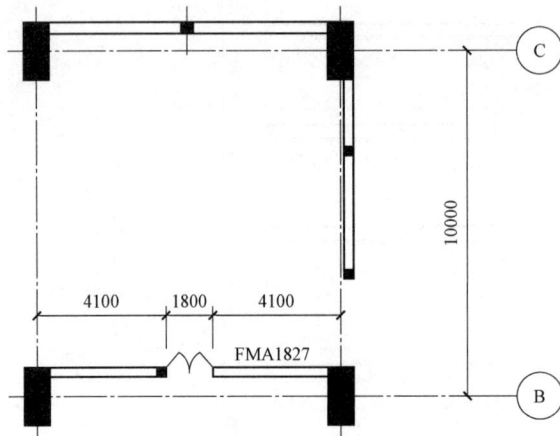

图 8-7　8.050m 层平面图

（2）计算过程及分析。

1）一般土建。

①土石方工程。主厂房占地面积大、框架基础埋深不一致、地下构筑物较多，一般情况下土石方需要采用两次开挖完成，故主厂房土石方工程量计算分三个步骤：

第一，根据主厂房大开挖图进行第一次大开挖工程量计算，开挖深度算至大开挖基坑底标高；

第二，对于主厂房基础埋深低于第一次大开挖基坑底标高的基础，根据预算定额工程量计算规则，进行第二次基础开挖工程量计算；

第三，回填土方量用以上两次开挖量之和扣除地面以下建（构）筑物所占体积即可。

注意：一般情况下，对于大型建（构）筑物，设计专业对其基坑开挖提出严格的技术要求，单独设计大开挖图如主厂房（汽机房、除氧煤仓间）、循环水泵房、取水泵房等。

②基础工程。根据图纸要求，基础混凝土采用 C35，基础垫层采用 C15，与定额混凝土等级不一致，计量时应注意在底稿标记，在计价时需换算混凝土标号。

a. 混凝土垫层（C15）。

$V_{A-1 轴、2 轴(J-1)} = [(4.3 + 0.1 \times 2) \times (5.2 + 0.1 \times 2) \times 0.1] \times 2 = 4.86$（m³）

定额子目选用 YT8-10。

b. 独立基础（C35）。

$V_{A-1 轴、2 轴(J-1)} = [4.3 \times 5.2 \times 0.5 + (4.3 - 0.6 \times 2) \times (5.2 - 0.6 \times 2) \times 0.5 + (4.3 - 0.6 \times 2 \times 2) \times (5.2 - 0.6 \times 2 \times 2) \times 0.5] \times 2 = 40.08$（m³）

定额子目选用 YT4-8。

③主体结构工程。

a. 框架柱。根据图纸要求，A 列框架柱混凝土采用 C40，与定额混凝土等级不一致，计量时应注意在底稿标记，在计价时需换算混凝土标号。

框架柱配筋图（图 8-4）以 ±0.000m 层为分界，框架柱 ±0.000m 层以下部分绘制在基础及短柱详图（图 8-3）中，框架柱 ±0.000m 层以上部分单独出图，故基础短柱工程量的高度需根据基础及短柱详图（图 8-3）及框架柱配筋图（图 8-4）的分界情况分析后确定。从图 8-3 看出，短柱标高为 0.500m，从图 8-4 看出，框架柱起始标高为 ±0.000m，为避免多算、漏算，短柱从基础顶标高计算至 ±0.000m，框架柱从 ±0.000m 计算至柱顶标高。

$V_{A-1 轴、2 轴(短柱 ADZ-02)} = 0.7 \times 1.6 \times 2.5 \times 2 = 5.60$（m³）

$V_{A-1 轴、2 轴(框架柱)} = (0.7 \times 1.6 \times 28.63 + 0.7 \times 1.3 \times 4.37 + 0.7 \times 0.9 \times 6) \times 2 = 79.64$（m³）

$V_{A-1 轴、2 轴(牛腿 NT-1)} = [0.9 + (0.9 + 0.6)] \times 0.6/2 \times 2 = 1.44$（m³）

$V_{A-1 轴、2 轴(牛腿 NT-2)} = [0.9 + (0.9 + 0.1)] \times 0.1/2 \times 2 = 0.19$（m³）

A 列 1～2 轴线框架柱合计：

$\sum V_{A-1 轴、2 轴} = 5.60 + 79.64 + 1.44 + 0.19 = 86.87$（m³）

注意：根据预算定额工程量计算规则，依附于柱上的混凝土结构牛腿工程量并入柱工程量内计算。

根据预算定额子目设置，矩形柱定额子目按照截面周长 1.8m 以内、1.8m 以外划分，本工程柱子截面周长 0.7m + 1.6m = 2.3m，常规按组合模板考虑，故定额子目选用 YT4-16。

b. 框架梁。根据图纸要求，A 列框架梁混凝土采用 C40，与定额混凝土等级不一致，计量时应注意在底稿标记，在计价时需换算混凝土标号。

从图 8-5 看出，不同标高层框架梁截面尺寸不同，标高 8.050m、16.450m、22.450m 为并列双梁布置，因此需逐层分别计算。

$V_{\text{A-1 轴、2 轴间 (8.050m 双梁)}} = 0.35 \times 1 \times (10 - 2 \times 0.35) \times 2 = 6.51$（$m^3$）

$V_{\text{A-1 轴、2 轴间 (16.450m 双梁)}} = 0.35 \times 1 \times (10 - 2 \times 0.35) \times 2 = 6.51$（$m^3$）

$V_{\text{A-1 轴、2 轴间 (22.450m 双梁)}} = 0.35 \times 0.8 \times (10 - 2 \times 0.35) = 2.60$（$m^3$）

$V_{\text{A-1 轴、2 轴间 (28.630m 单梁)}} = 0.35 \times 0.8 \times (10 - 2 \times 0.35) = 2.60$（$m^3$）

$V_{\text{A-1 轴、2 轴间 (33.000m 单梁)}} = 0.35 \times 0.8 \times (10 - 2 \times 0.35) = 2.60$（$m^3$）

$V_{\text{A-1 轴、2 轴间 (37.400m 单梁)}} = 0.3 \times 0.7 \times (10 - 2 \times 0.35) = 1.95$（$m^3$）

A 列 1～2 轴线框架梁合计：

断面面积 $0.25m^2$ 以内，$\sum V_{\text{A-1 轴、2 轴间}} = 6.51 \times 2 + 5.20 + 2.60 \times 2 = 23.42$（$m^3$）

断面面积 $0.25m^2$ 以外，$\sum V_{\text{A-1 轴、2 轴间}} = 1.95$（$m^3$）

根据预算定额子目设置，矩形梁定额子目按照断面面积 $0.25m^2$ 以内、$0.25m^2$ 以外划分，常规按组合模板考虑，故定额子目 $V = 23.42\ m^3$ 的框架梁选用 YT4-27，$V = 1.95m^3$ 的框架梁选用 YT4-25。

c. 现浇板。BC 列 1～2 轴线间 8.050m 层楼板，根据图纸要求，梁顶标高在 16.450m 以下时梁混凝土采用 C50，楼板混凝土采用 C30，与定额混凝土等级不一致，计量时应注意在底稿标记，在计价时需换算混凝土标号。

从图 8-6 看出，BC 列 1～2 轴线间 8.050m 层楼板采用"钢次梁 + 镀锌压型钢板底模 + 现浇混凝土板"形式，根据图纸设计内容，共两项内容需计算工程量。

第一，混凝土板工程量：根据土板工程量计算规则，压型钢板混凝土厚度，按照压型钢板槽口至混凝土表面的净高计算，槽内混凝土梁及压型钢板的含量均已包含在定额中。从楼面结构图及相关说明，压型钢板槽口至混凝土表面的净高为 80mm。

$V_{\text{BC 列 1～2 轴线间板}} = (10 - 0.3 - 0.2) \times (10 + 0.8 + 1 - 0.35 \times 2 - 0.35 \times 2) \times 0.08 = 7.90$（$m^3$）

定额子目选用 YT4-47。

第二，钢次梁工程量：板下钢次梁属于钢结构工程，根据预算定额工程量计算规则，按照成品重量以"t"为单位计算工程量，计算组装、拼装连接螺栓的重量。

从图 8-6 看出，钢次梁采用焊接 H 形钢，型号为 HM588×300×12×20，通过查询相关 H 形钢重量手册，此型号理论重量为 151kg/m，总长度为 1 轴线与 2 轴线框架梁间距离加上钢次梁两端插入框架梁中尺寸。

$Q = 151 \times [(10 - 0.3 - 0.2) + 0.09 \times 2] \times 3 = 4385.04$（kg）$= 4.385$（t）（不含组装、拼装连接螺栓的重量）

根据预算定额子目设置，钢结构分现场制作、运输、油漆、安装等子目或成品安装子目，一般情况下，考虑大型钢结构采用工厂化定制加工，故选用成品钢结构安装子目 YT5-72。

d. 门窗。BC 列 1～2 轴线间 8.050m 层无窗，门采用钢防火门，按门洞口面积计算工程量。

$S_{(\text{FMA1827})} = 1.8 \times 2.7 \times 1 = 4.86$（$m^2$）

定额子目选用 YT7-20。

e. 构造柱。从主厂房建筑首页图（图 8-8）看出，墙体的构造柱需根据建筑抗震构造措施设置，具体构造见结构图的相关说明，构造柱高度按全高计算，嵌入墙体部分的体积并入构造柱中。

$V_{\text{B 列 1～2 轴线间柱}} = \left(0.24 + 0.06 \times \dfrac{1}{2}\right) \times 0.24 \times (16.45 - 8.05 - 1) \approx 0.48$（$m^3$）

$V_{\text{C 列 1～2 轴线间柱}} = \left(0.24 + 0.06 \times \dfrac{1}{2}\right) \times 0.24 \times (16.45 - 8.05 - 1.1) \approx 0.53$（$m^3$）

$V_{\text{BC 列 1 轴线柱}} = \left[\left(0.24 + 0.06 \times \dfrac{1}{2}\right) \times 0.24 + \left(0.24 + 0.06 \times \dfrac{2}{2}\right) \times 0.24\right] \times (16.45 - 8.05 - 1.6) = 0.93$（$m^3$）

构造柱合计：$\sum V = 0.48 + 0.53 + 0.93 = 1.94$（$m^3$）

定额子目选用 YT4-20。

④地面、楼面工程。根据主厂房建筑首页图的建筑设计说明（图 8-9），8.050m 层平面图中，BC 列 1～2 轴线间 8.050m 层楼面，设计为耐磨混凝土饰面，做法参见"图集×页×编号×"，图纸总说明备注 30mm 厚 1:1 水泥钢屑面层改为 50mm 厚 C25（本色）耐磨混凝土面层，此做法无对应预算定额子目，需根据其施工工艺与施工材质，选择与之类似的定额子目 YT8-64、YT8-6，其中主要材质不同的，应注意在底稿标记，在计价时需相应替换。

楼地面 30mm 厚 1:1 水泥钢屑面层改为 50mm 厚 C25（本色）耐磨混凝土面层（含水泥浆水灰比 0.4～0.5 结合层一道）：

$S = (10 + 1 - 0.24 - 0.8) \times (10 + 0.4 - 0.24) = 101.19$（$m^2$）

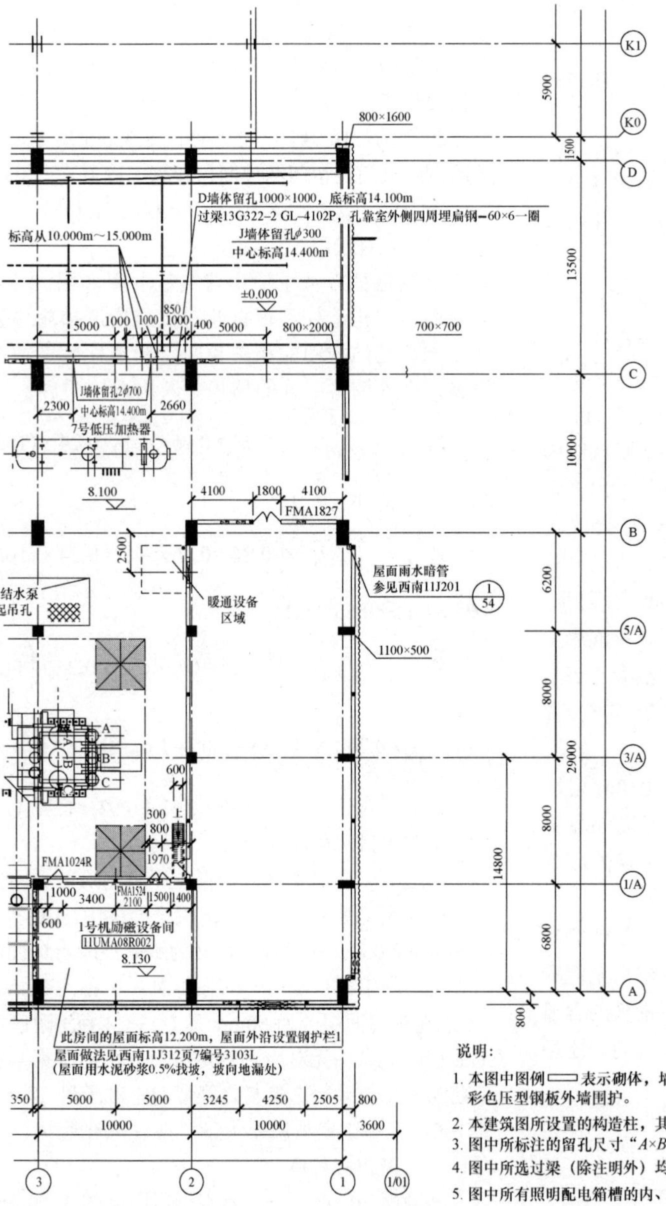

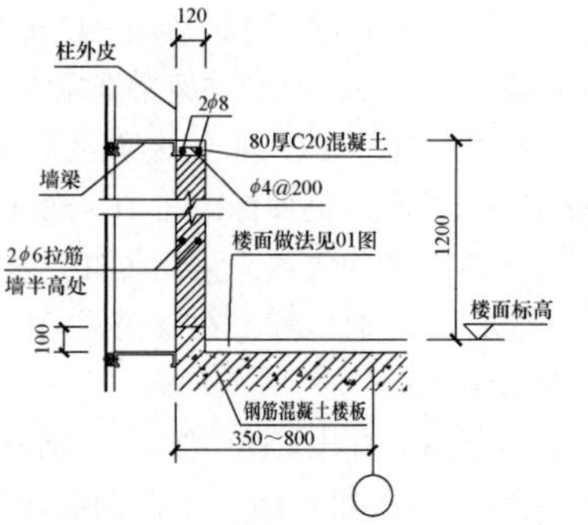

Ⓐ 中间层外围护砖矮墙加固及压顶详图

说明：

1. 本图中图例▭表示砌体，墙厚均为240mm（除注明者外）；═══ 表示彩色压型钢板外墙围护。
2. 本建筑图所设置的构造柱，其做法见结构图，未注出位置的以结构图为准。
3. 图中所标注的留孔尺寸“$A \times B$”均表示“宽×高”。
4. 图中所选过梁（除注明外）均为13G322-2《钢筋混凝土过梁》图集中编号。
5. 图中所有照明配电箱槽的内、外墙面挂钢丝网后抹灰。

图 8-8 主厂房建筑首页图

名　称	标准图集及详图编号	本卷册采用者打"√"
室外踏步	做法见 11J812④ 面层同室内地坪	√
散水	做法见 11J812④ 宽 900mm	√
坡道	做法见 11J812④	√
雨蓬泄水管	见 11J516④ 泄水管 φ38 白色 PVC 管 150mm	√
屋面泛水	做法见 T0103 卷册《预埋件图册》埋件中采用	√
女儿墙压顶	做法见 11J201④	√
屋面雨水口（内排水）	做法见 11J201④	√
屋面雨水口（内排水）	做法见 11J201④	√
塑钢卫生间隔板	做法见 11J517④	√

建筑设计说明

1. 设计标高

1.1 本建筑室内±0.000m 设计标高相当于绝对标高 643.60m，坐标位置及平面布置见本电/厂区总平面布置图。

1.2 各层标注标高为建筑完成面标高，屋面标高为结构标高。

2. 工程概况

本建筑使用年限为 50 年；设计使用年限为 50 年；本建筑结构类型为框架排架结构，层数：六层，建筑物高度：48.3m，建筑高度：2058m，建筑总面积：42610m²，建筑占地面积：2058m²。建筑层数：六层，层高：见各层平面图。

3. 抗震设防

3.1 本工程所在地抗震设防类别为丙类，建筑抗震设防分类标准为标准设防，即丙类。

3.2 建筑结构的抗震设防

3.2.1 本工程所在地抗震设防烈度为 7 度（0.15g），设计地震分组为第二组，设计基本地震加速度值为 0.15g。

3.2.2 本建筑结构的抗震等级：框架为三级。

4. 墙体工程

4.1 压型钢板围护墙以及锅炉架外围护墙采用彩色压型钢板单层压型彩钢板外围护，内板采用 0.53mm 厚压型镀锌钢板，压型彩色复合压型钢板系统。

4.2 填充墙采用 A5.0 蒸压加气混凝土砌块（容重不大于 725kg/m³），局部砌筑构造见相关图纸，地下部分为不低于 MU10 实心砖，防潮层以下采用 M5 水泥砂浆，防潮层以上采用 Ma5.0 专用砌筑砂浆。

5. 屋面工程

5.1 本卷册的屋面防水等级为 I 级。

5.2 屋面排水组织见屋面平面图，除散水及排水采用有组织排水。

5.3 本建筑屋面防水采用 SBS 改性沥青防水卷材，屋面保温层的材料选用。

5.4 压型钢板防水屋面系统由彩色高强度压型钢板屋面系统组成。

6. 门窗工程

6.1 门窗位置、门洞尺寸及开启方向见各层平面图及所有窗图。

6.2 门洞口尺寸均为结构表面尺寸。

7. 油漆工程

7.1 所有金属构件，其余均为灰色。

7.2 汽轮机天车以及厂房内油漆采用超细无机水性涂料。

7.3 防火门采用成品。

8. 其他

8.1 墙体和钢筋混凝土结构施工时应按建筑布置图中所示的钢门窗门窗。

8.2 图中所示室内及室外标高。

8.3 室内回填土。

8.4 楼面混凝土。

8.5 有防水池的室内及楼地面。

8.6 本建筑外墙。

8.7 本建筑外墙。

8.8 图中所示节点。

9.

图 8-9　建筑设计说明（一）

说明：16.500m 层及以下及其他有外观要求部位的楼地面变形缝均采用不锈钢板，其他部位采用钢板。

11. 本册与《主厂房建筑总图》应与 T0202《主厂房建筑详图》、T0203《主厂房门窗订货图》配合使用。

12. 本建筑设计室内仅做一般装修，若有特殊要求，应另行进行精装修设计。

13. 室内外装饰材料均应选用一级品，批量订货前应先提供样品、色样经设计方和使用单位认可方可施工，并提供相应资料备查。

14. 图中未详之处，须严格按现行施工操作规程及验收规范施工。

15. 本册施工时应遵守 T01102《土建建筑施工安全技术措施》的要求，请相关单位做好相应的安全技术防范措施。

续表

名称	标准图集及详图编号	本卷册采用者打"√"
蹲便器	做法见 11J517○	
小便器布置（塑钢隔板）	做法见 11J517○○	√
洗面台板、镜面（钢隔板台板）	做法见 11J517○○（镜面宽度同台板）	√
污水池	做法见 11J517○	√

10. 本建筑变形缝处理参见 14J936《变形缝建筑构造》：

使用部位	建筑变形缝处理装置	本建筑采用者打"√"
楼地面变形缝	金属盖板型 平缝①	
	金属盖板型 角缝①	√
内墙面与顶棚变形缝	金属盖板型 平缝①	√
	金属盖板型 角缝①	
外墙变形缝	金属盖板型 平缝①	√
	金属盖板型 角缝①	
屋面变形缝	金属盖板型 平缝①	√
	金属盖板型 角缝①	

室内外装修表

类别	设计编号	名称	做法	使用部位	备注
地面	地1	普通地砖面	11J312 页12 编号 3121Da (1)	励磁变压器间、1号机 380V 配电室、凝结水泵变频装置间、开式水泵和低加硫水泵变频间、锅炉 MCC 室	聚金色 600mm×600mm×10mm 普通地砖
	地2	防滑地砖饰面（有防水层）	11J312 页12 编号 3122Da (2)	卫生间	聚白色 300mm×300mm×10mm 防滑地砖
	地3	花岗石面	11J312 页19 编号 3143Da	1号楼梯间、2号楼梯间	芝麻白 600mm×600mm×20mm 光面花岗石
	地4	耐磨混凝土饰面1	参见 11J312 编号 3196Db	汽机房（除检修场地的地面）、除氧间、煤仓间及锅炉房的地面	30mm 厚 1:1 水泥钢屑面层改为 50mm 厚 C25（本色）耐磨混凝土面层（矿物骨料硬化与基层同时施工）
	地5	耐磨混凝土饰面2	参见 11J312 页39 编号 3196Db（垫层改为150 厚 C30混凝土，内配 φ8@200 双向双层钢筋）	汽机房内检修地、磨煤机检修场地的地面	30mm 厚 1:1 水泥钢屑面层改为 50mm 厚 C25（本色）耐磨混凝土面层（矿物骨料硬化与基层同时施工）
	地6	耐磨混凝土饰面（有防水层）	参见 11J312 页39 编号 3197D	暖通设备区域、暖通设备间	30mm 厚 1:1 水泥钢屑面层改为 30mm 厚 C25（本色）耐磨混凝土面层（矿物骨料硬化与基层同时施工）
楼面	楼1	高强楼胶地板饰面	参见 11J312 页48 编号 3227L	汽机房及除氧间 16.500m 运转层的楼面	聚金色楼胶地板 1000mm×1000mm、4mm 厚，敷设层改为 25mm 厚 C10 细石混凝土
	楼2	普通地砖饰面	11J312 页12 编号 3121L (1)	汽机房 10kV 配电室、励磁设备间、2号机 380V 配电室、磨煤机动态分离器变频间、煤仓间 MCC 室、主油箱区域、锅炉电梯机房	聚白色 600mm×600mm×10mm 普通地砖
	楼3	花岗石面	11J312 页19 编号 3143L	1号楼梯间、2号楼梯间	芝麻白 600mm×600mm×20mm 光面花岗石（楼梯踏步设防滑条）、楼梯平台用 600mm×600mm×20mm 同质花岗石
	楼4	防滑地砖饰面（有防水层）	11J312 页12 编号 3122L (2)	卫生间	聚白色 300mm×300mm×10mm 防滑地砖
	楼5	水泥砂浆饰面	11J312 页7 编号 3102L	煤斗层的楼面、钢梯的混凝土平台	水泥砂浆
	楼6	耐磨混凝土饰面	参见 11J312 页39 编号 3196L	汽机房及除氧间 8.100m 层、给煤层、维修间、24.500m 层高加平台及预留平台的楼面	30mm 厚 1:1 水泥钢屑面层改为 50mm 厚 C25（本色）耐磨混凝土面层（矿物骨料硬化与基层同时施工）
	楼7	耐磨混凝土饰面（有防水层）	参见 11J312 页39 编号 3197L	煤仓间 16.500m 层扩建端楼梯间、锅炉电梯井道底坑、输煤皮带及带水排水沟区域（含楼面冲洗水排水沟）及输煤皮带层的楼面	30mm 厚 1:1 水泥钢屑面层改为 30mm 厚 C25（本色）耐磨混凝土面层（矿物骨料硬化与基层同时施工）

图8-9　建筑设计说明（二）

续表

类别	设计编号	名　称	做　　法	使　用　部　位	备　　注
内墙装修	内墙 1	瓷砖内墙面	11J515 页 8 编号 N10	卫生间	白色普通内墙面瓷砖 300mm×600mm×7mm，高至顶棚
	内墙 2	涂料内墙面	11J515 页 6 编号 N03	煤斗层	白色普通耐擦洗内墙涂料二遍
	内墙 3	乳胶漆内墙面	11J515 页 7 编号 N08	除上述房间及压型钢板围护区域以外的所有房间、楼梯间	白色乳胶漆二遍
踢脚	踢脚 1	花岗石踢脚板	11J312 页 70 编号 4109Ta	1 号楼梯间、2 号楼梯间	黑色 600mm×150mm×20mm 花岗石，h=150mm
	踢脚 2	釉面砖踢脚	11J312 页 69 编号 4107Ta	除设瓷砖内墙面、花岗石踢脚板及墙裙以外的所有房间	黑色 600mm×150mm×10mm 地砖，h=150mm
墙裙	墙裙	瓷砖墙裙	11J515 页 23 编号 Q06	煤仓间底层及磨煤机检修场地（含设备基座）、主油箱区域（h=2000）、输煤皮带层及输煤皮带层栈桥	白色普通内墙面瓷砖 300mm×600mm×7mm，h=1200mm
顶棚装修	顶棚 1	板底抹缝顶棚	参见 11J515 页 32 编号 P08	凝结水泵变频装置间、开式水泵和低加疏水泵变频间、锅炉 MCC 室、励磁设备间、磨煤机动态分离器变频间、煤仓间 MCC 室	顶棚取消打底找平、找平层，刷白色乳胶漆二遍
	顶棚 2	压型钢板底模天棚面		所有楼面设有压型钢板底模部位	
	顶棚 3	乳胶漆顶棚	11J515 页 32 编号 P08	除上述房间以外的所有房间	白色乳胶漆二遍
外墙装修	外墙 1	彩色压型钢板	压型钢板供货商提供	主厂房 1.2m 标高以上外墙、输煤皮带层栈桥以及锅炉电梯井外围护、电梯机房	色彩如图所示：淡灰色压型钢板（色卡号：RAL 7042） 使用部位详立面图　深灰色压型钢板（色卡号：RAL 7010） 冰灰色压型钢板（色卡号：RAL 7047） 冰灰色真石漆饰面（色卡号：RAL 7047） 鼠灰色仿石外墙砖勒脚（色卡号：RAL 7005） 色卡编号见《RAL 国际色卡》
	外墙 2	真石漆饰面	参见 11J516 页 91 编号 5313（砖基层） 参见 11J516 页 91 编号 5314（混凝土基层）	除已注明的所有外墙	
	勒脚	仿石外墙砖勒脚	11J516 页 95 编号 5407（砖基层） 11J516 页 95 编号 5408（混凝土基层）	所有外墙勒脚	

说明：1. 楼梯间采用花岗石饰面，梯段的梯井周边设 100mm 宽、20mm 高的花岗石护沿，楼梯间周边用同种材质的材料做 150mm 宽色带，颜色同踢脚线；遇门设置门槛石，其颜色及材质同走道色带一致。

2. 楼地面防水材料改为 1.5mm 厚丙烯酸酯防水涂料一布四涂。

3. 耐磨混凝土地面面层应按施工规范要求设置分格缝。

4. 凡采用高性能清水混凝土浇筑的混凝土表面不做装饰。

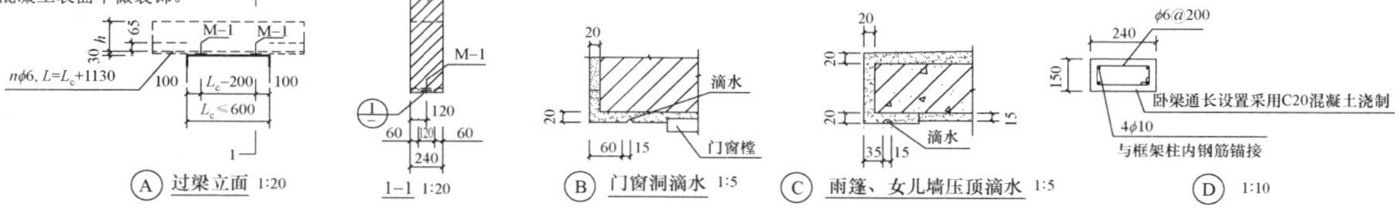

M–1
$n\phi6, L=L_c+1130$
L_c-200
$L_c\leqslant600$
A 过梁立面 1:20
1–1 1:20
滴水
门窗樘
B 门窗洞滴水 1:5
滴水
C 雨篷、女儿墙压顶滴水 1:5
φ6@200
卧梁通长设置采用C20混凝土浇制
4φ10
与框架柱内钢筋锚接
D 1:10

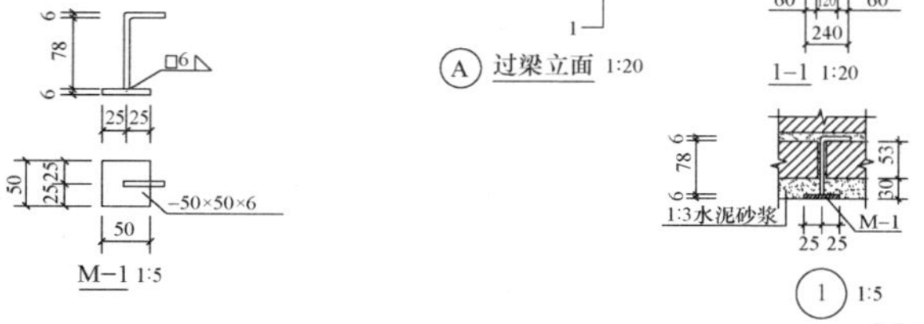

−50×50×6
M–1 1:5
1:3水泥砂浆
M–1
1 1:5

注：1. 过梁的净跨 $L_c\leqslant600$，过梁的高度 $h=1/3L_c$（但不得少于四皮砖）。过梁范围内用 MU10 砖和不低于 M5 号砂浆砌筑。过梁底部应用刨光模板。

2. M–1 仅供固定钢门窗用，无此要求者均可不设。

图 8–9　建筑设计说明（三）

结合图纸设计要求，面层为 50mm 厚 C25 耐磨混凝土，故定额子目选用 YT8-64，增加 $2 \times$ YT8-65。

踢脚线：踢脚线采用釉面砖面层，高 150mm，按实际铺设长度计算工程量。

$L = (10 + 1 - 0.24 - 0.8) + (10 + 0.4 - 0.24) \times 2 - 1.8 - 2.5 = 25.98$ （m）

定额子目选用 YT8-74。

⑤装饰工程。

a. 墙体。根据建筑图设计说明（图 8-9），墙体采用蒸压加气混凝土砌块，按照体积计算工程量，扣除门窗洞口、嵌入墙内的钢筋混凝土柱等所占体积。鉴于下一步还需计算墙体内外装饰面层工程量，故先计算墙体面积工程量，再计算墙体体积工程量。

$S_{\text{B 列 1~2 轴线间墙}} = (10 - 0.4 \times 2) \times (16.45 - 8.05 - 1) - 1.8 \times 2.7 = 63.22$ （m²）

$V_{\text{B 列 1~2 轴线间墙}} = 63.22 \times 0.24 = 15.17$ （m³）

$S_{\text{C 列 1~2 轴线间墙}} = (10 - 0.4 \times 2) \times (16.45 - 8.05 - 1.1) = 67.16$ （m²）

$V_{\text{C 列 1~2 轴线间墙}} = 67.16 \times 0.24 = 16.12$ （m³）

$S_{\text{BC 列 1 轴线墙}} = (10 - 1 - 0.8 - 2.5) \times (16.45 - 8.05 - 1.6) = 38.76$ （m²）

$V_{\text{BC 列 1 轴线间墙}} = 38.76 \times 0.24 = 9.30$ （m³）

墙砌体需扣除构造柱体积 1.94m³，扣除后墙体体积合计：

$\sum V = 15.17 + 16.12 + 9.30 - 1.94 = 38.65$ （m³）

定额子目选用 YT3-17。

b. 内墙涂料。内墙采用乳胶漆内墙面，做法参见"图集×页×编号×"，做法：7mm 厚 1:3 水泥砂浆打底扫毛、6 厚 1:3 水泥砂浆垫层、5mm 厚 1:2.5 水泥砂浆罩面压光、满刮腻子一道沙磨平、刷乳胶漆（二道）。根据施工工艺，结合预算定额中水泥砂浆定额子目的设置情况，需对砌块墙、混凝土梁柱的工程量分开计算，并套用不同的定额子目，故分三步计算相应工程量。

第一，混凝土梁柱抹灰的面积工程量：

$S_{\text{框架柱}} = [(0.8 + 2 - 0.24 \times 2) + (0.8 + 2 - 0.24) + 0.8 \times 2] \times (16.45 - 8.05 - 0.08) = 53.91$ （m²）

$S_{\text{构造柱}} = 0.24 \times [(16.45 - 8.05 - 1) + (16.45 - 8.05 - 1.1) + (16.45 - 8.05 - 1.6) \times 2] = 5.16$ （m²）

$\sum S = 53.91 + 5.16 = 59.07$ （m²）

定额子目选用 YT11-18。

第二，砌块墙抹灰的面积工程量，根据"（a）墙体"中已计算的墙体面积工程量，扣减构造柱所占面积即得砌块墙工程量。

$S_{\text{砌块墙}} = 63.22 + 67.16 + 38.76 - 5.16 = 163.98$ （m²）

定额子目选用 YT11-16。

第三，墙面乳胶漆面层的面积工程量

$\sum S = 59.07 + 163.98 = 223.05$ （m³）

定额子目选用 YT11-24。

c. 天棚。主厂房楼板采用钢次梁 + 镀锌压型钢板底模 + 现浇混凝土板形式，故天棚装修采用两种方式，一是直接用镀锌压型钢板底模作天棚装饰，二是采用水泥砂浆底，面层刷乳胶漆。

一层天棚：

$S_{\text{BC 梁侧及梁底}} = (1 - 0.08) \times (10 - 0.4 \times 2) + [(1.1 - 0.08) \times 3 + 0.35] \times (10 - 0.4 \times 2) = 39.84$ （m²）

$S_{\text{1 轴 2 轴梁侧及梁底}} = [(1.4 - 0.08) \times 3 + (0.6 - 0.24) + 0.6] \times (10 - 0.8 - 1) = 40.34$ （m²）

天棚水泥砂浆底及乳胶漆面积：$\sum S = 39.84 + 40.34 = 80.18$ （m²）

定额子目选用 YT11-15、YT11-24。

⑥屋面工程。主厂房屋面分汽机房屋面、除氧间屋面及煤仓间屋面做法不同，应注意卷册屋面工程量需计算伸缩缝、女儿墙、屋面上墙根部弯起部分的工程量，高度按 250mm 计。以 BC 列 1~2 轴线间屋面的主要做法为例：

50mm 厚 C20 细石混凝土屋面：$S = (10 + 0.15) \times (10 - 0.24 - 0.6) = 92.97$ （m²），定额子目选用 YT9-41、YT9-42。

SBS 改性沥青防水卷材：$S = (10 + 0.15 + 0.25) \times (10 - 0.24 - 0.6 - 0.25 \times 2) = 100.46$ （m²），定额子目选用 YT9-19。

挤塑保温板：$V = (10 + 0.15) \times (10 - 0.24 - 0.6) \times 0.025 = 2.32$ （m³），定额子目选用 YT9-5。

⑦脚手架、垂直运输。根据定额说明，凡按照"电力工程建筑体积计算规则"能够计算建筑体积的建筑工程，均执行综合脚手架，建筑体积计算规则执行定额附录 B"电力工程建筑体积计算规则"。

⑧其他。鉴于背景资料及篇幅有限，主厂房其他建构筑物的建筑装饰等工程量未计算。

2）建筑物的给排水、采暖、通风、空调及照明。

建筑物的给排水、采暖、通风、空调及照明的施工图预算编制方法基本类同，其中列项与工程量计算应按照设备材料清册的项目及工程量进行计列，当设备材料清册中有未开列的工程量时，应根据《电力建设工程预算定额（2013 年版）》的工程量计算规则，按施工图图示尺寸、数量等计算。

（二）安装工程

1. 识图

（1）熟悉施工图纸及准备有关资料。熟悉并检查施工图是否齐全、尺寸是否清楚，了解设计意图，掌握工程全貌。

（2）了解施工组织设计和施工现场情况。了解施工组织设计中影响工程造价的有关内容，如大型设备运输方案等。

（3）熟悉标准图以及设计更改通知，这些都是图纸的组成部分，不可遗漏。

（4）通过对图纸的熟悉，了解工程的性质、系统的组成、设备和材料的规格型号和品种，以及有无新材料、新工艺的采用。

（5）了解工艺系统图，平面布置图，安装断面图，安装接线图及设备材料表等。

（6）了解设备相关数据以及安装部位、安装方式、安装高度等。

2. 列项与工程量计算

（1）以基本的自然计算单位计量，如套、台、组、个、根、只等，直接从施工图的相应部位数出来。

（2）以法定计量单位计量，如长度采用"m""km"，重量采用"kg""t"，尤其长度的计算是大量的，方法是采用与施工图中平面图比例相对应的比例尺，沿线路的走向量出长度，注意管线垂直长度、线路预留长度及波形系数需要进行计算。个别项目需要根据长度尺寸计算面积，体积，钢管、钢支架、接地母线等则按管材、型材理论单重换算成重量。

（3）掌握不同项目数量方面的内在关系：某个项目的数量，以另一项目的数量作为计算基数。例如：按直管段的长度计算管道的重量，按盘柜的数量计算基础槽钢的长度，按电缆的根数计算电缆头的个数，按配管的长度计算管内穿线的长度，按灯具、开关、插座的数量计算接线盒的数量，按设备、系统数量计算调试的数量等。

在这里需要提起注意，施工图设计文件的设备材料表，仅作为施工图预算工程量的参考，须根据施工图设计的设备布置安装、三维尺寸复核无误后方可直接采用。

（4）有关工程量计算的几点说明。

1）工程量计算以设计的施工图纸及说明规定采用的标准图集和通用图案（图纸的设备、材料表与设计图有矛盾时应以设计图为准）、经批准的施工组织设计和施工方案、措施和有关施工及验收技术规程为依据。在计算工程量前，应根据图纸校核工程量表（设备材料明细表）中提供的工程量是否正确，如有疑问应与图纸设计人协商确定。

2）工程量计算应以施工图设计规定的界限为准，其计算内容与预算定额所包含的工作内容和定额的适用范围相一致。

3）在统计计算施工图工程量前应先熟悉施工图纸，避免重复计算。

4）在进行工程量统计计算时注意工程量单位必须与相关定额单位一致，套用定额时要熟悉定额总说明，各章说明和子目下面的注释。同时还需注意掌握以下

几项内容。①各子目的适用范围及工作内容，避免重复与漏计安装项目。②注意区分计价与未计价材料。③依据预算定额规定计算装置性材料耗损量，编制概算时装置性材料综合预算价格中已包括损耗。

3. 实例

（1）机务专业：以汽水管道工程量计算为例，某工程汽水管道设计图纸见图 8-10。

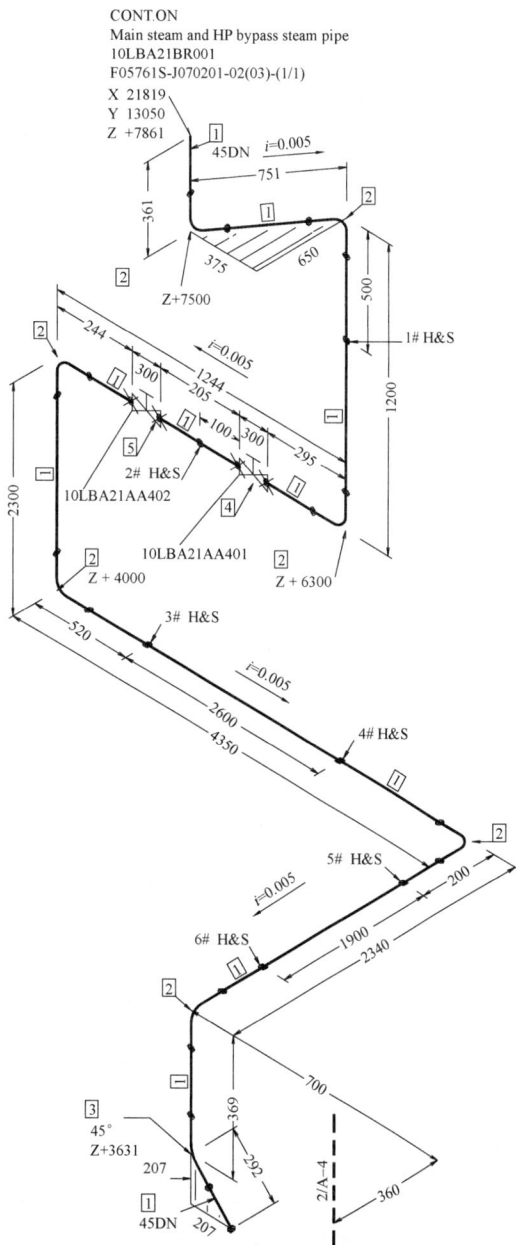

图 8-10 某工程汽水管道设计图纸

从图 8-10 可看出，本项目仅有一种 DN200 口径的管道。本项目安装工程量延长米应把图中所有标尺的长度相加：361mm+751mm+1200mm+1244mm+

2300mm＋4350mm＋2340mm＋369mm＋292mm＝13207mm。安装工程量就为 13.207m，直管段长度应按延长米扣除弯头、阀门等管件的长度后为 11.3m，折合重量356kg。另有90°弯头 7 个，每个重 14.85kg，45°弯头 1 个，每个重 7.44kg，气动排水阀 1 个，截止阀 1 个。

（2）电气专业：以电缆敷设工程量计算示例。

某燃煤工程灰场电源从就近的 10kV 杆塔引接，经变压器降压后供灰场用电负荷，该工程灰场电缆敷设施工图如图 8-11 所示。

在本工程中首先根据图纸核对电缆清册（见表 8-2），主要检查电缆清册开列的电缆长度是否准确。

表 8-2　　　　　　　　　　　　　　　电 缆 清 册

编号	始端设备名称	终端设备名称	电缆编号	电缆型号	电缆规格	备用芯	长度（m）
1	灰场箱式变压器	10kV 线路终端杆塔		ZR-YJV22-8.7/10	3×70		56
2	灰场箱式变压器	灰场机具库照明箱	ZMHCGLZ-01	ZR-YJV-0.6/1	4×16		30
3	灰场箱式变压器	灰场机具库检修箱	JXHCGLZ-01	ZR-YJV-0.6/1	4×35		25
4	灰场供水泵厂家控制箱	灰场供水泵 A	AOBHT01GE071	YJLV-0.6/1	4×10		7
5	灰场供水泵厂家控制箱	灰场供水泵 B	AOBHT01GE081	YJLV-0.6/1	4×10		7
6	灰场箱式变压器	灰场供水泵 A 就地按钮盒	AOBHT0107GE4001	ZR-KVVP2/22-0.45/0.75	4×1.5		40
7	灰场箱式变压器	灰场供水泵 B 就地按钮盒	AOBHT0108GE4001	ZR-KVVP2/22-0.45/0.75	4×1.5		40
3′	灰场箱式变压器	灰场供水泵厂家控制箱	AOBHT01GE070	YJV-0.6/1	4×10+1×6		40
6	灰场箱式变压器	灰场喷洒仪表箱电源	AOBHT01GE090	YJV-0.6/1	2×4		30

根据工程量计算规则，电缆工程量的计算式为

电缆工程量＝（净长度＋预留长度）×（1＋波形系数）。

其中，净长度是指根据电缆敷设路径计算的水平长度加上垂直及斜长度；预留长度是为电缆连接设备、进入建构筑物、检修余量而预留的长度，电缆敷设预留长度表见表 8-3。波形系数是指电缆敷设波折、弛度、交叉增加的系数，统一取定 2.5%。

表 8-3　　电缆敷设预留长度表　　　　（m/根）

序号	项　目	预留（附加）长度	备注
1	电缆敷设弛度、波形弯度、交叉	2.5%	按电缆全长计算
2	电缆进入建筑物	2.0	规范规定最小值
3	电缆进入沟内或吊架时引上（下）预留	1.5	规范规定最小值
4	变电所进线、出线	1.5	规范规定最小值
5	电力电缆终端头	1.5	检修余量最小值
6	电缆中间接头盒	两端各留2.0	检修余量最小值
7	电缆进控制、保护屏及模拟盘等	高＋宽	按盘面尺寸

续表

序号	项　目	预留（附加）长度	备注
8	高压开关柜及低压配电盘、箱	2.0	盘下进出线
9	电缆至电动机	0.5	从电机接线盒起算
10	厂用变压器	3.0	从地坪起算
11	电缆绕过梁柱等增加长度	按实计算	按被绕物的断面情况计算增加长度
12	电梯电缆与电缆架固定点	每处 0.5	规范规定最小值

核查电缆长度的方法一般采用抽查法。本案中对电缆清册编号为 1 的电缆长度进行复核。其净长度根据敷设路径计算为 50m，与 10kV 架空线搭接的电缆终端头预留长度为 1.5m，与 10kV 箱式变压器连接的预留长度为 2m，电缆敷设波形系数为 2.5%。那么，动力电缆 ZR-YJV22-8.7/10-3×70 的工程量＝（50m＋1.5m＋2m）×（1＋2.5%）＝55m。计算的电缆工程量 55m 与清册开列的电缆数量 56m 进行比较，清册量多 1m。

目前，施工图设计一般采用计算机电缆敷设辅助设计，电缆长度按三维尺寸计算后再考虑一定的裕度和损耗，一般取 5%～7%。所以，电缆清册的电缆数量是所需的材料总量，包括了敷设工程量和施工损耗量。

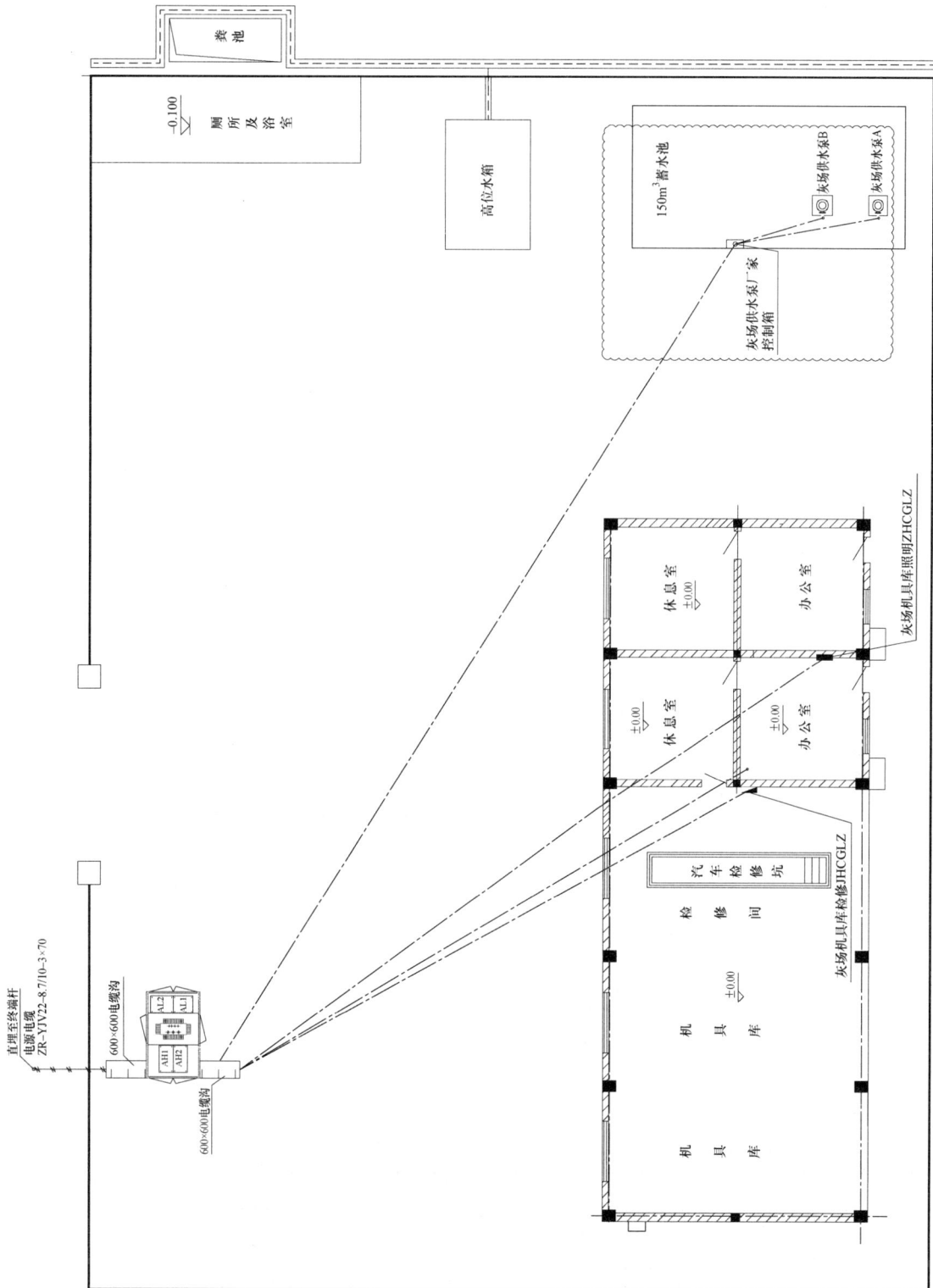

图 8-11　灰场电缆敷设施工图

具体电缆预算编制时，工程量的取定可以采用如下两种方法之一。

（1）在电缆工程量不大的情况下，建议按照工程量计算规则对每根电缆进行长度计算。

（2）在电缆工程量较大的情况下，可以根据抽查复核的情况用电缆清册的数量扣除施工损耗量作为电缆敷设工程量。

电缆敷设工程量核实确定后，应对电缆分类汇总形成工程量表。电缆分类的依据有电压等级、电缆截面积及电缆芯数等。这里需注意，除统计电缆工程量外，还需同时分类统计电缆根数，其目的是为计算电缆终端头的个数，一根电缆按两个终端头考虑。本例中电缆工程量表见表8-4。

表8-4　　电缆工程量表

序号	项　　目	单位	工程量	根数	备注
	1kV 电缆　10mm² 以内				
1	ZR-YJV-0.6/1-2×4	m	30	1	
2	ZR-YJV-0.6/1-4×10	m	14	2	
3	ZR-YJV-0.6/1-4×10＋1×6	m	40	1	
	1kV 电缆　35mm² 以内				
4	ZR-YJV-0.6/1-4×16	m	30	1	
5	ZR-YJV-0.6/1-4×35	m	25	1	
	10kV 电缆　120mm² 以内				
6	ZR-YJV22-8.7/10-3×70	m	56	1	
	控制电缆　14 芯以内				
7	ZR-KVVP2/22-0.45/0.75 4×1.5	m	80	2	

电缆敷设定额综合了各种敷设方式，适用于桥支架敷设、穿管敷设及直埋敷设等多种形式，定额不做调整。桥支架敷设时需计算电缆桥、支架工程量，穿管敷设时需计算电缆保护管工程量，直埋敷设时需计算土石方挖填和铺砂盖砖工程量。本例中，在此省略电缆桥、支架和电缆保护管工程量的计算；针对直埋电缆 ZR-YJV22-8.7/10-3×70，根据电缆敷设图计算直埋长度为 48m，那么挖填普通土为 48m×0.45m³/m＝21.6m³，直埋电缆铺砂盖砖长度为 48m。

电缆沟敷设电缆时还需计算揭（盖）盖板的费用。本例中，电缆沟揭盖板、盖盖板各为 4m，其揭（盖）盖板总长度为 4×2＝8m。

二、计价

完成计量工作后，开展施工图预算的计价工作，计价工作内容共计十三项，包括套用定额、确定材料预算价格、确定设备价格、计算费税、计算编制期基准价差、计算其他费用、计算基本预备费、特殊项目费用、汇总静态投资、计算动态费用、汇总动态投资、计算铺底流动资金、汇总项目计划总资金。

1. 定额套用

（1）建筑工程。根据列项和计算的工程量，在综合考虑主要材料材质、主要施工方法等基础上，选择合适的预算定额子目，把定额子目编号、定额子目名称、定额基价、工程量等信息填入预算表，然后计算分部分项工程定额直接工程费等。

分部分项工程定额直接工程费＝分部分项工程工程量×相应定额子目单价

以前述"一、计量"建筑工程中"某地区 2×1000MW 燃煤发电工程主厂房"为例，在计量过程中已确定相应的预算定额子目，填入表 8-5 建筑工程预算表计算。

表8-5　　　　　　　　　　建 筑 工 程 预 算 表

表三乙　　　　　　　　　　　　　　　　　　　　　　　　　　　　　　　　　　　　　　（元）

编号	编制依据	项目名称	单位	数量	设备单价	建筑费单价		设备合价	建筑费合价	
						金额	其中工资		金额	其中工资
		建筑工程								
一		主辅生产工程								
（一）		热力系统								
1		主厂房本体及设备基础								
1.1		主厂房本体（局部）								
	换 YT8-10	地面垫层 混凝土（现浇混凝土C10-40 集中搅拌 替换为 现浇混凝土C15-40 集中搅拌）	m³							

编号	编制依据	项目名称	单位	数量	设备单价	建筑费单价		设备合价	建筑费合价	
						金额	其中工资		金额	其中工资
换 YT4-8		独立基础 单个体积 5m³ 以外（现浇混凝土C25-40 集中搅拌 替换为 现浇混凝土 C35-40 集中搅拌）	m³							
换 YT4-16		矩形柱 周长 1.8m 以外 组合模板（现浇混凝土 C25-40 集中搅拌 替换为 现浇混凝土 C40-40 集中搅拌）	m³							
换 YT4-25		矩形梁 断面 0.25m² 以内 组合模板（现浇混凝土 C25-40 集中搅拌 替换为 现浇混凝土 C40-40 集中搅拌）	m³							
换 YT4-27		矩形梁 断面 0.25m² 以外 组合模板（现浇混凝土 C25-40 集中搅拌 替换为 现浇混凝土 C40-40 集中搅拌）	m³							
换 YT4-47		钢梁浇制混凝土板 压型 钢板底模（现浇混凝土 C25-20 集中搅拌 替换为 现浇混凝土 C30-20 集中搅拌）	m³							
YT5-72		成品钢梁安装	t							
YT7-20		成品防火门安装	m²							
YT4-20		构造柱	m³							
换 YT8-64		混凝土面层 地面 厚度 50mm（YT8-64＋2×YT8-65）	m²							
YT8-74		块料面层 地面砖 踢脚线	m							
YT3-17		砌筑加气混凝土块	m³							
YT11-18		水泥砂浆 混凝土梁柱	m²							
YT11-24		涂料 内墙刷乳胶漆	m²							
YT11-15		水泥砂浆 天棚	m²							
YT11-24		涂料 天棚刷乳胶漆	m²							
换 YT9-41		刚性屋面 细石混凝土 厚度 5cm（YT9-41＋1×YT9-42）	m²							
YT9-5		聚苯乙烯挤塑板（XPS）屋面	m³							
		小计								
		……								

编制预算表计算时应注意：

1）预算定额子目中的主要材料种类与消耗量，除定额说明约定可以调整或换算外，一般情况下不允许调整，如：定额说明中约定"混凝土的强度等级、石子粒径、搅拌方式不同时可以调整"，本例中基础、柱、梁及板的混凝土强度等级均与定额子目中的混凝土强度等级不同，因此均按施工图设计要求进行了换算。

2）当《电力建设工程预算定额（2013 年版）》缺项时，需执行其他行业预算定额，执行其他预算定额通常有两种使用方法，一是执行其他预算定额及相应的计价体系文件，工程费用计算完整后直接引用。此方法常用于预算子目缺项较多，且缺项子目大多属于同一行业，如码头航道及港口工程、取排水工程、桥梁工程、较复杂的装修工程等。二是参考其他预算定额中的人工、材料及机械消耗量，结合《电力建设工程预算定额（2013 年版）》中人工、材料及机械的定额单价，在预算表中增加补充定额子目。此方法常用于预算子目缺项不多，且缺项子目对应施工方法简单，涉及材料品种不多。

（2）安装工程。根据列项和计算的工程量，在综合考虑主要材料材质、主要施工方法等基础上，选择合适的预算定额子目，把定额子目编号、定额子目名称、定额基价、工程量等信息填入预算表，然后计算分部分项工程定额直接工程费等。

分部分项工程定额直接工程费＝分部分项工程工程量×相应定额子目单价

1）以前述"一、计量"安装工程中"热力系统管道"为例。在计算出工程量后，应根据《电力工程预算定额（2013 年版）第二册 热力设备安装工程》第九章"管道安装"项目下的"低压无缝钢管"分项，在该项目下结合管道口径查询到对应的子目，示例工程管道口径为 DN200，因此应套用 YJ9-58，阀门对应定额 YJ9-432。选定定额子目后，将定额名称、定额编号及基价输入对应的单元格中。

套用管道安装定额后，应计列管道、管件装置性材料费。该装置性材料费应选用《电力建设工程装置性材料预算价格（2013 年版）》中对应的项目，将预算价名称、预算价编号及不含进项税价格计列在对应的单元格中。

安装工程预算表见表 8-6。

表 8-6 安 装 工 程 预 算 表

表三甲 （元）

序号	编制依据	项目名称	单位	数量	单 价				合 价			
					设备	装置性材料	安装	其中工资	设备	装置性材料	安装	其中工资
		安装工程										
一		主辅生产工程										
（一）		热力系统										
3		热力系统汽水管道										
3.3		中、低压汽水管道										
3.3.4		中、低压水管道										
	YJ9-58	低压碳钢无缝钢管安装管径及壁厚 ϕ219mm×6mm	m									
		热轧一般无缝钢管钢 10～20ϕ219mm×（5.5～25）mm	t									
		90°弯头 DN200 钢 20	kg										
		45°弯头 DN200 钢 20	kg										
	YJ9-432	气动排气阀安装 DN200	只										
	YJ9-510	阀门电（气）动装置安装公称口径 DN≤200	只										
		气动排气阀 DN200	只										
	YJ9-432	截止阀安装 DN200	只										

2）以前述"一、计量"安装工程中"电缆敷设"为例。电力电缆套用定额是按单芯最大截面规格选取，比如 ZR-YJV-0.6/1-4×10+1×6 就是按 10mm² 定额套用。14 芯以下控制电缆敷设执行 10mm² 以下电力电缆敷设定额。ZR-YJV-0.6/1-4×10+1×6 为五芯电缆，其电缆终端头制作安装定额应乘以系数 1.25。

本例中，按照电缆沟挖填土、揭盖盖板、铺砂盖砖、电力电缆敷设及电缆终端头制安、控制电缆敷设及电缆终端头制安的顺序进行定额子目的选取，定额套用结果见表 8-7。

表 8-7　　　　　　　　　　　　　　安 装 工 程 预 算 表

表三甲　　　（元）

序号	编制依据	项目名称	单位	数量	单重	总重	单　价				合　价			
							设备	装置性材料	安装	其中工资	设备	装置性材料	安装	其中工资
		安装工程												
一		主辅生产工程												
（六）		电气系统												
6		电缆及接地												
6.1		电缆												
6.1.1		电力电缆												
6.1.1.1		灰场电气部分（D0514）												
	YD8-7	直埋电缆沟挖填土 普通土	m³											
	YD8-11	直埋电缆沟揭盖盖板 宽度 1000mm	100m											
	YD8-13	直埋电缆铺砂、盖砖 1～2 根电缆	100m											
	YD8-40	20kV 以下电缆敷设 截面 10mm²	100m											
	YD8-41	20kV 以下电缆敷设 截面 35mm²	100m											
	YD8-42	20kV 以下电缆敷设 截面 120mm²	100m											
	YD8-84	户外干包式电力电缆终端头制作安装 1kV 截面 10mm²	个											
	调 YD8-84×1.25	户外干包式电力电缆终端头制作安装 1kV 截面 10mm²	个											
	YD8-85	户外干包式电力电缆终端头制作安装 1kV 截面 35mm²	个											
	YD8-70	户内辐射交联热（冷）收缩电力电缆终端头制作安装 20kV 截面 120mm²	个											

序号	编制依据	项目名称	单位	数量	单重	总重	单　价				合　价			
							设备	装置性材料	安装	其中工资	设备	装置性材料	安装	其中工资
	YD8-91	户外辐射交联热（冷）收缩电力电缆终端头制作安装 20kV　截面 120mm²	个											
6.1.2		控制电缆												
6.1.2.1		灰场电气部分（D0514）												
	YD8-40	控制电缆敷设 14 芯以下	100m											
	YD8-114	控制电缆终端头制作安装 芯数 6	个											

2. 确定材料预算价格

建筑工程施工图预算除小安装外，材料均为计价材料，含在建筑工程预算定额基价中，小安装施工图预算中未计价材料采用工程所在地区工程造价信息中的价格或市场价等。

安装工程施工图预算的材料费包括消耗性材料费、装置性材料费。

消耗性材料费：已包含在安装工程预算定额基价中。

装置性材料费：采用与预算定额配套的《电力建设工程装置性材料综合预算价格》，不足部分采用工程所在地区工程造价信息中的价格或市场价等。

3. 确定设备购置费

设备购置费按批准的初步设计概算金额或合同金额计列，其中按合同金额计列的设备购置费，需根据合同明确的交货地点来确定设备运杂费，费率执行《火力发电工程建设预算编制与计算规定》，编制方法与本手册第七章　初步设计概算一致。

4. 计算费税

建筑安装工程费税包括措施费、间接费、利润和税金，费率执行《火力发电工程建设预算编制与计算规定（2013 年版）》及相关政策性文件中的规定，编制方法与本手册第七章　初步设计概算一致。

5. 计算编制基准期价差

施工图预算编制基准期价差，由人工价差、材料价差及机械价差构成，价差汇总入表一编制基准期价差中，编制方法与本手册第七章　火力发电工程初步设计概算一致。

编制基准期价格的确定有两种情况，一是采用初步设计概算编制基准期的价格水平；二是采用工程主体施工期的价格平均水平。编制时根据具体工程的施工图预算编制计划大纲确定。

6. 计算其他费用

其他费用的计算执行《火力发电工程建设预算编制与计算规定（2013 年版）》的项目划分及计算方法，编制方法与第七章　初步设计概算一致。

施工图预算编制阶段，在项目法人提供的合同资料完整的情况下，其他费用可按合同金额计列，例如土地征用费、迁移补偿费、工程监理费、勘察设计费等，在施工图设计阶段一般已经签订合同，可以直接采用合同金额计列。

7. 计算基本预备费

基本预备费费率执行《火力发电工程建设预算编制与计算规定（2013 年版）》的规定，编制方法与本手册第七章　火力发电工程初步设计概算一致。

8. 计列特殊项目费用

施工图预算编制阶段，根据工程实际情况，按批准的初步设计概算金额或合同金额计列。

9. 汇总静态投资

静态投资由主辅生产工程费用、与厂址有关的单项工程费用、编制基准期价差、其他费用、基本预备费、特殊项目费用汇总形成。

10. 计算动态费用

动态费用的计算执行《火力发电工程建设预算编制与计算规定（2013 年版）》的计算方法，编制方法与本手册第七章　初步设计概算一致。

建设期贷款利息的确定有两种情况，一是采用初步设计概算中的利息；二是结合工程施工计划工期，按施工图预算编制期实际利率计算确定。

11. 汇总动态投资

动态投资＝静态投资＋动态费用

12. 计算铺底流动资金

铺底流动资金的计算执行《火力发电工程建设预算编制与计算规定（2013 年版）》的计算方法，编制方法与本手册第七章　火力发电工程初步设计概算一致。

13. 汇总项目计划总资金

项目计划总资金＝动态投资＋铺底流动资金

在完成以上十三项费用编制后，汇总形成施工图总预算表，并编写编制说明、工程概况及主要技术经济指标、投资分析报告、附件及附表等，最后形成火力发电工程施工图预算书。

第九章

火力发电工程招投标造价管理

招投标造价管理的主要内容为招标工程量清单、招标控制价两个方面。本章分别对这两个方面的编制进行介绍,其中投标报价按总承包投标报价进行介绍。

第一节 招标工程量清单的编制

一、招标工程量清单定义

招标工程量清单是指招标人依据国家标准、行业标准、招标文件、设计文件以及施工现场实际情况编制的、随招标文件发布的、供投标报价的工程量清单,包括对其的说明和表格。招标工程量清单应由具有编制招标文件能力的招标人或受其委托具有相应资质的电力工程造价咨询人编制。

招标工程量清单是工程量清单计价的基础,是编制招标控制价、投标报价、计算或调整工程量、施工索赔等的依据之一。

电力行业招标工程量清单编制执行的是国家能源局发布的 DL/T 5369—2016《电力建设工程工程量清单计算规范》、DL/T 5745—2016《电力建设工程工程量清单计价规范》。

二、招标工程量清单编制原则

招标工程量清单对确定工程造价、控制投资、提高企业经济效益乃至完善整个招投标市场起着重要作用。在工程量清单编写过程中应满足以下原则:

1) 遵守有关法律法规的原则。工程量清单的编制必须遵守国家的有关法律法规和行业相关规定。

2) 火力发电工程招标工程量清单编制严格按照 DL/T 5369—2016《电力建设工程工程量清单计算规范火力发电工程》、DL/T 5745—2016《电力建设工程工程量清单计价规范》进行编制。在编制清单时,必须按照 DL/T 5369—2016《电力建设工程工程量清单计算规范火力发电工程》的要求设置清单项目名称、编码、计量单位和计算工程数量,对清单项目进行必要的、全面的描述,并按规定的格式出具工程量清单文本。

3) 遵守招标文件相关要求的原则。工程量清单作为招标文件的重要组成部分,其原则必须与招标文件的原则保持一致,与投标须知、合同条款、技术规范等相互照应,较好地反映工程特点,完整体现招标人意图。

4) 编制依据齐全的原则。编制招标工程量清单的依据包括以下几方面:国家或省级、行业建设主管部门颁发的计价依据和办法,电力建设工程设计文件及相关资料,与建设工程有关的标准、规范、技术资料,拟定的招标文件,招标期间的补充通知、澄清及答疑等,施工现场情况、地勘水文资料、工程特点及常规施工方案,其他相关资料。

编制清单所需的设计资料、招标范围等依据必须齐全,必要的情况下还应到现场进行现场踏勘。

5) 力求准确合理的原则。工程量的计算应力求准确,清单项目的设置应合理、不漏不重。编制工程量清单时还应建立审查制度,确保工程量清单编制的全面性、准确性和合理性,提高工程量清单的编制质量和服务质量。

三、招标工程量清单编制内容

招标工程量清单应以单位(项)工程进行编制,编制内容包括总说明、分部分项工程量清单、措施项目清单、其他项目清单、投标人采购材料(设备)表(表9-11)、招标人采购材料表(表9-12)六部分。

分部分项工程量清单、投标人采购材料(设备)表(表9-11)、招标人采购材料表(表9-12)三部分中的清单项目及工程量,在初步设计阶段招标时,按照各设计专业提资编制,在施工图设计阶段招标时按照图纸计算并编制。

(一)总说明

总说明包括工程概况、其他说明等内容。

工程概况主要包括建设性质、工程特征、本期容量、规划容量、系统简介、资金来源、计划工期、设计单位、建设单位、监理单位等内容。

其他说明包括工程招标和分包范围、招标工程量清单编制依据、交通运输情况、环境保护和文明施工、工程质量要求、工程材料要求、工程施工特殊要求以及其他需要说明的问题等内容。

总说明编制格式见表9-1。

表9-1 总 说 明

工程概况	工程名称		建设性质	
	设计单位		建设地点	
其他说明				

（二）分部分项工程量清单

分部分项工程量清单必须载明项目编码、项目名称、项目特征、计量单位和工程量。

编制分部分项工程量清单时如果出现 DL/T 5745—2016《电力建设工程工程量清单计价规范》中未包括的项目，编制人应补充，并由招标人报电力工程造价与定额管理总站备案。

设计专业提资计算工程量及按图纸计算工程量时，均需执行 DL/T 5369—2016《电力建设工程工程量清单计算规范 火力发电工程》的工程量计算规则。

分部分项工程量清单编制格式见表9-2。

表9-2 分部分项工程量清单

工程名称：

序号	项目编码	项目名称	项目特征	计量单位	工程量	备注

（三）特殊施工措施项目清单

特殊施工措施项目是指为完成工程项目施工，发生于工程施工前和施工过程中的技术、生活、安全等方面的非工程实体的措施项目。措施项目清单必须按照现行电力行业计算规范的规定编制，并根据拟建工程的实际情况列项。

措施项目清单为可调清单，投标人对招标文件中所列项目可根据企业自身特点做适当的变更增减。投标人要对拟建工程可能发生的施工措施项目和施工措施费用做通盘考虑。清单一经报出，即被认为是包括了所有应发生的施工措施项目的全部费用。如果报出的清单中没有列项，且施工中又必须发生的项目，发包人有权认为其已经综合在分部分项工程量清单的综合单价中，将来施工措施项目发生时，投标人不得以任何借口提出索赔与调整。

措施项目清单中的清单项目及工程量按照各设计专业提资编制。

措施项目清单编制格式见表9-3。

表9-3 措 施 项 目 清 单

工程名称：

序号	项目名称	项目特征	计量单位	工程量	备注

（四）其他项目清单

其他项目是指除分部分项工程量清单、措施项目清单外，因招标人的要求而发生的与拟建工程有关的费用项目。招标人填写的其他项目清单随招标文件发至投标人或标底编制人，其项目、数量和金额等投标人或标底编制人不得随意改动。

其他项目清单包括以下内容：

1）暂列金额。根据工程特点，按有关计价规定估算。

2）暂估价。包括材料暂估单价、专业工程暂估价。

材料暂估单价应根据工程造价信息或参照市场价格估算，列出明细表；专业工程暂估价应分不同专业，按有关计价规定估算，列出明细表。

3）计日工。应列明项目和数量。

4）施工总承包服务费。应列明服务项目及其内容等。

5）拆除工程费。清单按有关计价规定，列出明细表。

6）招标人供应材料、设备卸车及保管费。

出现以上未列的项目，根据工程实际情况进行补充。

其他项目清单编制格式见表9-4，暂列金额明细表编制格式见表9-5，材料、工程设备暂估单价表编制格式见表9-6，专业工程暂估价表编制格式见表9-7，计日工表编制格式见表9-8，施工总承包服务项目内容表编制格式见表9-9，拆除工程项目清单编制格式见表9-10。

表9-4　　　　　　　　　　　　　　　其 他 项 目 清 单

工程名称：

序号	项目名称	金额（元）	备注
1	暂列金额	—	明细详见暂列金额明细表
2	暂估价	—	—
2.1	材料、工程设备暂估单价	—	明细详见材料、工程设备暂估单价表
2.2	专业工程暂估价	—	明细详见专业工程暂估价表
3	计日工	—	明细详见计日工表
4	施工总承包服务费	—	明细详见施工总承包服务项目内容表
5	其他	—	—
5.1	拆除工程费	—	明细详见拆除工程项目清单
5.2	招标人供应设备、材料卸车保管费	—	—
……	……	……	……

表9-5　　　　　　　　　　　　　　　暂 列 金 额 明 细 表

工程名称：

序号	项目名称	计量单位	暂列金额（元）	备注
合计				—

注　也可只列暂列金额总额。

表9-6　　　　　　　　　　　　　　材料、工程设备暂估单价表

工程名称：

序号	材料、工程设备名称	规格、型号	计量单位	单价（元）	备注

表9-7　　　　　　　　　　　　　　专 业 工 程 暂 估 价 表

工程名称：

序号	工程名称	主要工程内容	金额（元）	备注
合计				—

表9-8 计 日 工 表

工程名称：

序号	项目名称	计量单位	暂定数量	备注
一	人工			
二	材料			
三	施工机械			

表9-9 施工总承包服务项目内容表

工程名称：

序号	工程名称	项目价值（元）	服务内容	备注
1	招标人发包专业工程			

表9-10 拆 除 工 程 项 目 清 单

工程名称：

序号	项目名称	项目特征	计量单位	工程量	备注

（五）投标人采购设备（材料）表

投标人采购设备（材料）表根据拟建工程的具体情况，详细列出采购设备（材料）名称、型号规格、计量单位、数量等内容。

投标人采购设备（材料）表编制格式见表9-11。

（六）招标人采购材料表

招标人采购材料表根据拟建工程的具体情况，详细列出采购材料名称、型号规格、计量单位、数量、单价、交货地点及方式等内容。

招标人采购材料表编制格式见表9-12。

表9-11 投标人采购设备（材料）表

工程名称：

序号	设备材料名称	型号规格	计量单位	数量	单价（元）	备注
一	设备					
二	材料					

注 对投标人采购的设备及有品牌要求的材料，在此表中列出。如有暂估价的，招标人需在备注栏中说明。

表 9-12

招标人采购材料表

工程名称：

序号	材料名称	型号规格	计量单位	数量	单价（元）	交货地点及方式	备注

注　如有暂估价的，招标人需在备注栏说明。

第二节　招标控制价的编制

一、招标控制价的定义

招标控制价是指根据国家或行业、省级建设行政主管部门颁发的有关计价依据和办法，依据拟定的招标文件和招标工程量清单，结合工程具体情况发布的招标工程的最高投标限价。

二、招标控制价的管理

（一）采用招标控制价招标的优缺点

1. 采用招标控制价招标的优点

①可以有效控制投资，防止恶性哄抬报价带来的投资风险；②提高了透明度，避免了暗箱操作、寻租等违法活动的产生；③可以使各投标人自主报价、公平竞争，符合市场规律；④既设置了控制上限又尽量减少了业主依赖评标基准价的影响。

2. 采用招标控制价招标的缺点

①当"最高限价"大大高于市场平均价时，就预示中标后利润很丰厚，只要投标不超过公布的限额都是有效投标，从而可能诱导投标人串标围标；②若公布的最高限价远远低于市场平均价，就会影响招标效率。即可能出现只有 1～2 人投标或无人投标情况，因为按此限额投标将无利可图，超出此限额又成为无效投标，结果使招标人不得不修改招标控制价进行二次招标。

由此可见，控制价招标较设标底招标与无标底招标能更好地控制投资，充分引入竞争，更加适合市场经济下的招标。但同时其对控制价的编制水平要求更高，控制价价格水平合理非常重要。

（二）招标控制价的管理规定

（1）国有资金投资的工程建设项目应实行工程量清单招标，招标人应编制招标控制价，并应当拒绝高于招标控制价的投标报价，即投标人的投标报价若超过公布的招标控制价，则其投标作为废标处理。

（2）招标控制价应由具有编制能力的招标人或受其委托、具有相应资质的工程造价咨询人编制。工程造价咨询人不得同时接受招标人和投标人对同一工程的招标控制价和投标报价的编制。

（3）招标控制价应在招标文件中公布，对所编制的招标控制价不得进行上浮或下调。在公布招标控制价时，应公布招标控制价各组成部分的详细内容，不得只公布招标控制价总价。

（4）招标控制价超过批准概算时，招标人应将其报原概算审批部门审核。这是由于我国对国有资金投资项目的投资控制实行的是设计概算审批制度，国有资金投资的工程原则上不能超过批准的设计概算。

（5）投标人经复核认为招标人公布的招标控制价未按照 DL/T 5745—2016《电力建设工程工程量清单计价规范》的规定进行编制的，应在开标前 5 日向招标投标监督机构或（和）工程造价管理机构投诉。招标投标监督机构应会同工程造价管理机构对投诉进行处理，招标控制价误差大于±3%的应责成招标人改正。

（6）招标人应将招标控制价及有关资料报送工程所在地工程造价管理机构备查。

（三）招标控制价的编制依据

招标控制价的编制依据是指在编制招标控制价时需要进行工程量计量，价格确认，工程计价的有关参数、率值的确定等工作时所需的基础性资料，主要包括以下内容：

（1）现行国家标准 DL/T 5745—2016《电力建设工程工程量清单计价规范》与专业工程计量规范。

（2）国家或省级、行业建设主管部门颁发的计价定额和计价办法。

（3）建设工程设计文件及相关资料。

（4）拟定的招标文件及招标工程量清单。

（5）与建设项目相关的标准、规范、技术资料。

（6）施工现场情况、工程特点及常规施工方案。

（7）工程造价管理机构发布的工程造价信息，工程造价信息没有发布的，参照市场价。

（8）其他的相关资料。

（四）招标控制价编制的特性

（1）招标控制价应具有权威性。从招标控制价的编制依据可以看出，编制招标控制价应按照 DL/T 5745—2016《电力建设工程工程量清单计价规范》以及国家或省级、国务院部委有关建设主管部门发布的计价定额和计价方法根据设计图纸及有关计价规定等进行编制。

（2）招标控制价应具有完整性。招标控制价应由分部分项工程费、措施项目费、其他项目费、规费、税金以及一定范围内的风险费用组成。

（3）招标控制价与招标文件的一致性。招标控制价的内容、编制依据应该与招标文件的规定相一致。

（4）招标控制价的合理性。招标控制价格作为业主进行工程造价控制的最高限额，应力求与建筑市场的实际情况相吻合，要有利于竞争和保证工程质量。

（5）一个工程只能编制一个招标控制价。这一原则体现了招标控制价的唯一性，也同时体现了招标中的公正性。

（五）编制招标控制价时应注意的问题

（1）采用的材料价格应是工程造价管理机构通过工程造价信息发布的材料价格。工程造价信息未发布材料单价的材料，其材料价格应通过市场调查确定。另外，未采用工程造价管理机构发布的工程造价信息时，需在招标文件或答疑补充文件中对招标控制价采用的与造价信息不一致的市场价格予以说明，采用的市场价格则应通过调查、分析确定，确保有可靠的信息来源。

（2）施工机械设备的选型直接关系到综合单价水平，应根据工程项目特点和施工条件，本着经济实用、先进高效的原则确定。

（3）应正确、全面地使用行业和地方的计价定额与相关文件。

（4）不可竞争的措施项目和规费、税金等费用的计算均属于强制性条款，编制招标控制价时应按国家有关规定计算。

（5）不同工程项目、不同施工单位会有不同的施工组织方法，所发生的措施费也会有所不同。因此，对于竞争性的措施费用的确定，招标人应首先编制常规的施工组织设计或施工方案，然后经专家论证确认后再合理确定措施项目与费用。

三、招标控制价的编制内容

招标控制价的编制内容包括分部分项工程费、措施项目费、其他项目费、规费和税金，各个部分有不同的计价要求。

（一）分部分项工程费的编制要求

（1）分部分项工程费应根据招标文件中的分部分项工程量清单及有关要求，按 DL/T 5745—2016《电力建设工程工程量清单计价规范》有关规定确定综合单价计价。

（2）工程量依据招标文件中提供的分部分项工程量清单确定。

（3）招标文件提供了暂估单价的材料，应按暂估价的单价计入综合单价。

（4）为使招标控制价与投标报价所包含的内容一致，综合单价中应包括招标文件中要求投标人所承担的风险内容及其范围（幅度）产生的风险费用，招标文件中没有明确的，如是电力工程造价咨询人编制，应提请招标人明确；如是招标人编制，应予明确。

（5）规费和税金必须按国家或省级、行业建设主管部门的规定计算。税金计算式为

税金 =(分部分项工程量清单费 + 措施项目清单费 + 其他项目清单费 + 规费)× 综合税率

（二）措施项目费的编制要求

（1）措施项目费中的安全文明施工费应当按照国家或省级、行业建设主管部门的规定标准计价，此部分不得作为竞争性费用。

（2）措施项目应按招标文件中提供的措施项目清单确定，措施项目分为以"量"计算和以"项"计算两种。对于可精确计量的措施项目（以"量"为单位措施项目）采用与分部分项工程量清单单价的计算方法来确定综合单价，对于不可精确计量的措施项目（以"项"为单位）采用费率法按有关规定综合取定。采用费率法时需确定某项费用的计费基数及费率，结果应包括规费、税金的全部费用。以"项"计算的措施项目清单费的计算公式为

以"项"计算的措施项目清单费 = 措施项目计费基数 × 费率

（三）其他项目费的编制要求

（1）暂列金额。暂列金额应按招标工程量清单中列出的金额填写。

（2）暂估价。暂估价中的材料单价应按招标工程量清单中列出的单价计入全费用综合单价。

（3）暂估价中的专业工程金额应按招标工程量清单中列出的金额填写。

（4）计日工。计日工应按招标工程量清单中列出的项目，根据工程特点和有关计价依据确定全费用综合单价计算。

（5）施工总承包服务费应根据招标工程量清单列出的内容和要求估算。

（6）拆除工程费用应根据招标工程量清单中列出的内容按有关规定计列。

（7）招标人供应材料、设备的卸车及保管费按行业有关规定计算。

（四）投标人采购设备（材料）表（表 9-11）的编制要求

投标人采购设备（材料）表根据拟建工程的具体情况，根据清单列出的设备（材料）名称、型号规格、计量单位、数量等内容，按照市场价计列。其中一般电力行业施工招标中设备均为招标人采购，投标人采购材料费用含在全费用综合单价中。

（五）招标人采购材料表（表9-12）的编制要求作为招标控制价，可不填报此表。

四、计价与组价

（一）工程项目最高投标限价/投标报价汇总表

工程项目最高投标限价/投标报价汇总表反映的是单位工程费用，各单位工程费用由分部分项工程费、投标人采购设备费、措施项目费、其他项目费组成。工程项目最高投标限价/投标报价汇总表见表9-13。

（二）综合单价的组价

电力行业全费用综合单价包含材料费、机械费、措施费、管理费、利润、税金等，详见表9-14。

表9-13 **工程项目最高投标限价/投标报价汇总表**

工程名称：

序号	项目或费用名称	金额（元）	备 注
1	分部分项工程		
	其中：暂估价材料费		
2	投标人采购设备费		
3	措施项目		
	其中：投标人增列措施项目费		
4	其他项目		
	其中：暂列金额		
	其中：专业工程暂估价		
最高投标限价/投标报价 合计＝1＋2＋3＋4			

注 投标人增列措施项目费仅在投标报价时采用。

表9-14 **全费用综合单价组成明细表**

序号	项目编码	项目名称	计量单位	全费用综合单价组成												全费用综合单价
				人工费	材料费			机械费	措施费	管理费	施工企业配合调试费	利润	规费	编制年价差	税金	
					招标人采购	投标人采购	其中：暂估价									

初步设计工程量清单综合单价与施工图设计工程量清单的综合单价的组价方法相同。首先，依据提供的工程量清单，按照电力行业计价定额或工程所在行业颁发的计价定额的规定，确定组价的定额项目名称。当工程量清单中工程量的项目特征及市场价计价原则与定额计价原则一致时，则采用工程量清单中的工程量，反之，则采用定额计价原则计算工程量，并折合到工程量清单计价单位进行计价。

招标控制价的分部分项工程费应由各单位工程的招标工程量清单乘以其相应综合单价汇总而成。初步

设计工程量清单综合单价与施工图设计工程量清单的综合单价的组价方法相同。首先，依据提供的工程量清单，按照电力行业计价定额或工程所在行业颁发的计价定额的规定，确定组价的定额项目名称，计算出相应的工程量；其次，依据《火力发电工程建设预算编制与计算规定（2013年版）》及其配套文件确定人工、材料、机械台班单价，同时，在考虑风险因素确定管理费率和利润率的基础上，按规定程序计算出组价定额项目的合价；最后将若干项组价的定额项目合价相加除以工程量清单项目工程量，便得到工程量清

单项目综合单价。对于未计价材料费（包括暂估单价　　的材料费）应计入综合单价。

$$定额项目合价 = 定额项目工程量 \times \Big[\sum(定额人工消耗量 \times 人工单价) +$$

$$\sum(定额材料消耗量 \times 材料单价) + \sum(定额机械台班消耗量 \times 机械台班单价) +$$

$$价差(基价或人工、材料、机械费用) + 管理费和利润\Big]$$

$$工程量清单综合单价 = \frac{\sum 定额项目合计 + 未计价材料}{工程量清单项目工程量}$$

（三）确定综合单价应该考虑的因素

编制招标控制价在确定其综合单价时，应考虑一定范围内的风险因素。在招标文件中应预留一定的风险费用，或明确说明风险所包括的范围及超出该范围的价格调整方法。对招标文件中未做要求的可按以下原则确定：

（1）对技术难度较大和管理复杂的项目，可考虑一定的风险费用，并纳入综合单价中。

（2）对工程设备、材料价格的市场风险，应依据招标文件的规定，工程所在地或行业工程造价管理机构的有关规定，以及市场价格趋势考虑一定率值的风险费用，纳入综合单价中。

（3）税金和规费等法律、法规、规章和政策变化的风险和人工单价等风险费用也应纳入全费用综合单价。

招标工程发布的分部分项工程量清单对应的综合单价，应按照招标人发布的分部分项工程量清单的项目名称、工程量、项目特征描述，依据工程所在地区颁发的计价定额和人工、材料、机械台班价格信息等进行组价确定，并应编制工程量清单综合单价分析表。

第十章

火力发电工程结算

第一节 工程结算的定义、作用及编制流程

一、定义

根据建设工程价款结算办法的相关规定，建设工程价款结算是指根据建设工程合同的约定进行工程预付款、工程进度款、工程竣工价款结算的活动。

工程结算一般包括分阶段结算、工程竣工结算、合同中止结算。

工程竣工结算是指工程项目完工并经竣工验收合格后，承发包双方按照承包合同的约定，对承包人所完成的工程项目进行的工程价款计算、调整和确认的过程。本章所阐述的工程结算，主要指工程竣工结算。

二、作用

建设项目完工并经验收合格后，对所完成的建设项目进行的全面工程结算，是发包人支付承包人工程进度款以及工程尾款的重要依据，是发包人履行合同约定的重要步骤，也是建设单位编制竣工决算和核定新增固定资产价值的重要依据。同时工程竣工结算对于施工企业来说，是承包人完成合同约定施工任务的标志，是承包人确定收入、确定最终收益的依据，也是承包人向发包人申请竣工结算价款的依据。

三、编制流程

（一）工程竣工结算流程图

在工程竣工验收后，由承包人依据合同的约定，收集、整理相关的竣工结算资料，编制工程结算书。由发包人（或发包人委托的咨询机构）审核，经双方确认后支付工程结算尾款。

工程竣工结算流程图见图 10-1。

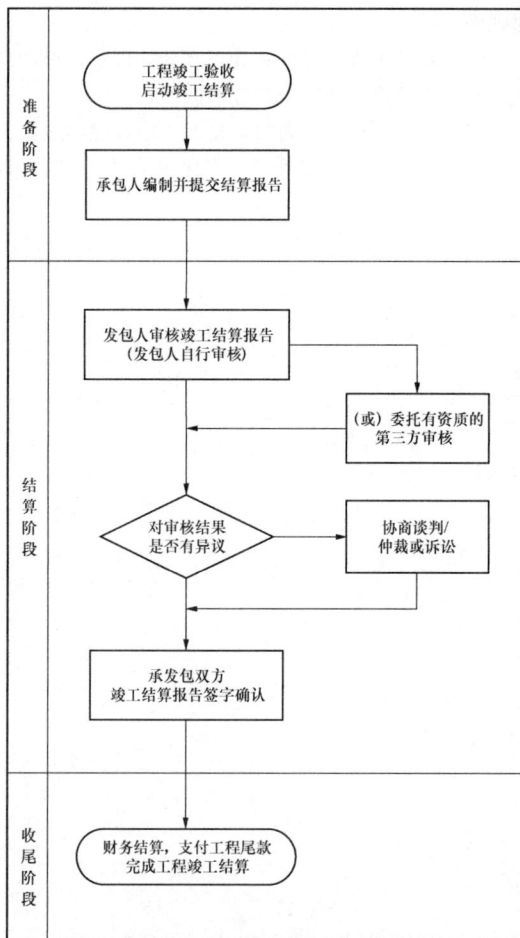

图 10-1 工程竣工结算流程图

（二）工程竣工结算一般流程

1. 承包人提交竣工结算文件

承包人在工程完工后，应及时提交项目竣工验收报告。经验收委员会验收并确认签字后，承包人应当依据合同约定的工作范围、计价原则、施工图纸、设计变更、现场签证等相关有效文件和资料，编制工程

造价结算书。并根据经发包人、承包人双方共同确认的工程期中价款结算文件，汇总编制工程竣工结算文件。

承包人未在合同约定的时间内提交竣工结算文件，经发包人催告后 14 天内仍未提交结算文件，或未给予发包人明确答复的，发包人有权根据已有资料编制竣工结算文件，此文件作为办理竣工结算和支付结算尾款的依据，承包人应予以认可。

2. 发包人审核竣工结算文件

（1）发包人应当在收到承包人提交的竣工结算文件后 28 天内进行核对。

（2）经发包人核实，认为承包人还应当进一步修改结算文件或者补充资料的，应当在 28 天内向承包人提出核实意见。承包人在收到核实意见后的 28 天内，按照发包人提出的合理要求补充资料，修改竣工结算文件，并再次提交给发包人审核。

发包人应当在收到承包人再次提交的竣工结算文件后的 28 天内予以复核，并将复核结果通知承包人。如果发包人、承包人对复核结果均无异议，应在 7 天内在竣工结算文件上签字确认，竣工结算办理完毕。如果发包人或者承包人对复核结果仍然存有异议，可以将无异议部分办理不完全竣工结算，将有异议部分由双方协商解决，协商不成的，按照合同约定的争议解决方式处理。

发包人在收到承包人竣工结算文件后的 28 天内，不核对竣工结算，也未提出核对意见的，视为承包人提交的竣工结算文件已被发包人认可，竣工结算办理完毕。

承包人在收到发包人提出的核实意见后 28 天内，不确认，也未提出异议的，视为发包人提出的核实意见已被承包人认可，竣工结算办理完毕。

发包人不具备竣工结算文件核实能力的，也可以委托具有相应能力和资质的工程造价咨询机构进行核实。发包人委托工程造价咨询机构核对竣工结算的，工程造价咨询机构应当在 28 天内核对完毕，核对结论与承包人竣工结算文件不一致的，应提交承包人复核。承包人应在 14 天内将同意核对结论或不同意见的说明提交工程造价咨询机构。工程造价咨询机构收到承包人提出的异议后，应当再次复核，复核无异议的，由发包人与承包人 7 天内在竣工结算文件上签字确认，竣工结算办理完毕。复核后仍有异议的，可以将无异议部分办理不完全竣工结算，将有异议部分由双方协商解决，协商不成的，按照合同约定的争议解决方式处理。

承包人逾期未提出书面异议的，视为工程造价咨询机构核对的竣工结算文件已被承包人认可。

工程造价咨询机构出具的核对结论，应由注册造价工程师本人签字确认，并加盖注册造价工程师印章。

（3）工程竣工结算审核期限。发包人从接到竣工结算报告和完整的竣工结算资料之日起，相应工程审查的时间期限见表 10-1。

表 10-1   工 程 审 查 时 间 期 限

序号	竣工结算报告金额	审查期限（天）
1	500 万元以下	20
2	500 万～2000 万元	30
3	2000 万～5000 万元	45
4	5000 万元以上	60

3. 竣工结算的谈判

针对工程结算过程中出现的分歧，双方需要进行汇总、分析、归纳和总结。反复研究合同，讨论各个分歧点，把所有问题进行分类，理由充足、依据充分的问题必须坚持；双方各自表述、各自占理的问题尽力争取；依据不足、管理失效的问题酌情放弃。根据分析和总结，将分歧准确、无偏差地逐级汇报，取得指令后，在下一次谈判中再次进行沟通与协商，力争取得一致意见。工程结算在很大程度上是一个双方相互博弈的过程，最终仍未达成一致意见，并且各自仍然坚持的按合同约定的争议程序处理。

4. 竣工结算文件的签认

对于经发包人或发包人委托的工程造价咨询机构与承包人核对后无异议、共同认可的竣工结算文件，发承包双方应当在规定的时间内完成签字程序。其中一方拒不签认竣工结算文件的，按以下规定处理：

（1）发包人拒不签认时，承包人可不提供竣工验收备案资料，并有权拒绝与发包人或其委托的工程造价咨询机构重新核对竣工结算文件。

（2）承包人拒不签认、发包人要求办理竣工验收备案的，承包人不得拒绝提供竣工验收资料。否则，由此造成的损失，承包人承担连带责任。

（3）经签字确认的竣工结算文件，一般情况下将被视为合同文件的组成部分，是发包人支付承包人工程竣工结算款的基础，也是承包人向发包人申请竣工结算价款的重要依据。

（4）禁止发包人将竣工结算文件再次交由另一个或多个工程造价咨询机构重复核对，承包人也有权拒绝再次与第三方工程造价咨询机构核对竣工结算的要求。

5. 竣工结算价款的支付

（1）承包人提交竣工结算款支付申请。承包人应根据办理的竣工结算文件，向发包人提交竣工结算款支付申请。支付申请应当包含以下内容：

1）经双方共同确认的竣工结算价款总额；

2）累计已实际支付的合同价款；

3）应扣留的质量保证金以及根据合同约定的其他暂扣金额；

4）实际应支付的竣工结算款金额。

（2）发包人签发竣工结算支付证书。发包人应在收到承包人提交竣工结算款支付申请后 7 天内予以核实，向承包人签发竣工结算支付证书。

（3）支付竣工结算款。发包人签发竣工结算支付证书后的 14 天内，按照竣工结算支付证书列明的金额向承包人支付结算款。

第二节　结算原则和编制依据

承包人、发包人在工程竣工结算的过程中，除依据合同外，还会涉及工程实施过程中的补充协议、工程委托、工程变更以及工程签证等合同内及合同外的相关问题。为落实合同约定的结算原则，以及处理与合同约定有偏差的相关事项，经承包人、发包人共同签字确认的"结算原则"较好地解决了相关矛盾和问题。工程竣工结算期间签署的"结算原则"从合同的角度类似于主合同的补充合同，对双方均有约束力。

一、结算原则的内容

（1）项目简述：工程项目的名称，建设地点，建设项目规模，以及主要的标段划分情况等。

（2）结算范围：根据主合同和补充合同约定的工作范围，以及在项目实施过程中工作范围的调整情况，确定出各标段准确的工作界线，作为工程竣工结算书的编制依据。

（3）工程计量：工程计量应当根据主合同和补充合同约定的工程量计算规则进行计算。合同以外的工作量又未约定的，在结算原则里应当进行约定，以满足工程竣工结算的要求。

（4）工程计价：根据合同约定，明确应主要采用的计价模式；工程量清单之外的清单项，约定计价或组价方式（若不选用类似综合单价时需约定新的计价方式，合同已有约定的除外）。

（5）项目特征描述偏差：针对工程量清单中的项目特征描述与实际施工过程中的项目特征的差异，需对"细微特征描述差异"与"重大特征描述差异"进行定义，明确因项目特征描述差异而导致综合单价需要重新组价的触发条件。

（6）材料分工表：根据合同约定的主要材料设备供货分工，明确实际施工过程中主要材料设备供应范围和界线，找出与综合单价之间的差异，形成同口径的对照表格，以便在竣工结算书中对材料设备费用进行调整。

承包人自行采购的材料及设备，若合同约定采用暂估价的原则，则应根据合同约定的调差方式，明确选取样本、计算期限以及调差公式。若有特殊材料设备需单独明确时应单列。

（7）"结算原则"的效力：约定"结算原则"具有补充合同的效力，明确在工程竣工结算过程中"结算原则"的指导地位，明确"结算原则"与合同的相互关系，约定竣工结算编制过程中遇到争议时的处置原则。

二、工程结算的编制依据

（1）工程结算的编制依据是指编制工程结算时需要的工程计量、价格确定、工程计价有关的基础资料。

（2）工程结算的编制依据主要有以下几个方面：

1）建设期内影响合同价格的法律、法规和规范性文件：

a. 现行的"工程量清单计价规范"；

b. 规费的计算及调整类文件；

c. 税金的计算及调整类文件；

d. 主要材料设备采用暂估价的，根据合同约定采用有关部门颁布的材料设备指导价格进行价差调整时，有关部门颁布的政策性文件；

e. 合同单独约定的工程量计量规则，以合同约定为准。

2）合同及协议类文件：

a. 承包人与发包人正式签订的施工合同；

b. 主体合同的补充合同或者补充协议；

c. 发包人出具的"工程项目委托单"；

d. 开工报告、竣工验收文件；

e. 工程量清单及答疑澄清；

f. 经发包人、承包人共同签字同意的其他工程协议文件。

3）与工程结算编制相关的国务院建设行政主管部门以及各省、自治区、直辖市和有关部门发布的建设工程造价计价标准、计价方法、计价定额、价格信息、相关规定等计价依据。

4）投标文件、招标文件。

5）工程图纸及变更类文件。

a. 设计院正式出版的施工蓝图（包括升版图）、设备材料清册；

b. 由发包人提供的设备厂家图纸资料及说明；

c. 设计图纸引用的标准图集;

d. 施工图会审纪要;

e. 设计变更文件;

f. 建筑工程地基验槽记录或地基处理现场签证单;

g. 经批准的施工组织设计文件或施工方案。

6) 工程材料及设备中标价、认价单。

7) 双方确认追加(减)的工程价款。

8) 经批准的开、竣工报告或停、复工报告。

9) 影响工程造价的其他相关资料。

a. 经发包人同意的特殊措施费用报告及签认文件;

b. 根据合同约定计算或经发包人同意的其他费用;

c. 针对具体问题的处置方案、专题会议纪要;

d. 索赔报告。

第三节 工程结算书编制

应根据不同的合同价款模式选择相应的工程结算书编制方法。合同价款模式包括工程量清单计价、预算计价、总价、成本加酬金等形式。其中,工程量清单计价模式为目前的主流合同价款模式。本节参考 DL/T 5745—2016《电力建设工程工程量清单计价规范》,重点介绍工程量清单计价模式合同的工程结算书编制方法。

一、编制内容

工程结算书编制内容包括以下几项:

(1) 竣工结算封面。

(2) 竣工结算编制说明。

(3) 工程项目竣工结算汇总表。

(4) 分部分项工程费用汇总表。

(5) 分部分项工程量清单结算汇总对比表。该部分还包括分部分项工程量清单计价表,工程量清单全费用综合单价分析表,工程量清单全费用综合单价人、材、机组成表三个明细表。

(6) 承包人采购材料计价表。

(7) 承包人采购设备计价表。

(8) 措施项目清单与计价表。

(9) 其他项目清单计价表。此部分还包括暂估材料单价确认及价差计价表,专业工程结算价表,计日工表,施工总承包服务费计价表,索赔与现场签证费用计价汇总表,拆除工程项目清单计价表,人工、材料、机械台班价格调整计价表,费用索赔申请(核准)表八个明细表。

(10) 发包人采购材料计价表。

(11) 主要工日价格表。

(12) 主要机械台班价格表。

二、编制方法

(1) 竣工结算封面。竣工结算封面需写明:

1) 工程项目名称。

2) 签约合同价格。

3) 竣工结算价格。

4) 发包人。

5) 承包人。

6) 工程造价咨询人。

7) 编制人。

8) 核对人。

9) 编制时间。

10) 核对时间。

竣工结算封面需经竣工结算具体编制人及承包人、核对人以及发包人、工程造价咨询人三方进行签字、盖章确认,格式见表10-2。

表 10-2 竣 工 结 算 封 面

_____工 程

竣 工 结 算 总 价

签约合同价(小写):_____ (大写):_____

竣工结算价(小写):_____ (大写):_____

发包人:_____ 法定代表人或其授权人:_____
 (单位盖章) (签字或盖章)

承包人:_____ 法定代表人或其授权人:_____
 (单位盖章) (签字或盖章)

工程造价咨询人:_____ 法定代表人或其授权人:_____
 (单位资质专用章) (签字或盖章)

编制人:_____ 核对人:_____
 (签字、盖执业专用章) (签字、盖执业专用章)

编制时间: 年 月 日 核对时间: 年 月 日

(2) 竣工结算编制说明。竣工结算编制说明需写明：

  1）承包人。

  2）工程概况。

  3）合同范围。

  4）合同工程开、竣工时间。

  5）合同约定的价款调整条款。

  6）编制依据。

  7）工程量计算依据。

  8）工程量计价依据。

  9）签约合同价。

  10）竣工结算价。

  11）其他需要说明的问题。

竣工结算编制说明对工程及竣工结算编制的整体情况进行简要说明，编制格式见表10-3。

表10-3　竣工结算编制说明

工程名称：

（3）工程项目竣工结算汇总表。工程项目竣工结算汇总表需列明：

  1）分部分项工程费及其中的暂估价材料费。

  2）承包人采购设备费。

  3）措施项目费及其中的施工过程增列措施项目费。

  4）其他项目费及其中的施工过程增列其他项目费。

  5）竣工结算价合计。

  其中：分部分项工程费及其中的暂估价材料费的金额来自分部分项工程费用汇总表；承包人采购设备费的金额来自承包人采购设备计价表；措施项目费及其中的施工过程增列措施项目费的金额来自措施项目清单与计价表；其他项目费及其中的施工过程增列其他项目费的金额来自其他项目清单计价表；竣工结算价合计是以上四部分结算费用金额的合计。

  工程项目竣工结算汇总表编制格式见表10-4。

表10-4　工程项目竣工结算汇总表

工程名称：

序号	项目或费用名称	金额（元）	备注
1	分部分项工程费		
1.1	其中：暂估价材料费		
2	承包人采购设备费		
3	措施项目费		
	其中：施工过程增列措施项目费		
4	其他项目费		
	其中：施工过程增列其他项目费		
竣工结算价合计=1+2+3+4			

（4）分部分项工程费用汇总表。分部分项工程费用汇总表需列明：

  1）项目或费用的结算金额。

  2）结算金额中的人工费金额。

  3）结算金额中的暂估材料费金额。

  其中：项目或费用名称及结算金额来自分部分项工程量清单结算汇总对比表；结算金额中的人工费金额及暂估材料费金额来自分部分项工程量清单计价表。

  分部分项工程费用汇总表编制格式见表10-5。

表10-5　分部分项工程费用汇总表

工程名称：　　　　　　　　　　　　　　（元）

序号	项目或费用名称	金额			备注
		合计	其中：人工费	其中：暂估价材料费	

（5）分部分项工程量清单结算汇总对比。分部分项工程量清单部分结算需要编制分部分项工程量清单结算汇总对比表，分部分项工程量清单计价表，工程量清单全费用综合单价分析表和工程量清单全费用综合单价人、材、机计价表。

  1）分部分项工程量清单结算汇总对比表是根据分部分项工程量清单计价表、合同分部分项工程量清单进行的汇总对比。其中合同工程量及合同全费用综合单价来自合同分部分项工程量清单，结算工程量及结算全费用综合单价来自分部分项工程量清单计价表。

  分部分项工程量清单结算汇总对比表编制格式

见表10-6。

表10-6　分部分项工程量清单结算
汇总对比表

工程名称：　　　　　　　　　　　　　　　　（元）

序号	项目编码	项目名称	计量单位	合同工程量	结算工程量	量差	合同全费用综合单价	结算全费用综合单价	合同合价	结算合价

2）分部分项工程量清单计价表。分部分项工程量清单计价表是以合同的分部分项工程量清单为基础进行项目分部分项工程量结算的结算计价表。其中：

工程量按照实际施工图纸计算。单纯按照图纸无法计算的结合现场相应工程资料进行计算。

与合同工程量清单一致的项目，按照合同工程量清单中的单价进行费用计算。全费用综合单价、其中人工费、其中投标人采购材料费、其中暂估价材料费均按合同工程量清单中的单价。

与合同工程量清单不一致或原合同清单漏项的项目，按照合同约定的价格计算方式，按照工程量清单全费用综合单价分析表格式重新计算单价，并按照重新计算的单价进行费用计算。

分部分项工程量清单计价表编制格式见表10-7。

表10-7　　　　　　　　　　　分部分项工程量清单计价表

工程名称：　　　　　　　　　　　　　　　　　　　　　　　　　　　　　　　（元）

序号	项目编码	项目名称	项目特征	计量单位	工程量	单价					合价				
						全费用综合单价	其中：				合计	其中：			
							人工费	材料费		机械费		人工费	材料费		机械费
								承包人采购	其中:暂估价				承包人采购	其中:暂估价	

3）工程量清单全费用综合单价分析表。当实际工程项目与合同工程量清单不一致或原合同清单漏项，按照合同约定需要重新计算全费用综合单价时，应按照合同约定的价格计算方式，并按工程量清单全费用综合单价分析表编制并计算全费用综合单价。

全费用综合单价不含发包人采购材料费。

发包人采购材料费价格取自发包人采购材料计价表。

人工费、承包人采购材料费、机械费价格取自工程量清单全费用综合单价人、材、机组成表。

措施费、管理费、施工企业配合调试费、利润、规费根据行业规定的取费标准并结合合同约定计取。

编制基准价差按照行业规定，按市场价与定额价调差及按比率调差两种方式计算。

税金按照相应税率取。

工程量清单全费用综合单价分析表编制格式见表10-8。

表10-8　　　　　　　　　　　工程量清单全费用综合单价分析表

工程名称：　　　　　　　　　　　　　　　　　　　　　　　　　　　　　　　（元）

序号	项目编码	项目名称	计量单位	全费用综合单价组成											全费用综合单价
				人工费	材料费			机械费	措施费	管理费	施工企业配合调试费	利润	规费	编制年价差	税金	
					发包人采购	承包人采购	其中:暂估价									

4）工程量清单全费用综合单价人、材、机组成表。当实际工程项目与合同工程量清单不一致或是原合同清单漏项，按照合同约定需要重新计算全费用综合单价时，应按照合同约定的价格计算方式，并按工程量清单全费用综合单价人、材、机计价表编制并计算全费用综合单价人、材、机。

工程量按照实际施工图纸计算。单纯按照图纸无

法计算的结合现场工程资料进行计算。

人工费、机械费价格按照定额价格计列。

施工合同属暂估单价的材料，仍按合同暂估单价计列。

承包人采购材料费取自承包人采购材料计价表。

工程量清单全费用综合单价人、材、机计价表编制格式见表 10-9。

表 10-9 工程量清单全费用综合单价人、材、机计价表

工程名称： （元）

序号	项目编码（编制依据）	项目名称	计量单位	工程量（数量）	单 价				合 价			
					人工费	材料费		机械费	人工费	材料费		机械费
						承包人采购费	其中：暂估价			承包人采购费	其中：暂估价	

注　如不使用行业建设主管部门发布的计价依据，可不填编制依据。

（6）承包人采购材料计价表。对承包人采购的材料应编制承包人采购材料计价表。其中：

材料名称、型号规格、数量均按照实际施工图纸计算。单纯按照图纸无法计算的结合现场相应工程资料进行计算。

与合同工程量清单一致的项目，按照合同工程量清单中的单价进行费用计算。

与合同工程量清单不一致或原合同清单漏项的项目，按照合同约定的价格计算方式，按发、承包双方最终确认的单价行费用计算。

属暂估单价的材料，按照合同约定的价格计算方式，按发、承包双方最终确认的单价行费用计算。

承包人采购材料计价表编制格式见表 10-10。

表 10-10 承包人采购材料计价表

工程名称： （元）

序号	材料名称	型号规格	计量单位	数量	单价	合价	备注
合　计							

（7）承包人采购设备计价表。对承包人采购的设备应编制承包人采购设备计价表。其中：

设备名称、型号规格、数量均按照实际施工图纸计算。单纯按照图纸无法计算的结合现场相应工程资

料进行计算。

与合同工程量清单一致的项目，按照合同工程量清单中的单价进行费用计算。

与合同工程量清单不一致或原合同清单漏项的项目，按照合同约定的价格计算方式，按发、承包双方最终确认的单价进行费用计算。

属暂估单价的设备，按照合同约定的价格计算方式，按发、承包双方最终确认的单价进行费用计算。

承包人采购设备计价表编制格式见表 10-11。

表 10-11 承包人采购设备计价表

工程名称： （元）

序号	设备名称	型号规格	计量单位	数量	单价	合价	备注
合　计							

（8）措施项目清单与计价表。措施项目清单与计价表由两部分组成，一部分是施工合同已列项目，另一部分是施工过程增列项目。

1）施工合同已列项目编制，按合同措施项目清单与计价表中的价格计算；工程量按照实际施工图纸计算，单纯按照图纸无法计算的结合现场相应工程资料进行计算。

2）施工过程增列项目编制，应按照合同约定的

价格计算方式，并按工程量清单全费用综合单价分析表及工程量清单全费用综合单价人、材、机计价表编制方式计算相应的措施项目价格。工程量按照实际施工图纸计算，单纯按照图纸无法计算的结合现场相应工程资料进行计算。

措施项目清单与计价表编制格式见表 10-12。

表 10-12 　　　　　　　　　　　　　　　**措施项目清单与计价表**

工程名称：　　　　　　　　　　　　　　　　　　　　　　　　　　　　　　（元）

序号	项目名称	项目特征	计量单位	工程量	单　价				合　价				备注
					全费用综合单价	其中			合计	其中			
						人工费	材料费	机械费		人工费	材料费	机械费	
一	施工合同已列项目												
			小　计										
二	施工过程增列项目												
			小　计										
			合　计										

1）其他项目清单计价表。其他项目清单计价表分为施工合同已列项目和施工过程增列项目。其中：

a. 施工合同已列项目中，确认价中的暂估材料单价确认及价差计价金额、专业工程结算价金额分别取自暂估价材料单价确认及价差计价表、专业工程结算价表。

计日工金额取自计日工表。

施工总承包服务费计价金额取自施工总承包服务费计价表。

索赔与现场签证费用计价汇总金额取自索赔与现场签证费用计价汇总表。

拆除工程项目清单计价金额取自拆除工程项目清单计价表。

发包人供应设备、材料卸车保管费按合同约定金额填写。

人工、材料、机械台班价格调整计价金额取自人工、材料、机械台班价格调整计价表。

b. 施工过程增列项目按照发包人、承包人确定的增列项目及金额编制。

（9）其他项目清单计价表。该部分包括：暂估价材料单价确认及价差计价表，专业工程结算价表，计日工表，施工总承包服务费计价表，索赔与现场签证费用计价汇总表，拆除工程项目清单计价表，人工、材料、机械台班价格调整计价表和费用索赔申请（核准）表。

其他项目清单计价表编制格式见表 10-13。

表 10-13 　　**其他项目清单计价表**

工程名称：　　　　　　　　　　　　（元）

序号	项目名称	计量单位	金额	备注
一	施工合同列项目			
1	确认价			
1.1	暂估材料单价确认及价差价			
1.2	专业工程结算价			
2	计日工			
3	施工总承包服务费计价			
4	索赔与现场签证费用计价汇总			
5	其他			
5.1	拆除工程项目清单计价			

续表

序号	项目名称	计量单位	金额	备注
5.2	发包人供应设备、材料卸车保管费			
5.3	人工、材料、机械台班价格调整计价			
	……			
	小　计			
二	施工过程增列项目			
	小　计			
	合　计			

2）暂估材料单价确认及价差计价表。暂估材料按合同清单项目及工程量，按发、承包双方最终确认的单价及合同清单单价计算单价差及合价差。

暂估材料单价确认及价差计价表编制格式见表10-14。

表 10–14　　暂估材料单价确认及价差计价表

工程名称：　　　　　　　　　　（元）

序号	材料名称、规格、型号	计量单位	数量	暂估价	确认价	价差	合价差	备注

3）专业工程结算价表。专业工程结算价按合同中属暂估价的专业工程内容及施工过程中的中标价或发包人、承包人与分包人最终确认的结算价编制。

专业工程结算价表编制格式见表10-15。

表 10–15　专 业 工 程 结 算 价 表

工程名称：　　　　　　　　　　（元）

序号	工程名称	工程内容	金额	备注

4）计日工表。计日工表的项目名称、数量按现场实际签证确认的事项计列，单价按合同约定价格确

定并计算合价差。

计日工表编制格式见表10-16。

表 10–16　　计 日 工 表

工程名称：　　　　　　　　　（元）

序号	项目名称	单位	确定数量	全费用综合单价	合价	备注
一	人工					
	人工小计					
二	材料					
	材料小计					
三	施工机械					
	施工机械小计					
	合　计					

5）施工总承包服务费计价表。施工总承包服务费计价表中发包人发包专业工程名称、项目价值、服务内容均按合同约定计列，如项目价值发生调整的，按发、承包双方确认调整的金额计列；按照合同约定费率计算服务费金额。

施工总承包服务费计价表编制格式见表10-17。

表 10–17　施工总承包服务费计价表

工程名称：　　　　　　　　　（元）

序号	工程名称	项目价值	服务内容	费率（%）	金额	备注
1	发包人发包专业工程					
	……					

6）索赔与现场签证费用计价汇总表。索赔与现场签证费用计价汇总表根据费用索赔申请（核准）表，按发、承包双方确认的索赔事项和金额计列（不含税金），索赔及签证依据按照经过发、承包双方认可的签证单和索赔依据的编号填写。

索赔与现场签证费用计价汇总表编制格式见表10-18。

表 10-18 索赔与现场签证费用计价汇总表

工程名称： 　　　　　　　　　　　　　（元）

序号	项目名称	计量单位	数量	单价	合价	索赔及签证依据

7）拆除工程项目清单计价表。拆除工程项目清单计价表中的项目名称、项目特征按合同约定计列；工程量按照实际施工图纸计算，单纯按照图纸无法计算的结合现场相应工程资料进行计算；然后根据合同约定全费用综合单价计算合价。拆除工程项目清单计价表编制格式见表 10-19。

表 10-19 拆除工程项目清单计价表

工程名称： 　　　　　　　　　　　　　（元）

序号	项目名称	项目特征	计量单位	工程量	全费用综合单价	合价

8）人工、材料、机械台班价格调整计价表。人工、材料、机械台班价格调整计价表中的材料名称按照合同约定进行价格调整的项目名称计列，数量按照实际结算工程量（定额分解工程量）计列，基准价按照合同约定计列，结算单价按照信息价或发、承包双方确定的价格计列，风险范围按照合同约定计列，价差按照超出风险范围部分的结算单价与基准价的差额计列，并最终计算价差的合价。

人工、材料、机械台班价格调整计价表编制格式见表 10-20。

表 10-20 人工、材料、机械台班价格调整计价表

工程名称： 　　　　　　　　　　（元）

序号	材料名称	单位	数量	基准价	结算单价	风险范围	价差	合价	备注
一	人工								
	……								
	小　计								
二	材料								
	……								
	小　计								
三	机械台班								
	……								
	小　计								
	合　计								

9）费用索赔申请（核准）表。费用索赔申请（核准）表，由承包人填报，经监理单位复核同意，再经造价咨询人复核并审定金额，最终由发包人审核确认。

费用索赔申请（核准）表编制格式见表 10-21。

（10）发包人采购材料计价表。发包人采购材料计价表按合同内容填写，其编制格式见表 10-22。

（11）主要工日价格表。主要工日价格表按合同内容填写，其编制格式见表 10-23。

（12）主要机械台班价格表。主要机械台班价格表按合同内容填写，其编制格式见表 10-24。

表 10-21 费用索赔申请（核准）表

工程名称：

致：　　　　　　　　　（发包人全称）
根据施工合同条款第　　　条的约定，由于　　　　　　原因，我方要求索赔金额（大写）　　　元，（小写）　　　元，请予核准。
附：1. 费用索赔的详细理由和依据： 　　　2. 索赔金额的计算： 　　　3. 证明材料
承包人（章） 　　　　　　　　　　　　　　　　　　　　　　　　　　　　　　　　　　　承包人代表 　　　　　　　　　　　　　　　　　　　　　　　　　　　　　　　　　　　日　期

续表

监理单位复核意见： 根据施工合同条款第　　　条的约定，你方提出的费用索赔申请经复核： □不同意此项索赔，具体意见见附件。 □同意此项索赔，索赔金额的计算，由造价人员复核。 　　　　　　　监理工程师 　　　　　　　日　期	造价咨询人复核意见： 根据施工合同条款第　　　条的约定，你方提出的费用索赔申请经复核，索赔金额为（大写）　　　元，（小写）　　　元。 　　　　　　　造价人员 　　　　　　　日　期
建设单位审核意见： □不同意此项索赔。 □同意此项索赔。 　　　　　　　　　　　　　　　　　　发包人（章） 　　　　　　　　　　　　　　　　　　发包人代表 　　　　　　　　　　　　　　　　　　日　期	

表 10-22　发包人采购材料计价表

工程名称：　　　　　　　　　　　　　　（元）

序号	材料（设备）名称	型号规格	计量单位	数量	单价	合价
一	发包人采购材料					
合　计						

表 10-23　主要工日价格表

工程名称：　　　　　　　　　　（元）

序号	工　种	单　位	数　量	单　价

表 10-24　主要机械台班价格表

工程名称：　　　　　　　　　　（元）

序号	机械设备名称	单　位	数　量	单　价

第十一章

火力发电工程经济评价

第一节 经济评价的定义、作用及编制流程

一、定义

火力发电工程经济评价是根据国民经济与社会发展以及电力行业、地区发展规划的要求，在项目初步方案的基础上，采用科学的分析方法，对拟建项目的财务可行性和经济合理性进行分析论证。

火力发电工程经济评价包括财务评价（也称财务分析）和国民经济评价（也称经济分析）。

财务评价是在国家现行财税制度和价格体系的前提下，从项目的角度出发，计算项目范围内的财务效益和费用，分析项目的盈利能力和清偿能力，评价项目在财务上的可行性。

国民经济评价是在合理配置社会资源的前提下，从国家经济整体利益的角度出发，计算项目对国民经济的贡献，分析项目的经济效率、效果和对社会的影响，评价项目在宏观经济上的合理性。

二、作用

火力发电工程经济评价是项目可行性研究的重要内容，是使项目决策科学化的重要手段。它的作用就是避免或最大限度地减小项目投资风险，明确项目投资的财务水平以及项目对国民经济发展和对社会福利贡献的大小，最大限度地提高项目投资的综合经济效益，为项目的最终投资决策提供科学的依据。

财务评价的作用主要有三个方面：第一，反映项目的货币收支、财务盈利水平以及借款偿还能力，以确定投资行为的财务可行性；第二，为项目的成本管理提供信息和数据，包括项目的投资规模、用款计划与筹款方案等；第三，分析和确定项目投资的风险及应对措施。

国民经济评价的作用主要有三个方面：第一，它是宏观经济层次上合理配置国家有限资源的需要；第二，这是真实反映项目对国民经济所做贡献的需要；

第三，项目国民经济评价是投资决策科学化的需要。

财务评价是国民经济评价的基础，国民经济评价是决定建设项目是否可行的主要依据。国民经济效果对财务经济效果有指导作用。因此，做好财务经济评价是建设项目经济评价的关键，也是对建设项目进行可行性研究的根本所在。

三、编制流程

根据《建设项目经济评价方法与参数（第三版）》及 DL/T 5435—2009《火力发电工程经济评价导则》的相关规定，火力发电工程一般只进行财务评价，无特殊情况下可不进行国民经济评价。

财务评价是在电力产品市场研究、工程技术方案研究等工作的基础上进行的。财务评价编制流程图如图 11-1 所示。

财务评价的主要内容与步骤如下：

（1）选取财务评价基础数据与参数，包括燃料价格、其他投入物价格、标杆电价、税率、利率、汇率、机组年利用小时数、机组年供热（冷）量、供热（冷）价格、工程建设期、项目生产期、固定资产折旧率、无形资产和其他资产推销年限，基准收益率、目标收益率等基础数据和参数。

（2）计算销售（营业）收入，估算成本费用。

（3）编制财务评价报表，主要有以下基本财务报表和辅助报表：

1）基本财务报表 1：项目投资现金流量表；

2）基本财务报表 2：项目资本金现金流量表；

3）基本财务报表 3：投资各方现金流量表；

4）基本财务报表 4：利润与利润分配表；

5）基本财务报表 5：财务计划现金流量表；

6）基本财务报表 6：资产负债表；

7）辅助报表 1：流动资金估算表；

8）辅助报表 2：投资使用计划与资金筹措总表；

9）辅助报表 3：借款还本付息计划表；

10）辅助报表 4：折旧摊销估算表；

11）辅助报表 5：成本费用估算表。

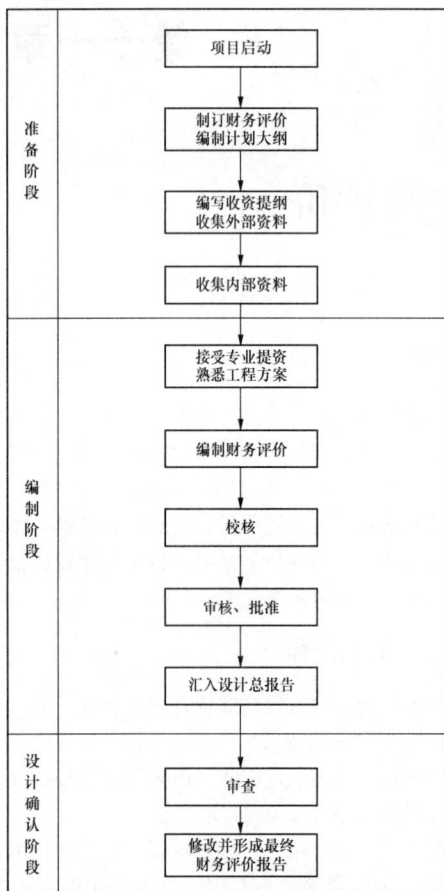

图 11-1　财务评价编制流程图

（4）计算财务评价指标，进行盈利能力分析和偿债能力分析。

（5）进行不确定性分析，包括敏感性分析和盈亏平衡分析。

（6）编写财务评价报告。

第二节　经济评价编制深度及内容

一、编制深度

（1）财务分析编制应执行现行 DL/T 5375—2018《火力发电厂可行性研究报告内容深度规定》和 DL/T 5374—2018《火力发电厂初步可行性研究报告内容深度规定》的相关要求。

（2）主要财务分析指标及简要说明应有下列内容：

1）财务内部收益率、财务净现值、项目投资回收期。

2）总投资收益率、项目资本金净利润率。

3）利息备付率、偿债备付率、资产负债率。

4）盈利能力、偿债能力、财务生存能力分析。

5）敏感性分析及说明。

二、编制内容

（一）财务分析应附表格

1. 主要原始数据表（见表 11-1）

表 11-1　　主 要 原 始 数 据 表

序号	参数名称	单位	数量	取定依据
1	投资总额	万元		
2	长期贷款利率	%		
3	短期贷款利率	%		
4	项目运营期	年		
5	资本金比例	%		
6	固定资产折旧年限	年		
7	残值率	%		
8	无形资产摊销年限	年		
9	年发电量	GWh		
10	年供热量	万 GJ		
11	发电标准煤耗	g/（kW·h）		
12	发电标准气耗	Nm^3/（kW·h）		
13	供热标准煤耗	g/GJ		
14	供热标准气耗	Nm^3/GJ		
15	发电厂用电率	%		
16	供热厂用电率	（kW·h）/GJ		
17	发电用水量	万 t/年		
18	供热用水量	万 t/年		
19	脱硫剂年耗量	万 t/年		
20	脱硝剂年耗量	万 t/年		
21	环境保护税	万元		
22	定员	人		
23	年人均工资	万元		
24	福利费系数	%		
25	材料费	元/（MW·h）		
26	其他费用	元/（MW·h）		

续表

序号	参数名称	单位	数量	取定依据
27	保险费率	%		
28	水价	元/t		
29	脱硫剂单价	元/t		
30	脱硝剂单价	元/t		
31	燃煤机组修理提存率	%		
32	燃气轮机组修理提存率	%		
33	所得税率	%		
34	法定公积金	%		
35	售电价格	元/（MW·h）		
36	售热价格	元/GJ		

2. 项目投资现金流量表（见表 11-2）

表 11-2   项目投资现金流量表

基本财务报表 1 　　　　　　　　　　（万元）

序号	项目	合计	计算期					
			1	2	3	4	…	n
1	现金流入							
1.1	产品销售收入							
1.2	补贴收入							
1.3	回收固定资产余值							
1.4	回收流动资金							
2	现金流出							
2.1	建设投资							
2.2	流动资金							
2.3	经营成本							
2.4	城建税及教育附加和地方教育附加							
3	所得税前净现金流量（1－2）							
4	所得税前累计净现金流量							

续表

序号	项目	合计	计算期				
			1	2	3	4	…	n
5	调整所得税							
6	所得税后净现金流量（3－5）							
7	所得税后累计净现金流量							

计算指标：
项目投资财务内部收益率（%）（所得税前）
项目投资财务内部收益率（%）（所得税后）
项目投资财务净现值（所得税前）（i_c＝%）
项目投资财务净现值（所得税后）（i_c＝%）
项目投资回收期（年）（所得税前）
项目投资回收期（年）（所得税后）

注　1. 调整所得税为以息税前利润为基数计算的所得税，区别于"利润与利润分配表""项目资本金现金流量表"和"财务计划现金流量表"中的所得税。

　　2. 对外商投资项目，现金流出中应增加职工奖励及福利基金科目。

3. 项目资本金现金流量表（见表 11-3）

表 11-3   项目资本金现金流量表

基本财务报表 2 　　　　　　　　　　（万元）

序号	项目	合计	计算期				
			1	2	3	4	…	n
1	现金流入							
1.1	产品销售收入							
1.2	补贴收入							
1.3	回收固定资产余值							
1.4	回收自有流动资金							
2	现金流出							
2.1	建设投资资本金							
2.2	自有流动资金							
2.3	经营成本							
2.4	长期借款本金偿还							
2.5	流动资金借款本金偿还							

续表

序号	项目	合计	计 算 期					
			1	2	3	4	…	n
2.6	长期借款利息支付							
2.7	流动资金借款利息支付							
2.8	城建税及教育附加							
2.9	所得税							
3	净现金流量（1−2）							

计算指标：
资本金财务内部收益率（%）

注　对外商投资项目，现金流出中应增加职工奖励及福利基金科目。

4. 投资各方现金流量表（见表11-4）

表 11-4　投资各方现金流量表

基本财务报表 3　　　　　　　　　　　　（万元）

序号	项目	合计	计 算 期					
			1	2	3	4	…	n
1	现金流入							
1.1	各投资方利润分配							
1.2	资产处置收益分配							
1.2.1	回收固定资产和无形资产余值							
1.2.2	回收还借款后余留折旧和摊销							
1.2.3	回收自有流动资金							
1.2.4	回收法定盈余公积金和任意盈余公积金							
2	现金流出							
2.1	建设投资资本金							
2.2	自有流动资金							
3	净现金流量							

计算指标：
投资各方财务内部收益率（%）

5. 利润与利润分配表

（1）利润与利润分配表（纯凝发电项目），见表 11-5。

表 11-5　利润与利润分配表（纯凝发电项目）

基本财务报表 4　　　　　　　　　　　　（万元）

序号	项目	合计	计 算 期					
			1	2	3	4	…	n
1	产品销售收入							
1.1	售电收入							
1.1.1	售电量							
1.1.2	售电价格（不含税）							
1.1.3	售电价格（含税）							
2	销售税金及附加							
2.1	销售税金							
2.2	城建税及教育附加和地方教育附加							
3	总成本费用							
4	补贴收入							
5	利润总额（1−2.2−3+4）							
6	弥补以前年度亏损							
7	应纳税所得额（5−6）							
8	所得税							
9	净利润（5−8）							
9.1	法定盈余公积金							
9.2	任意盈余公积金							
9.3	各投资方利润分配							
	其中：投资方 1							
	投资方 2							
9.4	未分配利润							
10	息税前利润（利润总额+财务费用）							
11	息税折旧摊销前利润（利润总额+财务费用+折旧+摊销）							

注　1. 对于外商投资项目应由第 9 项减去储备基金、职工奖励与福利基金和企业发展基金后，得出各投资方利润分配。

2. 本表的售电收入为不含增值税收入。

（2）利润与利润分配表（热电联产项目），见表 11-6。

表 11-6　　利润与利润分配表

（热电联产项目）

基本财务报表 5　　　　　　　　　　　　（万元）

序号	项目	合计	计　算　期					
			1	2	3	4	…	n
1	产品销售收入							
1.1	售电收入							
1.1.1	售电量							
1.1.2	售电价格（不含税）							
1.1.3	售电价格（含税）							
1.2	供热收入							
1.2.1	供热量							
1.2.2	供热价格（不含税）							
1.2.3	供热价格（含税）							
2	销售税金及附加							
2.1	售电销售税金及附加							
2.1.1	销售税金							
2.1.2	城建税及教育附加							
2.2	供热销售税金及附加							
2.2.1	销售税金							
2.2.2	城建税及教育附加							
3	总成本费用							
4	补贴收入							
5	利润总额（1-2.2-3+4）							
6	弥补以前年度亏损							
7	应纳税所得额（5-6）							
8	所得税							
9	净利润（5-8）							
9.1	法定盈余公积金							

续表

序号	项目	合计	计　算　期					
			1	2	3	4	…	n
9.2	任意盈余公积金							
9.3	各投资方利润分配							
	其中：投资方 1							
	投资方 2							
9.4	未分配利润							
10	息税前利润（利润总额+财务费用）							
11	息税折旧摊销前利润（利润总额+财务费用+折旧+摊销）							

注　1. 对于外商投资项目，应由第 9 项减去储备基金、职工奖励与福利基金和企业发展基金后，得出各投资方利润分配。

　　2. 本表的售电收入、供热收入均为不含增值税收入。

6. 财务计划现金流量表（见表 11-7）

表 11-7　　　财务计划现金流量表

基本财务报表 6　　　　　　　　　　　（万元）

序号	项目	合计	计　算　期					
			1	2	3	4	…	n
1	经营活动净现金流量（1.1-1.2）							
1.1	现金流入							
1.1.1	销售收入							
1.1.2	补贴收入							
1.1.3	回收流动资金							
1.2	现金流出							
1.2.1	经营成本							
1.2.2	城建税及教育附加							
1.2.3	所得税							
1.2.4	其他流出							
2	投资、筹资活动净现金流量（2.1-2.2）							
2.1	现金流入							
2.1.1	项目资本金投入							

续表

序号	项目	合计	计算期					
			1	2	3	4	…	n
2.1.2	建设投资借款							
2.1.3	流动资金借款							
2.1.4	短期借款							
2.1.5	回收固定资产余值							
2.2	现金流出							
2.2.1	建设投资							
2.2.2	流动资金							
2.2.3	借款本金偿还							
2.2.4	各种利息支出							
2.2.5	各投资方利润分配							
2.2.6	其他流出							
3	净现金流量（1＋2）							
4	累计盈余资金							

注 对于外商投资项目，经营活动现金流出中应增加职工奖励及福利基金科目。

7. 资产负债表（见表11-8）

表11-8 资 产 负 债 表

基本财务报表7 （万元）

序号	项目	合计	计算期					
			1	2	3	4	…	n
1	资产							
1.1	流动资产总额							
1.1.1	应收账款							
1.1.2	存货							
1.1.3	现金							
1.1.4	累计盈余资金							
1.2	在建工程							
1.3	固定资产净值							
1.4	无形资产及其他资产净值							

续表

序号	项目	合计	计算期					
			1	2	3	4	…	n
2	负债及所有者权益							
2.1	流动负债总额							
2.1.1	应付账款							
2.1.2	流动资金借款							
2.1.3	其他短期借款							
2.2	建设投资借款							
	负债合计							
2.3	所有者权益							
2.3.1	资本金							
2.3.2	资本公积金							
2.3.3	累计盈余公积金							
2.3.4	累计未分配利润							
计算指标	资产负债率（%）							
	流动比率							
	速动比率							

8. 流动资金估算表（见表11-9）

表11-9 流 动 资 金 估 算 表

辅助报表1 （万元）

序号	项目	合计	计算期					
			1	2	3	4	…	n
1	流动资产							
1.1	应收账款							
1.2	存货							
1.2.1	原材料							
1.2.2	燃料							
1.2.3	其他							
1.3	现金							
2	流动负债							
2.1	应付账款							
3	流动资金							
4	流动资金本年增加额							

9. 投资使用计划与资金筹措表

（1）投资使用计划与资金筹措总表见表11-10。

表 11-10 　　投资使用计划与资金筹措总表

辅助报表 2 　　　　　　　　　　　　（万元）

序号	项目	合计	计　算　期					
			1	2	3	4	…	n
1	项目总投资							
1.1	建设投资（静态投资＋价差预备费）							
1.2	建设期利息							
1.3	流动资金							
2	资金筹措							
2.1	项目资本金							
2.1.1	用于建设投资							
2.1.2	用于流动资金							
2.2	债务资金							
2.2.1	长期借款							
2.2.2	流动资金借款							
2.2.3	其他短期借款							
2.3	其他							

（2）投资使用计划与资金筹措明细表，见表11-11。

表 11-11 　　投资使用计划与资金筹措明细表

辅助报表 3 　　　　　　　　　　　　（万元）

序号	项目	合计	计　算　期					
			1	2	3	4	…	n
1	建设投资使用计划							
1.1	逐年建设投资使用比例（%）							
1.2	逐年建设投资使用额度							
2	建设投资资金筹措							
2.1	资本金（%）							
2.1.1	投资方 1							
2.1.2	投资方 2							

续表

序号	项目	合计	计　算　期					
			1	2	3	4	…	n
2.2	债务资金（%）							
2.2.1	借款 1							
	建设期借款利息							
	其中承诺费							
2.2.2	借款 2							
	建设期借款利息							
	其中承诺费							
3	建设期利息合计							
4	流动资金							
4.1	自有流动资金							
4.2	流动资金借款							
5	工程动态总投资							
5.1	其中：固定资产投资							
5.2	无形资产投资							
5.3	其他资产投资							

10. 借款还本付息计划表（见表11-12）

表 11-12 　　借款还本付息计划表

辅助报表 4 　　　　　　　　　　　　（万元）

序号	项目	合计	计　算　期					
			1	2	3	4	…	n
1	借款 1							
1.1	期初借款余额							
1.2	当期还本付息							
	其中：还本							
	付息							
2	借款 2							
2.1	期初借款余额							
2.2	当期还本付息							
	其中：还本							

续表

序号	项目	合计	计 算 期					
			1	2	3	4	...	n
	付息							
3	流动资金借款							
3.1	期初借款余额							
3.2	当期还本付息							
	其中：还本							
	付息							
4	短期借款							
4.1	期初借款余额							
4.2	当期还本付息							
	其中：还本							
	付息							
5	借款合计							
5.1	期初借款余额							
5.2	当期还本付息							
	其中：还本							
	付息							
计算指标	利息备付率							
	偿债备付率							

11. 资产折旧、无形资产及其他资产摊销估算表
（见表 11-13）

表 11-13　资产折旧、无形资产及其他
资产摊销估算表

辅助报表 5　　　　　　　　　　　（万元）

序号	项目	合计	计 算 期					
			1	2	3	4	...	n
1	固定资产合计							
1.1	原值							
1.2	折旧费							
1.3	净值							
2	无形资产合计							
2.1	原值							
2.2	摊销费							
2.3	净值							
3	其他资产合计							
3.1	原值							
3.2	摊销费							
3.3	净值							

12. 成本费用估算表

（1）成本费用估算表（纯凝发电项目），见表 11-14。

表 11-14　成本费用估算表（纯凝发电项目）

辅助报表 6　　　　　　　　　　　（万元）

序号	项目	合计	计 算 期					
			1	2	3	4	...	n
1	发电部分							
1.1	年发电量（GW·h）							
1.2	厂用电量（GW·h）							
1.3	售电量（GW·h）							
2	生产成本							
2.1	燃料费							
2.2	水费							
2.3	材料费							
2.4	工资及福利费							
2.5	折旧费							
2.6	摊销费							
2.7	修理费							
2.8	脱硫剂费用							
2.9	脱硝剂费用							
2.10	环境保护税							
2.11	其他费用							
2.12	保险费							
2.13	其他							
3	发电单位成本 [元/（MW·h）]							
4	财务费用							
4.1	长期借款利息							
4.2	流动资金利息							
4.3	短期借款利息							
4.4	其他							
5	总成本费用							
5.1	固定成本							
5.2	可变成本							
6	经营成本 （5−2.5−2.6−4）							

注　本表的成本为不含增值税成本。

（2）总成本费用估算表（热电联产项目），见表 11-15。

表 11-15　　总成本费用估算表
（热电联产项目）

辅助报表 7　　　　　　　　　　　　（万元）

序号	项目	合计	计　算　期					
			1	2	3	4	…	n
1	年发电量（GW·h）							
2	厂用电量（GW·h）							
3	售电量（GW·h）							
4	供热量（万 GJ）							
5	生产成本							
	其中：发电生产成本							
	供热生产成本							
5.1	燃料费							
5.2	水费							
5.3	材料费							
5.4	工资及福利费							
5.5	折旧费							
5.6	摊销费							
5.7	修理费							
5.8	脱硫剂费用							
5.9	脱硝剂费用							
5.10	环境保护税							
5.11	其他费用							
5.12	保险费							
5.13	其他							
6	单位成本							
6.1	发电单位成本［元/（MW·h）］							
6.2	供热单位成本（元/GJ）							
7	财务费用							
7.1	长期借款利息							
7.2	流动资金利息							
7.3	短期借款利息							
7.4	其他							

续表

序号	项目	合计	计　算　期					
			1	2	3	4	…	n
8	总成本费用							
8.1	固定成本							
8.2	可变成本							
9	经营成本（8-5.5-5.6-7）							

注　本表的成本为不含增值税成本。

（3）总成本费用估算明细表（热电联产项目），见表 11-16。

表 11-16　　总成本费用估算明细表
（热电联产项目）

辅助报表 8　　　　　　　　　　　　（万元）

序号	项目	合计	计　算　期					
			1	2	3	4	…	n
1	年发电量（MW·h）							
2	厂用电量（GW·h）							
3	售电量（GW·h）							
4	供热量（万 GJ）							
5	发电生产成本							
5.1	燃料费							
5.2	水费							
5.3	材料费							
5.4	工资及福利费							
5.5	折旧费							
5.6	摊销费							
5.7	修理费							
5.8	脱硫剂费用							
5.9	脱硝剂费用							
5.10	排污费							
5.11	其他费用							
5.12	保险费							
5.13	其他							
6	供热生产成本							
6.1	燃料费							

续表

序号	项目	合计	计算期					
			1	2	3	4	…	n
6.2	水费							
6.3	材料费							
6.4	工资及福利费							
6.5	折旧费							
6.6	摊销费							
6.7	修理费							
6.8	脱硫剂费用							
6.9	脱硝剂费用							
6.10	环境保护税							
6.11	其他费用							
6.12	保险费							
6.13	其他							
7	财务费用							
7.1	发电财务费用							
7.1.1	长期借款利息							
7.1.2	流动资金利息							
7.1.3	短期借款利息							
7.1.4	其他							
7.2	供热财务费用							
7.2.1	长期借款利息							
7.2.2	流动资金利息							
7.2.3	短期借款利息							
7.2.4	其他							
8	总成本费用							
8.1	发电总成本费用							
8.1.1	固定成本							
8.1.2	可变成本							
8.2	供热总成本费用							
8.2.1	固定成本							
8.2.2	可变成本							

注　本表的成本为不含增值税成本。

13. 财务评价指标一览表（见表 11-17）

表 11-17　　　财务评价指标一览表

工程静态投资	万元	单位投资	元/kW
工程动态投资	万元	单位投资	元/kW
其中：可抵扣的增值税	万元		
流动资金	万元	铺底生产流动资金	万元
电价（不含税）	元/（MW·h）	电价（含税）	元/（MW·h）
热价（不含税）	元/GJ	热价（含税）	元/GJ
总投资收益率	%	资本金净利润率	%
融资前分析（项目投资现金流量分析）		基准收益率	%
内部收益率（%）		净现值（万元）	投资回收期（年）
所得税前			
所得税后			
融资后分析			
内部收益率（%）		净现值（万元）	投资回收期（年）
项目资本金			
投资方			

14. 敏感性分析表

（1）敏感性分析表（给定电价），见表 11-18。

表 11-18　　　敏感性分析表（给定电价）

序号	不确定因素	变化率	内部收益率	内部收益率变化率	敏感度系数
		1	2	3	4＝3/1
1	基本方案				
2	建设投资（%）				
3	年发电量（%）				
4	年供热量（%）				
5	售电价格（%）				
6	供热价格（%）				
7	燃料价格（%）				

（2）敏感性分析表（测定电价），见表11-19。

表 11-19　　敏感性分析表（测定电价）

序号	不确定因素	变化率	电价	电价变化率	敏感度系数
		1	2	3	4 = 3/1
1	基本方案				
2	建设投资（%）				
3	年发电量（%）				
4	年供热量（%）				
5	供热价格（%）				
6	燃料价格（%）				

（二）盈利能力分析

项目经营期以 20 年计算，通过项目财务评价，测算出当上网电价××元/（MW·h）（含税）时，融资前和融资后财务内部收益率是否满足电力行业现行的财务内部收益率要求，且财务净现值是否大于零。如果财务内部收益率满足电力行业现行的财务内部收益率要求，且财务净现值大于零，项目投产后的盈利能力是可行的，评价结果为项目可行；否则项目不可行。

（三）偿债能力分析

项目计算期内，按照贷款条件要求进行还贷。还贷资金由还贷折旧和还贷利润组成。项目利用银行贷款，还贷期较长（一般 16 年以内），可减轻项目的还贷压力。按投资方内部收益率为 10%或 8%时的上网电价测算是否满足贷款偿还的要求。

从借款还本付息表可以看出利息备付率和偿债备付率是否大于 1，大于 1 说明项目具有较强的还本付息能力，反之则说明还本付息能力较弱。

从资产负债计算表可以看出，项目在经营期内资产负债率是否低于银行评估企业经营的风险值。由于发电项目在电网的合理调度下，财务上流动资金占用率相对稳定，又无存货，所以流动比率和速动比率应较高，说明项目具有较强的清偿能力，反之清偿能力较弱。

（四）测算的电价与国家公布的地区标杆电价进行对比分析

（五）电价测算情况

应测算项目经营期平均上网电价或按投资方要求

补充其他方式电价测算。

第三节　财务评价方法与参数

火力发电项目经济评价是项目前期研究工作的重要内容，可行性研究阶段应按照 DL/T 5345—2009《火力发电工程经济评价导则》的规定，全面、完整地进行经济评价。

（一）财务评价的基本原则及规定

1. 财务评价应遵循的基本原则

（1）效益与费用计算口径对应一致的原则。

（2）收益与风险权衡的原则。

（3）定量分析与定性分析相结合，以定量分析为主的原则。

（4）动态分析与静态分析相结合，以动态分析为主的原则。

2. 火力发电项目财务评价的有关规定

（1）财务评价的方法必须符合国家的有关规定和现行的财税制度。

（2）计算使用的成本数据应准确可靠。

（3）计算采用的折旧年限、计算期、还款期、所得税率、增值税率、融资成本、供热价格等必须符合有关规定或协议。

（4）项目财务评价测算的售电（热）价格应按照"合理补偿成本，合理确定收益，依法计入税金"的原则确定。

（5）财务评价应明确表达原始数据表、所有基本财务报表、所有辅助财务报表、财务评价指标一览表及敏感性分析表。

（6）财务评价的说明应包含采用国家和行业的各项财务指标来衡量结果是否合理及项目是否可行，分析测算电（热）价的水平及市场对电（热）价承受能力。通过敏感性分析得出项目的经济评价结论等内容。

（二）财务评价参数

火力发电工程财务评价的基础参数可分为投资类、成本类、损益类参数。投资类基础数据采用项目投资估算中的相应数据，其中工程投资采用静态投资，生产期可抵扣增值税按照总估算表计算出的数额。成本类和损益类按照数据取得来源可以由项目建设单位提供、设计专业提供和采用国家及行业相关规定。

1. 建设单位提供的数据

（1）资金来源。

1）资本金。建设单位应明确提供各股东方注册资本金比例。可研送审时建设单位应取得并提供投资方的投资意向书或各股东方签订的合资协议书。

火力发电项目的注册资本金不低于项目总资金的

20%，资本金不计利息。资本金最低额度计算式为

资本金最低额度＝动态总投资×最低资本金比例

2）融资：建设单位应明确提供融资利率及结息周期、宽限期、还款方式及协议还款期。可研送审时应取得并提供省级以上分行的银行贷款承诺函。

资本金以外的项目按融资考虑，国内项目一般使用 5 年以上长期贷款，国内银行是按季结息，贷款名义年利率应折算为实际贷款年率。国外银行融资时按融资合同规定的利率及结息周期计算。融资额度的计算式为

融资额度＝动态总投资×（1－最低资本金比例）

（2）标准煤价。建设单位提供不含税的标准煤到厂价（元/t）；燃机项目为燃气价（元/m³）或燃油价（元/t）。

（3）人员工资及福利费。人员工资是指包含工资、奖金、津贴、补贴、补充养老保险的全厂人员平均年工资；

建设单位提供当地规定的基本养老保险（%）、医疗保险（%）、失业保险（%）、工伤保险（%）、生育保险（%）、住房公积金（%），计入福利费系数中。

（4）水费。在工程不外购水而自行取用补充水时，水费为水资源费，建设单位提供当地的水资源费标准［元/t 或元/（MW·h）］；外购水则提供外购价［元/t 或元/（MW·h）］，不含税。

（5）脱硫、脱硝用材料费。按工程所在地石灰石或石灰石粉价格，用于计算工程脱硫成本；按工程所在地的液氨或尿素（根据设计方案）价格，用于计算工程脱硝成本。

（6）材料费。生产中所消耗的材料、化学药品、备品备件和低值易耗品等。建设单位应按同地区、同类电厂实际值提供，不含税，单位为元/（MW·h）。如建设单位提供不出时，可参考编制期《火电工程限额设计参考造价指标》上的数值计列。

（7）其他费用。不属于修理费、折旧费及上述几项费用而需计入成本的其他费用。建设单位应按同地区、同类电厂实际值提供，不含税，单位为元/（MW·h）。如建设单位提供不出时，可参考编制期《火电工程限额设计参考造价指标》上的数值计列。

（8）热价。建设单位应提供与当地物价部门、热力公司商谈的供热意向价（元/GJ 或元/t）及计价点（出厂、用户），当地实际供热价（元/GJ 或元/t）及计价点（出厂、用户）。

（9）机组年利用小时。建设单位提供机组年利用小时数，原则上按电厂接入系统审定的数据。

（10）工期。建设单位提供各机组的开工日期和投产日期。

2. 设计专业提供的有关数据

（1）发电量。火力发电项目的年发电量，单位为 MW·h 或 GW·h。

发电量＝机组容量×设备利用小时数

（2）供热量。供热量为年供热量，单位为 GJ。

（3）发电标准煤耗率。每发出 1 千瓦·时电所消耗的标准煤重量，单位为 kg/（MW·h）。

（4）供热标准煤耗率。每供出 1GJ 热量所消耗的标准煤重量，单位为 kg/GJ。

（5）发电成本分摊比。

发电成本分摊比＝发电用标准煤量/（发电用标准煤量＋供热用标准煤量）

（6）发电、供热厂用电率。发电耗用的厂用电量与发电量之比，单位为（%）（厂用电量应包含脱硫、脱硝项目的用电量）；供热耗用的厂用电量与供热量之比，单位为 kW·h/GJ。

（7）脱硫、脱硝材料用量。脱硫剂用量单位为 t/h；脱硝剂用量单位为 t/h。

（8）水量。发电和供热耗用的水量，单位为 t/h。

（9）排污量。电厂项目排放 SO_2、NO_x 和烟尘的量，单位为 t/年。

3. 其他基础数据

（1）标杆上网电价。采用政府主管部门发布的当地标杆电价。

（2）售热价。查阅建设单位与当地政府主管部门签订的供热协议。

（3）增值税。增值税是在中华人民共和国境内销售货物或者提供加工、修理修配劳务以及进口货物的单位和个人，为纳税义务人，为其商品生产和流通环节缴纳的税务，属流转税税种之一。增值税的计算式为

增值税＝销项税－进项税

其中，销项税的计算式为

销项税＝［含税销售收入/（1＋销项税率）］×销项税率

发电销项税率为 13%，供热销项税率为 9%。

计税基数的计算式为

计税基数＝含税销售收入/（1＋销项税率）

（4）城市维护建设税。扩大和稳定城市维护建设资金的来源征收的一种税。以纳税人实际缴纳的产品税、增值税、营业税税额为计税基数。

城市维护建设税税率：纳税人所在地在市区的税率为 7%，纳税人所在地在县城、镇的税率为 5%，纳税人所在地不在市区、县城、镇的税率为 1%。

（5）教育附加费。教育附加费是对缴纳增值税、

消费税、营业税的单位征收的一种附加费，是扩大教育资金的来源。教育附加费率为3%。

按照地方教育附加费使用管理规定，在各省、直辖市的行政区域内，凡缴纳增值税、消费税、营业税的单位和个人，都应按规定缴纳地方教育附加。地方教育附加费率为2%。

教育附加与地方教育附加属于不同的专项基金。均以纳税人实际缴纳的产品税、增值税、营业税税额为计税基数。

（6）企业所得税。企业所得税是在中国境内从事生产、经营和其他经济活动的企业就其生产、经营和其他所得征收的一种税。计税基数为应纳税所得（利润）额。火力发电项目的企业所得税执行25%的税率。

（7）法定盈余公积金。法定盈余公积金是指在所得税后利润中提取的项目，按相关协议要求计取。目前电力项目按10%计取。

（8）贷款年限（包括建设期）。贷款年限原则上按借贷双方协议，如协议未签，则应符合国家有关规定：

2×350MW 机组取 15 年，2×660MW 机组、2×1000MW 机组取 18 年，180MW 级燃机取 10 年。

（9）经营期年限。经营期年限取 20 年。

（10）折旧年限。折旧年限取 15 年。

（11）大修理费。大修理费的计算式为

大修理费＝工程静态投资（扣除可抵扣的增值税）×大修理费率。

燃煤机组大修理费率取 2%，燃机大修理费率取 3.5%。

（12）保险费。保险费＝固定资产净值×保险费率。保险费率取 0.25%。

（13）财务基准收益率。财务基准收益率是项目财务内部收益率指标的基准和判据，是判断项目财务是否可行的最低要求，也用作计算财务净现值的折现率。火力发电项目一般采用行业发布的基准收益率，基准收益率取 6%～8%。

（三）财务评价计算

1. 项目总投资及资金安排

（1）项目总投资。项目总投资指火力发电项目自前期工作开始到机组投产运营所需要投入的资金总额。项目总工程投资包括工程动态投资（含工程静态投资、价差预备费、建设期利息）和生产流动资金两部分。项目总投资分别形成固定资产、无形资产和其他资产。

固定资产投资指项目投产时直接形成固定资产的建设投资，固定资产投资的数据依据工程投资估算。

固定资产投资＝工程费用＋其他费用中按规定形成固定资产的部分

无形资产包括专利权、非专利技术、商标权、土地使用权等。

其他资产＝项目总投资－固定资产投资－无形资产

建设项目资金分为资本金和债务资金。资本金是指在项目总投资中，由投资者认缴的出资额，项目资本金占建设项目资金的比例应符合国家法定的资本金制度；债务资金指项目总投资中以负债方式从金融机构、证券市场等资本市场取得的资金。

（2）建设期利息。建设期利息指筹措债务时在建设期内发生并规定允许资本化部分的利息。项目为多台机组时，建设期利息的计算式为

1）开工年度建设期利息＝$\left(\dfrac{\text{本年贷款}}{2}\times\text{有效年利率}\right)\times\left(\dfrac{12-\text{投入资金月份}+1}{12}\right)$

2）建设年度建设期利息＝$\left(\text{单台机组年初贷款本息累计}+\dfrac{\text{本年贷款}}{2}\right)\times\text{有效年利率}$

3）投产年度建设期利息＝$\left(\text{单台机组年初贷款本息累计}-\dfrac{\text{本年贷款}}{2}\times\text{有效年利率}\right)\times\dfrac{\text{投产月份}}{12}$

4）有效年利率为编制期贷款实际利率。实际利率的计算式为

$$\text{实际利率}=\left(1+\frac{i}{m}\right)^{m}-1 \qquad (11\text{-}1)$$

式中　i——名义年利率；

　　　m——每年计息次数。

计算贷款金额时，应从投资额中扣除资本金。

（3）生产流动资金。生产流动资金是指为使机组投产运行，用于购买燃料、材料、备品备件和支付工资等所需要的周转性资金。生产流动资金在机组投产前安排投入，计算时应将进项税额包括在相应的年费用中。生产流动资金的来源包括自有流动资金和流动资金借款两部分。其中自有流动资金（铺底流动资金）按照生产流动资金的30%计算，计入投资估算的项目计划总资金。

流动资金＝流动资产－流动负债

流动资金本年增加额＝本年流动资金－上年流动资金

流动负债＝应付账款

应收账款＝年经营成本/周转次数

存货＝（年燃料费＋年其他材料费）/周转次数

现金＝（年工资及福利＋年其他费用＋保险）/周转次数

应付账款＝（年燃料费＋年其他材料＋年水费）/周转次数

周转次数＝360 天/最低周转天数

最低周转天数按实际情况并考虑保险系数分项确定，目前一般按 30 天计算。其他材料是生产运行、维护修理和事故处理所耗用的各种原料、材料、备品备件和低值易耗品等费用、脱硫剂和脱硝剂费用。

（4）资金使用计划。资金使用计划按照施工组织专业提出的项目建设工期和实施进度方案进行安排。各年度投资比例可参考当期《火电工程限额设计参考造价指标（2017 年水平）》中参考电价计算的燃煤、燃气机组的各年度投资比例。

2. 生产能力计算

（1）电量计算。包括发电量和供电量（售电量）。

发电量的计算式为

$$发电量＝机组容量×年利用小时数$$

供热机组由于是热电联产，以热定电的运行方式，因此，发电量不是简单计算，应由设计人员根据机组选型和年热负荷曲线等计算出发电量，提供给技经专业人员。

供电量的计算式为

$$供电量＝发电量×（1－综合厂用电率）$$

综合厂用电率包括发电厂用电率（%）和供热厂用电率 [%，由（kW·h）/GJ 换算]。其数值由电气专业设计人员提供。

经济评价计算范围是到电厂出口，即只计算上网电价，供电量即为售电量。

（2）热量计算。针对供热机组，包括供热量和售热量。同发电量一样，供热量由设计人员提供。

热电项目的经济评价计算只计算到热电厂围墙出口，供热量即为售热量。

3. 成本计算

总成本费用指火力发电项目在生产经营过程中发生的物质消耗、劳动报酬及各项费用。

总成本费用由生产成本和财务费用组成。生产成本包括燃料费、用水费、材料费、工资及福利费、折旧及摊销费、修理费、保险费、脱硫剂费用、脱硝剂费用、排污费和其他费用；财务费用是指企业为筹集债务资金而发生的费用。

经营成本是项目财务分析中所使用的特定概念，包括燃料费、用水费、材料费、工资及福利费、修理费、脱硫剂费用、脱硝剂费用、排污费、其他费用及保险费。

经营成本的计算式为

$$经营成本＝总成本费用－折旧费用－$$
$$摊销费用－财务费用$$

根据成本费用与产量的关系，可以将总成本费用分解为固定成本和可变成本。其中，固定成本是指在一定范围内与电、热的产量无关，其费用总量固定的成本，一般包括折旧费、摊销费、工资及福利费、修

理费、财务费用、其他费用及保险费；可变成本与电、热产量有关，包含燃料费、水费、材料费、脱硫剂费用、脱硝剂费用及排污费。

（1）纯凝发电项目生产成本计算。

1）燃料费。燃料费是指电力生产所耗用的燃料费用，对于煤炭，一般折算成标准煤计算，发电标准煤耗按设计值，并考虑全年平均运行工况。年发电燃料费的计算式为

$$年发电燃料费＝年发电量×发电标准煤耗×标准$$
$$煤单价$$

2）用水费。用水费指电力生产所耗用的购水费用，按消耗水量和购水价格计算。年用水费的计算式为

$$年用水费＝年消耗水量×水价$$

3）材料费。材料费指生产运行、维护修理和事故处理所耗用的各种原料、材料、备品备件和低值易耗品等费用。年材料费的计算式为

$$年材料费＝年发电量×单位发电量材料费$$

4）折旧及摊销费。年折旧费的计算式为

$$年折旧费＝固定资产原值×折旧率$$

折旧率的计算式为

$$折旧率＝[（1－固定资产残值率）/折旧年限]×100\%$$

年摊销费的计算式为

$$年摊销费＝无形资产及其他资产/摊销年限$$

5）工资及福利费。工资及福利费指电厂生产和管理人员的工资和福利费，包括职工工资、奖金、津贴和补贴，职工福利费以及由职工个人缴付的医疗保险费、养老保险费、失业保险费、工伤保险费、生育保险费等社会保障费和住房公积金。按全厂定员和全厂人均年工资总额（含福利费）计算，年工资和福利费的计算式为

$$年工资和福利费＝全厂定员×人均年工资额$$
$$（含福利费）$$

6）修理费。修理费指为保持固定资产的正常运转和使用，对其进行必要修理所发生的费用，修理费按预提的方法计算。修理费计算中的固定资产原值应扣除所含的建设期利息和生产期可抵扣的设备增值税。年修理费的计算式为

$$年修理费＝固定资产原值（扣除所含的建设期$$
$$利息）×修理预提率$$

7）保险费。可以按保险费率进行计算，即以固定资产净值的一定比例计算，另外也可以按每年固定的额度计算。

8）脱硫剂费用。脱硫剂费用指机组脱硫所耗用的脱硫原料的费用。年脱硫剂费用的计算式为

$$年脱硫剂费用＝年脱硫剂耗量×脱硫剂单价$$

9）脱硝剂费用。脱硝剂费用指机组脱硝所耗用的脱硝原料的费用。年脱硝剂费用的计算式为

$$年脱硝剂费用＝年脱硝剂耗量×脱硝剂单价$$

10）环境保护税。环境保护税指机组在运行期间对外界排放二氧化硫、氮氧化物及烟尘等按照国家有关环境保护税征收标准规定所征收的费用。

将环保专业提供的 SO_2、NO_x 和烟尘的年排放量折算成当量值，计算出项目的全厂排污费。

全厂排污费的计算式为

全厂排污费＝排放 SO_2 费用＋排放 NO_x 费用＋排放烟尘费用

其中：

排放 SO_2 费用＝SO_2 产生量/0.95×单价

排放 NO_x 费用＝NO_x 产生量/0.95×单价

排放烟尘费用＝烟尘产生量/2.18×单价

11）其他费用。指不属于以上各项而计入生产成本的其他成本，主要包括公司经费、工会经费、职工教育经费、劳动保险费、待业保险费、董事会费、咨询费、聘请中介机构费，诉讼费、业务招待费、房产税、车船使用税、土地使用税、印花税、研究与开发费等。年其他费用的计算式为

年其他费用＝发电量×单位发电量其他费用

（2）热电联产项目生产成本计算。

1）电、热成本分摊计算。热电项目的电力和热力生产是同时进行的，所发生成本和费用应按以下原则分配：凡只为电力或热力一种产品服务而发生的成本和费用，应由该产品负担；凡为两种产品共同服务而发生的成本和费用，应按电热分摊比加以分配。电热分摊比包括成本分摊比和投资分摊比。

a. 成本分摊比。用于分摊燃料、用水、材料费、脱硫剂费用、脱硝剂费用等可变成本和工资及福利费其他费用等固定成本。

发电成本分摊比（%）＝发电用标准煤量/（发电用标准煤量＋供热用标准煤量）

供热成本分摊比（%）＝100%－发电成本分摊比

b. 投资分摊比。用于折旧费、摊销费、修理费、保险费及财务费用。

发电投资分摊比（%）＝发电固定资产/（发电固定资产＋供热固定资产）

供热投资分摊比（%）＝100%－发电投资分摊比

2）生产成本计算。

a. 燃料费。燃料费是指热电项目生产所耗用的燃料费用，对于煤炭，一般折算成标准煤计算，发电标准煤耗按设计值，并考虑全年平均运行工况。

年发电燃料费＝年发电量×发电标准煤耗×标准煤单价

年供热燃料费＝年供热量×供热标准煤耗×标准煤单价

b. 用水费。用水费指电力生产所耗用的购水费用，按消耗水量和购水价格计算。

年发电水费＝年发电用水量×水价

年供热水费＝年供热用水量×水价

c. 材料费。材料费指生产运行、维护修理和事故处理所耗用的各种原料、材料、备品备件和低值易耗品等费用。

材料费＝发电量×热电项目单位发电量综合材料费

d. 折旧及摊销费。

年折旧费＝固定资产原值×折旧率

折旧率＝（1－固定资产残值率）/折旧年限×100%

年摊销费＝无形资产及其他资产/摊销年限

e. 工资及福利费。工资及福利费指电厂生产和管理人员的工资和福利费，包括职工工资、奖金、津贴和补贴，职工福利费以及由职工个人缴付的医疗保险费、养老保险费、失业保险费、工伤保险费、生育保险费等社会保障费和住房公积金。按全厂定员和全厂人均年工资总额（含福利费）计算。

年工资和福利费＝全厂定员×人均年工资额（含福利费）

f. 修理费。修理费指为保持固定资产的正常运转和使用，对其进行必要修理所发生的费用，修理费按预提的方法计算。修理费计算中的固定资产原值应扣除所含的建设期利息和生产期可抵扣的设备增值税。

年发电修理费＝固定资产原值（扣除所含的建设期利息）×发电投资分摊比×修理预提率

年供热修理费＝固定资产原值（扣除所含的建设期利息）×供热投资分摊比×修理预提率

g. 保险费。可以按保险费率进行计算，即以固定资产净值的一定比例计算，另外也可以按每年固定的额度计算。

年发电保险费用＝全厂保险费×发电投资分摊比

年供热保险费用＝全厂保险费×供热投资分摊比

投产年度，燃料费、水费、材料费、脱硫剂费用、脱硝剂费用、修理费、折旧及摊销费、排污费和其他费用均应按该年燃料耗量占达产年燃料耗量比例进行折减。

h. 脱硫剂费用。脱硫剂费用指机组脱硫所耗用的脱硫原料的费用。

年发电脱硫剂费用＝年脱硫剂耗量×脱硫剂单价×发电成本分摊比

年供热脱硫剂费用＝年脱硫剂耗量×脱硫剂单价×供热成本分摊比

i. 脱硝剂费用。脱硝剂费用指机组脱硝所耗用的脱硝原料的费用。

年发电脱硝剂费用＝年脱硝剂耗量×脱硝剂单价×发电成本分摊比

年供热脱硝剂费用＝年脱硝剂耗量×脱硝剂单价×
供热成本分摊比

j．环境保护税。环境保护税指机组在运行期间对外界排放二氧化硫、氮氧化物及烟尘等按照国家有关环境保护税征收标准规定所征收的费用。

将环保专业提供的 SO_2、NO_x 和烟尘的年排放量折算成当量值，计算出项目的全厂排污费。

全厂排污费＝排放 SO_2 费用＋排放 NO_x 费用＋排放烟尘费用

其中：排放 SO_2 费用＝SO_2 产生量/0.95×单价

排放 NO_x 费用＝NO_x 产生量/0.95×单价

排放烟尘费用＝烟尘产生量/2.18×单价

k．其他费用。指不属于以上各项而计入生产成本的其他成本，主要包括公司经费、工会经费、职工教育经费、劳动保险费、待业保险费、董事会费、咨询费、聘请中介机构费、诉讼费、业务招待费、房产税、车船使用税、土地使用税、印花税、研究与开发费等。

年发电其他费用＝发电量×单位发电量其他费×
发电成本分摊比

年供热其他费用＝发电量×单位发电量其他费×
供热成本分摊比

（3）财务费用计算。财务费用是指企业为筹集债务资金而发生的费用，主要包括长期借款利息、流动资金借款利息和短期借款利息等。对热电联产项目，应按投资分摊比进行分摊。

1）长期借款利息。可以按等额还本付息、等额还本利息照付以及约定还款方式计算。

2）流动资金借款利息。按期末偿还、期初再借的方式处理，并按一年期利率计息。

年流动资金借款利息＝年初流动资金借款余额×流动资金借款年利率

3）短期借款利息。短期借款利息的偿还按照随借随还的原则处理，即当年借款尽可能于下年偿还，借款利息的计算同流动资金借款利息。

4．收入、税金及利润计算

（1）项目的收入计算。火力发电项目的收入主要是售电和售热的收入，个别项目有其他产品收入，比如灰渣、石膏等。

销售收入＝售电收入＋供热收入＋其他产品收入

年售电收入＝机组容量×机组年利用小时
×（1–厂用电率）×电价

年供热收入＝年供热量×热价

其他产品收入＝年产量×单价

（2）税金和利润计算。财务分析涉及的税金主要包括增值税、城市维护建设税、教育费附加和企业所得税。

1）财务分析应按税法规定计算增值税，计算公式为

增值税＝销项税额–进项税额

2）城市维护建设税和教育费附加是地方性的附加税和专项费用，计税依据是增值税，计算公式为

城市维护建设税和教育费附加＝增值税×税率

3）企业所得税是针对企业应纳所得税额征收的税种，财务分析时应根据税法规定，并注意正确使用有关的优惠政策。

企业所得税＝（销售收入–总成本费用–城市维护建设税–教育费附加）×税率

4）利润。火力发电项目的利润分为利润总额和净利润。

利润总额＝销售收入–总成本费用–城市维护建设税–教育费附加

销售收入＝售电收入＋供热收入

总成本费用＝发电生产成本＋供热生产成本＋财务费用

净利润＝利润总额–企业所得税

5．贷款偿还计算

贷款偿还计算包含偿还方式的选择和还贷资金的计算。贷款偿还方式主要有本息等额还款、等额还本利息照付以及约定还款。火力发电项目还款主要采用前两种方式。

（1）等额还本付息方式的计算公式为

$$A = I_c \frac{i(1+i)^n}{(1+i)^n - 1} = I_c(A/P, i, n) \qquad (11-2)$$

式中　A——每年还本付息额（等额年金）；

I_c——还款起始年年初的借款余额；

i——有效年利率；

n——预定的还款期；

$(A/P, i, n)$——资金回收系数。

其中：

每年支付利息＝年初借款余额×年利率

每年偿还本金＝A–每年支付利息

年初借款余额＝I_c–本年以前各年偿还的借款累计

（2）等额还本利息照付方式的计算公式为

$$A_t = \frac{I_c}{n} + I_c i \left(1 - \frac{t-1}{n}\right) \qquad (11-3)$$

式中　A_t——第 t 年的还本付息额。

其中：

每年支付利息＝年初借款余额×有效年利率

即第 t 年支付利息＝$I_c i \left(1 - \dfrac{t-1}{n}\right)$

每年偿还本金＝$\dfrac{I_c}{n}$

（3）约定还款方式。指除了上述两种还款方式之外的项目法人与银行签订的还款协议约定的方式。

投产的前几年，可抵扣的增值税用来偿还借款。

然后使用折旧和摊销费用偿还借款。在折旧和摊销资金不足时，使用未分配利润来偿还借款。

6. 财务评价报表及主要指标计算

通过编制财务分析基本报表计算财务指标，分析项目的盈利能力、偿债能力和财务的生存能力，判断项目的可接受性，明确项目对项目法人及投资方的价值贡献，为项目决策提供依据。

（1）财务分析基本报表。财务分析基本报表包括现金流量表、利润和利润分配表、财务计划现金流量表和资产负债表。

1）现金流量表是反映项目在建设和运营整个计算期内各年的现金流入和流出，进行资金的时间因素折现计算的报表。它包括项目投资现金流量表、项目资本金现金流量表和投资各方现金流量表。

a. 项目投资现金流量表用来进行融资前分析，即在不考虑债务筹措的条件下进行盈利能力分析，分别计算所得税前与税后的项目投资财务内部收益率，项目投资财务净现值和项目投资回收期。项目投资现金流量表中的所得税为调整所得税，调整所得税为以息税前利润为基数计算的所得税，区别于"利润与利润分配表""项目资本金现金流量表"和"财务计划现金流量表"中的所得税。

调整所得税＝息税前利润×企业所得税率

b. 项目资本金现金流量表在拟定的融资方案下，从项目资本金出资者整体的角度，考察项目的盈利能力，计算息税后资本金财务内部收益率。

c. 投资各方现金流量表是从投资方实际获利和支出的角度，反映投资各方的收益水平，计算息税后投资各方财务内部收益率。

2）利润与利润分配表反映项目计算期内各年销售收入、总成本费用、利润总额等情况，以及所得税后利润的分配，用于计算总投资收益率、项目资本金净利润率等指标。火力发电项目的利润分为利润总额和净利润。

利润总额＝销售收入（发电＋供热）－总成本费用－城市维护建设税和教育费附加＋补贴收入

年度利润总额实现后的用途依次为：弥补以前年度的亏损、交纳所得税、提取法定盈余公积金和任意公积金，偿还短期借款本金，各投资方利润分配。

3）财务计划现金流量表反映项目计算期内各年的投资、筹资及经营活动的现金流入和流出，用于计算累计盈余资金，分析项目的财务生存能力。

4）资产负债表反映项目计算期内各年年末资产、负债及所有者权益的增减变化及对应关系，计算资产负债率、流动比率和速动比率。

（2）财务评价主要指标。

1）盈利能力分析的主要指标包括财务内部收益率（FIRR）、财务净现值（FNPV）、项目投资回收期、

总投资收益率（ROI）、项目资本金净利润率（ROE）。

a. 财务内部收益率（FIRR）指项目在计算期内各年净现金流量现值累计等于零时的折现率，是考察项目盈利能力的主要动态指标。

$$\sum_{t=1}^{n}(CI-CO)_t(1+FIRR)^{-t}=0 \qquad (11\text{-}4)$$

式中 CI ——现金流入量；

CO ——现金流出量；

$(CI-CO)_t$ ——第 t 期的净现金流量；

n ——项目计算期。

求出的 $FIRR$ 应与行业的基准收益率（i_c）比较。当 $FIRR \geqslant i_c$ 时，应认为项目在财务上是可行的。

b. 财务净现值（FNPV）是指按行业基准收益率（i_c），将项目计算期内各年的净现金流量折现到建设期初的现值之和，是反映项目在计算期内盈利能力的动态评价指标。

$$FNPV=\sum_{t=1}^{n}(CI-CO)_t(1+i_c)^{-t}=0 \qquad (11\text{-}5)$$

财务净现值不小于零的项目是可行的。

c. 投资回收期指项目的净收益回收项目投资所需要的时间，是考察项目财务上投资回收能力的重要静态评价指标。投资回收期（以年表示）宜从建设期开始算起。

$$\sum_{t=1}^{P_t}(CI-CO)_t=0 \qquad (11\text{-}6)$$

投资回收期可用项目投资现金流量表中累计净现金流量计算求得。

$$P_t=T-1+\frac{\left|\sum_{t=1}^{T-1}(CI-CO)_i\right|}{(CI-CO)_T} \qquad (11\text{-}7)$$

式中 T ——各年累计净现金流量首次为正值或零的年数。

投资回收期短，表明项目投资回收快，抗风险能力强。

d. 总投资收益率（ROI）指项目达到生产能力后正常年份的年息税前利润或运营期利润或运营期内平均息税前利润（EBIT）与项目总投资（TI）的比率，表示总投资的盈利水平。

$$ROI=\frac{EBIT}{TI}\times 100\% \qquad (11\text{-}8)$$

式中 $EBIT$ ——项目正常年份的年息税前利润或运营期内年平均息税前利润；

TI ——项目总投资。

总投资收益率高于同行业的参考值，表明用总投资收益率表示的盈利能力满足要求。

e. 项目资本金净利润率（ROE），指项目达到设计

能力后正常年份净利润或运营期内平均净利润（NP）与项目资本金的比率，表示项目资本金的盈利水平。

$$ROE = \frac{NP}{EC} \times 100\% \qquad (11\text{-}9)$$

式中 NP——项目正常年份的年净利润或运营期内年平均净利润；

EC——项目资本金。

项目资本金净利润率高于同行业的净利润率参考值，表明用项目资本金净利润率表示的盈利能力满足要求。

2）偿债能力分析的主要指标包括利息备付率（ICR）、偿债备付率（$DSCR$）、资产负债率（$LOAR$）、流动比率和速动比率。

a. 利息备付率（ICR）指在借款偿还期内的息税前利润（$EBIT$）与应付利息（PI）的比值，表示利息偿付的保障程度指标。

$$ICR = \frac{EBIT}{PI} \qquad (11\text{-}10)$$

式中 $EBIT$——息税前利润；

PI——计入成本费用的应付利息。

利息备付率应分年计算。利息备付率高，表明利息偿付的保障程度高。

b. 偿债备付率（$DSCR$）指在借款偿还期内，用于计算还本付息的资金（$EBITDA - T_{ax}$）与应还本付息金额（PD）的比值，表示可用于还本付息的资金偿还借款本息的保障程度指标。

$$DSCR = \frac{EBITDA - T_{ax}}{PD} \qquad (11\text{-}11)$$

式中 $EBITDA$——息税前利润加折旧和摊销；

T_{ax}——企业所得税；

PD——应还本付息额，包括还本金额和计入总成本费用的全部利息。融资租赁费用可视同借款偿还。运营期内短期借款本息也应纳入计算。

偿债备付率应分年计算。偿债备付率高，表明可用于还本付息的资金保障程度高。

c. 资产负债率（$LODR$）指各期末负债总额（TL）与资产总额（TA）的比率，是反映项目各年所面临的财务风险程度及综合偿债能力的指标。

$$LOAR = \frac{TL}{TA} \times 100\% \qquad (11\text{-}12)$$

式中 TL——期末负债总额；

TA——期末资产总额。

d. 流动比率是指流动资产与流动负债之比，反映项目法人偿还流动负债的能力。

$$流动比率 = \frac{流动资产}{流动负债} \qquad (11\text{-}13)$$

e. 速动比率是指速动资产与流动负债之比，反映项目法人在短时间内偿还流动负债的能力。

$$速动比率 = \frac{速动资产}{流动负债} \qquad (11\text{-}14)$$

（3）财务评价结果主要判据参数。

1）内部收益率：达到投资方及项目建设单位要求。

2）财务净现值：大于 0。

3）利息备付率：一般为 1.5～2，并结合债权人的要求确定。

4）偿债备付率：一般应大于 1.3，并结合债权人的要求确定。

5）资产负债率：一般为 40%～80%。

6）流动比率：一般为 1.0～2.0。

7）速动比率：一般为 0.6～1.2。

（四）不确定性分析

（1）不确定性分析的必要性。项目经济评价所采用的数据大部分来自预测和估算，具有一定程度的不确定性，为分析不确定性因素变化对评价指标的影响，估计项目所承担的风险，应进行不确定性分析。

（2）不确定性分析包括的内容。不确定性分析主要包括盈亏平衡分析和敏感性分析。

1）盈亏平衡分析。盈亏平衡分析是指通过计算项目达产年的盈亏平衡点（BEP），分析项目成本与收入的平衡关系，判断项目对产出品的数量变化的适应能力和抗风险能力。盈亏平衡点越低，表明项目适应产出变化的能力越大，抗风险能力越强。

盈亏平衡点通过正常年份的产量或销售量、可变成本、固定成本、产品价格和销售税金及附加等数据计算。可变成本主要包括燃料、原材料、动力消耗、脱硫、脱硝剂费用及排污费。固定成本主要包括折旧、摊销、工资及福利、修理、财务费用、其他费用及保险费。

盈亏平衡分析一般用公式计算，也可利用盈亏平衡图求取。项目评价中通常采用以产量和生产能力利用率表示的盈亏平衡点，其计算公式为

$$BEP_{生产能力利用率} = \frac{年固定成本}{年销售收入 - 年可变成本 - 年税金及附加} \times 100\% \qquad (11\text{-}15)$$

$$BEP_{产量} = \frac{年固定成本}{单位产品价格-单位产品可变成本-单位产品税金及附加} \qquad (11-16)$$

两者之间的换算关系为

$$BEP_{产量} = BEP_{生产能力利用率} \times 设计生产能力$$

2）敏感性分析。敏感性分析是指通过分析不确定因素发生增减变化时，对财务或经济评价指标的影响，计算敏感度系数和临界点，找出敏感因素。

a. 单因素分析与多因素分析。敏感性分析包括单因素分析和多因素分析。为找出关键的敏感性因素，通常只进行单因素敏感性分析。

b. 不确定因素的选取。敏感性分析通常对那些重要的且可能对项目效益影响较大的不确定因素进行分析。通常对固定资产投资、年发电量、年供热量、燃料价格及售电（热）价格作为不确定因素进行分析。

c. 不确定因素变化程度的确定。敏感性分析一般选择不确定因素变化的百分率为±5%，±10%，±15%，±20%等。

d. 敏感性分析中项目经济评价指标的选取。项目经济评价有一整套指标体系，敏感性分析可选取其中一个或几个主要指标进行，最基本的分析指标是内部收益率，根据项目的实际情况，也可选择净现值或投资回收期评价指标。当项目经济评价计算方法为给定内部收益率，反算售电价或售热价时，则将售电价（售热价）作为评价指标。

e. 敏感度系数（S_{AF}）。敏感度系数（S_{AF}）是指项目评价指标的百分率与不确定因素变化的百分率之比，其计算公式为

$$S_{AF} = \frac{\Delta A / A}{\Delta F / F} \qquad (11-17)$$

式中　S_{AF}——评价指标A对于不确定因素F的敏感系数；

$\Delta F / F$——不确定因素性因素F的变化率；

$\Delta A / A$——不确定因素性因素F发生ΔF变化时，评价指标A的相应的变化率。

f. 临界点（转换值）。临界点（转换值）是指不确定因素的变化使项目由可行变为不可行的临界数值，一般采用不确定因素相对基本方案的变化率或其对应的具体数值表示。

g. 敏感性分析结果的表示。敏感性分析的计算结果应采用敏感性表或敏感性分析图表示。

（五）财务评价电算程序

火力发电项目财务评价目前使用中国电力工程顾问集团电力规划设计总院编制的火电经济评价软件，版本号 V3.0.17。

1. 软件特点

（1）快速性。该软件计算电价、编制报表速度快。

（2）灵活性。该软件的输入界面尽最大努力满足用户工作的各种需求，有多种选项，对不同因素进行不同的组合。

（3）可靠性。原始数据与基本及辅助报表之间数据保持动态平衡，实现文件相关性，保持逻辑上的一致。

（4）多层次性。根据评价人员的专业熟练程度，设置用户等级，利用口令控制各等级用户。

（5）可维护性。程序内采用模块化结构、面向对象的程序设计，模块与模块之间保持高度的独立性，可方便地增加或裁减模块，便于程序运行调试，有利于程序今后升级、扩展。

（6）方便性。常用的菜单选择项目同时设立快捷按钮及快捷菜单，具有完备的在线帮助，实现操作过程中的对应项目动态指导，使用户使用软件更简便。

（7）直观性。评价结果输出过程中，不仅以基本及辅助报表形式输出，对于敏感性分析等计算结果可由用户选择辅以各种图表，如线形图、直方图等方式，使各敏感参数的敏感程度关系反映得更直观。

2. 软件功能简介

软件的主要功能包括工程管理、原始数据输入、财务报表编制和主要评价指标计算、财务报表管理，软件考察火力发电项目的盈利能力、清偿能力等财务状况，并进行敏感性分析，为项目决策提供经济效益依据。

（1）用户管理。添加、修改、检索、删除、浏览用户记录，查询用户使用次数，设置用户级别，修改用户口令。

（2）工程管理。对工程进行打开、新建、复制、修改、删除、导入、导出等操作，并可操作工程的基本概况数据，如工程名称、机组台数、装机容量、投产年、投产月等。

（3）原始数据管理。主要分为投资类原始数据、成本类原始数据、损益类原始数据、敏感性分析类原始数据。

（4）报表计算。在原始数据输入完整的基础上计算并编制财务报表。

（5）报表管理。打印、预览各项财务报表。

第四节　上网电价政策

中华人民共和国成立以来，我国电力工业一直采用垂直一体化管理模式。2002 年，国家实施电力体制改革，提出"厂网分开，竞价上网"的发电侧改革目标，但受到我国上网电价改革过渡时期出现的几个现

实难题困扰：合同电量历史遗留问题、"一厂一价"电价统一问题、新老电厂公平竞争问题、煤电矛盾有效解决问题等的影响，改革推进缓慢，目前仍处于电力市场化进程的起步阶段。

一、上网电价的历史沿革

在计划经济体制下，发电企业按照政府安排的发电计划进行电能生产，供电企业按照计划向用户供应电能，电厂与电网都隶属政府部门，不存在上网电价的概念。

改革开放初期，电力改革逐步开展，其中电价是电力工业改革与发展的关键因素之一，是电力市场的杠杆和核心内容。电价的制定原则对电力市场的形成与发展有着重要的作用，虽然没有明确上网电价的概念，但在电价制定过程中，已经逐步考虑发电厂维持设备折旧和直接运营费用等问题。

具体来讲我国上网电价改革历程如图 11-2 所示。

统一电价	还本付息电价	经营期电价	过渡期电价 标杆电价政策
↓	↓	↓	↓
1985年	1998年	2002年	2004年

图 11-2　我国上网电价改革历程

1985 年，为了吸引社会投资，加快电力工业发展，国家出台《关于鼓励集资办电和实行多种电价的暂行规定》（国发〔1985〕72 号），鼓励地方、部门和企业投资建设电厂，投资主体由原来的单一制改为多家办电的多样化形式，并在电价中开始考虑投资回报。

1988 年国务院印发了《电力工业管理体制改革方案的通知》（国发〔1988〕72 号），要求按照"政企分开、省为实体、联合办电、统一调度、集资办电"的方针，因地、因网制宜，改革现行电力工业管理体制，加重地方在办电和用电方面的责任，调动各方面办电的积极性，形成多渠道、多层次、多模式办电的局面。在文件精神指导下，逐步将省电力局改建为省电力公司，将网局改建为联合电力公司，形成独立核算、自负盈亏的经济实体。同时出现了一些不属于电网的独立发电厂，这些电厂与电网签订经济合同，电网代售电量，并收取管理费。电价实行"新电新价""老电老价"，主要表现为集资办电电价、利用外资办电电价、小水、小火电电价等九种指导性电价，形成复杂的电价体系，上网电价的概念逐渐形成。

虽然我国对集资建设的电厂实行还本付息的电价政策发挥了加快电力发展、缓解电力供应紧张局面的重要作用，但是随着我国社会主义市场经济体制改革的深化和电力市场情况的变化，还本付息电价政策带来的问题也日益显现。为了防止新建发电项目投产初期上网电价过高，推动销售电价水平过多上涨，1997 年在电力项目可行性研究阶段测算电价时，开始采用经营期电价测算方法。1998 年后，国家适时调整电价政策，以经营期电价政策取代还本付息电价政策。经营期电价在一定程度上改变了成本无约束、价格无控制的状况。2001 年，原国家计委下发计价格〔2001〕701 号文《国家计委关于规范电价管理有关问题的规定》，将现行按发电项目还贷需要核定还贷期的还本付息电价改为按发电项目经营期核定平均上网电价。还贷已经结束或折旧已经提完的，要重新核定发电成本，降低上网电价；仍在还贷期内的，对尚未归还的贷款改为按剩余的经营期（整个经营期减去已运行年限）重新核定上网电价。

2004 年，为了进一步完善政府管理职能，提高行政审批效率，引导电力投资，国家发展和改革委员会（简称国家发改委）在经营期电价政策基础上，推出了标杆电价政策，明确按价区分确定各地水火电统一的上网电价。虽然在当时下发的文件中，没有明确称为"标杆电价"，但业内将此重大的上网电价改革政策称为"标杆电价"政策。

二、还本付息上网电价政策

20 世纪 80 年代中期至 2001 年前，对集资、贷款和利用外资建设的独立电厂采用"还本付息电价"办法核定上网电价，即还贷期内电价按照补偿每个电力项目实际的运行成本，按期归还银行贷款本息，并取得合理利润水平的原则确定，还贷期后随着成本降低相应降低电价。

（一）还本付息上网电价的构成

还本付息上网电价由还贷期内发电成本费用、发电利润和发电税金构成。成本费用包括生产成本和财务费用。还本付息上网电价的计算公式为

还本付息上网电价 =（生产成本＋财务费用＋
　　　　发电利润＋发电税金）/厂供电量

（二）还本付息上网电价的弊端

还本付息上网电价是根据电力项目还贷期还本付息需要确定的电价，没有考虑到社会平均成本情况，对电力企业的资本金收益水平也没有统一规范。

20 世纪 90 年代初期，为筹集资金解决电力供给不足的问题，国家出台了集资办电"还本付息"等一系列优惠政策，对上网电价实行"逐厂核定""一厂一价"的办法，造成同类型的机组因投产时间不同、投资额不同而上网电价不同的不合理局面，导致电厂投资规模越来越大，建设成本难以控制，上网电价普遍偏高。

三、经营期上网电价政策

1985 年以来，我国对集资建设的电厂实行还本付

息电价政策，发挥了加快电力发展、缓解电力供应紧张局面的重要作用。随着我国社会主义市场经济体制改革的深化和电力市场情况的变化，还本付息电价政策带来的问题也日益显现。为了防止新建发电项目投产初期上网电价过高，推动销售电价水平过多上涨，1997 年在电力项目可研阶段测算电价时，开始采用经营期电价测算方法。1998 年后，国家适时调整电价政策，以经营期电价政策取代还本付息电价政策，经营期电价在一定程度上改变了成本无约束、价格无控制的状况。

经营期上网电价主要是将按电力项目还贷期还本付息定价，改为按社会平均成本及项目经营期收益水平统一定价，通过考察电力项目经济寿命周期内各年度现金流量，使项目在经济寿命周期的自有资金净现金流量满足一定的财务内部收益率。经营期电价规范了发电企业的资本金收益率水平，关注整个经营期的综合回报。

1. 经营期上网电价的测算

经营期上网电价方法的主要理论基础是资金的时间价值理论，即当年的 1 元钱要比明年的 1 元钱值钱，比后年的 1 元钱更值钱，它们之间的价差就体现在内部收益率上。测算时，通过调整电价水平，直到资金内部收益率 IRR 满足约定水平。

即满足计算式

$$\sum \frac{现金流入-现金流出}{(1+IRR)^n} = 0$$

其中，现金流入包括销售收入、固定资产回收、流动资金回收、其他现金流入，现金流出包括长期投资中的资本金投入、流动资金中的自有资金、经营成本（不含折旧费的发电成本）、长期负债的本金偿还、流动负债的本金偿还、利息偿还、增值税、所得税、工资及福利及其他费用等。

2. 经营期电价与还本付息电价的区别

（1）电价核定的期限不同。还本付息电价核定的是项目还贷期间的电价，还贷期结束后电价应相应降低；经营期电价核定的是项目整个经济寿命周期的电价，它综合考虑了项目还贷期间和还贷期结束后的成本变化情况。

（2）电价核定的方法不同。相比较而言，经营期电价更多地考虑了资金的时间价值，为电力投资者和经营者利用资本市场降低融资成本创造了条件；同时，经营期电价测算方法与电力企业财务核算结合更加密切，基本能够反映项目经营期内各年度的财务概况。此外，经营期电价测算方法与项目投资决策时进行的财务评估方法比较衔接，为投资者分析项目获利能力提供了基础。

（3）依据的成本基础不同。还本付息电价依据的是电力企业的个别成本；经营期电价依据的是同类机组社会平均成本，有利于激励电力企业降低成本、提高效率。

（4）核定的电价水平不同。还本付息方法核定的还贷期电价较高，使得电力项目投产后对用户的销售电价冲击较大。还贷期结束后电价本该大幅度下降，但企业往往通过产权重组、资产重新评估等方式加大成本，使电价难以及时下调，而经营期方法核定的电价则比较平稳。在我国电力装机容量增长较快、电力企业还贷任务较重的情况下，用经营期电价方法核定电价，有利于减轻电力项目投资初期对电价的压力。

3. 经营期电价政策的效果

经营期电价政策改变了还本付息电价政策成本无约束、价格无控制的状况，对上网电价上涨起到了明显的抑制作用。定价的年限由还贷期拉长为经营期，减缓了新建发电项目还贷期内对上网电价的推动作用。按社会平均成本定价，统一规范发电企业的资本金内部收益率水平，改变了一机一价的状况，对新建发电项目造价起到了一定的约束作用。

四、标杆电价政策

2004 年，为了进一步完善政府管理职能，提高行政审批效率，引导电力投资，国家发改委在经营期电价政策基础上，推出了标杆电价政策，明确按价区分确定各地水火电统一的上网电价。虽然在当时下发的文件中，没有明确称为"标杆电价"，但业内将此重大的上网电价改革政策称为"标杆电价"政策。

（一）标杆电价的制定历程

最初的标杆电价是以京津唐电网某电厂（2×600MW）为参照，以经营期电价方法为依据，确定了京津唐电网的新投产机组上网电价。我国其他地区新机上网电价以京津唐电网的新机价格为参照，主要考虑了当时煤炭价格的差异，分别确定了各省（自治区、直辖市）的新投产火电机组的上网电价。

国家发改委于 2004 年 8 月下发了《关于疏导电价矛盾有关问题的通知》（发改价格〔2004〕610 号），明确了电网统一调度范围内的新投产燃煤机组（含热电机组）统一的上网电价水平。标杆电价政策和水平发布后，社会各界对此评价很高。

（二）标杆电价的特点

从国家发改委制定标杆电价政策和发布的各地标杆电价水平来看，主要有以下特点：

（1）标杆电价实际上是经营期电价的延续。从定价机制看，标杆电价实质上仍然是经营期电价的一种，按照社会平均先进成本加适当的投资回报确定；从具体的测算方法看，两者也是基本相同的，均按照《国家计委关于规范电价管理有关问题的通知》（计价格〔2001〕701号）规定测算，电价核定的期限为项目的整个经营期，综合考虑项目还贷前后的成本水平和整个经营期资金的时间价值，投资回报略高于同期国内银行贷款利率。

（2）标杆电价是经营期电价政策的进一步完善。与以前的经营期电价相比，标杆电价更加完善。一是在测算上，还贷年限、折旧率等地区差异不大的参数，在全国范围内水平得到统一，价格的确定更加准确和科学；二是在测算和审批的程序上，各省区内新机组通过试运行即执行统一的标杆价格，电价不再进行一机一测算，一机一审批，程序上更加简明高效；三是在信息披露上，由于事先核定了统一的标杆价格，可以直接对社会披露，政策更加透明，有利于引导投资。

（三）标杆电价的意义

（1）凸显了政府驾驭整个国民经济能力的提高，科学执政、民主执政能力的提升。电价是政府实施宏观调控职能的重要工具和手段。通过执行标杆电价和标杆电价水平的调整，政府可以有效地利用价格信号，使用经济手段影响电力行业相关上下游产业的发展，进而对整个国民经济进行总量平衡和结构调整。

（2）是政府职能转变的重要表现。转变政府管理职能，就是要从微观的行政性事务管理转向宏观的制订政策、制订发展战略、经济调节、组织协调、市场监管、公共服务等社会管理、服务职能上。标杆电价推出后，政府摆脱了一机一核价的大量具体工作，从而有更多的精力用于价格政策研究、价格宏观调控。

（3）价格制订和审批政策更加透明。标杆电价由各省区物价主管部门制订方案报国家价格主管部门审批，价格制订、审批政策和各省区标杆电价水平由国家价格主管部门直接向全社会公布，新机组投产通过试运行之后即可执行正式的标杆电价。与以往电价相比，标杆电价更加公开和透明，有利于减少价格执行过程中的盲目性和随意性。

（4）改变了一机一价的方式，使发电企业之间的竞争更加公平。标杆电价是按照各省区的先进社会平均成本水平核定，全省区内的新投产机组执行统一的标杆电价。各个电厂在上网电价水平上处于同一起跑线，发电企业之间的竞争变为造价的成本和运营成本的竞争，最终归结于经营管理水平的竞争。

（5）有利于引导投资，有利于资源的优化配置，有利于资本的合理流动。标杆电价为投资者提供了一个明确的标杆。投资者根据标杆电价并结合自身实际情况，就可测算出项目盈利状况。如果投资者造价、

运营成本高于标杆电价对应的标准造价和运营成本，企业就无法获得标杆电价对应的内部收益率，反之则会超过社会平均的内部收益率，投资者可以据此进行投资决策。同样，政府可以根据电力供求趋势预测，通过对标杆电价的调整来鼓励或抑制电力投资，调整区域电力投资结构，优化资源配置。

（6）有利于逐步向电力市场化过渡。各种电价逐步归并后，新投资的项目受标杆电价限制，造价逐步接近，发电企业开始站在同一起跑线上，有了竞价上网的实力基础，有利于向电力市场化过渡。

（四）现行标杆电价

燃煤发电上网电价（含税）见表11-20。

表11-20 燃煤发电上网电价（含税）

省级电网	燃煤发电标杆上网电价 [元/（kW·h）]
北京	0.3601
天津	0.3655
冀北	0.372
冀南	0.3644
山西	0.332
山东	0.3949
蒙西	0.2829
辽宁	0.3753
吉林	0.3731
黑龙江	0.374
蒙东	0.3035
上海	0.4155
江苏	0.391
浙江	0.4153
安徽	0.3844
福建	0.3932
湖北	0.4161
湖南	0.45
河南	0.3779
四川	0.4012
重庆	0.3964
江西	0.4143
陕西	0.3545

省级电网	燃煤发电标杆上网电价 ［元/（kW·h）］
甘肃	0.2978
青海	0.3247
宁夏	0.2595
广东	0.453

省级电网	燃煤发电标杆上网电价 ［元/（kW·h）］
广西	0.4207
云南	0.3358
贵州	0.3515
海南	0.4298

第十二章

火力发电工程后评价

第一节 后评价的定义、作用及编制流程

一、定义

后评价指在工程投运初期阶段，对项目目标的实现程度、工程实施过程、效益、作用和影响等进行全过程的、全面的、系统的分析和总结，是对项目前评价以及实施过程中的各项主要决策结论与决策过程进行的再分析与再评价。主要评价内容包括实施过程评价、项目效果与效益评价、环境与社会效益评价、可持续性评价等。

火力发电工程项目后评价指项目投资完成之后所进行的评价，是项目建设周期的最后一个重要阶段，是项目管理的重要内容。它通过对项目实施过程、结果及其影响进行调查研究和全面系统回顾，与项目决策时确定的目标以及技术、经济、环境、社会指标进行对比，找出差别和变化，分析原因，总结经验，吸取教训，得到启示，提出对策建议，通过信息反馈，改善投资管理和决策，达到提高投资效益的目的。

二、作用

项目后评价的目的是，通过总结已完成建设项目的经验教训，为政府和投资方完善相关政策措施、改进投资决策管理、提高管理水平提供支持，为今后投资方、融资方以及其他参建单位更好地建设同类项目提供经验。

项目后评价主要服务于投资决策，是出资人进行投资活动进行监管的重要手段。建立投资项目后评价制度，是实现投资项目决策科学化、民主化，提高项目效益及持续性的关键。

进一步发挥后评价工作在加强国有和企业资产监管方面的支持作用以及在能源综合管理部门制定相关产业政策方面的参考作用，提高项目后评价工作在企业投资人以及项目单位在工程决策科学性方面的指导作用。

三、编制流程

项目后评价一般按三个层次组织实施，即项目业主单位对建设项目自我评价，中央电力企业、地方国资委、其他企业选择典型项目进行项目后评价和国有资产监督管理委员会、其他企业从中选择重要项目再次进行项目的后评价。企业或地方评价和国家级评价一般由独立或相对独立机构完成。

（一）火力发电工程项目后评价的原则

（1）项目后评价应坚持独立、科学、公正的原则。后评价报告的编写应真实反映情况，客观分析问题，认真总结经验。

1）独立性。即咨询专家独立于客户而展开工作。独立性是社会分工要求咨询行业必须具备的特性，是其合法性的基础。咨询机构或个人不应隶属或依附于客户，而是独立自主的，在接受客户委托后，应独立进行分析研究，不受外界的干扰或干预，向客户提供独立、公正的咨询意见和建议。

2）科学性。即以知识和经验为基础为客户提供解决方案。工程咨询所需的是多种专业知识和大量的信息资料，包括自然科学、社会科学和工程技术知识。多种知识的综合应用是咨询科学化的基础。同时，经验是实现工程咨询科学性的重要保障，技术知识的开发和说明不是咨询服务，只有运用技术知识解决工程实际问题才是咨询服务。知识、经验、能力和信誉是工程咨询科学性的基本要素。

3）公正性。即工程咨询应该维护全局和整体利益，要有宏观意识，坚持可持续发展的原则。在调查研究、分析问题、作出判断和提出建议的时候要客观、公平和公正，遵守职业道德，坚持工程咨询的独立性和科学态度。

（2）项目后评价的分析方法，原则上要坚持定量分析和定性分析相结合的方法。

（3）火力发电工程项目后评价指标体系参考国资发规划〔2005〕92 号文《关于印发〈中央企业固定资产投资项目后评价工作指南〉的通知》等相关文件。

项目后评价是项目周期最后一个重要阶段。项目后评价一般在项目建成投产并稳定运营 6～18 个月后进行。

（二）火力发电工程项目后评价的组织实施

1. 项目业主后评价的主要工作

项目业主作为项目法人，负责项目竣工验收后进行项目自我总结评价并配合企业具体实施项目后评价。项目业主后评价的主要工作有：完成项目自我总结评价报告，在项目内及时反馈评价信息，向后评价承担机构提供必要的信息资料，配合后评价现场调查以及其他相关事宜。

2. 火力发电工程项目后评价的组织实施及工作程序

（1）自评报告。即项目业主在项目完工投产后 6～18 个月内向主管企业上报火力发电工程项目自我总结评价报告（简称自评报告）。自评报告要根据规定的内容和格式编写，报告应观点明确、层次清楚、文字简练、文本规范。

（2）选择项目。即企业对火力发电工程项目的自评报告进行评价，得出评价结论。在此基础上，选择典型火力发电工程项目，组织开展企业内火力发电工程项目后评价。

（3）合同签订。即火力发电工程项目后评价工作委托单位和被委托的独立咨询机构需签订咨询服务合同，明确双方在后评价工作中的权利和义务，合同应对双方后评价工作主管部门（负责人）、后评价工作计划、进度安排、经费预算、报告形式等重要内容做出明确规定。

（4）启动协调。即火力发电工程项目后评价工作启动后，委托单位应组织后评价工作协调会，由参与项目决策、建设和运行等有关单位和部门及独立咨询机构的相关人员共同参加，以便统一思想，理顺资料收集渠道，落实配合人员。

（5）调研收资。即后评价独立咨询机构收集整理项目资料、现场考察，并可依据项目后评价工作需要开展一些有针对性的调查活动。项目委托单位应如实提供后评价所需要的数据和资料，并配合组织现场调查。

（6）报告撰写。即后评价独立咨询机构在认真分析项目资料、调研结果，全面了解国家和行业相关政策性、技术性文件和标准的基础上，按相关规定要求撰写《火力发电工程项目后评价报告》。

（7）专家评价。即报告撰写过程中，可根据需要召开专业性的专家评议会，对报告中的评价性结论共同评议确认，并对项目的整体成功度进行评价。

（8）报告提交。即后评价独立咨询机构根据专家评价意见对报告进行修改完善后，按照合同规定向委托单位提交火力发电工程项目后评价报告。

第二节　后评价编制深度及内容

一、编制深度

后评价编制应执行国务院国有资产监督管理委员会下发的国资发规划〔2005〕92 号文《关于印发〈中央企业固定资产投资项目后评价工作指南〉的通知》及《火力发电工程后评价导则》的相关要求。

二、编制内容

项目后评价内容的总体框架主要包括项目概况、项目立项决策阶段的总结和评价、项目准备阶段的总结和评价、项目实施阶段的总结和评价、项目效果、效益及影响评价、项目目标实现程度和持续能力评价、经验教训及对策建议。

（一）项目概况

（1）简述项目建设地址、建设规模、电厂容量、项目性质特点及主要建设内容。

（2）项目投资方、项目业主和参加项目建设的主要单位。

（3）项目开展前期工作、项目核准以及项目开工建设、投产等重要时间节点信息。

（4）项目各阶段投资及竣工决算情况。

（5）项目投产后运行与经营效益总体情况。

（二）项目实施过程评价

1. 项目投资控制评价

（1）项目实际投融资方案与可研阶段确定的投融资方案的变更分析。

（2）项目实际投融资方案的合理性分析，具体应包括以下内容：①投融资结构的合理性，在项目实施过程中，投融资结构的变化及原因分析；②在项目实施过程中，投资方投资结构的变化情况及原因分析；③通过对项目融资成本、融资担保条件、风险评估等方面的分析，说明融资结构确定等融资方案决策的合理性；④在项目实施过程中，项目融资成本、融资担保条件等发生变化的情况，分析其对项目建设及生产运营产生的影响；⑤项目资金来源变化见表 12-1。

表 12-1　　项目资金来源变化　　（万元）

项目阶段	币种	资金渠道	金额	利息及条件	备注
可研核准		资本金　银行贷款 国外贷款　……			
初步设计		资本金　银行贷款 国外贷款　……			
实际调查结果		资本金　银行贷款 国外贷款　……			

（3）工程资金到位情况评价应包括以下内容：项目资金年度计划与实际资金到位情况的比较分析，说明变化原因并分析对工程进度控制、合同管理、工程质量控制等方面产生的影响，项目总投资实际资金来源及资金投入比较见表12-2、项目资金投入表见表12-3。

表 12-2　项目总投资实际资金来源及资金投入比较表　（万元）

序号	投资来源	1 年	2 年	3 年	合计
1	资本金				
2	银行贷款				
	长期借款				
	短期借款				

表 12-3　　项目资金投入表　　（万元）

资金来源	1 年	2 年	3 年	合计
一、资本金				
……				
二、融资借款				
（一）国内借款				
……				
合计				
建设投资支出合计				
基建结余资金				

（4）各阶段投资控制情况分析应包括以下内容：①通过可行性研究阶段的投资估算、项目核准投资，项目初步设计阶段批准概算投资，项目建设阶段的执行概算或管理概算，项目竣工阶段的工程结算及工程决算的对比分析，评价项目实施各阶段的投资变化以及投资控制水平。②通过对各阶段投资构成中设备价格计价的变化、设计方案变更、建安工程量的变化和其他外部条件的变化引起的投资变化等方面的分析，说明投资变化的主要原因；对于在后阶段投资构成中在设备费、建安工程费、其他费用方面（各单位及分

部工程）与项目批准概算对应投资存在较大偏差的，应重点分析原因。

（5）通过项目主要工程量与同类机组行业标杆工程量的对比分析，说明设计单位、施工单位在设计及建设实施过程中对工程量的把握与控制水平。

（6）分析招标方式对工程造价控制的影响。

（7）通过与同类工程造价的对比分析，说明造价水平的合理性或先进性。

（8）总结投资控制的经验教训，提出在建设过程中控制、使用投资，有效进行造价管理方面的建议等。

（9）投资完成情况见表 12-4、项目总投资对比见表 12-5、合同履行情况评价分析框架见表 12-6、发电工程主要工程量变化对比表 12-7、发电工程主要设备价格变化对比见表 12-8、与标杆工程项目总投资对比见表 12-9。

表 12-4　　投资完成情况表

序号	项目	金额（万元）	比重
一	建筑工程		
二	设备购置费		
三	安装工程		
四	其他费用		
五	投资合计		

表 12-5　项目总投资对比表　（万元）

序号	项目	核准估算	初设概算	执行概算/管理概算	竣工决算	备注
一	建筑工程费					
	其中：价差					
二	设备购置费					
三	安装工程费					
	其中：价差					
四	其他费用					
五	基本预备费					
六	特殊项目					
	静态投资（一～六项合计）					
七	价差预备费					
八	建设期贷款利息					
	动态投资（一～八项合计）					
	其中：可抵扣固定资产增值税额					

续表

序号	项目	核准估算	初设概算	执行概算/管理概算	竣工决算	备注
九	铺底生产流动资金					
	项目计划总资金（一～九项合计）					

表 12-6　合同履行情况评价分析框架

合同主要条款	实际执行情况	执行的主要差别	原因与责任

表 12-7　发电工程主要工程量变化对比表

序号	工程量名称	单位	批准概算工程量	竣工决算实际量	概算与决算量差	标杆工程量
一	建筑工程三材					
1	水泥	t				
2	钢材	t				
	其中：钢筋	t				
	型钢	t				
3	木材（成材）	m³				
二	安装工程主材					
1	锅炉砌筑	m³				
2	烟风煤管道	t				
3	保温油漆	m³				
4	主厂房内工业管道	t				
	其中：高压管道	t				
	中低压管道	t				
5	除灰管道	t				
	其中：厂内除灰管道	t				
	厂外除灰管道	t				
6	化水管道	t				
7	供水系统管道	t				
8	全厂电缆	m				
	其中：电力电缆	m				

续表

序号	工程量名称	单位	批准概算工程量	竣工决算实际量	概算与决算量差	标杆工程量
	电气控制电缆	m				
	热工控制电缆	m				
	电缆桥架	t				
9	锅炉本体重量	t				
10	脱硫系统	m				
11	电力电缆	m				
12	控制电缆	m				
13	吸收塔重量	t				
14	烟道	t				

表 12-8　发电工程主要设备价格变化对比表　（万元）

序号	主要设备名称	单位	批准概算设备价格	竣工决算设备价格	备注	标杆工程设备价格
1	锅炉	台				
2	汽轮机	台				
3	汽轮发电机	台				
4	磨煤机	台				
5	送风机（含电机）	套				
6	引风机（含电机）	套				
7	一次风机（含电机）	套				
8	排粉风机（含电机）	套				
9	除尘器	台				
10	汽动或电动给水泵组	套				
11	凝汽器	台				
12	汽机旁路	套				
13	除氧器及水箱	套				
14	高压加热器	套				
15	低压加热器	套				
16	启动锅炉	台				
17	汽机房行车	台				

续表

序号	主要设备名称	单位	批准概算设备价格	竣工决算设备价格	备注	标杆工程设备价格
18	翻车机	套				
19	斗轮堆取料机	套				
20	环式碎煤机	台				
21	推煤机	台				
22	大块分离机	台				
23	滚轴筛	台				
24	灰渣泵（含电机）	套				
25	柱塞泵	台				
26	脱水仓	套				
27	浓缩机	台				
28	刮板捞渣机	套				
29	气力除灰系统	套				
30	仓泵	台				
31	除灰空气压缩机	台				
32	循环水泵（含电机）	台				
33	主变压器	台				
34	高压厂用变压器	台				
35	起动/备用变压器	台				
36	高压断路器	台				
37	电抗器	台				
38	电流互感器	台				
39	高压开关柜（含脱硫）	台				
40	低压开关柜（含脱硫）	台				
41	柴油发电机组	台				
42	UPS	套				
43	直流系统（蓄电池、充电装置）	套				
44	保护装置	套				
45	网络监控系统	套				

续表

序号	主要设备名称	单位	批准概算设备价格	竣工决算设备价格	备注	标杆工程设备价格
46	输煤控制系统	套				
47	汽机控制系统DEH	套				
48	分散控制系统	套				
49	除灰渣程控装置	套				
50	化水程控装置	套				
51	MIS	套				
52	SIS	套				
53	仪表阀门	个				
54	开关量仪表	只				
55	制氢装置（含程控）	套				
56	闭式循环冷却器	台				
57	水汽集中取样分析装置	套				
58	凝结水精处理装置	套				

表 12-9　与标杆工程项目总投资对比表　　（万元）

序号	项目	本工程竣工决算A	标杆工程竣工决算B	投资差异B-A	备注说明
一	建筑工程费				
	其中：价差				
二	设备购置费				
三	安装工程费				
	其中：价差				
四	其他费用				
五	基本预备费				
六	特殊项目				
	静态投资（一～六项合计）				
七	价差预备费				
八	建设期贷款利息				
	动态投资（一～八项合计）				

续表

序号	项 目	本工程竣工决算A	标杆工程竣工决算B	投资差异B-A	备注说明
	其中：可抵扣固定资产增值税额				
九	铺底生产流动资金				
	项目计划总资金（一～九项合计）				

2. 项目实施过程其他评价

（略）

（三）项目生产运营评价

（略）

（四）项目后评价阶段的财务评价

1. 项目后评价阶段

（1）项目财务评价的依据。项目后评价阶段项目财务评价主要依据《建设项目经济评价方法与参数（第三版）》及DL/T 5435—2009《火力发电工程经济评价导则》。

（2）基本方法。

1）分析投产时点至后评价时点期间机组运行实际成本类数据、收入类数据，预测评价时点后各项成本类参数与收入类参数的变化趋势。并以此为基础，对项目进行经济寿命期内的项目财务再评价，并与可研决策阶段的项目各项财务指标进行比较分析，以判断项目是否达到投资方在决策阶段确定的收益目标或收益目标的实现程度。

2）财务评价指标判别可采用以下方法。①收入测算内部收益率方法，根据现行电价政策（投产各年的电价按实际执行电价），在分析预测成本类参数的基础上，测算项目财务内部收益率，通过与行业财务基准收益率比较，评价项目的盈利能力；通过与项目可研决策阶段所确定的目标收益率的比较，评价项目盈利能力能否满足投资方收益目标或收益目标的实现程度；根据财务报表进行项目的偿债能力和生存能力分析。②财务内部收益率测算上网电价方法，以投资方财务内部收益率目标值为基础，按分析预测的成本类参数测算上网电价，与后评价时点国家核定的当地标杆上网电价进行比较，判断项目的盈利能力；并在此基础上，根据财务报表进行项目偿债能力和生存能力分析。

3）财务评价参数的取定应遵循以下原则：对截至后评价时点已发生的财务数据采用实际发生值，后评价时点及以后的评价数据采用分析预测值，行业基准收益率采用现行颁布的推荐值。

2. 财务评价基本参数的分析

（1）收入类参数的分析应包括以下内容：

1）对比分析项目决策阶段与投产后至后评价时点期间有关电价、热价、机组利用小时、供热量等影响项目收入的主要参数的变化情况，对于偏差较大且对财务评价结论影响较大的参数，应分析变化原因。年销售收入数据对比见表12-10。

表12-10 年销售收入数据对比表

序号	项 目	单位	前评价	后评价	备注
1	售电收入	万元			
1.1	售电价	元/(MW·h)			
1.2	售电价（含税，即上网电价）	元/(MW·h)			
1.3	年售电量（上网电量）	MW·h			
1.4	设备年利用小时	h			
2	售热收入	万元			
2.1	售热价	元/GJ			
2.2	年供热量	GJ			
3	售冷收入	万元			
3.1	售冷价	元/GJ			
3.2	年供冷量	GJ			
4	销售收入	万元			
5	补贴收入（建设期可抵扣增值税返还）	万元			

注 本表除注明含税值外，其余均为不含税值。

2）在电力、热力市场分析以及电力产业政策趋势分析的基础上，合理预测后评价时点后各年各项收入类参数。

（2）成本类参数的分析应包括以下内容：

1）对比分析项目决策阶段与项目投产至后评价时点期间有关发电（供热）燃料价格、燃料消耗、折旧费、厂用电率、大修理费、材料费、其他费用、工资类费用、环保类费用、财务费用等影响项目成本的主要参数的变化情况，对于偏差较大且对财务评价结论影响较大的参数，应分析变化原因。年总成本费用对比见表12-11。

表12-11 年总成本费用对比表

序号	项 目	单位	前评价	后评价	备注
1	燃料费	万元			
1.1	煤标价	元/t			

续表

序号	项 目	单位	前评价	后评价	备注
1.2	标煤耗量	t			
2	水费	万元			
3	材料费	万元			
4	工资及福利费	万元			
5	折旧费	万元			
6	摊销费	万元			
7	修理费	万元			
8	脱硫费用	万元			
9	脱硝费用	万元			

注 本表除注明含税值外，其余均为不含税值。

2）在燃料供应市场分析以及同类机组运行对比分析的基础上，合理预测后评价时点后至机组经济寿期内的各项成本类参数。

（3）影响财务评价的其他因素分析应包括以下内容：

1）较项目可行性研究阶段，投融资结构变化或融资条件的变化对财务评价的影响。

2）较项目可行性研究阶段，税收政策变化对财务评价的影响。

3）较项目可行性研究阶段，相关产业政策、执行标准的变化对财务评价的影响。

3. 项目盈利能力分析

（1）项目盈利能力分析的内容是通过项目投资现金流量表、项目资本金现金流量表、投资各方现金流量表、利润与利润分配表的编制，计算项目投资财务内部收益率、项目资本金财务内部收益率、投资各方财务内部收益率、财务净现值、项目投资回收期、总投资收益率、项目资本金净利润率指标，并判断其盈利能力。

（2）主要收入、成本参数应按以下方法测算：

1）年发电量及供热量应按以下方法测算：

a. 后评价时点以前年份的电量、供热量按实际上网电量及供热量计算；

b. 后评价时点以后年份的电量及供热量的计算式为
电量＝分析预测确定的机组年利用小时×

装机容量×（1－厂用电率实际值）

注：如经充分分析论证厂用电率有改善空间，也可采用分析论证值；预测确定的机组年利用小时数采用项目区域电力市场分析的结论值。

c. 供热量为根据实际供热市场情况分析论证后的调整供热量。

2）项目销售收入应按以下方法测算：

a. 发电项目销售收入计算根据实际执行的电价（热价）政策进行测算；

b. 后评价时点前年份的销售收入按实际上网电价及供热价格进行计算，后评价时点以后年份的销售收入计算式为

年售电收入＝年上网电量×现行上网电价

年供热收入＝年供热量×现行供热价格

注：如经充分分析论证，可预见到热价政策的调整，也可采用分析论证值；年供热量为基于热力市场分析的预测值。

3）各项主要成本费用测算应按以下原则及方法：

a. 后评价时点前已发生的成本费用按实际发生值计算；

b. 后评价时点后预测分析的成本参数测算式为

年发电燃料费＝预测确定的机组年利用小时×

发电标准煤耗×标准煤单价

注：发电标准煤耗采用投产至后评价时点期间的平均煤耗值，如经充分论证，也可采用分析论证值；标准煤单价采用后评价时点年份的平均值，对于标煤单价在评价年份出现较大波动的情况，应充分论证其原因以及对后期煤价走势的影响情况，并提出标煤单价的预测值。

年折旧费＝评价时点固定资产净值×计划折旧率

大修理费：在分析论证本工程实际发生修理费用并分析同类型机组实际发生值基础上，提出年大修理费预测值或预测修理提存率。

运行其他费用及材料费用：按在分析实际发生成本参数基础上提出的成本参数预测值计算。

人工工资及福利费：按与企业发展相协调的分析预测值。

财务费用：按融资合同约定的利息支付计划测算。

环保排放类收费：按国家相关规定并结合电厂实际缴费情况综合确定。

电热成本分摊比及投资分摊比的确定依据为 DL/T 5435—2009《火力发电工程经济评价导则》4.1.12 中第 2 款、第 3 款，在充分论证的基础上，也可采用评价项目实际电热成本及投资分摊标准。

（3）计算的盈利能力主要指标对比分析，见表 12-12。

表 12-12   财务评价盈利能力主要指标对比表

序号	内 容	单位	前评价	后评价	备注
1	机组总容量	MW			
2	工程动态投资	万元			
3	动态单位造价	元/kW			
4	含税标煤价	元/t			

续表

序号	内　容	单位	前评价	后评价	备注
5	年利用小时数	h			
6	项目投资财务内部收益率（所得税后）	%			
	项目投资回收期	年			
	项目投资财务净现值	万元			
7	项目资本金财务内部收益率	%			
8	投资各方财务内部收益率	%			
9	总投资收益率	%			
10	项目资本金净利润率	%			
11	平均上网电价（含税）	元/（MW·h）			
12	平均热价（含税）	元/（MW·h）			
13	平均冷价（含税）	元/（MW·h）			

4. 项目偿债能力分析

（1）项目偿债能力分析应包括以下主要内容：

1）通过编制资产负债表，计算项目利息备付率、偿债备付率、资产负债率、流动比率和速动比率指标，评判项目清偿债务的能力，预警债务风险，资产负债对比见表 12-13。

表 12-13　资产负债对比表

序号	项　目	单位	前评价	后评价	备注
1	资产总计	万元			
1.1	流动资产合计	万元			
1.2	非流动资产合计	万元			
2	负债总计	万元			
2.1	流动负债合计	万元			

续表

序号	项　目	单位	前评价	后评价	备注
2.2	非流动负债合计	万元			
3	所有者权益	万元			
4	资产负债率	%			
5	利息备付率				
6	偿债备付率				
7	流动比率				
8	速动比率				

2）与可研阶段财务评价中测算的偿债能力指标的对比分析。

（2）项目资产负债表编制的主要原则是，截至后评价时点以前相关企业资产负债情况应与企业实际情况一致或接近，评价时点以后企业资产负债情况为根据项目盈利能力测算产生的计算值。

5. 项目财务生存能力分析

（1）项目财务生存能力分析应包括以下主要内容：

1）通过编制财务计划现金流量表，评判企业可持续经营能力，预警经营风险。

2）与可研阶段财务评价中测算的偿债能力指标的对比分析。

（2）财务计划现金流量表编制的主要原则是，截至后评价时点以前相关企业现金流量情况应与企业实际情况一致或接近，评价时点以后企业现金流量情况为根据项目盈利能力测算产生的计算值。

6. 不确定性分析

不确定性分析的主要内容是分析未来不确定因素对经济评价指标的影响，特别是外部条件发生变化对经济效果的影响程度，以估计项目未来可能承担的不确定性的风险及其承受能力，确定项目在经济上的可靠性。主要方法包括盈亏平衡分析和敏感性分析。

盈亏平衡分析主要是通过对未来产品产量、成本、利润相互关系的分析，判断企业对市场需求变化适应能力，为企业经营决策提供依据。盈亏平衡分析的计算式为

$$BEP_{生产能力利用率} = \frac{年固定成本}{年销售收入 - 年可变成本 - 年税金及附加} \times 100\%$$

$$BEP_{产量} = \frac{年固定成本}{单位产品销售价格 - 单位产品可变成本 - 单位产品税金及附加}$$

两者之间的换算关系为

$$BEP_{产量} = BEP_{生产能力利用率} \times 设计生产能力$$

盈亏能力的判定：盈亏平衡点越低，项目盈利的可能性越大，适应市场变化的能力越强，抗风险能力也越强。

敏感性分析主要是通过选取影响项目经济效果最显著的收入、成本类参数作为不确定因素，测算这些因素在一定区域内变化时，对项目评价指标（如内部收益率、上网电价）的影响，从而找出最敏感的因素，确定评价指标对该因素的敏感程度和项目对其变化的承受能力，为企业经营决策提供依据。

7. 财务评价结论及建议

（1）总结财务评价的主要结论。

（2）从财务角度，提出改善改善企业运营效果的建议。

（五）项目环境影响和社会效益评价

（略）

（六）项目可持续性评价

（略）

（七）主要经验与教训

（略）

（八）项目成功度评价

（略）

（九）对策及建议

（略）

第三节　后评价编制方法

火力发电工程项目后评价方法主要有前后对比法、有无对比法、横向对比法、逻辑框架法、综合评价法和成功度法。

（1）前后对比法。前后对比法是将项目完成后的实际生产运营状况与项目实施前以及项目实施过程中所设定的各项预期目标或工程目的加以对比，分析项目是否达到了项目投资目标或各项预期目标的实现程度，分析主要变化及原因。

（2）有无对比法。有无对比法是将项目投产后实际发生的情况与若无项目可能发生的情况进行对比，以度量项目的真实效益、影响和作用。对比的重点是分清项目本身的作用和项目以外的作用。

（3）横向对比法。横向对比法是指与行业内、可比的同类型或类似项目相关指标的对比分析法。

（4）逻辑框架法。逻辑框架法是以时间、工作顺序等逻辑规律为指导，根据事实材料，作出判断，进行推理，得出合理评价结论的方法。

（5）综合评价法。综合评价法是定量分析与定性分析相结合的评价方法，通过建立各项定量与定性分析指标体系，形成矩阵表，将各项定量与定性分析的单项评价结果，按评价人员研究、决定的各项目标的权重排列顺序，列于矩阵表中，进行分析，将一般可行且影响小的指标逐步排除，着重分析考察影响大和存在风险的问题，最后分析归纳，指出影响项目的关键指标，提出对项目的综合性评价结论。

（6）成功度法。成功度法是根据项目各方面的执行情况并通过系统标准或目标判断表来评价项目总体的成功程度。进行成功度分析时，把建设项目评价的成功度分为四个等级，即成功（A）、比较成功（B）、部分成功（C）、不成功（D），然后将项目绩效衡量指标进行专家打分，综合评价。

（7）重点评价分析法。重点评价分析法是从工程实现的主要亮点以及存在的主要问题出发，有重点地分析评价实现这些亮点的主要背景、所需环境、主要方法、主要构成要素。对于存在的主要问题，应重点分析出现问题的主要背景、主客观因素等。

第 三 篇

电 网 篇

第十三章

电网工程投资估算

第一节 投资估算的定义、作用及编制流程

一、定义

电网工程可行性研究投资估算是可行性研究文件的重要组成部分，是由设计单位根据可行性研究确定的设计方案、工程量、电力建设工程估算指标、《电网工程建设预算编制与计算规定》《概算定额》、建设地区自然条件、技术经济条件、设备和材料预算价格等资料，编制的电网建设项目从筹建至竣工交付使用所需全部费用的技术经济文件。

二、作用

电网工程可行性研究投资估算是电网工程技术经济评价和投资决策的重要依据，是项目实施阶段投资控制的目标值，它的作用可以归纳为以下几个方面。

（1）是项目投资决策的重要依据，是研究、分析、计算项目投资经济效果的重要条件。

（2）对各设计专业实行投资切块分配，作为控制和指导设计的尺度。

（3）可以作为项目资金筹措及制订建设贷款计划的依据，建设单位可根据批准的投资估算额，进行资金筹措和向银行申请贷款。

（4）是核算建设项目固定资产投资需要额和编制固定资产投资计划的重要依据。

三、编制流程

电网工程投资估算编制流程包括准备阶段、编制阶段、收尾阶段三个阶段，不同阶段编制流程及主要工作见图13-1。

（一）准备阶段

1. 项目启动

初步了解工程的投资背景、项目规模等，明确项

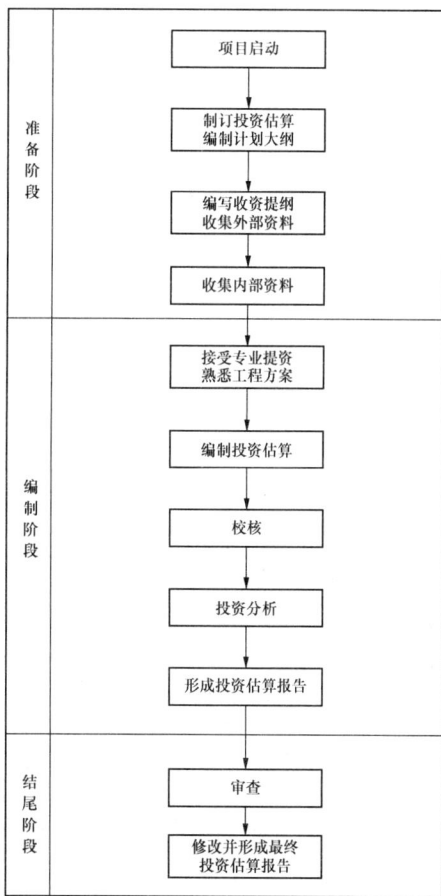

图13-1 电网工程可行性研究投资估算编制流程图

目可行性研究的时间进度安排。

2. 制订投资估算编制计划大纲

可行性研究工作启动后，应根据可行性研究设计总体大纲及投资估算编制的相关规定，制订投资估算编制计划大纲。明确统一的编制依据和原则等，以便对投资估算的编制进行策划和指导，一般包括以下主要内容。

（1）工程名称。与可行性研究设计大纲的工程名

称保持一致。

（2）编制依据。项目设计任务书以及可行性研究设计等文件。

（3）编制范围。根据设计范围确定估算编制的范围，明确业主另行委托项目的接口界限。

（4）编制原则。确定投资估算编制基准期，工程量的确定，估算指标或估算定额的选取，人工、材料、机械预算价格及价差的确定原则，取费标准和其他费用的确定原则，造价分析比较的方法等。

（5）评审、验证和确认。根据质量、环境和职业健康安全管理体系要求，明确投资估算的评审、验证和确认程序。

（6）计划进度。明确投资估算编制、校核的进度计划。

（7）人力资源。明确编制、校核、审核的人员。

3. 收集外部、内部资料

（1）收集外部资料。制订投资估算编制计划大纲后，根据大纲的要求及开展投资估算编制工作的需要，向工程建设单位收集外部资料。投资估算外部收资、踏勘清单一览表见表 13-1。

表 13-1　投资估算外部收资、踏勘清单一览表

收资单位	收资、踏勘内容
电力设计院	该地区近期工程概预算资料
外委设计单位	外委设计项目单项工程投资（铁路、公路、码头、桥梁、航道、站外电源等）
社保局	基本养老保险、失业保险费率
林业局	1. 全县森林覆盖率。 2. 沿线林木树种分布情况。 3. 树种、树高、胸径、每亩产材量。 4. 用途（防护林、用材林、经济林等分类）。 5. 有无珍稀保护树木或国家森林公园、生态保护区、特种用途林等；允不允许线路通过。 6. 各种林木的赔偿费用标准
国土局	1. 土地征用赔偿标准。 2. 人均耕地面积。 3. 年产值。 4. 青苗赔偿标准。 5. 房屋拆迁赔偿标准（分类别）
省建设工程造价管理总站、地方建设局或乡镇企业局等	1. 线路经过地区工资类别。 2. 工程造价信息刊物。 3. 地方砂, 石, 水泥及基础钢材价格（是否含运输费）

续表

收资单位	收资、踏勘内容
交通局	1. 线路沿线交通运输情况。 2. 线路沿线桥梁承重量在 20t 以下的有几座，在何处；桥梁加固费用多少？ 3. 修筑临时简易公路造价（元/km）
港航部门（海事局或港务管理所）	1. 通航河流等级。 2. 对线路高度要求。 3. 施工时封航措施及费用
沿线调查	1. 图上选定材料站、牵张场在现场能否实现，需否变更。 2. 各砂石场砂石价格（含多远运输距离）。 3. 需要封的采石场、煤窑规模（产量、售价、承包年限）。 4. 林区（含经济林木的调查）长度，树种、树高、胸径、密度。 5. 沿线农作物及经济作物种类、产量、售价；有青苗地带占全线比例。 6. 沿线房屋结构型式（含外墙装饰情况），楼层。 7. 沿线交通运输情况，公路标于 1/5 万地形图上，行车困难段位置、里程数。 8. 线路塔位 100m 范围内有无施工用水水源

（2）收集内部资料。编制人员应收集投资估算编制的相关标准、规范、文件及其他工程资料等内部资料。应收集的内部资料有以下几种。

1）现行《电力建设工程估算指标（2016 年版）》；

2）现行《电网工程建设预算编制与计算规定（2013 年版）》；

3）现行《电力建设工程概（预）算定额（2013 年版）》；

4）现行《电力建设工程装置性材料综合预算价格（2013 年版）》；

5）现行《电网工程限额设计控制指标（2017 年水平）》；

6）估算定额人工、材料、机械价格水平调整文件；

7）编制当期工程所在地造价信息；

8）DL/T 5438—2009《输变电工程经济评价导则》；

9）其他资料。

（二）编制阶段

1. 接收专业提资，熟悉工程方案

在投资估算编制阶段，设备及建筑安装工程的工程量均来源于设计专业提供的资料。需要给技术经济专业提供资料的设计专业包括以下几类。

（1）变电工程。包括总图、建筑、土建结构、水工结构、暖通、照明、供水、电气一次、电气二次、继电保护、远动、通信、计算机、施工组织等专业。各专业提资内容如下。

1）总图专业。站区道路及广场、围墙及大门、站区沟道、隧道、室外给排水、挡土墙及护坡、站外道路、土石方的工程量，站区、接地极极址的征地面积、拆迁项目的工程量等。

2）建筑专业。变电站、换流站各建筑物的建筑工程量，包括楼（地）面、屋面、墙体、墙面、天篷、门窗等；建筑物结构形式及结构尺寸。

3）土建结构专业。变电站、换流站各建筑物结构形式、地基处理等方案描述，包括土石方、基础、钢结构、框架结构、钢筋等；地基处理工程量等。

4）水工结构专业。变配电系统事故油池工程量，综合水泵房、环境保护设施建筑结构工程量，地基处理工程量，站外水工建构筑物征、租地面积等。

5）暖通专业。全站建筑物采暖、通风、空调工程量。

6）照明专业。全站建构筑物及设备照明工程量，包括照明配电箱、检修电源箱、灯具、管线等。

7）供水专业。供水系统主要技术方案描述，综合水泵房、雨水泵房、生活污水处理、生活给排水、站区雨水管道的工程量及相关参数，水质净化及补给水系统设备管道的工程量及相关参数。

8）电气一次专业。电气系统主要技术方案描述，换流阀、换流变压器系统、主变压器系统、交直流配电装置、无功补偿装置、站用电系统、电力电缆及辅助设施、全站接地、电气试验室设备的工程量及相关参数等。

9）电气二次专业。计算机监控系统、直流场控制保护、"五防"系统、电子围栏、直流系统、不停电电源装置、火灾报警系统、智能辅助控制系统、控制电缆的工程量及相关参数等。

10）继电保护专业。线路保护、母线保护、故障录波、安全稳定控制的工程量及相关参数等。

11）远动专业。远动装置、电能量计量、电源管理单元（PMU）、自动电压无功控制（AVC）、调度配合的工程量及相关参数等。

12）通信专业。行政与调度通信系统、进站光缆线路及光通信设备、通信电源、载波通信、管线的工程量及相关参数等。

13）计算机专业。交换机、综合布线工程量及相关参数等。

14）施工组织专业。施工区土石方工程、施工电源、施工水源、施工道路、施工降水的工程量等。另外，还需提出施工租地面积、大件设备运输特殊措施、

工程施工进度安排等。

（2）输电线路工程。包括送电电气、送电结构、通信等专业。各专业提资内容如下。

1）送电电气专业。工程概况、路径图、各气象区地形比例、线路长度、架线方式、导地线型号及单重、导线分裂数、跳线量、导地线弧垂及斜长增量比例、通信保护措施费用、交叉跨越情况（线路、河流宽度及是否通航等，电力线标明等级）、线路改迁及拆除情况（电力线、通信线、道路、管道等，电力线标明等级）、大型厂矿设施封改情况（采石场、厂矿、军事、水利等）、房屋拆迁量、林区长度、接地型式（接地图）、风偏开方量、绝缘子串型式数量及单重、金具型式数量及单重、采用复合地线光缆（OPGW）时，复合地线光缆（OPGW）长度及单重、OPGW金具重量及特殊要求、辅助设备材料工程量等，特殊试验研究费等。

2）送电结构专业。土质划分比例、杆塔型式（含全高、单重、根开）、基础型式（含基础尺寸、埋深、承台、单基混凝土量、护壁量、护坡堡坎、排水沟量、坑壁成型比例等）、清方土方量、100m以外的弃土方案、电缆隧道以及其他辅助工程量等。

3）通信专业。光缆架设形式长度及其相关参数。

技术经济专业收到各设计专业的提资后，应仔细研究，了解并熟悉本工程的设计方案和系统特征。

2. 编制投资估算

准备阶段工作完成并接收到设计专业资料后，开展投资估算的编制工作。具体编制方法见本章第三节相关内容。

3. 校核

投资估算编制完成后，应开展科组内校核工作。校核工作的主要内容包括复核工程量输入是否正确，定额套用是否准确，设备材料价格是否合理，检验投资估算的计算是否有错误或遗漏等。

4. 审核、批准

科组校核后，主工、设总对投资估算进行审核，审查投资估算文件是否符合国家法规、行业规范和标准等。审核完成后，总工对投资估算进行批准。

5. 形成投资估算报告

在分别完成变电工程、线路工程、系统二次工程等各单项工程的投资估算后，应汇总整个输变电工程投资估算，形成完整的投资估算报告。

（三）结尾阶段

提交建设单位和相关机构的投资估算，须经过严格、充分的审查，复核无误后才能批准、下达。

1. 审查

投资估算的审查，一般由建设单位牵头，主管部门或第三方咨询机构进行主审并形成可行性研究审查

纪要。

2. 修改并形成最终可行性研究投资估算

编制单位应根据审查报告提出的意见和建议，对投资估算进行修改。经修改后的投资估算提交审查部门复核，复核无误经批准，形成最终的投资估算。

第二节　投资估算编制深度及内容

一、编制深度

电网工程投资估算应制订统一的编制原则，确定统一的编制依据，严格按照 DL/T 5469—2013《输变电工程可行性研究投资估算编制导则》《电网工程建设预算编制与计算规定》《电力建设工程估算指标》、电力建设工程定额估价表以及配套的政策文件等进行计算。

投资估算基于投资估算指标编制或工程概算深度编制后，汇总形成投资估算表（表二）、其他费用估算表（表四），最终汇总形成总估算表（表一）。

二、编制内容

根据现行《输变电工程可行性研究投资估算编制导则》的要求，投资估算的组成如下：

变电工程：由编制说明、变电工程概况及主要技术经济指标表（表五）、总估算表（表一）、建筑及安装工程专业汇总估算表（表二甲、乙）、其他费用估算表（表四）、附件及附表等组成。

输电线路工程：由编制说明、架空（电缆）输电线路工程概况及主要技术经济指标表（表五）、总估算表（表一）、建筑及安装工程专业汇总估算表（表二甲、乙）、其他费用估算表（表四）、附表及附件等组成。

（一）编制说明

投资估算编制说明要表述准确，内容具体、简练、规范，主要包括以下内容。

1. 工程概况

工程概况包括工程名称、建设性质、建设规模、计划投产日期、项目地址、项目特点、交通运输状况、主要设备容量、型号、生产厂家、主要工艺系统特征、外委设计项目名称及设计分工界线等。

2. 编制依据

包括与业主签订的勘察设计合同、现阶段执行的法律法规、政策性文件、行业规范等。

3. 编制原则

（1）投资估算编制基准期。应按电力工程定额管理部门确认的投资估算编制基准期工程项目所在地的当月平均价格水平确定。

（2）工程量。依据设计专业提供的设计资料、图纸、设备清册及说明，结合估算工程计算规则确定。

（3）设备价格。投资估算设备价格的取定原则。

（4）建筑安装工程费：定额的选用、材料价格的选用、价差的计取。

1）定额的选用。编制投资估算当期所采用的投资估算指标或概算定额名称。

2）材料价格的选用。编制投资估算当期所采用的材料取费价格依据。

3）编制基准期价差的计取。包括人工、材料、机械价差，应分别按建筑工程和安装工程描述价差的计取办法。

（5）其他费用的计算。计算其他费用所采用的相关规定。

4. 工程投资及分析

（1）工程投资。包括静态投资及其单位指标、动态投资及其单位指标、建设期贷款利息、项目计划总资金。

（2）投资分析。与同期《电网工程限额设计控制指标》对比分析、同类机组工程对比分析。

（3）其他有关重大问题的说明。与估算相关的有关重大问题，如外委项目的投资、改扩建工程的设计范围等。

（二）附表及附件

投资估算附表及附件有以下几种：

变电工程包括人工价差明细表、建筑材料价差表、建筑机械价差表、安装装置性材料价差表、安装消耗性材料价差表、安装机械价差表等。

线路工程包括综合地形增加系数计算表、输电线路工程装置性材料统计表、输电线路工程土石方量计算表、输电线路工程工地运输重量计算表、输电线路工程工地运输工程量计算表、输电线路工程杆塔分类一览表。

以上附表及附件参见附录 B 表格格式。

第三节　编　制　方　法

投资估算的编制方法主要包括估算指标法和概算定额法。

一、估算指标法

估算指标法是以设计提资工程量为计量依据，以估算指标、相关税费政策为计价依据的一种投资估算的编制方法，其步骤包括计量和计价。其中计价又包括套用估算指标、计算编制期基准价差、计算其他费用、计算基本预备费、特殊项目费用、汇总静态投资、计算动态费用、汇总动态投资。估算指标法具体编制步骤如图 13-2 所示。

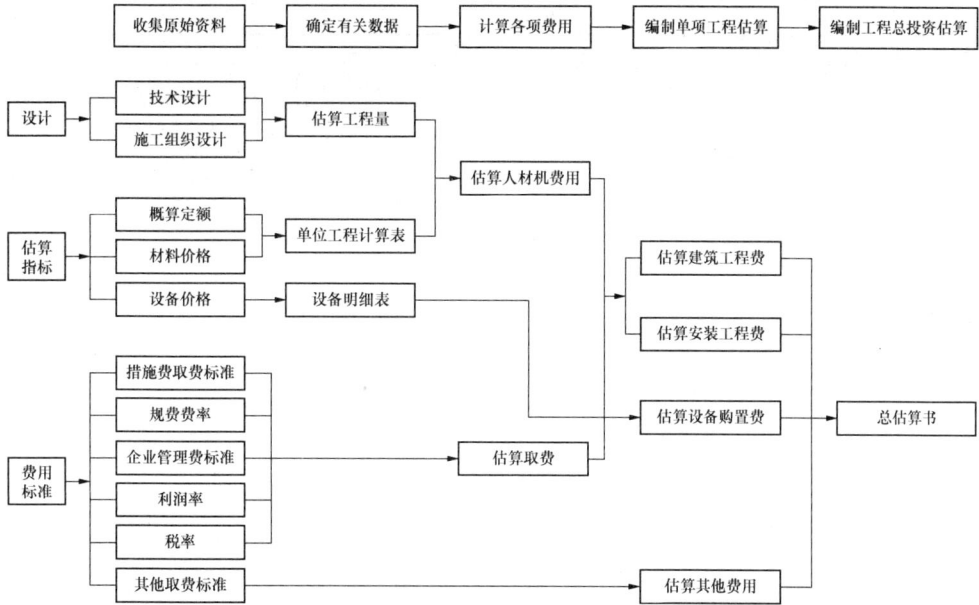

图 13-2 估算指标法具体编制步骤

（一）变电工程

以编制××地区500kV变电站新建工程可行性研究投资估算为例，分计量和计价两部分介绍估算指标法。

1. 计量

可研阶段编制投资估算的工程量主要由设计专业提出，技经人员需要做以下工作：①复核设计专业提供的提资单、清册的完整性，以及其范围与对应专业范围是否一致；②梳理提资单工程量与电力建设工程估算指标子目计算规则是否匹配、是否漏项；③根据掌握的资料，对设计人员提供的工程量进行核算，并对有疑问的部分提出反馈意见；④技经编制人员应掌握设计专业提资单与项目划分的一一对应关系。

安装专业主要提资工程量及计算规则见表13-2。

表 13-2 安装专业主要提资工程量及计算规则

序号	工程或费用名称	设备购置费	安装工程费
一	主要生产工程		
（一）	主变压器系统	主变压器数量（组/三相），电压等级，容量等主要参数	
（二）	配电装置	配电装置断路器数量（间隔），配电装置（不含断路器）数量（间隔），设备形式；软母线、悬挂式管型母线数量（跨/三相）、型号；支持式管型母线、带形母线数量（m）、型号	

续表

序号	工程或费用名称	设备购置费	安装工程费
（三）	无功补偿	高压并联电抗器、低压电抗器、低压并联电容器等数量（组/三相），电压等级，容量等主要参数；消弧线圈数量（台）	
（四）	控制及直流系统	计算机监控系统根据电压等级计列，以"站"为计量单位；保护盘台柜根据最高电压等级计列，以"块"为单位；直流系统及 UPS 根据电压等级计列，以"站"为单位；辅助控制系统根据电压等级计列，以"站"为单位	
（五）	站用电系统	站用变数量（台/三相），电压等级，容量等主要参数；低压配电屏数量（块）；设备、构筑物及道路照明指标以"100m²"为单位，按围墙内占地面积计算	
（六）	电缆及接地	电力电缆、控制电缆数量（km），钢制电缆支架数量（t），复合材料电缆支架数量（副），铝合金、钢制电缆桥架数量（t），电缆防火指标以"站"为计量单位，全站主接地网数量（km）	
（七）	通信及远动系统	站内通信指标、远动系统指标根据电压等级计列，以"站"为计量单位；光端机指标按光端机的数量以"套"为单位	
（八）	全站调试	变电站、换流站调试以"站"为单位	
二	辅助生产工程		
（一）	检修及修配设备	变电站检修及试验设备以"站"为单位	

续表

序号	工程或费用名称	设备购置费	安装工程费
（二）	试验设备	变电站检修及试验设备以"站"为单位	
（三）	油及SF₆处理设备		
三	与站址有关的单项工程		
（一）	站外电源	站外电源线路数量（km）、电压等级；站外电源间隔数量（间隔）、电压等级，设备形式	

建筑专业主要提资工程量及计算规则见表13-3。

表13-3　建筑专业主要提资工程量及计算规则

序号	工程或费用名称	安装工程费
一	主要生产工程	
（一）	主要生产建筑	变电站建筑的建筑体积（m³），结构形式等主要技术条件
（二）	配电装置建筑	变压器基础与构架、高压电抗器基础与构架、事故油池、独立避雷针塔等指标按照变压器数量以"座"为计量单位，防火墙指标按照设计防火墙面积以"m²"为计量单位，搬运轨道指标按照设计双根轨道敷设长度以"m"为计量单位；配电装置钢结构构支架及基础按照构支架成品重量以"t"为计量单位，离心杆构架、支架指标按照离心杆外轮廓体积以"m³"为计量单位；室外封闭式组合电器基础指标按照设计间隔数量以"间隔"为计量单位，进线、出线、母联等计算间隔数量；低压电容器基础与支架、低压电抗器基础与支架等指标以"组"为计量单位，三个单相为一组；室外电缆沟长度（m），净断面积，沟道形式
（三）	供水系统建筑	供水泵房、综合水泵房等建筑的体积（m³）；供水管道、消防室外管道长度（m），材质，直径；深井长度（m），直径；蓄水池、喷淋水池数量（座），容积；供水设备及配套装置数量（项）
（四）	消防系统	室外消火栓按照数量以"座"为计量单位；变电站特殊消防指标按照变电站数量以"项"为计量单位；消防水泵及配套装置数量（项）
二	辅助生产工程	
（一）	辅助生产建筑	附属建筑物面积（m²），结构形式；与水泵及配套装置数量（项）

续表

序号	工程或费用名称	安装工程费
（二）	站区性建筑	污水调节池数量（座）；站区道路与地坪面积（m²）、材质；站区围墙长度（m）、材质；清水砖围墙、预制装配式围墙面积（m²）；入站电动大门（套）；站区排水管道长度（m）、材质、直径；站区各类井数量（座）、材质；深井设备与装置数量（套）；污水处理设备及配套装置数量（项）
（三）	特殊构筑物	站区挡土墙体积（m³）、材质；站区护坡面积（m²）、材质；砌体护坡体积（m³）
三	与站址有关的单项工程	
（一）	临时工程	施工电源线路长度（km）、电压等级；施工电源扩建间隔数量（间隔）、电压等级；施工变压器数量（台）、电压等级、容量；水源施工管路长度（m）、材质；施工水源水井、施工水源水池数量（座）、容积；施工道路长度（m）；施工通信数量（项）

2. 计价

（1）确定设备购置费。

1）确定设备费。设备费是指按照设备供货价格购买设备所支付的费用，在确定供货价格时一定要明确双方的交货地点。可研阶段设备未招标，设备费可参照以下价格计列。

a. 编制期设备市场信息价格；

b. 近期类似工程设备合同价；

c. 如遇到新设备，在没有市场信息价和类似工程的合同价可参考时，需要由设计向相关设备生产厂家询价，询价结果可作为设备价格计列依据。

2）设备运杂费。无论设备价格采用的是限额价还是信息价或者是询价，在计列设备运杂费时，首先需要明确的是，采用的设备价格的交货地点，是生产厂家、交货货栈或供货商的储备仓库，还是施工现场。一般按以下原则计列，具体可根据工程的实际情况调整：①如设备交货地点为设备生产厂家、交货货栈或供货商的储备仓库，设备运杂费需要计列从交货地点运至施工现场的铁路、水路、公路运杂费，具体计算办法执行《电网工程建设预算编制与计算规定（2013年版）》规定；②如设备交货地点为施工现场，设备运杂费只计取卸车费及保管费，具体计算办法执行《电网工程建设预算编制与计算规定（2013年版）》规定。

（2）套用估算指标。估算指标分为系统（单项）工程指标、单位工程指标、独立子项工程指标三级。

其中，系统（单项）工程指标主要用于编制初步可行性研究投资估算，单位工程指标、独立子项工程指标主要用于编制可行性研究投资估算。

套用估算指标分为三个步骤：第一步，根据可研阶段相关专业的提资，综合考虑设备类别、设备型号、材料材质、施工方法等选取合适的估算指标子目。第二步，根据可研阶段相关专业的提资及估算指标工程量计算规则，确定与所选取的估算指标子目相对应的工程量。第三步，计算分部分项工程直接工程费，计算式为

分部分项工程直接工程费＝估算指标单价×工程量

1）建筑工程估算指标套用以建筑工程主变压器基础与构架为例。

在设计专业提出 500kV 主变压器工程量后，根据主变压器的电压等级，容量和设备类别查询《电力建设工程估算指标（2016 年版）·第二卷：输变电工程·第一册：变电建筑工程》第二部分　单位建筑工程　第一章　电气建筑工程　第六项　主变压器基础及构架，在该项目下选择合适的子目"400MVA 主变压器基础与构架　单相单台"后将估算指标名称对应的指标编号及基价计列在对应的单元格中，见表 13-4。

表 13-4　建筑工程估算表

表三乙　　　　　　　　　　　　　　　　　　　　　　　　　（元）

序号	编制依据	项目名称	单位	数量	单价			合价		
					设备	建筑费	其中：人工费	设备	建筑费	其中：人工费
		建筑工程								
一		主要生产工程								
2		配电装置建筑								
	ZBT2-1-35	400MVA 主变压器基础与构架　单相单台	座							

2）安装工程估算指标套用以安装 500kV 主变压器为例。在设计提出 500kV 主变压器规格型号及工程量后，根据主变压器的电压等级，容量和设备类别查询《电力建设工程估算指标（2016 年版）·第二卷：输变电工程·第二册：变电电气设备安装工程》第二部分　单位安装工程　第一章　主变压器系统，在该项目下选择合适的子目"500kV 主变压器 3×400MVA"，将估算指标名称对应的指标编号及基价计列在对应的单元格中，见表 13-5。

表 13-5　安装工程估算表

表三甲　　　　　　　　　　　　　　　　　　　　　　　　　（元）

序号	编制依据	项目名称	单位	数量	单价				合价			
					设备	装置性材料	安装	其中工资	设备	装置性材料	安装	其中工资
		安装工程										
一		主要生产工程										
1		主变压器系统										
	ZBD2-1-5	500kV 主变压器 3× 400MVA	组/三相									

需要注意的是，套用的估算指标中设备价格可以根据已确定的设备价格进行调整。

（3）计算费税。计算费税的方法与编制初步设计概算步骤中计算费税的方法相同，详见本手册第十四章第三节。

（4）计算编制基准期价差。单位电气设备安装工程指标列出的主要设备、主要装置性材料和单位建筑工程指标列出的主要建筑材料、建筑设备，原则上可以按照实物量单价法调整其价差，指标中没有列出的设备、装置性材料、建筑材料、建筑设备原则上按照综合系数法调整其价差。有关价差调整执行电力工程造价与定额管理总站相关文件的规定。

（5）计算其他费用。其他费用的计算方法与编制初步设计概算步骤中计算费税的方法相同，详见本手

册第十四章第三节。本节只介绍在可研阶段需要确定的费用以及与初步设计阶段计算方法不同的费用——建设场地征用及清理费。

对于变电工程来说，建设场地征用及清理费主要包括土地征用费、施工场地租用费、迁移补偿费和余物清理费。

1）土地征用费。在办理土地使用权证时向政府部门交纳的税费以及在征地过程中发生的土地补偿金、安置补助费、耕地开垦费、耕地占用税、勘测定界费、征地管理费、办证费等应计入土地征用费。

具体计算办法可按设计专业有关征地面积的提资及征地综合单价计算。这里征地综合单价是在综合考虑了以上所有费用后测算的价格。土地征用费的计算标准根据有关法律、法规、国家行政主管部门以及省（自治区、直辖市）人民政府的规定计算。

如果有近期同类地区已实施的工程征地费，也可以作为计列本工程征地费的参考价格。

2）施工场地租用费。施工场地租用费包括占用补偿、场地租金、场地清理、复垦费和植被恢复等费用。计算标准根据有关法律、法规、国家行政主管部门和工程所在地人民政府的规定，按照项目法人与土地所有者签订的租用合同计算。

3）迁移补偿费。迁移补偿费是指对所征用土地范围内的机关、企业、住户及有关建筑物、构筑物、电力线、通信线、铁路、公路、沟渠、管道、坟墓、林木等进行迁移所发生的补偿费用。计算标准按照工程所在地人民政府的规定计算。

4）余物清理费。余物清理费是指对所征用土地范围内原有的建筑物、构筑物等有碍工程建设的设施进行清理所发生的各种费用。余物清理费的计算执行《电网工程建设预算编制与计算规定（2013 年版）》规定。

需要注意的是，按《电网工程建设预算编制与计算规定（2013 年版）》规定计算出的余物清理费只包含对建筑物、构筑物的清理以及 5km 以内的运输及装卸费，不包含拆除费用，拆除费用需要另行计算并列入余物清理费中。

当拆除对象是电网工程时，其拆除及设备材料清运费可以参照《电网技术改造工程定额及费用计算规定（2015 年版）》中拆除部分的相关内容，计列到本项费用中；当拆除对象为非电网工程时，拆除和余物清理费按照《电网工程建设预算编制与计算规定（2013 年版）》使用指南中的费率计算，但应扣除残余物回收金额，计列到本项费用中。

5）另外在计列建场费时，还有以下几点需要注意：

a. 对于权属地基调查费、房屋拆迁配套费、宅基地补偿费、房屋拆迁赔偿费、青苗赔偿费等，如果是工程所征用土地上发生的，应计入土地征用费，如果是施工租用场地上发生的，应计入施工场地租用费。

b. 关于森林砍伐及植被恢复费用应视该土地的使用性质而定，如果是站区被征用土地上的林木砍伐和植被恢复费用在迁移补偿费中考虑；如果是在租用的施工场地上的林木砍伐和植被恢复费用在"施工场地租用费"中考虑。

c. 在办理土地征用和相关赔偿工作中，要同各级政府部门、村镇和村民做很多协调工作，所发生的协调费用和招待费用已按照国家有关招待费标准在项目法人管理费项目中综合考虑了，不在此项目中另行计列。

（6）计算基本预备费。按投资估算编制当期《电网工程建设预算编制与计算规定（2013 年版）》计取相应费用。可研阶段基本预备费率比初设阶段高。

（7）计列特殊项目费用。

（8）汇总静态投资。

（9）计算动态费用。

（10）汇总动态投资。

（7）~（10）的计算方法与编制初步设计概算相同，详见本手册第十四章第三节。

编制可研估算与初步设计概算的不同之处在于，可研阶段设计提资的深度达不到初步设计阶段的深度，但是由于投资估算额将作为建设项目投资的最高限额，以后各阶段的投资不得随意突破投资估算额，因此在可研阶段计列各项费用时，需要充分考虑工程的实际情况并参考以往类似工程经验，多与限额指标、通用造价以及类似工程作对比分析，在确保投资估算准确性的同时，又要保证投资充足。

（二）线路工程

1. 计量

（1）步骤。①复核设计专业提供的提资单、清册的完整性，其范围与对应专业范围是否一致；②梳理提资单工程量与电力建设工程预算定额子目计算规则是否匹配、是否漏项；③根据掌握的资料，对设计人员提供的工程量进行核算，并对有疑问的部分提出反馈意见；④技经编制人员应掌握设计专业提资单与项目划分的一一对应关系。

（2）提资专业与提资内容，输电线路工程工程估算电气部分、结构部分提资表分别见表 13-6 和表 13-7。

表 13-6　　送电线路工程估算提资表
电气部分

1. 线路名称及电压等级＿＿＿＿＿＿，线路总长＿＿＿＿km，其中单回路长＿＿＿＿km，双回路长＿＿＿＿km。

2. 线材

项目名称	型号及分裂数	单位	数量	备注
导线		km		
地线		km		

3. 沿线地形（%）

地形描述	平地	丘陵	一般山地	高山大岭	峻岭	泥沼	河网	沙漠
地形比例（%）								

4. 杆塔分类

杆塔型式	直线杆	耐张杆	直线塔	耐张塔
数量（基）				

5. 接地降阻

序号	项目名称	单位	数量	备注
1	降阻剂	t		
2	降阻模块	块		
3	铜覆钢	基		
4	离子棒	支		

6. 交叉跨越

序号	被跨越物名称	单位	数量	备注
1	跨越一般公路	处		
2	跨越高速公路	处		
3	跨越电力线 10kV	处		
4	跨越电力线 35kV	处		
5	跨越电力线 110kV	处		
6	跨越电力线 220kV	处		
7	跨越 500kV 电力线	处		
8	跨越低压、弱电线	处		
9	张力架设跨越河流	处		

注　跨越一般公路、高速公路定额均按双向 4 车道及以内的公路考虑，超出 4 车道时，定额基价乘超宽系数调整：双向 6 车道的超宽系数取 1.2，双向 8 车道的超宽系数取 1.6。

7. 附件工程

序号	项目名称	单位	数量	备注
1	直线塔绝缘子串	基		
2	耐张塔绝缘子串	基		
3	保护金具安装	km		

8. 尖峰、施工基面开挖土方量及土质类别

土质类别	土方	松砂石	岩石
土方量（m³）			

9. 其他

序号	项目名称	单位	数量	备注
1	林木砍伐	亩		
2	青苗赔偿	亩		
3	电力线拆迁	km		电压等级
4	通信线拆迁	km		
5	坟墓搬迁	座		
6	房屋拆迁	m²		
7	其他			

表 13-7　送电线路工程估算提资表
结构部分

1. 基础工程

序号	基础型式	单位	数量	备注
1	岩石嵌固基础	m³		
2	挖孔基础	m³		
3	现浇阶梯基础	m³		
4	锚杆基础	m		
5	基础承台及连梁	m³		
6	灌注桩基础	m³		
7	护壁	m³		
8	基础钢材	t		
9	地脚螺栓	t		
10	插入式角钢	t		
11	大体积混凝土基础	m³		

2. 杆塔工程

序号	杆塔型式	单位	数量	备注
1	角钢塔组立	t		
2	钢管塔组立	t		
3	钢管杆组立	t		
4	直线杆	基		
5	耐张杆	基		

3. 辅助工程及其他

序号	项目名称	单位	数量	备 注
1	余土外运	m³		
2	护坡、挡土墙及排洪沟砌筑	m³		
3	基础防腐	m²		
4	施工围堰	m³		
5	基础灰土换填	m³		
6	杆塔刷漆	t		
7	溶洞处理	m³		
8	草方格固沙	m²		

2. 计价

（1）套用定额。根据可研设计相关专业的提资，按编制期《架空输电线路工程建设预算项目划分导则》划分列出分部分项工程子目，在子目名称下根据计算后的工程量及估算指标工程量计算规则，综合考虑地形、设备型号、材料材质、施工方法等选择合适的估算指标子目套用。输电线路估算指标分为本体工程指标、分部工程指标、独立子项工程指标。

1）本体工程指标。是根据项目划分，以电压等级为主线，以线路长度为计量单位形成的指标。本体工程指标主要用于编制系统规划投资及初步可行性研究投资估算。

本体工程指标套用以××直流送出工程为例。

××±500kV 直流送出工程导线采用 4×JL/G1A－900/70，在该项目下结合本工程地形比例（丘陵占 17.39%、山地占 51.09%，高山大岭占 31.52%），查询对应的±500kV 架空输电线路工程，导线截面 4×900mm²，丘陵地形套用子目 ZS1－1－270；山地地形套用子目 ZS1－1－274；高山地形套用子目 ZS1－1－276。将估算指标名称、编号及基价计列在对应的单元格中，见表 13-8。

表 13-8 架空输电线路单位工程估算表

表三丙 （元）

序号	编制依据	项目名称及规范	单位	数量	单 价				合 价			
					装置性材料	安装费			装置性材料	安装费		
						合计	其中工资	其中机械		合计	其中工资	其中机械
		导线截面 4×900mm²										
	ZS1－1－270	丘陵	km									
	ZS1－1－274	山地	km									
	ZS1－1－276	高山	km									
		小计										

2）分部工程指标。是根据项目划分，以相对独立的设计文件为主体，考虑项目管理界面，按照线路实体工程量（基础体积、杆塔重量、线路长度、沟道净空体积、排管或顶管敷设长度等）为计量单位形成的指标。分部工程指标主要用于编制可行性研究投资估算。

3）独立子项工程指标。是根据可行性研究设计深度，以实体工程量为主体，考虑相关的施工要素，按照实体工程量（m³、m²、m、t、个等）为计量单位形成的指标，主要用于编制可行性研究投资估算时需要调整或独立计算的工程项目。

分部工程指标套用以杆塔工程为例。

在设计提出杆塔工程中组装铁塔 10744.1t 后，应查询《电力建设工程估算指标（2016 年版）·第二卷：输变电工程·第三册：输电线路工程》第二部 第二章 杆塔工程项目下的 750kV、500kV、330kV、±660kV、±500kV 线路杆塔组立分项。在该项目下结合本工程地形比例（丘陵占 17.39%、山地占 51.09%，高山大岭占 31.52%），查询到对应的子目，示例工程杆塔丘陵组立为 1868.54t，因此应套用 ZS2－2－8。选定估算指标子目后，将估算指标名称、编号及基价计列在对应的单元格中，见表 13-9。

表 13-9 架空输电线路单位工程估算表

表三丙 （元）

序号	编制依据	项目名称及规范	单位	数量	单价				合价			
					装置性材料	安装费			装置性材料	安装费		
						合计	其中工资	其中机械		合计	其中工资	其中机械
		角钢塔组立	t									
	ZS2－2－8	平地、丘陵	t									
	ZS2－2－10	山地	t									
	ZS2－2－10	高山	t									

（2）确定材料预算价格。估算材料费包括消耗性材料费、装置性材料费。

1）消耗性材料费：已包含在估算指标基价中，不再单独计列。

2）装置性材料费：估算指标已按照 2013 年版电力建设工程装置性材料取定，分部工程指标列出的主要设备、装置性材料、建筑材料，原则上可以按照实物量单价法调整其价差，指标中没有列出的材料、设备原则上按照综合系数法调整其价差。有关价差调整执行电力工程造价与定额管理总站相关文件的规定。

（3）计算费税。分部工程指标基价中包括设备购置费、装置性材料费、直接工程费，不包括措施费、间接费、利润、编制基准期价差、税金、编制投资估算时，应按照《电网工程建设预算编制与计算规定（2013 年版）》及相关政策性文件中的费税计算办法。

费税计算以杆塔工程为例：在完成杆塔工程所有

估算指标基价的套用后，首先汇总形成该分部工程的直接工程费。然后再计算措施费及间接费，此两项费用的取费基数均采用之前汇总的直接工程费，措施费及间接费费率应按《电网工程建设预算编制与计算规定（2013 年版）》中工程所在地区 500kV 电压等级费率计列，其中规费中的社会保险、住房公积金费率应按工程所在地劳动和社会保障部门、住房公积金管理中心公布的最新费率计取。取费基数与费率的乘积结果即为该分部工程的措施费及间接费。直接费与间接费之和作为利润的取费基数，利润率按《电网工程建设预算编制与计算规定（2013 年版）》中的规定计取，利润的取费基数与利润率的乘积结果即为该分部工程的利润。直接费、间接费、利润之和作为税金的取税基数，税金的取费基数与税率的乘积结果即为该分部工程的税金。直接费、间接费、利润及税金之和即为该分部工程的安装工程费，见表 13-10。

表 13-10 架空输电线路单位工程估算表

表三丙 （元）

序号	编制依据	项目名称及规范	单位	数量	单价				合价			
					装置性材料	安装费			装置性材料	安装费		
						合计	其中工资	其中机械		合计	其中工资	其中机械
1		角钢塔组立	t									
2	ZS2－2－8	平地、丘陵	t									
3	ZS2－2－10	山地	t									
4	ZS2－2－10	高山	t									
5		小计										
6	一	直接费（C）	元									
7	1	直接工程费（B）	元									
8	1）	定额直接费	元									

序号	编制依据	项目名称及规范	单位	数量	单价				合价			
					装置性材料	安装费			装置性材料	安装费		
						合计	其中工资	其中机械		合计	其中工资	其中机械
9		其中：人工费	元									
10		机械费	元									
11	2)	装置性材料费	元									
12	2	措施费										
13	1)	冬雨季施工增加费	%									
14	2)	施工工具用具使用费	%									
15	3)	特殊地区施工增加费										
16	4)	临时设施费	%									
17	5)	施工机构迁移费	%									
18	6)	安全文明施工费	%									
19	二	间接费										
20	1	规费										
21	1)	社会保障费	%									
22	2)	住房公积金	%									
23	3)	危险作业意外伤害保险费	%									
24	2	企业管理费	%									
25	3	施工企业配合调试费	%									
26	三	利润	%									
27	四	税金										
28	1	乙方税金	%									
29	2	甲方税金	%									
30		安装工程费合计										

（4）计算编制基准期价差。编制基准期价差由人工价差、材料价差及机械价差构成，分部工程价差均应汇总计入表一编制基准期价差中。

1）人工价差：采用编制当期定额站发布的年度定额水平调整文件中的人工费调整相关规定计算，以杆塔工程为例，分部工程估算指标套用完成后汇总人工费小计，然后根据估算编制当期定额站发布的年度定额水平调整文件中的人工费调整相关规定，按百分比系数计算人工价差并计取税金。编制期电力工程造价与定额管理总站文件定额〔2016〕50号《关于发布2013版电力建设工程概预算定额 2016年度价格水平调整的通知》中的规定，查询人工费调整系数汇总表中工程所在地区安装工程系数为13.03%，见表13-11。

表 13-11 安装工程人工按系数调差明细表

（元）

序号	项目名称	单位	系数	单价	合价
	安装工程				
	杆塔工程	%			
	税率	%			
	小计				

2）材料价差。安装工程材料价差包括定额消耗性材料价差和装置性材料价差。

a. 定额消耗性材料价差。定额消耗性材料价差的计算依据是编制年度定额站发布的年度定额水平调整文件中的消耗性材料调整相关规定。

以杆塔工程为例，分部工程估算指标套用完成后汇总消耗性材料费小计，然后根据估算编制当期定额站发布的年度定额水平调整文件中的消耗性材料调整相关规定，按百分比系数计算消耗性材料价差并计取税金。编制期电力工程造价与定额管理总站文件定额〔2016〕50 号《关于发布 2013 版电力建设工程概预算定额 2016 年度价格水平调整的通知》中的规定，查询消耗性材料调整系数汇总表中工程所在地区安装工程系数为 3.12%，见表 13-12。

表 13-12 安装工程装置性材料按系数调差明细表

（元）

序号	项目名称	单位	系数	单价	合价
1	安装工程				
2	杆塔工程	%			
3	税率	%			
4	小计	元			

b. 安装装置性材料价差。以杆塔工程为例，采用编制估算当期的"南方电网公司电网工程主要设备材料信息价"作为市场价与装置性材料预算价之差计列，并计取税金。

首先应查询信息价中 500kV 角钢塔价格（不含税），用此价格与铁塔工程量的乘积减去装置性材料预算价中铁塔价格（不含税），此价差与铁塔工程量的乘积作为该分部工程的安装装置性材料价差，并计取税金，见表 13-13。

表 13-13 安装装置性材料价差汇总表

（元）

编号	材料名称	单位	工程量	单价（不含税）		合价（不含税）		价差
				预算价	市场价	预算价	市场价	
1	安装工程							
2	角钢塔	t						
3	税金	%						
4	小计							

3）机械价差。安装工程机械价差的计算依据是编制年度电力建设工程概预算定额价格水平调整文件。

以杆塔工程为例，分部工程估算指标套用完成后汇总机械费小计，然后按编制当期的定额站发布的电力建设工程概预算定额价格水平调整文件对应地区规定的调整系数乘以单位工程定额机械费，并计取税金。

首先查询编制期电力工程造价与定额管理总站文件定额〔2016〕50 号《关于发布 2013 版电力建设工程概预算定额 2016 年度价格水平调整的通知》中的规定，查询机械费调整系数，见表 13-14。

表 13-14 安装工程机械按系数调差明细表

（元）

序号	项目名称	单位	系数	单价	合价
	安装工程				
	杆塔工程	%			
	税率	%			
	小计	元			

（5）计算辅助设施工程。辅助设施工程项目一般是为建设和运行单位的生产运行而配置的。一般包括巡线、检修站工程，巡线、检修道路工程，通信工程，还有其他根据工程不同的需要计列的带电生产作业工具、三维数字化辅助施工管理、防坠安全保护装置、直升机巡线标志牌、航空障碍标志灯、融冰装置等费用（详细计算参考 DL/T 5467—2013《输变电工程初步设计概算编制导则》）。

（6）计算其他费用。其他费用的计算执行《电网工程建设预算编制与计算规定（2013 年版）》的划分及计算方法，结合提资内容计算。包括建设场地征用及清理费、项目建设法人管理费、项目建设技术服务费、生产准备费（详细计算参考 DL/T 5467—2013《输变电工程初步设计概算编制导则》）。

（7）计算基本预备费。按可行性研究设计阶段估算编制当期《电网工程建设预算编制与计算规定（2013年版）》计取相应费用。

基本预备费＝（安装工程费＋辅助设施工程＋其他费用）×费率

其中，费率见《电网工程建设预算编制与计算规定（2013版）》表3.5.2。

（8）汇总静态投资。静态投资由安装工程费、辅助设施工程费、其他费用、基本预备费、编制基准期价差累加汇总。

架空线路工程总估算表见表13-15。

表13-15　架空线路工程总估算表

表一丙　线路亘长：190km

序号	工程或费用名称	费用金额（万元）	各项占总计（%）	单位投资（万元/km）
一	一般线路本体工程			
二	辅助设施工程			
	小　计			
三	编制年价差			
四	其他费用			
	其中：建设场地征用及清理费			
五	基本预备费			
六	特殊项目费用			
	静态投资（一～六项合计）			

（9）计算动态费用。动态费用由价差预备费与建设期贷款利息组成。

现阶段按原国家发展计划委员会计投资〔1999〕1340号文《国家计委关于加强对基本建设大中型项目概算中"价差预备费"管理有关问题的通知》中的规定，价差预备费均不再计取。

建设期贷款利息线路工程一般施工工期考虑一年按编制期实际利率计算。

利息计算示例，以静态投资汇总表中工程静态投资为例，需要明确贷款比例，人民银行发布的建设当期长期贷款名义利率，年利息次数按四次，即按季结息。

则利息计算式为

贷款利息＝静态投资×贷款比例×0.5（按平均年中发生贷款计算）×［（1＋长期贷款名义利率/4）^{4}－1］（实际利率）

（10）汇总动态投资。动态投资由静态投资和动态费用汇总，见表13-16。

表13-16　架空线路工程总估算表

表一丙　线路亘长：190km

序号	工程或费用名称	费用金额（万元）	各项占总计（%）	单位投资（万元/km）
	静态投资（一～六项合计）			
一	动态费用			
（一）	价差预备费			
（二）	建设期贷款利息			
	工程动态投资（一～七项合计）			
	其中：可抵扣固定资产增值税额			

二、概算定额法

概算定额法是以设计图纸、清册工程量等为计量依据，以概算定额、设备市场价、材料综合价格、相关税费政策等为计价依据的一种投资估算的编制方法，步骤包括计量和计价。其中计价又包括套用定额、确定材料预算价格、确定设备价格、计算费税、计算编制期基准价差、计算其他费用、计算基本预备费、特殊项目费用、汇总静态投资、计算动态费用、汇总动态投资。

概算定额法编制投资估算与概算定额法编制初步设计概算基本相同，详见本手册第十四章第三节。

第十四章

电网工程初步设计概算

第一节 初步设计概算的定义、作用及编制流程

一、定义

电网工程初步设计概算是电网工程初步设计文件的重要组成部分，由电网工程设计单位根据初步设计方案确定的工程量，概算定额，电网工程建设预算编制与计算规定，建设地区自然、技术经济条件和设备、材料预算价格等资料编制的电网建设项目从筹建至竣工交付使用所需全部费用的技术经济文件。

二、作用

（1）电网工程初步设计概算是编制电网工程投资计划，确定和控制电网工程投资的依据。

（2）电网工程初步设计概算是衡量电网工程设计方案经济合理性和选择最佳设计方案的依据。

（3）电网工程初步设计概算是签订电网工程建设合同和贷款合同的依据。

（4）电网工程初步设计概算是考核电网工程投资效果的依据。

三、编制流程

电网工程初步设计概算的编制须满足国家、行业和地方政府有关建设和造价管理的法律、法规和规定。初步设计概算在设计单位内部要履行编制、校核、审核和批准流程，其后还需外部单位进行审查和批复。

电网工程初步设计概算编制流程如图14-1所示。

（一）准备阶段

1. 项目启动

初步了解工程的投资背景、项目规模、主机方案、核准情况等。

2. 拟订初步设计概算编制计划大纲

根据工程初步设计大纲及概算编制的相关规定，制订初步设计概算编制计划大纲。计划大纲明确统一的编制依据和原则等，同时对初步设计概算的编制进行策划和指导，一般包括如下主要内容：

（1）工程名称。确定初步设计概算统一使用的项目名称。

（2）编制依据。项目设计任务书以及可行性研究设计等文件。

（3）编制范围。根据设计合同确定概算编制的范围，明确业主外委项目的接口界限。

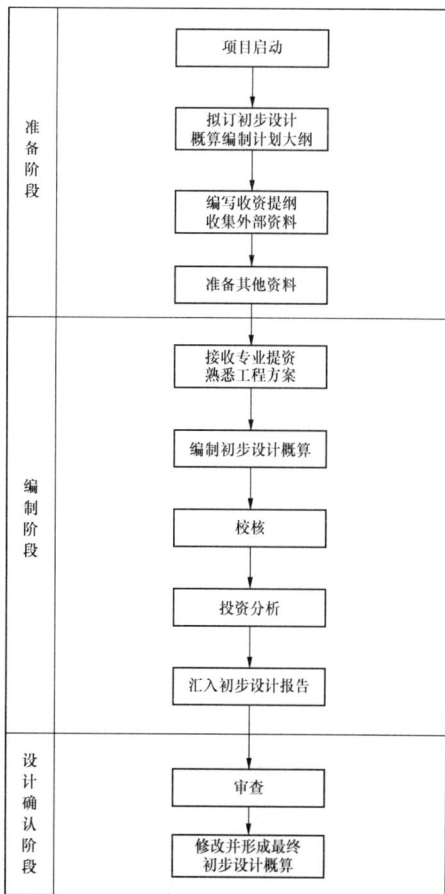

图 14-1　电网工程初步设计概算编制流程图

（4）主要编制原则。确定概算编制基准期工程量的确定原则，概算定额的选取，人工、材料、机械预算价格及价差的确定原则，取费标准和其他费用的确定原则等。

（5）评审、验证和确认。明确设计概算的评审、验证和确认程序。

3. 编写收资提纲，收集外部资料

制订初步设计概算编制计划大纲后，应根据计划大纲的要求及编制初步设计概算的需要，向工程建设单位收集外部资料。电网工程中的变电工程、输电线路工程初步设计概算外部收资一览表分别见表14-1和表14-2。

表 14-1　　　变电工程初步设计
概算收资一览表

序号	项　目	单　位	备　注
一	初步设计概算		
1	征地单价	元/亩	
2	租地单价	元/（亩·年）	
3	房屋、坟墓等迁移补偿费用	元/m² 或万元	
4	余物清理等相关费用	元/m² 或万元	
5	业主外委设计项目单项工程投资（公路、桥梁、站外电源等）	万元	
6	设备、材料合同及技术协议		
7	本工程可研估算及审查意见		
	……		

表 14-2　　输电线路工程初步设计
概算收资一览表

序号	项　目	备　注
一	初步设计概算	
1	塔基征地费用	
2	施工租地费用	
3	租地复耕费费用	
4	房屋、坟墓等迁移补偿费用	
5	余物清理等相关费用	
6	输电走廊施工赔偿	
7	业主外委设计项目单项工程投资	
8	设备、材料合同及技术协议	
9	本工程可研估算及审查意见	
	……	

4. 准备其他资料

概算编制人员应准备和收集有关概算编制的标准、规范、文件，以及其他同类工程材料等，主要包括《电网工程建设预算编制与计算规定》，《电力建设工程概（预）算定额》，电力建设工程材料价格，电网工程造价指标，人工、材料、机械调整文件，同类工程概（预）算资料等。

（二）编制阶段

1. 接收专业提资，熟悉工程方案

在初步设计概算编制阶段，设备数量及建筑安装工程工程量均来源于设计专业提资。电网工程中需要给技术经济专业提供资料的设计专业如下。

（1）变电工程包括总图、建筑、土建结构、水工结构、暖通、照明、供水、送电电气、送电结构、电气一次、电气二次、系统一次、继电保护、远动、通信、计算机、施工组织等。

（2）输电线路工程包括送电电气、送电结构等。

专业提资一般包括以下主要内容：

（1）总图专业。变电工程：站区道路及广场、围墙及大门、站区沟道、隧道、室外给排水、挡土墙及护坡、站外道路、土石方的工程量；站区、接地极极址的征地面积、拆迁项目的工程量等。

（2）建筑专业。变电工程：变电站、换流站各建筑物的建筑工程量，包括楼（地）面、屋面、墙体、墙面、天棚、门窗等；建筑物结构形式及结构尺寸。

（3）土建结构专业。变电工程：变电站和换流站各建筑物结构形式、地基处理等方案描述，包括土石方、基础、钢结构、框架结构、钢筋等；地基处理工程量等。

（4）暖通专业。变电工程：全站建筑物采暖、通风、空调工程量。输电线路工程：电缆隧道采暖、通风工程量。

（5）照明专业。变电工程：全站建（构）筑物及设备照明工程量，包括照明配电箱、检修电源箱、灯具、管线等。输电线路工程：电缆隧道照明工程量，包括照明配电箱、检修电源箱、灯具、管线等。

（6）供水专业。变电工程：供水系统主要技术方案描述；综合水泵房、雨水泵房、生活污水处理、生活给排水、站区雨水管道的工程量及相关参数；水质净化及补给水系统设备管道的工程量及相关参数。

（7）电气一次专业。变电工程：电气系统主要技术方案描述；换流阀、换流变压器系统、主变压器系统、交直流配电装置、无功补偿装置、站用电系统、电力电缆及辅助设施、全站接地、电气试验室设备的工程量及相关参数等。

（8）电气二次专业。变电工程：计算机监控系统、直流场控制保护、五防系统、电子围栏、直流系统、不停电电源装置、火灾报警系统、智能辅助控制系统、控制电缆的工程量及相关参数等。

（9）继电保护专业。变电工程：线路保护、母线保护、故障录波、安全稳定控制的工程量及相关参数等。

（10）远动专业。变电工程：远动装置、电能量计量、电源管理单元（PMU）、调度配合的工程量及相关参数等。

（11）通信专业。变电工程：行政与调度通信系统、进站光缆线路及光通信设备、通信电源、载波通信、管线的工程量及相关参数等。

输电线路工程：光缆架设形式长度及其相关参数。

（12）计算机专业。变电工程：交换机、综合布线工程量及相关参数等。

（13）环保专业。变电工程：水土保持验收及补偿、噪声治理的工程量及相关参数等。

（14）送电电气专业。输电线路工程：工程概况、路径图、各气象区地形比例、线路长度、架线方式、导地线型号、接地型式、风偏开方量、绝缘子串型、金具、复合地线光缆（OPGW）工程量、交叉跨越情况、线路改迁及拆除情况、大型厂矿设施封改情况、房屋拆迁量、林区长度、特殊试验研究费等。

（15）送电结构专业。输电线路工程：地质比例、杆塔型式、基础型式、清场土方量、弃土方案、电缆隧道以及其他辅助工程量等。

（16）施工组织专业。变电工程：施工区土石方工程、施工电源、施工水源、施工道路、施工降水的工程量等。另外还需提出施工租地面积、大件设备运输特殊措施、工程施工进度安排等。

技术经济专业应了解并熟悉本工程的设计方案和系统特征，并仔细研究设计专业的提资后反馈修改意见。

2. 编制初步设计概算

在完成准备阶段工作并接收到设计提资后即可编制初步设计概算，具体编制方法见本章第三节相关内容。

3. 校核

编制完成初步设计概算后，对相关成品要在科组内进行校核。初步设计阶段的校核内容主要是复核工程量是否合适，定额套用是否准确，设备材料价格是否合理，判断设计概算的设计输入是否正确，检验设计概算的计算是否有错误或遗漏等。

4. 审核、批准

科组校核后，主工、设总对初步设计概算进行审核，审查初步设计概算文件是否符合国家法规、行业规范和标准等。审核完成后，总工对初步设计概算进行批准。

5. 汇入初步设计文件

经科组校核和主工、设总审核、总工审阅后的初步设计概算最后汇入初步设计文件，提交建设单位和相关机构审查。

（三）设计确认

提交建设单位和相关机构的设计概算，还需经过严格、充分的审查，复核无误后才能批准、下达。

1. 审查

初步设计概算的审查，属于初步设计审查的一部分，一般由建设单位牵头，主管初步或第三方咨询机构进行主审并形成初步设计审查纪要。

2. 修改并形成最终初步设计概算

编制单位应根据初步设计审查纪要，对初步设计概算进行修改。经修改后的设计概算提交审查部门复核，复核无误后即可批准，形成并出版最终的初步设计概算。

第二节 初步设计概算编制深度及内容

一、编制深度

初步设计概算应按现行规程规范包括《变电工程初步设计内容深度规定》《电网工程建设预算编制与计算规定》《电力建设工程概算定额》《电网工程限额设计控制指标》等标准或文件，编制初步设计概算建筑、安装工程表（表三），汇总形成建筑、安装工程初步设计概算表（表二），其他费用编入表四，将表二、表四、编制期基准价差、基本预备费和特殊项目费用汇总形成表一，编制出项目计划总资金。

二、编制内容

根据《输变电工程初步设计概算编制导则》的要求，电网工程初步设计概算的组成如下。

变电工程包括编制说明、变电工程概况及主要技术经济指标表（表五）、总概算表（表一）、专业汇总概算表（表二甲、乙）、安装、建筑工程概算表（表三甲、乙）、其他费用概算表（表四）、附件及附表等。

输电线路工程包括编制说明、工程概况及主要技术经济指标表（表五）、总概算表（表一）、架空输电线路安装工程汇总概算表（表二甲）、电缆输电线路安装工程费用汇总概算表（表二甲）、电缆输电线路建筑工程费用汇总概算表（表二乙）、架空输电线路单位工程概算表（表三甲）、电缆输电线路安装工程概算表（表三甲）、电缆输电线路建筑工程概算表（表三乙）、其他费用概算表（表四）、附件及附表等。

（一）编制说明的内容

初步设计概算编制说明要表述准确，内容具体、简练、规范，主要包括以下内容：

1. 工程概况

内容包括工程名称、建设性质、建设规模、计划投产日期、项目地质特点、交通运输状况、主要设备容量、主要设备型号、主要设备制造商、主要工艺系统特征、外委设计项目名称及设计分工界线等。

2. 编制依据

内容包括与业主签订的勘察设计合同、可研审查纪要、现阶段执行的法律法规、政策性文件、行业规范等。

3. 编制原则

（1）初步设计概算编制基准期。应按电力工程定额管理部门确认的初步设计概算编制基准期工程项目所在地的当月平均价格水平确定。

（2）工程量。依据设计专业提供的设计资料、图纸、设备清册及说明，结合概算工程计算规则确定。

（3）设备价格。初步设计概算设备价格的取定原则。

（4）建筑安装工程费。定额的选用、材料价格的选用、价差的计取。

定额的选用。编制初步设计概算当期所采用概预算定额名称。

材料价格的选用。编制初步设计概算当期所采用的材料取费价格依据。

价差的计取。包括人工、材料、机械价差。应分别按建筑工程和安装工程描述价差的计取办法。

（5）其他费用的计算。计算其他费用所采用的相关规定。

4. 工程投资及分析

（1）工程投资。静态投资及其单位指标、动态投资及其单位指标、建设期贷款利息、项目计划总资金。

（2）投资分析。应按下面两项内容进行投资分析。

1）与同期《电网工程限额设计控制指标》《国家电网输变电工程通用造价》《南方电网公司输变电工程典型造价》等对比分析。

2）与本工程上一阶段投资的对比分析，对投资差异的主要原因进行分析说明。

（3）其他有关重大问题的说明。

与初步设计概算相关的重大问题，如外委项目的投资、改扩建工程的设计范围等。

（二）工程概况及主要技术经济指标

工程概况及主要技术经济指标包括了工程建设规模、站区、输电线路路径自然条件及主厂房特征、主要工艺系统简况、主要技术经济指标等工程信息。

（三）总概算表（表一）

（四）专业汇总概算表（表二甲、乙）

（五）安装、建筑、输电线路工程概算表（表三甲、乙）

（六）其他费用概算表

（七）附表及附件

初步设计概算附表及附件见《电网工程建设预算编制与计算规定》附表及附件。

变电工程包括人工价差明细表、建筑材料价差表、建筑机械价差汇总表、安装装置性材料价差表、安装消耗性材料价差表、安装机械价差表等。

输电工程包括综合地形增加系数计算表、装置性材料统计表、土石方量计算表、工地运输重量计算表、工地运输工程量计算表、杆塔分类一览表等。

第三节 初步设计概算编制方法

初步设计概算目前通常采用概算定额法编制。

概算定额法是以设计图纸、清册工程量等为计量依据，以概算定额、设备市场价、材料综合价格、相关税费政策等为计价依据的一种初步设计概算的编制方法，其步骤包括计量和计价。

一、变电工程计量与计价

变电工程初步设计概算编制步骤流程如图 14-2 所示。

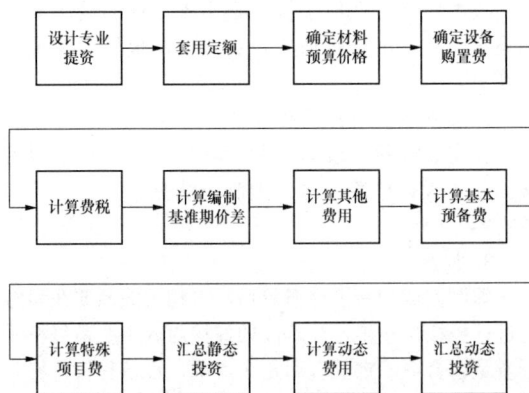

图 14-2 变电工程初步设计概算编制步骤流程图

（一）计量

（1）核实设计专业提供的专业间互提资料交接单、设备材料清册的完整性。

（2）核实提资单工程量与电力建设工程概算定额计算规则是否匹配。

（3）对工程量有疑问的部分提出反馈意见。

（二）计价

计价包括定额费用、确定材料预算价格、确定设备购置费、计算费税、计算编制期基准价差、计算其他费用、计算基本预备费、计列特殊项目费用、汇总静态投资、计算动态费用、汇总动态投资和汇总项目计划总资金。

1. 定额套用

定额套用分为以下两个步骤：

a. 根据初设阶段相关专业的提资，综合考虑设备类别、设备型号、材料材质、施工方法等选取合适的定额子目；

b. 根据初设阶段相关专业的提资及概算定额工程量计算规则，确定与所选取的定额子目相对应的工程量。

下文中的示例工程以某 500kV 变电站工程为样本。

（1）建筑工程定额套用以主变压器系统为例。在设计专业提出主变压器系统工程量后，针对各工程量查询建筑工程概算定额中适用的定额子目。如结构专业提出主变压器设备基础挖方 900m³，结合总图专业提出的土石比为 15:85，计算出土方量为 135m³，石方量为 765m³，应查询《建筑工程概算定额》第一章土石方与施工降水工程项目下的机械施工土方、施工石方分项，主变压器系统不属于"主要建筑物与构筑物"，因此应套用"GT1-5 其他建筑物与构筑物土方""GT1-18 基坑石方"，将定额名称对应的定额编号及基价、工程量计列在对应的单元格中，见表 14-3。

表 14-3　　　　　　　　　**建 筑 工 程 概 算 表**

表三乙　　（元）

序号	编制依据	项目名称	单位	数量	设备单价	建筑费单价		设备合价	建筑费合价	
						金额	其中工资		金额	其中工资
2.1		主变压器系统								
2.1.1		构支架及基础								
	GT9-126	变、配电钢管构架 含土方与基础	t							
	GT9-131	变、配电钢管设备支架 含土方与基础设备支架	t							
	GT9-145	变、配电钢管构架梁	t							
	GT9-146	爬梯	t							
	GT1-5	机械其他建筑物与构筑物土方	m³							
	GT1-18	基坑石方	m³							
	调 GT10-6 R×1.25	道路与地坪 混凝土绝缘操作地坪	m²							
		小计								
2.1.2		主变压器设备基础								
	GT1-5	机械其他建筑物与构筑物土方	m³							
	GT1-18	基坑石方	m³							
	GT2-15	设备基础 变压器基础	m³							
	GT7-23	普通钢筋	t							
		小计								
2.1.3		主变压器油坑及卵石								
	GT2-16	设备基础 变压器油池	m³							
	GT1-5	机械其他建筑物与构筑物土方	m³							
	GT1-18	基坑石方	m³							

续表

序号	编制依据	项目名称	单位	数量	设备单价	建筑费单价		设备合价	建筑费合价	
						金额	其中工资		金额	其中工资
	GT8-16	钢格栅	t							
	GT7-23	普通钢筋	t							
		小计								
2.1.4		防火墙								
	调 GT10-24 R×1.25	防火墙 钢筋混凝土	m³							
		小计								
2.1.5		60t 事故油池								
	调 GT10-57 R×1.25	浇制钢筋混凝土井、池容积 100m³ <V≤200m³	m³							
		小计								
2.1.6		站区事故排油管								
	调 GT10-43 R×1.25	焊接钢管 D325×8	t							
	调 GT10-43 R×1.25	焊接钢管 D219×6	t							
	调 GT10-43 R×1.25	焊接钢管 D159×6	t							
	调 GT10-53 R×1.25	砌体井、池 容积 V≤10m³	m³							
		小计								

（2）安装工程定额套用以主变压器系统为例。在设计提出 500kV 主变压器规格型号及工程量后，应查询《电力建设工程概算定额（2013 年版）·第三册：电气设备安装工程》第二章变压器项目下的 500kV 单相三绕组变压器安装分项，示例工程主变压器容量为 330000kVA，因此应套用"GD2-84 500kV 单相三绕组变压器安装　容量 330000kVA"。选定定额子目后，将定额名称、定额编号及基价、工程量计列在对应的单元格中，见表 14-4。

表 14-4　　　　　　　　　　　安 装 工 程 概 算 表

表三甲　　　　　　　　　　　　　　　　　　　　　　　　　　　　　　　（元）

序号	编制依据	项目名称及规范	单位	数量	单价				合价			
					设备	装置性材料	安装费	其中工资	设备	装置性材料	安装费	其中工资
1		主变压器系统										
1.1		主变压器										
	（甲）	主变压器 单相，自耦，无载调压 容量：334/334/100MVA	台									
	GD2-84	500kV 单相三绕组变压器安装 容量 330000kVA	台									

续表

序号	编制依据	项目名称及规范	单位	数量	单价				合价			
					设备	装置性材料	安装费	其中工资	设备	装置性材料	安装费	其中工资
	GD4-3	支持绝缘子安装 额定电压 110kV	个									
	C02040730	电站电瓷 高压棒式支柱绝缘子 ZSW-72.5/8.5	只									
		耐热铝合金导线 NRLH60GJ-1440/120	t									
	GD4-44	管形母线安装 支撑式 直径 130mm	m									
		铝合金管母线 6063G-Φ150/136（包括固定金具）	t									
		铝合金管母线 6063G-Φ150/136（包括固定金具）衬管	t									
	GD5-35	动力配电箱	台									
	（甲）	动力配电箱	台									
		基础槽钢	t									
		主要设备运杂费	%									
		普通设备运杂费	%									
		甲供设备费小计										
		主材损耗费										
		主材费小计										
		小计										

2. 确定材料预算价格

初步设计概算材料费包括消耗性材料费、装置性材料费。

（1）消耗性材料费：已包含在建筑安装定额基价中，不再单独计列。

（2）装置性材料费：安装工程装置性材料属于定额未计价材料，需要单独计列价格。其价格应采用编制期《电力建设工程装置性材料综合预算价格（2013年版）》，不足部分采用《电力建设工程装置性材料预算价格（2013年版）》。

（3）示例。以安装工程主变压器系统中支柱绝缘子为例。在套用绝缘子安装定额后，应计列绝缘子装置性材料费。该装置性材料费应选用《电力建设工程装置性材料综合预算价格（2013年版）》中"电站电瓷 高压棒式支柱绝缘子 ZSW-72.5/8.5"预算价，选定子目后，将预算价名称、预算价编号及不含进项税价格计列在对应的单元格中，见表14-5。

表14-5　　　　　　　　　　安 装 工 程 概 算 表

表三甲　　　　　　　　　　　　　　　　　　　　　　　　　　　　　　　　　　（元）

序号	编制依据	项目名称及规范	单位	数量	单价				合价			
					设备	装置性材料	安装费	其中工资	设备	装置性材料	安装费	其中工资
1.1		主变压器										
	（甲）	主变压器 单相，自耦，无载调压 容量：334/334/100MVA	台									
	GD2-84	500kV 单相三绕组变压器安装 容量 330000kVA	台									

序号	编制依据	项目名称及规范	单位	数量	单价				合价			
					设备	装置性材料	安装费	其中工资	设备	装置性材料	安装费	其中工资
	GD4-3	支持绝缘子安装 额定电压 110kV	个									
	C02040730	电站电瓷 高压棒式支柱绝缘子 ZSW-72.5/8.5	只									
		耐热铝合金导线 NRLH60GJ-1440/120	t									
	GD4-44	管形母线安装 支撑式 直径 130mm	m									
		铝合金管母线 6063G-ϕ150/136（包括固定金具）	t									
		铝合金管母线 6063G-ϕ150/136（包括固定金具）衬管	t									
	GD5-35	动力配电箱	台									
	（甲）	动力配电箱	台									
		基础槽钢	t									
		主要设备运杂费	%									
		普通设备运杂费	%									
		甲供设备费小计										
		主材损耗费										
		主材费小计										
		小计										

3. 确定设备购置费

（1）设备价格。初步设计阶段设备一般均已招标，其设备价格应按合同价或招标协议价计列。

按合同价格或招标协议价格计列时，需要查看合同协议中设备的交货地点和随设备供货的设备材料范围。根据合同协议交货地点，计列相应的设备运杂费。根据合同技术协议的供货范围，核对设计专业提资中厂供部分设备材料工程量是否正确完整，以免漏计或重复计列其他设备购置费及材料费。若尚未招标，其设备价格可按编制期《电网工程限额设计控制指标（2017 年水平）》中设备价格计列，或按编制期国家电网公司电力建设定额站发布的《电网工程设备材料信息价》和南方电网公司发布的《南方电网公司电网工程主要设备材料信息价》中设备价格计列，不足部分可参考近期类似工程设备订货价计列。

（2）设备运杂费。如设备价格按《电网工程限额设计控制指标（2017 年水平）》计列，则应按《电网工程建设预算编制与计算规定（2013 年版）中设备铁路、水路、公路运杂费计算办法计算设备运杂费。如设备价格按国家电网公司电力建设定额站发布的《电网工程设备材料信息价》和《南方电网公司电网工程主要设备材料信息价》中设备价格计列，均按设备供货商供货到现场的情况考虑，只计取卸车费及保管费，主设备按设备费的 0.5%计列，其他设备按设备费的 0.7%计列。

（3）示例。以安装工程 500kV 主变压器为例：在套用主变压器安装定额后，应计列主变压器设备购置费。按该项目设备招标协议价中 500kV 主变压器设备价格 5692024 万元计列。选定设备价格后，将设备名称、设备参数及设备价格计列在对应的单元格中，见表 14-6。由于此设备采用了招标协议价中的价格，因此设备运杂费应采用设备供货商直接供货到现场的主要设备运杂率 0.5%乘以设备购置费后计列。

表14-6

安 装 工 程 概 算 表

表三甲 (元)

序号	编制依据	项目名称及规范	单位	数量	单价				合价			
					设备	装置性材料	安装费	其中工资	设备	装置性材料	安装费	其中工资
1		主变压器系统										
1.1		主变压器										
	（甲）	主变压器 单相，自耦，无载调压容量：334/334/100MVA	台									
	GD2-84	500kV 单相三绕组变压器安装 容量 330000kVA	台									
	GD4-3	支持绝缘子安装 额定电压 110kV	个									
	C02040730	电站电瓷 高压棒式支柱绝缘子 ZSW-72.5/8.5	只									
		耐热铝合金导线 NRLH60GJ-1440/120	t									
	GD4-44	管形母线安装 支撑式 直径 130mm	m									
		铝合金管母线 6063G-Φ150/136（包括固定金具）	t									
		铝合金管母线 6063G-Φ150/136（包括固定金具）衬管	t									
	GD5-35	动力配电箱	台									
	（甲）	动力配电箱	台									
		基础槽钢	t									
		主要设备运杂费	%									
		普通设备运杂费	%									
		甲供设备费小计										
		主材损耗费										
		主材费小计										
		小计										

4. 计算费税

建筑安装工程费税包括措施费、间接费、利润和税金，其计取标准执行编制期《电网工程建设预算编制与计算规定（2013年版）》及相关政策性文件中的费税计算办法。

（1）建筑工程费税计算。

1）汇总形成该分部工程的直接工程费。

2）确定取费基数。

措施费及间接费的取费基数＝直接工程费

利润的取费基数＝直接费+间接费

税金的取费基数＝直接费+间接费+利润

3）确定费税率。根据工程的地区类别及电压等级按预规规定取定各项费率；社会保险、住房公积金费率应按工程所在地劳动和社会保障部门、住房公积金管理中心公布的最新费率取定，税率财税部门的规定计取。其中社会保险费由基本养老保险费、失业保险费、基本医疗保险费、生育保险费、工伤保险费构成，其费率应按工程所在地社会保障机构颁布的以工资总额为基数的各项目费率计算。增值税应根据工程编制当期国家相关部门发布的增值税税率计算。

4）计算各项费税。

费税＝取费基数×费率

5）计算形成单位工程建筑工程概算表（表三乙）。

单位工程合计＝直接费＋间接费＋利润＋增值税

6）由单位工程建筑工程专业概算表汇总形成建筑工程汇总概算表（表二）。

建筑工程概算表见表14-7。建筑工程汇总概算表见表14-8。

表14-7

建 筑 工 程 概 算 表

表三乙
（元）

序号	编制依据	项目名称	单位	数量	设备单价	建筑费单价		设备合价	建筑费合价	
						金额	其中工资		金额	其中工资
2.1		主变压器系统								
2.1.1		构支架及基础								
	GT9-126	变、配电钢管构架 含土方与基础	t							
	GT9-131	变、配电钢管设备支架 含土方与基础设备支架	t							
	GT9-145	变、配电钢管构架梁	t							
	GT9-146	爬梯	t							
	GT1-5	机械其他建筑物与构筑物土方	m³							
	GT1-18	基坑石方	m³							
	调 GT10-6 R×1.25	道路与地坪 混凝土绝缘操作地坪	m²							
		小计								
	一	直接费	元							
	1	直接工程费	元							
	1.1	人工费	元							
	1.2	材料费	元							
	1.3	施工机械使用费	元							
	2	措施费	元							
	2.1	冬雨季施工增加费	%							
	2.2	夜间施工增加费	%							
	2.3	施工工具用具使用费	%							
	2.4	临时设施费	%							
	2.5	施工机构迁移费	%							
	2.6	安全文明施工费	%							
	二	间接费	元							
	1	规费	元							
	1.1	社会保险费	%							
	1.2	住房公积金	%							

序号	编制依据	项目名称	单位	数量	设备单价	建筑费单价		设备合价	建筑费合价	
						金额	其中工资		金额	其中工资
1.3		危险作业意外伤害保险费	%							
2		企业管理费	%							
三		利润	%							
五		税金	%							
七		合计	元							
2.1.2		主变压器设备基础								
	GT1-5	机械其他建筑物与构筑物土方	m³							
	GT1-18	基坑石方	m³							
	GT2-15	设备基础 变压器基础	m³							
	GT7-23	普通钢筋	t							
		小计								
一		直接费	元							
1		直接工程费	元							
1.1		人工费	元							
1.2		材料费	元							
1.3		施工机械使用费	元							
2		措施费	元							
2.1		冬雨季施工增加费	%							
2.2		夜间施工增加费	%							
2.3		施工工具用具使用费	%							
2.5		临时设施费	%							
2.6		施工机构迁移费	%							
2.7		安全文明施工费	%							
二		间接费	元							
1		规费	元							
1.1		社会保险费	%							
1.2		住房公积金	%							
1.3		危险作业意外伤害保险费	%							
2		企业管理费	%							
三		利润	%							
五		税金	%							
七		合计	元							

表 14-8　　　　　　　　　　　　　　　　建筑工程汇总概算表

表二乙
（元）

序号	工程或费用名称	设备购置费	建筑工程费	其中：人工费	合计	技术经济指标		
						单位	数量	指标
	建筑工程							
一	主要生产工程							
1	主要生产建筑							
1.1	主控通信楼							
1.1.1	一般土建							
1.1.2	给排水							
1.1.3	采暖、通风及空调							
1.1.4	照明							
1.2	500kV 及主变继电器室							
1.2.1	一般土建							
1.2.2	采暖、通风及空调							
1.2.3	照明							
1.3	220kV 继电器室							
1.3.1	一般土建							
1.3.2	采暖、通风及空调							
1.3.3	照明							
1.4	站用电室及蓄电池室							
1.4.1	一般土建							
1.4.2	采暖、通风及空调							
1.4.3	照明							

（2）安装工程费税计算。

1）汇总形成该分部工程的直接工程费＝装置性材料费＋安装费。

2）确定取费基数。

定额人工费包括除临时设施费、安全文明施工费、施工企业配合调试费外其他项目取费基数

直接工程费包括临时设施费、安全文明施工费、施工企业配合调试费取费基数

利润的取费基数＝直接费＋间接费

税金的取费基数＝直接费＋间接费＋利润

3）确定费税率。根据工程的地区类别及电压等级按预规规定取定各项费率；社会保险、住房公积金费率应按工程所在地劳动和社会保障部门、住房公积金管理中心公布的最新费率取定；税率按财税部门的规定计取。其中社会保险费及增值税税率的取定办法

与建筑工程中确定费税率的办法一致。

4）计算各项费税。

费税＝取费基数×费率

5）计算形成单位工程安装工程概算（表三甲）。

单位工程合计＝直接费＋间接费＋利润＋增值税

6）由单位工程安装工程专业概算表汇总形成安装工程汇总概算表（表二）。

安装工程概算表见表 14-9，安装工程汇总概算表见表 14-10。

安装工程费税计算以主变压器系统为例：费税计算办法与建筑工程计算办法类似，区别在于除临时设施费、安全文明施工费、施工企业配合调试费计算基数为直接工程费外，其余措施费及间接费取费基数均为该分部工程人工费。

表 14-9　　　　　　　　　　　安 装 工 程 概 算 表

表三甲　　　　　　　　　　　　　　　　　　　　　　　　　　　　　　　　（元）

序号	编制依据	项目名称及规范	单位	数量	单价				合价			
					设备	装置性材料	安装费	其中工资	设备	装置性材料	安装费	其中工资
1		主变压器系统										
1.1		主变压器										
	（甲）	主变压器 单相，自耦，无载调压 容量：334/334/100MVA	台									
	GD2-84	500kV 单相三绕组变压器安装 容量 330000kVA	台									
	GD4-3	支持绝缘子安装 额定电压 110kV	个									
		电站电瓷 高压棒式支柱绝缘子 ZSW-72.5/8.5	只									
		耐热铝合金导线 NRLH60GJ-1440/120	t									
	GD4-44	管形母线安装 支撑式 直径 130mm	m									
		铝合金管母线 6063G-Φ150/136（包括固定金具）	t									
		铝合金管母线 6063G-Φ150/136（包括固定金具）衬管	t									
	GD5-35	动力配电箱	台									
	（甲）	动力配电箱	台									
		基础槽钢	t									
		主要设备运杂费	%									
		普通设备运杂费	%									
		甲供设备费小计										
		主材损耗费										
		主材费小计										
		小计										
	一	直接费	元									
	1	直接工程费	元									
	1.1	定额直接费	元									
	1.1.1	人工费	元									
	1.1.2	材料费	元									
	1.1.3	施工机械使用费	元									
	1.2	装置性材料费	元									
	1.2.2	乙供装置性材料费	元									
	2	措施费	元									
	2.1	冬雨季施工增加费	%									
	2.2	夜间施工增加费	%									
	2.3	施工工具用具使用费	%									
	2.5	临时设施费	%									

序号	编制依据	项目名称及规范	单位	数量	单价				合价			
					设备	装置性材料	安装费	其中工资	设备	装置性材料	安装费	其中工资
2.6		施工机构迁移费	%									
2.7		安全文明施工费	%									
二		间接费	元									
1		规费	元									
1.1		社会保险费	%									
1.2		住房公积金	%									
1.3		危险作业意外伤害保险费	%									
2		企业管理费	%									
3		施工企业配合调试费	%									
三		利润	%									
五		税金	%									
六		安装费	元									
七		主材费	元									
八		合计	元									

表 14-10　　　　　　　　　　　安装工程汇总概算表

表二甲　　　　　　　　　　　　　　　　　　　　　　　　　　　　　　　　　　（元）

序号	工程或费用名称	设备购置费	安装工程费				合计	技术经济指标		
			装置性材料	安装	其中：人工费	小计		单位	数量	指标
	安装工程									
一	主要生产工程									
1	主变压器系统									
1.1	主变压器									
1.1.3	500kV 主变压器									
2	配电装置									
2.2	屋外配电装置									
2.2.3	500kV 配电装置									
2.2.5	220kV 配电装置									
2.2.8	35kV 配电装置									
3	无功补偿									
3.3	低压电容器									
3.3.3	35kV 电容器									
3.4	低压电抗器									
3.4.3	35kV 电抗器									
4	控制及直流系统									
4.1	计算机监控系统									
4.1.1	计算机监控系统									
4.1.2	智能设备									
4.1.3	同步时钟									
4.2	继电保护									

续表

序号	工程或费用名称	设备购置费	安装工程费				合计	技术经济指标		
			装置性材料	安装	其中:人工费	小计		单位	数量	指标
4.3	直流系统及 UPS									
4.4	智能辅助控制系统									
4.5	在线监测系统									

5. 计算编制基准期价差

投资概算编制基准期价差由人工价差、材料价差及机械价差构成,分部工程价差均应汇总计入表一编制基准期价差中。

(1)人工价差。采用编制投资概算当期定额站发布的年度定额水平调整文件中的人工费调整相关规定计算。

1)建筑工程人工价差。建筑工程人工价差以建筑工程主变压器系统为例。分部工程定额套用完成后汇总人工费小计,然后根据投资概算编制当期定额站发布的年度定额水平调整文件中的人工费调整相关规定,按百分比系数计算人工价差并计取税金。编制期定额管理总站发布的《定额〔2018〕3号关于发布2013版电力建设工程概预算2017年度价格水平调整的通知》中的规定,查询人工费调整系数汇总表中当地建筑工程系数,见表14-11。

表 14-11　建筑人工按系数调差明细表　　　　　　　　　　　　　　　　　(元)

序号	项 目 名 称	单 位	系 数	单 价	合 价
	建筑工程	%			
一	主要生产工程	%			
2	配电装置建筑	%			
2.1	主变压器系统	%			
	小 计	元			
	税 率	%			
	合 计	元			

2)安装工程人工价差。以安装工程主变压器系统为例,分部工程定额套用完成后汇总人工费小计,然后根据投资概算编制当期定额站发布的年度定额水平调整文件中的人工费调整的相关规定,按百分比系数计算人工价差并计取税金。按编制期定额管理总站发布的《定额〔2018〕3号关于发布2013版电力建设工程概预算2017年度价格水平调整的通知》中的规定查询人工费调整系数汇总表中当地安装工程系数,见表14-12。

(2)材料价差。

1)建筑工程材料价差。在分部工程中所有定额套用完成后,首先汇总分析分部工程定额计价材料含量,再按电力工程造价与定额管理总站文件定额〔2014〕1号文中规定的调差种类,选出分部工程定额计价材料需调差的品种,而后按编制基准期工程所在地市场信息价(不含税价格)与选出的该分部工程定额计价材料需调差的品种对应的定额消耗性材料价格,逐项作价差并计取税金。

以建筑工程主变压器系统为例,消耗性材料价差调整见表14-13。

表 14-12　安装人工按系数调差明细表　　　　　　　　　　　　　　　　　(元)

序号	项 目 名 称	单 位	系 数	单 价	合 价
	安装工程	%			
一	主要生产工程	%			
1	主变压器系统	%			
	小 计	元			
	税 率	%			
	合 计	元			

表 14-13 消耗性材料价差调整表 （元）

编号	材料名称	单位	数量	单价（不含税）		合价（不含税）		
				预算价	市场价	预算价	市场价	价差
	建筑工程							
一	主要生产工程							
2	配电装置建筑							
2.1	主变压器系统							
C01020216	槽钢 16 号以下	kg						
C01020303	等边角钢边长 63 以下	kg						
C01020500	扁钢综合	kg						
C01020701	铁件钢筋	kg						
C01020702	铁件型钢	kg						
C01020712	圆钢 φ10 以内	kg						
C01020713	圆钢 φ10 以外	kg						
C01030105	薄钢板 4 以下	kg						
C01030204	中厚钢板 12～20	kg						
C08010102	圆木杉木	m³						
C08020102	方材红白松二等	m³						
C08020201	板材红白松一等	m³						
C08020202	板材红白松二等	m³						
C10010101	中砂	m³						
C10020103	碎石 40	m³						
C10070101	标准砖 240×115×53	千块						
	拆分材料人工价差	%						
	小计							

2）安装工程材料价差。安装工程材料价差包括定额消耗性材料价差和装置性材料价差。

a. 定额消耗性材料价差。定额消耗性材料价差的计算依据是编制年度电力建设工程概预算定额价格水平调整文件。

在分部工程中定额套用完成后，汇总分析单位工程定额消耗性材料费，按编制当期的定额站发布的定额价格水平调整文件对应地区规定的调整系数乘以单位工程定额材料费后得出价差，并计取税金。

以电力电缆为例，首先查询定额管理总站发布的《定额〔2018〕3 号关于发布 2013 版电力建设工程概预算 2017 年度价格水平调整的通知》中的"电网安装工程概预算定额材机调整系数汇总表"中项目所在地区 500kV 电压等级安装工程定额消耗性材料价差调整系数，再按该分部工程所在的变电工程材机调整系数与分析出的该分部工程定额消耗性材料费的乘积作为该分部工程的定额消耗性材料价差，并计取税金，见表 14-14。

表 14-14 安装材料按系数调差明细表 （元）

序号	项目名称	单位	系数	乙供材料费不含税	甲供材料费含税	乙供材料不含税价差	甲供材料含税价差	材料价差合计
	安装工程	%						
一	主要生产工程	%						
	小计	元						
	税率	%						
	合计	元						

b. 安装装置性材料价差。采用编制初步设计概算当期的市场信息价与装置性材料综合预算价格之差计列，并计取税金。

（3）机械价差。机械价差由建筑工程机械价差和安装工程机械价差组成。

1）建筑工程机械价差。建筑工程机械价差的计算依据是编制年度电力建设工程概预算定额价格水平调整文件。

在单位工程中所有定额套用完成后，汇总分析分部工程定额机械含量，然后根据编制当期的定额站发布的电力建设工程概预算定额价格水平调整文件，按文件中对应的机械台班价格与定额基价中的机械台班价格之差乘以定额机械含量后得出价差，并计取税金。

以建筑工程主变压器系统为例，首先查询定额管理总站发布的《定额〔2018〕3号关于发布2013版电力建设工程概预算2017年度价格水平调整的通知》中的"电力建设建筑工程概预算定额施工机械台班价差调整汇总表"中项目所在地区定额机械台班价格表，再按该分部工程所分析出的该分部工程定额机械费与项目所在地区定额机械台班价格表中的价格之差作为该分部工程的定额机械价差，并计取税金，见表14-15。

表 14-15　　　　　　　　　　　　　　　建筑机械价差汇总表　　　　　　　　　　　　　（元）

| 编码 | 机械名称 | 单位 | 数量 | 单价 | | 合价 | | |
				预算价	市场价	预算价	市场价	价差
	建筑工程							
一	主要生产工程							
2	配电装置建筑							
2.1	主变压器系统							
J01-01-001	履带式推土机 75kW	台班						
J01-01-023	轮胎式装载机 2m³	台班						
J01-01-035	履带式单斗挖掘机（液压）1m³	台班						
J01-01-047	振动压路机（机械式）15t	台班						
J01-01-053	夯实机	台班						
J01-01-068	液压锻钎机 11.25kW	台班						
J01-01-069	磨钎机	台班						
J03-01-009	履带式起重机 60t	台班						
J03-01-033	汽车式起重机 5t	台班						
J03-01-034	汽车式起重机 8t	台班						
J03-01-036	汽车式起重机 16t	台班						
J03-01-038	汽车式起重机 25t	台班						
J03-01-041	汽车式起重机 50t	台班						
J03-01-054	龙门式起重机 10t	台班						
J03-01-055	龙门式起重机 20t	台班						
J03-01-057	龙门式起重机 40t	台班						
J03-01-078	塔式起重机 1500kN·m	台班						
J03-01-079	塔式起重机 2500kN·m	台班						
J04-01-002	载重汽车 5t	台班						
J04-01-003	载重汽车 6t	台班						
J04-01-004	载重汽车 8t	台班						
J04-01-016	自卸汽车 12t	台班						
J04-01-020	平板拖车组 10t	台班						
J04-01-025	平板拖车组 40t	台班						
J04-01-032	机动翻斗车 1t	台班						
J04-01-041	洒水车 4000L	台班						
J05-01-001	电动卷扬机（单筒快速）10kN	台班						
J05-01-010	电动卷扬机（单筒慢速）50kN	台班						

编码	机械名称	单位	数量	单价		合价		
				预算价	市场价	预算价	市场价	价差
J06-01-052	混凝土振捣器（插入式）	台班						
J06-01-053	混凝土振捣器（平台式）	台班						
J08-01-006	钢筋弯曲机 40mm	台班						
J08-01-024	木工圆锯机 500mm	台班						
J08-01-058	摇臂钻床（钻孔直径 50mm）	台班						
J08-01-072	剪板机 厚度×宽度 40mm×3100mm	台班						
J08-01-073	型钢剪断机 500mm	台班						
J08-01-074	弯管机（WC27～108）	台班						
J08-01-078	型钢调直机	台班						
J08-01-091	联合冲剪机 板厚 16mm	台班						
J08-01-095	管子切断机 150mm	台班						
J10-01-001	交流电焊机 21kVA	台班						
J10-01-002	交流电焊机 30kVA	台班						
J10-01-040	逆变多功能焊机（D7-500）	台班						
J11-01-018	电动空气压缩机 排气量 3m³/min	台班						
J11-01-020	电动空气压缩机 排气量 10m³/min	台班						
J15-01-006	鼓风机 30m³/min	台班						
	小计							

2）安装工程机械价差。安装工程机械价差的计算依据是编制年度电力建设工程概预算定额价格水平调整文件。

在单位工程中所有定额套用完成后，汇总分析分部工程定额机械费，然后按编制当期的定额站发布的电力建设工程概预算定额价格水平调整文件对应地区规定的调整系数乘以单位工程定额机械费，并计取税金。

以主变压器系统为例，首先查询定额管理总站发布的《定额〔2018〕3 号关于发布 2013 版电力建设工程概预算 2017 年度价格水平调整的通知》中的"电网安装工程概预算定额材机调整系数汇总表"中项目所在地区 500kV 电压等级安装工程定额消耗性材料价差调整系数，再按该分部工程所在的变电工程材机调整系数与分析出的该分部工程定额机械费的乘积作为该

分部工程的定额消耗性材料价差，并计取税金。

安装机械按系数调差明细表见表 14-16。

6. 计算其他费用

其他费用的计算执行编制期《电网工程建设预算编制与计算规定（2013 年版）》的划分及计算方法，结合设计专业提资内容计算。其他费用计算基数中的"建筑工程费（含价差）""安装工程费（含价差）""设备购置费""装置性材料费（含价差）"来源于概算汇总表，特别还应注意业主外委设计项目工程费用如果包含了外委工程的其他费用，则在计算项目其他费用时外委部分费用不纳入计算基数。

（1）建设场地征用及清理费。

1） 土地征用费。计算标准根据有关法律、法规、国家行政主管部门以及省（自治区、直辖市）人民政府

表 14-16　　　　　　　　　　　　　　安装机械按系数调差明细表　　　　　　　　　　　　　　（元）

序号	项目名称	单位	系数	单价	合价
	安装工程	%			
一	主要生产工程	%			
	小 计	元			
	税 率	%			
	合 计	元			

规定计算。具体计算办法可按设计专业有关征地面积的提资及综合征地单价或项目法人与被征用土地的权属主体达成的协议价格计算。这里征地综合单价是在综合考虑了土地补偿、安置补助、耕地开垦、勘测定界、征地管理、证书、手续以及各种基金和税金等因数后测算的价格。另外还应特别注意办理土地使用权证向政府部门交纳的税费应列入"土地征用费"项目。

土地征用费计算示例见表 14-17。

表 14-17　其他费用计算表（一）

表四　　　　　　　　　　　　　　　　　（元）

序号	工程或费用 项目名称	编制依据及 计算说明	合　价
1	建设场地征用及 清理费		
1.1	土地征用费		
1.1.1	建设场地征用费	征地费单价× 征地面积	

2）施工场地租用费。计算标准根据有关法律、法规，国家行政主管部门以及省（自治区、直辖市）人民政府规定，按照项目法人与土地所有者签订的租用合同计算。具体计算办法可按设计专业提供的有关租地面积及业主提供的租地单价或租用合同，计算施工场地租用费。其中复垦费适用范畴包括非生产建设或临时堆放活动造成的土地破坏。土地复垦费和植被恢复费一般是施工租用场地到期后进行复垦和植被恢复发生的费用，通常应计入施工场地租用费。对于权属地基调查费、房屋拆迁配套费、宅基地补偿费、房屋拆迁赔偿费、青苗赔偿费等，如果是在工程所征用土地上发生的，应计入土地征用费，如果是施工租用场地上发生的，则应计入施工场地租用费。

施工场地租用费计算示例见表 14-18。

表 14-18　其他费用计算表（二）

表四　　　　　　　　　　　　　　　　　（元）

序号	工程或费用 项目名称	编制依据及 计算说明	合　价
1	建设场地征用及 清理费		
1.2	施工场地租用费		
1.2.1	站外给排水管线 租地费	租地面积×租地单 价×租地时间（年）	
1.2.2	地表耕植土堆放 租地费	租地面积×租地单 价×租地时间（年）	

3）迁移补偿费。计算标准按照工程所在地人民政府规定计算。具体计算办法可按设计专业提供的有关迁移补偿内容及业主提供的拆迁补偿费用标准计算迁移补偿费。若涉及森林砍伐及植被恢复费用应视该土地的使用性质而定，如果是厂区被征用土地上的林木砍伐和植被恢复费用在施工场地租用费中计算。

迁移补偿费计算示例见表 14-19。

表 14-19　其他费用计算表（三）

表四　　　　　　　　　　　　　　　　　（元）

序号	工程或费用项目名称	编制依据及计算说明	合　价
1	建设场地征用及 清理费		
1.3	迁移补偿费		
1.3.1	电力线路、通信线路迁 移补偿		
1.3.2	坟墓迁移补偿	数量×单价	

4）余物清理费。余物清理费计算标准按编制初步设计概算当期《火力发电工程建设预算编制与计算规定》中的计算规则计取；电网工程拆除及设备材料清运费参照编制初步设计概算当期《电网技术改造工程定额及费用计算规定》中的拆除部分相关内容计算；非电网工程的拆除和余物清理费按编制初步设计概算当期《火力发电工程建设预算编制与计算规定使用指南》中的计算规则计取。具体计算办法可根据设计专业有关场地余物清理的内容结合拆除及余物清理费率计算余物清理费。

注意事项：为满足建设需要，对建设场地范围内的军事区、规划区、机关、企业、住宅及其他建筑物、构筑物、电力线、通信线、公路、铁路、地下管道、沟渠道、坟墓、林木等进行拆除、迁移、改造、封闭或采取限制措施所发生的补偿费用，以及打谷场、鱼塘、经济作物的赔偿费用的处理原则：需要迁移补偿的列入迁移补偿费项目，征用场地内建筑物和构筑物的清理费用列入"余物清理费"；需要就地保护的设施和打谷场、鱼塘、经济作物的赔偿费用，属于被征用土地上的计入"土地征用费"项目，属于所租用的建设场地上的计入"施工场地租用费"。

余物清理费计算示例见表 14-20。

表 14-20　其他费用计算表（四）

表四　　　　　　　　　　　　　　　　　（元）

序号	工程或费用 项目名称	编制依据及 计算说明	合　价
1	建设场地征用及 清理费		
1.4	余物清理费	拆除工程	

（2）项目建设法人管理费。

1）项目法人管理费。按投资概算编制当期《电网工程建设预算编制与计算规定》规定计取相应费用。

注意事项：关于工程审计应遵循谁委托谁付费的原则处理，如果是项目法人委托审计，则审计费应计入项目法人管理费中；设备材料的招标、订货、合同签订服务费在招标费中计列，催交验货服务费由项目管理费计列，现场开箱检查费在采保费（包括在材料预算价格中）中计列；关于工程达标评优费，只计列项目建设法人主张的评优工作费用；发生市政配套工程时应视其性质进行归类处理，工程类的费用应计入建安工程费，政府部门的市政配套审批收费在"项目前期工程费"中计取，检查验收费在"项目法人管理费"中计列；工程决算费用由项目法人管理费开支；若按初步设计概算编制当期《火力发电工程建设预算编制与计算规定》规定计取的费用与实际发生费用不一致时，可采用经有资质的审计单位审计后的项目法人管理费计入。项目法人管理费计算示例见表 14-21。

表 14-21　　其他费用计算表（五）

表四 　　　　　　　　　　　　　　　　（元）

序号	工程或费用项目名称	编制依据及计算说明	合　价
2	项目建设管理费		
2.1	项目法人管理费	（建筑工程费＋安装工程费）×取费系数	

2）招标费。按投资概算编制当期《电网工程建设预算编制与计算规定》规定计取相应费用。

注意事项：技术规范书一般委托设计单位编制完成，费用在本项费用中列支；不包括项目前期工作费中发生的招标费用（采用招标方式确定项目可研报告编制单位等）。招标费计算示例见表 14-22。

表 14-22　　其他费用计算表（六）

表四 　　　　　　　　　　　　　　　　（元）

序号	工程或费用项目名称	编制依据及计算说明	合　价
2	项目建设管理费		
2.2	招标费	（建筑工程费＋安装工程费）×取费系数	

3）工程监理费。按投资概算编制当期《电网工程建设预算编制与计算规定》规定计取相应费用。工程监理费计算示例见表 14-23。

表 14-23　　其他费用计算表（七）

表四 　　　　　　　　　　　　　　　　（元）

序号	工程或费用项目名称	编制依据及计算说明	合　价
2	项目建设管理费		
2.3	工程监理费	（建筑工程费＋安装工程费）×取费系数	

4）设备监造费。按投资概算编制当期《电网工程建设预算编制与计算规定》规定计取相应费用。设备监造费计算示例见表 14-24。

表 14-24　　其他费用计算表（八）

表四 　　　　　　　　　　　　　　　　（元）

序号	工程或费用项目名称	编制依据及计算说明	合　价
2	项目建设管理费		
2.4	设备材料监造费	（设备购置费－进口设备费）×取费系数	

5）工程结算审核费。按投资概算编制当期《电网工程建设预算编制与计算规定（2013 年版）》规定计取相应费用。工程结算审核费计算示例见表 14-25。

表 14-25　　其他费用计算表（九）

表四 　　　　　　　　　　　　　　　　（元）

序号	工程或费用项目名称	编制依据及计算说明	合　价
2	项目建设管理费		
2.3	工程结算审核费	（建筑工程费＋安装工程费）×取费系数	

6）工程保险费。根据项目法人要求及工程实际情况，参考同期类似工程或按照保险范围和费率计算。

（3）项目建设技术服务费。

1）项目前期工作费。按投资概算编制当期《电网工程建设预算编制与计算规定（2013 年版）》规定计取相应费用。项目前期工作费计算示例见表 14-26。

表 14-26　　其他费用计算表（十）

表四 　　　　　　　　　　　　　　　　（元）

序号	工程或费用项目名称	编制依据及计算说明	合　价
3	项目建设技术服务费		
3.1	项目前期工作费	（建筑工程费＋安装工程费）×取费系数	

2）知识产权转让与研究试验费。根据设计专业及项目法人提出的项目和费用计列。

3）勘查设计费。包括勘查费和设计费两部分。由市场部根据相关文件计算，按市场部计算金额计列。

4）设计文件评审费。按投资概算编制当期《电网工程建设预算编制与计算规定》规定计取相应费用。设计文件评审费计算示例见表14-27。

表14-27　其他费用计算表（十一）

表四　　　　　　　　　　　　　　　　　　（元）

序号	工程或费用项目名称	编制依据及计算说明	合　价
3	项目建设技术服务费		
3.4	设计文件评审费		
3.4.1	可行性研究设计文件评审费		
3.4.2	初步设计文件评审费		
3.4.3	施工图文件审查费	（基本设计费）×取费系数	

5）项目后评价费。按投资概算编制当期《电网工程建设预算编制与计算规定》规定计取相应费用。项目后评价费计算示例见表14-28。

表14-28　其他费用计算表（十二）

表四　　　　　　　　　　　　　　　　　　（元）

序号	工程或费用项目名称	编制依据及计算说明	合　价
3	项目建设技术服务费		
3.5	项目后评价费	（建筑工程费＋安装工程费）×取费系数	

6）工程建设检测费。按投资概算编制当期《电网工程建设预算编制与计算规定》规定计取相应费用。其中环境监测验收费及水土保持项目验收及补偿费应按环保专业根据工程所在省、自治区、直辖市行政主管部门的规定计算金额计取。桩基检测费应根据勘测专业按相关规定计算后计取。工程建设检测费计算示例见表14-29。

表14-29　其他费用计算表（十三）

表四　　　　　　　　　　　　　　　　　　（元）

序号	工程或费用项目名称	编制依据及计算说明	合　价
3	项目建设技术服务费		

续表

序号	工程或费用项目名称	编制依据及计算说明	合　价
3.6	工程建设检测费		
3.6.1	电力工程质量检测费	（建筑工程费＋安装工程费）×取费系数	
3.6.2	特种设备安全检测费		
3.6.3	环境监测验收费		
3.6.4	水土保持项目验收及补偿费		
3.6.5	桩基检测费	根据勘测专业按相关规定计算	

7）电力工程技术经济标准编制管理费。按投资概算编制当期《电网工程建设预算编制与计算规定》规定计取相应费用。电力工程技术经济标准编制管理费见表14-30。

表14-30　其他费用计算表（十四）

表四　　　　　　　　　　　　　　　　　　（元）

序号	工程或费用项目名称	编制依据及计算说明	合价
3	项目建设技术服务费		
3.7	电力工程技术经济标准编制管理费	（建筑工程费＋安装工程费）×取费系数	

（4）生产准备费。

1）管理车辆购置费。按投资概算编制当期《电网工程建设预算编制与计算规定》规定计取相应费用。管理车辆购置费计算示例见表14-31。

表14-31　其他费用计算表（十五）

表四　　　　　　　　　　　　　　　　　　（元）

序号	工程或费用项目名称	编制依据及计算说明	合　价
4	生产准备费		
4.1	管理车辆购置费	设备购置费×取费系数	

2）工器具及办公家具购置费。按投资概算编制当期《电网工程建设预算编制与计算规定》规定计取相应费用。工器具及办公家具购置费计算示例见表14-32。

表 14-32 其他费用计算表（十六）

			(元)
表四			
序号	工程或费用项目名称	编制依据及计算说明	合 价
4	生产准备费		
4.2	工器具及办公家具购置费	（建筑工程费+安装工程费）×取费系数	

3）生产职工培训及提前进厂费。按投资概算编制当期《电网工程建设预算编制与计算规定》规定计取相应费用。生产职工培训及提前进厂费计算示例见表 14-33。

表 14-33 其他费用计算表（十七）

			(元)
表四			
序号	工程或费用项目名称	编制依据及计算说明	合 价
4	生产准备费		
4.3	生产职工培训及提前进场费	（建筑工程费+安装工程费）×取费系数	

（5）大件运输措施费。大件运输措施费按大件运输报告中大件运输措施费计列。大件运输措施费计算示例见表 14-34。

表 14-34 其他费用计算表（十八）

			(元)
表四			
序号	工程或费用项目名称	编制依据及计算说明	合 价
5	大件运输措施费	按大件运输报告中大件运输措施费计列	

7. 计算基本预备费

按投资概算编制当期《电网工程建设预算编制与计算规定》规定计取相应费用。基本预备费计算示例见表 14-35。

表 14-35 基 本 预 备 费 计 算 表 （元）

序号	工程或费用项目名称	编制依据及计算说明	合价
	基本预备费	（建筑工程费+安装工程费+设备购置费+其他费用）×取费系数	

8. 计列特殊项目费用

投资概算特殊项目费根据工程具体情况计列，本示例工程无特殊项目费。

9. 汇总静态投资

静态投资由主辅生产工程费、与站址有关的单项工程费、编制基准期价差、其他费用、基本预备费、特殊项目费累加汇总。静态投资计算示例见表 14-36。

表 14-36 静 态 投 资 汇 总 （万元）

序号	工程或费用名称	建筑工程费	设备购置费	安装工程费	其他费用	合计
一	主辅生产工程					
二	与站址有关的单项工程					
三	编制基准期价差					
四	其他费用					
五	基本预备费					
六	特殊项目费用					
	工程静态投资					

10. 计算动态费用

动态费用由价差预备费与建设期贷款利息组成。

（1）价差预备费。价差预备费计算公式为

$$C = \sum_{i=1}^{n_2} F_i[(1+\mathrm{e})^{n_1+i-1} - 1]$$

式中 C——价差预备费。

　　　e——年度造价上涨指数。依据国家行政主管

部门及电力行业主管部门颁布的有关规定执行。

　　　n_1——建设预算编制水平年至工程开工年时间间隔。

　　　n_2——工程建设周期。

　　　i——从开工年开始的第 i 年。

　　　F_i——第 i 年投入的工程建设资金。

现阶段按原国家发展计划委员会计投资（1999）1340号文《国家计委关于加强对基本建设大中型项目概算中"价差预备费"管理有关问题的通知》中的规定，价差预备费均不再计取。

（2）建设期贷款利息。建设期贷款利息计算示例：假设工程静态投资为10000万元，工期按一年计算，贷款比例按75%，建设工程的年计息次数按四次，即按季结息，人民银行发布的建设当期长期贷款名义利率为4.9%。

则建设期贷款利息计算式为

建设期贷款利息＝10000万元（工程静态投资）×0.75（贷款比例）×0.5（按平均年中发生贷款计算）×[(1+4.9%/4)⁴−1]（实际利率）≈187万元

11. 汇总动态投资

动态投资由静态投资和动态费用汇总。动态投资计算示例见表14-37。

表14-37　动 态 投 资　（万元）

序号	工程或费用名称	建 筑	设 备	安 装	其 他	合 计
		工程费	购置费	工程费	费 用	
	工程静态投资					
七	动态费用					
（一）	价差预备费					
（二）	建设期贷款利息					
	建设项目总费用（动态投资）					

二、输电线路工程计量与计价

输电线路工程初步设计概算编制步骤流程如图14-3所示。

（一）计量

（1）核实设计专业提供的专业间互提资料交接单、设备材料清册的完整性。

（2）核实提资单工程量与电力建设工程概算定额计算规则是否匹配、是否漏项。

（3）对工程量有疑问的部分提出反馈意见。

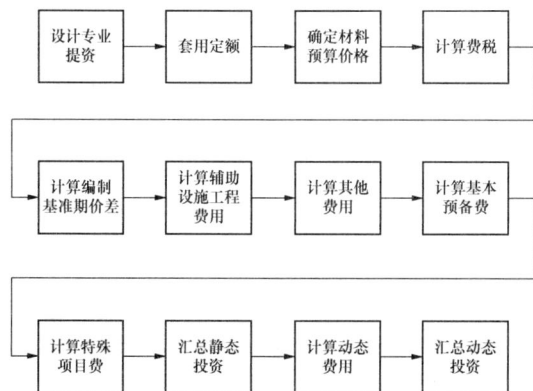

图14-3　输电线路工程初步设计
概算编制步骤流程图

（二）计价

计价包括定额套用、确定材料预算价格、计算费税、计算编制基准期价差、计算辅助设施工程费用、计算其他费用、计算基本预备费、特殊项目费用、汇总静态投资、计算动态费用、汇总动态投资。

1. 定额套用

定额套用分为以下两个步骤：

a. 根据初步设计阶段相关专业的提资，按编制期《电网工程建设预算编制与计算规定》项目划分，综合考虑设备类别、设备型号、材料材质、施工方法等选取合适的定额子目，因目前输电线路工程没有概算定额，按照预算定额子目套用。

b. 根据初步设计阶段相关专业的提资及定额工程量计算规则，确定与所选取的定额子目相对应的工程量。

根据架空线路工程费用性质划分，架空线路工程的基础工程、杆塔工程、接地工程、架线工程、附件工程、辅助工程均列入安装工程费。

（1）定额套用前，应计算地形增加系数。输电线路工程定额是按平地施工考虑的，而实际工程中存在丘陵、山地、高山、峻岭、泥沼、河网及沙漠等其他地形，此时应对定额的人工和机械费用按地形增加系数予以调整。综合地形增加系数计算表见表14-38。

表 14-38
附表一

综合地形增加系数计算表

(%)

序号	工程或费用名称	地形增加系数							地形比例								综合增加系数							
		丘陵	山地	高山	峻岭	泥沼	河网	沙漠	平地	丘陵	山地	高山	峻岭	泥沼	河网	沙漠	丘陵	山地	高山	峻岭	泥沼	河网	沙漠	合计
1	工地运输（人力运输）线材及混凝土预制品（不含机械费）																							
2	人力运输：其他（不含机械费）																							
3	工地运输汽车、拖拉机运输（不含装卸）																							
4	土石方工程（不含机械费）																							
5	基础工程																							
6	杆塔工程																							
7	架线工程（一般放紧线）																							
8	架线工程（张力机械放紧线）																							
9	架线工程（光缆接续）																							
10	附件工程																							

（2）定额套用以杆塔工程某基自立式角钢铁塔组立为例：设计专业提出某基角钢铁塔全高，塔重，查询《输电线路工程预算定额》第四章"杆、塔工程"项目下"铁塔组立"下的"角钢塔组立"分项，在该项目下根据定额的使用范围查询到对应的子目后（例如：某角钢塔全高、每米塔重分别适用于塔全高70m以内定额、每米塔重800kg以内定额，对应的子目为"角钢塔组立、塔全高70m以内　每米塔重800kg以内"），将定额名称、定额编号及基价、工程量计列在对应的单元格中，见表14-39。

表 14-39　架空输电线路单位工程概算表

表三甲　　（元）

序号	编制依据	项目名称及规格	单位	数量	单价			合价		
					装置性材料	安装费		装置性材料	安装费	
						合计	其中：人工费		合计	其中：人工费
2		杆塔工程								
2.2		杆塔组立								
2.2.2		铁塔、钢管杆组立								
		角钢塔组立：								
	YX4-62	角钢塔组立　塔全高70m以内　每米塔重800kg以内	t							

（3）输电线路工程位于西藏地区及青海、四川、甘肃、云南等地高海拔地区时，应按编制期《西藏地区电网工程建设预算编制与计算规定》划分项目，套用西藏地区电网工程预算定额。

定额套用时，定额中所规定的技术条件与工程实际情况有差异时，可根据工程的技术条件调整套用相应定额（定额规定综合考虑，不得调整的除外）；定额中缺项的，应优先参考使用相似建设工艺的定额，在无相似或可参考子目时，可根据类似工程施工图预算或结算资料编制补充定额，对于无资料可参考的项目，可按工程的具体技术条件编制补充定额。

输电线路工程导地线跨越架设套用特殊跨越定额时，不再重复套用普通跨越定额；跨越高速铁路时，按施工组织设计计算措施费用；对于必须采取封航手段的通航河流或水流湍急以及施工难度较大的深沟或峡谷，其跨越架设措施费用可按审定的施工组织设计，由工程主审部门另行核定。

2. 确定材料预算价格

初步设计概算材料费包括消耗性材料费、装置性材料费。

（1）消耗性材料费：已包含在定额基价中，不再单独计列。

（2）装置性材料费：安装工程装置性材料属于定额未计价材料，需要单独计列价格。其价格应按照电力行业定额（造价）管理部门公布的编制期《电力建设工程装置性材料预算价格（2013年版）》。需注意的是，在初步设计概算阶段，材料一般按照乙供计算，即所有材料均按除税价格（不含进项税）计取。若需区分材料的供给方式，则单独将甲供材料的含税价格汇总计入安装工程费，但甲供材料的除税价格仍是安装工程各项费用的取费基数，不作为税金的取费基数。

（3）示例。以角钢铁塔为例。在套用角钢铁塔组立定额后，应计列角钢塔材装置性材料费。该装置性材料费应选用《电力建设工程装置性材料预算价格（2013年版）》中角钢塔材预算价，选定子目后，将预算价名称、预算价编号及预算价格计列在对应的单元格中。此处角钢塔材按甲供材料考虑，预算价格为含税价格，见表14-40。

表 14-40　架空输电线路单位工程概算表

表三甲　　（元）

序号	编制依据	项目名称及规格	单位	数量	单价			合价		
					装置性材料	安装费		装置性材料	安装费	
						合计	其中：人工费		合计	其中：人工费
2		杆塔工程								
2.2		杆塔组立								

续表

序号	编制依据	项目名称及规格	单位	数量	单 价			合 价		
					装置性材料	安装费		装置性材料	安装费	
						合计	其中：人工费		合计	其中：人工费
2.2.2		铁塔、钢管杆组立								
		角钢塔组立								
	YX4-62	角钢塔组立 塔全高70m以内，每米塔重800kg以内	t							
		塔材 角钢塔	t							

3. 计算费税

安装工程费税包括措施费、间接费、利润和税金，其计取标准执行编制期《电网工程建设预算编制与计算规定》及相关政策性文件中的费税计算办法。

安装工程费的计算步骤如下：

（1）汇总形成该分部工程的直接工程费＝装置性材料费＋安装费。

（2）确定取费基数。

除临时设施费、安全文明施工费、施工企业配合调试费外，其他项目取费基数等于定额人工费。

临时设施费、安全文明施工费取费基数＝直接工程费

施工企业配合调试费取费基数＝直接费

利润的取费基数＝直接费＋间接费

税金的取费基数＝直接费＋间接费＋利润

（3）确定费税率。根据工程的地区类别及电压等级按编制期《电网工程建设预算编制与计算规定》取定各项费率；社会保险、住房公积金费率应按工程所在地劳动和社会保障部门、住房公积金管理中心公布的最新费率取定；税率按财税部门的规定取取。其中社会保险费由基本养老保险费、基本医疗保险费、失业保险费、生育保险费、工伤保险费构成，其费率应

按工程所在地社会保障机构颁布的以工资总额为基数的各项目费率计算。

（4）计算各项费税。

费税＝取费基数×费率

（5）计算形成单位工程概算表（表三甲）。

单位工程费用合计＝直接费＋间接费＋
利润＋税金

（6）由单位工程概算表汇总形成安装工程汇总概算表（表二甲）。安装工程费税计算以安装工程角钢铁塔为例：在完成杆塔组立所有定额基价的套用后，首先汇总形成该分部工程的直接工程费。然后再计算措施费，再将直接工程费与措施费汇总形成直接费，再计算间接费和利润，措施费、间接费及利润的取费基数和费率应按《电网工程建设预算编制与计算规定（2013年版）》中的取费基数和费率计列。取费基数与费率的乘积结果即为该分部工程的措施费、间接费及利润。直接费、间接费、利润之和作为税金的取税基数，税率按现行规定计取，税金的取费基数与税率的乘积结果即为该分部工程的税金。直接费、间接费、利润及税金之和即为该分部工程的安装工程费，计算示例见表14-41。

表14-41 架空输电线路单位工程概算表

表三甲 （元）

序号	编制依据	项目名称及规格	单位	数量	单 价			合 价		
					装置性材料	安装费		装置性材料	安装费	
						合计	其中：人工费		合计	其中：人工费
一		一般线路本体工程								
2		杆塔工程								
2.2		杆塔组立								

续表

序号	编制依据	项目名称及规格	单位	数量	单　价			合　价		
					装置性材料	安装费		装置性材料	安装费	
						合计	其中：人工费		合计	其中：人工费
2.2.2		铁塔、钢管杆组立								
		角钢塔组立：								
	YX4-62	角钢塔组立　塔全高 70m 以内 每米塔重 800kg 以内	t							
	YX4-63	角钢塔组立　塔全高 70m 以内 每米塔重 1200kg 以内	t							
	YX4-67	角钢塔组立　塔全高 90m 以内 每米塔重 800kg 以内	t							
	YX4-70	角钢塔组立　塔全高 90m 以内 每米塔重 2400kg 以内	t							
		杆塔标志牌安装								
	YX4-160	杆塔标志牌安装	块							
		地形系数增加–杆塔工程	%							
		塔材角钢塔	t							
		主材费小计								
		主材损耗费								
		小　计								
	一	直接费	元							
	1	直接工程费	元							
	1.1	定额直接费	元							
	1.1.1	人工费	元							
	1.1.2	材料费	元							
	1.1.3	施工机械使用费	元							
	1.2	装置性材料费	元							
	1.2.1	甲供装置性材料费	元							
	2	措施费	元							
	2.1	冬雨季施工增加费	%							
	2.3	施工工具用具使用费	%							
	2.5	临时设施费	%							
	2.6	施工机构迁移费	%							
	2.7	安全文明施工费	%							
	二	间接费	元							

序号	编制依据	项目名称及规格	单位	数量	单价			合价		
					装置性材料	安装费		装置性材料	安装费	
						合计	其中:人工费		合计	其中:人工费
	1	规费	元							
	1.1	社会保险费	%							
	1.2	住房公积金	%							
	1.3	危险作业意外伤害保险费	%							
	2	企业管理费	%							
	3	施工企业配合调试费	%							
	三	利润	%							
	四	税金	%							
	五	合计	元							

汇总各分部工程的安装工程费,得到本工程的安装工程汇总概算表,见表 14-42。

表 14-42　　　　　　　　　架空输电线路安装工程汇总概算表

（表二甲）　　　　　　　　　　　　　　　　　　　　　　　　　　　　　　　　　　　　　　（元）

序号	工程或费用名称	取费基数	费率(%)	基础工程	杆塔工程	接地工程	架线工程	附件安装工程	辅助工程	合计	各项占总计(%)	单位投资(元/km)
一	直接费											
1	直接工程费											
1)	定额直接费											
	其中:人工费											
	机械费											
2)	装置性材料费											
2	措施费											
1)	冬雨季施工增加费											
2)	施工工具用具使用费											
3)	特殊地区施工增加费											
4)	临时设施费											
5)	施工机构迁移费											
6)	安全文明施工费											
二	间接费											
1	规费											
1)	社会保险费											
2)	住房公积金											

续表

序号	工程或费用名称	取费基数	费率（%）	基础工程	杆塔工程	接地工程	架线工程	附件安装工程	辅助工程	合计	各项占总计（%）	单位投资（元/km）
3)	危险作业意外伤害保险费											
2	企业管理费											
3	施工企业配合调试费											
三	利润											
四	税金											
五	安装工程费合计											
	各项占总计（%）											
	单位投资（元/km）											

输电线路工程位于西藏地区及青海、四川、甘肃、云南等地高海拔地区时，应按编制期《西藏地区电网工程建设预算编制与计算规定》计取费税的取费基数和费率，并按西藏地区电网工程预算定额规定对不同海拔高度地区的人工、机械费用进行调整。

4. 计算编制基准期价差

初步设计概算编制基准期价差由人工价差、材料价差及机械价差构成，分部工程价差均应汇总计入表一编制基准期价差中。

（1）人工价差。人工价差采用编制初步设计概算当期定额站发布的年度定额水平调整文件中的人工费调整相关规定计算。

以安装工程角钢铁塔为例，分部工程定额套用完成后汇总人工费小计，然后根据初步设计概算编制当期定额站发布的年度定额水平调整文件中的人工费调整相关规定，按百分比系数计算人工价差并计取税金，计算示例见表14-43。

表14-43　　　　　　　　　　　　　架空工程人工按系数调差明细表　　　　　　　　　　　　　　（元）

序号	项目名称	单位	系数	单价	合价
一	一般线路本体工程				
2	杆塔工程				
2.2	杆塔组立				
2.2.2	铁塔、钢管杆组立	%			
	小计	元			
	税率	%			
	合计	元			

（2）材料价差。安装工程材料价差包括定额消耗性材料价差和装置性材料价差。

1）定额消耗性材料价差。定额消耗性材料价差的计算依据是编制年度电力建设工程概预算定额价格水平调整文件。

在分部工程中定额套用完成后，汇总分析单位工程定额消耗性材料费，按编制当期的定额站发布的定额价格水平调整文件对应地区规定的调整系数乘以单位工程定额材料费后得出价差，并计取税金。

以安装工程角钢铁塔为例，首先查询编制期定额站发布的价格水平调整文件中的"电网安装工程概预算定额材机调整系数汇总表"中相关系数，再按该分部工程材机调整系数与分析出的该分部工程定额消耗性材料费的乘积作为该分部工程的定额消耗性材料价差，并计取税金，计算示例见表14-44。

表 14-44　　　　　　　　　　　架空工程材料按系数调差明细表　　　　　　　　　　　　（元）

序号	项 目 名 称	单 位	系 数	乙供材料费 不含税	乙供材料 不含税价差
一	一般线路本体工程				
2	杆塔工程				
2.2	杆塔组立				
2.2.2	铁塔、钢管杆组立	%			
	小　计	元			
	税　率	%			
	合　计	元			

2）装置性材料价差。塔材、导地线、绝缘子、金具等主要材料价格采用编制初步设计概算当期最新信息价及近期同类工程招标合同价与装置性材料预算价格之差计列，并计取税金。基础钢材、砂、石、水泥等地方性材料价格按照当地近期信息价与预算价格之差计列，并计取税金。

以安装工程角钢铁塔为例，首先应查询编制当期国家电网公司或南方电网公司最新的信息价或近期同类工程招标合同价，以此价格与角钢铁塔工程量的乘积减去"装置性材料预算价"中角钢塔材价格与角钢铁塔工程量的乘积作为该分部工程的安装装置性材料价差，不再计取税金（此处角钢塔材按甲供材料考虑，价格为含税价格），计算示例见表 14-45。

（3）机械价差。安装工程机械价差的计算依据是编制年度电力建设工程概预算定额价格水平调整文件。

在分部工程中定额套用完成后，汇总分析单位工程定额机械费，然后按编制当期的定额站发布的电力建设工程概预算定额价格水平调整文件对应地区规定的调整系数乘以单位工程定额机械费，并计取税金。

以安装工程角钢铁塔为例，首先查询编制期定额站发布的价格水平调整文件中的"电网安装工程概预算定额材机调整系数汇总表"，查询该地区输电工程定额机械价差调整系数，再按该分部工程材机调整系数与分析出的该分部工程定额机械费的乘积作为该分部工程的定额机械价差，并计取税金，计算示例见表 14-46。

表 14-45　　　　　　　　　　　　装置性材料价差汇总表（甲供）　　　　　　　　　　　　（元）

编号	材料名称	单位	设计用量	损耗率 （%）	单价（含税）		合价（含税）		
					预算价	市场价	预算价	市场价	价差
一	一般线路本体工程								
2	杆塔工程								
2.2	杆塔组立								
2.2.2	铁塔、钢管杆组立								
	塔材角钢塔	t							
	小　计								

表 14-46　　　　　　　　　　　　架空工程机械按系数调差明细表　　　　　　　　　　　　（元）

序号	项 目 名 称	单 位	系 数	单 价	合 价
一	一般线路本体工程				
2	杆塔工程				
2.2	杆塔组立				
2.2.2	铁塔、钢管杆组立	%			
	小　计	元			
	税　率	%			
	合　计	元			

5. 计算辅助设施工程费用

辅助设施工程项目一般是为建设和运行单位的生产运行而配置的。辅助设施工程费用的计算执行编制期《电网工程建设预算编制与计算规定》的划分及计算方法，结合提资内容计算。

辅助设施工程费用包括巡线、检修站工程费用，

生产维护通信设备费用，巡线、检修道路工程费用，三维数据化模型电子移交费用和防坠落装置费用及在线监测装置费用等。辅助设施工程费用根据设计专业有关辅助设施工程的提资及相关单价计算，计算示例见表14-47。

表 14-47 　　　　　　　　　　　输电线路辅助设施工程概算表

表三丙 　　　　　　　　　　　　　　　　　　　　　　　　　　　　　　　　　（元）

序号	工程或费用名称	编制依据及计算说明	总　价
1	巡线、检修站工程		
1.1	办公室、汽车库及仓库		
1.2	室外工程		
1.3	巡线、检修站征地		
2	巡线、检修道路工程		
3	通信工程		
4	其　他		
	小　计		

（1）巡线、检修站工程。

1）办公室、汽车库及仓库等辅助生产建筑面积的计算，按新增员数乘以不同电压等级的建筑面积控制指标，每平方米的建筑造价按各地具体情况和近期造价水平由编制和审查单位研究确定。这里所说的造价水平不是指商品房的出售价格。

2）室外工程：包括室外的围墙和围墙内的道路、供排水、化粪池、电源等建筑和安装费用的计算。按工程所在地政府的规定计算，如当地政府无规定时，一般可按辅助生产建筑造价的15%计取。

3）巡线、检修站应考虑征地，占地面积可按该站辅助生产建筑面积的2.0倍计算。征地费用按当地政府文件规定计算。

4）新增员数按原劳动部和原电力工业部联合颁发的《供电劳动定员标准》查得。

（2）巡线、检修道路工程。该费用在平原、丘陵地段一般不考虑，只在山地、高山及峻岭地段考虑。按修筑道路的长度乘以经评审确定的单价计算。

（3）通信工程。它是指运行、维护、检修需要的通信手段。包括地线载波通信、光缆通信、架空明线通信和无线电报话机设备及安装。

地线载波通信和架空明线通信，只有在大山区交通不便并缺乏通信手段的地段，才能考虑架设安装，对无线电报话机，可根据沿线及附近的通信条件考虑配备，光缆通信较为普遍应用。其费用可按山地及以上地形线路长度乘以经评审确定的单价计算。

（4）其他。根据不同工程的需要，计列三维数据化模型电子移交、防坠落装置、防鸟装置、在线监测装置及航空障碍标志灯等费用。其费用根据设计专业提资数量乘以单价计算，单价可按近期工程招标合同价格。

6. 计算其他费用

其他费用的计算执行编制期《电网工程建设预算编制与计算规定》的划分及计算方法，结合设计专业提资内容计算。

（1）建设场地征用及清理费。建设场地征用及清理费用计算示例见表14-48。

表 14-48 　　　　　　　　　　　建设场地征用及清理费用概算表

表七 　　　　　　　　　　　　　　　　　　　　　　　　　　　　　　　　　　（元）

序号	工程或费用名称	编制依据及计算说明	合　价
1	建设场地征用及清理费		
1.1	土地征用费		
1.1.1	建设场地征用		
1.1.1.1	塔基占地补偿		

序号	工程或费用名称	编制依据及计算说明	合 价
1.1.2	连带征地		
1.1.3	林木补偿		
1.1.3.1	成片林补偿		
1.1.3.2	森林植被恢复		
1.1.3.3	零星果树补偿		
1.1.3.4	零星树木		
1.1.4	青苗、经济作物补偿		
1.1.4.1	青苗赔偿		
1.1.5	城市绿化补偿		
1.1.6	建、构筑物补偿		
1.1.6.1	房屋补偿		
1.1.6.2	坟墓补偿		
1.2	施工场地租用费		
1.2.1	材料站场地租用费		
1.2.2	牵张场场地租用费		
1.2.3	OPGW牵张场场地租用费		
1.3	迁移补偿费		
1.3.1	电力线路、通信线路迁移补偿		
1.3.1.1	10kV 电力线迁移补偿		
1.3.1.2	220V、380V 电力线迁移补偿		
1.3.1.3	通信线迁移补偿		
1.3.2	道路迁移补偿		
1.3.2.1	机耕道迁移补偿		
1.3.3	管道迁移补偿		
1.3.4	厂矿迁移补偿		
1.3.5	军事设施迁移补偿		
1.3.6	水利设施迁移补偿		
1.3.7	其他大额迁移补偿		
1.4	余物清理费		
1.5	输电线路走廊施工赔偿费		
1.6	通信设施防输电线路干扰措施费		

1) 土地征用费。土地征用费是指按照国家规定，为取得工程建设用地使用权而支付的费用，包括土地补偿费、安置补助费、耕地开垦费、勘测定界费、征地管理费、证书费、手续费以及各种基金和税金等。

根据设计专业有关土地征用的提资、国家行政主管部门以及工程所在地省（自治区、直辖市）人民政府的规定和标准计算。

a. 铁塔占地面积的计算。对于方塔而言，其占地面积计算公式为

方塔占地面积（m^2）= ［铁塔根开（m）+1只基础立柱宽度（m）+2m］^{2}

对于扁塔而言，其占地面积计算公式为

扁塔占地面积（m^2）=
［铁塔正面根开（m）+1只基础立柱宽度（m）+2m］×［铁塔侧面根开（m）+1只基础立柱宽度（m）+2m］

b. 林木砍伐赔偿。林木砍伐是指对各种林木的砍

伐，其费用应只支付砍伐或迁移的费用，一般不考虑对被砍伐物的购买费用。

输电线路工程砍伐林木有施工和运行两种需要，应分别考虑，不得重复计算。前者是因影响基础、杆塔和架线等施工而临时砍伐的；后者是因一定高度的林木将影响线路的安全运行，按设计要求进行砍伐的。

林木赔偿要根据工程沿线需要砍伐林木的情况，计算出需砍伐的种类及数量。当遇有成片林木区时，按不同种类林木以砍伐的总面积（亩）；或可根据林木疏密程度，选择有代表性的点，先各自计算出每平方米不同胸径林木的数量（棵、株），再乘其全线的总面积，即为总数量。遇零星林木时，按设计专业提资或现场收资记录计算数量。

赔偿单价应根据工程所在地政府的规定和标准。对于成片林木砍伐区，还应计算森林植被恢复费用。

c. 青苗、经济作物赔偿。青苗、经济作物赔偿指在线路工程施工中因运输、堆放材料、机具，开挖土石方，基础施工，组立杆塔和展放导地线、光缆过程中损坏农作物的赔偿。

赔偿面积计算式为

青苗赔偿面积（亩）=线路长度（m）×（1−A）× B（m）/667

式中 A——沿线无青苗地段占全线长度的比例，无青苗地段包括铁路、公路、河流、成片林木区、果园、荒地、杆塔基础占地、房屋、拆迁物占地、村庄以及农作物收割后的非青苗地带等；

B——施工临时场地综合宽度（m），包括放线、施工基础、组立杆塔，施工运输道路等。

各类青苗的数量，按设计专业提资或现场收资记录的各类农作物比例乘以青苗赔偿的总面积计算。青苗赔偿费用综合按一季的价值考虑。赔偿单价根据工程所在地政府的规定和标准。

d. 建（构）筑物补偿。建（构）筑物补偿要区分不

同结构类型，根据设计专业有关房屋拆迁（面积或户数）的提资乘以赔偿单价计算。赔偿单价按照工程所在地政府规定和标准或业主提供的近期工程实际补偿价格。

2）施工场地租用费。施工场地租用一般是工地材料站的租用和导、地线牵张场场地的租用。工地材料站一般可按每 30～50km 设置一个，选在靠近线路中心，交通方便，运输费用低，地势较高，不易受淹，有足够的场地和就近可租赁的房屋，通信和生活条件方便的地方。使用牵引机和张力机架线的工程，牵、张场地数量按施工设计大纲要求计算，如没有规定，一般情况下平均导地线按 6km 一处，OPGW 光缆按 4km 一处计算。租地单价按收资或近期工程实际租地价格计算。

3）迁移补偿费。迁移补偿费一般涉及对电力线、通信线、道路、沟渠、管道、厂矿等进行迁移所发生的补偿。其费用根据设计专业有关迁移补偿内容及业主提供的近期工程实际补偿价格计算。对于需明确迁改方案的部分电力线路，费用按迁改方案计算。

4）余物清理费。根据设计专业有关场地余物清理的内容计算余物清理费。余物清理费计算标准按编制初步设计概算当期《电网工程建设预算编制与计算规定》中的计算规则计取。当涉及电网工程的拆除时，其拆除及材料清运费用参照电网技术改造工程定额及费用计算规定。

5）输电线路走廊施工赔偿费。根据设计专业有关走廊施工赔偿的内容计算输电线路走廊施工赔偿费。计算方法与土地征用费相同，区别在于该项是对线路走廊内非征用和租用土地上的建筑物、构筑物、林木、经济作物等需要进行清理，或因工程施工对其造成破坏而进行赔偿所发生的费用。

6）通信设施防输电线路干扰措施费。根据设计专业有关提资计算通信设施防输电线路干扰措施费。

（2）项目建设管理费。项目建设管理费计算示例见表 14-49。

表 14-49 输电线路工程其他费用概算表

表四 （元）

序号	工程或费用名称	编制依据及计算说明	合 价
2	项目建设管理费		
2.1	项目法人管理费		
2.2	招标费		
2.3	工程监理费		
2.4	设备监造费		
2.5	工程结算审核费		
2.6	工程保险费		

1）项目法人管理费。按初步设计概算编制当期《电网工程建设预算编制与计算规定》计取相应费用。

2）招标费。招标费列方式为：

a. 已经签订合同的，按合同价计列。

b. 未签订合同的，按初步设计概算编制当期《电网工程建设预算编制与计算规定》计取相应费用，或参照中国电力企业联合会关于落实国家发展改革委关于进一步放开建设项目专业服务价格的相关文件计列。

具体采取哪种方式计列，经评审确定。

3）工程监理费。工程监理费有以下计列方式：

a. 已经签订合同的，按合同价计列。

b. 未签订合同的，按初步设计概算编制当期《电网工程建设预算编制与计算规定》计取相应费用，或

参照中国电力企业联合会关于落实国家发展改革委关于进一步放开建设项目专业服务价格的相关文件计列。

具体采取哪种方式计列，经评审确定。

4）设备监造费。输电线路工程一般情况下不计取设备监造费。

5）工程结算审核费。按初步设计概算编制当期《电网工程建设预算编制与计算规定》规定计取相应费用。

6）工程保险费。根据项目法人要求及工程实际情况，参考同期类似工程或按照保险范围和费率计算。

（3）项目建设技术服务费。项目建设技术服务费计算示例见表14-50。

表 14-50　　　　　　　　　　　　　**输电线路工程其他费用概算表**

表四　　（元）

序号	工程或费用名称	编制依据及计算说明	合　价
3	项目建设技术服务费		
3.1	项目前期工作费		
3.2	知识产权转让与研究试验费		
3.3	勘察设计费		
3.3.1	勘察费		
3.3.2	设计费		
3.3.2.1	基本设计费		
3.3.2.2	施工图预算编制费		
3.3.2.3	竣工图文件编制费		
3.4	设计文件评审费		
3.4.1	可行性研究设计文件评审费		
3.4.2	初步设计文件评审费		
3.4.3	施工图文件审查费		
3.5	项目后评价费		
3.6	工程建设检测费		
3.6.1	电力工程质量检测费		
3.6.2	特种设备安全监测费		
3.6.3	环境监测验收费		
3.6.4	水土保持项目验收及补偿费		
3.6.5	桩基检测费		
3.6.5.1	灌注桩小应变检测费		
3.6.5.2	灌注桩大应变检测费		
3.7	电力工程技术经济标准编制管理费		

1）项目前期工作费。项目前期工作费有以下计列方式：

a. 已经签订合同的，按合同价计列。

b. 未签订合同的，按初步设计概算编制当期《电网工程建设预算编制与计算规定》计取相应费用，或参照中国电力企业联合会关于落实国家发展改革委关于进一步放开建设项目专业服务价格的相关文件计列。

具体采取哪种方式计列，经评审确定。计算示例根据业主提供的实际合同费用计列。

2）知识产权转让与研究试验费。根据项目法人提出的项目和费用计列。

3）勘察设计费。包括勘察费和设计费两部分。该部分费用根据设计单位归口部门提供的勘察设计费用金额计列，计算方式有以下几种：

a. 已经签订合同的，按合同价计列。

b. 未签订合同的，按业主关于工程勘察设计收费的相关文件计取相应费用，或是参照中国电力企业联合会关于落实国家发展改革委关于进一步放开建设项目专业服务价格的相关文件计列。

具体采取哪种方式计列，经评审确定。

当输电线路工程采用航拍数字技术时，相关费用按国家或行业相关规定在勘察费项目下单独计列。

4）设计文件评审费。按初步设计概算编制当期《电网工程建设预算编制与计算规定》计取相应费用。

5）项目后评价费。项目后评费应根据项目法人提出的要求确定是否计列。若需计列，按初步设计概算编制当期《电网工程建设预算编制与计算规定》计算。

6）工程建设检测费。按初步设计概算编制当期《电网工程建设预算编制与计算规定》计取相应费用。其中输电线路工程不计列特种设备安全监测费，环境监测验收及水土保持项目验收及补偿费应根据工程所在省、自治区、直辖市行政主管部门的规定计算。桩基检测费按设计专业提资与相应单价计算。

7）电力工程技术经济标准编制管理费。按初步设计概算编制当期《电网工程建设预算编制与计算规定》计取相应费用。

（4）生产准备费。生产准备费计算示例见表14-51。

表14-51　输电线路工程其他费用概算表

表四　（元）

序号	工程或费用名称	编制依据及计算说明	合　价
4	生产准备费		
4.1	管理车辆购置费		
4.2	工器具及办公家具购置费		
4.3	生产职工培训及提前进场费		

管理车辆购置费、工器具及办公家具购置费、生产职工培训及提前进场费均按初步设计概算编制当期《电网工程建设预算编制与计算规定》计取相应费用。

（5）大件运输措施费。根据实际运输条件及运输方案计算。输电线路工程一般不发生大件运输措施费。

7. 计算基本预备费

按初步设计概算编制当期《电网工程建设预算编制与计算规定（2013年版）》计取相应费用，计算示例见表14-52。

表14-52　基本预备费计算表　（元）

序号	工程或费用名称	编制依据及计算说明	合　价
	基本预备费		

8. 计算特殊项目费用

特殊项目费是工程项目划分中未包含且无法增列，或定额未包含且无法补充，或取费中未包含而实际工程必须存在的项目及费用。

9. 汇总静态投资

静态投资由输电线路本体工程费用、辅助设施工程费用、编制基准期价差、其他费用、基本预备费、特殊项目费用累加汇总。计算示例见表14-53。

表 14-53

静 态 投 资 汇 总 表

建设规模：

（万元）

序号	工程或费用名称	费用金额	各项占总计（%）	单位投资（万元/km）
一	架空输电线路本体工程			
（一）	一般线路本体工程			
（二）	大跨越本体工程			
二	辅助设施工程			
	小　计			
三	编制基准期价差			
四	其他费用			
	其中：建设场地征用及清理费			
五	基本预备费			
六	特殊项目费用			
	工程静态投资			

10. 计算动态费用

动态费用由价差预备费与建设期贷款利息组成。

11. 汇总动态投资

动态投资由静态投资和动态费用汇总。动态投资汇总计算示例见表 14-54。

表 14-54

动 态 投 资 汇 总 表

表一建设规模：

（万元）

序号	工程或费用名称	费用金额	各项占总计（%）	单位投资（万元/km）
	工程静态投资			
七	动态费用			
（一）	价差预备费			
（二）	建设期贷款利息			
	工程动态投资			

第十五章

电网工程施工图预算

纲要等。

第一节　施工图预算的定义、作用及编制流程

一、定义

电网工程施工图预算是在施工图设计阶段，以电网工程项目为对象，以施工图设计文件为依据，按照《电力建设工程预算定额（2013 年版）》和《电网工程建设预算编制与计算规定（2013 年版）》的规定，通过编制预算文件预先测算工程造价。

二、作用

电网工程施工图预算作为电网工程建设程序中一个重要的技术经济文件，是施工图设计阶段对工程建设所需资金、工程量做出相对精确计算的设计文件，在工程建设实施过程中具有十分重要的作用。

（1）电网工程施工图预算是施工图设计阶段控制工程造价的重要文件，是检验、控制施工图设计预算不突破初步设计概算的有力工具。

（2）电网工程施工图预算是控制造价和资金合理使用的重要依据。

（3）电网工程施工图预算是编制工程量清单与确定招标控制价的重要依据。

（4）电网工程施工图预算是确定合同价款、拨付工程进度款和办理工程结算的重要依据。

三、编制流程

电网工程施工图预算编制流程包括准备、编制、审查及确认三个阶段，不同阶段的编制流程及主要工作如图 15-1 所示。

（一）准备阶段

1. 项目启动

（1）初步了解工程建设规模、地点、投资背景、工期等信息。

（2）初步确定施工图预算编制工作进度计划及

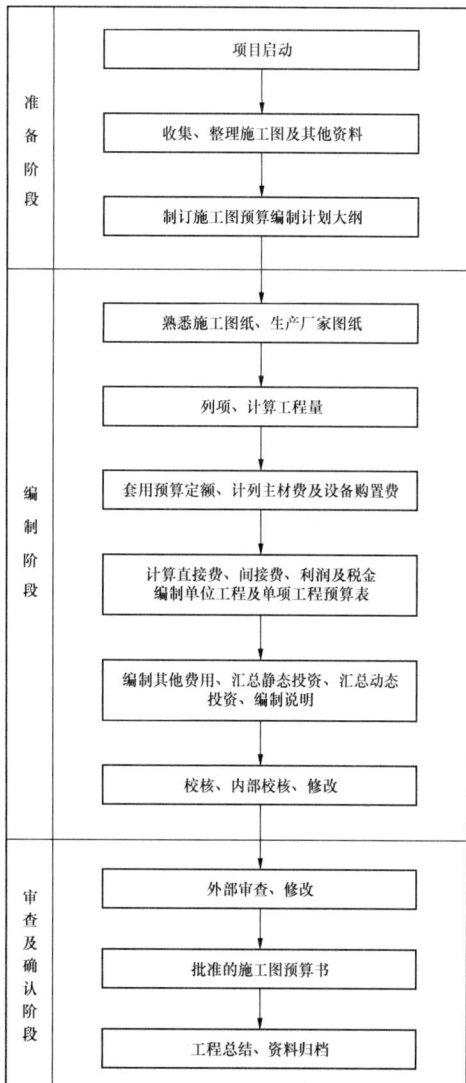

图 15-1　电网工程施工图预算编制流程图

2. 收集、整理施工图及其他资料

（1）收集、整理施工图。

（2）收集、整理项目法人采购的主要设备及材料

等合同。

（3）收集、整理项目法人委托外部设计项目的施工图预算。

（4）收集、整理建设项目发生的其他费用合同及协议文件等。

（5）收集、整理设备厂家图纸或工程量资料。

（6）收集、整理项目法人委托施工单位采购的主要设备及材料等合同资料。

（7）收集、整理预算定额中不包含的经项目法人批准的特殊施工措施方案及费用。

（8）收集、整理批准的初步设计概算等。

（9）收集、整理其他技术经济资料。

3. 制定电网工程施工图预算编制计划大纲

根据已经收集的图纸资料编制计划大纲，施工图预算编制计划大纲为施工图预算编制提供统一的原则和依据，主要内容如下。

（1）项目名称和工程检索号。

（2）编制依据。

（3）明确项目立项文件、工程造价咨询服务合同及委托等。

（4）编制范围：明确施工图预算编制的范围，包括单项工程、单位工程等，明确项目法人委托外部设计项目的施工图预算等，明确汇总计入总投资的若干内容组成。

（5）主要编制原则。

1）明确施工图预算编制基准期。

2）明确工程量计算的依据。

3）明确采用的定额。

4）明确设备、材料的价格来源及依据。

5）明确直接费、间接费等费税计算的依据。

6）明确人工、材料及施工机械编制基准期价差计算的依据。

（6）贯彻质量管理体系要求，明确管理目标及风险对策措施。

（7）施工图预算的评审验证和确认。

（8）明确施工图预算编制的计划进度要求。

（9）其他要求及附件

（二）编制阶段

编制阶段的工作是施工图预算编制的重点工作，应按照以下步骤进行：

第一，熟悉工程情况、施工图纸等资料，识图；

第二，列项并计算工程量；

第三，套用预算定额子目单价、计列主材费及设备购置费、计算编制年价差；

第四，计算直接费、间接费、利润、税金，形成单位工程、单项工程预算表；

第五，编制其他费用表并汇总形成总预算表；

第六，编制总说明及各专业分册说明；

第七，内部校核及修改。

具体编制方法见本章第三节相关内容。

（三）审查及确认阶段

将施工图预算送审稿提交合同单位或相关咨询机构，并组织和接受合同单位或相关咨询机构审查，根据审查意见修改，复核无误后，由合同单位批准后出版。

1. 审查

施工图预算的审查，一般由合同单位或第三方咨询机构进行主审并形成施工图预算审查纪要。

2. 修改并形成最终施工图预算

编制单位应根据施工图预算审查意见，对施工图预算进行修改。经修改后的施工图预算提交审查部门复核，复核无误后即可批准，形成最终的施工图预算。

第二节 施工图预算编制深度及内容

一、编制深度

电网工程施工图预算应制订统一的编制原则，确定统一的编制依据，严格按照《电网工程建设预算编制与计算规定（2013年版）》《电力建设工程预算金额（2013年版）》以及配套的政策文件要求进行计算。

电网工程施工图预算应编制建筑、安装工程预算表（表三），汇总形成建筑、安装工程预算汇总表（表二），计算编制期基准价差，编制其他费用预算表（表四），计算基本预备费，根据表二、编制期基准价差、表四、基本预备费用及特殊项目费用汇总计算工程静态投资、动态费用、铺底流动资金以及项目计划总资金，并形成总预算表（表一），同时，应编制施工图预算的编制说明、工程概况及主要技术经济指标表（表五）、附件、投资分析报告，最终形成施工图预算书。

二、编制内容

根据《电网工程建设预算编制与计算规定》的要求，电网工程施工图预算由编制说明和预算书文件组成。

（一）编制说明

电网工程施工图预算的编制说明要有针对性，要具体、确切、简练、规范。其内容一般包括：

1. 工程概况

（1）变电工程。变电工程的工程概况应包括工程的设计依据、建设地点和地理位置、建设性质、远期建设规模、本期建设规模、工程特点、交通运输等情况。

1）主要系统设计特征。包括主要设备型式、是否利用已有设备和设施，各级电压主接线及出线回路数，配电装置型式，建筑面积等。

2）建设场地。包括建设场地面积、地形地貌、地质、地震烈度、土石方工程量、地基处理、地下水、需拆迁赔偿的地面建（构）筑物、植被等。建设工期计划、设计分工、交通情况、站址自然条件及主要建筑物的地基处理方式，站外电源水源，进站道路等技术参数，说明施工水源、电源、通信及道路等情况。

（2）架空输电线路工程。架空输电线路工程的工程概况应包括线路经过地区的地形比例、地质划分、地下水位、风力、地震烈度、基本风速、冰区；线路亘长；导、地线型号，杆塔类型；人力运输距离，汽车运输距离；本体投资、本体单位投资、静态投资、静态单位投资，动态投资、动态单位投资；资金来源；计划投产日期；外委设计项目名称及分工界限等。

（3）改、扩建工程。改、扩建工程的工程概况应包括建设范围、过渡措施方案及其费用，可利用或需拆除的设备、材料、建（构）筑物等工程情况以及已建规模、容量及建成时间。

2. 编制原则及依据内容

包括编制范围、工程量计算依据，定额（指标）和预规选定、装置性材料价格选用、设备价格获取方式、地区人工工资调整依据，材料、机械计价依据，编制基准期确定、编制基准期价差调整依据、编制基准期价格水平等。

3. 预算造价水平分析

施工图预算投资应与批准概算，核准估算投资进行对比分析。预算投资应与初步设计预算进行分析比较，对比表一（预算总表）、表二（安装、建筑工程专业汇总表）及工程技术指标的对比表。

4. 工程造价控制情况分析

施工图预算总投资应控制在批准的出版设计概算总投资范围内；如因特殊原因超出总投资时，应做具体分析，并重点叙述超出原因及合理性，报原审批单位批准。

5. 其他有关重大问题的说明

例如特殊费用的计取原则等，具体以工程实际涉及重大问题为准。

（二）预算书文件

1. 变电工程

（1）总预算表（表一甲）。

（2）安装工程专业汇总表（表二甲）。

（3）建筑工程专业汇总表（表二乙）。

（4）安装工程预算表（表三甲）。

（5）建筑工程预算表（表三乙）。

（6）其他费用计算表（表四）。

（7）建设场地征用及清理费用预算表（表七）。

（8）安装工程装置性材料价差调整表。

（9）安装工程定额计价材料价差调整表。

（10）安装工程施工机械价差调整表。

（11）建筑工程材料价差调整表。

（12）建筑工程施工机械价差调整表。

（13）附件及附表。

2. 架空输电线路工程

（1）总预算表（表一丙）。

（2）汇总预算表（表二丙）。

（3）输电线路工程预算表（表三丙）。

（4）辅助设施工程预算表（表三戊）。

（5）其他费用预算表（表四）。

（6）建设场地征用及清理费用预算表（表七）。

（7）综合地形增加系数计算表（附表一）。

（8）输电线路工程装置性材料统计表（附表二）。

（9）输电线路工程土石方量计算表（附表三）。

（10）输电线路工程工地运输重量计算表（附表四）。

（11）输电线路工程工地运输工程量计算表（附表五）。

（12）输电线路工程杆塔分类一览表（附表六）。

建设预算的附件及附表应完整，包括价差预备费计算表、建贷期贷款利息计算表、编制基准价差计算表等，应有必要的附件或支持性文件，外委设计项目的建设预算表，特殊项目的依据性文件及建设预算表等。

以上表格格式见附录 B。

第三节　施工图预算编制方法

一、总体编制流程

我国电力行业施工图预算主要采用的是预算定额单价法。预算定额单价法就是采用电力建设预算定额中的各分项工程预算单价（基价）乘以相应的各分项工程的工程量，求和后得到包括人工费、材料费和施工机械费在内的单位工程直接工程费，措施费、间接费、利润和税金可根据统一规定的费率乘以相应的计费基数得到，将上述费用汇总后得到该单位工程的施工图预算造价。

（一）编制施工图预算的基本步骤

预算定额单价法编制施工图预算的基本步骤如下：

1. 编制前的准备工作

编制施工图预算的过程是具体确定建筑安装工程预算造价的过程。编制施工图预算，不仅要严格遵守国家和行业的计价法规、政策，严格按图纸计量，而且还要考虑施工现场条件因素，是一项复杂而细致的工作，也是一项政策性和技术性都很强的工作。因此，必须事前做好充分准备，准备工作主要包括组织准备，资料的收集和现场情况的调查两大方面。

2. 熟悉图纸、预算定额和《电网建设工程预算编制与计算规定（2013 年版）》

图纸是编制施工图预算的基本依据。熟悉图纸不但要弄清图纸的内容，还要对图纸进行审核，审核图纸间相关尺寸是否有误，设备与材料表上的规格、数量是否与图示相符，详图、说明、尺寸和其他符号是否正确等。若发现错误应及时纠正。另外，还要熟悉标准图以及设计更改通知（或类似文件），这些都是图纸的组成部分，不可遗漏。通过对图纸的熟悉，要了解工程的性质、系统的组成、设备和材料的规格型号和品种，以及有无新材料、新工艺的采用。

预算定额和预规是编制施工图预算的计价标准，对其使用范围、工程量计算规则及定额系数等都要充分了解，做到心中有数，这样才能使预算编制准确、迅速。

3. 了解施工组织设计和施工现场情况

在编制施工图预算前，应了解施工组织设计中影响工程造价的有关内容。例如，各分部分项工程的施工方法，土石方工程中余土外运使用的工具、运距，及设计规定的堆放地点等，以便能正确计算工程式和正确套用某些分项工程的基价。这对正确计算工程造价，提高施工图预算质量，具有重要意义。

4. 划分工程项目和计算工程量

划分的工程项目必须和《电力建设工程概算定额（2013 年版）》及《电力建设工程预算编制与计算规定（2013 年版）》规定的项目一致，这样才能正确地套用定额。不能重复列项计算，也不能漏项少算。计算并整理工程量，必须按定额规定的工程量计算规则进行，该扣除部分要扣除，不该扣除的部分不能扣除。按照工程项目将工程量全部计算完以后，要对工程项目和工程量进行整理，即合并同类项和按序排列，为套用定额、计算直接工程费和进行工料分析打下基础。

5. 套用定额预算单价，计算直接工程费

核对工程量计算结构后，将定额子项中的基价填入预算表单价栏内，并将单价乘以工程量得出合价，将结果填入合价栏，汇总求出单位工程直接工程费。

6. 工料分析

工料分析即按分项工程项目，依据定额或单位估价表，计算人工和各种材料的实物耗量，并将主要材料汇总成表。工料分析的方法：首先从定额项目表中分别将各分项工程消耗的每项材料和人工的定额消耗量查出，再分别乘以该工程项目的工程量，得到分项

工程工料消耗量，最后将各分项工程工料消耗量加以汇总，得出单位工程人工、材料的消耗数量。

7. 计算主材费（未计价材料费）

因为许多定额项目基价为不完全价，即未包括主材费用在内，因此计算所在地定额基价费（基价合计）之后，还应计算出主材费，以便计算工程造价。

8. 按费用定额取费

即按有关规定计取措施费，以及按当地费用定额的取费规定计取间接费、利润、税金等。

9. 计算汇总工程造价

将直接费、间接费、利润和税金相加即为工程预算造价。

（二）工程量的确定和计算

（1）工程量计算是施工图预算编制的主要内容，同时也是进行工程计价的重要依据。工程量计算应以定额规定及定额主管部门颁发的工程量计算规则为准，严格按照审定的施工图计算工程量。在工程实施过程中通常会有实际发生工程量与施工图不一致的情况，在设计单位未予以确认前应以施工图上数据为准，如果后续有升版图，可根据相应部分计算工程量计入施工图预算。

（2）确定工程量按专业规定进行，其计算内容应与预算定额的项目划分和适用范围一致。工程量的计算要做到"有的放矢"，不能为了计算工程量而盲目计算。如果盲目地计"量"，有时候会出现有些"量"还找不到自己应有的"家"。例如，在计算出地面垫层的工程量后，又要计算垫层地面的夯实，这个地面的夯实是找不到位置的；又如，在计算出外墙面砖的工程量后，再计算水泥砂浆抹灰工程量，这显然是重复计算；再如，在同一工程同时施工期间，明明综合脚手架的工程量中包括了外墙面一般装饰工程的外脚手架，却还要再计算外墙的单项脚手架的"量"。凡此种种，都是不允许的。

（3）正确做好施工图范围外工程量的计算。定额的编制原则之一是考虑"正常的施工条件"。建设工程在不同地点、不同环境条件下，会出现各种各样的"非正常的施工条件"。这种"非正常的施工条件"下发生的各种各样的问题，往往都没有直接反映在施工图中。例如：建筑材料因道路不通或其他障碍不能直接送达施工场地；临时施工道路铺筑所发生的各种工程量；将施工现场范围外的水源、电源接引至施工现场的工程量；未含在定额中的基础工程中的抽水、排水工程量的处理；按原设计已完成的工程量因变更而拆除并发生新的工程量……做好这些工程量的计算，也是搞好工程造价确定与控制不可少的工作。实践证明，正确理解、正确把握、正确处理、正确计算施工图范围外的各种工程量，对于执行定额是工程造价管理工作

中不容忽视的一个重要问题。

（三）材料预算价格的确定

（1）已招标的材料预算价格按招标价计入预算，未招标的按概算价格计列，地方材料按建设期地方信息价计入；

（2）材料预算价格是指设备、材料原价加上从生产仓库或交货地点运到工地仓库或施工指定的设备、材料堆放点所发生的一切费用，即原价加上运杂费。

（四）投资分析

对本工程施工图预算与初步设计概算投资进行简要分析比较，阐述投资增减原因。施工图预算总投资应控制在批准的初步设计概算总投资范围内；如因特殊原因超出批准概算投资时，应做具体分析，并叙述超出原因的合理性，报原审批单位认可。

二、变电工程计量与计价

（一）建筑工程

1. 建筑工程施工图文件的组成

电网变电工程主要分为变电站工程和换流站工程，变电站作为连接发电厂和用户的中间环节，是电力系统中对电能的电压和电流进行变换、集中和分配的场所。换流站是指在高压直流输电系统中，为了完成将交流电变换为直流电或将直流电变换为交流电的转换，并达到电力系统对于安全稳定及电能质量的要求而建立的站点。

（1）变电站建筑工程施工图的内容。变电站的建筑物按功能划分为主要生产建筑和辅助生产建筑两大类。主要生产建筑包括主控通信楼、继电器室、站用配电装置室、水泵房、雨淋阀室等，辅助生产建筑包括警卫室、雨水泵房等。

变电站各类建（构）筑物等设施的工程，除了包括站内的各类建（构）筑物本体外，以下项目也列入建筑工程：

1）建筑物的上下水、采暖、通风、空调、照明设施。

2）建筑物用电梯的设备及其安装。

3）建筑物的金属网门、栏栅及防雷设施，独立的避雷针、塔。

4）屋外配电装置的金属结构、金属构架或支架。

5）各种直埋设施的土方、垫层、支墩，这种沟道的土方、垫层、支墩、结构、盖板，各种涵洞、各种顶管措施。

6）消防设施，包括气体消防、水喷雾系统设备、喷头及其自动控制装置。

7）站区采暖加热站设备及管道，采暖锅炉房设备及管道。

8）活污水处理系统的设备、管道及其安装。

9）设备基础和地脚螺栓及混凝土砌筑的箱、罐、池等。

10）建筑专业出图的电线、电缆埋管工程及站区工业管道。

（2）换流站土建施工图的内容。换流站主要生产建筑包括阀厅、控制楼、直流场、户内GIS室、站用电室、继电器小室等，辅助、附属生产建筑物包括综合水泵房、取水泵房、雨淋阀间、综合楼、检修备品库、专用品库、车库、警卫传达室等。

换流站的构筑物主要包括各类设备基础、油坑、防火墙、事故油池、构支架、避雷针、电缆沟道及站区道路、供排水管道和围墙、大门、护坡、挡土墙等，结构材料、形式与变电站基本一致。

换流站建筑工程除了各类建（构）物等设施的工程外，还包括以下部分：

1）建筑物的上下水、采暖、通风、空调、照明设施。

2）建筑物用电梯的设备及其安装。

3）建筑物的金属网门、栏栅及防雷设施，独立的避雷针、塔。

4）屋外配电装置的金属结构、金属构架或支架。

5）换流站直流滤波器的电容器门形构架。

6）各种直埋设施的土方、垫层、支墩，各种沟道的土方、垫层、支墩、结构、盖板，各种涵洞、顶管措施。

7）消防设施，包括气体消防、水喷雾系统设备、喷头及其自动控制装置。

8）站区采暖加热站设备及管道，采暖锅炉房设备及管道。

9）活污水处理系统的设备、管道及其安装。

10）设备基础、地脚螺栓及混凝土砌筑的箱、罐、池等。

11）建筑专业出图的电线、电缆埋管工程及站区工业管道。

2. 识图

上文已经介绍建筑工程包括了建筑、结构、给排水、暖通空调等多个专业。下面以建筑和结构两大最具代表性的专业为例，说明建筑工程施工图识读的过程。

（1）建筑施工图的识读。建筑施工图的内容包括图纸目录、建筑设计总说明、总平面图、门窗表、各层建筑平面图、各朝向建筑立面图、剖面图和各种详图。建筑工程图的识读通常按照"总体了解、顺序识读、前后对照、重点细读"的原则进行。

1）总体了解。拿到图纸后，应先看目录、总平面图和施工总说明，然后再看建筑平面图、立面图和剖面图，以便大致了解工程概况和建筑物的基本造型。

2）顺序识读。在总体了解的基础上，根据施工的先后顺序，从基础图开始依次读墙和柱等结构平面布置、建筑构造及装修等相关图纸。

3) 前后对照。识读建筑工程施工图时，应做到建筑平面、立面和剖面对照识读，基本图和详图对照识读，建筑施工图和结构施工图对照识读，建筑施工图和设备施工图对照识读。

4) 重点细读。在通读各类图纸的基础上，根据不同的专业施工再对有关专业施工图有重点地仔细识读，遇到不清楚的问题，及时向设计部门反映、核实。

（2）结构施工图的识读。结构施工图是根据房屋建筑中的承重构件进行结构设计后绘制成的图样。结构设计时根据建筑要求选择结构类型，并进行合理布置，再通过力学计算确定构件的断面形状、大小、材料及构造等，并将设计结果绘成图样，以指导施工，这种图样有时简称为"结施"。结构施工图与建筑施工图一样，是施工的依据，主要用于放灰线、挖基槽、基础施工、支承模板、配钢筋、浇灌混凝土等施工过程，也是计算工程量、编制施工图预算的依据。

结构施工图主要表明房屋结构系统的结构类型、结构布置、构件种类及数量、构件的内部构造和外部形状尺寸，以及构件间的连接构造等，主要内容包括结构设计说明、各层的结构布置图和构件详图。

1) 结构设计说明。内容包括设计依据、抗震等级、人防等级、地基情况及承载力、防潮抗渗做法、活荷载值、所用材料强度等级、施工中的注意事项、选用详图、通用详图或节点，以及在施工图中未画出而需通过说明来表达的信息等。

2) 各层的结构布置图。结构布置图是表示房屋中各承重构件总体平面布置的图样，包括基础平面图、楼层结构布置平面图和屋面结构布置平面图。

3) 构件详图。包括梁、柱、板及基础结构详图，楼梯结构详图，屋架结构详图和其他详图等。

（3）识图示例：主变压器基础、油坑及设备基础图识读。

1) 卷册目录。开卷首先浏览卷册目录，从卷册目录可以了解卷册图纸的组成情况，图纸、清册、说明的数量，避免漏计漏算图纸工程量。另外，了解卷册的主要负责人、工程主设人、主管科长和设计总工程师的人员组成，便于在识图算量过程中对图纸有疑问时及时与相关人员进行沟通交流，明确设计意图。

2) 主变压器基础、油坑及设备基础平面布置图（见图 15-2）。设备基础平面图是用一个假想的水平剖切平面从基础正上方剖过，向下做正投影所得到的水平投影图。

在基础平面图中，只画出剖切到的基础墙、柱的轮廓线（用中度实线表示）和投影可见的基础底部的轮廓线（用细实线表示），以及直接投影不可见的、被

盖住的基础底板轮廓线（用虚线表示），而对其他的细部如基础大放脚的轮廓线均省略不画。

图 15-2 中粗实线绘制的是主变压器油坑的轮廓和主变压器基础的轮廓，粗虚线绘制的是被盖住不能直接投影的主变压器基础底板，细虚线表示的是预留的主变压器构架基础。

图 15-2 左下角是基础一览表，从表中可以了解到本卷册所有的基础的名称、数量和详图所在的施工图号。通过对应编号还可以在平面布置图上看到每个基础在平面布置图上所在的位置。

一般情况下，平面布置图下侧是设计说明。在此处设计人员会对一些影响施工的重要事项进行交代，例如基础的标高相对应的绝对高程、抗震设防烈度、设计使用年限、浇筑方式以及主要建筑材料的选用等。

还有很多信息跟工程量计算和计价有密切关系，例如，混凝土保护层的厚度、混凝土的强度等级、钢筋的等级、砂浆的等级、基础的换填量、回填土的类型等，这些都应该做重点标注和记录，便于后续计量工作的开展。

3. 计量

工程量是确定建筑工程造价的重要依据。只有准确计算工程量，才能正确计算工程相关费用，合理确定工程造价。

（1）工程量计算的依据。

1) 经审定的施工设计图纸及其说明。施工设计图纸应反映建（构）筑物的结构构造、各部位的尺寸及工程做法。施工设计图纸是工程量计算的基础资料和基本依据。

2) 工程施工合同、招标文件的商务条款。

3) 经审定的施工组织设计（项目管理实施规划）或施工技术措施方案。施工设计图纸主要表现拟建工程的实体项目，分项工程的具体施工方法及措施，应按施工组织设计（项目管理实施规划）或施工技术措施方案确定。如计算基础土方，施工方法是采用人工开挖，还是采用机械开挖，基坑周边是否需要放坡、预留工作面或支撑防护等，应以施工方案为计算依据。

4) 工程量计算规则。工程量计算规则是规定在计算工程实物数量时，从设计文件和图纸中摘取数值的取定原则的方法。电力工程预算计算规则主要是《电力建设工程预算定额（2013 年版）》，定额各章节的说明都明确了各分部分项工程的工程量计算规则和费用说明。在编制预算前，应该要对预算定额的编制说明和计量规则进行熟悉和掌握。

（2）工程量计算的原则。

1) 列项要正确，严格按照《电力建设工程预算编制与计算规定（2013 年版）》的要求或有关预算定额规定的工程量计算规则计算工程量，避免错算。

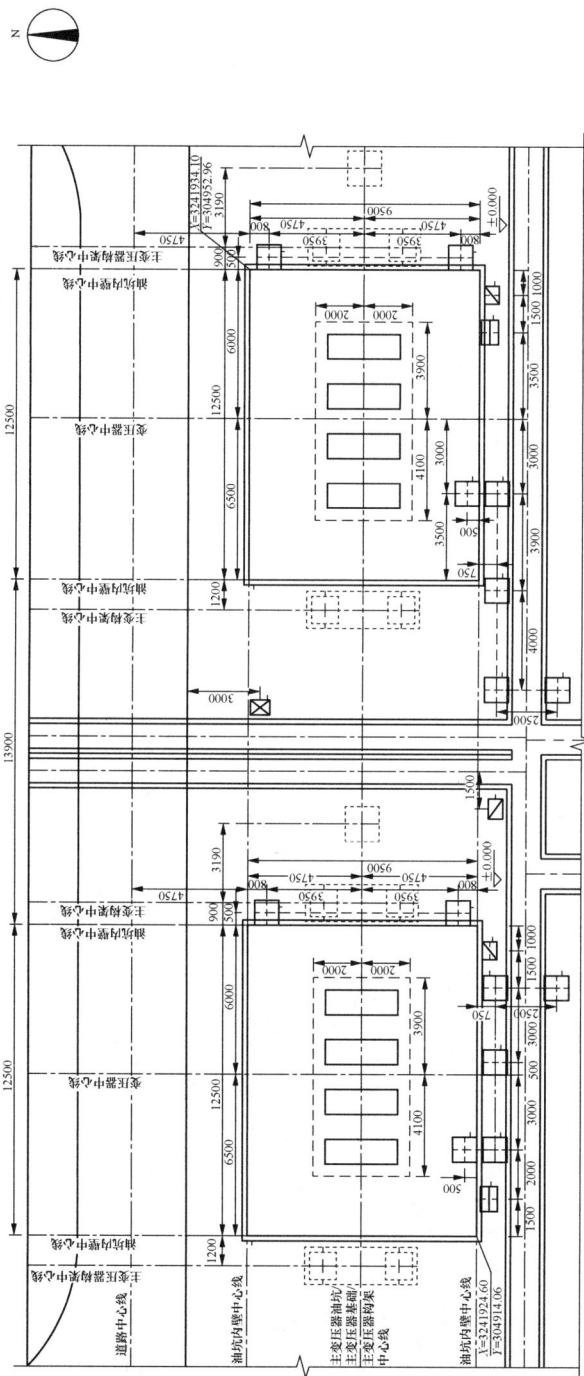

说明：
1. 基础±0.000m标高相对应绝对高程591.35m。坐标及高程应同总图核实无误后方可施工。
2. 抗震设防烈度7度，设计基本地震加速度0.15g，建筑场地类别为III类，设计特征周期0.30kPa，地面粗糙度类别为B类。结构安全等级二级，结构设计使用年限为50年；抗震设防类别为丙类；基础设计等级为乙级；环境类别：二b类。
3. 混凝土保护层厚度：未特别注明时；基础底板40mm，其余部位取35mm。
4. 材料
   1) 混凝土：基础采用C30混凝土，垫层采用C15混凝土；二次灌浆采用C35微膨胀细石混凝土。
   2) 钢筋：全HRB400E；钢材：Q345；焊条：E50XX。
   3) 砂浆：M7.5水泥砂浆。地上部分采用M7.5混合砂砌筑。
5. 当施工开挖至基底设计标高时，须通知地质工程，经验槽及由地质工、监理进行人员验查后方可施工。监理人员签署工程记录，作为隐蔽工程量。若施工开挖过程中需超挖换填，经验槽确认需超挖换填，应按各部换填方式，根据换填厚度≤300mm，总换填量约119m³。
6. 基础埋置深度应同现场地质条件相协调，基底必须持力层至换填至垫层，若持力层由压缩模量相差两侧的软弱土或超压缩性差异，应做反压墩处理，或者一起现造。基础施工时，为避免混凝土的温度作用，基础的温度应每层不超过...
   300mm以内换填材料的最小粒径为0.5m，换填平均深度≤0.5m，不留设施工缝。
   1) 选用发热量低，初凝时间较长的低热水泥。粗骨料宜采用连续级配，细骨料应采用中砂。配置混凝土的砂石材料含泥量应控制在25°C以内，并加强浇捣工作。
7. 1) 应在混凝土中掺加外加剂以改善混凝土的和易性和抗渗水化热。混凝土内外温差应通过试验验确定。混凝土入模温差应控制在25°C以内，回填土宜在夯实合相分层夯实，夯填厚度每层夯实，夯填厚度每层不大于分层夯实。
   2) 地下水位较高，基础施工时应采取必要的排水措施，回填土含水量20%~50%，压实系数≥0.94。
8. 所有钢筋及外露铁件均采用热镀锌处理。钢筋混凝土时应在垫层上找平，找平层厚度不小于90mm，因运输安装现场锈损环氧侧外墙灰色环氧富锌防漆涂现场喷锌
   300mm。回填土不应具备冻融。
9. 地下水埋藏较深，基础埋深不考虑地下水影响，回填土中碎石，铆钉石料，卵石台量量≥0%~50%，卵石台量量；压实冻结石，压实系数≥0.94，应做相关防水措施，具体详见本电气施工图为准。
10. 图中道路、电缆沟等仅为示意，施工详本图总图部分，本项电气...
11. 钢管支架钢管壁厚应不小于90μm，钢管壁厚应环锌等造成的微锌层接环氧处理，具体见本图电气施工图。
12. 设备支架按执行《输变电钢管结构制造安装技术条件》的要求执行以DL/T 646—2012《输变电钢管结构制造及安装验收规范》。标准工艺编号：0101020302设备支架安装连接以及0101020106混凝土保护帽 0101020201设备支架（钢管结构）0101020403主变压器预制型顶 0101020401现浇混凝土主变压器基础 0101020402主变压器混凝土浇顶 0101030902端子箱基础。
    0101020403主变压器预制帽顶 0101020401现浇混凝土基础主变压器基础 第3部分：变电站；本工程相关引用标准图详见以DL 5009.3—2013《电力建设安全工作规程 第3部分：变电站》中的相关要求执行。
13. 施工安全往题本图T102册结构设计总说明及卷册目录相关要求。
14. 施工安全往题本工程T102册结构设计总说明及卷册目录相关要求。
15. 其余施工安全要求详见本工程T102册结构设计总说明及卷册目录相关要求。

基础一览表

编号	基础名称	单位	数量	施工图号
1	主变压器油坑及基础	个	2	
2	220kV中性点成套装置基础	个	2	
3	10kV中性点装置基础	个	2	
4	10kV母线支架及基础	个	10	
5	油色谱在线检测柜基础	个	2	
6	消防控制柜基础	个	2	
7	户外照明箱基础	个	1	
8	户外检修箱基础	个	1	

图15-2 主变压器基础、油坑及设备基础平面布置图 1:100

2）工程量计量单位必须与《电力建设工程预算编制与计算规定（2013 年版）》或《电力建设工程预算定额（2013 年版）》的计量单位一致。

3）按图纸，结合建筑物的具体情况进行计算。要结合施工设计图纸尽量做到按楼层或房间计算，或按施工方案的要求分段计算，或按使用的材料不同分别进行计算。这样，在计算工程量时既可避免漏项，又可为安排施工进度和编制资源计划提供数据。

4）工程量计算精度要统一，要满足规范要求。

（3）工程量计算的方法。运用统筹法的原理对分部分项工程列项，考虑工程量计算规则。以"三线一面"（"三线"是指建筑物的外墙中心线、外墙外边线和内墙净长线；"一面"是指建筑物的底层建筑面积）作为基数，连续计算与之有共性关系的分部分项工程量，而与基数共性关系的分部分项工程量则用册或图示尺寸进行计算。

1）共性合在一起，个性分别处理。分部分项工程量计算程序的安排，是根据分部分项工程之间共性与个性的关系，采取共性合在一起，个性分别处理的办法。共性合在一起，就是把与墙的长度（外墙外边线、外墙中心线、内墙净长线）有关的计算项目，分别纳入各自系统中，把与建筑面积有关的计算项目，分别归于建筑物底层面积和分层面积系统中，把与墙长或建筑面积这些基数联系不起来的计算项目，如楼梯、阳台、门窗、台阶等按其个性分别处理。

2）先主后次，统筹安排。用统筹法计算各分项工程量是从"线""面"技术的计算开始。先算的项目尽可能为后算的项目创造条件，后算的项目就能在先算的基础上简化计算，有些项目只和基数有关系，与其他项目之间没有关系，先算后算均可，前后之间要参照定额程序安排，以方便计算。

（4）计量示例：主变压器基础及油坑设备基础图识图及计量。

1）浏览图面，对重点信息进行记录。关注主变压器基础及油坑平面布置图（见图 15-3），对基础的布置形式、位置构成等有一个大概轮廓。注意剖切线的位置，并分别对应 1-1 剖面（见图 15-4）、2-2 剖面（见图 15-5）、3-3 剖面（见图 15-6），完成对基础结构、构造形式有一个初步的印象。

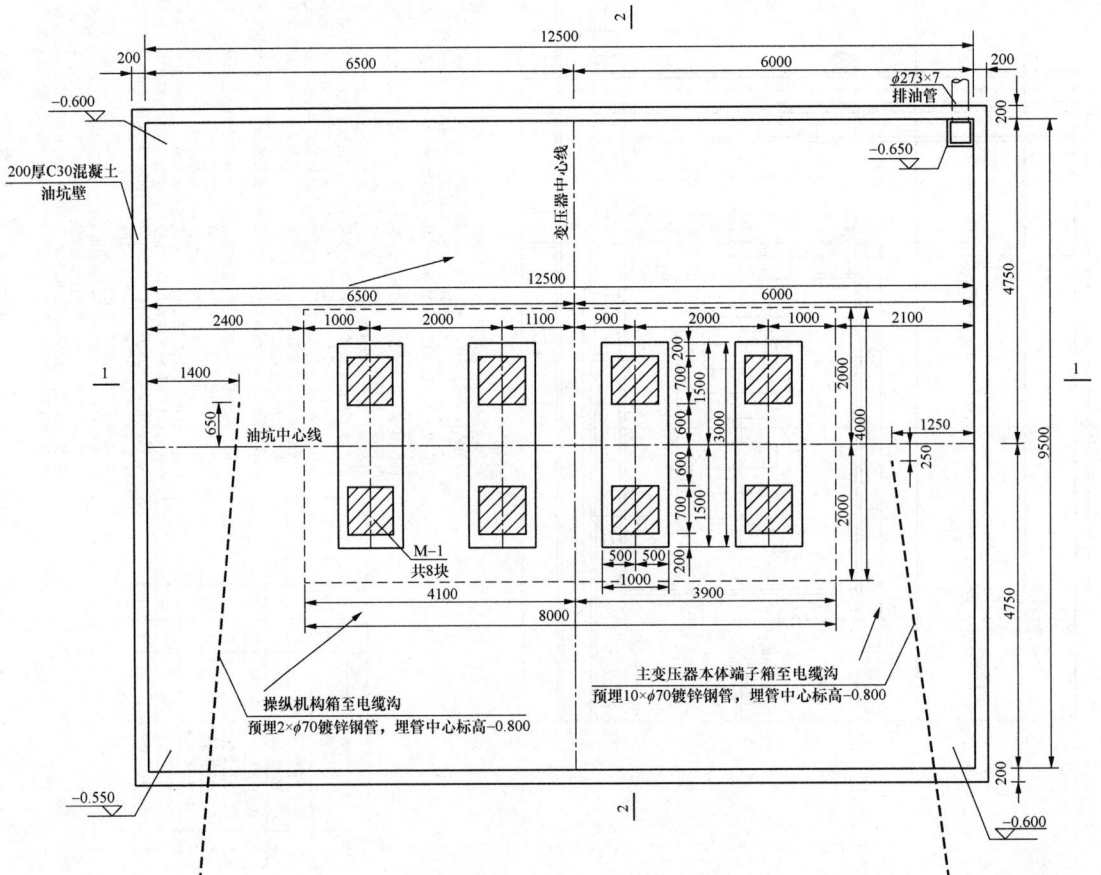

图 15-3　主变压器基础及油坑平面布置图

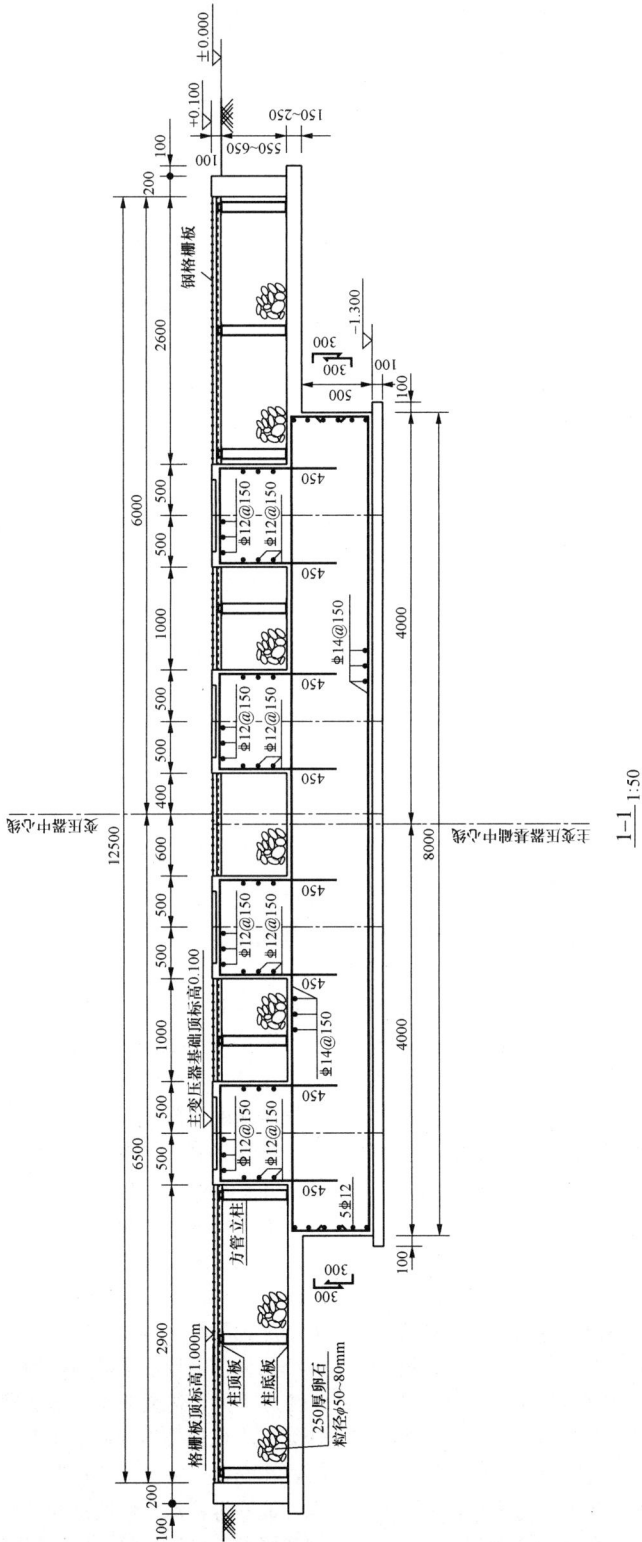

图 15-4　主变压器基础及油坑基础 1—1 剖面

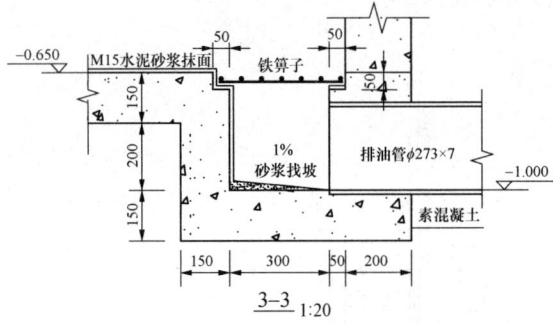

图 15-5　主变压器基础及油坑基础 2-2 剖面

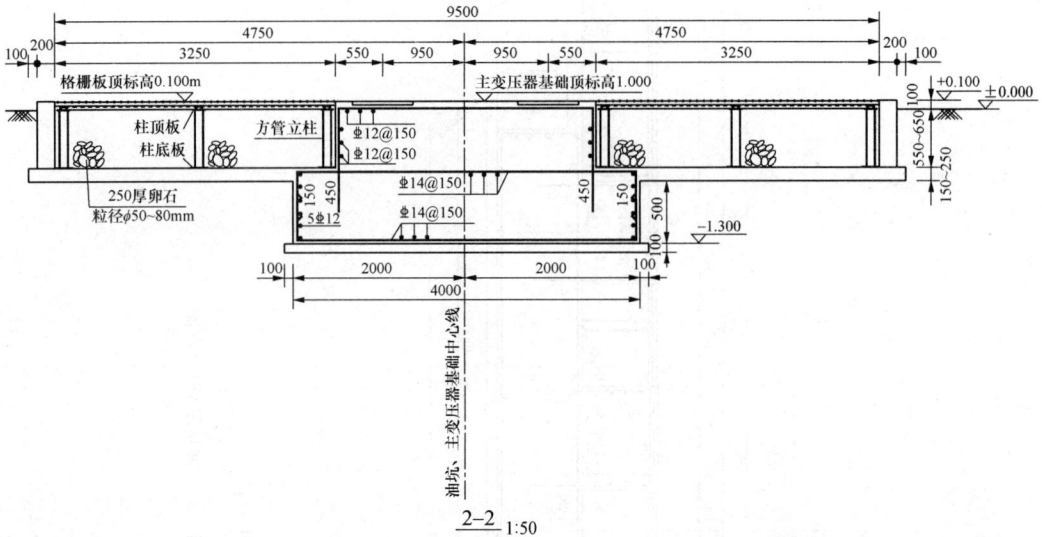

图 15-6　主变压器基础及油坑基础 3–3 剖面

2）仔细阅读图纸说明，对重点信息进行记录。从说明中得知：①油坑侧壁的做法是 20mm 厚 M15 水泥砂浆抹面，油坑内铺 250mm 厚洗净卵石，粒径 50～80mm。②基础外露部分按清水混凝土施工，外露棱角倒 $R=20mm$ 圆角。计价时考虑清水混凝土的费用调整。③预制钢板采用热镀锌防腐，在计算预制铁件时要计算镀锌费用。④基础采用 C30 混凝土，垫层采用 C15 混凝土，二次灌浆采用 C35 微膨胀细石混凝土。计价时，需按此强度等级对定额材料进行换算。

3）列项计算。

a. 挖基础土方。第一步判定土壤类别，土壤的不同类型决定了土方施工的难易程度、施工方法、功效以及工程成本。土质类别不同会有不同的调整系数，土方和石方的施工费用更是差别巨大。一般在计量前根据地勘报告区分土方和石方的类型及比例。《建筑工程预算定额》附表有详细的土壤分类，可以据此对地勘报告的土石类型进行区分以便后续准确列项。

第二步，确定计量原则。首先要明确基坑和沟槽的划分，预算定额明确规定，图纸中基槽底宽在 3m

以内，且沟槽长度大于宽度 3 倍以上者为沟槽；图纸中基坑面积在 20m² 以内者为基坑。

挖沟槽、挖基坑、挖土方因工作面和放坡增加的工程量应并入土方工程量中。

若挖深小于 1.2m 时，不计算放坡挖方量，按设计图示尺寸以基础垫层底面积加上工作面增加工程量乘以挖土深度计算。

如人工施工混凝土基坑土方开挖长或宽 = 基础外边尺寸 + 0.3m（工作面增加长度）×2

若挖深大于 1.2m 时则需要计算放坡量。

如人工施工混凝土基坑土方开挖长或宽 = 基础外边尺寸 + 0.3m（工作面增加长度）×2 + 0.5×挖深（放坡增加长度）

另外，需要注意的是，地下工程施工时，由于施工工序不同，需要的工作面宽度按照工序所需最大值计算，不允许叠加计算工作面宽度；计算放坡工作量时，在交接处重复的工程量不予扣除。对于冻土、淤泥、流沙等特殊土体的工程量，计算定额都有详细说明和规定，在计量前应仔细阅读。

b. 岩石开凿及爆破工程量计算。石方工程包括人工凿岩石和机械施工石方。人工凿岩石按照设计图示设计尺寸以立方米为单位计算工程量，不计算超挖工程量。爆破岩石按照设计图示尺寸以立方米为单位计算工程量。其沟槽、基坑的深度与宽度允许超挖量：松石、次坚石 200mm，普坚石、特坚石 150mm。超挖部分的石方量并入岩石挖方工程量内。管沟石方开挖工程量按照设计规定及允许超挖工程量计算。

c. 回填土石方工程量计算。回填分夯填和松填，按图示回填尺寸以立方米为单位计算工程量。

原土夯实、碾压按照平方米计算工程量；填土夯实、碾压按照立方米计算工程量。

基坑、沟槽回填体积按照挖方体积减去场地平整（设计室外）标高以下埋置设施体积计算。管道沟槽回填土按照挖方体积减去管道、垫层、支墩、各类井等所占体积计算。不超过管径在 500mm 以下管道所占体积，管径超过 500mm 时，按照定额要求扣除管道所占

体积，管道直径超过 1000mm 时按照实际填土量计算。

土石混合回填碾压时，石方比例大于 35%，按照石方回填碾压计算；石方比例小于 35% 时，按照土方回填碾压计算。

d. 余方外运或取土回运工程量计算。土方运输体积为挖土总体积减去回填总体积，计算结果若为正值，为余土外运体积；计算结果是负值，为取土运回体积。

值得注意的是，土石方施工的工作内容和参合比例定额是经过综合考虑了的，例如填土碾压定额中包含了掺土碾压、石方破解碾压等工作内容。工程实际土方掺和比例、石方破解程度与定额不同时不做调整。所以，在进行工程量计算之前，应该对定额计量规则和说明十分熟悉。

本工程根据地勘报告土石比为 5:5，且土壤部分为三类土，岩石部分为次坚石。根据施工组织计划，为机械开挖。计算结果见表 15-1。

表 15-1　　土石方工程量计算表

序号	项目名称	计量单位	单个构件计算式	构件数量	工程量合计
1	挖基坑土方	m³	$[(12.9+0.3\times2)\times(9.9+0.3\times2)\times0.9+(8.2+0.3\times2)\times(4.2+0.3\times2)\times0.6]\times0.5$	2	152.919
2	挖基坑石方	m³	$[(12.9+0.3\times2)\times(9.9+0.3\times2)\times0.9+(8.2+0.3\times2)\times(4.2+0.3\times2)\times0.6]\times0.5$	2	152.919
3	土方回填	m³	$V_{油坑及基础}=12.5\times9.5\times0.65+12.9\times9.9\times0.25+8\times4\times0.5+8.2\times4.2\times0.1=128.559$ $V_{基坑回填}=152.919-128.559=24.36$	2	305.838
4	余方外运	m³	$152.919\times2-48.72$	1	257.118

e. 现浇混凝土工程量计算。现浇和预制混凝土定额子目的计量单位，除注明按照水平投影面积计算外，均按照设计图纸尺寸以立方米为单位计算工程量，不扣除钢筋、铁件和螺栓所占的体积。

一般设备基础是指外形方正、带台阶的基础，复杂设备基础是指外形不规则（圆形、多边形或其他复杂形状）并带有风道、孔洞（不包括螺栓孔）的基础，弧形基础适用于管道支座基础。

设备基础按不同体积分别计算工程量。主要是区分块体和框架式的设备基础，本工程不涉及框架式的

设备基础。

需要特别注意的是，定额说明对定额包含的施工内容，允许换算的材料，以及柱、梁、板、墙等不同混凝土工程的工程量计算的扣减规则都有详细说明。在计算工程量之前应该详细阅读。

本工程主要计算混凝土设备基础相关的工程量，其中包括混凝土基础垫层、主变压器混凝土基础、油坑底板、油坑侧壁为混凝土构件，具体计算步骤如表 15-2 所示。

表 15-2　　混凝土部分工程量计算表

序号	项目名称	计量单位	单个计算式	构件数量	工程量合计
1	换流变压器基础垫层 C15	m³	$8.2\times4.2\times0.1$	2	6.888
2	换流变压器设备基础 C30	m³	$8\times4\times(0.5+0.2)+(0.5\times2)\times(0.55\times2+0.95\times2)\times(0.6+0.1)\times4$	2	61.600
3	油坑底板 C30	m³	$13.1\times10.1\times0.2-8\times4\times0.2$	2	40.124
4	油坑侧壁 C30	m³	$(12.5+0.2+9.5+0.2)\times2\times0.2\times(0.6+0.1)$	2	12.544

f. 钢筋工程量计算。钢筋工程应区分钢筋种类、　规格，按设计图示钢筋长度乘以单位理论质量计算。

预算定额规定直径 10mm 以内的钢筋按照不同规格 I 级钢考虑，直径 10mm 以外按照不同规格 I～III 级钢考虑，执行定额时，除另有说明外不做调整。

钢筋工程量由设计用量、连接用量、施工措施用量组成。计算钢筋工程量时，不计算钢筋连接铁件、绑扎钢筋镀锌铁丝、焊接钢筋焊条、螺纹连接套筒、电渣压力焊剂的重量。

钢筋设计用量按照设计长度乘以钢筋单位理论重量计算。钢筋连接用量按照施工图规定计算，施工图未规定者，按照单位工程施工图设计钢筋总用量 4% 计算。施工措施钢筋用量根据批准的施工组织设计计算。无批准的施工组织设计时，建筑物施工措施钢筋用量按照单位工程施工图设计钢筋用量与连接用量之和的 0.5% 计算，构筑物施工措施钢筋用量按照单位工程施工图设计钢筋用量与连接用量之和 2% 计算。

钢筋单位理论质量可以查表 15-3（d 为钢筋直径，单位 mm）确定；也可根据钢筋直径计算理论质量，钢筋的容重可按 7850kg/m³ 计算。

钢筋单位理论质量 $=0.006165 \times d^2$（kg/m）

表 15-3 钢筋每米长度理论质量表

直径 d（mm）	理论质量（kg/m）	横截面积 c（m²）	直径 d（mm）	理论质量（kg/m）	横截面积 c（m²）
4	0.099	0.126	18	1.998	2.545
5	0.154	0.196	20	2.466	3.142
6	0.222	0.283	22	2.984	3.801
6.5	0.260	0.332	24	3.551	4.524
8	0.395	0.503	25	3.850	4.909
10	0.617	0.785	28	4.830	5.153
12	0.888	1.131	30	5.550	7.069
14	1.208	1.539	32	6.310	8.043
16	1.578	2.011	40	9.865	12.561

4）需要注意的是，在计算纵向钢筋的图示长度时，需要考虑以下参数：

a. 混凝土保护层厚度。混凝土保护层是结构构件中钢筋外边缘至构件表面范围用于保护钢筋的混凝土。根据 GB 50010—2010《混凝土结构设计规范》规定，构件中受力钢筋的保护层厚度不应小于钢筋的公称直径 d；设计使用年限为 50 年的混凝土结构，最外层钢筋的保护层厚度应符合表 15-4 的规定；设计使用年限为 100 年的混凝土结构，最外层钢筋的保护层厚度不应小于表中数值的 1.4 倍。

表 15-4 混凝土保护层最小厚度 （mm）

环境类别	板、墙、壳	梁、柱、杆
一	15	20
二 a	20	25
二 b	25	35
三 a	30	40
三 b	40	50

注 1. 混凝土强度等级不大于 C25 时，表中保护层厚度数值应增加 5mm；
　　2. 钢筋混凝土基础宜设置混凝土垫层，基础中钢筋的混凝土保护层厚度应从垫层顶面算起，且不应小于 40mm。

b. 弯起钢筋增加长度。弯起钢筋的弯曲度数有 30°、45°、60°，如图 15-7 所示。弯起钢筋增加的长度为 $S-L$，不同弯起角度的 $S-L$ 值见表 15-5。

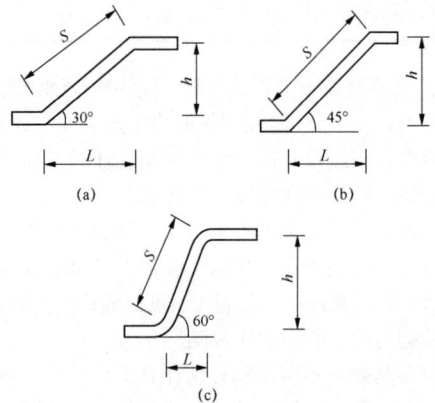

图 15-7 弯起钢筋增加长度示意图（S-L）
（a）30° 弯起钢筋示意图；（b）45° 弯起钢筋示意图；
（c）60° 弯起钢筋示意图

表 15-5 弯起钢筋增加长度计算表

弯起角度（°）	S（mm）	L（mm）	$S-L$（mm）
30	2.000h	1.732h	0.268h
45	1.414h	1.000h	0.414h
60	1.155h	0.577h	0.578h

注 弯起钢筋高度 h=构件高度－保护层厚度。

c. 钢筋弯钩增加长度。钢筋的弯钩主要有半圆弯钩（180°）、直弯钩（90°）和斜弯钩（135°），如图 15-8 所示。对于 HPB300 级光圆钢筋受拉时，钢筋末端作 180°弯钩时，钢筋弯折的弯弧内直径不应小于钢筋直径 d 的 2.5 倍，弯钩的弯折后平直段长度不应小于钢筋直径 d 的 3 倍。按弯钩内径为钢筋直径 d 的 2.5 倍，平直段长度为钢筋直径 d 的 3 倍确定弯钩的增加长度：半圆弯钩增加长度为 $6.25d$，直弯钩增加长度为 $3.5d$，斜弯钩增加长度为 $4.9d$。

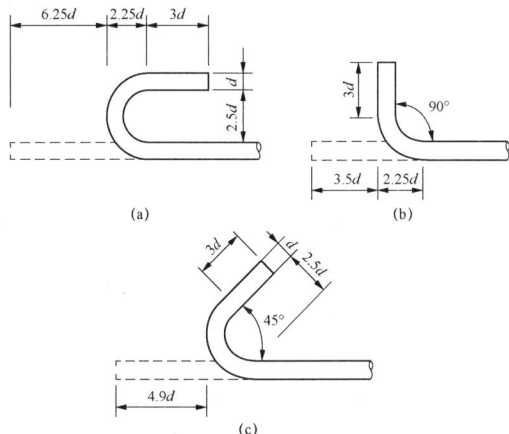

图 15-8　钢筋弯钩长度示意图
（a）180°半圆弯钩示意图；（b）90°直弯钩示意图；
（c）135°斜弯钩示意图

d. 钢筋的锚固和搭接长度。受拉钢筋的锚固和搭接长度应符合 GB 50010—2010《混凝土结构设计规范》要求，便于计算钢筋工程量，钢筋的锚固和搭接长度可以通过查表确定，16G101 系列图集给出了受拉钢筋锚固长度以及受拉钢筋抗震锚固和纵向受拉钢筋搭接长度。

e. 箍筋长度。箍筋是为了固定主筋位置和组成钢筋骨架而设置的一种钢筋。计算长度时，要考虑混凝土保护层、箍筋的形式、箍筋的根数和箍筋单根长度。

以双肢箍为例说明箍筋长度的计算。

箍筋单根长度＝构件截面周长－8×保护层厚－

$$4×箍筋直径＋2×弯钩增加长度$$

GB 50666—2011《混凝土结构工程施工规范》对箍筋、拉筋末端弯钩的要求：对一般结构构件，箍筋弯钩的弯折角度不应小于 90°，弯折后平直段长度不应小于箍筋直径的 5 倍；对有抗震设防要求或设计有专门要求的结构构件，箍筋弯钩的弯折角度不应小于 135°，弯折后平直段长度不应小于箍筋直径的 10 倍和 75mm 两者之中的较大值。所以，HPB300 级光圆钢筋用作有抗震设防要求的结构箍筋，其斜弯钩增加长度计算式为

$$斜弯钩增加长度＝1.9d＋\max（10d，75mm）$$

$$箍筋根数的计算＝\frac{箍筋分布长度}{箍筋间距}＋1$$

本工程钢筋主要分布于主变压器基础中，主要型号为 14@150 的 U 形钢筋和 12@150 的 U 形钢筋以及箍筋。从设计说明中，可以看到基础底板的保护层厚度为 40mm。具体计算结果见表 15-6。

表 15-6　　　　　　钢 筋 工 程 量 计 算 表

序号	项目名称	计量单位	单个计算式	构件数量	工程量合计
1	X 方向大板板底通长 U 形钢筋 14@150	t	单根钢筋长度 $L＝8-0.04×2+0.3×2+2×11.9×0.014＝8.853$m 钢筋根数 $n＝（4-0.04×2）/0.15+1＝27$ 根 $8.853×27×1.208/1000＝0.289$t	2	0.578
2	Y 方向大板板底通长 U 形钢筋 14@150	t	单根钢筋长度 $L＝4-0.04×2+0.3×2+2×11.9×0.014＝4.853$m 钢筋根数 $n＝（8-0.04×2）/0.15+1＝54$ 根 $4.853×54×1.208/1000＝0.317$t	2	0.634
3	X 方向大板板顶通长 U 形钢筋 14@150	t	单根钢筋长度 $L＝8-0.04×2+0.3×2+2×11.9×0.014＝8.853$m 钢筋根数 $n＝（4-0.04×2）/0.15+1＝27$ 根 $8.853×27×1.208/1000＝0.289$t	2	0.578
4	Y 方向大板板顶通长 U 形钢筋 14@150	t	单根钢筋长度 $L＝4-0.04×2+0.3×2+2×11.9×0.014＝4.853$m 钢筋根数 $n＝（8-0.04×2）/0.15+1＝54$ 根 $4.853×54×1.208/1000＝0.317$t	2	0.634
5	X 方向上部基础 U 形钢筋 12@150	t	单根钢筋长度 $L＝1-0.04×2+（0.1+0.6+0.45-0.04）×2＝3.14$m 钢筋根数 $n＝（0.55×2+0.95×2-0.04×2）/0.15+1＝21$ 根 $3.14×21×0.888/1000＝0.059$t	8	0.472
6	Y 方向上部基础 U 形钢筋 12@150	t	单根钢筋长度 $L＝0.55×2+0.95×2-0.04×2+（0.1+0.6+0.45-0.04）×2＝5.14$m 钢筋根数 $n＝（1-0.04×2）/0.15+1＝7$ 根 $5.14×7×0.888/1000＝0.032$t	8	0.256
7	侧面箍筋 12@150	t	单根箍筋长度 $L＝（1+3）×2-8×0.04-4×0.012+2×11.9×0.012＝7.918$m 箍筋根数 $n＝0.6/0.15+1＝5$ 根 $7.918×5×0.888/1000＝0.035$t	8	0.28

f. 螺栓、预埋铁件计算。螺栓、预埋铁件，按设计图示尺寸以质量计算，不计算焊条重量。计算预埋螺栓工程量时，应包括螺头、螺杆和螺母重量。

本工程从钢格栅板平面布置图（图 15-9）中可以看到主变压器基础上面的阴影方块，设计标注 M-1 共 8 块，这就是设备基础上的预埋铁件，后续用于与设备基础连接。M-1 是埋件的详图编号，从 M-1 的详图可以看到预埋件由一块 20mm 的预埋钢板和 9 根锚筋构成，具体计算结果见表 15-7。

表 15-7   预埋铁件工程量计算表

序号	项目名称	计量单位	单个计算式	构件数量	工程量合计
1	M1 预埋钢板	t	$0.7 \times 0.7 \times 0.02 \times 7.85 = 0.0769$	16	1.2304
2	M1 钢板锚固钢筋 16	t	$0.6 \times 1.578/1000 = 0.000945$	144	0.136

g. 油坑细部构件计算。从平面图可以看到，油坑内除了混凝土基础及侧壁外还有卵石以及钢格栅等细部构件，但是平面图和油坑剖面图已经无法看到这些细部构件的具体做法和材质，需要结合钢格栅立柱平面图（图 15-10）及立柱顶板、底板剖面详图（图 15-11）进行计算。

以钢格栅为例，需要注意，钢格栅板是定制成品，需镀锌防腐，外露铁件均采用热镀锌防腐处理。后续在套用定额时不能漏计铁件镀锌费用。

依次计算油坑卵石、方管立柱、柱顶板、底板、格栅支架以及钢格栅的工程量。需要注意的是，计量单位要与定额计价单位完全一致，否则，在后续套用定额时会出现量价不匹配的情况，导致费用计算错误。一般情况下，混凝土、砌体结构工程量以体积 m^3 为计量单位居多，钢筋、铁件等金属构件以重量 t 为计量单位居多，装饰装修工程一般以面积 m^2 为计量单位居多。具体计算结果见表 15-8。

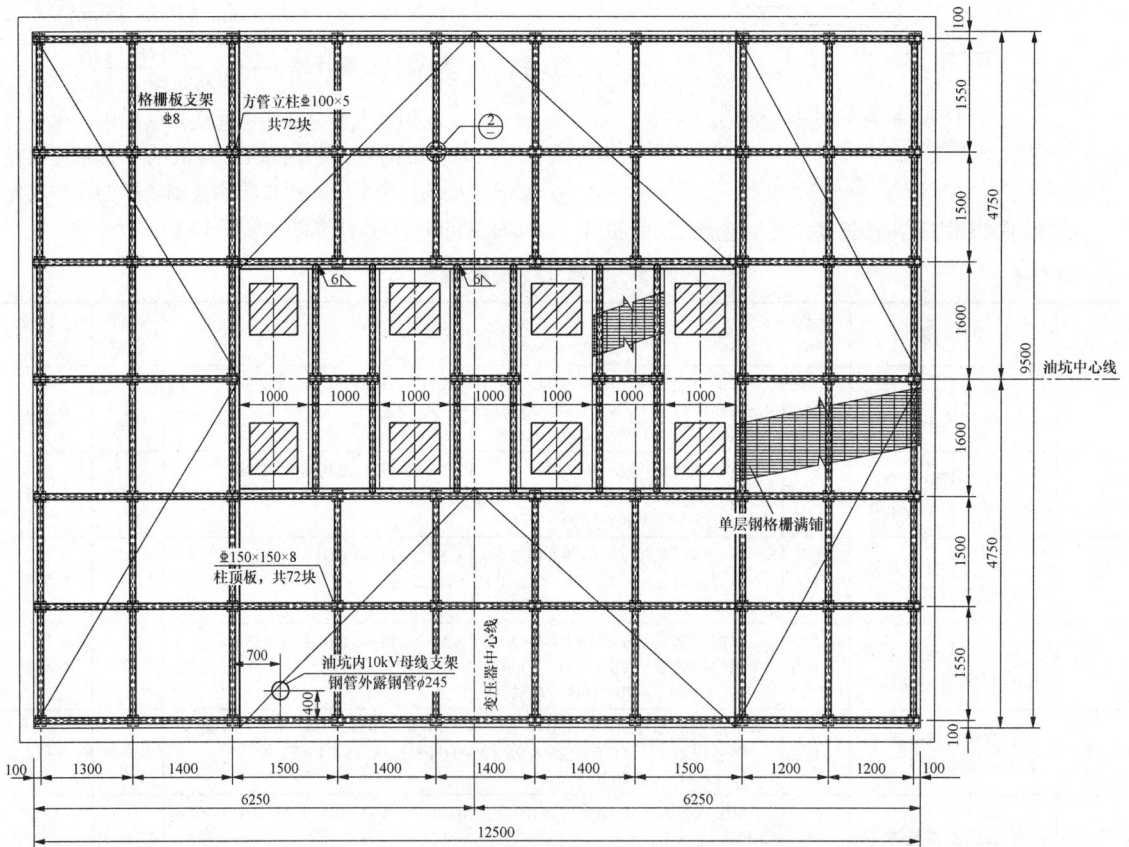

钢格栅板平面布置图 1:50

板顶标高：+0.100m

图 15-9　钢格栅板平面布置图

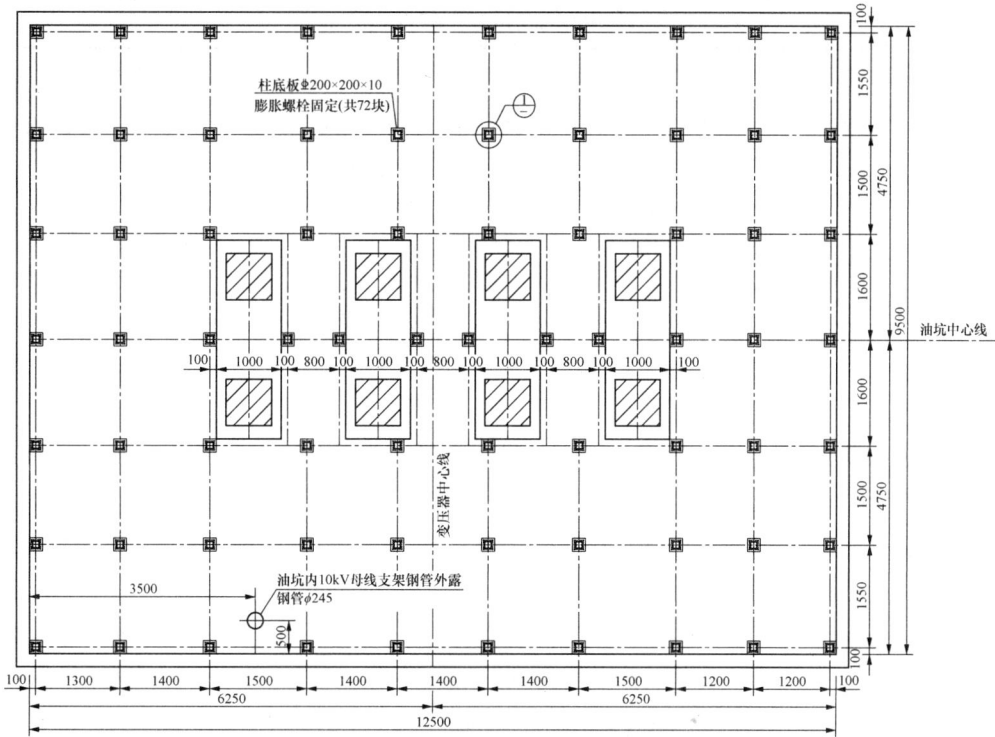

图 15-10　钢格栅立柱平面布置图

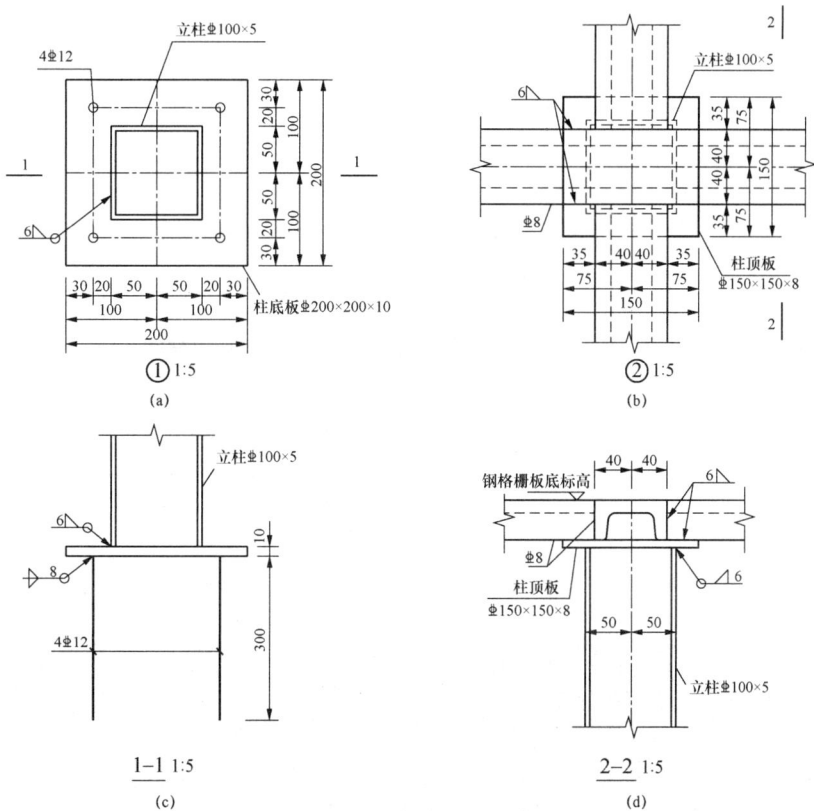

图 15-11　立柱顶板、底板剖面详图

（a）立柱底板平面图；（b）立柱顶板平面图；（c）立柱底板剖面图；（d）立柱顶板剖面图

表 15-8　　　　　　　　　　　　　　　钢格栅细部构件工程量计算表

序号	项目名称	计量单位	单个计算式	构件数量	工程量合计
1	250mm 厚油坑卵石	m³	（12.5×9.5−1×3×4）×0.25＝26.69	2	53.380
2	方管立柱口 100mm×5mm	t	0.1×0.005×0.6×7.85×4＝0.00942	144	1.356
3	柱底板— 200mm×200mm× 10mm	t	0.2×0.2×0.01×7.85＝0.00314	144	0.452
	柱底板锚固钢筋 ϕ12mm	t	0.3×0.888×4/1000＝0.00107	144	0.154
4	柱顶板— 150mm×150mm× 8mm	t	0.15×0.15×0.008×7.85＝0.001413	144	0.203
5	格栅板支架[8mm	t	X 向长度 L＝（12.5−0.1）×7−1×4＝82.8 Y 向长度 L＝（9.5−0.1）×9+1.6×2×2＝91 重量 g＝（82.8+91）×8.04/1000＝1.397	2	2.794
6	单层钢格栅板	t	面积 S＝12.5×9.5−1×3.2×4＝105.95 重量 g＝105.95×55（kg/m²）/1000＝5.827	2	11.654

h. 集油坑工程量计算。在主变压器基础及油坑基础 M-1 及集油坑大样图中还有个集油坑大样图，如图 15-12 所示，是用于油坑排油的出口。

值得注意的是，类似集油坑的这种小构件，工程量比较小，但是项目较多，容易漏计，在计算时一定要仔细看图，如油坑底部的砂浆找坡等。在计量时，也应该灵活处理一些重复和交接部分，如集油坑的混凝土底板，前面在计算主变压器油坑底板的时候已经计算（材质一致），并没有单独扣减集油坑部分，所以现在计算集油坑底板的时候就不用重复列项计列工程量了。具体计算结果见表 15-9。

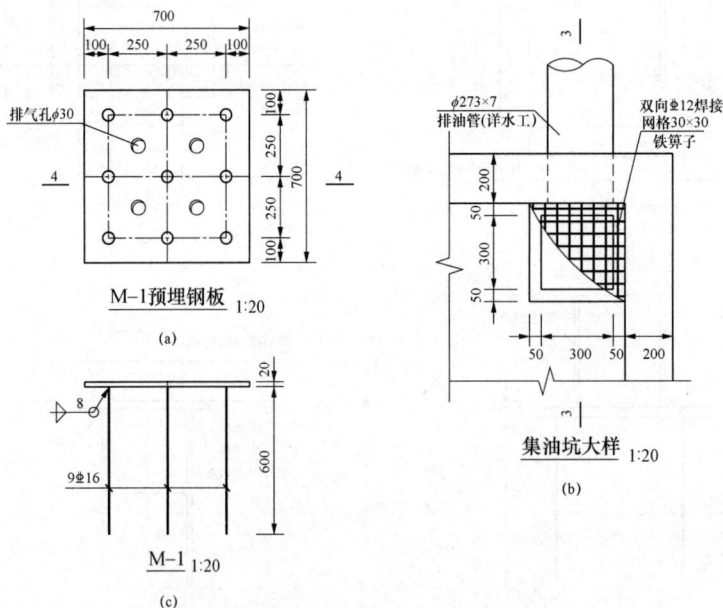

图 15-12　主变压器基础、油坑基础 M-1 及集油坑大样图
（a）M-1 预埋钢算板平面详图；（b）集油坑大样图；（c）M-1 预埋钢板立面详图

表 15-9　　　　　　　　　　　　　　　　　　集油坑工程量计算表

序号	项目名称	计量单位	单个计算式	构件数量	工程量合计
1	150mm 厚 C30 素混凝土油坑侧壁	m³	$(0.2+0.15)\times 0.15\times (0.3+0.05\times 2)\times 2=0.042$	2	0.084
2	砂浆找坡	m²	$0.3\times 0.3=0.09$	2	0.180
3	M15 水泥砂浆抹面	m²	$(0.2+0.15)\times (0.3+0.1)\times 2=0.28$	2	0.560
4	铁算子 30mm×30mm	m²	$0.3\times 0.3=0.09$	2	0.180

到此,主变压器基础及油坑的工程量就计算完了。除此以外,还包括 220kV、110kV 中性点成套装置的基础、10kV 母线支架及基础、照明及检修箱基础图等,计算方法都与主变压器基础的计算方法类似。每张图都从上到下、从左至右,依次识读、依次计算,就不会漏项。所有图都计算完,主变压器基础及油坑的计量工作就完成了。

4. 计价

计量工作完毕后,根据计算的工程量及子目,综合考虑主要材料材质、主要施工方法等,选择相应的预算定额子目,并把定额子目编号、定额子目名称、定额基价、工程量等信息填入预算表,然后计算分部分项工程定额直接工程费,最后计算出单位工程和单项工程的定额直接工程费等。

以主变压器设备基础为例,根据图纸计算出混凝

土基础的体积是 61.60m³,单个体积是 30.80m³,设计图纸采用 C30 混凝土,套用设备基础子目,将定额子目编号、项目名称、定额基价等信息填入预算表中,计算分项工程定额直接费。值得注意的是定额中混凝土标号等级为 C20,而工程实际为 C30,预算定额允许对不同标号的混凝土进行替换,所以套用定额后需要对定额主材进行替换,将 C20 的混凝土价格替换为 C30 的混凝土价格。再汇总计算分部工程定额直接费。

分项工程定额直接费=分项工程定额基价×工程量

分部工程定额直接费=Σ分项工程定额直接费

主变压器及油坑基础部分定额直接费=挖土方工程＋机械钻孔爆破次坚石工程＋机械填土碾压工程＋混凝土垫层＋…＋钢筋制作安装

主变压器及油坑预算表见表 15-10。

表 15-10　　　　　　　　　　　　　　　　　　主变压器及油坑预算表

序号	编制依据	项目名称及规格	单位	数量	单价			合价		
					设备	建筑费	其中:人工费	设备	建筑费	其中:人工费
2		配电装置建筑								
2.1		主变压器系统								
2.1.2		主变压器设备基础								
	调 YT1-83 J×1.19	反铲挖掘机挖土自卸汽车运土,运距 1km 以内	m³							
	YT1-104	机械钻孔爆破石方　基坑　次坚石	m³							
	YT1-113	挖掘机挖碴　自卸汽车运碴运距 1km 以内	m³							
	YT1-94	机械填土碾压	m³							
	调 YT1-85×9	自卸汽车运土,运距每增加 1km	m³							
	YT4-2	混凝土垫层　垫层面积 50m² 以内	m³							
	换 YT4-70	换流变设备基础 C30(现浇混凝土 C20～40 集中搅拌　替换为　现浇混凝土 C30～40 集中搅拌)	m³							
	YT12-203	油坑　底板	m³							
	YT12-204	油坑侧壁	m³							
	YT8-12	地面垫层　油池铺填卵石	m³							

续表

序号	编制依据	项目名称及规格	单位	数量	单价			合价		
					设备	建筑费	其中：人工费	设备	建筑费	其中：人工费
	YT4-130	预埋铁件制作	t							
	YT4-133	预埋铁件安装	t							
	YT11-101	钢结构镀锌	t							
	YT5-88	成品钢格栅板安装	t							
	YT8-49	水泥砂浆找平在混凝土或硬基层上 厚度 20mm	m²							
	YT22-55	管道防潮层、保护层　铁丝网安装	m²							
	YT4-118	钢筋制作、安装 φ10 以外	t							
		小计：								

（二）安装工程

1. 安装工程施工图文件的组成

（1）变电站安装施工图的内容。电网中升/降电压的工作是依靠变电站来完成的。其包含的设施主要是起变换电压作用的变压器设备。除此之外，变电站的设施还有开闭电路的开关设备，汇集电流的母线，计量和控制用的互感器，仪表、继电保护装置，防雷保护装置和调度通信装置等，有的变电站还有无功补偿设备。

电气系统是变电站的主要生产系统，施工图主要包括以下部分：

1）主变压器系统。变电站主变压器系统是整个变电站的枢纽。主变压器是将不同电压等级的线路连接在一起的设备，具有变换电压电流和分配电能的作用。主变压器又分为升压变压器和降压变压器。

2）配电装置。变电站的配电装置是根据电气主接线的连接方式，由母线、开关设备、保护电器、测量仪表和其他附件等组成，起到汇集和分配电能作用的装置总称。一般一个变电站会存在两个或三个不同电压等级的配电装置。

配电装置一般分为户内配电装置和户外配电装置。

户内配电装置主要采用高压成套配电柜；屋内配电装置的优点是安全净距小可分层布置，占地面积小，维护、巡视、操作都在室内进行，不受外界气象条件的影响；缺点是建筑投资比较大。

户外配电装置主要分为三种，空气绝缘敞开式开关设备（AIS）、气体绝缘金属封闭开关设备（GIS）和复合式气体绝缘金属封闭开关设备（HGIS）。屋外配电装置安全净距大，占地面积大，但便于带电作业；维护、巡视和操作受外界气象条件影响较大；运行条件相对户内配电装置较差，须加强绝缘，设备价格较

高。但是土建工程量和费用相对较少，建设周期也会相应缩短，扩建比较容易。

3）无功补偿装置。就是通过无功补偿装置对系统补偿无功功率，改善供电质量，提高电网的功率因素，降低供电变压器及输送线路的损耗，提高供电效率，改善供电环境。

电网常用的无功补偿装置主要是静态无功补偿装置，包括电容器、电抗器及自动静止无功补偿装置。

4）控制及直流系统。控制及直流系统包括计算机监控系统、继电保护和直流系统三部分。

计算机监控系统主要是对变电站一次设备进行监视、保护和控制的设备。

继电保护装置是通过采集、分析保护对象的表征其运行特点的电压、电流等电气量，判断保护对象是否存在故障或异常工况并采取相应的措施的自动装置，能在电力系统发生故障时，及时切除故障，保证系统继续安全运行。继电保护的种类很多，根据保护对象的不同可以分为母线保护、线路保护、变压器保护、电容器保护、电抗器保护、断路器保护等。

直流系统是指为继电保护、控制、信号、计算机监控、事故照明、交流不间断电源等提供直流电源。直流系统的用电负荷对供电的可靠性要求很高。直流系统的可靠性是保证变电站正常和事故状态下安全运行的重要条件之一。

5）站用电系统。变电站站用电系统是为变电站的生产运行提供可靠的交流电源。一旦失去站用电将引起严重后果。站用电系统包括站用变压器、站用电负荷、站用电接线、站用电系统保护、站用电系统自动装置等。

6）电缆及接地。电缆是用于电力、控制、通信等传输用途的材料。

变电站的电缆主要有电力电缆和控制电缆两大类。电力电缆用于电能的传输，控制电缆用于控制信号的传输。

7）接地。电气设备的接地可分为工作接地和保护接地两种。工作接地是为了保证电力系统正常运行，根据电力系统的要求而设置的接地。例如中性点直接接地系统中的变压器中性点接地。保护接地是针对防雷保护、人身安全等的需要而设置的接地。

接地装置由接地网、接地极、接地母线（户内、户外）、接地引下线（接地跨接线）、构架等组成。

8）通信及远动系统。通信及远动系统是用于保证变电站实现生产调度自动化而设置的系统。包括系统通信和远动系统。

系统通信是为了电网安全、经济运行，合理分配电能，保证电力质量指标，及时地处理和防止系统事故，要求对系统进行集中管理、统一调度，建立电力系统专用的电力系统通信网络，以便实现电网调度自动化和管理现代化，确保电网的安全、经济调度。

变电站系统通信的主要内容包括系统调度通信、对外行政通信、站内通信、变电站与系统外的通信、通信电源、通信机房、光端设备，以及通信设备的配置和选型等。

远动系统主要是为了实现电网调度自动化，虽然省、地、县各级调度有不同的职能和责任，但其组成基本相同，一般由主站和远动终端组成。远动终端就是电网监视和控制系统中安装在变电站的一种装置，它负责采集所在变电站电力运行状态的模拟量和状态量，监视并向调度中心传送这些模拟量和状态量，执行调度中心发往变电站的控制和调度命令。

（2）换流站安装施工图的内容。在直流输电系统中有两个换流站，它是直流输电系统的重要组成部分。换流站的直流端分别接到直流线路的两端。把交流电转变为直流电的过程称为整流，把直流电变换成交流电的过程称为逆变。运行在整流状态的换流站称为整流站，运行在逆变状态的换流站称为逆变站，统称为换流站。

换流站的规格是直流的正负电压和所能输送的功率或电流来表示的。目前，我国已有±800kV 换流站投入运行。

换流站与变电站的主要区别是主要设备，换流站主要设备有换流阀、换流变压器、直流电抗器、滤波器、无功补偿设备、直流避雷器、仪用互感器及控制设备等。另外，换流站还会单独接接地极，接地极的作用是连接大地回路，同时也固定了换流侧直流站的对地电位。此外，换流站通常还有不少辅助设备，例如各种冷却设备、水处理设备、维修设备、通信设备以及行政管理和生活设施等。

2. 安装施工图的识读

变电站施工图设计文件的组成包括施工图设计总说明及目录、电气一次部分施工图图纸、电气二次部分施工图图纸、系统二次部分（包括系统保护及安全自动装置、系统调度自动化、站内通信）施工图图纸。

（1）施工图设计总说明及目录。施工图设计总说明及目录内容：

1）设计依据。包括执行的主要法规、采用的主要标准；设计依据性文件；初步设计及收口文件。

2）建设规模与设计范围与分工。工程建设规模应说明变压器容量、台数（包括本期和远期规模）；各电压等级及出线回路数；无功补偿装置台数及容量；分期建设情况等。

设计范围与分工应说明本工程设计的范围和外部协作项目的分工界限。对改扩建工程，尚应说明原有工程情况及其本期工程的衔接和配合。

3）工程概述及特点。应说明站址概况、环境条件、电气主接线、总平面、设备选型、配电装置形式、监控方式、主要经济技术指标等；说明本工程采用的新技术、新工艺、新材料及施工注意事项。

技经人员在做预算之前，应该对该说明卷册进行仔细阅读，对工程主接线形式和工程规模有大致了解，为后续算量工作做好准备，避免错漏。

（2）电气一次部分。

1）电气一次施工图说明及主要材料设备清册。电气一次施工图说明主要包括：工程设计依据及内容、建设规模、对初设审查意见的执行情况，施工及运行中的注意事项；各级电压配电装置的接线方案；布置形式；绝缘配合。采用的主要设备型号及中标生产厂家；说明与相关专业的划分接线、接口要求等；电气一次施工图所有卷册的设备及材料的清册。

2）电气主接线图及电气总平面布置图。电气主接线图是识图的基本。从主接线图中可以看到各级电压近、远期主接线型式；各级电压进出线回路名称、排列、相序；主变压器型号、参数及中性点接地方式；其他设备型号及参数；母线及引线型号、参数及母线编号等；站外电源接线配置。

电气主接线要结合电气总平面图来看，电气主接线只是电气接线形式的体现，但在整个战区的布置位置和形式要对应平面图才能看到。从平面图中可以看到主要电气设备、站区建构筑物、电缆沟道、避雷针及道路等的布置；各级电压屋内外配电装置的间隔配置及进出线排列；母线及出线相序等。

3）卷册说明。每个卷册都会有自己的卷册说明，用于说明本卷册的建设规模、重点会区分本卷册包含内容与其他卷册的分界点、主要设备型式及安装要求、导线安装方式、金具选择、设备接地要求等。

4）断面图。断面图一般包括接线示意图，从断面图中可以看到设备、母线、接线、构架、道路、围墙等中心线之间的距离，断面尺寸、进出线、母线、接线的标高、设备安装支架高度；接地点、接地连接要求；一般设计会对设备、导体、绝缘子、金具等进行编号，并与设备材料表对应。断面图也是安装算量识图最重要的部分，通过断面图，才能看到设备、导体、金具、绝缘子的具体位置和布置，从而统计出相应数量。例如，定额母线的工程量以"跨/三相"计列，从材料清册中只能看到设计统计出的长度，这就需要技经人员从断面图中去识读相应导线的跨数。

5）安装图。安装图主要是用于指导现场具体设备的导线金具安装的，设备安装图包括设备底部安装孔孔径及孔间距、设备外形尺寸、孔径及孔间距等；绝缘子串、硬母线等组装图包括组装图中所需的绝缘子、硬母线及连接金具的全部示意图；同时现场也可以根据安装图材料表准备安装材料。技经专业计算中，安装图中的材料作为装置性材料计入。

6）全站防雷、接地。包括全站防直击雷保护布置图、全站屋外接地装置布置图和屋内接地装置布置图。包括主接地网及集中接地装置的水平接地体和垂直接地体的布置，主接地网网格尺寸、屋内配电装置、建筑物接地干线的走向布置，与主接地网的连接点及引接方式等。

7）全站照明。照明包括全站照明系统图和照明布置图。主要是一些工作照明箱及事故照明箱名称、型号、灯具及开关位置、照明灯数量、容量、导线、电缆敷设路径、导线根数及截面数等。

8）设备材料表。在设备材料表中设备材料都用相应的编号、名称、型号及规格、单位、数量、图例和备注。设备材料汇总表一般会分卷册开列，然后汇总成总的设备材料清册。对已招标采购的设备材料会

注明生产厂家。设备材料清册是技经人员检查统计数量错漏的重要工具，一般情况下计算结果应该与设备材料表中给定的数量一致，若不一致，应及时与设计人员沟通确认。

（3）电气二次。

1）电气二次施工说明及设备清册。电气二次施工说明中可以了解设计依据、工程建设规模、电气二次专业主要设计原则，电气设备选型订货情况，扩建工程应说明与前期的接口等，电气二次施工图卷册目录，电气二次设备材料清册。

2）公用设备二次线。主要包括了电气二次部分屏位布置图、小母线布置图、回路图、柜面布置图、电气原理图和接线图等。

3）电缆敷设。主要包括电缆敷设施布置图、电缆桥（支）架图、电缆防火封堵图、电缆清册和材料汇总表。

（4）系统二次。系统二次主要包括三部分：系统保护及安全自动装置、系统调度自动化、站内通信三个专业的图纸。

各专业都会在卷册说明中注明本专业的主要设计内容、设计原则、设计依据、设备配置方案、与相关专业的分界及接口、施工注意事项和卷册目录等内容。图纸涉及的专业性较强，大多是设备连接、安装、布线图，需要技经人员在工作过程中逐步学习和理解，技经专业一般对照图纸，按照设备材料清册上开列的设备和材料的型号和参数进行工程计量计价。

（5）电气设备常用图例。变电站主要的电气设备有主变压器、各级电压配电装置的断路器、隔离开关、电压互感器、电流互感器、避雷器等。无功补偿装置设备有并联电抗器、并联电容器等。中性点接地设备有消弧线圈、接地变压器、变压器中性点小电抗器等。设计图中常用设备对应图例见表15-11。

表 15-11　　　　　　　　　　　　　设计图中常用设备对应图例

序号	设备名称	图例	序号	设备名称	图例
1	接地变压器		5	自耦变压器（有载调压）	
2	双绕组变压器		6	自耦变压器	
3	三绕组变压器（有载调压）		7	中性点接地的变压器	
4	三绕组变压器		8	断路器	

序号	设备名称	图例	序号	设备名称	图例
9	隔离开关（不接地）		16	电抗器	
10	隔离开关（单接地）		17	电容器	
11	隔离开关（双接地）		18	熔断器	
12	电压互感器		19	阻波器	
13	电流互感器		20	耦合电容器	
14	母线		21	有载调谐消弧线圈	
15	避雷器		22	消弧线圈	

3. 安装工程识图和计量

安装工程识图和计量是一个密不可分的过程，所以这里不再分述。以主变压器安装图的具体识图计量过程为例介绍安装工程的识图和计量。

（1）卷册目录。从卷册目录可以了解本卷册的名称是 220kV 主变压器安装图。包括卷册说明、220kV 主变压器电气接线图、220kV 主变压器平面布置图、220kV 主变压器断面图、主变压器配电装置接线图、埋管图、设备材料汇总表等。

另外，还可以了解卷册的主要负责人、工程主设人、主管科长和设计总工程师，在后续计量中遇到问题的时候可以及时与相关人员进行沟通。

（2）卷册说明。与土建施工图一样，卷册说明是非常重要的一张图（见图 15-13），这张图的信息量非常大，卷册设计范围、设计意图、施工要点都逐一交代，对编制施工图预算来说，从卷册说明中可以得出以下有效信息：

首先，可以了解卷册间的划分边界条件。另外，注意电缆保护管的埋设要求：室内一般不小于

500mm，室外一般为 700mm，沟道内一般离沟盖板底 300mm 以下。还有，电缆保护管采用镀锌钢管，电缆埋管原则是一根管子只允许穿一根动力电缆，最多可穿三根控制电缆。

所有钢构件都要进行防腐除锈，进行表面热镀锌处理。所以，现场制作的铁构件不要漏计镀锌费。

其次，设计对施工及运行中应注意的事项进行了交代，技经人员只需要泛读即可。

（3）200kV 主变压器电气接线图。电气接线是变电站电气部分设计的首要部分，也是构成电力系统的重要环节。主接线的确定对电力系统整体及变电站本身的运行可靠性、灵活性都有很大影响，对电气设备的选择、配电装置的布置、继电保护和控制方式的拟定都有较大影响。

如图 15-14 所示，主变压器电气接线图主要包括主变压器型号、参数及中性点接地方式。如果设备已经招标，还能看到设备的型号和中标厂家，也能看到 110kV 的进线方向和 220kV 的进线方向。

卷册说明

1. 本卷册设计范围包括:220kV主变压器断面图、主变压器器及房、中压侧中性点成套设备安装图、10kV母线平台安装图、设备材料汇总表。本卷册与220kV配电装置、110kV配电装置的分界点均为主变进线构架线夹子。引下线或至10kV配电柜的分界点为穿墙套管,穿墙套管开剥至安装施工时,在主建基础和支架列货到货,核定列货后切剥至,穿墙套管开剥至安装施工人员常切剥至。

2. 为防止不必要的返工,在安装方位和安装尺寸无误后方可进行施工。

3. 主变压器构架挂线考虑挂线安装时的过牵引力,牵引线与地面夹角宜小于45°时,采用上滑电挂线方案,牵引线与地面夹角大于45°时,见下图:

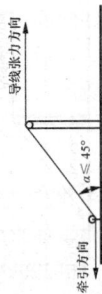

4. 制造厂提供的设备接线端子水平方向允许受力如下:

序号	名 称	设备型号	水平横向允许受力	水平纵向允许受力	垂直方向允许受力
1	主变压器	SSZ-150000/220			
	高压侧		5000N	5000N	2500N
	中压侧		2000N	2000N	1250N
	低压侧		4000N	4000N	2000N
	高压中性点侧		2000N	2000N	1000N
	中压中性点侧		2000N	2000N	1000N
2	220kV中性点成套设备	SR-JXB-220	500N	500N	750N
3	110kV中性点成套设备	SR-JXB-110	500N	500N	750N

在安装钢结件时,要求安装端子受力不应超过上表数值。

5. 为防止钢结件生锈,应对安装端子及支架镀锌件热镀锌处理。参考四平金具厂产品相关标准进行设计,包括螺栓、螺帽和铁质防护处理。由主建安装工程设计,为便于工程设计,实际订货时请核实金具的性能和技术要求,确保产品质量可供选择。

6. 由于具长比引,为便于安装扫线,图中的比例不作严格扫线标。实际安装时请核实金具的性能和技术要求。

7. 本卷册中设备线夹型号中的a、b表示线夹平板板的尺寸,如下图所示,订货时请注意。

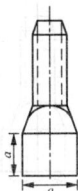

8. 本变电站屏高海拔高地区,海拔为3590mm,需对配电装置的空气间隙进行修正。

本工程110kV配电装置的空气间隙值修正如下:

空气间隙	A1	A2	B1	C	D
修正值(mm)	1350	1450	2100	3850	3350

本工程220kV配电装置的空气间隙值修正如下:

空气间隙	A1	A2	B1	C	D
修正值(mm)	2400	2600	3150	4900	4400

9. 主变压器构架110kV侧导线安装张力弧垂数据表:(LGJ-630/45,档距:32m,最大弧垂:1.8m,集中荷载:4,高度1.2m)

环境温度(℃)	40	30	20	10	5	0	-10	-20
水平拉力(kg)	298.5	300.4	302.4	304.5	305.4	306.5	308.6	310.8
导线弧垂(m)	1.739	1.727	1.716	1.705	1.699	1.693	1.682	1.670

10. 主变压器构架220kV侧导线安装张力弧垂数据表:(LGJ-630/45,档距:22.5m,最大弧垂:1m,集中荷重:5,高差1.7m)

环境温度(℃)	40	30	20	10	5	0	-10	-20
水平拉力(kg)	713.6	718.7	723.9	729.1	731.9	734.6	740.1	745.7
导线弧垂(m)	0.980	0.973	0.966	0.959	0.956	0.952	0.945	0.938

11. 电缆保护管埋设要求:深度:室内一般不小于500mm,室外一般700mm,室外必须穿越、沟道穿越时,若必须穿越,沟道内一般采用穿越时成底部底200mm,电缆入地、楼板下及电缆穿越中引出地面时,应采用电缆保护管,保护管伸出地至设备电缆孔处。电缆保护管的弯曲半径一般取保护径的10倍,引向设备的钢管与电力设备的电气连接。

12. 电缆保护管敷设时,应用镀锌扁钢将电缆保护管一端与接地网连接,引向设备的钢管与电力设备之间,应有可靠的电气连接。

13. 电缆保护管采用镀锌钢管,电缆保护管管口在管子入口处应做成喇叭口形,以免电缆在敷设时被磨伤,电缆管预留口一根管子只允许穿一根动力电缆,最多可穿三根控制电缆,电缆护管包络的内径不宜小于电缆外径或多根电缆包络外径的1.5倍。

14. 电缆保护管与电缆的配合表:

序号	电缆保护规格	内径	动力电缆 Y/(LJ)V22-8.7/10(3芯)	V(LJ)V22-0.6/1 2芯	3芯	3+1芯	控制电缆 KV(LJ)VP222-0.45/0.75 1.5mm²	2.5mm²	4mm²	6mm²
①	镀锌钢管φ32	35.75		4~10			4~10	4~8	4~5	4~5
②	镀锌钢管φ40	41	16	10~16	4~6	10~16	14~19	10	7	
③	镀锌钢管φ50	53	25~70	25~50	25~35	24~30	14~24	10~14	10	
④	镀锌钢管φ65	68	95~150	70~120	50~95	37	30~37			
⑤	镀锌钢管φ80	80.5	35		150~185	150~150				
⑥	镀锌钢管φ100	106	50~120	240	185					
⑦	镀锌钢管φ125	131	150~240							

15. 本卷册严格执行涉及建变电工程建设强制性条文、国家电网公司十八项电网重大反事故措施、质量通病防治措施、标准工艺(2016版)、《电力建设安全工作规程 第3部分:变电站》的相关要求,并编制本卷册相应的《电力建设安全风险识别、评估、反措、反馈、标准工艺、防质量通病》,工程总体要求详见施工图综合。

16. 安全说明:
(1) 施工过程中存在的安全风险包括但不限于:机械使用的安全风险、施工用电安全风险、高空作业安全风险、雨季施工安全风险、施工作业前、施工作业中,应对作业人员进行安全技术交底。
(2) 施工技术规划、分析、控制、监测与预控,应急预案及其他措施,应急救援及其他措施按照《建筑施工安全技术规范》中相关规定执行。
(3) 施工过程中安全应按照设备具体事项请对照《电力建设安全工作规程 第3部分:变电站》(DL5009.3—2013)中有关要求执行。

图15-13 卷册说明

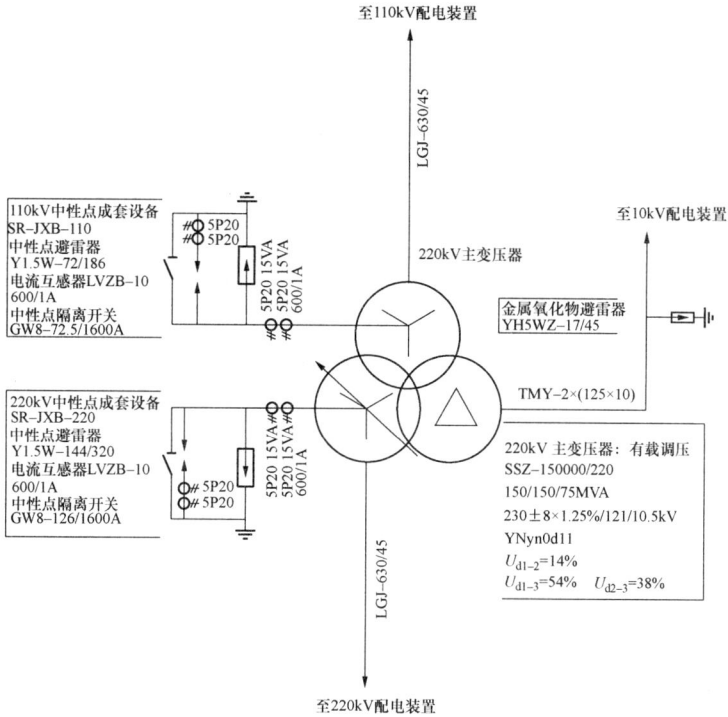

图 15-14　220kV 主变压器电气接线图

变压器主要作用是传输和分配电能。变压器是变电站中的主要设备，是利用电磁感应原理，实现电压、电流的变换。变压器的分类见表 15-12。

表 15-12　变压器的分类

序号	分类	类别	代表符号
1	绕组耦合方式	自耦	O
2	相数	单相	D
		三相	S
3	绕组外绝缘介质	变压器油	
		空气	G
		成型固体	C
4	冷却方式	油浸自冷式	J（可不表示）
		空气自冷式	G（可不表示）
		风冷式	F
		水冷式	W（S）
5	油循环方式	自然循环	
		强迫油导向循环	D
		强迫油循环	P
6	绕组数	双绕组	
		三绕组	S

续表

序号	分类	类别	代表符号
7	导线材质	铜	－
		铝	L
8	调压方式	无励磁调压	－
		有载调压	Z

变压器型号表示为

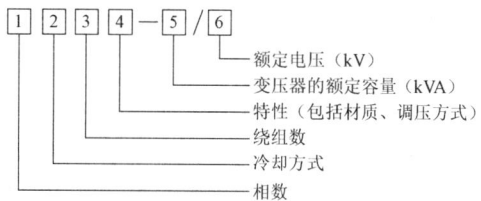

对照表格和图纸，可以知道本工程变压器 SSZ-150000/220　150/150/75MVA 表示三相变压器三绕组有载调压方式，额定容量为 150000kVA，高压侧额定电压为 220kV 的超高压变压器。

另外还可以看到，220kV 中性点成套设备以及 110kV 中性点成套设备。通过 LGJ-630/45 的耐热钢芯铝绞线接入 110kV 配电装置和 220kV 配电装置，通过 TMY-2×（125×10）的管母线接入 10kV 配电装置。

（4）220kV 主变压器平面布置图。如图 15-15 所示，从这张平面布置图上可以清晰地看到220kV主变压器在站区总平面的布置情况，变压器及其附属设备的轮廓外形、相序、定位尺寸、总尺寸、必要的安全净距校验尺寸。还可以看到主变压器与附近建筑物、道路的相对尺寸等。其中实线表示本期工程，虚线表示远期预留，本次预算不必计算。

一般这张图上会有主变压器基础详图，这部分是土建结构的设计内容，具体工程量已经在土建图纸中进行计算。但是土建专业和电气专业有交接的部分，设计有引出标注，可以看到引出标注端子箱埋管和主变压器本体端子箱埋管位置及索引图号，那么在本图就可以暂时不计算埋管的工程量，这部分工程量在其他图纸进行统计即可。

比较重要的是图中的设备表，表中每种设备都有相应编号，编号与平面图上的编号一一对应，可以清楚看到每种设备在平面图中的位置。对照图纸和表格就可以完成对本张图纸工程量的统计。

（5）220kV主变压器A-A、B-B断面。断面图是指假想用剖切面剖开物体后，仅画出该剖切面与物体接触部分的正投影所得的图形。通过断面图，可以清晰地看到主变压器的具体连接形式，设备、母线、接线、构架、道路等中心线之间的距离。断面图的出处从平面图的剖切线可以看到，如图15-16所示。从站区的自东向西方向投影得到，图15-17从站区的自北向南方向投影得到。

断面图中，设计会对每个设备、每个金具、每个导线进行标号，在旁边的设备材料表中统计汇总。所以该断面上所有的设备、材料与旁边的设备材料表都是一一对应的。例如，1是220kV主变压器，在图上也可以看到主变压器，但是数量设计未统计，设计在备注中说明，变压器的数量已经在本卷册的平面布置图上进行了统计，这里不再重复统计。除了总的设备材料表以外，图纸中的工程量都只统计一次，断面重复出现的只进行标注不统计数量。

A-A断面和B-B断面是从不同方向对同一台变压器进行的投影，所以应该结合起来看，才能避免错漏。但是需特别注意的是，从平面布置图中可以看到本工程有2台主变压器，但是断面图上面只能看到1台，而没有其他的断面图，就说明1号主变压器和2号主变压器的断面是一样的，其中的导线、金具等布置也都是一样的，所以设计就只对其中一台主变压器标注断面，但是A-A材料表中所统计的数量只是1台主变压器的，对本卷册来说，2台主变压器的导线和金具数量都应该在此基础上乘以2。这一点，也可以通过最后的设备材料统计表得到印证。例如，本张图中设计开列钢芯铝绞线LGJ630/45是45m，本卷册设备材料统计表中钢芯铝绞线的数量为90m。所以，技经人员在做预算的时候不能只看一张图就开始做，要先了解工程规模，熟悉主接线，在做预算的时候还要综合考虑，才不容易漏计错计。

虽然设备材料的数量有了，但是仍需要注意的是，定额的计量单位有可能与设计的统计单位不一致。所以，技经人员要熟悉定额计量规则，按照定额的计量单位进行转换。以引下线和跳线为例，图纸材料表中是按照长度进行统计的。但是，预算定额的引下线及跳线的安装费的计量单位是"组/三相"。所以要计算出总共需要安装几组。

如图15-15和图15-16所示，设备连线是主变压器到110kV中性点装置，因为从图15-17 B-B断面图可以看到，主变压器到中性点的连线是单相的，所以是1/3组；主变压器到220kV中性点装置1/3组；2台主变压器，所以总共设备连线是2/3×2=4/3组。

引下线：从左至右，母线引下至主变压器110侧铜铝过渡线夹，从图15-17 B-B断面图可以看到，主变压器引下线是三相的，所以就是1组；母线引下至主变压器220侧铜铝过渡线夹1组；2台主变压器，总共2×2=4组。

所以引下线及设备连线总共4/3+4=5+1/3组。

另外，软导线的材料价格是按重量计算的。所以在计取主材费的时候，仍然要计算软导线的重量。设计开列的是90m，型号是钢芯铝绞线LGJ-630/45。查钢芯铝绞线的比重，LGJ-630/45的比重是2.06kg/m，所以换算成重量为90×2.06÷1000=0.1854t。

同理，其余的设备材料的计量也要遵循上面的原则，与定额的计量原则保持一致。

（6）主变压器配电装置接地图。主变压器配电装置接地图如图15-18所示，从中可以看到主变压器部分全站主接地干网的布置情况、设备接地线布置情况、主变压器各配电装置接地连接点的布置情况、主变压器钢格栅接地示意图等。并将不同材质的连接点的处理方式用详图进行了标识。因为有很多不能从图中直接读出的各种接地材料的数量，所以设计在右上角的材料表中都对图中涉及的各种接地材料和焊接方式进行了统计。技经人员按照这个数量对工程量进行计价即可。

（7）安装图。安装图一般主要是用于指导现场具体安装设备，同时现场也可以根据安装图材料表备料。在做施工图预算的时候，安装图中的材料作为装置性材料计入。

现将220kV中性点成套设备安装图（图15-19）介绍如下，其他安装图计量方式类似。

编号	名　　称	型号及规范	单位	数量	备注
1	220kV主变压器	SSZ-150000/220，150/150/75MVA 230±8×1.25%/121/10.5kV YNOyn0d11 $U_{d1-2}=14\%$，$U_{d1-3}=54\%$，$U_{d2-3}=38\%$	台	2	
2	220kV中性点装置	SR-JXB-220	套	2	
3	110kV中性点装置	SR-JXB-110	套	2	

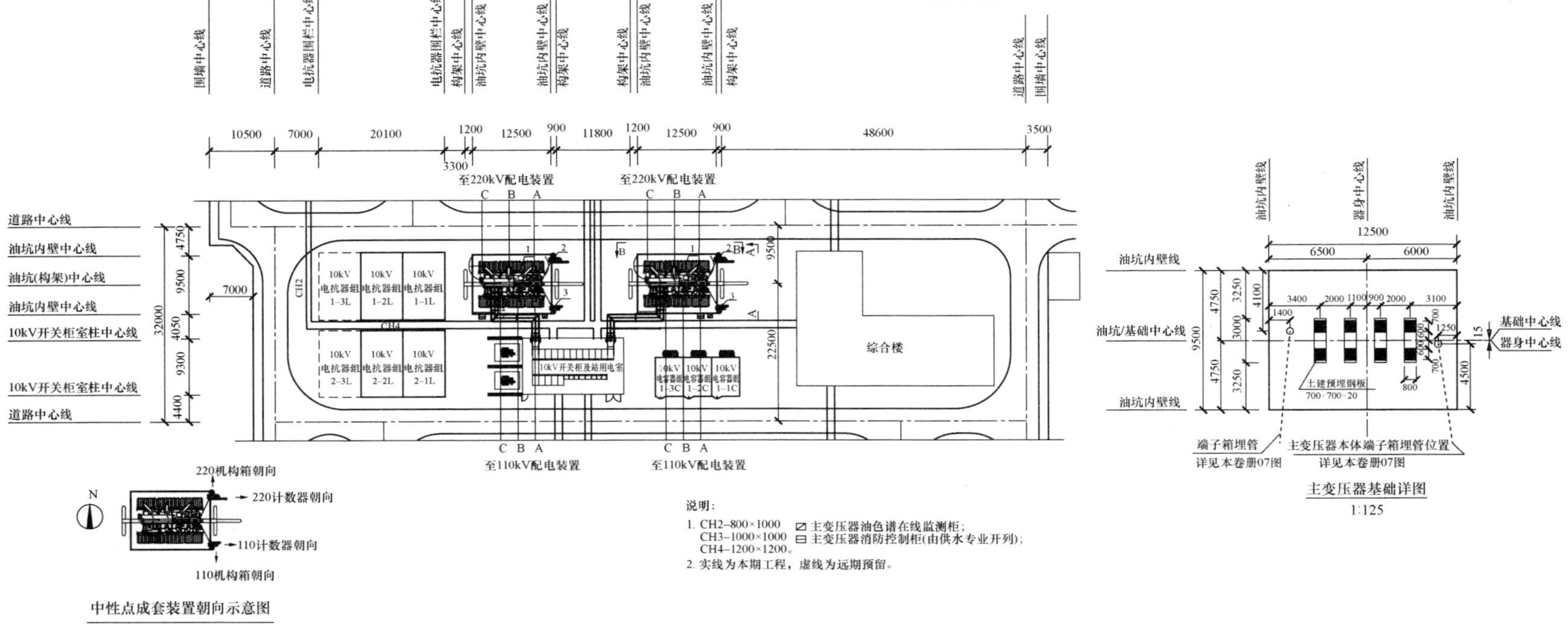

图15-15　220kV主变压器平面布置图

编号	名 称	型 号 及 规 范	单位	数量	备 注
1	220kV主变压器	SSZ-150000/220, 150/150/75MVA 230±8×1.25%/121/10.5kV YN0.yn0.d11 $U_{d1\text{-}2}$=14% $U_{d1\text{-}3}$=54% $U_{d2\text{-}3}$=38%	台	/	
2	220kV中性点装置	SR-JXB-220	套	/	
3	110kV中性点装置	SR-JXB-110	套	/	
4	耐张绝缘子串	21(XWP2-16)	串	3	
5	耐张绝缘子串	12(XWP2-16)	串	3	
6	钢芯铝绞线	LGJ-630/45	m	45	配引流线共3副
7a	耐张线夹	NY-630/45A	副	3	适用于LGJ-630/45
7b	耐张线夹	NZ-630/45A	副	3	适用于LGJ-630/45
8	铜铝过渡设备线夹	SYG-630/45A(120×120)	副	3	
9	铜铝过渡设备线夹	SYG-630/45A(100×100)	副	3	
10	铜铝过渡设备线夹	SYG-630/45B(100×100)	副	1	接主变压器高压中性点
11	铜铝过渡设备线夹	SYG-630/45B(80×80)	副	1	接主变压器高压中性点
12	设备线夹	SY-630/45B(70×80)	副	2	
13	T接线夹	TLY-630/630	副	3	

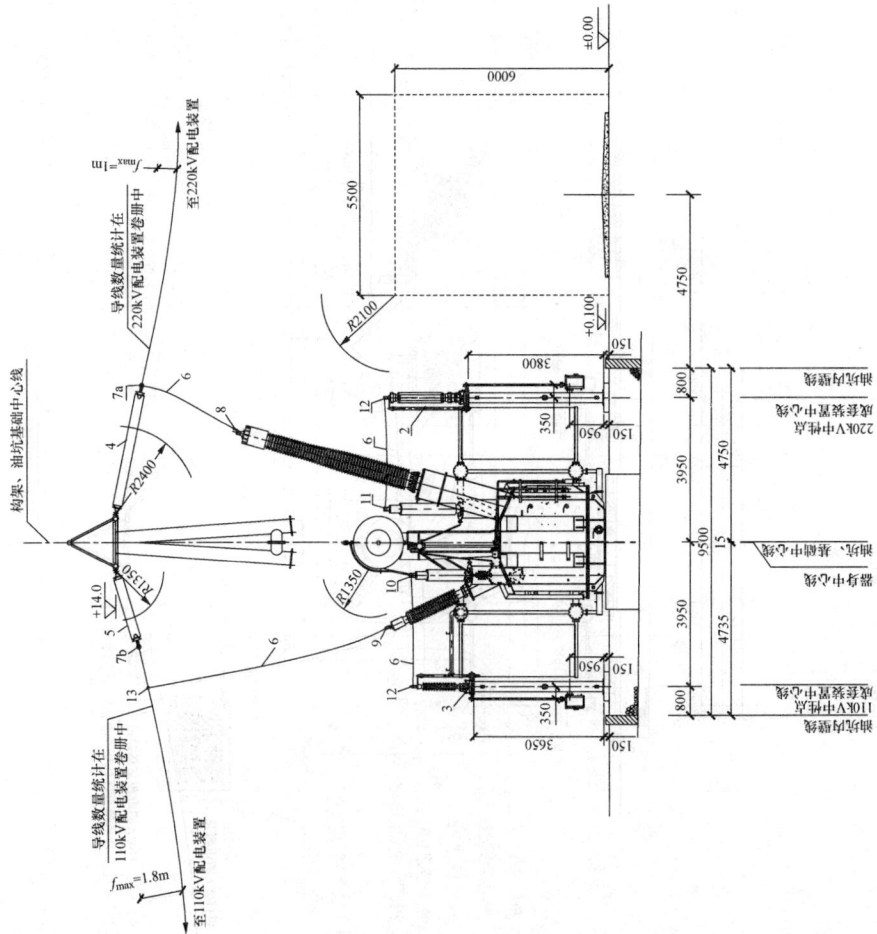

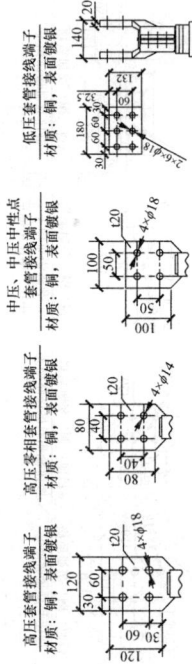

高压套管接线端子
材质：铜，表面镀银

高压零相套管接线端子
材质：铜，表面镀银

中压、中压中性点套管接线端子
材质：铜，表面镀银

低压套管接线端子
材质：铜，表面镀镍

说明：1. 主变压器所有接线端子材质为铜、表面镀银。
2. 本图材料表按1台主变压器开列。

A-A断面图

图15-16 220kV主变压器A-A断面图

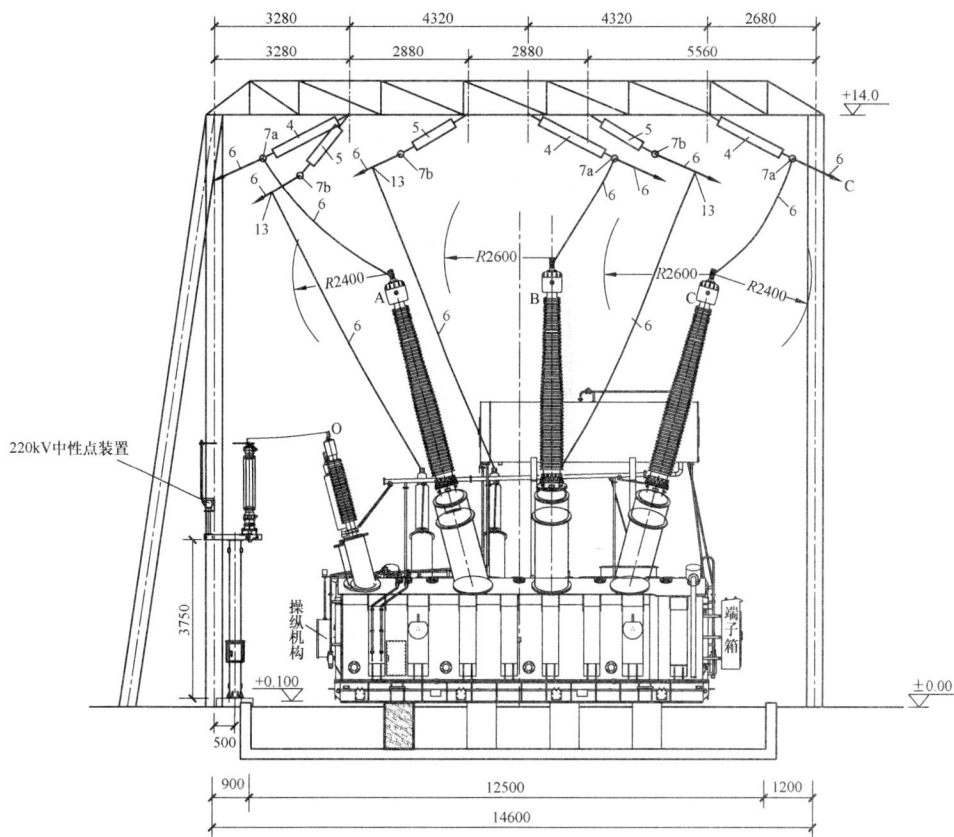

图 15-17　220kV 主变压器 B-B 断面图

图 15-19 中依次是中性点成套装置的正视图图 15-19（a）、侧视图图 15-19（b）和俯视图图 15-19（c），还有接地端子开孔尺寸示意图、支架底座安装孔示意图图 15-19（e）等，主要用于设备的定位、安装。技经专业需要关注的是右上角的设备材料表中的装置性材料，如接地扁钢、镀锌角钢、绝缘护套等，这些都是需要计算主材费的。值得注意的是，安装图上开列的接地扁钢、铜绞线等属于设备接地，根据预算定额的说明，设备接地的安装费用包含在设备的安装费用里，不需另外单给。但是接地材料是属于未计价材料的，需要另外计算费用。这就提示技经人员，在做预算之前，需要仔细阅读每一个章节的说明，熟悉定额包含和不包含的内容，才能正确进行计量和计价，避免重复计列和漏计费用。

（8）设备材料汇总表。如图 15-20 所示，设备材料汇总表是设计对本卷册图纸所有设备、装置性材料和安装材料等数量、型号的汇总。由前面所有的断面图、安装图、接地示意图等每张图的设备材料统计表汇总而成。为了避免不漏计、重复计列工程量，在看完了前面所有图纸以后，需要对照设备材料汇总表进行校验核对。看看统计的设备数量、材料用量是否与设计开列的一致，如果不一致要及时

跟设计人员反馈沟通，查找差错。

至此，一册安装图就识读完成了，计量工作也完成了。

4. 安装工程计价

（1）套用定额。安装工程定额套用以 220kV 主变压器安装卷册为例，选取 220 主变压器为代表，计价之前首先要熟悉安装预算定额。

变压器安装定额分为 20kV 干式变压器安装、三相电力变压器安装、单相变压器安装、35kV 及以下箱式变压器安装、电抗器安装、消弧线圈安装、绝缘油过滤等内容。

以三相变压器为例，定额包含开箱检查、本体就位、器身检查、附件安装、检查接线、垫铁及止轮器制作、安装、补充注油及安装后整体密封试验，接地、补漆、单体调试。另外，变压器（电抗器）安装定额中包括了变压器设备本体间的金属软管敷设、电缆敷设及接线，也包括了在线监测的安装，这部分费用是不需要单独另计的。

需要注意的是定额未包括的工作内容：变压器基础、轨道及母线铁构件的制作、安装，变压器防地震措施的制作、安装，变压器中的中性点设备安装，端子箱、控制柜的制作、安装，变压器、消弧线圈、

编号	名称	型号及规范	单位	数量	备注
1	镀锌扁钢	−60×8	m	490	含模具及焊接点
2	放热焊		个	4	0.3m/套
3	绝缘铜绞线	35mm²	m	30	60×8镀锌扁铜与40×5墙锡扁铜焊接
4	铜鼻子	适用于铜绞线35mm²	个	200	
5	镀锌钢管	φ70, l=2500mm, δ=3.75mm	根	10	垂直接地极
6	铜绞线	100mm²	m	20	用于本体端子箱接至二次等电位网
7	铜鼻子	适用于铜绞线100mm²	个	4	含焊点及模具
8	放热焊	TRJ-100mm²与二次等电位排焊接	个	4	含焊点及模具
9	放热焊	铁芯、夹件接地排焊接	个	4	含焊点及模具

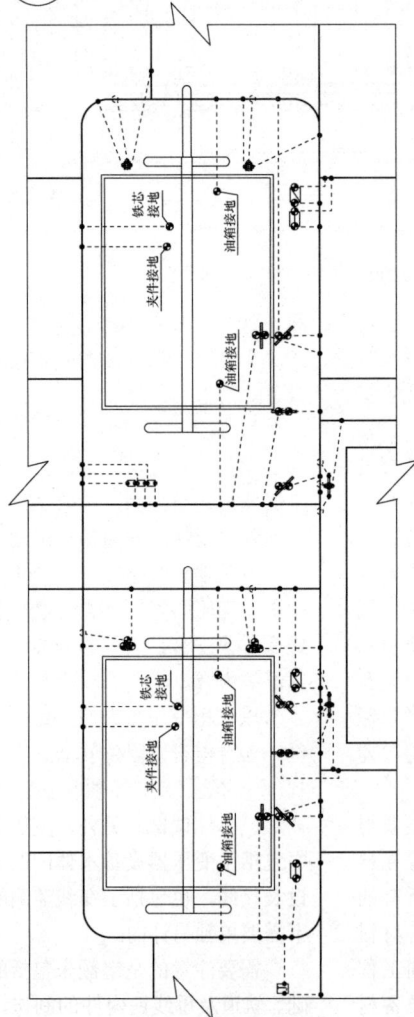

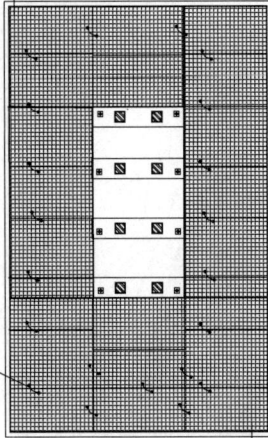

主变压器钢格栅接地示意图

图15-18　主变压器配电装置接地图

图例：
- ⊠ 油色谱在线监测柜
- □ 主变压器消防控制柜
- □ 检修箱
- ▣ 照明箱

- ✦ 接地连接点（设备/构架/建筑接地端）
- ✦ 接地连接点（主接地网端）
- ── 全站主接地网干线
- ------ 接地主接地网干线
- ------ 设备接地线（垂直本图另列）

说明：1. 钢格栅接地仪示意块与块之间的接地连接，格栅板具体数量和形状以土建图纸为准。
2. 220、110kV中性点接地套装置接地的计算器应接至垂直接地极。
3. 铁芯与夹件的接地由主变压器厂家配供40×5墙锡扁铜引至本体底部，再采用放热焊与主网地上油。
4. 主变压器本体端子箱自除接地铜排，需用100mm²墙锡绞线接至电缆沟内二次等电位网，地面部分采用镀锌钢铜保护。

铜绞线与铜排的连接
均应采用放热焊处理
铜绞线与铜排连接的连接

铜绞线与铜绞线的连接
均应采用放热焊处理
铜绞线与铜绞线连接的连接

编号	名称	型号及规范	单位	数量	备注
1	220kV中性点成套设备装置	SR-JXB-220	套	1	
	每套装置包含以下:				
1a	避雷器	Y1.5W-144/320	套	1	厂家配套放电计数器
1b	中性点隔离开关	GW8-126/1600	套	1	
1c	放电间隙棒	φ18不锈钢圆棒	套	1	
1d	互感器	LVZB-10	套	1	
1e	管	—	套	1	
1f	夹件	—	套	1	
1g	机构支架	—	套	1	
1h	电动机构	C12	套	1	
1i	钢支架	—	m	6	
2	镀锌扁钢	-60×8	m	6	
3	铜锡扁钢	TMY-50×4	m	1	
4	镀锌扁钢	-25×4.热镀锌	m	4	机构箱接地用
5	绝缘护套	适用于铜排TMY-50×4	m	4	说明3
6	镀锌角钢	L50×50×5	m	0.5	

说明：1. 产品迎风面积约为1.2m²。
2. 产品重量约为340kg.机构箱重55kg。
3. 计数器上方扁铜应采用绝缘护套包扎。
4. 计数器的安装,除其上下引接排及护套由施工单位现场供外,其他安装材料均由厂家提供。

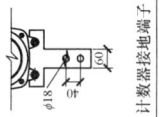

计数器接地端子 1:15

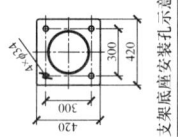

支架底座安装孔示意图 1:20 (c)

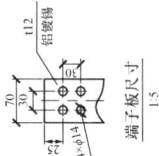

端子板尺寸 1:5

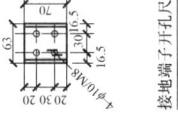

接地端子开孔尺寸图 1:10 (d)

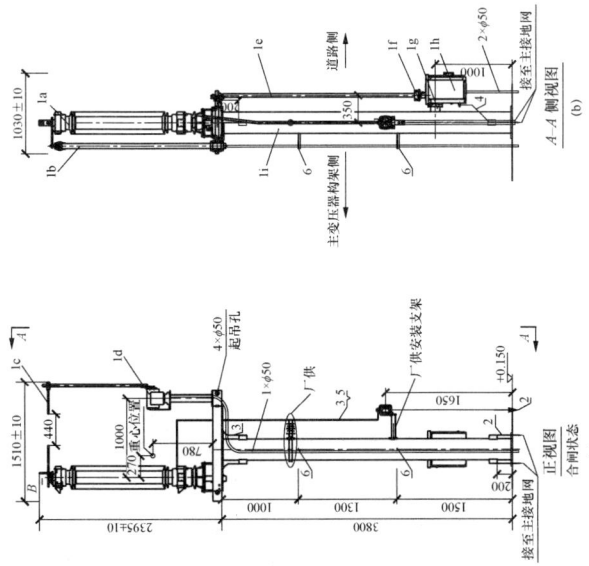

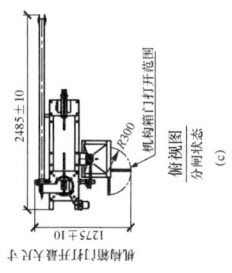

图15-19　220kV中性点成套设备安装图

编号	名 称	型 号 及 规 范	单位	数量	备 注
一	主要设备				
1	220kV主变压器	SSZ-150000/220, 150/150/75MVA 230±8×1.25%/121/10.5kV YN0 yn0 d11 $U_{d1-2}=14\%$ $U_{d1-3}=54\%$ $U_{d2-3}=38\%$	台	2	
2	220kV中性点装置	PG-ZJB-252	套	2	
3	110kV中性点装置	SR-JXB-110	套	2	
4	10kV避雷器	YH5WZ-17/45	只	6	
5	20kV支柱绝缘子	ZSW-24/20-4	只	92	
6	10kV支柱绝缘子	ZSW-12/10-4	只	6	
7	主变压器油色谱在线监测柜	OM.T300	个	2	
二	导体及金具				
8	钢芯铝绞线	LGJ-630/45	m	90	
9	铜母线	2×(TMY-125×10)	m	240	已折算为单根长度
10	搪锡扁铜	-50×4	m	6	
11	母线伸缩节	MST-125×10	副	24	双侧均为铜
12	耐张绝缘子串	21 (XWP2-16)	串	6	
13	耐张绝缘子串	12 (XWP2-16)	串	6	
14	耐张线夹	NY-630/45A	副	6	需配引流线夹 适用于LGJ-630/45
15	耐张线夹	NZ-630/45A	副	6	
16	铜铝过渡设备线夹	SYG-630/45A(120×120)	副	6	
17	铜铝过渡设备线夹	SYG-630/45A(100×100)	副	6	适用于LGJ-630/45
18	铜铝过渡设备线夹	SYG-630/45B(100×100)	副	2	适用于LGJ-630/45
19	铜铝过渡设备线夹	SYG-630/45B(80×80)	副	2	
20	设备线夹	SY-630/45B(70×80)	副	4	
21	T接线夹	TLY-630/630	副	6	
22	母线立放固定金具	MWL-204T(φ140-4-×M12)	副	92	
三	安装及接地				
1	镀锌槽钢	[8	m	62	已折算为单根总长
2	镀锌槽钢	[14	m	80	已折算为单根总长
3	镀锌槽钢	[10	m	10	已折算为单根总长
4	角钢	L50×50×5	m	6	已折算为单根总长
5	镀锌钢板	240×240×10	块	92	
6	镀锌钢板	280×280×10	块	6	
7	绝缘护套	适用于铜母线TMY-50×4	m	13	
8	绝缘护套	适用于铜母线TMY-30×4	m	6	
9	绝缘护套	适用于铜母线TMY-125×10	m	240	
10	绝缘护套	适用于铝排LMY-60×5	m	4	
11	镀锌钢管	$\phi70, l=2500mm, \delta=3.75mm$	根	10	垂直接地板
12	镀锌扁铜	-60×8	m	495	
13	搪锡扁铜	TMY-50×4	m	25	
14	搪锡扁铜	TMY-30×4	m	5	
15	绝缘铜绞线	TRJ-100mm²	m	36	
16	铜线鼻子	DT-100mm	套	42	0.3m/套
17	绝缘铜绞线	35mm²	m	80	
18	铜接地线	适用于铜绞线35mm²	个	200	
19	铜线鼻子	TRJ-100mm²与一次等电位网焊接	个	14	含焊点及模具
20	放热焊	-25×4	m	150	电缆管、机构箱接地用
21	铝合金槽盒	500×200	副	4	每2m一副开列,主变压器本体端子箱用
22	铝合金槽盒	350×150	副	4	每2m一副开列,主变压器本体机构箱用
③	镀锌钢管	φ50	m	240	
④	镀锌钢管	φ70	m	80	
⑤	镀锌钢管	φ80	m	18	

说明:普通安装接地螺栓未开列在设备材料汇总表中,请施工单位根据现场实际情况采购。

图15-20 设备材料汇总表

电抗器的干燥，二次喷漆。变压器的局部放电试验、交流耐压试验、变形试验、SF₆气体和绝缘油的特殊试验。特别要注意未计价材料，所谓未计价材料就是材料的价格定额没有包含，需要单独计算材料费的材料，包括设备连接导线、金具、接地引下线和接地材料。

另外，三相变压器安装适用于油浸式变压器和自耦变压器安装，带负荷调压变压器安装执行同电压、同容量变压器安装定额乘以系数1.1。变压器回路中的避雷器、隔离开关、中性点设备另执行配置装置相应定额。而变压器高、中、低压侧软母线和耐张绝缘子的安装，低压侧硬母线的安装，另执行相应章节对应定额。

油浸式变压器要计算油过滤，油过滤定额按每过滤合格油1t所需消耗量考虑，不论过滤多少次，直至合格为止。变压器油过滤按变压器铭牌标称油量计算。

三相电力变压器定额中已经包含了三相电力变压器及变压器保护装置的单体调试，包括规范要求的设备检查及试验项目，变压器本体、套管、电流互感器试验等一系列单体调试不需要单独计算单体调试费用。

本工程变压器为220kV，三相变压器三绕组有载调压方式，额定容量为150000kVA。按照定额的标准，应该套用《电力建设工程预算定额（2013年版）》三相电力变压器章节220kV三绕组变压器的定额，由于定额没有150000kVA容量的，所以参考定额YD2-40 220kV三相三绕组变压器安装容量180000kVA以下。需要注意的是，本工程的变压器是带负荷调压的，根据定额说明，需要对定额调整1.1的增加系数。另外，查询生产厂家资料知道变压器的油重是45t，套用定额YD2-121绝缘油过滤。所以，套用选定定额子目后，将定额名称、定额编号及基价计列在对应的单元格中。

分项工程定额直接费＝分项工程定额基价×工程量

变压器安装定额直接费＝41365.41台/元×2台×1.1（调整系数）

＝91003.902（元）

绝缘油过滤定额直接费＝45t×848.31t/元×2台

＝76347.9（元）

220kV主变压器安装预算计价表如表15-13所示。

表15-13　　220kV主变压器安装预算计价表

序号	编制依据	项目名称及规格	单位	数量	单价				合价			
					设备费	装置性材料	安装费	其中：人工费	设备费	装置性材料	安装费	其中：人工费
		安装工程										
一		主要生产工程										
1		主变压器系统										
1.1		主变压器										
	调 YD2-40 R×1.1	220kV 三相三绕组变压器安装 180000kVA 以下	台									
	（甲）	主变压器　三相三卷　有载调压，容量：150000/150000/75000kVA	台									
	YD2-121	绝缘油过滤	t									
	YD5-19	主变油色谱在线监测柜	台									
	YD3-260	220kV 中性点接地成套设备安装	套									
	（甲）	220kV 中性点成套装置（含以下设备）	套									
	YD3-260	110kV 中性点接地成套设备安装	套									
	（甲）	110kV 中性点成套装置（含以下设备）	套									
	YD3-191	避雷器安装　氧化锌式　20kV 以下	组									
	（甲）	氧化锌避雷器　Y5W1-17/54G	台									
	YD4-19	户外支持绝缘子安装　额定电压 20kV	个									
		电站电瓷　高压棒式支柱绝缘子 ZSW-24/20	只									

序号	编制依据	项目名称及规格	单位	数量	单价				合价			
					设备费	装置性材料	安装费	其中:人工费	设备费	装置性材料	安装费	其中:人工费
	YD4-19	户外支持绝缘子安装 额定电压 10kV	个									
		电站电瓷 高压棒式支柱绝缘子 ZSW-12/10-4	只									
		导体及金具										
	YD4-62	引下线 跳线及设备连引线安装 35~220kV 截面 600mm²	组/三相									
		钢芯铝绞线 LGJ 630/45	t									
	调 YD4-80× 1.4	每相多片带形铝母线安装 每相二片截面 1250mm²	m									
		铜母线 TMY-125×10	t									
	YD4-86	母线伸缩节安装每相 2 片	个									
		变电（铜）母线伸缩节 MST-125×10	件									
		扁铜线—50×4	t									
	YD4-3	悬垂绝缘子单串安装 额定电压 220kV	串									
		线路电瓷 防污绝缘子 XWP2-16	只									
		线路 耐张线夹（压缩式） NY-630/45.1	件									
		变电 铜铝过渡设备线夹（压缩型 A 型）SYG-630/45A	件									
		变电 铜铝过渡设备线夹（压缩型 B 型）SYG-630/45B	件									
		变电 设备线夹（压缩型 A.B 型）SY-630/45B-100×80	件									
		变电 T 形线夹 TLY-630/630	件									
		变电 矩形母线立放固定金具（户外）MWL-204（JWL-212）	件									
		安装及接地										
		轻型槽钢 甲沸 #5~#36	t									
		普通型槽钢 甲沸 #10~#16	t									
		热轧等边角钢 热轧等边角钢	t									
		镀锌钢板 甲沸 $\delta=0.5~1.0$	t									
	YD4-89	绝缘热缩套安装截面 800mm²	m									
		绝缘护套	m									
	YD9-15	接地极制作安装钢管接地极 普通土	根									
		镀锌焊接钢管（镇） DN70	t									
		扁钢 甲沸（6~8）×（50~100）	t									
		TMY 4×50	t									
		TMY 4×30	t									
		裸铜绞线 TJ 100	t									
		铜鼻子 DT-100	个									
		裸铜绞线 TJ 35	t									
		铜鼻子 DT-35	个									

序号	编制依据	项目名称及规格	单位	数量	单价				合价			
					设备费	装置性材料	安装费	其中：人工费	设备费	装置性材料	安装费	其中：人工费
		放热焊点	个									
		扁钢　甲沸（3～5）×（20～70）	t									
	YD8-125	电缆防火设施安装阻燃槽盒	m									
		阻燃槽盒　直线型	t									
		镀锌焊接钢管（镇）DN50（2″）	t									
		镀锌焊接钢管（镇）DN70（5/2″）	t									
		镀锌焊接钢管（镇）DN80（3″）	t									
		普通设备运杂费	%									
		普通设备运杂费	%									
		甲供设备费小计										
		主材损耗费										
		主材费小计										
		小计										

（2）确定材料价格。施工图预算材料费包括消耗性材料费、装置性材料费。

1）消耗性材料费：已包含在建筑安装定额基价中，不再单独计列。

2）装置性材料费：安装工程装置性材料属于定额未计价材料，需要单独计列价格。其价格应采用《电力建设工程装置性材料预算价格（2013年版）》，不足部分采用工程所在地信息价或市场价等。

3）示例。以本工程中的20kV支柱绝缘子 ZSW-24/20-4 为例，该装置性材料费应选用《装置性材料预算价格》中 C02040729 电站电瓷高压棒式支柱绝缘子 ZSW-24/20，装置性材料预算价为283.25（元/只）。

高压棒式支柱绝缘子主材费＝装材预算单价×数量＝283.25（元/只）×92＝26059 元，详见表15-15。

（3）设备购置费。

1）设备价格。施工图阶段设备价格可按编制期设备市场信息价格计列，不足部分可参考近期类似工程设备订货价计列。

2）设备运杂费。设备运杂费应按设备铁路、水路、公路运杂费计算办法计算。如设备价格按编制期设备市场信息价格计列或参考近期类似工程设备订货价计列，均按设备供货商供货到现场的情况考虑，只计取卸车费及保管费。

以电力变压器为例，电力变压器整个运输过程包括生产厂家的一次装车发运、施工现场的卸车、二次搬运及基础就位等。随着我国电力工业的发展，电力变压器的容量、外形尺寸和重量也越来越大。电力变压器主要采用铁路运输、公路运输、水路运输、水路—公路联合运输、公路—铁路—水路联合运输等方式。变压器的运输要求比较严格，装车、发运一般由设备生产厂家负责，或者委托专业的大件运输物流公司完成。运输费用就要根据大件运输专业提供的具体运输方式和路径进行计算。

另外，由于变压器设备超限，现在的运输车辆虽可满足运输要求，但是也受到部分道路、桥梁、桥涵的限制；所以一般主变压器、高压电抗器等大型设备，除了计列运输费用以外，还要计列一笔大件运输措施费。用于对运输路线上的道路、桥梁、桥涵的检测及加固升级费用。大件运输措施费不计入工程本体，计列在工程其他费用当中。

3）设备调试费。设备的调试工作分为单体调试、分系统调试、整套启动调试、特殊调试。新版定额除了二次设备的单体调试需要另行计算以外，所有一次设备本体的安装费已经都包含了相应的单体调试费，无须另行计算。

单体调试合格后进行分系统调试，分系统调试合格后进行整套启动调试，然后才能进行系统和全站联合调试。所以，在全站计量计价完成后，根据全站的系统规模和涉及的项目进行统一计列设备调试费。

电气特殊调试主要是指那些包括在《电气装置安装工程电气设备交接试验标准》中，部分试验项目一般情况下可以不做、但在一定条件下（110kV 以上的电气设备或规程中规定）需要做的试验项目，在设备单体调试定额中不包括这些试验项目测试的费用，这些项目包括变压器、断路器、穿墙套管、金属氧化物避雷器、支柱绝缘子、耦合电容器、GIS（HGIS）等。以本工程220kV主变压器调试为例，主变压器包括长时间感应耐压试验带局部放电试验、变压器绕组变形试验以及绝缘油试验。

局放、耐压及绕组变形试验按照变压器的台数计列即可。第一台按定额乘系数 1，第二台按定额乘系数 0.8，第三台及以上按定额乘以系数 0.6。

绝缘油试验按各试验项目分别取样，其中色谱、含气量分析为注射器取样，其余项目均为取样瓶取样。

本工程 220kV 主变压器特殊调试具体示例见表 15-14。

表 15-14　　　　　　　　　　　本工程 220kV 主变压器特殊调试具体示例

序号	编制依据	项目名称及规格	单位	数量	单价				合价			
					设备费	装置性材料	安装费	其中：人工费	设备费	装置性材料	安装费	其中：人工费
8.3		特殊调试										
	YS7-2	变压器长时间感应耐压试验带局部放电试验 220kV	台（三相）									
	调 YS7-2×0.8	变压器长时间感应耐压试验带局部放电试验 220kV	台（三相）									
	YS7-8	变压器交流耐压试验 220kV	台（三相）									
	调 YS7-8×0.8	变压器交流耐压试验 220kV	台（三相）									
	YS7-14	变压器绕组变形试验 220kV	台（三相）									
	调 YS7-14×0.8	变压器绕组变形试验 220kV	台（三相）									
	YS7-96	绝缘油瓶取样	样									
	YS7-97	绝缘油注射器取样	样									
	YS7-98	绝缘油介质损耗因数测量	样									
	YS7-100	绝缘油水溶性酸值（pH）测试	样									
	YS7-101	绝缘油击穿电压试验	样									
	YS7-102	绝缘油酸值试验	样									
	YS7-103	绝缘油闭口闪点试验	样									
	YS7-104	绝缘油界面张力试验	样									
	YS7-105	绝缘油水分（微水）试验	样									
	YS7-106	绝缘油色谱分析	样									
	YS7-107	绝缘油油中含气量分析	样									
		小计										

5. 计算费税、编制年价差、其他费用、基本预备费、静态投资、动态投资

计算原则与初步设计概算一致，具体计算办法及示例详见本手册第十四章 电网工程初步设计概算。

注意，监理费、勘察设计费、设计文件评审费若有合同，可按合同金额计列费用。

三、架空输电线路工程计量与计价

1. 识图

（1）架空输电线路工程施工图内容。初步设计经审核并批准后，即可开展施工图设计。施工图设计是按照初步设计原则和设计审核意见所进行的具体设计，是初步设计的具体化。

架空输电线路工程的结构虽然不复杂，但所占空间位置大，与其他电气工程相比，是属于比较特殊的一类电气工程。架空输电线路工程不像一般电气工程那样集中在一个点上，它的各构件分布在一条线上。一份完整的架空输电线路工程图，既要表明线路的某些细部结构，又要反映线路的全貌，如线路经过地域的地理、地质情况，杆位的布置情况，导线（电缆）的松紧程度等。因而，需要采用多种图，从不同的侧面来表现。

架空输电线路施工图虽然比较庞杂，随着各地区、各工程具体情况的不同有较大的伸缩性，但一般架空输电线路施工图设计文件都包括以下内容。

1）施工图总说明及设备材料汇总表，包括但不限于下述各项：①施工图总目录；②设计依据及范围；③线路概况及路径简要说明；④初步设计审核意见执行情况及需要说明的特殊问题；⑤施工运行维护中注意事项；⑥工程登记表；⑦设备材料汇总表；⑧附件：包括初步设计审核意见、上级指示文件及重要会议纪要、新技术新设备试验鉴定书以及补充文件等；⑨附图：包括线路路径图、发电厂或变电站进出线平面图、全线杆塔一览图、全线基础一览图等。

2）架空输电平断面图及杆（塔）位明细表，包括但不限于下述各项：①线路平断面（定位）图；②杆塔明细表；③交叉跨越分图。

3）机电施工图，包括但不限于下述各项：①导线及避雷线的施工弧垂曲线及安装表；②导线各型绝缘子串及金具组装图；③避雷线金具组装图；④连续倾斜挡距夹安装位置的调整表；⑤导线换位或换相图（包括绝缘避雷线换位）；⑥跳线安装图；⑦防震锤和阻尼线安装图；⑧接地装置施工图；⑨金具加工图；⑩交叉跨越保护安装图。

4）杆塔施工图，包括但不限于下述各项：①直线塔结构图；②耐张塔结构图；③换位塔结构图。

5）铁塔及基础明细表。

6）基础施工图，包括但不限于下述各项：①基础根开表及连接施工图；②掏挖基础施工图；③人工挖孔基础施工图；④岩石锚杆基础施工图；⑤斜柱（直柱）基础施工图；⑥灌注桩基础施工图；⑦特殊基础施工图；⑧塔基附属设施。

7）预算书。

（2）架空输电线路施工图阅读。以××500kV架空输电线路工程为例来说明架空输电线路工程施工图的阅读方法。此工程的设计施工图主要包括杆塔平断面图、杆塔一览图、杆塔明细表、杆塔基础明细表、电气施工图、基础施工图及接地施工图等。架空输电线路施工图清单一览表如表15-15所示。

表15-15　架空输电线路施工图清单一览表

序号	卷册编号	卷册名称
一	综合部分	
21	D0101	总说明书及附图
二	电气部分	
21	D020101	平断面定位图
32	D020201	塔位明细表
43	D0301	机电施工图
44	D0302	绝缘子串及金具组装图
55	D0401	房屋分布图
66	D0501	主要设备材料表
三	结构部分	
11	S04651S-T0101	5E1-SZC1 铁塔结构图
22	S04651S-T0102	5E1-SZC2 铁塔结构图
33	S04651S-T0103	5E1-SZC3 铁塔结构图
44	S04651S-T0104	5E1-SZC4 铁塔结构图
55	S04651S-T0105	5E1-SZCK 铁塔结构图
66	S04651S-T0106	5E3-SJC1 铁塔结构图
77	S04651S-T0107	5E3-SJC2 铁塔结构图
88	S04651S-T0109	SJ161 铁塔结构图
99	S04651S-T0110	SJ162 铁塔结构图
110	S04651S-T0111	SJ163 铁塔结构图
111	S04651S-T0113	SHJ161 铁塔结构图
112	S04651S-T0114	SZJ161 铁塔结构图

续表

序号	卷册编号	卷册名称
113	S04651S-T0115	SZ262 铁塔结构图
114	S04651S-T0116	SZ263 铁塔结构图
115	S04651S-T0117	SZ264 铁塔结构图
116	S04651S-T0118	SZ264K 铁塔结构图
117	S04651S-T0121	SJ261 铁塔结构图
118	S04651S-T0122	SJ262 铁塔结构图
119	S04651S-T0201	铁塔及基础明细表
220	S04651S-T0301	基础根开表及连接结构图
221	S04651S-T0302	挖孔基础结构图
222	S04651S-T0304	岩石锚杆基础结构图
223	S04651S-T0306	灌注桩基础结构图
224	S04651S-T0307	旋挖基础结构图
225	S04651S-T0308	塔基处理及环保措施

1）杆塔平断面图。杆塔平断面图表现线路全线的概貌，通常采用平面图与断面图，它们是测量专业的测量成果。

架空输电线路平面图是线路在地平面上的走向与布置图，也就是架空输电线路的俯视图。架空输电线路平面图能较清楚地表现架空输电线路的走向、杆位布置、档距、耐张段等情况，是架空输电线路工程必不可少的图之一。

线路纵断面图是沿线路中心的剖面图。通过纵断面图可以看出线路经过地段的地形断面情况，各杆位之间地平面相对高差，导线对地的距离，弛度及交叉跨越的立面情况。纵断面图对指导施工具有重要的意义。

为了使图面紧凑、实用，通常将平面图与纵断面图合为一体，因而也称为平断面图。该工程的平断面图如图 15-21 所示，图的上面部分为断面图，中间部分为平面图，下面一部分是线路的相关数据。

平面图只画出线路沿线十几米宽的狭窄地域的地形、地物及交叉跨越简单情况，这些地形地物一般都用图例表示，在平面图上从上到下一般全部画出，并标出塔位。平面图虽然比较简略，但与断面图相互对应，还是显得比较清楚的。

2）杆塔明细表、铁塔及基础明细表。杆塔明细表表明杆塔附件规格类型等情况，铁塔及基础明细表表明杆塔的规格类型、基础的规格类型埋置深度等情况。

如图 15-22 所示，杆塔明细表中表明铁塔上的导地线绝缘子金具串的类型及数量，铁塔的接地装置型式，线路防震型式及数量，还有塔型、档距、交叉跨越、耐张段长度与代表档距等。将上述与杆塔位有关的部分简练地集中在一张表格中表示出来，能使读图者对杆塔位有一个完整的概念，是指导施工和维修的重要图纸，也是线路计价中的一份重要图纸。

铁塔及基础明细表有杆塔的塔型、基础型式及埋深，地貌、地质情况的描述，定位高差等，还有对附属设施如堡坎、排水沟、水泥桩的设计描写，以及余土外运量及外运范围，铁塔及基础明细表如图 15-23 所示。

绝缘子金具串组装图如图 15-24 所示，此类图纸提供了绝缘子与金具的组合情况，并根据组合确定绝缘子、金具的数量，如绝缘子、线夹、挂板、挂环的数量。

3）铁塔及基础施工图。铁塔施工图主要包括铁塔组装总图，横担及地线支架结构图，上、下曲臂结构图，塔身部分结构图，腿部、脚部结构图等。此图图幅量较大，在线路计价时仅需看懂图中材料表即可。塔身部分结构图如图 15-25 所示，塔腿部分结构图如图 15-26 所示。

基础施工图包括构造图、组装图、地脚螺栓制造图、基础根开表、铁塔基础设计等内容。构造图如图 15-27 所示。

4）接地装置图。接地装置图提供了每基接地的长度及材料数量，如图 15-28 所示。

2. 计量

（1）工地运输平均运距和运输重量的计算示例。

[例 15-1] 设某架空输电线路工程单回路长度为14km，工程沿线地形：平地 4.3km，泥沼 2.4km，丘陵 3.7km，山地 2.3km，高山 1.3km。汽车运输道路均为平地。工地集散仓库设置在火车站（码头）至线路工程的中途，运距为 25km。当地装置性材料价格中规定下站运距为 10km，超出 15km 部分可计入工地运输。运输方式为汽车和人力运输两种。线路路径（示意）如图 15-29 所示。

分析：装置性材料预算价格指到工地计算仓库的价格，若距离不够时，应调整装置性材料预算价格（按当地装置性材料预算价格规定计算），不应计入工地运输费用中，工地运输是指工地集散仓库到线路杆位的运输距离。

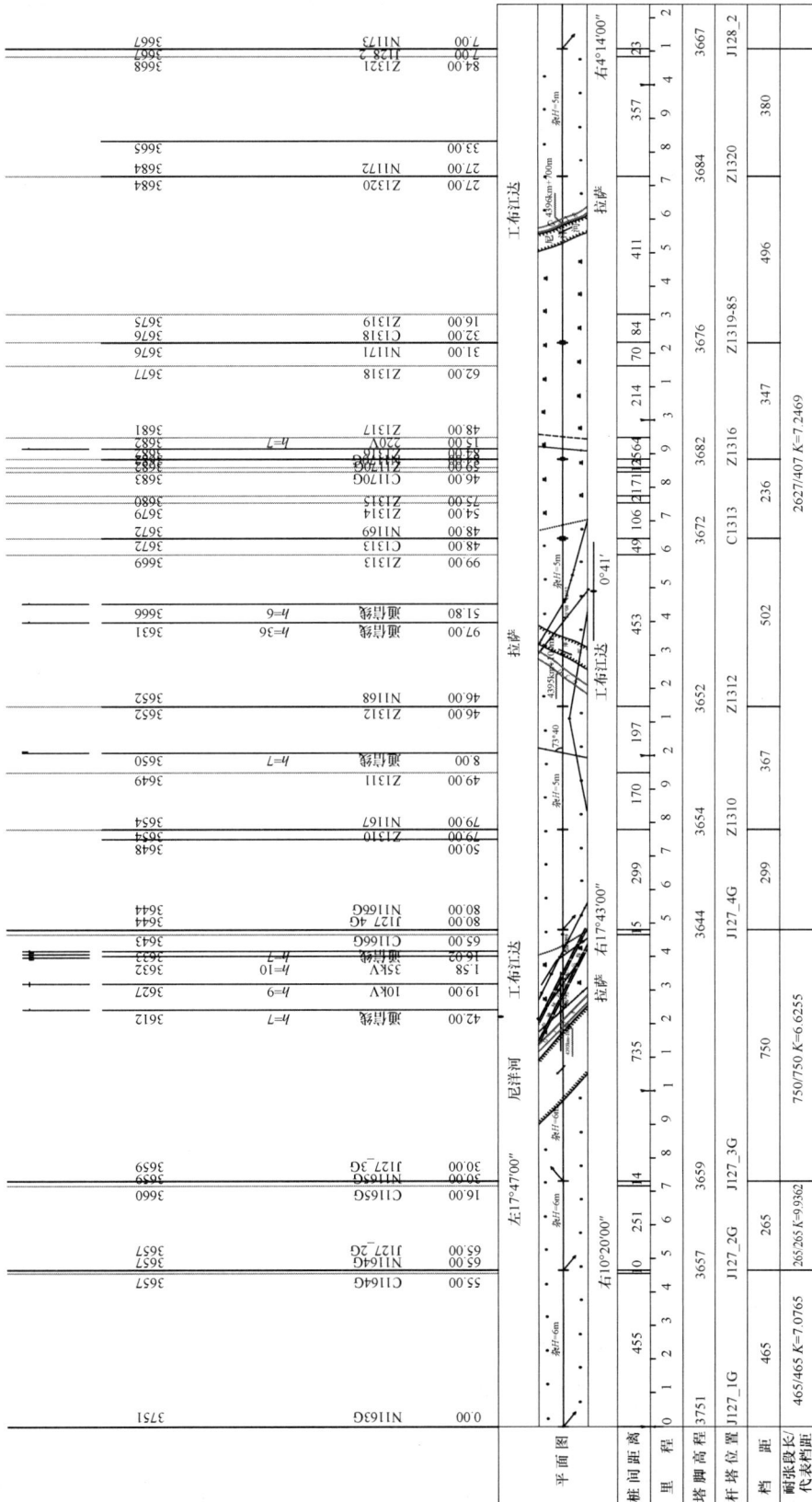

图 15-21　平断面图

冰厚（mm）风速（m/s）	序号	塔位桩号	塔位点	塔型及呼称高	塔位桩顶高程（m）	定位高差（m）	档距（m）	水平档距（m）	垂直档距（m）	耐张段长/代表档距	转角中心桩位移（m）	接地装置	导线 绝缘子串 型号	片数	串	地线 地线金具串 型号	数量	防振锤 导线 个	地线 个	交叉跨越处理意见
	1	N020	J007	YJ32B-15	1058.3	-4.0	0	341	0/108		左：0°0′									
	2	N021	Z032	ZM22DA-36	1128.8	-3	681	562	649	1124/598	左：1°13′							3×1	2×2	
5mm	3	N022G	J008G	JG241-27	1170.2	-1.0	443	425	367/17		右：28°5′		TN2 TX1 TX2	2×15 1×14 1×14	6 1 1	DN2	4	3×1	2×2	
25m/s	4	N023	Z034	ZM23A-20	1227.7	-2.0	406	559	726			戊	WX2	1×14	3	DX2	2	3×1	2×2	
	5	N024	N35	JC1-18（16）	1243.0	-2.0	711											3×1	2×2	
							186											3×2	2×3	
																		3×2	2×3	
																		3×1	2×1	

图15-22　杆塔明细表

塔基剖面及接腿图：

序号	塔位号	塔位点	塔型及呼称高(m)	转角度数	定位高差(m)	中心桩高程(m)	基础顶面高程(m)	地貌、地质概况：
002	J003	JJ003G	SJV323-54	左29°02′	+0.6	4.3	4.9	塔位于冲积平原，地势平坦，中心桩前侧18m外为高约1.5m的块石绿化带，中心桩前侧18m外为高约1.5m的块石绿化带，草、树林。塔位于冲积平原，地势平坦，地下水埋深为2.4m。

基 础 配 置 设 计

塔腿编号	基础型号	基础埋深(m)
A	GCT08A-0834	36.3
B	GCT08C-0834	36.7

基 础 配 置 设 计

塔腿编号	基础型号	基础埋深(m)
C	GCT08B-0831	33.5
D	GCT08A-0831	33.2

地形、辅助及防护设施：

保护措施及注意事项：
1. 弃土就地平堆。
2. 在承台施工开挖时应采取适宜的支护措施及排水措施。

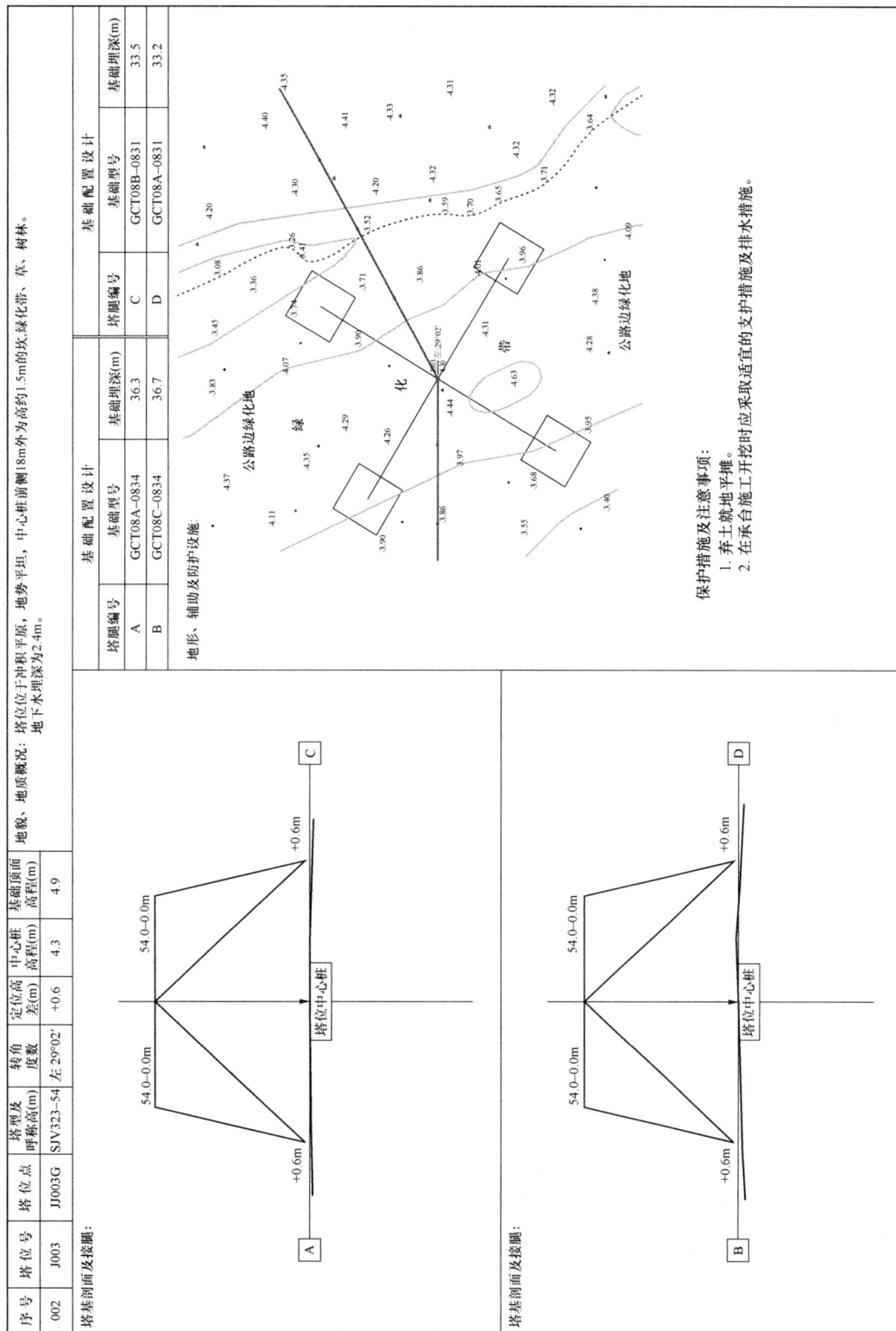

图 15-23 铁塔及基础明细表

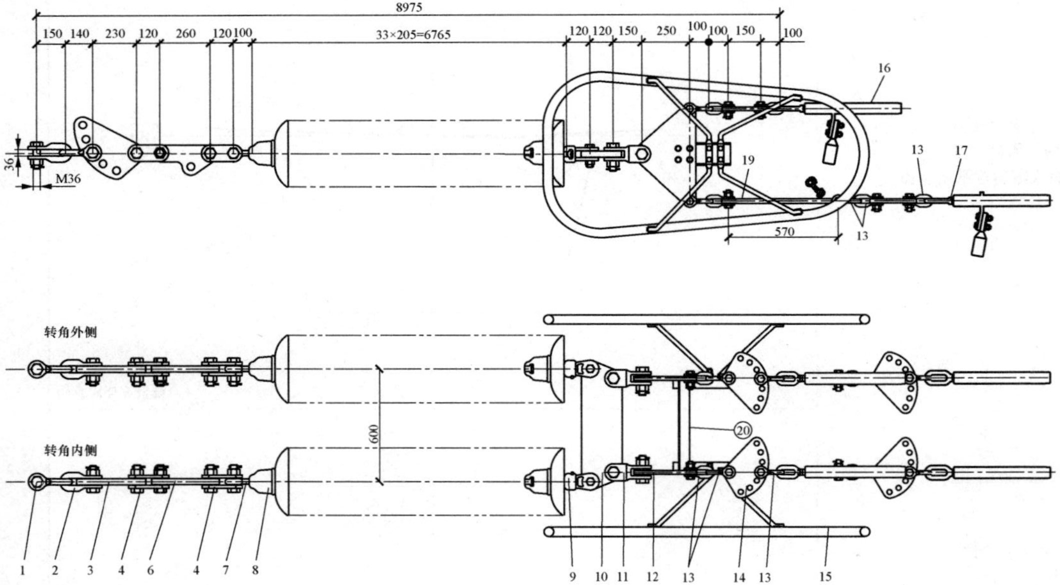

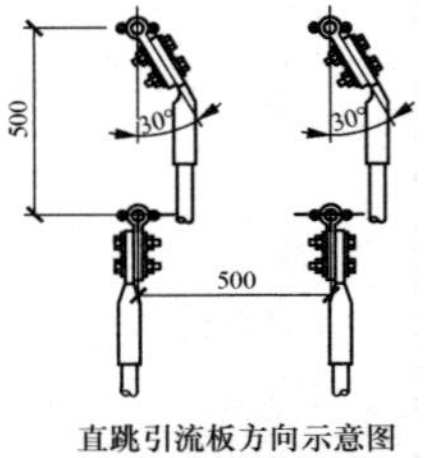

直跳引流板方向示意图

组 装 零 件 表

编号	型 号	名 称	数量	材 料	质量 (kg)		总重 (kg)
					单件	总计	
1	U-50150	U形挂环	2	35	4.9	9.8	
2	UK-42140	U形挂环	2	35	4.7	9.4	
3	DB-42140-320	调整板	2	35	16.5	33.0	
4	P-42120	平行挂板	3	35	5.6	16.8	
5	PQ-42260	牵引板	2	35	8.4	16.8	
6	QP-42100	球头挂环	2	40Cr	1.5	3.0	
7	U420B	420kN盘形悬式绝缘子	2×33		G		363.9+G
8	WS-42120	碗头挂板	2	35	6.0	12.0	
9	LT-84-120/600/500	联板	1	35	32.5	32.5	
10	Z-42150	直角挂板	4	35	8.4	33.6	
11	L-42P-250/500	联板	2	35	18.3	36.6	
12	U-21100	U形挂环	16	35	1.4	28.0	
13	DB-21120-180	调整板	4	35	6.0	24.0	
14	FJPE-50/1800/350	均压环	2	1050A	9.7	19.4	
15	NY-630/45B	耐张线夹	2	1050A&Q235A	7.1	14.2	
16	NY-630/45A	耐张线夹	2	1050A&Q235A	7.1	14.2	
17	YL-21570	拉杆	2	Q235A	2.7	5.4	
18	ZCJ-500	支撑架	1	Q235A	13.5	13.5	
19	TJ2-120×34/25	跳线间隔棒	2	35	1.3	2.6	
20	P-42××	平行挂板	1	35	5.6	5.6	

图 15-24 绝缘子金具串组装图

说明:

1. 用于转角外相时,上分裂导线耐张线夹的尾部应偏向转角外侧。

2. 件号3、22需按转角大小调整。

3. 耐张线夹采用向钢锚侧倾斜的形式 (见引流板方向示意图)。

4. 当使用双伞和三伞绝缘子时,注意校核碗头挂板长度。

5. 倒挂时将零件4、7、8、9成串翻转即可。

构件细明表

编号	规格	长度(mm)	数量	重量(kg) 一件	重量(kg) 小计	备注
101	Q345,L63×5	3318	2	16.00	32.0	带脚钉 下端铲背
102	Q345,L63×5	3318	2	16.00	32.0	下端铲背
103	L40×3	1302	4	2.41	9.6	切角
104	L40×3	1302	4	2.41	9.6	
105	L40×3	562	4	1.04	2.1	一端压偏150mm
106	L40×3	1348	4	2.50	10.0	切角
107	L40×3	1348	4	2.50	10.0	切角
108	L40×3	1073	4	1.99	8.0	
109	L40×3	1073	4	1.99	8.0	切角
110	L40×4	798	4	1.93	7.7	切角
111	L40×4	798	4	1.93	7.7	切角
112	Q345,L80×7	330	4	2.81	11.2	
113	Q345-8×195	206	8	2.52	20.2	切角
114	L40×3	565	2	1.05	2.1	一端压偏 电焊
115	Q345-12×445	684	1	28.67	28.7	火曲电焊
116	Q345-20×30	30	2	0.16	0.3	电焊
合计					199.2 kg	

螺栓、脚钉、垫圈细明表

名称	级别	规格	符号	数量	重量(kg)	备注
螺栓	6.8级	M16×40		44	6.3	
		M16×50		4	0.6	
		M20×45		40	10.7	带双帽
		M20×70		12	4.6	
脚钉	6.8级	M16×180		14	5.3	
垫圈	Q235	-3(φ17.5)		8	0.1	
		-4(φ17.5)		8	0.1	
合计					27.7 kg	

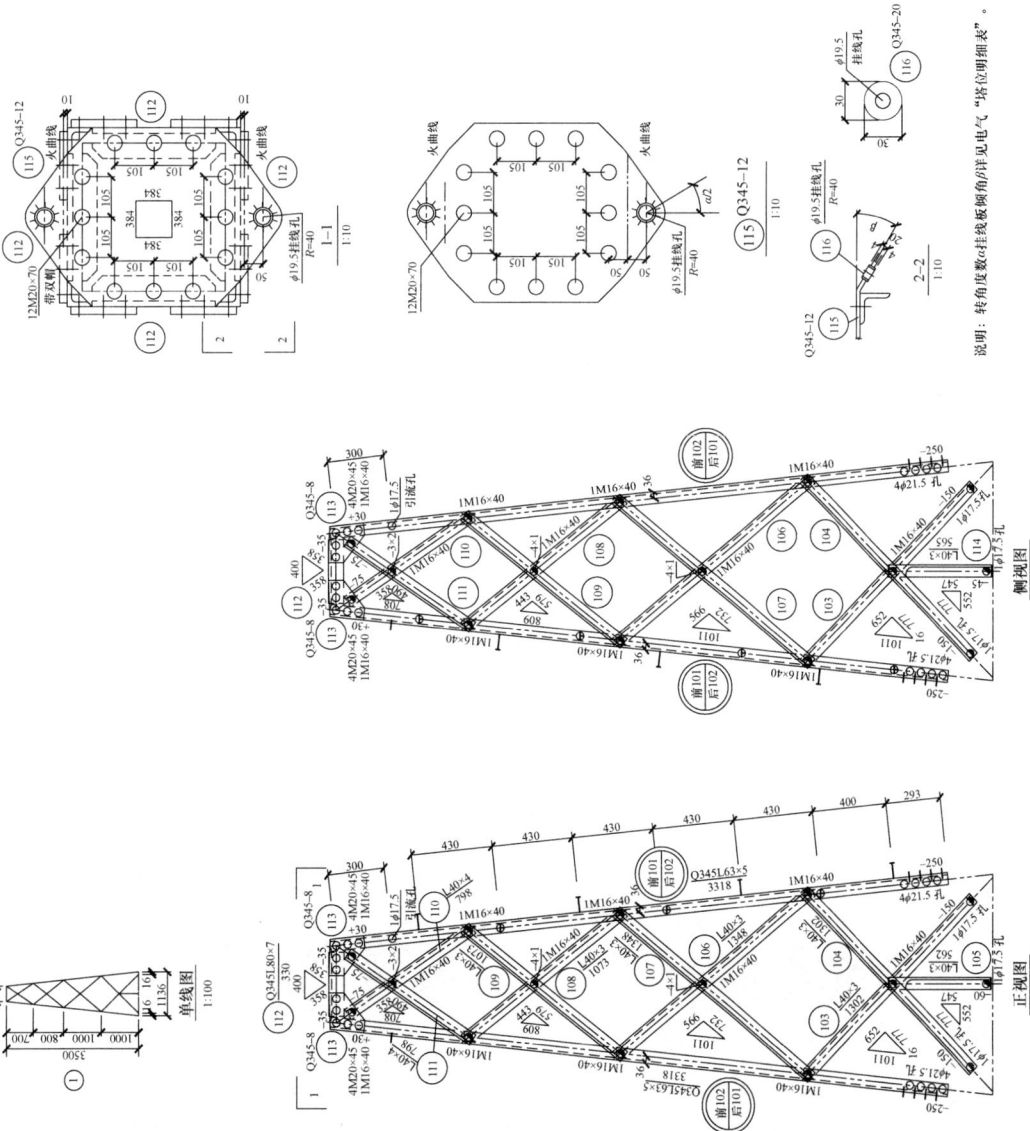

说明：转角度数（挂线板侧角β详见电气"塔位明细表"。

图 15-25　铁塔结构图（塔身部分）

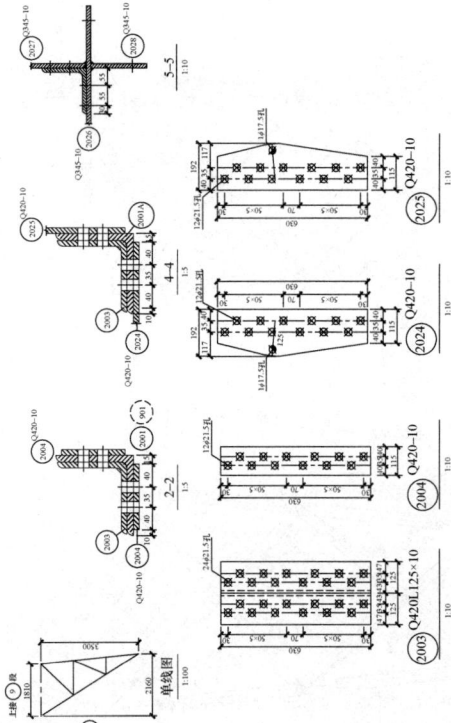

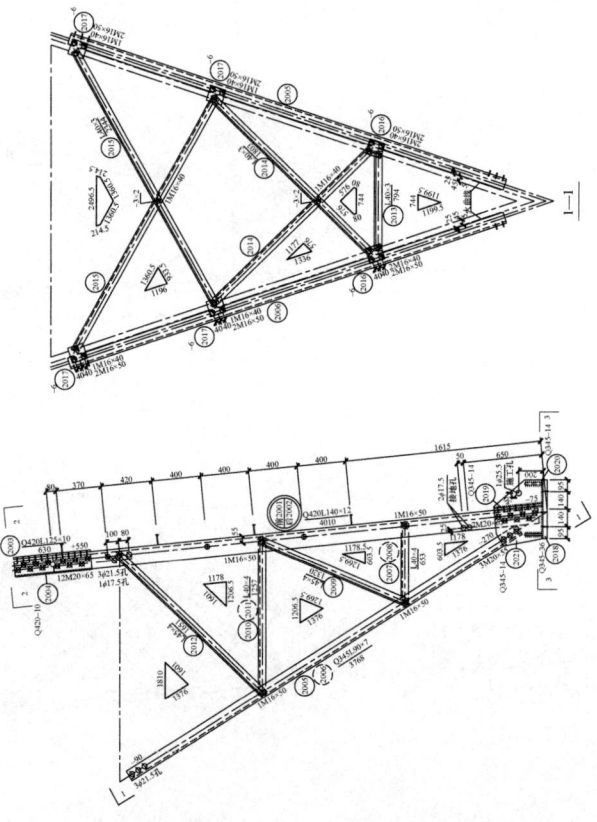

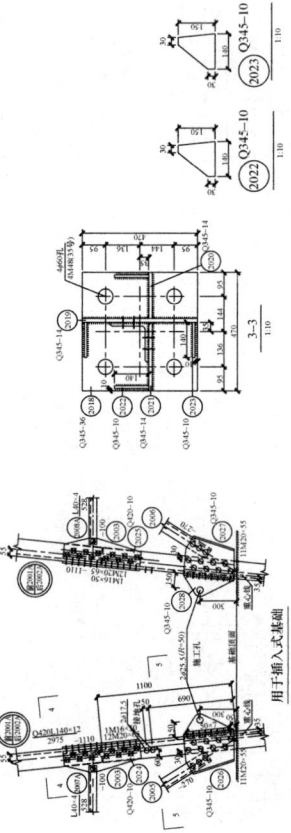

图 15-26　铁塔结构图（塔腿部分）

材 料 表

部位	编号	名 称	规格	简图及尺寸	长度(mm)	数量	单位	重量(kg) 一件	重量(kg) 小计	重量(kg) 合计	备注
主柱	1	主筋A(B,C,D)	φ22	4880	4880	16	根	14.62	233.90	317.1	HRB400
	2	外箍筋	φ12	(892)	2922	27	根	2.59	70.06		HPB300
	3	内箍筋	φ14	(822)	2722	4	根	3.29	13.17		HPB300

基础混凝土				护壁混凝土			基础钢筋重量(kg)			护壁钢筋重量(kg)	
等级	体积(m³)			等级	体积(m³)		HPB300	HRB400		HPB300	
C25	5.75			C25	2.47		83.2	233.9		40.2	

说明 1. 掏挖基础施工应按照《110kV～500kV架空送电线路施工及验收规范》(GB 50233—2005)执行。
2. 施工用地质资料如与实际不相符，请及时反馈设计，以便及时处理。
3. 掏挖基础混凝土强度等级为C25，护壁混凝土强度等级为C25。
4. 基础模开及底脚螺栓结基础根开及底脚螺栓详见加工图。
5. 钢筋的长度为材料统计平均长度，加工制作时，应按实际放样为准。
6. 图中标注的保护层指主钢筋外边缘的保护层。
7. 本基础钢筋保护层厚度为60mm。
8. 坑壁采用100mm现浇混凝土护壁，护壁时开挖直径为φ1200，开挖时护壁中加配钢丝网，防止塌孔。
9. 施工中必须有保证安全和质量的可靠措施，需在护壁中加配钢丝网，成孔后应清除护壁污泥、孔底残流、浮土、杂物等。检查合格后需及时安装钢筋并浇筑混凝土。
10. 其余说明见《掏挖基础施工说明》。
11. 掏挖基础混凝土和护壁钢筋均为综合考虑下表。
12. 基础偏心e值见下表。

偏心值e(mm)	0

基础偏心施工图

基坑护壁示意图

立面图

A—A

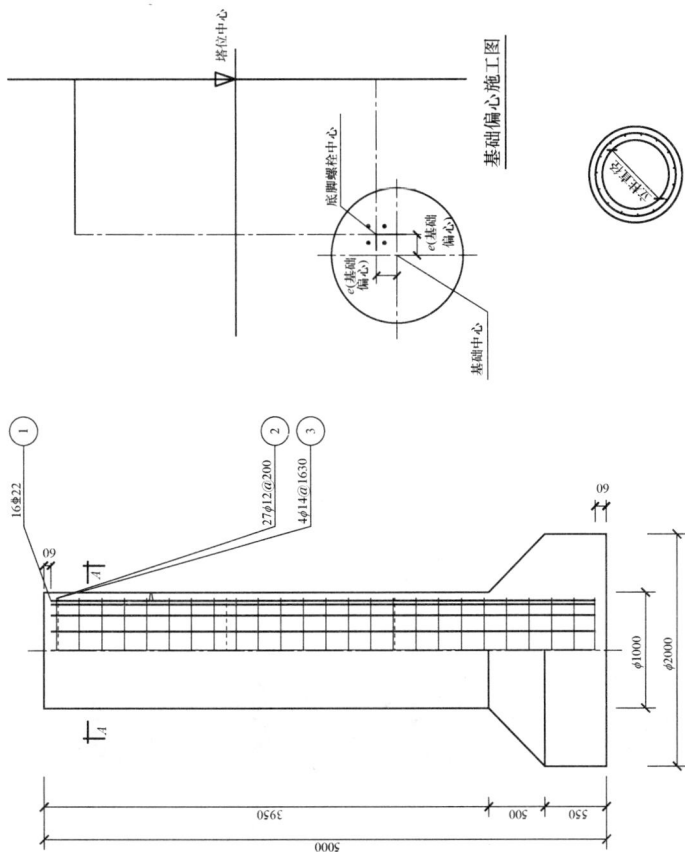

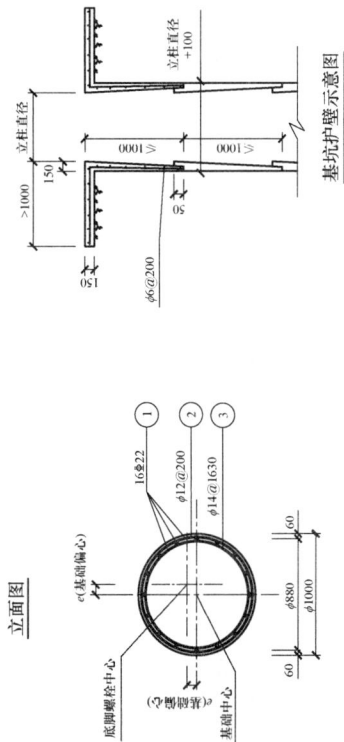

图 15-27 构造图

型　号	A	B	C	D1	E1	F1	G1
土壤电阻率ρ(Ω·m)	100<ρ≤500	500<ρ≤1000	1000<ρ≤1500	1500<ρ≤2000	2000<ρ≤2500	2500<ρ≤3000	ρ>3500
接地装置形式							
最大允许工频电阻(Ω)	15	20	25	25	30	30	30
接地体圆钢φ12〔长度m/重量kg〕	140/124.6	140/124.6	160/142.4	180/160.2	220/195.8	220/195.8	300/267
引下线圆钢φ12〔长度m/重量kg〕	12/10.7	12/10.7	12/10.7	12/10.7	12/10.7	12/10.7	12/10.7
螺栓及螺帽M16×45（套）	8	8	8	8	8	8	8
镀锌扁钢-5×80×100〔数量块/重量kg〕	4/1.32	4/1.32	4/1.32	4/1.32	4/1.32	4/1.32	4/1.32
土石方量（m³）	土方或石方 34.2/17.1	土方或石方 34.5/17.3	土方或石方 39.6/19.8	土方或石方 44.7/22.4	土方或石方 54.6/27.3	土方或石方 55.2/27.6	土方或石方 75/37.5
离子接地装置数量（套）	2	3	4	5	6	8	10

离子接地装置（带泄流环）施工图：

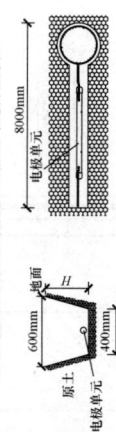

1. 开挖沟槽，沟槽应呈层量平整。
2. 解开电极单元的防带，将其放入沟槽内，注意开孔向下。
3. 在电极单元的前置设置与线焊接处设置土方，利于专用回填填料的施工。
4. 在电极单元设置土方后包第2包离子缓释填料01，填料加水调和，包住泄流孔。
5. 在泄流环及连接线上包第3包离子缓释填料02，填料加水调和。
6. 细土回填夯实。

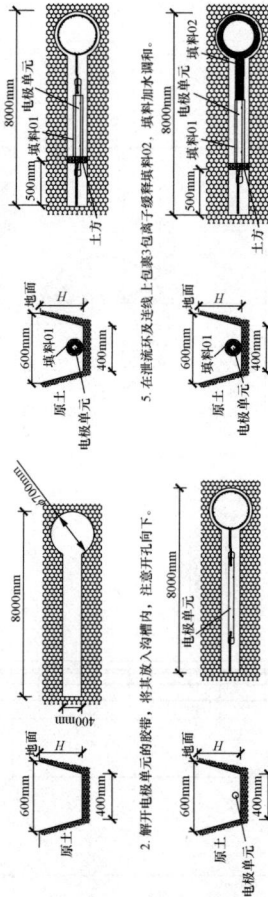

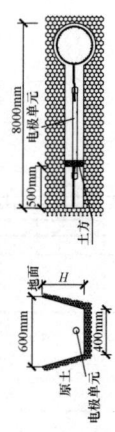

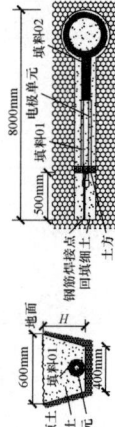

说明：
1. 本图中输电线路杆塔的根开为12m。
2. 离子接地装置（带泄流环）电极单元的材质为304不锈钢材。
3. 安装时配合使用2包离子缓释填料01（40kg）、3包离子缓释填料02（60kg）。
4. 离子接地极与主网连接采用电气焊接。
5. 图中未注明的尺寸单位均为mm。
6. 开挖沟槽深度规定：一般平地及耕地采用0.8m，山地0.6m，岩石地区0.3m。

图15-28　接地装置图

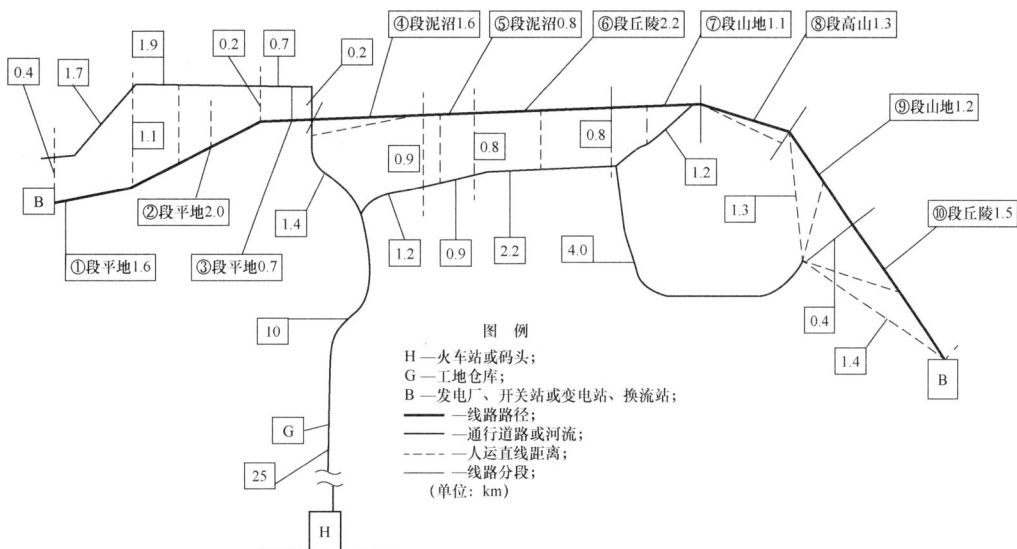

图 15-29　线路路径（示意）图

车辆（船舶）运输距离计算见表 15-16，人力运输距离计算见表 15-17。

表 15-16　车辆（船舶）运输距离计算表　（km）

线路分段号	分段线路长度（L_i）	运输距离（R_i）	工作量
a	b	c	$d=bc$
	一	装置性材料运输	
①	1.6	10.0+1.4+0.2+0.7+1.9+1.7/2 =15.05	24.08
②	2.0	10.0+1.4+0.2+0.7+1.9/2 = 13.25	26.50
③	0.7	10.0+1.4+0.2+0.7/2=11.95	8.37
④	1.6	10.0+1.4=11.4	18.26
⑤	0.8	10.0+1.2+0.9/2=11.65	9.32
⑥	2.2	10.0+1.2+0.9+2.2/2=13.20	29.04
⑦	1.1	10.0+1.2+0.9+2.2+ （0.8+0）/ 2 =14.70	16.17
⑧	1.3	10.0+1.2+0.9+2.2+1.2=15.30	20.15
⑨⑩	2.7	10.0+1.2+0.9+2.2+4=18.30	49.41
合　计	14.0		201.30
平均运距	14.0	工作量 201.3/14＋超出下站运距 15	29.40
	二	砂石等运输	

由于砂石等材料不是从工地集散仓库（材料站）运出而是从砂石场或建材公司堆场起运，运距可参照装材计算方法计算，或在装置性材料的平均运距基础上增减调整。

表 15-17　人力运输距离计算表　（km）

线路分段号	分段线路长度（L_i）	地形	运输距离			工作量
			直线距离（R_i）	弯曲系数（k_i）	小计	
a	b	c	d	e	$f=d \times e$	$g=b \times f$
①	1.6	平地	(0.4+1.1) /2 =0.75	1.1	0.825	1.320
②	2.0	平地	(1.1+0.2) /2 =0.65	1.05	0.683	1.366
③	0.7	平地	(0.2+0.2) /2 =0.2	1.05	0.21	0.147
④	1.6	泥沼	1.6/2 =0.8	1.3	1.04	1.664
⑤	0.8	泥沼	(0.9+0.8) /2 =0.85	1.2	1.02	0.816
⑥	2.2	丘陵	(0.8+0.8) /2 =0.8	1.4	1.12	2.464
⑦	1.1	山地	(0.8+0.0) /2 =0.4	1.5	0.60	0.660
⑧	1.3	高山	1.3/2 =0.65	1.8	1.17	1.521
⑨	1.2	山地	(1.3+0.4) /2 =0.85	1.4	1.19	1.428
⑩	1.5	丘陵	(0.4+1.4) /2 =0.9	1.3	1.17	1.755
合计	14.0					13.141
平均运距	14.0		13.141/14			0.94

（2）基础工程量的计算示例。

[**例 15-2**] 某 500kV 架空输电线路的一基铁塔，

4 个基础均为 WKZ18100，坑径 1.8m，基础全长 10m，露高 1.5m，基础本体混凝土量为 35.72m³/个，护壁为 10.33m³/个，如何计算该塔腿基础的土石方量，超灌量及余土外运量，挖孔基础示意图如图 15-30 所示。

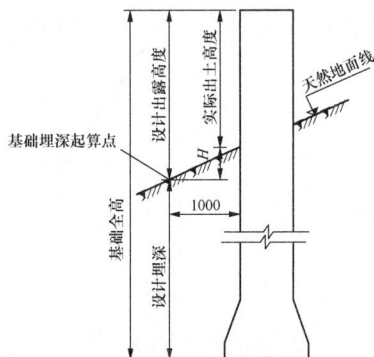

图 15-30 挖孔基础示意图

分析：①基础土石方量。将基础设计混凝土量扣除基础露出地面部分的混凝土量作为基础土石方量。

基础土石方量 = $(35.72+10.33-0.9^2×3.14×1.5)$
$×4=168.94$（m³）

②超灌。掏挖挖孔基础采用人工挖孔桩基础护壁时，只计算基础护壁超灌量，不再计入本体基础的超灌量。

超灌量 = $10.33×17\%×4=7.02$（m³）

③余土外运量。掏挖式、挖孔桩基础基坑余土外运量 = 地面以下混凝土体积（m³）$×1.5t/m³$

余土外运量 = $168.94×1.5=253.41$（t）

[例 15-3] 某塔基为高低腿、斜柱式的插入式角钢基础，4 个腿方量共 46m³，其中 4 个腿连接梁方量为 10m³，每个基础的立柱方量为 2m³。立柱均高出地面 1.0m 以上，立柱、联梁高出地面 1.2m。

分析：基础立柱、承台、联梁高出地面 1.0m 以上，需要搭设平台时，定额调整系数 1.2，工程量为基础立柱、承台、联梁的混凝土方量。

定额基价调整：定额基价（人、材、机）$×(1+0.2)$

工程量 = 立柱混凝土 + 横梁混凝土（高出地面 1.0m 的平台）。

因为横梁的顶面是和立柱顶面基本持平的，因此立柱需要搭设平台施工时，横梁也就需要搭设平台施工。横梁混凝土也在地面 1.0m 以上。

该塔基础混凝土量为 46m³，其中基础立柱、联梁高出地面 1.0m 以上工程量：

需调整计价混凝土工程量 = $10+2×4=18$（m³）

[例 15-4] 某工地基础按照图纸需要钢筋 100t，如何计算钢筋制作重量？

分析：钢筋、型钢（成品、半成品）在购买、运

输、存放过程中的损耗在材料单价里面，这里需要计算施工损耗。钢筋制作一般按照现场制作测算，因此，钢筋制作重量的计算式为

钢筋的制作重量 = 设计重量 × （1+损耗率）

钢筋有两个损耗率，钢筋、型钢（成品、半成品）的损耗率为 0.5% 和钢筋（加工制作）损耗率为 6%，两个损耗率相加计算得到制作重量需要的损耗率合计。

100t 钢筋的制作重量 = $100t×(1+0.5\%+6\%)=106.5$（t）。

（3）铁塔工程量的计算示例。

[例 15-5] ZM²-35.7 角钢型铁塔图纸计算重量为 6.95t，塔高 20m，则套用铁塔总重量为

总重量 = $\sum(6.95)=6.95$（t）

每米重量 = $6.95×1000/20=347.5$（kg/m）

套用"铁塔组立"相应定额时，套用定额子目"YX4-44"，全高 20m 以内，每米塔重 400kg 以内。

（4）架线工程量计算示例。

[例 15-6] 某条 220kV 线路亘长 100km，导线为 LGJ-400 型，双地线为 GJ-70 型。

分析：导线的计量单位为 km/三相，按线路亘长计算，双回路在定额中调系数，计算式为

工程量 = 亘长 = 100km/三相

避雷线（光缆）计量单位：km/单根，按线路亘长计算，计算式为

工程量 = 亘长 × 避雷线（光缆）根数
= $100×2=200$（km）

（5）附件工程量计算示例。

[例 15-7] 某 220kV 线路工程，其加装重锤的杆塔配置见表 15-18。

表 15-18 某 200kV 线路工程加装
重锤的杆塔配置表

杆塔号	杆塔型号	重锤配置			备注
		内侧边相	中相	外侧边相	
10	ZG6′	8 片		12 片	
11	ZG7′	8 片		12 片	
15	ZM²-23.7		10 片		（1）重锤附件（重锤座采用 ZJ-1 型，单重 2kg）；（2）重锤（重锤片采用 ZC-1 型，单重 16kg）
22	ZJ-20.7		6 片	8 片	
27	ZM²-29.7	6 片	6 片	6 片	
29	GJ1-21.5			13 片	
30	DJ1-18			15 片	
36	ZG6′	8 片	8 片	8 片	

工程量计算。

重锤配置 6 片重量为

$$6 片 \times 16kg/片 + 2kg = 98（kg）$$

重锤配置 8 片重量为

$$8 片 \times 16kg/片 + 2kg = 130（kg）$$

重锤配置 10 片重量为

$$10 片 \times 16kg/片 + 2kg = 162（kg）$$

重锤配置 12 片重量为

$$12 片 \times 16kg/片 + 2kg = 194（kg）$$

重锤配置 13 片重量为

$$13 片 \times 16kg/片 + 2kg = 210（kg）$$

重锤配置 15 片重量为

$$15 片 \times 16kg/片 + 2kg = 242（kg）$$

3. 计价

（1）地形调增系数的确定示例。

[例 15-8] 已知××工程全线的地形综合比例为泥沼 10%，丘陵 20%，山地 40%、高山 30%（有盘山公路）。计算混凝土杆、混凝土预制品、钢管杆、线材的人力运输。

分析：各种地形对工程的施工带来了不同程度的影响或困难，如对施工现场的布置、施工方法的选定、生活条件和操作、指挥等每个程序的工作条件都影响着施工进展，从而影响工程施工的费用。这些对架空输电线路工程的施工影响则更大。地形的状况是架空输电线路工程进行各具体安装费用调整的依据，也是计价原则之一。

为便于计价，线路定额均按平地施工考虑，在其他地形条件下施工时，在无其他规定的情况下，其人工和机械可按表 15-19 地形增加系数予以调整。

表 15-19　　　　　　　　　　　　　　　　地 形 系 数 增 加 表　　　　　　　　　　　　　　　　（%）

序号	定额名称		项目	丘陵	山地	高山	峻岭	泥沼	河网	沙漠	备注
1	工地运输	人力运输	混凝土杆、混凝土制品、钢管杆、线材的运输	40	150	300	400	70		65	不包括机械
			金具、绝缘子、零星钢材、塔材、砂、石、石灰、土、水泥、降阻剂、水的运输	20	100	150	200	40		35	
		拖拉机、汽车运输	运输（不包括装卸）	20	80					40	沙漠地形没有正式公路时使用
2	土石方工程			5	10	20	25	10	5	10	不包括机械
3	基础工程			10	20	40	50	40	10	30	
4	杆塔工程			20	70	110	120	70	20	50	
5	架线工程		一般架线	15	100	150	170	40	10	35	不包括跨越架设、拦河安装
			张力机械放、紧线	5	40	80	90	20	5	15	
			光缆接续	5	30	60	80	15	5	10	不包括测量
6	附件工程			5	20	50	60	10	5	10	
7	电缆工程		沟槽直埋	10	20	40		10	5		
8	附属工程	索道站设施	支架、绳索及附件运输	40	150	300	400				地形选择以架设索道站所处地带地形为准
			索道安装	20	70	110	120				

在实际工程中，由于线路沿线经过的地形较为复杂，可能经过各种地形，即两种以上地形同时存在。为简化计算，一般都根据线路中各种地形所占比例，按加权平均确定各分部工程的综合地形增加费率，计算公式为：

综合地形增加费率 $= \sum$ 每类地形比例 $\times$ 相应地形增加费率

人力调增系数 $= 70\% \times 10\% + 40\% \times 20\% + 150\% \times 40\% + 300\% \times 30\% = 165\%$

计算金具、绝缘子、零星钢材、塔材、砂、石、石灰、土、水泥、降阻剂、水的人力运输时：

人力调增系数 $= 40\% \times 10\% + 20\% \times 20\% + 100\% \times 40\% + 150\% \times 30\%$

$= 93\%$

计算拖拉机、汽车运输时：

人力、机械调增系数

=20%×20%+80%×40%+80%×30%

=60%（不包括装卸）

土石工程计算综合地形增加费率

=10%×10%+5%×20%+10%×40%+20%×30%

=12%（不包括机械）

基础工程计算综合地形增加费率

=40%×10%+10%×20%+20%×40%+40%×30%

=26%

杆塔工程计算综合地形增加费率

=70%×10%+20%×20%+70%×40%+110%×30%

=72%（不包括高塔及接地工程）

架线工程（一般放、紧线）计算综合地形增加费率

=40%×10%+15%×20%+100%×40%+150%×30%

=92%（不包括跨越架设、拦河线安装）

架线工程（张力机械放、紧线）计算综合地形增加费率

=20%×10%+5%×20%+40%×40%+80%×30%

=43%（不包括测量）

架线工程（光缆接续）计算综合地形增加费率

=15%×10%+5%×20%+30%×40%+60%×30%

=32.5%

附件工程计算综合地形增加费率

=10%×10%+5%×20%+20%×40%+50%×30%

=25%

电缆工程计算综合地形增加费率

=10%×10%+10%×20%+20%×40%+40%×30%

=23%

（2）工地运输套用定额示例。

[例15-9] ××工程工地运输中，人力运输距离是0.68km，在套用定额子目时，就要选择各种相应材料运输子目计算。如表15-20所示。

表15-20 ××工程工地运输预算表

序号	编制依据	项目名称	单位	数量	单价（元）			合价（元）		
					基价	人工费	机械费	基价	人工费	机械费
一		工地运输								
1		人力运距0.68km								
	YXl-20	塔材	t·km							

（3）基础工程套用定额示例。

[例15-10] 一个工程有水泥杆4基，单杆、双杆分别2基，底盘都是铰接连接式。计算底盘安装定额子目增加的人工费。

分析：定额规定，如遇有铰接连接的底盘，每基应增加技工日：单杆为0.37工日，双杆为0.74工日。输电技术工单价55元，则

铰接式单杆底盘安装定额增加人工费

=55×0.37=20.35（元）

铰接式双杆底盘安装定额增加人工费

=55×0.74=41.44（元）

套用后定额见表15-21。

表15-21 ××工程基础工程套用定额

序号	编制依据	项目名称及规范	单位	数量	单价（元）				合价（元）			
					安装费				安装费			
					基价	人工	材料	机械	基价	人工	材料	机械
		底盘安装铰接调整（单杆）	基	2	20.35	20.35			40.70	40.70		
		底盘安装铰接调整（双杆）	基	2	41.44	41.44			82.88	82.88		

（4）杆塔工程套用定额示例。

[例15-11] 某线路工程三联混凝土杆，单杆分段式重3.5t三联杆组立的定额套用。

分析：套用定额子目YX4-4，定额基价包括人工费、材料费、机械费，均乘以系数2.5进行调整，调整后的定额基价见表15-22。

表15-22 ××工程杆塔工程预算表

定额编号	项目名称	单位	基价	人工费	材料费	机械费
YX4-5调	三联杆组立3.5T	基	1240.98	770.30	16.13	454.55

[例15-12] 500kV线路工程CZ51-45紧凑型角钢铁塔，总重量为18.575t，塔头5m。

塔全高=45+5=50（m）

每米塔重=18.575/50=371.5（kg/m）

套用定额子目YX5-54，其定额人工、机械乘以系数1.1进行调整的原因：定额中的铁塔组立是按当前经常使用的角钢塔型考虑的，对紧凑型铁塔组立未单独增列子目。因紧凑型铁塔上部安装组立及就位时比目前经常使用的角钢塔困难，施工人员在组立钢管塔时无攀爬支撑点，必须辅以绳梯登塔，使得钢管塔组立

及安装就位时比目前经常使用的角钢塔困难，因此紧凑型铁塔组立时按相应的铁塔组立定额以人工、机械乘以系数1.1。

××工程杆塔工程预算表见表15-23。

表15-23　　××工程杆塔工程预算表

定额编号	项目名称	单位	基价	人工费	材料费	机械费
YX4-54调	铁塔组立，塔全高 50m 以内每米塔重400kg 以内	t				

[**例15-13**]　××500kV 线路工程 CZ7-35 紧凑型角钢铁塔，总重量为 36.33t，塔高 35m。

铁塔组立以每基铁塔塔全高高度，计算每米塔重套用相应定定额。每基重量系指铁塔总重量，计算公式为

铁塔总重量＝∑（铁塔本身所有的型钢、连板、
　　　　　　　　螺栓、脚钉、爬梯等）

注：铁塔总重量为净重量，不包括材料施工损耗。

定额按不同"塔全高"和"每米塔重"设置子目。塔全高指铁塔最长腿基础顶面至塔头顶的总高度。每米塔重指铁塔平均每米的重量，计算公式为

每米塔重＝铁塔总重量/塔全高

套用定额子目 YX4-112，××工程杆塔工程预算表见表15-24。

表15-24　　××工程杆塔工程预算表

定额编号	项目名称	单位	基价	人工费	材料费	机械费
YX4-112	铁塔组立，塔全高 50m 以内每米塔重1200kg 以内	t	407.09	329.71	5.91	71.47

（5）附件工程的套用定额示例。

[**例15-14**]　某500kV 线路工程，地形：平地100%，

铁塔共 26 基。其中：直线、直线转角杆塔17基，其绝缘子串配置见表15-25。

表15-25　　××500kV 线路工程绝缘子串配置

序号	杆塔号	绝缘子串配置			备注
		边相1	中相	边相2	
1	3	单串	V 形单串	单串	
2	4	单串	V 形单串	单串	
3	6	单串	倒伞形单串	单串	
4	7	双串	倒伞形双串	双串	
5	8	双串	倒伞形双串	双串	
6	10	单串	倒伞形单串	单串	
7	11	单串	V 形单串	单串	
8	12	单串	V 形单串	单串	
9	13	单串	倒伞形单串	单串	
10	14	V 形双串	倒伞形双串	V 形双串	
11	16	V 形双串	倒伞形双串	V 形双串	
12	17	V 形双串	倒伞形双串	V 形双串	
13	19	V 形单串	V 形单串	V 形单串	
14	20	V 形单串	V 形单串	V 形单串	
15	21	V 形单串	V 形单串	V 形单串	
16	22	V 形单串	倒伞形单串	V 形单串	
17	25	V 形单串	倒伞形单串	V 形单串	

1）工程量计算见表15-26。

表15-26　　　工 程 量 计 算

序号	名称	数量（串）
1	单串绝缘子悬挂	14
2	双串绝缘子悬挂	4
3	V 形单串绝缘子悬挂	17
4	V 形双串绝缘子悬挂	6
5	倒伞形单串绝缘子悬挂	5
6	倒伞形双串绝缘子悬挂	5

2）预算编制套用定额见表15-27。

表15-27　　　　　　　预 算 编 制 套 用 定 额

编制依据	项目名称	单位	数量	定额单价				合价			
				合计	人工费	材料费	机械费	合计	人工费	材料费	机械费
YX6-31	直线（直线换位直线转角）杆塔 500kV 单串	单相									
YX6-32	直线（直线换位直线转角）杆塔 500kV 双串	单相									
YX6-33	直线（直线换位直线转角）杆塔 500kV V 形单串	单相									
YX6-34	直线（直线换位直线转角）杆塔 500kV V 形双串	单相									

续表

编制依据	项目名称	单位	数量	定额单价				合价			
				合计	人工费	材料费	机械费	合计	人工费	材料费	机械费
YX6-35	直线（直线换位直线转角）杆塔 500kV 倒伞形单串	单相									
YX6-36	直线（直线换位直线转角）杆塔 500kV 倒伞形双串	单相									
	合　计										

[例 15-15] ××220kV 线路工程，其加装重锤的杆塔配置如表 15-28 所示。

表 15-28　××线路工程加装重锤的杆塔配置表

杆塔号	杆塔型号	重锤配置			备注
		内侧边相	中相	外侧边相	
10	ZG6′	8 片		12 片	（1）重锤附件（重锤座采用 ZJ-1 型，单重 2kg）；（2）重锤（重锤片采用 ZC-1 型，单重 16kg）
11	ZG7′	8 片		12 片	
15	ZM²-23.7		10 片		
22	ZJ-20.7		6 片	8 片	
27	ZM²-29.7	6 片	6 片	6 片	
29	GJ1-21.5			13 片	
30	DJ1-18			15 片	
36	ZG6′	8 片	8 片	8 片	

1）工程量计算。

重锤配置 6 片重量为

6 片×16kg/片+2kg＝98（kg）。

重锤配置 8 片重量为

8 片×16kg/片+2kg＝130（kg）。

重锤配置 10 片重量为

10 片×16kg/片+2kg＝162（kg）。

重锤配置 12 片重量为

12 片×16kg/片+2kg＝194（kg）。

重锤配置 13 片重量为

13 片×16kg/片+2kg＝210（kg）。

重锤配置 15 片重量为

15 片×16kg/片+2kg＝242（kg）。

2）工程量统计见表 15-29。

表 15-29　　工 程 量 统 计 表

序号	项目名称	单位	数量	备注
1	重量（kg）100 以内	单相	4	
2	重量（kg）150 以内	单相	6	
3	重量（kg）200 以内	单相	3	
4	重量（kg）300 以内	单相	2	

3）预算编制套用定额见表 15-30。

表 15-30　　　　　　　　预 算 编 制 套 用 定 额

编制依据	项目名称	单位	数量	定额单价				合价			
				合计	人工费	材料费	机械费	合计	人工费	材料费	机械费
YX6-95	重量（kg）100 以内	单相	4								
YX6-96	重量（kg）150 以内	单相	6								
YX6-97	重量（kg）200 以内	单相	3								
YX6-98	重量（kg）300 以内	单相	2								
	合　计										

4. 计算材料价格、费税、编制年价差、辅助设施工程费用、其他费用、动态费用

计算原则与初步设计概算一致，具体计算办法及示例详见本手册第十四章　电网工程初步设计概算章节。

注意监理费、勘察设计费、设计文件评审费若有合同，可按合同金额计列费用。

第十六章

电网工程招投标造价管理

招投标造价管理的主要电网工程内容为招标工程量清单、招标控制价两个方面。本章分别对这两个方面的编制进行介绍，其中投标报价按总承包投标报价进行介绍。

第一节 招标工程量清单的编制

一、定义

招标工程量清单是招标人依据国家标准、行业标准、招标文件、设计文件以及施工现场实际情况编制的、随招标文件发布的、供投标报价的工程量清单，包括对其的说明和相关表格。招标工程量清单应由具有编制招标文件能力的招标人或受其委托具有相应资质的电力工程造价咨询人编制。

招标工程量清单是工程量清单计价的基础，是编制招标控制价、投标报价、计算或调整工程量、施工索赔等的依据之一。

电力行业招标工程量清单编制执行的是国家能源局发布的 DL/T 5369—2016《电力建设工程工程量清单计算规范》、DL/T 5745—2016《电力建设工程工程量清单计价规范》。

二、编制原则

招标工程量清单对确定工程造价、控制投资、提高企业经济效益乃至完善整个招投标市场起着重要作用。在工程量清单编写过程中应满足以下原则要求：

（1）遵守有关法律法规的原则。工程量清单的编制必须遵守国家的有关法律法规和行业相关规定。

（2）电网工程招标工程量清单编制参照的标准有电力行业标准和国家电网公司企业标准，其中电力行业标准包括 DL/T 5745—2016《电力建设工程工程量清单计价规范》、DL/T 5341—2016《电力建设工程工程量清单计算规范 变电工程》、DL/T 5205—2016《电力建设工程工程量清单计算规范 输电线路工程》，国家电网公司企业标准包括 Q/GDW 11337—2014《输变

电工程工程量清单计价规范》、Q/GDW 11338—2014《变电工程工程量计算规范》、Q/GDW 11339—2014《输电线路工程工程量清单计算规范》。在编制清单时，必须按照《电力建设工程工程量清单计算规范》的要求设置清单项目名称、编码、计量单位和计算工程数量，对清单项目进行必要的、全面的描述，并按规定的格式出具工程量清单文本。

（3）遵守招标文件相关要求的原则。工程量清单作为招标文件的重要组成部分，其原则必须与招标文件的原则保持一致，与投标须知、合同条款、技术规范等相互照应，较好地反映本工程特点，完整体现招标人的意图。

（4）编制依据齐全的原则。受委托的编制人首先要检查招标人提供的设计图纸、设计资料、招标范围等编制依据是否齐全。编制招标工程量清单的依据包括以下几方面：国家或省级、行业建设主管部门颁发的计价依据和办法，电力建设工程设计文件及相关资料；与建设工程有关的标准、规范、技术资料，拟定的招标文件，招标期间的补充通知、澄清及答疑等，施工现场情况、地勘水文资料、工程特点及常规施工方案，其他相关资料。

编制清单所需的设计资料、招标范围等依据必须齐全，必要的情况下还应到现场进行现场踏勘。

（5）力求准确合理的原则。工程量的计算应力求准确，清单项目的设置应合理、不漏不重。从事工程造价咨询的中介咨询单位还应建立健全工程量清单编制审查制度，确保工程量清单编制的全面性、准确性和合理性，提高工程量清单编制质量和服务质量。

三、编制内容

招标工程量清单的内容主要由总说明、分部分项工程量清单、措施项目清单、其他项目清单及招标工作量清单汇总组成。

1. 分部分项工程项目清单

分部分项工程项目清单所反映的是拟建工程分项实体工程项目名称和相应数量的明细清单，招标人负

责包括项目编码、项目名称、项目特征、计量单位和工程量计算在内的五项内容。

（1）项目编码。分部分项工程量清单的项目编码，应根据拟建工程的工程量清单项目名称设置，同一招标工程的项目编码不得有重复。

（2）项目名称。分部分项工程量清单的项目名称应按专业工程计量规范附录的项目名称结合拟建工程的实际确定。

在分部分项工程量清单中所列出的项目，应是在单位工程的施工过程中以其本身构成该单位工程实体的分项工程，但应注意：

1）当在拟建工程的施工图纸中有体现，并且在专业工程计量规范附录中也有相对应的项目时，则根据附录中的规定直接列项，计算工程量，确定其项目编码。

2）当在拟建工程的施工图纸中有体现，但在专业工程计量规范附录中没有相对应的项目，并且在附录项目的"项目特征"中也没有提示时，则必须编制针对这些分项工程的补充项目，在清单中单独列项并在清单的编制说明中注明。

（3）项目特征描述。分部分项工程量清单项目特征应依据专业工程计量规范附录中规定的项目特征，并结合拟建工程项目的实际，按照以下要求予以描述：

1）必须描述的内容。①涉及可准确计量的内容，如门窗洞口尺寸或框外围尺寸；②涉及结构要求的内容，如混凝土构件的混凝土的强度等级；③涉及材质要求的内容，如油漆的品种，管材的材质等；④涉及安装方式的内容，如管道工程中的钢管的连接方式。

2）可不描述的内容。①对计量计价没有实质影响的内容，如对现浇混凝土柱的高度，断面大小等特征；②应由投标人根据施工方案确定的内容，如对石方的预裂爆破的单孔深度及装药量的特征规定；③应由投标人根据当地材料和施工要求确定的内容，如对混凝土构件中的混凝土拌合料使用的石子种类及粒径、砂的种类及特征规定；④应由施工措施解决的内容，如对现浇混凝土板、梁的标高的特征规定。

3）可不详细描述的内容：①无法准确描述的内容，如土壤类别，可考虑其描述为"综合"，注明由投标人根据地质勘探资料自行确定土壤类别，决定报价；②施工图纸、标准图集标注明确的，对这些可描述为见××图集××页号及节点大样等；③清单编制人在项目特征描述中应注明由投标人自定的，如土方工程中的取土运距、弃土运距等。

（4）计量单位。分部分项工程量清单的计量单位与有效位数应遵守《电力建设工程工程量清单计价规范》规定。当附录中有两个或两个以上计量单位的，应结合拟建工程项目的实际选择其中一个确定。

（5）工程量计算。分部分项工程量清单中所列工程量应按专业工程计量规范规定的工程量计算规则计算。另外，对补充项的工程量计算规则必须符合下述原则：一是其计算规则要具有可计算性，二是计算结果要具有唯一性。

工程量的计算是一项繁杂而细致的工作，为了计算的快速准确并尽量避免漏算或重算，必须依据一定的计算原则和方法：

1）计算口径一致。根据施工图列出的工程量清单项目，必须与专业工程计量规范中相应清单项目的口径一致。

2）按工程量计算规则计算。工程量计算规则是综合确定各项消耗指标的基本依据，也是具体工程测算和分析资料的基准。

3）按图纸计算。工程量按每一分项工程，根据设计图纸进行计算，计算时采用的原始数据必须以施工图纸所表示的尺寸或施工图纸能读出的尺寸为准进行计算，不得任意增减。

4）按一定顺序计算。计算分部分项工程量时，可以按照定额编目顺序或按照施工图专业顺序依次进行计算。对于计算同一张图纸的分项工程量时，一般可采用以下几种顺序：①按顺时针或逆时针顺序计算；②按先横后纵顺序计算；③按轴线编号顺序计算；④按施工先后顺序计算；⑤按定额分部分项顺序计算。

2. 措施项目清单

措施项目清单是指为完成工程项目施工，发生于该工程施工前和施工过程中的技术、生活、文明、安全、环境保护等方面的非工程实体项目清单。

措施项目清单的编制需考虑多种因素，除工程本身的因素外，还涉及水文、气象、环境、安全等因素。措施项目清单应根据拟建工程的实际情况列项，若出现清单计算规范的项目，可根据工程实际情况补充。项目清单的设置要考虑拟建工程的施工组织设计，施工技术方案，相关的施工规范与施工验收规范，以及招标文件中提出的某些必须通过一定的技术措施才能实现的要求，设计文件中一些不足以写进技术方案的，但是要通过一定的技术措施才能实现的内容。

3. 其他项目清单

其他项目清单是应招标人的特殊要求而发生的与拟建工程有关的其他费用项目和相应数量的清单。工程建设标准的高度、工程的复杂程度、工程的工期长短、工程的组成内容、发包人对工程管理的要求等都直接影响到其他项目清单的具体内容。当出现未包含在表格中的内容的项目时，可根据实际情况补充。其中：

（1）暂列金额是指招标人暂定并包括在合同中的一笔款项。用于工程合同签订时尚未确定或者不可预见的所需材料、工程设备、服务的采购，施工中可能发生的工程变更、合同约定调整因素出现时的合同价款调整以及发生的索赔、现场签证确认等的费用。此项费用由招标人填写其项目名称、计量单位、暂定金额等，若不能详列，也可只列暂定金额总额。由于暂列金额由招标人支配，实际发生后才得以支付，因此，在确定暂列金额时应根据施工图纸的深度、暂估价设定的水平、合同价款约定调整的因素以及工程实际情况合理确定。一般可按分部分项工程量清单的10%～15%确定，不同专业预留的暂列金额应分别列项。

（2）暂估价是招标人在招标文件中提供的用于支付必然发生但暂时不能确定价格的材料、工程设备的单价以及专业工程的金额。一般而言，为方便合同管理和计价，需要纳入分部分项工程量项目综合单价中的暂估价，最好只限于材料费，以方便投标与组价。以"项"为计量单位给出的专业工程暂估价一般应是综合暂估价，即应当包括除规费、税金以外的管理费、利润等。

（3）计日工是为了解决现场发生的零星工作或项目的计价而设立的。计日工为额外工作的计价提供了一个方便快捷的途径。计日工对完成零星工作所消耗的人工工时、材料数量、机械台班进行计量，并按照计日工表格中填报的适用项目的单价进行计价支付。编制计日工表格时，一定要给出暂定数量，并且需要根据经验尽可能估算一个比较贴近实际的数量，且尽可能把项目列全，以消除因此而产生的争议。

（4）总承包服务费是为了解决招标人在法律法规允许的条件下，进行专业工程发包以及自行采购供应材料、设备时，要求总承包人对发包的专业工程提供协调和配合服务，对供应的材料、设备提供收、发和保管服务以及对施工现场进行统一管理，对竣工资料进行统一汇总整理等已发生并向承包人支付的费用。招标人应当按照投标人的投标报价支付此项费用。

4. 工程量清单总说明的编制

编制工程量清单总说明时应包括以下内容：

（1）工程概况。

1）变电工程工程概况应包括建设性质、本期容量、规划容量、电气主接线、配电装置、补偿装置、设计单位、建设地点等内容；

2）输电工程工程概况应包括线路（电缆）亘长、回路数、起止塔（杆）号、设计气象条件、沿线地形比例、沿线地质条件、杆塔类型与数量、导线型号规格（电缆型号规格）、地线型号规格、光缆型号规格、电缆敷设方式等内容。

（2）工程招标及分包范围。招标范围是指单位工程的招标范围，如建筑工程的招标范围为全部建筑工程。工程分包是指特殊工程项目的分包，如招标

人自行采购安装"铝合金闸窗"等。

（3）工程量清单编制依据。包括建设工程工程量清单计价规范、设计文件、招标文件、施工现场情况、工程特点及常规施工方案。

（4）工程质量、材料、施工等的特殊要求。工程质量的要求，是指招标人要求拟建工程的质量应达到合格或优良标准；对材料的要求，是指招标人根据工程的重要性、使用功能及装饰装修标准提出的要求，例如对水泥的品牌、钢材的生产厂家、花岗岩的出产地、品牌等的要求；施工要求，一般是指建设项目中对单项工程的施工顺序等的要求。

（5）其他需要说明的事项。

5. 招标工程量清单汇总

在分部分项工程量清单、措施项目清单、其他项目清单、规费和税金项目清单编制完成以后，经审查复核，与工程量清单封面及总说明汇总并装订，由相关责任人签字和盖章，形成完整的招标工程量清单文件。

第二节 招标控制价的编制

一、招标控制价的定义

招标控制价是指根据国家或省级建设行政主管部门颁发的有关计价依据和办法，依据拟定的招标文件和招标工程量清单，结合工程具体情况发布的招标工程的最高投标限价。

二、招标控制价的管理

（一）招标控制价与标底的关系

招标控制价是推行工程量清单计价过程中对传统标底概念的性质进行界定后所设置的专业术语，它使招标时评标定价的管理方式发生了很大的变化。招标项目可分为设标底招标、无标底招标以及招标控制价招标，三种方式的利弊分析如下：

1. 设标底招标的弊端

（1）设标底时易发生泄露标底及暗箱操作的现象，失去招标的公平公正性，容易诱发违法违规行为。

（2）编制的标底价是预期价格，因较难考虑施工方案、技术措施对造价的影响，容易与市场造价水平脱节，不利于引导投标人理性竞争。

（3）标底在评标过程中的特殊地位使标底价成为左右工程造价的杠杆，不合理的标底会使合理的投标报价在评标过程中显得不合理，有可能成为地方或行业的保护手段。

（4）将标底作为衡量投标人报价的基准，导致投标人尽力地去迎合标底，往往招标投标过程反映的

不是投标人实力的竞争，而是投标人编制预算文件能力的竞争，或者各种合法的或非法的"投标策略"的竞争。

2. 无标底招标的弊端

（1）容易出现围标串标现象，各投标人哄抬价格，给招标人带来投资失控的风险。

（2）容易出现低价中标后偷工减料，以牺牲工程质量来降低工程成本的现象，或产生先低价中标，后高额索赔等不良后果。

（3）评标时，招标人对投标人的报价没有参考依据和评判基准。

3. 招标控制价招标的优缺点

（1）采用招标控制价招标的优点：①可有效控制投资，防止恶性哄抬报价带来的投资风险；②提高了透明度，避免了暗箱操作、寻租等违法活动的产生；③可使各投标人自主报价、公平竞争，符合市场规律。投标人自主报价，不受标底的左右；④既设置了控制价，又尽量减少了业主依赖评标基准价的影响。

（2）采用招标控制价招标也可能出现如下问题：①若"最高限价"大大高于市场平均价，就预示中标后利润丰厚，只要投标不超过公布的限额就是有效投标，从而可能诱导投标人串标围标；②若公布的最高限价远远低于市场平均价，会影响招标效率。可能出现只有1~2人投标或出现无人投标的情况，因为按此限额投标将无利可图，超出此限额投标又成为无效投标，结果使招标人不得不修改招标控制价进行二次招标。

（二）编制招标控制价的规定

（1）国有资金投资的工程建设项目应实行工程量清单招标，招标人应编制招标控制价，并应当拒绝高于招标控制价的投标报价，即投标人的投标报价若超过公布的招标控制价，则其投标作为废标处理。

（2）招标控制价应由具有编制能力的招标人或受其委托、具有相应资质的工程造价咨询人编制。工程造价咨询人不得同时接受招标人和投标人对同一工程的招标控制价和投标报价的编制。

（3）招标控制价应在招标文件中公布，对所编制的招标控制价不得进行上浮或下调。在公布招标控制价时，应公布招标控制价各组成部分的详细内容，不得只公布招标控制价总价。

（4）招标控制价超过批准概算时，招标人应将其报原概算审批部门审核。这是由于我国对国有资金投资项目的投资控制实行的是设计概算审批制度，国有资金投资的工程原则上不能超过批准的设计概算。

（5）投标人经复核认为招标人公布的招标控制价未按照 DL/T 5745—2016《电力建设工程工程量清单计价规范》的规定进行编制的，应在开标前5日向招

标投标监督机构或（和）工程造价管理机构投诉。招标投标监督机构应会同工程造价管理机构对投诉进行处理，当招标控制价误差大于±5%的应责成招标人改正。

（6）招标人应将招标控制价及有关资料报送工程所在地工程造价管理机构备查。

（三）招标控制价的编制依据

招标控制价的编制依据是指在编制招标控制价时需要进行工程量计量、价格确认、工程计价的有关参数、率值的确定等工作时所需的基础性资料，主要包括：

（1）现行国家标准 DL/T 5745—2016《电力建设工程工程量清单计价规范》与专业工程计算规范。

（2）国家或省级、行业建设主管部门颁发的计价定额和计价办法。

（3）建设工程设计文件及相关资料。

（4）拟定的招标文件及招标工程量清单。

（5）与建设项目相关的标准、规范、技术资料。

（6）施工现场情况、工程特点及常规施工方案。

（7）工程造价管理机构发布的工程造价信息。

（8）工程造价信息没有发布的，参照市场价。

（9）其他的相关资料。

（四）招标控制价编制的特性

（1）招标控制价应具有权威性。

（2）招标控制价应具有完整性。招标控制价应由分部分项工程费、措施项目费、其他项目费、规费、税金以及一定范围内的风险费用组成。

（3）招标控制价应与招标文件的规定一致。招标控制价的内容、编制依据应该与招标文件的规定一致。

（4）招标控制价应合理。招标控制价作为业主进行工程造价控制的最高限额，应力求与建筑市场的实际情况相吻合，要有利于竞争和保证工程质量。

（5）招标控制价应具有唯一性。一个工程只能编制一个招标控制价。

（五）编制招标控制价时应注意的问题

（1）采用的材料价格应是工程造价管理机构通过工程造价信息发布的材料价格，工程造价信息未发布材料单价的材料，其材料价格应通过市场调查确定。另外，未采用工程造价管理机构发布的工程造价信息时，需在招标文件或答疑补充文件中对招标控制价采用的与造价信息不一致的市场价格予以说明，采用的市场价格则应通过调查、分析确定，有可靠的信息来源。

（2）施工机械设备的选型直接关系到综合单价水平，应根据工程项目特点和施工条件确定。

（3）应正确、全面地使用行业和地方的计价定额与相关文件。

（4）不可竞争的措施项目和规费、税金等费用的计算均属于强制性的条款，编制招标控制价时应按国家有关规定计算。

（5）不同工程项目、不同施工单位会有不同的施工组织方法，所发生的措施费也会有所不同，因此，对于竞争性的措施费用的确定，招标人应首先编制常规的施工组织设计或施工方案，然后经专家论证确认后再确定措施项目与费用。

三、招标控制价的编制内容

招标控制价的编制内容包括分部分项工程费、措施项目费、其他项目费、规费和税金，各个部分有不同的计价要求。

（一）分部分项工程费的编制要求

（1）分部分项工程费应根据招标文件中的分部分项工程量清单及有关要求，按照规范要求确定综合单价计价。电力行业标准 DL/T 5745—2016《电力建设工程工程量清单计价规范》规定的综合单价为全费用综合单价，即完成一个规定清单项目所需的人工费、材料费（不含甲供材）、施工机械使用费和措施费、企业管理费、利润、规费、施工单位配合调试费（安装工程）、税金以及一定范围内的风险费用。Q/GDW 11337—2014《输变电工程工程量清单计价规范》规定的综合单价不含措施费、规费、施工单位配合调试费（安装工程）、税金，材料费含甲供材，使用时需要注意两个标准的区别。

（2）依据招标文件中提供的分部分项工程量清单确定工程量。

（3）招标文件提供了暂估单价的材料，应按暂估价的单价计入综合单价。

（4）为使招标控制价与投标报价所包含的内容一致，综合单价中应包括招标文件中要求投标人所承担的风险内容及其范围（幅度）产生的风险费用。

（二）措施项目费的编制要求

（1）电力行业标准中，措施项目费中的临时设施费、安全文明施工费应当按照国家或省级、行业建设主管部门的规定标准计价，此部分不得作为竞争性费用。国家电网有限公司企业标准中，措施项目费中的安全文明施工费应当按照国家或省级、行业建设主管部门的规定标准计价，此部分不得作为竞争性费用。

（2）措施项目应按招标文件中提供的措施项目清单确定，措施项目分为以"量"计算和以"项"计算两种。对于可精确计量的措施项目，以"量"计算即按其工程量用与分部分项工程工程量清单单价相同的方式确定综合单价；对于不可精确计量的措施项目，则以"项"为单位，采用费率法按有关规定综合取定，采用费率法时需确定某项费用的计费基数及其费率。

需要注意的是，电力行业标准中，以费率法计算的措施费计入全费用综合单价中。

（三）其他项目费的编制要求

（1）暂列金额。暂列金额可根据工程的复杂程度、设计深度、工程环境条件（地质、水文、气候条件等）进行估算，一般可以分部分项工程费的 10%～15%为参考。

（2）暂估价。暂估价中的材料单价应按照工程造价管理机构发布的工程造价信息中的材料单价计算，工程造价信息未发布的材料单价，其单价参考市场价格估算；暂估价中的专业工程暂估价应分不同专业，按有关计价规定估算。

（3）计日工。在编制招标控制价时，对计日工中的人工单价和施工机械台班单价应按省级、行业建设主管部门或其授权的工程造价管理机构公布的单价计算；材料应按工程造价管理机构发布的工程造价信息中的材料单价计算，工程造价信息未发布单价的材料，其价格应按市场调查确定的单价计算。

（4）总承包服务费。总承包服务费应按省级或行业建设主管部门的规定计算，在计算时可参考以下标准：

1）招标人仅要求对分包的专业工程进行总承包管理和协调时，按分包的专业工程估算造价的 1.5%计算。

2）招标人要求对分包的专业工程进行总承包管理和协调，并同时要求提供配合服务时，根据招标文件中列出的配合服务内容和提出的要求，按分包的专业工程估算造价的 3%～5%计算。

3）招标人自行供应材料的，按招标人供应材料价值的 1%计算。

（四）规费和税金的编制要求

规费和税金必须按国家或省级、行业建设主管部门的规定计算。

四、招标控制价的计价与组价

（一）工程项目最高投标限价/投标报价汇总表

工程项目最高投标限价/投标报价汇总表反映的是单位工程费用，单位工程费用是由分部分项工程费、投标人采购设备费、措施项目费和其他项目费组成的。工程项目最高投标限价/投标报价汇总表见表 16-1。

表 16-1　工程项目最高投标限价/投标报价汇总表

工程名称：

序号	项目或费用名称	金额（元）	备注
1	分部分项工程		
	其中：暂估价材料费		

续表

序号	项目或费用名称	金额（元）	备注
2	投标人采购设备费		
3	措施项目		
4	其他项目		
	其中：暂列金额		
	其中：专业工程暂估价		
最高投标限价/投标报价 合计＝1＋2＋3＋4			

（二）综合单价的组价

招标控制价的分部分项工程费应由各单位工程的招标工程量清单乘以其相应综合单价汇总而成。综合单价的组成，首先，依据提供的工程量清单和施工图纸，按照工程所在地区颁发的计价定额的规定，确定所组价的定额项目名称，并计算出相应的工程量；其次，依据工程造价政策规定或工程造价信息确定其人工、材料、机械台班单价。同时，在考虑风险因素确定管理费率和利润率的基础上，按规定程序计算出所组价定额项目的合价。最后，将若干项所组价的定额项目合价相加除以工程量清单项目工程量，便得到工程量清单项目综合单价，对于未计价材料费（包括暂估单价的材料费）应计入综合单价。

定额项目合价＝定额项目工程量×［∑（定额人工消耗量×人工单价）＋∑（定额材料消耗量×材料单价）＋∑（定额机械台班消耗量×机械台班单价）＋价差（基价或人工、材料、机械费）＋管理费和利润］

工程量清单综合单价

$$=\frac{\sum(定额项目合价)＋未计价材料}{工程量清单项目工程量}$$

（三）确定综合单价应该考虑的因素

编制招标控制价在确定其综合单价时，应考虑一定范围内的风险因素。在招标文件中应通过预留一定的风险费用，或明确说明风险所包括的范围及超出该范围的价格调整方法。对于招标文件中未做要求的，可按以下原则确定：

（1）对于技术难度较大和管理复杂的项目，可考虑一定的风险费用，并纳入综合单价中。

（2）对于工程设备、材料价格的市场风险，应依据招标文件的规定，工程所在地或行业工程造价管理机构的有关规定，以及市场价格趋势考虑一定率值的风险费用，纳入综合单价中。

（3）税金和规费等法律、法规、规章和政策变化的风险和人工单价等风险费用不应纳入综合单价。

招标工程发布的分部分项工程量清单对应的综合单价，应按照招标人发布的分部分项工程量清单的项目名称、工程量、项目特征描述，依据工程所在地区颁发的计价定额和人工、材料、机械台班价格信息等进行组价确定，并应编制工程量清单综合单价分析表。

第三节 投标报价的编制

投标是一种要约，需要严格遵守关于招投标的法律规定及程序，还需对招标文件做出实质性响应，并符合招标文件的各项要求，科学规范地编制投标文件与合理有策略地提出报价，直接关系到承揽工程项目的中标率。

一、投标文件的编制

（一）投标前期工作

1. 投标报价流程

任何一个施工项目的投标报价都是一项复杂的系统工程，需要周密思考，统筹安排。在取得招标信息后，投标人首先要决定是否参加投标，如果参加投标，即进行前期工作：准备资料；申请并参加资格预审；获取招标文件；组建投标报价班子；然后进入询价与编制阶段。整个投标过程需要遵循一定的程序进行。

2. 研究招标文件

投标人取得招标文件后，为保证工程量清单报价的合理性，应对投标人须知、合同条件、技术规范、图纸和工程量清单等重点内容进行分析，深刻而正确地理解招标文件和业主的意图。

（1）投标人须知反映了招标人对投标的要求，特别要注意项目的资金来源、投标书的编制和递交、投标保证金、更改或备选方案、评标方法等，重点在于防止废标。

（2）合同分析。

1）合同背景分析。投标人有必要了解与自己承包的工程内容有关的合同背景，了解监理方式，了解合同的法律依据，为报价和合同实施及索赔提供依据。

2）合同形式分析。主要分析承包方式（分项承包、施工承包、设计与施工总承包和管理承包等），计价方式（固定合同价格、可调合同价格和成本加酬金确定的合同价格等）。

3）合同条款分析。主要包括：①承包商的任务、工作范围和责任；②工程变更及相应的合同价款调整；③付款方式、时间。应注意合同条款中关于工程预付款、材料预付款的规定。根据这些规定和预计的施工进度计划，计算出占用资金的数额和时间，从而计算出需要支付的利息数额并计入投标报价；④施工工期。合同条款中关于合同工期、竣工日期、部分工程分期交付工期等规定，这是投标人制订施工进度计划的依据，也是报价的重要依据。要注意合同条款中有无工期奖罚的规定，尽可能做到在工期符合要求的前提下报价有竞争力，或在报价合理的前提下工期有竞争力；⑤业主责任。投标人所制订的施工进度计划和做出的报价，都是以业主履行责任为前提的。所以应注意合同条款中关于业主责任措辞的严密性，以及关于索赔的有关规定。

4）技术标准与要求。工程技术标准有的是按工程类型描述工程技术和工艺的内容特点，对设备、材料、施工和安装方法等所规定的技术要求，有的是对工程质量进行检验、试验和验收所规定的方法和要求。工程技术标准与工程量清单中各子项的工作密不可分，报价人员应在准确理解招标人要求的基础上对有关工程内容进行报价。任何忽视技术标准的报价都是不完整、不可靠的，有时可能导致工程承包重大失误和亏损。

5）图纸分析。图纸是确定工程范围、内容和技术要求的重要文件，也是投标者确定施工方法等施工计划的主要依据。

图纸的详细程度取决于招标人提供的施工图设计所达到的深度和所采用的合同形式。详细的设计图纸可使投标人比较准确地估价。

3. 调查工程现场

招标人在招标文件中一般会明确进行工程现场踏勘的时间和地点。投标人对一般区域的调查重点应注意以下几个方面：

（1）自然条件调查。如气象资料，水文资料，地震、洪水及其他自然灾害情况，地质情况等。

（2）施工条件调查。主要包括：工程现场的用地范围、地形、地貌、地物、高程，地上或地下障碍物，现场的"三通一平"情况；工程现场周围的道路，进出场条件，有无特殊交通限制；工程现场施工临时设施、大型施工机具、材料堆放场地安排的可能性，是否需要二次搬运；工程现场邻近建筑物与招标工程的间距、结构形式、基础埋深、新旧程度、高度；市政给水及污水、雨水排放管线位置、高程、管径、压力，废水、污水处理方式，市政、消防供水管道管径、压力、位置等；当地供电方式、方位、距离、电压等；当地煤气供应能力，管线位置、高程等；工程现场通信线路的连接和铺设；当地政府有关部门对施工现场管理的一般要求、特殊要求及规定，是否允许节假日和夜间施工等。

（3）其他条件调查。主要包括各种构件、半成品及商品混凝土的供应能力和价格，以及现场附近的生活设施、治安情况等。

（二）询价与工程量复核

1. 询价

投标报价之前，投标人必须通过各种渠道，采用各种手段对工程所需的各种材料和设备等的价格、质量、供应时间、供应数量等进行系统全面的调查，同时还要了解分包项目的分包形式、分包范围、分包人报价、分包人履约能力及信誉等。询价是投标报价的基础，为投标报价提供可靠的依据。询价时要特别注意以下两个方面：一是产品质量必须可靠，并满足招标文件的有关规定；二是供货方式、时间、地点，有无附加条件和费用。

（1）询价的渠道。

1）直接与生产厂家联系。

2）了解生产厂家的代理人或从事此项业务的经纪人。

3）了解经营此项产品的销售商。

4）向咨询公司进行询价。通过咨询公司所得到的询价资料比较可靠，但需要支付一定的咨询费用。

5）通过互联网查询。

6）自行进行市场调查或信函询价。

（2）生产要素询价。

1）材料询价。材料询价的内容包括调查对比材料价格、供应数量、运输方式、保险和有效期、不同买卖条件下的支付方式等。询价人员在施工方案初步确定后，应立即发出材料询价单，并催促材料供应商及时报价。收到询价单后，询价人员应将从各种渠道询得的材料报价及其他有关资料汇总整理。对同种材料从不同经销部门得到的资料进行比较分析，选择合适、可靠的材料供应商的报价提供给工程报价人员使用。

2）施工机械设备询价。在外地施工需要的机械设备，有时在当地租赁或采购可能更为有利。因此，事前有必要在当地进行施工机械设备的询价。必须采购的机械设备，可向供应厂商询价。对于租赁的机械设备，可向专门从事租赁业务的机构询价，并应详细了解计价方法。

3）劳务询价。劳务询价主要有两种情况：一种是成建制的劳务公司，相当于劳务分包，一般费用较高，但素质较可靠，工作效率较高，承包商的管理工作较轻松；另一种是去劳务市场招募零散劳动力，根据需要进行选择，这种方式虽然劳务价格低廉，但有时素质达不到要求或工作效率降低，且承包商的管理工作较繁重。投标人应在对劳务市场充分了解的基础上决定采用哪种方式，并以此为依据进行投标报价。

（3）分包询价。总承包商在确定了分包工作内容后，就将分包专业的工程施工图纸和技术说明送交预先选定的分包单位，请他们在约定的时间内报价，以便进行比较选择，最终选择合适的分包人。对分包人询价应注意以下几点：分包标函是否完整；分包工程单价所包含的内容；分包人的工程质量、信誉及可信赖程度；质量保证措施；分包报价。

2. 工程量复核

工程量清单作为招标文件的组成部分，是由招标人提供的。工程量的大小是投标报价最直接的依据。复核工程量的准确程度，将影响承包商的经营行为：一是根据复核后的工程量与招标文件提供的工程量之间的差距，考虑相应的投标策略，决定报价尺度；二是根据工程量的大小采取合适的施工方法，选择适用、经济的施工机具设备和投入使用相应的劳动力数量等。

要将复核工程量与招标文件中所给的工程量进行对比，注意以下几个方面：

（1）投标人应根据招标说明、图纸、地质资料等招标文件资料，计算主要清单工程量，复核工程量清单。其中需要特别注意按一定顺序进行，避免漏算或重算，同时正确划分分部分项工程项目，与 DL/T 5745—2016《电力建设工程工程量清单计价规范》保持一致。

（2）复核工程量的目的不是修改工程清单，即使有误，投标人也不能修改工程量清单中的工程量，因为修改了清单就等于擅自修改了合同。工程量清单存在的错误，可以向招标人提出，由招标人统一修改并把修改情况通知所有投标人。

（3）针对工程量清单中工程量的遗漏或错误，是否向招标人提出修改意见取决于投标策略。

（4）通过工程量复核还能准确地确定订货及采购物资的数量，防止由于超量或少购带来的浪费、积压或停工待料。

在核算完全部工程量清单中的细目后，投标人应按大项分类汇总主要工程总量，以便获得对整个工程施工规模的整体概念，并据此研究采用合适的施工方法，选择适用的施工设备等。

3. 制订项目管理规划

项目管理规划是工程投标报价的重要依据，分为项目管理规划大纲和项目管理实施规划。根据 GB/T 50326—2017《建设工程项目管理规范》，当承包商以编制施工组织设计代替项目管理规划时，施工组织设计应满足项目管理规划的要求。

（1）项目管理规划大纲。项目管理规划大纲是投标人管理层在投标之前编制的，旨在作为投标依据、满足招标文件要求及签订合同要求的文件。项目管理规划大纲包括下列内容（根据需要选定）：项目概况、项目范围管理规划、项目管理目标规划、项目管理组织规划、项目成本管理规划、项目进度管理规划、项目质量管理规划、项目职业健康安全与环境管理规划、项目采购与资源管理规划、项目信息管理规划、项目沟通管理规划、项目风险管理规划和项目收尾管理规划。

（2）项目管理实施规划。项目管理实施规划是指在开工之前由项目经理主持编制的，旨在指导施工项目实施阶段管理的文件。项目管理实施规划必须由项目经理组织项目经理部在工程开工之前编制完成，应包括项目概况、总体工作计划、组织方案、技术方案、进度计划、质量计划、职业健康安全与环境管理计划、成本计划、资源需求计划、风险管理规划、信息管理计划、项目沟通管理计划、项目收尾管理计划、项目现场平面布置图、项目目标控制措施和技术经济指标。

（三）编制投标文件

1. 投标文件的编制内容

投标人应当按照招标文件的要求编制投标文件。投标文件应当包括投标函及投标函附录、法定代表人身份证明或附有法定代表人身份证明的授权委托书、联合体协议书（如工程允许采用联合体投标）、投标保证金、已标价工程量清单、施工组织设计、项目管理机构、拟分包项目情况表、资格审查资料和规定的其他材料。

2. 编制投标文件时应遵循的规定

（1）应按投标文件格式编写投标文件，如有必要，可以增加附页作为投标文件的组成部分。其中，投标函作为附录在满足招标文件实质性要求的基础上，可以提出比招标文件的要求更能吸引招标人的承诺。

（2）投标文件中应当对招标文件的工期、投标有效期、质量要求、技术标准和要求、招标范围等实质性内容做出响应。

（3）投标文件应由投标人的法定代表人或其委托代理人签字和单位盖章。委托代理人签字的，投标文件应附法定代表人签署的授权委托书。投标文件应尽量避免涂改、行间插字或删除。如果出现上述情况，改动之处应加盖单位章或由投标人的法定代表人或其授权的代理人签字确认。

（4）投标文件正本一份，副本份数按招标文件有关规定准备。正本和副本的封面上应清楚地标记"正本"或"副本"字样。投标文件的正本与副本应分别装订成册，并编制目录。当副本和正本不一致时，以正本为准。

（5）除招标文件另有规定外，投标人不得递交备选投标方案。允许投标人递交备选投标方案的，只有中标人所递交的备选投标方案方可予以考虑。评标委员会认为中标人的备选投标方案优于其按照招标文件要求编制的投标方案的，招标人可以接受此备选投标方案。

3. 投标文件的递交

投标人应当在招标文件规定的提交投标文件的截止时间前，将投标文件密封送达投标地点。招标人收到招标文件后，应当向投标人出具表明签收人和签收时间的凭证，在开标前任何单位和个人不得开启投标文件。在招标文件要求的提交投标文件截止时间后送达或未送达指定地点的投标文件，视为无效的投标文件，招标人不予受理。有关投标文件的递交还应注意以下问题：

（1）投标人在递交投标文件的同时，应按规定的金额、担保形式和投标保证金格式递交投标保证金，并作为其投标文件的组成部分。联合体投标的，其投标保证金由牵头人或联合体各方提交，并应符合规定。投标保证金除现金外，还可以是银行出具的银行保函、保兑支票、银行汇票或现金支票。投标保证金的数额不得超过项目估算价的 2%，且最高不超过 80 万元。依法必须进行招标的项目的境内投标单位，以现金或者支票形式提交的投标保证金应当从其基本账户转出。投标人不按要求提交投标保证金的，其投标文件应被否决。出现下列情况的，投标保证金不予返还：

1）投标人在规定的投标有效期内撤销其投标文件；

2）中标人在收到中标通知书后，无正当理由拒签合同协议书或未按招标文件规定提交履约担保。

（2）投标有效期。投标有效期从投标截止时间起开始计算，主要用作组织评标委员会评标、招标人定标、发出中标通知书，以及签订合同等工作，一般考虑以下因素：①组织评标委员会完成评标需要的时间；②确定中标人需要的时间；③签订合同需要的时间。

一般项目投标有效期为 60～90 天，大型项目 120 天左右。投标保证金的有效期应与投标有效期保持一致。

出现特殊情况需要延长投标有效期的，招标人以书面形式通知所有投标人延长投标有效期。投标人同意延长的，应相应延长其投标保证金的有效期，但不得要求或被允许修改或撤销其投标文件；投标人拒绝延长的，其投标失效，但投标人有权收回其投标保证金。

（3）投标文件的密封和标识。投标文件的正本与副本应分开包装，加贴封条，并在封套上清楚标记"正本"或"副本"字样，于封口处加盖投标人单位章。

（4）投标文件的修改与撤回。在规定的投标截止时间前，投标人可以修改或撤回已递交的投标文件，但应以书面形式通知招标人。在招标文件规定的投标有效期内，投标人不得要求撤销或修改其投标文件。

（5）费用承担与保密责任。投标人准备投标活动和参加投标活动发生的费用自理。参与招标投标活动的各方应对招标文件和投标文件中的商业和技术等秘密保密，违者应对由此造成的后果承担法律责任。

4. 联合体投标

两个以上法人或者其他组织可以组成一个联合体，以一个投标人的身份共同投标。联合体投标需遵循以下规定：

（1）联合体各方应按招标文件提供的格式签订联合体协议书，联合体各方应当指定牵头人，授权其代表所有联合体成员负责投标和合同实施阶段的主办、协调工作，并应当向招标人提交所有联合体成员法定代表人签署的授权书。

（2）联合体各方签订共同投标协议后，不得再以自己名义单独投标，也不得组成新的联合体或参加其他联合体在同一项目中投标。联合体各方在同一招标项目中以自己名义单独投标或者参加其他联合体投标的，相关投标均无效。

（3）招标人接受联合体投标并进行资格预审的，联合体应当在提交资格预审申请文件前组成。资格预审后联合体增减、更换成员的，其投标无效。

（4）由同一专业的单位组成的联合体，以资质等级较低的单位确定资质等级。

（5）联合体投标的，应当以联合体各方或者联合体中牵头人的名义提交投标保证金。以联合体中牵头人名义提交的投标保证金，对联合体各成员均具有约束力。

5. 串通投标

在投标过程中有串通投标行为的，招标人或有关管理机构可以认定此行为无效。

（1）有下列情形之一的，属于投标人相互串通投标：①投标人之间协商投标报价等投标文件的实质性内容；②投标人之间约定中标人；③投标人之间约定部分投标人放弃投标或者中标；④属于同一集团、协会、商会等组织成员的投标人按照该组织的要求协同投标；⑤投标人之间为谋取中标或者排斥特定投标人而采取的其他联合行动。

（2）有下列情形之一的，视为投标人相互串通投标：①不同投标人的投标文件由同一单位或者个人编制；②不同投标人委托同一单位或者个人办理投标事宜；③不同投标人的投标文件载明的项目管理成员为同一人；④不同投标人的投标文件异常一致或者投标报价呈规律性差异；⑤不同投标人的投标文件相互混装；⑥不同投标人的投标保证金从同一单位或者同一个人的账户转出。

（3）有下列情形之一的，属于招标人与投标人串通投标：①招标人在开标前开启投标文件并将有关信息泄露给其他投标人；②招标人直接或者间接向投标人泄露标底、评标委员会成员等信息；③招标人明示或者暗示投标人压低或者抬高投标标价；④招标人授意投标人撤换、修改投标文件；⑤招标人明示或者暗示投标人为特定投标人中标提供方便；⑥招标人与投标人为谋求特定投标人中标而采取的其他串通行为。

二、投标报价编制的原则与依据

投标报价是在工程招标发包过程中，由投标人按照招标文件的要求，根据工程特点，并结合自身的施工技术、装备和管理水平，依据有关计价规定自主确定的工程造价，是投标人希望达成工程承包交易的期望价格，它不能高于招标人设定的招标控制价。作为投标计算的必要条件，应预先确定施工方案和施工进度。此外，投标计算还必须与采用的合同形式相协调。

（一）投标报价的编制原则

报价是投标的关键性工作，报价是否合理不仅直接关系到投标的成败，还关系到中标后企业的盈亏。投标报价编制原则如下：

（1）投标报价由投标人自主确定，但必须执行DL/T 5745—2016《电力建设工程工程量清单计价规范》的强制性规定。投标价应由投标人或受其委托、具有相应资质的工程造价咨询人员编制。

（2）投标人的投标报价不得低于成本。《招标投标法》第四十一条规定："中标人的投标应当符合下列条件……（二）能够满足招标文件的实质性要求，并且经评审的投标价格最低；但是投标价格低于成本的除外。"《评标委员会和评标方法暂行规定》（七部委第12号令）第二十一条规定："在评标过程中，评标委员会发现投标人的报价明显低于其他投标报价或者在设有标底时明显低于标底的，使得其投标报价可能低于其个别成本的，应当要求该投标人做出书面说明并提供相关证明材料。投标人不能合理说明或者不能提供相关证明材料的，如果有评标委员会认定该投标人以低于成本报价竞标，其投标应作为废标处理。"根据上述法律、规章的规定，特别要求投标人的投标报价不得低于成本价。

（3）投标报价要以招标文件中设定的发承包双方责任划分，作为考虑投标报价费用项目和费用计算的基础，发承包双方的责任划分不同，会导致合同风险不同的分摊，从而导致投标人选择不同的报价。应根据工程发承包模式考虑投标报价的费用内容和计算深度。

（4）以施工方案、技术措施等作为投标报价计算的基本条件；以反映企业技术和管理水平的企业定额作为计算人工、材料和机械台班消耗量的基本依据；充分利用现场考察、调研成果、市场价格信息和行情资料，编制基础标价。

（5）报价计算方法要科学严谨，简明适用。

（二）投标报价的编制依据

DL/T 5745—2016《电力建设工程工程量清单计价规范》规定，投标报价应根据下列依据编制和复核：

（1）DL/T 5745—2016《电力建设工程工程量计价规范》。

（2）国家或省级、行业建设主管部门颁发的计价办法。

（3）企业定额，国家或省级、行业建设主管部门颁发的计价定额和计价办法。

（4）招标文件、招标工程量清单及其补充通知、答疑纪要。

（5）建设工程设计文件及相关资料。

（6）施工现场情况、工程特点及投标时拟定的施工组织设计或施工方案。

（7）与建设项目相关的标准、规范等技术资料。

（8）市场价格信息或工程造价管理机构发布的工程造价信息。

（9）其他的相关资料。

三、投标报价的编制方法和内容

（一）投标报价费用构成

投标报价费用包括项目管理费、工程保险费用、竣工结算资料费用、勘察设计费、采办费、施工费用、联动投料试车费用、培训费用和税金。

（1）项目管理费。指总承包商组织项目管理及协调所需的费用，包括以下几项：①管理人员工资，指项目管理人员的基本工资、工资性补贴、福利费、劳动保护费、施工补助、误餐费等。②管理人员社会保障费和住房公积金，指养老保险费、失业保险费、医疗保险费、工伤保险费等国家和地方规定的社会保障费用及住房公积金。③办公费用，指项目部办公设施和办公消耗用品费用，具体包括办公桌椅、电脑、复印件、打印机、电话机、传真机、扫描机、电视机、投影机、有线电视网络、宽带网络、各种工程软件等办公设施，及办公用文具、纸张、账表、印刷、邮电、书报、会议、水电、取暖、通信、有线电视、宽带网等费用。交通差旅费是指因公出差的车船费用、住宿费用、出差补助、市内交通费用，项目部使用交通工具的折旧、大修、维修、油料、养路费、牌照费及司机有关费用。④办理各种证件许可的费用，指按招标文件规定应该由承包商负责办理的各种证件许可的费用。

（2）工程保险费用。指按招标文件规定应该由承包商负责承保的各项保险费用，一般包括工程一切险、第三方责任险、雇主责任险、施工机具险、车辆综合险、设计责任险等。

（3）协调招待费。指与地方政府有关部门、业主、监理、上级主管部门、协作单位、分包单位等进行工作协调而发生的费用及其招待费用。

（4）财务费。指项目为筹措资金而发生的各种费用。

（5）竣工结算资料费用。指办理工程项目竣工结算发生的各种资料费用。

（6）勘察设计费。包括勘察费和设计费。勘察费是指为了满足设计需要而进行现场勘察所发生的费用，设计费是指提供编制建设项目初步设计文件、施工图设计文件、非标准设备设计文件、施工图预算文件、竣工图文件等服务所收取的费用。

（7）采办费。包括采办服务费和设备材料价格。采办服务费是指为组织采购、供应、检验、保管和发放材料设备过程中所需要的各项费用，包括采购费、仓储保管费（包括场地租赁及设施等）、仓储损耗、检验试验费、仓储地到工地运输装卸费等；设备材料价格包括设备材料原价（或供应价格）、运杂费、运输损耗、运输保险、进口设备材料，还包括海陆运输保险、各种清关费用及税金。

（8）施工费用。按建设部2003年颁发的206号文规定的建筑安装工程费用项目，组成计取费用项目，即直接费、间接费、利润、税金、一般税金单列。

（9）联动投料试车费用。指联动投料试车承包商发生的各项费用。

（10）培训费用。指承包商针对本项目装置系统，对业主操作及维护人员提供的培训而发生的费用，包括工艺、设备、电器、仪表、安全消防和环保的各专业的基础知识、原理、性能、流程、装置及设备的运行与维护操作费用。

（11）临设动迁费用。包括临时设施费和项目动迁费。临时设施费包括项目整体使用的办公室、临时宿舍、仓库、预制加工厂、文化福利设施及规定范围内的道路、水、电、管线等临时设施的搭建、维修、拆除或摊销费。项目动迁费包括总承包商和分包商施工队伍调遣费。

（12）税金。包括城市建设维护费、教育附加费、营业税及当地规定的其他费用。

（二）投标报价方法

投标报价是对勘察设计、采办服务、工程施工及培训试车等全过程报价，按照计价方式的不同，分为定额系数报价法和成本加利润报价法。

1. 定额系数报价法

定额系数报价法是对总承包项目投标的工程内容，按照招标文件要求的费用项目，在严格核对工程量及包含的风险内容的基础上，依据国家、地方、行业现行的预算定额及造价方面的有关文件规定，正常编制项目投标报价，并根据企业投标策略、成本水平、

市场水平、投标报价经验、竞争对手情况等，测定报价调整系数，以此系数调整报价，最终确定项目投标报价的方法。

总承包项目投标报价编制应按照招标文件的要求及现场踏勘情况，首先弄清楚投标范围，复核招标文件要求的投标费用项目及其包括的工作内容，认真核对工程量，分析招标文件遗漏项目（需要承包商考虑的项目）和风险项目，并将其分解到招标文件规定的费用项目中，确定编标使用的预算定额计价依据及费用标准，按招标文件格式要求编制投标报价。

总承包项目投标报价中主要费用项目的编制如下：

（1）项目管理费：根据招标文件要求的内容或承包商认为应包括的内容编制报价，没有统一的内容和计费标准，有经验的承包商可依据投资额的大小按其1%～5%确定报价。

（2）勘察设计费：根据国家建设部2002年颁发的工程勘察设计收费标准的有关规定报价。

（3）采办服务费：按照业主招标文件规定的服务内容进行报价，一般为采办设备材料价值的1%～3%。

（4）工程施工费：按照招标文件的报价要求，分专业或单位工程，按单项费用综合报价，严格审核工程量，计价依据可选定国家或地方行业现行的预算定额和配套的费用标准。计取单项费用时，应注意两个问题：一是检查单项费用项目中所包含的分部分项目、措施费用项目、风险项目是否齐全；二是取费项目是否符合招标文件要求，是否包括要求单列的项目内容。

（5）其他费用项目。按拟投人员、材料、设备机具数量，计价采用选定预算定额人材机标准编制报价，其报价水平与工程施工费基本一致。

投标报价调整系数的确定。报价调整系数是投标企业投标时确定的报价调整系数，是在具体分析企业管理水平、项目成本水平、项目价格市场水平、业主的希望价位、评标办法、竞争激烈程度、材料物价趋势、投标报价经验、竞争对手等情况的基础上，根据企业的投标策略确定报价调整系数的高低。一般情况下，如果投标企业以占领市场、必须中标为出发点，或企业任务不饱和，或市场竞争激烈，可采用低价调整系数；如果企业任务饱和，或有项目专用技术，或高技术高风险领域项目，或从参与投标角度出发，可采用高价调整系数。

2. 成本加利润报价

根据投标项目工程规模、性质、工期、技术复杂程度等基本情况，通过对投标企业拟投入的劳动力、机械设备、材料进行分析，结合企业的施工定额（参考预算定额）、已完成的类似工程的有关资料和投标工

程的特点，按照企业的实际工资水平、市场材料设备价格水平、机械费用核算办法、管理费水平、成本核算办法及项目所在地人员工资、设备租赁、地材市场情况预测投标工程成本，再选取适当的利润率以确定投标报价。

（1）投标工程成本的确定。投标工程成本按工作内容分为设计成本、采办成本、施工成本及其他成本。按成本项目分为总承包工程项目的直接成本、间接成本和其他成本。直接成本包括建设工程所需的人工费、材料费及机械使用费。间接成本包括现场管理费、上级管理费、财务费用等。其他成本包括税金、投标费用、保险费用、贷款利息、职工福利基金、养老基金、医疗保险基金、住房公积金等。这些费用在实际工程投标中要分摊到各个单项工程中。另外，有些费用如保险金、临时设施费（包括施工便道、便桥、临时通信、临时生活用水、临时驻地建设、业主及监理工程师的费用等），有的在投标工程量清单中单列，可作为单独一项进行报价，有的没有单列，要将这些费用分摊到各项工程中去。

（2）投标工程利润的确定。在市场竞争条件下，承包商企业要想通过工程投标中标，必须在综合分析内部外部因素的基础上，确定对自己有利的投标工程利润水平，需考虑以下因素：分析竞争对手任务情况，如果对手任务不足，可采取低报价，保本投标，相反则可采取高价投标。要分析本企业目前的状况及市场开发情况，如果目前任务比较充足，或者本企业具有较其他单位无法比拟的优势，如技术特长、专业优势和特殊机械设备等，利润率可确定的高一点，如果企业想开拓投标工程所在地的工程建设市场，而面对地区保护、行业保护比较严重的现实，要想提高投标竞争力，可取低利润率或不取。根据工程特点，对那些工程技术简单、施工难度小、管理难度和投入也较小，同时工程量又比较大的项目，可降低利润率，利用本

企业熟练的施工和高产量来取得利润；对那些技术复杂、施工难度大、管理难度和投入也比较大的项目，可提高利润率。对亚行、世行贷款建设的工程项目，大都是低价中标原则，只有低报价才有中标的可能，在投标时应确定低利润率，要结合本企业的在建或已完工同类工程，确定利润率。

（三）投标报价编制策略及技巧

总承包项目投标报价，在实质性响应招标文件的前提下，为了企业在中标后提高项目利润水平，减少项目经营风险，一般在投标报价编制中，采用如下策略及技巧：

（1）不平衡报价。在总报价水平确定的基础上，采用不平衡报价。通过研究招标文件进行判断分析，利用投标期和施工期工程量的变化趋势等因素，适当调整某些项目的单价来获取较多的利润。在充分核对工程量的基础上，可按工程量变化趋势调整单价，即对那些在工程施工过程中，预计工程量要增加的项目调高单价，相反应降低单价。对计日工单价和仅有项目而没有工程数量的，可调高其单价。对于在投标过程中业主有意向变更的项目，可根据变更的增减来调整单价。

（2）早收款报价。根据招标文件付款条件和工程进度计划安排，对前期付款项目和能够先施工项目，在不影响报价结构合理性的情况下，可调高此部分项目单价，如工程前期的动迁费、临时设施费、开工证件费用、设计费用等，先开工的基础项目、"三通一平"项目等。工程项目能够尽早收款，可以减少项目经营风险和资金风险，保障项目的顺利实施。

（3）满足基本工程设计报价。在投标工程中，满足项目基本工程的情况下，按价值工程优化设计方案，在材料设备选型上，应坚持功能性、国产化原则，尽量减少多余功能和设备材料引进，从设计角度控制投标报价，增强投标报价的竞争力。

第十七章

电网工程工程结算

第一节 工程结算的定义和编制流程

一、定义

根据财政部、建设部《建设工程价款结算暂行办法》的规定，建设工程价款结算是指对建设工程的发承包合同价款进行约定和依据合同约定进行工程预付款、工程进度款、工程竣工价款结算的活动。在实践中，工程结算常常是指建设项目、单项工程、单位工程或专业工程完工、结束、中止，经发包人验收合格并办理移交手续后，按照双方合同的约定，由承包人在原合同价格基础上编制调整价格并提交发包人或其委托的咨询机构审核确认的过程。经发包人或其委托的咨询机构审核并经承包人确认的价格为合同的最终价。合同最终价是办理工程价款支付的依据，是价款支付的最高额度。

电网工程结算是指对电网工程发承包合同价款进行约定和依据合同约定进行工程预付款、工程进度款、工程竣工价款结算的活动。工程结算范围包括工程建设全过程中的建筑工程费、安装工程费、设备购置费和其他费用等。

二、编制流程

1. 承包人提交竣工结算文件

承包人在工程完工后，应及时提交项目竣工验收报告。经验收委员会验收并确认签字后，承包人应当依据合同约定的工作范围、计价原则、施工图纸、设计变更、现场签证等相关有效文件和资料，编制工程造价结算书。并根据经发包人、承包人双方共同确认的工程期中价款结算文件，汇总编制工程竣工结算文件。

承包人未在合同约定的时间内提交竣工结算文件，经发包人催告后14天内仍未提交结算文件，或未给予发包人明确答复的，发包人有权根据已有资料编制竣工结算文件，作为办理竣工结算和支付结算尾款的依据，承包人应予以认可。

2. 发包人审核竣工结算文件

（1）发包人应当在收到承包人提交的竣工结算文件后28天内进行核对。

（2）经发包人核实，认为承包人还应当进一步修改结算文件或者补充资料的，应当在28天内向承包人提出核实意见，承包人在收到核实意见后的28天内，按照发包人提出的合理要求补充资料，修改竣工结算文件，并再次提交给发包人审核。

发包人应当在收到承包人再次提交的竣工结算文件后的28天内予以复核，并将复核结果通知承包人。如果发包人、承包人对复核结果均无异议的，应在7天内在竣工结算文件上签字确认，竣工结算办理完毕。如果发包人或者承包人对复核结果仍然存有异议，可以将无异议部分办理不完全竣工结算，将有异议部分由双方协商解决，协商不成的，按照合同约定的争议解决方式处理。

发包人在收到承包人竣工结算文件后的28天内，不核对竣工结算，也未提出核对意见的，视为承包人提交的竣工结算文件已被发包人认可，竣工结算办理完毕。

承包人在收到发包人提出的核实意见后的28天内，不确认，也未提出异议的，视为发包人提出的核实意见已被承包人认可，竣工结算办理完毕。

发包人不具备竣工结算文件核实能力的，也可以委托具有相应能力和资质的工程造价咨询机构进行核实。发包人委托工程造价咨询机构核对竣工结算的，工程造价咨询机构应当在28天内核对完毕，核对结论与承包人竣工结算文件不一致的，应提交承包人复核，承包人应在14天内将同意核对结论或不同意见的说明提交工程造价咨询机构。工程造价咨询机构收到承包人提出的异议后，应当再次复核，复核无异议的，由发包人与承包人7天内在竣工结算文件上签字确认，竣工结算办理完毕。复核后仍有异议的，可以将无异议部分办理不完全竣工结算，将有异议部分由双方协商解决，协商不成的，按照合同约定的争议解决方式处理。

承包人逾期未提出书面异议的，视为工程造价咨询机构核对的竣工结算文件已被承包人认可。

工程造价咨询机构出具的核对结论，应由注册造价工程师本人签字确认，并加盖注册造价工程师印章。

3. 竣工结算文件的签认

对于经发包人或发包人委托的工程造价咨询机构与承包人核对后无异议、共同认可的竣工结算文件，发承包双方应当在规定的时间内完成签字程序。若其中一方拒不签认竣工结算文件的，按以下规定处理：

（1）若发包人拒不签认，承包人可不提供竣工验收备案资料，并有权拒绝与发包人或其委托的工程造价咨询机构重新核对竣工结算文件。

（2）若承包人拒不签认、发包人要求办理竣工验收备案的，承包人不得拒绝提供竣工验收资料，否则，由此造成的损失，承包人承担连带责任。

（3）经签字确认的竣工结算文件，一般情况下将被视为合同文件的组成部分，是发包人支付承包人工程竣工结算款的基础，也是承包人向发包人申请全部工程价款的重要依据。

（4）禁止发包人将竣工结算文件再次交由另一个或多个工程造价咨询机构重复核对，承包人也有权拒绝再次与第三方工程造价咨询机构核对竣工结算的要求。

4. 竣工结算价款的支付

（1）承包人提交竣工结算款支付申请。承包人应根据办理的竣工结算文件，向发包人提交竣工结算款支付申请。支付申请应当包含：经双方共同确认的竣工结算价款总额，累计已实际支付的合同价款，应扣留的质量保证金以及根据合同约定的其他暂扣金额和实际应支付的竣工结算款金额。

（2）发包人签发竣工结算支付证书。发包人应在收到承包人提交竣工结算款支付申请后 7 天内予以核实，向承包人签发竣工结算支付证书。

（3）支付竣工结算款。发包人签发竣工结算支付证书后的 14 天内，按照竣工结算支付证书列明的金额向承包人支付结算款。

工程竣工结算流程见图 17-1。

就电网工程而言，电网工程结算流程的要点如下：

（1）以单位工程为基础，对施工图预算的主要内容，如定额编号、工程项目、工程量、单价及计算结果等进行检查与核对。

（2）核查工程开工前的施工准备及临时用水、电、道路和平整场地、清除障碍物的费用是否准确，土石方工程与地基基础处理有无漏项或多算，钢筋混凝土工程中的含钢量是否按规定进行了调整，加工订货的项目、规格、数量、单价与施工图预算及实际安装的

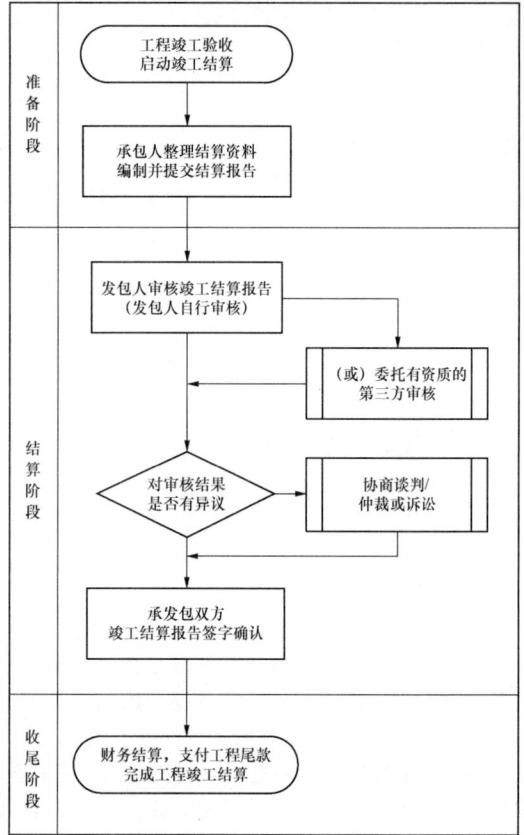

图 17-1　工程竣工结算流程图

规格、数量、单价是否相符，特殊工程中使用的特殊材料的单价有无变化，工程施工变更记录与预算调整是否符合，索赔处理是否符合要求，分包工程费用支出与预算收入是否相符，施工图要求及实际施工有无不相符的项目等。若发现不符合有关规定，有多算、漏算或计算误差等情况时，均应及时调整。

（3）将各个单位工程预算分别按单项工程汇总，编出单项工程综合结算书，并将单项工程综合结算书汇编成整个建设项目的工程竣工结算书与说明书。

（4）应将竣工结算的价款总额与建设单位和承包单位进行协商。

（5）工程竣工结算书送给主管领导审定后，由监理单位、建设单位和预算合同审查部门审查确认，再由财务部门据此办理工程价款的最终结算和拨款，同时将资料按档案管理的要求及时存档。

第二节　工程结算编制深度和编制依据

一、编制深度

电网工程工程结算涵盖各单项工程概算内的建筑

工程费、安装工程费、设备购置费和其他费用，包括设计、监理、施工、物资采购、拆迁赔偿等合同费用，以及项目法人管理费、建设期贷款利息等无合同费用。

根据工程招标投标形式，按工程量清单方式招标的，可依据 DL/T 5745—2016《电力建设工程工程量清单计价规范》编制竣工结算总价表格，未按工程量清单方式招标的，其竣工结算编制深度是电网工程编制竣工结算报告的深度。

二、编制依据

在建设工程的所有合同包括设计合同、监理合同、施工合同、咨询合同等结算价款确定后，即可编制包含建筑工程费、安装工程费、设备购置费以及其他费用在内的工程费用全口径结算报告。结算报告的编制依据有：

（1）工程竣工验收报告；

（2）合同书或协议书（含补充合同书）；

（3）相关定额、取费标准、定额解释、工程量计算规则、设备材料价格及工程造价管理的有关文件、规定；

（4）批准概算书（含初步设计批复）；

（5）审定施工图预算书；

（6）招标文件及补充条款；

（7）投标文件及其附件、投标澄清文件及承诺书、投标报价书；

（8）设备、材料、施工及验收等技术标准和规范；

（9）工程竣工图、启动验收会议纪要；

（10）经审定的施工图（含说明）、会审纪要、设备材料清册、工程量清单；

（11）设计变更单、变更设计单及变更预算书、费用签证单；

（12）重大设计变更、重大变更设计、重大签证及超过规定额度动用预备费，初步设计批复单位的审核意见；

（13）设备材料招标实际采购价格、设备材料信息价格（当地当时）；

（14）工程图像资料；

（15）其他与建设工程竣工结算报告相关的文件资料。

第三节　工程结算书编制

一、编制内容

工程竣工结算书编制内容含两方面：一是工程量清单计价规范结算总价表格编制内容；二是电网工程结算书编制内容。

1. DL/T 5745—2016《电力建设工程工程量清单计价规范》结算总价表格编制内容

（1）封面：结算计价封－1。

（2）填表须知：结算计价封－2。

（3）竣工结算编制说明：结算计价表－1。

（4）工程项目竣工结算汇总表：结算计价表－2。

（5）分部分项工程费用汇总表：结算计价表－3。

（6）分部分项工程量清单结算汇总对比表：结算计价表－4：

1）分部分项工程量清单计价表：结算计价表－4.1；

2）工程量清单全费用综合单价分析表：结算计价表－4.2；

3）工程量清单全费用综合单价人、材、机计价表：结算计价表－4.3。

（7）承包人采购材料计价表：结算计价表－5。

（8）承包人采购设备计价表：结算计价表－6。

（9）措施项目清单计价表：结算计价表－7。

（10）其他项目清单计价表：结算计价表－8：

1）暂估材料单价确认及价差计价表－8.1；

2）专业工程结算价表：结算计价表－8.2；

3）计日工表：结算计价表－8.3；

4）施工总承包服务费计价表：结算计价表－8.4；

5）索赔与现场签证计价汇总表：结算计价表－8.5；

6）拆除工程项目清单计价表：结算计价表－8.6；

7）人工、材料、机械台班价格调整计价表：结算计价表－8.7；

8）费用索赔申请（核准）表：结算计价表－8.8。

（11）发包人采购材料计价表：结算计价表－9。

（12）主要工日价格表：结算计价表－10。

（13）主要机械台班价格表：结算计价表－11。

具体表格形式参看 DL/T 5745—2016《电力建设工程工程量清单计价规范》竣工结算总价表格组成。

2. 电网工程工程结算书编制内容

（1）编制规范。

1）编制总体说明。

a. 输变电工程竣工结算通用格式主要包括三部分：输变电建设项目竣工结算汇总表、变电工程结算书通用格式、送电工程结算书通用格式。

b. 输变电工程竣工结算书通用格式电子版是结算管理平台数据收集的重要工具，表格格式严格固定，不得修改或调整。

c. 通信、复合地线光缆（OPGW）、电缆工程可参照变电站、送电通用格式填写，必须填写概况表、结算汇总表。

2）输变电建设项目竣工结算汇总表。输变电建设项目竣工结算汇总表是变电、线路及其他工程的可研估算、批复概算工程结算投资数据的汇总。

（2）变电工程竣工结算书通用格式编制规范。

1）变电竣工工程概况表。

a. 概算批准机关、文号的填写标准为批复文件批复文号的标准格式。示例：国家电网基建〔2010〕173 号。

b. 设计容量只填数字。

c. 各电压侧回路数填写标准为："高压侧电压/回路数、中压侧电压/回路数、低压侧电压/回路数"。若只有两侧电压，则将缺少的那侧空出，例如没有中压侧，填写标准为："高压侧电压/回路数、低压侧电压/回路数"，示例：500/3、220/8、35/12。

d. 各电压配电装置型式填写标准为："高压侧电压/配电装置型式、中压侧电压/配电装置型式、低压侧电压/配电装置型式"。若只有两侧电压，填写方式与（3）同。主要配电装置型式包括 GIS、AIS 柱式、AIS 罐式、HGIS、开关柜、其他。

e. 主变压器产地、制造厂填写标准为："产地/制造厂"。

f. 征地文号、证书号填写标准为："征地文号/证书号"。

2）工程主要技术经济指标表。

a. 此表主要填写变电工程主要设备材料数量及单价，均应填数字。可在备注中描述设备型号。

b. 若存在此表中以外的设备材料，可在最后一行填加，但不得在已有内容中插入。

3）竣工结算汇总表。

a. 主要材料应分别在"建筑工程费"和"安装工程费"中相应位置填写。

b. 此表第三大项"设备（主材）购置费"主要填写设备价格。

c. 如有其他特殊项目，应在第五项"价差预备费"后填加。

4）竣工工程结算一览表和建筑、安装、其他费用明细表。两表深度应为概算表二深度，各分项工程内容严格按照《预规》中规定的科目列示。填表时，发生费用的科目，在相应位置填写费用；未发生费用的科目，不填写，但不能删除。

5）设备购置费用明细表。此表按照概算表二的科目划分，本条主要列示各分项工程下必须填写的设备及其填写标准，在编写此表时，不限于但不能少于以下列示的设备类型：

a. 主变压器系统，见表 17-1。

表 17-1　　主 变 压 器 系 统

需填写的设备	标准填写格式
主变压器	××kV 主变压器××MVA
避雷器	××kV 避雷器

b. 配电装置，见表 17-2。

表 17-2　　　配 电 装 置

需填写的设备	标准填写格式
断路器	××kV 断路器
GIS	××kV GIS
隔离开关	××kV 隔离开关
电流互感器	××kV 电流互感器
电压互感器	××kV 电压互感器
避雷器	××kV 避雷器

c. 无功补偿装置，见表 17-3。

表 17-3　　无 功 补 偿 装 置

需填写的设备	标准填写格式
并联电容器	××kV 并联电容器
并联电抗器	××kV 并联电抗器

d. 站用电系统，见表 17-4。

表 17-4　　站 用 电 系 统

需填写的设备	标准填写格式
站用变压器	××kV 站用变压器
站用电柜	××kV 站用电柜
低压配电箱	××kV 配电箱
动力检修箱	××kV 动力检修箱

6）主要材料汇总表。主要材料汇总表中必须填写的材料包括铝管母线、钢芯铝绞线、支持绝缘子、耐张绝缘子片、电力电缆、控制电缆，标准填写格式如表 17-5 所示。

表 17-5　　主 要 材 料 汇 总 表

需填写的材料	标准填写格式
铝（铜）管母线	ϕ××铝（铜）管母线
钢芯铝绞线	LGJ－导线截面/钢芯截面
支持绝缘子	支持绝缘子
耐张绝缘子片	耐张绝缘子片
电力电缆	电力电缆
控制电缆	控制电缆

（3）送电工程竣工结算书通用格式编制规范。

1）送电竣工工程概况表。

a. 概算批准机关、文号的填写标准与变电一致。

b. 线路起止地点填写标准："起点/终点"。

c. 电压及回路数填写标准："电压等级、回路数/长度、回路数/长度、……"例如：220、1/15、2/20……

d. 若送电工程存在多种导线或地线型号，以"、"间隔，例如：LGJX－240/30、LGJX－300/25……

e. 气象条件主要填写覆冰、风速，填写标准："（覆冰，风速）/长度、（覆冰，风速）/长度……"，例如：（10，30）/20、（15，25）/30。

f. 地形及比重填写标准："长度/百分比"，例如：34/62%。

2）工程主要技术经济指标表。

a. 此表主要填写送电工程主要材料数量及单价，均应填数字。可在备注中描述材料具体型号。

b. 若存在此表中以外的设备材料，可在最后一行填加，但不得在已有内容中插入。

3）竣工结算汇总表。

a. 送电工程"建筑工程费"应为空。

b. 第三大项"设备（主材）购置费"不填。

c. 如有其他特殊项目，应在第五项"价差预备费"后填加，不得在已有内容中插入。

4）竣工工程结算一览表和建筑、安装、其他费用明细表。两表深度应为概算表二深度，各分项工程内容严格按照预规中规定的科目列出。在填表过程中，发生费用的科目，在相应位置填写费用；未发生费用的科目不填写，但不能删除。

二、编制方法

1. 工程量清单结算

工程量清单招投标模式在我国已推行多年，工程量清单招投标模式下的结算造价一般包括以下五个方面：①招投标清单项目内的结算造价；②重新进行清单组价的结算造价；③价差调整造价，即招投标清单项目内的工料机价格变化超过合同约定的风险变化幅度时引起的价格调整造价；④综合单价调整引起的造价，即招投标清单项目内的清单工程量变化超过合同约定的风险变化幅度时综合单价引起的造价；⑤措施费调整造价。

（1）招投标清单项目内的结算造价。对施工完成的实际清单项目，当项目特征与招投标文件中的清单项目所描述的项目特征一致时，需采用"固定单价、工程量按实结算法"来进行结算，这也是建设工程量清单计价规范中"合同已有适用的综合单价，按合同已有的综合单价确定"条款的要求。这里所说的已有综合单价，就是作为合同重要组成部分之一的"中标

单位按照招标单位提供的工程量清单所做的投标报价文件中的综合单价"，此方式所说的招投标清单项目内的结算造价，一般占该项目结算总造价的主要比例。

（2）重新进行清单组价的结算造价。重新进行清单组价的结算造价部分，主要是针对实际完成清单项目的项目特征与招投标文件中不一致的项目，如果只是项目特征的简单性减少，可参照原投标单价并做少量修正，如抽取掉原投标报价时某清单项目下挂的某条定额子目后即满足要求，如果项目特征对比后，有"质"的区别，则需重新套定额对这些清单项目进行综合单价的重组价，此时的材料单价要按此清单项目具体施工期的当期信息价或施工期间的平均信息价来取定。如果按平均价，要注意合同约定的是算术平均价还是加权平均价，工程量按照实际完成工程量录入即可，取费一般按中值并考虑让利系数来确定。让利系数按合同约定来计算，一般涉及招标预算控制价文件与投标报价文件中的数据对比（让利系数=1－投标报价总造价/招标预算控制价总造价），注意合同约定的是总价让利还是单价让利。如果是总价让利，对于"重新进行清单组价的结算造价部分"（除了参照合同中已有的类似综合单价这种情况之外），由于材料价格取的是实际发生期间的信息价，清单项目是招投标时没有列出的新项目，因此就不存在"价差调整造价"与"综合单价调整引起的造价"了。

重新进行清单组价的结算造价部分，是建设工程量清单计价规范中"合同中有类似的综合单价，参照类似的综合单价确定；合同中没有适用或类似的综合单价，由承包人提出综合单价，经发包人确认后执行；若施工中出现施工图纸（含设计变更）与工程量清单项目特征描述不符的，发、承包双方应按新的项目特征确定相应工程量清单的综合单价"这几个条款的具体应用。

（3）价差调整造价。价差调整造价部分，针对的是招投标清单项目内的工料机，当它们的价格波动超出一定幅度时，应按合同约定调整工程价款，合同没有约定或约定不明确的，应按各省建设主管部门或其授权的工程造价管理机构的规定进行调整。例如，《〈建设工程工程量清单计价规范〉广西壮族自治区实施细则》中规定：对于主要由市场价格波动导致的价格风险，承包人可承担5%以内（含5%）的材料基期价格风险，发包人承担5%幅度以外的材料基期价格风险。这样的规定避免了承包人过大或无限制承担市场价格风险的这种不合理情况。

（4）综合单价调整引起的造价。综合单价调整引起的造价部分，针对的是招投标清单项目内的清单工程量，因非承包人原因引起的工程量增减，当某项工

程量变化在合同约定的幅度以内时，应执行原有的综合单价；当某项工程量变化在合同约定的幅度以外时，其综合单价应予调整。一般的调整原则是：增加部分工程量的综合单价应较原综合单价低，减少后剩余部分工程量的综合单价应较原综合单价高。这一原则保证了承包人建安成本中的间接费用的固定成本方面的投入，不会因为清单工程量发生较大变化时引起明显变化。合同中应该约定调或不调综合单价的工程量变化幅度范围及单价的调整百分比，如果合同中未做约定，综合单价是否调整可按工程量变化的 10% 作为风险幅度范围：当"最终完成的工程量"大于"工程量清单中列的工程量"的 10% 时，调整后的分部分项工程清单项目结算价=1.1×工程量清单中列的工程量×承包人在工程量清单中填报的综合单价+（最终完成的工程量−1.1×工程量清单中列的工程量）×调整后的清单项目综合单价；当"最终完成的工程量"小于"工程量清单中列的工程量"的 90% 时，调整后的分部分项工程清单项目结算价=最终完成的工程量×调整后的清单项目综合单价。

（5）措施费调整造价。因分部分项工程量清单漏项或非承包人原因的工程变更，引起措施项目发生变化，造成施工组织设计或施工方案变更，原措施费中已有的措施项目，按原措施费的组价方法调整；原措施费中没有的措施项目，由承包人根据措施项目变更情况，提出适当的措施费变更，经发包人确认后调整。

汇总以上五部分的结果，即为该项目在工程量清单招投标模式下的结算造价。

2. 其他项目清单

其他项目清单是指分部分项工程量清单、措施项目清单所包含的内容以外，因招标人的特殊要求而发生的与拟建工程有关的其他费用项目和相应数量的清单。招标人发布招标文件和工程量清单时，其他项目清单应严格根据 GB 50500—2013《建设工程工程量清单计价规范》中的专用术语规定，按照下列内容列项：①暂列金额；②暂估价：包括材料暂估单价、专业工程暂估价；③计日工；④总承包服务费。如拟建工程出现该规范未列的项目，可根据工程实际情况补充。具体结算过程如下：

（1）在工程结算时，暂列金额应减去工程价款调整与索赔、现场签证金额计算，如有余额归发包人；同时根据合同约定调整相关的规费和税金等。

（2）在工程结算时，暂估价中的材料暂估单价应按发、承包双方最终确认价在综合单价中调整，同时根据合同约定计算和调整分部分项工程费用中差价部分相应的措施项目费、规费和税金等。

专业工程暂估价应按中标价或发包人、承包人与分包人最终确认价计算，同时根据合同约定调整相关的规费和税金等。

（3）在工程结算时，总承包服务费应依据合同约定金额计算，如以费率为计算方式的，则根据合同中约定的费率和计算基数计算其金额。

（4）在工程结算时，计日工的数量应按发包人实际签证确认的事项确定，单价以合同约定为准，最终计日工的费用应按发包人实际签证确认的数量和合同约定的相应项目综合单价计算。

第十八章

电网工程经济评价

第一节 经济评价的定义、作用及编制流程

一、定义

电网工程经济评价是从项目本身的盈利能力和国民经济效益的角度出发，根据国民经济发展战略和电网规划的要求，在项目初步方案的基础上，采用科学的分析方法，对拟建项目的财务可行性和经济合理性进行分析论证。经济评价包括财务评价（也称财务分析）和国民经济评价（也称经济分析）。

财务评价是在国家现行财税制度和价格体系的前提下，从项目的角度出发，计算项目范围内的财务效益和费用，分析项目的盈利能力和清偿能力，评价项目在财务上的可行性。

国民经济评价是在合理配置社会资源的前提下，从国家经济整体利益的角度出发，计算项目对国民经济的贡献，分析项目的经济效率、效果和对社会的影响，评价项目在宏观经济上的合理性。

二、作用

电网工程经济评价是项目可行性研究的重要内容，是使项目决策科学化的重要手段。它的作用就是避免或最大限度地减小项目投资风险，明确项目投资的财务水平以及项目对国民经济发展和对社会福利贡献的大小，最大限度地提高项目投资的综合经济效益，为项目的最终投资决策提供科学的依据。

三、编制流程

1. 项目财务数据收集

根据电网工程项目财务评价的需要，收集相关的各种数据，包括国家现行财政、税收制度和现行市场价格等方面的成本数据。

2. 项目财务评价数据预测

项目财务评价是对一个项目整体经济活动的评价，作为一种事前评价，项目财务基本数据多数是预测性的，包括计算项目的投资费用、产品成本与产品销售收入、税金等财务数据。

3. 编制项目财务评价报表

对收集和预测的项目财务数据全面汇总和整理，计算并编制项目财务报表，包括现金流量表、损益表、项目负债及偿还表、项目资金来源与运用表等。

4. 全面进行项目财务可行性分析

运用项目基本财务报表和相关数据计算项目财务评价指标，如财务内部收益率、财务净现值、项目投资回收期、总投资收益率、项目资本金净利润率等。通过分析评价指标对项目的可行性进行分析和评价。财务评价编制流程见图 18-1。

根据《建设项目经济评价方法与参数（第三版）》及 DL/T 5438—2009《输变电工程经济评价导则》相关规定，电网工程一般只进行财务评价，无特殊情况下可不进行国民经济评价。

第二节 经济评价编制深度及内容

一、编制深度

财务分析编制应执行现行 DL/T 5448—2012《输变电工程可行性研究内容深度规定》的相关要求：

（1）根据推荐方案进行投资估算，依据现行电网工程财务评价办法进行项目财务评价计算。

（2）财务评价应包括但不限于编制说明、财务分析报表、财务分析辅助报表、不确定性分析表及分析结论。

（3）编制说明应明确财务评价的原则及依据，说明计算所采用的原始数据及来源。明确工程资金来源及比例，融资利率、还款方式及还款年限。当有多种融资条件时，应对投融资成本进行经济比较，择优确定。

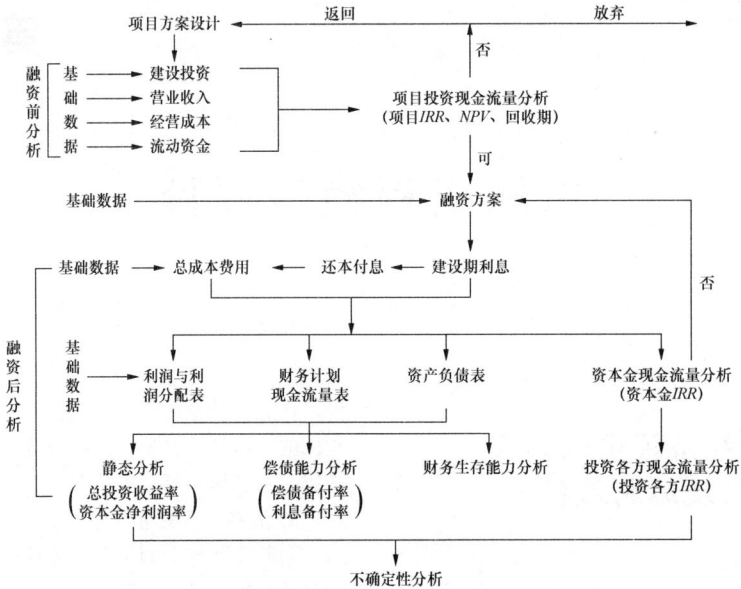

图 18-1 财务评价编制流程图

（4）分析结论应包括主要经济指标，含财务内部收益率（全部投资、资本金、投资各方），投资回收期、资本金净利润率、利息备付率、偿债备付率等，偿还贷款的资金来源，项目经营期电量承担费用，敏感性因素及其影响的分析说明和综合评价结论。

二、编制内容

1. 编制说明

编制说明包括工程概况、工程资金筹措情况、工程投资及建设进度和财务评价原始数据等。

2. 财务分析应附报表

（1）主要原始数据表；

（2）项目总投资现金流量表；

（3）项目资本金现金流量表；

（4）投资各方现金流量表；

（5）销售收入和销售税金及附加估算表；

（6）利润与利润分配表；

（7）财务计划现金流量表；

（8）资产负债表；

（9）流动资金估算表；

（10）投资使用计划与资金筹措总表；

（11）借款还本付息计划表；

（12）固定资产折旧、无形资产及其他资产摊销估算表；

（13）总成本费用估算表；

（14）折旧摊销估算表；

（15）敏感性分析表。

（1）～（15）各表详见 DL/T 5438—2009《输变

电工程经济评价导则》。

3. 综合财务分析的结论

（1）用给定电价的方式计算项目盈利能力、偿债能力及财务生存能力，确定项目的可行性。

（2）在保证一定内部收益率并按时还贷的前提下，测算输电价格，确定项目的可行性。

（3）工程经济效益指标一览表见表 18-1。

表 18-1 工程经济效益指标一览表

序号	项目	单位	指标
1	输变电工程静态投资	万元	
2	价差预备费	万元	
3	建设期利息	万元	
4	输变电工程动态投资	万元	
5	内部收益率（总投资）	%	
6	财务净现值	万元	
7	投资回收期	年	
8	内部收益率（资本金）	%	
9	内部收益率（投资各方）	%	
10	项目资本金净利润率	%	
11	利息备付率		
12	偿债备付率		
13	单位电量分摊金额（不含税）	元/(MW·h)	
14	单位电量分摊金额（含税）	元/(MW·h)	

第三节 经济评价方法与参数

一、经济评价方法

电网工程项目经济评价是电网工程项目前期研究工作的重要内容，可行性研究阶段应按照 DL/T 5438—2009《输变电工程经济评价导则》的规定，全面、完整地进行经济评价。

DL/T 5438—2009《输变电工程经济评价导则》适于不同投资主体的新建和扩建的输变电工程项目，包括下列五类项目的财务分析：

Ⅰ．送电工程，一般指电源点送出工程；

Ⅱ．联网工程，即跨区（省、境）电网互联工程；

Ⅲ．区（省）内输变电工程，即电网区域内的输变电工程；

Ⅳ．城市电网建设工程；

Ⅴ．农村电网建设工程。

（一）财务分析方法

1. 财务效益测算方法

按照不同电网建设项目类型，财务效益测算方法可分为三类：

（1）明确收入来源测算内部收益率方式。即根据现有电价政策及相关规定测算项目财务内部收益率，分析项目的财务生存能力。首先需要有明确的输配电价政策，根据各项目电量和售电价格，计算销售收入；其次，通过编制现金流量表、损益表和资产负债表，以及各辅助财务报表，计算财务内部收益率、投资回收期、资产负债率等财务指标，对工程的盈利能力和偿债能力进行评价。

（2）基于财务内部收益率测算平均电价方式。即在确定期望财务内部收益率的条件下反算各类输配电价，分析项目的财务生存能力及电价水平。根据正式发布的行业基准收益率确定项目的期望财务内部收益率（反映投资者的期望收益水平）；指定输配电价初始值，输入有关财务参数，计算内部收益率；调整输配电价，以计算收益率达到指定值为收敛判据，进行反复选代计算，使得计算收敛的电价值即为经营期平均电价。

（3）基于准许收入测算输配电价方式。即以政府价格主管部门核定的准许收入为基础反算各类输配电价，分析项目的财务生存能力和电价水平。基于准许收入测算输配电价是根据《国家发展改革委关于引发电价改革实施办法的通知》（发改价格〔2005〕514号）中《输配电价管理暂行办法》的有关规定，计算工程项目各年度的准许收入。

2. 财务效益估算方法

（1）输变电项目的财务效益指销售产品所获得的收入。电网企业的营业收入主要包括售电收入和其他收入。

（2）输变电工程销售电量电价应按照"合理成本、合理盈利、依法计税、公平负担"的原则计算。不同类型输变电工程的售电收入由其销售电量和单位电量承担金额决定，具体分类及计算公式如下：

1）第Ⅰ种类型的项目，售电收入采取在输送电量和过网电量中分摊的办法。其中输送电量包括落地电量和损耗电量两部分。

年售电收入＝输送电量×输电价格×（1－损耗率）＋过网电量×过网电量电价

2）第Ⅱ种类型的项目，售电收入考虑电量效益和容量效益两部分。其中，电量效益主要由互送电量收益和调峰电量收益构成；容量效益计算有两种方法：①根据项目功能，按容量效益占收益的比例，计算容量效益；②根据容量电价政策规定，计算容量效益。

年售电收入＝电量收益＋容量收益

电量收益＝互送电量×输送电价＋调峰电量×调峰电价

容量收益＝有效增加容量×容量电价

3）第Ⅲ种类型的项目，售电收入采取在区域内销售电量中分摊的办法，计算式为

年售电收入＝网售电量×单位电量分摊金额

4）第Ⅳ种类型的项目，首先考虑增供电量和降低损耗的收益，以上收益不满足还本付息和投资收益的要求时，再考虑在所在城市电网销售电量中增加分摊费用。增供电量收益根据增供电量和单位供电收入计算，降低损耗的收益根据降低损耗电量和单位购电成本计算，可作为成本减少考虑，计算式为

年售电收入＝增供电量×单位供电收入＋网售电量×单位电量分摊费用

降损电量降低成本＝降损电量×单位购电成本

其中：单位供电收入＝单位售电价－单位购电价

5）第Ⅴ种类型的项目，与第Ⅳ类工程计算原则相同，但要考虑国家有关农网建设政策规定。

3. 电网项目费用估算方法

输变电项目所支出的费用主要包括投资、总成本费用和税金。

（1）投资。项目总投资反映项目的投资规模，分别形成固定资产、无形资产、流动资产以及其他资产。

工程动态投资按形成资产法分类，可以分为固定资产投资、无形资产投资和其他资产投资。固定资产投资指项目投产时直接形成固定资产的建设投资，包括工程费用和工程建设其他费用中按规定形成固定资产的费用；无形资产投资指直接形成无形资产的建设投资，主要是专利权、非专利技术、商标权和商誉等；其他资产投资指开办费及其他应长期分摊的各项费

用，如前期统筹费、咨询调研费、人员培训费、招标评标费用、筹建人员工资及其他筹建费用等。流动资产指自有的流动资金和流动资金借款。

建设期利息指筹措债务时在建设期内发生并按规定允许资本化部分的利息。计算基数包括静态投资和价差预备费。

（2）总成本费用。总成本费用指输变电工程在生产经营过程中发生的物质消耗、劳动报酬及各项费用。根据电力行业的有关规定及特点，总成本费用包括生产成本和财务费用两部分。

总成本费用可分解为固定成本和可变成本。固定成本指在一定范围内与产量变化无关，费用总量固定的成本，一般包括折旧费、摊销费、工资及福利费、修理费、财务费用、其他费用及保险费；可变成本指随产量变化而变化的成本，主要包括材料费、用水费。

1）生产成本。生产成本包括用材料费、工资及福利费、折旧费、摊销费、修理费、其他费用及保险费等。

2）财务费用。财务费用指企业为筹集债务资金而发生的费用，主要包括长期借款利息、流动资金借款利息和短期借款利息等。

3）其他。经营成本，项目财务分析中所使用的特定概念，指项目总成本中扣除折旧、无形及其他资产摊销费和财务费用后的全部费用。

（3）税金。财务分析涉及的税费主要包括增值税、城市维护建设税和教育费附加、企业所得税。输变电工程财务分析采用可抵扣增值税计价方式。

在计算完成财务效益与费用估算（含建设投资估算）后，根据项目资金筹措计划编制财务分析辅助报表，包括流动资金估算表、投资使用计划与资金筹措表、借款还本付息计划表、固定资产折旧、无形资产及其他资产摊销估算表和总成本费用估算表。

（二）财务分析

（1）通过编制财务分析基本报表计算财务指标，分析项目的盈利能力、偿债能力和财务生存能力，判断项目的财务可接受性，明确项目对项目法人的价值贡献，为项目决策提供依据。财务分析基本报表应包括现金流量表、销售收入和销售税金及附加估算表、利润与利润分配表、财务计划现金流量表和资产负债表。

（2）现金流量表是反映项目在建设和运营整个计算期内各年的现金流入和流出，进行资金的时间因素折现计算的报表。包括项目总投资现金流量表、项目资本金现金流量表和投资各方现金流量表。

1）项目总投资现金流量表。此表用来进行项目融资前分析，即在不考虑债务筹措的条件下进行盈利能力分析，分别计算所得税前与所得税后的项目投资财务内部收益率、项目投资财务净现值和项目投资回

收期。项目投资现金流量表中的所得税为调整所得税。调整所得税为以息税前利润为基数计算的所得税，区别于利润与利润分配表项目资本金现金流量表和财务计划现金流量表中的所得税。调整所得税的计算式为

调整所得税=息税前利润×所得税税率

2）项目资本金现金流量表。此表在拟定的融资方案下，从项目资本金出资者整体的角度，考察项目的盈利能力，计算息税后资本金财务内部收益率。

3）投资各方现金流量表从投资方实际获利和支出的角度，反映投资各方的收益水平，计算息税后投资各方财务内部收益率。

（3）销售收入和销售税金及附加估算表及利润与利润分配表反映项目计算期内各年销售收入、总成本费用、利润总额等情况，以及所得税后利润的分配，用于计算总投资收益率、项目资本金净利润率等指标。输变电工程的利润分为利润总额和净利润。

年度利润总额实现后的用途：弥补以前年度亏损（自发生亏损的下年开始，可延续五年弥补，第六年仍未补完，需用净利润弥补），交纳所得税（自盈利年起），提取法定盈余公积金和任意盈余公积金，偿还短期借款及长期借款本金，各投资方利润分配。

（4）财务计划现金流量表反映项目计算期内各年的投资、筹资及经营活动的现金流入和流出，用于计算累计盈余资金，分析项目的财务生存能力。拥有足够的经营净现金流量是财务可持续的基本条件，各年累计盈余资金不出现负值是财务生存的必要条件。

（5）资产负债表反映项目计算期内各年年末资产、负债及所有者权益的增减变化及对应关系，计算资产负债率、流动比率和速动比率。

（6）盈利能力分析的主要指标包括财务内部收益率（$FIRR$）、财务净现值（$FNPV$）、项目投资回收期、总投资收益率（ROI）、项目资本金净利润率（ROE）。

1）财务内部收益率（$FIRR$）指项目在计算期内各年净现金流量现值累计等于零时的折现率，是考察项目盈利能力的主要动态评价指标。

电网企业还可通过给定期望的财务内部收益率，测算不同类型项目的各种电量分摊费用和容量电价，与政府主管部门发布的现行输配电价收取标准对比，判断项目的财务可行性。项目投产期、还贷期和还贷后为单一电价，即经营期电价。

2）财务净现值（$FNPV$）是指按行业基准收益率（i_c）将项目计算期内各年的净现金流量折现到建设期初的现值之和。财务净现值是反映项目在计算期内盈利能力的动态评价指标。

3）项目投资回收期指以项目的净收益回收项目投资所需要的时间，是考察项目财务上投资回收能力的重要静态评价指标。

4）总投资收益率（*ROI*）指项目达到设计能力后正常年份的年息税前利润或运营期内平均息税前利润（*EBIT*）与项目总投资（*TI*）的比率，表示总投资的盈利水平。

5）项目资本金净利润率（*ROE*）指项目达到设计能力后正常年份净利润或运营期内平均净利润（*NP*）与项目资本金的比率，表示项目资本金的盈利水平。

（7）偿债能力分析的主要指标包括利息备付率（*ICR*）、偿债备付率（*DSCR*）、资产负债率（*LOAR*）、流动比率和速动比率。

1）利息备付率（*ICR*）指在借款偿还期内的息税前利润（*EBIT*）与应付利息（*PI*）的比值，表示利息偿付的保障程度指标。

2）偿债备付率（*DSCR*）指在借款偿还期内，用于计算还本付息的资金（$EBITDA - T_{AX}$）与应还本付息金额（*PD*）的比值，表示可用于还本付息的资金偿还借款本息的保障程度指标。

3）资产负债率（*LOAR*）指各期末负债总额（*TL*）与资产总额（*TA*）的比率，是反映项目各年所面临的财务风险程度及综合偿债能力的指标。

4）流动比率是流动资产与流动负债之比，反映项目法人偿还流动负债的能力。

5）速动比率是速动资产与流动负债之比，反映项目法人在短时间内偿还流动负债的能力。

（8）不确定性分析指分析不确定性因素变化对财务指标的影响，主要包括盈亏平衡分析和敏感性分析。

1）盈亏平衡分析是通过盈亏平衡点（*BEP*）分析项目成本与收益的平衡关系的一种方法。电网建设项目的盈亏平衡分析是根据年销售收入、固定成本、可变成本、单位电量承担金额和税金等数据，计算盈亏平衡点，分析研究项目成本与收入的平衡关系。当项目收入等于总成本费用时，正好盈亏平衡。盈亏平衡点越低，表示项目适应产品变化的能力越大，抗风险能力越强。电网建设项目主要在第Ⅰ类工程，研究输送电量时应用。

2）敏感性分析指分析不确定性因素变化对财务指标的影响，找出敏感因素。敏感性分析分为单因素敏感性分析与多因素敏感性分析。单因素敏感性分析是假设其他因素不变的情况下，分析单一可变因素对财务指标的影响；多因素敏感性分析是同时有两个或两个以上的因素发生变化时，分析这些变化因素对财务指标的影响。

进行敏感性分析应进行单因素和多因素变化对财务指标的影响分析，结论应列表表示，并绘制敏感性分析图。敏感因素主要包括建设投资、电量、电价、

经营成本等主要影响因素。

当用给定期望的财务内部收益率测算电价时，敏感性分析主要指建设投资、电量、经营成本等不确定因素变化时，对电量分摊费用或电价的影响，找出敏感因素，并列出不同比例变化值的结果进行比较。如图 18-2 所示，表现在 ±10% 区间内以 5 为步长，建设投资、电量和经营成本三个变量，以 −5%、−10%、0、5% 及 10% 的比例变化时，计算电价的不同结果。

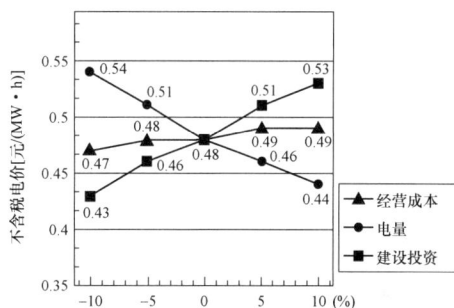

图 18-2　敏感性分析图（电价）

当用给定期望的电价测算财务内部收益率时，敏感性分析主要指建设投资、电量、经营成本等不确定因素变化时，对内部收益率的影响，找出敏感因素，并列出不同比例变化值的结果进行比较。如图 18-3 所示，表现在 ±10% 区间内以 5 为步长，建设投资、电量和经营成本三个变量，以 −5%、−10%、0、5% 及 10% 的比例变化时，计算项目投资税后内部收益率的不同结果。

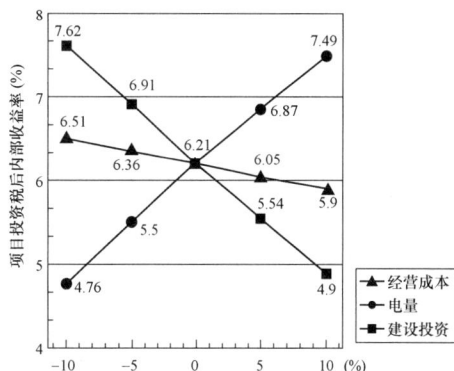

图 18-3　敏感性分析图（内部收益率）

二、经济评价参数

（一）计算参数

1. 工程概况包括项目运营期（一般按 25～30 年考虑）、价格水平年和开工日期及建设期

2. 投资类

（1）静态投资及可抵扣增值税按投资估算计列。

（2）资本金比例按国家法定的资本金制度计列，输变电工程不得低于工程动态投资的 20%。

（3）利率按项目法人与银行签订的还款协议中约定的利率。没有签订协议之前，参照按中国人民银行发布的贷款利率。

（4）投资使用计划：按计划计列逐年投资比例。

（5）资产形成比例：固定资产、无形资产及其他资产形成比例。

（6）资产折旧及摊销年限、残值率：固定资产折旧年限根据工程实际情况确定，残值率 5%；无形资产摊销年限 5 年；其他资产摊销年限 5 年。

3. 成本类

（1）电量及损耗。

1）送电工程：输送电量、过网电量、损耗率及购电价格。

2）联网工程：互送电量、调峰电量、损耗率、全区电量、输送容量及购电价格。

3）区（省）内输变电工程：网售电量。

4）城市（农村）电网建设工程：网售电量、增供电量及降损电量。

（2）运行成本。

1）工资及福利费：包括定员、年人均工资、福利费系数及其他费用。

2）材料费：测算生产成本占固定资产原值的比例，按此比例计列。

3）用水费：测算生产成本占固定资产原值的比例，按此比例计列。

4）维护修理费：测算生产成本占固定资产原值的比例，按此比例计列。

5）保险费：测算生产成本占固定资产原值的比例，按此比例计列。

6）其他费用：测算生产成本占固定资产原值的比例，按此比例计列。

（3）财务费用及流动资金。

1）流动资金：应收账款年周转 12 次，原材料年周转 12 次，现金年周转 12 次，应付账款年周转 12 次。

2）流动资金贷款比例。

3）流动资金贷款利率及短期借款贷款利率：按项目法人与银行签订的还款协议中约定的利率。没有签订协议之前，参照按中国人民银行发布的贷款利率。

4. 损益类

（1）基本参数。

1）电力产品增值税率：按当期国家相关部门发布的增值税税率计算。

2）城市维护建设税率：按市区 7%、县镇 5%、其他地区 1%计列。

3）教育费附加税率：按 3%计列。

4）综合增值税税率：按当期国家相关部门发布的增值税税率计算。

5）项目基准收益率：详见 DL/T 5438—2009《输变电工程经济评价导则》。

（2）反算法参数。

1）目标收益率：按资本金的 6.89%计列。

2）收益类。①送电工程：过网电量电价及其他收益。②联网工程：给定输送电价或给定容量占效益比例、调峰电价及其他收益。③区（省）内输变电工程：其他收益。④城市（农村）电网建设工程：单位供电收入、平均购电价及其他收益。

（3）正算法参数。

1）送电工程：输电价格、过网电量电价及其他收益。

2）联网工程：容量电价、调峰电价及其他收益。

3）区（省）内输变电工程：单位电量分摊金额及其他收益。

4）城市（农村）电网建设工程：网售电量分摊费用、单位供电收入、平均购电价及其他收益。

（二）输出参数

（1）送电工程财务评价指标一览表，见表 18-2。

表 18-2　　　　　　　　　　　送电工程财务评价指标一览表

辅助报表	工程名称：		效率测算方式：	
	工程静态投资	万元		
	工程动态投资	万元	生产流动资金	万元
	其中：可抵扣的增值税	万元	辅底生产流动资金	万元
	总投资收益率	%	利息备付率	%
	项目资本金净利润率	%	偿债备付率	%
	单位电量分摊金额（不含税）	元/（MW·h）	单位电量分摊金额（含税）	元/（MW·h）

续表

主要经济指标	内部收益率（%）	财务净现值（万元）	投资回收期（年）
项目投资税前			
项目投资税后			
项目资本金			
新投资方			
基本收益率			

（2）联网工程财务评价指标一览表，见表18-3。

表 18-3　　　　　联网工程财务评价指标一览表

辅助报表	工程名称：		效率测算方式：	
工程静态投资	万元			
工程动态投资	万元	生产流动资金	万元	
其中：可抵扣的增值税	万元	辅底生产流动资金	万元	
总投资收益率	%	利息备付率	%	
项目资本金净利润率	%	偿债备付率	%	
单位电量分摊金额（不含税）	元/（MW·h）	单位电量分摊金额（含税）	元/（MW·h）	
容量电价（不含税）	元/（MW·h）	容量电价（含税）	元/（MW·h）	
输送电价（不含税）	元/（MW·h）	输送电价（含税）	元/（MW·h）	
主要经济指标	内部收益率（%）	财务净现值（万元）	投资回收期（年）	
项目投资税前				
项目投资税后				
项目资本金				
新投资方				
基本收益率				

（3）区（省）内输变电工程财务评价指标一览表，见表18-4。

表 18-4　　　　　区（省）内输变电工程财务评价指标一览表

辅助报表	工程名称：		效率测算方式：	
工程静态投资	万元			
工程动态投资	万元	生产流动资金	万元	
其中：可抵扣的增值税	万元	辅底生产流动资金	万元	
总投资收益率	%	利息备付率	%	
项目资本金净利润率	%	偿债备付率	%	
单位电量分摊金额（不含税）	元/（MW·h）	单位电量分摊金额（含税）	元/（MW·h）	

续表

主要经济指标	内部收益率（%）	财务净现值（万元）	投资回收期（年）
项目投资税前			
项目投资税后			
项目资本金			
新投资方			
基本收益率			

（4）城市（农村）电网建设工程财务评价指标一览表，见表 18-5。

表 18-5 城市（农村）电网建设工程财务评价指标一览表

辅助报表	工程名称：		效率测算方式：	
工程静态投资	万元			
工程动态投资	万元		生产流动资金	万元
其中：可抵扣的增值税	万元		辅底生产流动资金	万元
总投资收益率	%		利息备付率	%
项目资本金净利润率	%		偿债备付率	%
网售电量分摊费用（不含税）	元/（MW·h）		网售电量分摊费用（含税）	元/（MW·h）
单位供电收入（不含税）	元/（MW·h）		单位供电收入（含税）	元/（MW·h）
主要经济指标	内部收益率（%）		财务净现值（万元）	投资回收期（年）
项目投资税前				
项目投资税后				
项目资本金				
新投资方				
基本收益率				

（三）判据参数

（1）判据参数一般包括以下两类：

1）盈利能力参数。包括财务基准收益率、总投资收益率、项目资本金净利润率、全投资回收期和全投资财务净现值；

2）偿债能力参数。包括利息备付率、偿债备付率和资产负债率。

以上所列建设项目财务分析各类判据参数，来源于国家发展改革委与建设部发布的《建设项目经济评价方法与参数（第三版）》一书。

（2）利息备付率 2。

（3）偿债备付率 1.2。

（4）资产负债率。

根据不同输变电工程分类，建设项目资产负债率参数参考表见表 18-6。

表 18-6 建设项目资产负债率参数参考表 （%）

序号	工程类型	资产负债率参数
1	送电工程	20～40
2	联网工程	50～60
3	区（省）内输变电工程	40～70
4	城网工程	40～50
5	农网工程	70～80

第十九章

电网工程后评价

第一节 后评价的定义、作用及编制流程

一、定义

后评价是指对项目全过程进行全面的、系统的分析和总结，是对项目前评价进行的再分析评价。主要评价内容包括实施过程评价、项目效果与效益评价、环境与社会效益评价、目标与可持续性评价等。

输变电项目后评价指项目投资完成后所进行的评价，是项目建设周期的最后一个重要阶段，是项目管理的重要内容。输变电项目后评价通过对项目实施过程、结果及其影响进行调查研究和全面系统回顾，与项目决策时确定的目标以及技术、经济、环境、社会指标进行对比，找出差别和变化，分析原因，总结经验，吸取教训，得到启示，提出对策建议。通过信息反馈，改善投资管理和决策，达到提高投资效益的目的。

二、作用

建设项目后评价的目的是，通过总结已完成建设项目的经验教训，为政府和投资方完善相关政策措施、改进投资决策管理、提高管理水平提供支持。为今后投资方、融资方以及其他参建单位更好地建设同类项目提供经验。

项目后评价主要服务于投资决策，是出资人进行投资活动进行监管的重要手段。建立投资项目后评价制度，是实现投资项目决策科学化、民主化，提高项目效益及持续性的关键。

电网项目后评价适用于不同投资主体的各类输变电项目的新建、扩建和改建工程。

三、编制流程

项目后评价一般按三个层次组织实施，即项目业主单位对建设项目自我评价，中央电力企业或地方国资委选择典型项目进行项目后评价和国有资产监督管理委员会从中选择重要项目再次进行项目的后评价。企业或地方评价和国家级评价一般由独立或相对独立机构完成。项目后评价主要工作流程如图19-1所示。

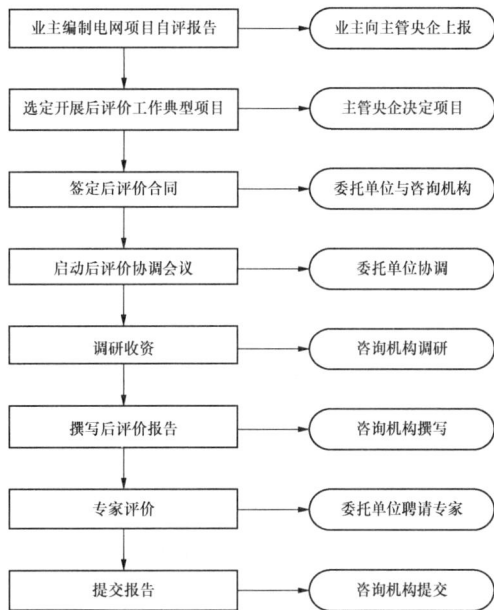

图19-1 项目后评价主要工作流程图

第二节 后评价编制深度及内容

一、编制深度

后评价编制应执行国务院国有资产监督管理委员会文件国资发规划〔2005〕92号文《关于印发〈中央企业固定资产投资项目后评价工作指南〉的通知》及现行 DL/T 5523—2017《输变电工程项目后评价导则》的相关要求。

二、编制内容

项目后评价内容的总体框架主要包括项目概况、

项目立项决策阶段的总结和评价、项目准备阶段的总结和评价、项目实施阶段的总结和评价、项目运营情况和评价、项目财务效益评价、项目环境和社会效益评价、项目目标和持续性评价、后评价结论、经验教训和对策建议。本节主要介绍与技术经济专业相关的内容。

（一）项目概况

项目概况主要包括项目情况简述、项目建设必要性、项目建设主要内容、项目总投资、项目资金来源及到位情况、项目运行及效益现状等。

（1）项目情况简述。包括简述项目建设的地点、电压等级、建设规模、项目业主、项目投资方、项目立项及主要批复意见、重要专题研究报告、主要参加建议的单位以及项目开工和竣工的时间等。

（2）项目建设的必要性。包括项目建设的理由、必要性，决策目标和目的，项目评估和可研报告批复或核准的主要意见。

（3）项目主要建设内容。包括项目的勘测、设计、开工准备、施工、调试、试运行、资金筹措等主要程序的实施情况，线路长度、变电容量等。

（4）项目实施进度。包括项目周期各个阶段的起止时间、时间进度表、建设工期。

（5）项目总投资。包括项目可行性研究投资估算批复，投资、初步设计概算及批复，预算、结算、决算投资和审计情况。

（6）项目资金来源及到位情况。包括资金来源，计划时投资方的资本金和计划融资的数值，注册资本金的比例，各个投资方的投资比例；实际发生的资本金和融资的数值，资本金和融资的计划资金流和实际资金流；计划贷款利率和实际利率。

（7）项目运行及效益现状。包括项目运行现状、生产能力实现状况、实际生产指标完成情况以及项目财务效益情况等。

（二）项目立项决策阶段的总结和评价（略）

（三）项目准备阶段的总结和评价（略）

（四）项目建设实施阶段的总结和评价

项目建设实施阶段的总结评价包括施工图设计评价、合同执行与管理评价、工程施工建设评价、造价控制评价、施工监理评价、启动调试运行评价和竣工验收评价等。本节主要介绍造价控制评价。

（1）项目实际投融资方案与可研阶段确定的投融资方案的变更分析。

（2）项目实际投融资方案的合理性分析，具体应包括以下内容：

1）投融资结构的合理性，在项目实施过程中，投融资结构的变化及原因分析；

2）在项目实施过程中，投资方投资结构的变化

情况及原因分析；

3）通过对项目融资成本、融资担保条件、风险评估等方面的分析，说明融资结构确定等融资方案决策的合理性；

4）在项目实施过程中，项目融资成本、融资担保条件等发生变化的情况，分析其对项目建设及生产运营产生的影响；

5）项目资金来源变化见表19-1。

表19-1 项目资金来源变化 （万元）

项目阶段	币种	资金渠道	金额	利息及条件	备注
可研评估报告		资本 银行贷款 国外贷款 ……			
初步设计批复		（同上）			
实际调查结果		（同上）			

（3）工程资金到位情况评价。应包括以下内容：

项目资金年度计划与实际资金到位情况的比较分析，说明变化原因并分析对工程进度控制、合同管理、工程质量控制等方面产生的影响，见表19-2、表19-3。

表19-2 项目总投资实际资金来源及
资金投入比较表 （万元）

序号	投资来源	概算			实际金额				备注
		总计	1年	…	总计	1年	2年	…	
1	资本金								
2	银行贷款								
3	国外贷款								
4	其他								

表19-3 项目资金投入表 （万元）

资金来源	1年	2年	3年	合计
一、资本金				
……				
二、融资借款				

续表

资金来源	1 年	2 年	3 年	合计
（一）国内借款				
……				
合计				
建设投资支出合计				
基建结余资金				

（4）各阶段投资控制情况分析。应包括以下内容：

1）通过可行性研究阶段的投资估算、项目核准投资，项目初步设计阶段批准概算投资，项目竣工阶段的工程结算及工程决算的对比分析，评价项目实施各阶段的投资变化以及投资控制水平；

2）通过对各阶段投资构成中设备价格计价的变化、设计方案变更、建安工程量的变化、其他外部条件的变化引起的投资变化等方面的分析，说明投资变化的主要原因。对于在后评价阶段投资构成中在设备费、建安工程费、其他费用方面（包括各单位及分部工程）与项目批准概算对应投资存在较大偏差的，应重点分析原因。

（5）通过项目主要工程量与标杆工程工程量的对比分析，说明设计单位、施工单位在设计及建设实施过程中对工程量的把握与控制水平。

（6）分析招标方式对工程造价控制的影响。

（7）通过与同类工程造价的对比分析，说明造价水平的合理性或先进性。

（8）总结投资控制的经验教训，提出在建设过程中控制、使用投资，有效进行造价管理方面的建议等。

附表见表 19-4～表 19-12。

表 19-4　投 资 完 成 情 况 表

序号	项目	金额（万元）	比重
一	建筑工程		
二	设备购置费		
三	安装工程		
四	其他费用		
五	投资合计		

表 19-5　变电项目总投资对比表　（万元）

序号	项目	核准估算	初设概算	竣工决算	备注
一	建筑工程费				

续表

序号	项目	核准估算	初设概算	竣工决算	备注
	其中：价差				
二	设备购置费				
三	安装工程费				
	其中：价差				
四	其他费用				
五	基本预备费				
六	特殊项目				
	静态投资（一～六项合计）				
七	价差预备费				
八	建设期贷款利息				
	动态投资（一～八项合计）				
	其中：可抵扣固定资产增值税额				
九	铺底生产流动资金				
	项目计划总资金（一～九项合计）				

表 19-6　输电项目总投资对比表　（万元）

序号	项目	可研估算	初设概算	竣工决算	备注
一	送电线路本体工程				
二	辅助设施工程				
三	其他费用				
四	编制年价差				
五	基本预备费				
六	工程本体（一至五项合计）				
七	建设场地征用及清理				
八	静态投资（六至七项合计）				
九	价差预备费				
十	建设期贷款利息				
十一	动态投资（八至十项合计）				
	其中：可抵扣固定资产增值税				

表 19-7　变电项目主要工程量变化对比表

序号	工程量名称	单位	批准概算工程量	竣工决算实际量	概算与决算量差
1	水泥	t			
2	钢材	t			
3	木材（成材）	t			
4	建筑面积	m²			
8	站址总占地	ha			
9	道路	m			
10	土方	m³			
11	电力电缆	m			
12	控制电缆	m			
…	…				

表 19-8　输电项目主要工程量变化对比表

序号	工程量名称	单位	批准概算工程量	竣工决算实际量	概算与决算量差
1	线路长度	km			
2	导线	t			
3	地线	t			
	其中：OPGW	km			
4	绝缘子	片			
5	钢材	t			
	其中：铁塔	t			
	基础钢材	t			
6	水泥	t			
7	砂	t			
8	石	t			
9	土石方量	m³			
10	基础混凝土	m³			
…	…				

表 19-9　变电站主要设备价格变化对比表　（万元）

序号	主要设备名称	单位	批准初设设备价	竣工决算设备价	备注
1	变压器	台			
2	断路器	台			
3	隔离开关	组			

续表

序号	主要设备名称	单位	批准初设设备价	竣工决算设备价	备注
4	电流互感器	台			
5	电压互感器	台			
6	避雷器	台			
7	高压电抗器	组			
8	中性点小电抗器	台			
9	电容器	套			
10	GIS 组合电器	间隔			
11	高低压开关柜	套			
12	监控系统	套			
…	…				

表 19-10　换流站主要设备价格变化对比表　（万元）

序号	主要设备名称	单位	批准初设设备价	竣工决算设备价	备注
1	换流阀组	台			
2	换流变压器	台			
3	平波电抗器	组			
4	交流滤波器	台			
5	断路器	台			
6	阀冷却设备	台			
…	…				

表 19-11　输电项目主要材料价格变化对比表　（万元）

序号	工程量名称	单位	批准概算价格	竣工决算价格	概决算价差
1	导线	t			
2	地线	t			
	其中：OPGW	km			
4	绝缘子	片			
5	钢材	t			
	其中：铁塔	t			
	基础钢材	t			
6	水泥	t			
7	砂	t			

续表

序号	工程量名称	单位	批准概算价格	竣工决算价格	概决算价差
8	碎石	t			
9	土石方量	m³			
10	基础混凝土	m³			
…					

表 19-12　变电工程与标杆工程项目总投资对比　　　（万元）

序号	项目	本工程竣工决算 A	标杆工程竣工决算 B	投资差异 B－A	备注说明
一	建筑工程费				
	其中：价差				
二	设备购置费				
三	安装工程费				
	其中：价差				
四	其他费用				
五	基本预备费				
六	特殊项目				
	静态投资（一～六项合计）				
七	价差预备费				
八	建设期贷款利息				
	动态投资（一～八项合计）				
	其中：可抵扣固定资产增值税额				
九	铺底生产流动资金				
	项目计划总资金（一～九项合计）				

输电项目及换流站工程与标杆工程项目总投资对比表参照上述表格形式。

（五）项目运营情况和评价

（略）

（六）项目财务效益评价

1. 项目财务效益评价的依据

（1）项目后评价阶段项目财务效益评价主要依据《建设项目经济评价方法与参数（第三版）》及 DL/T 5523—2017《输变电工程后评价导则》。

（2）财务评价原则。

计算收益率指标时应剔除物价因素影响，使项目投产前后的评价结果具有可比性。其方法是：将评价时点前的净现金流量用确定的物价指数换算为现值（后评价时点）指标，重新计算 *FIRR* 和 *FNPV*。电网企业的销售电价和过网费等通常为政府批准价格，没有形成市场化的电价，故暂不考虑扣除物价因素。

2. 财务评价指标计算法

（1）按照不同输变电项目类型,方法可分为三类：①明确收入来源测算内部收益率方式，即根据现有电价政策及相关规定测算项目财务内部收益率，分析项目的财务生存能力；②基于财务内部收益率测算平均电价方式，即在确定期望财务内部收益率的条件下反算各类输配电价，分析项目的财务生存能力及电价水平；③基于准许收入测算输配电价方式，即以政府价格主管部门核定的准许收入为基础反算各类输配电价，分析项目的财务生存能力和电价水平。

（2）明确收入来源测算内部收益率方式。即按照项目执行的输配电价政策，根据各项目电量及售电价格，计算销售收入；然后，通过编制现金流量表、损益表和资产负债表，以及各辅助财务报表，计算财务内部收益率、投资回收期、资产负债率等财务指标，来评价项目的盈利能力和偿债能力。此方法适用于第 I 种类型的输变电项目。

（3）基于内部收益率测算输电价格是可研评估阶段电价测算普遍采用的方法。首先，根据正式发布的行业基准收益率确定项目的期望财务内部收益率（反映投资者的期望收益水平）；然后，指定输电价初始值，输入有关财务参数，计算内部收益率；最后，调整输电价，以计算收益率达到指定值为收敛判据，进行反复迭代计算，使得计算收敛的电价值即为经营期电价。

（4）基于准许收入测算输电价是根据国家发展改革委《关于印发电价改革实施办法的通知》（发改价格〔2005〕514 号）中《输配电价管理暂行办法》的有关规定，计算工程项目各年度的准许收入。此方法适用于有政府核定准许收入的电网运行项目。

1）准许收入由准许成本、准许收益和税金构成。

准许收入＝准许成本＋准许收益＋税金

准许成本由折旧费和运行维护费用构成。

准许成本＝折旧费＋运行维护费用

其中，折旧费指折旧及摊销费，运行维护费用包括经营成本和财务费用。

准许收益等于有效资产乘以加权平均资金成本。

准许收益＝有效资产×加权平均资金成本

其中，有效资产包括固定资产净值、流动资产和无形资产,取项目各年度期初资产总额参与计算,随折旧费和摊销费用的计提逐年减少。

2)加权平均资金成本,根据项目的资本结构确定。项目资本由权益资本和债务资金两部分构成,二者的比例根据《国务院关于固定资产投资项目试行资本金制度的通知》号文件中相关规定确定。其中,权益资金取决于项目所在行业的特点与风险,按无风险报酬率加上风险报酬率核定,初期可按长期国债利率加一定百分点核定;债务资金成本取决于资本市场利率水平、企业违约风险、所得税率等因素,可按国家规定的长期贷款利率确定。条件成熟时,建设项目加权平均资金成本按资本市场正常筹资成本核定。计算公式为

加权平均资金成本(%)=权益资金成本×
(1-资产负债率)+债务资本成本×资产负债率

3)根据加权平均资金成本,计算准许收入,通过输电量和准许收入,可以逐年测算各类项目单位电量承担金额。

4)为便于与基于内部收益率测算的经营期单位电量承担金额对比,考虑时间价值的基础上,求取平均单位电量承担金额,具体方法如下:

将准许收入和输电量折现到基准年,并分别求和;

平均电价是准许收入累计现值与输电量累计现值之比。

3. 财务评价基本参数

(1)成本费用。统计并计算项目实际运行成本及财务费用等指标,评价项目成本控制情况。各项成本费用指标见表19-13。

表19-13　输变电项目历年生产成本及财务费用表　　　　　(万元)

项目	第1年度	第2年度	第3年度	…
燃料费				
水费				
材料费				
工资及福利费				
折旧费				
修理费				
其他费用				
合计				
单位成本				
财务费用				

各项成本费用(除折旧费外)计算原则:后评价时点前按实际发生的数据统计,后评价时点后参照已

发生的费用预测估计。

(2)电量计算。输变电项目后评价时点以前年份的电量按实际供电量计算,后评价时点以后年份的电量按下面公式计算:

电量=预计设备年利用小时数×变电容量×
(1-损耗率)

(3)不同类型输变电项目销售收入的计算(分类详见本手册第十八章 电网工程经济评价)。

输变电项目销售收入计算有两种方式:①根据政府价格主管部门核定的准许收入计算;②根据实际执行的电价政策分项目进行测算。

1)第Ⅰ种类型的项目,售电收入采取在输送电量和过网电量中分摊的办法。其中输送电量包括落地电量和损耗电量两部分。

年售电收入=输送电量×输电价格×
(1-损耗率)+过网电量×过网电量电价

2)第Ⅱ种类型的项目,售电收入考虑电量效益和容量效益两部分。其中,电量效益主要由互送电量收益和调峰电量收益构成;容量效益计算有两种方法:①根据项目功能,按容量效益占收益的比例,计算容量效益;②根据容量电价政策规定,计算容量效益。

年售电收入=电量效益+容量收益
电量收益=互送电量×输送电价+调峰电量×
调峰电价
容量收益=有效增加容量×容量电价

3)第Ⅲ种类型的项目,售电收入采取在区域内销售电量中分摊的办法。

年售电收入=网售电量×单位电量分摊金额

4)第Ⅳ种类型的项目,首先考虑增供电量和降低损耗的收益,以上收益不满足还本付息和投资收益的要求时,再考虑在所在城市电网销售电量中增加分摊费用。增供电量收益根据增供电量和单位供电收入计算,降低损耗的收益根据降低损耗电量和单位购电成本计算,可作为成本减少考虑。

年售电收入=增供电量×单位供电收入+
网售电量×单位电量分摊费用
降低损耗电量降低成本=降低损耗电量×单位购电成本
其中:单位供电收入=单位售电价-单位购电价

5)第Ⅴ种类型的项目与第Ⅳ类工程计算原则相同,但要考虑国家有关农网建设政策的规定。

(4)财务状况评价。

1)根据项目资产债务状况和运营预测情况,按照财务程序与分析标准,计算项目各年实际收入、成本、利润、资产负债率、流动比率及速动比率等指标,评价项目维持日常运营的财务能力、资本构成和债务比例等。

2）对比项目实际运营和前评价的各项财务指标，分析财务效益变化的主要原因。

3）各项财务评价参数、指标的选取与计算，以及财务评价基本报表的表现形式应符合相关规定。

（5）财务评价基本报表：项目投资现金流量表、项目资本金现金流量表、投资各方现金流量表、销售收入和销售税金及附加估算表、利润与利润分配表、财务计划现金流量表、资产负债表、外汇平衡表。

（6）财务评价辅助报表：流动资金估算表、投资使用计划与资金筹措总表、借款还本付息计划表、固定资产折旧、无形资产及其他资产摊销估算表、总成本费用估算表、工程经济效益指标一览表。

财务评价基本报表和辅助报表内容可参见 DL/T 5438—2009《输变电工程经济评价导则》中附录 A、B。除以上报表外，还应做净现金流量对比表和财务指标对比表，见表 19-14、表 19-15。

表 19-14　净现金流量对比表

年份	净现金流量现值（按起始年价格）			
	前评价	后评价	前后差别	差别的原因
第一年				
第二年				
……				
第 N 年				
净现值累计				
折现率				

表 19-15　经济指标对比表

	前评价测算值	后评价计算值	前后变化率
项目总投资			
单位电量成本			
年利用小时数（h）			
电价 [元/（kW·h）]			
年销售收入			
全投资财务内部收益率（%）			
资本金财务内部收益率（%）			
投资各方财务内部收益率（%）			
全投资财务净现值			
建设期（年）			
全投资回收期（年）			

（7）敏感性分析。

1）敏感性分析用于评价项目运营后各年输送电价、输电电量等主要敏感因素的变化对财务效益指标的影响。按照敏感性分析方法，绘制敏感性分析图，评价项目未来的财务生存能力。

2）选定的敏感性因素中，售电价和售电量的基准数据可取后评价时点前发生的值。

（8）财务评价结论及建议。

1）总结财务评价的主要结论。

2）从财务角度，提出改善企业运营效果的建议。

（七）项目环境和社会效益评价（略）

（八）项目目标和持续性评价（略）

（九）后评价结论、经验教训和对策建议（略）

第三节　后评价编制方法

电网工程项目后评价主要方法为前后对比法、有无对比法、横向对比法、逻辑框架法、综合评价法、成功度法、重点评价分析法。

1. 前后对比法

前后对比法是将项目完成后的实际生产运营状况与项目实施前以及项目实施过程中所设定的各项预期目标或工程目的加以对比，分析项目是否达到了项目投资目标或各项预期目标的实现程度，分析主要变化及原因。

2. 有无对比法

有无对比法是将项目投产后实际发生的情况与若无项目可能发生的情况进行对比，以度量项目的真实效益、影响和作用。对比的重点是分清项目本身的作用和项目以外的作用。

3. 横向对比法

横向对比法是指与行业内、可比的同类型或类似项目相关指标的对比分析法。

4. 逻辑框架法

逻辑框架法是以时间、工作顺序等逻辑规律为指导，根据事实材料，作出判断，进行推理，得出合理评价结论的方法。

5. 综合评价法

综合评价法是定量分析与定性分析相结合的评价方法，通过建立各项定量与定性分析指标体系，形成矩阵表，将各项定量与定性分析的单项评价结果，按评价人员研究决定的各项指标的权重排列顺序，列于矩阵表中，进行分析，将一般可行且影响小的指标逐步排除，着重分析考察影响大和存在风险的问题，最后分析归纳，指出影响项目的关键指标，提出对项目的综合性评价结论。

6. 成功度法

成功度法是根据项目各方面的执行情况并通过系

统标准或目标判断表来评价项目总体的成功程度。进行成功度分析时，把建设项目评价的成功度分为四个等级，即成功（A）、比较成功（B）、部分成功（C）、不成功（D），然后将项目绩效衡量指标进行专家打分，综合评价。

7. 重点评价分析法

重点评价分析法是从工程实现的主要亮点以及存在的主要问题出发，有重点地分析评价实现这些亮点的主要背景、所需环境、主要方法、主要构成要素。对于存在的主要问题，应重点分析出现问题的主要背景、主客观因素等。

附　录

附录 A　技术经济标准、规程规范现行体系目录

表 A-1　　　　　　　　　　　　**火 力 发 电 工 程 部 分**

序号	标准、规程规范名称	标准代号
1	火力发电工程经济评价导则	DL/T 5435—2009
2	火力发电工程初步设计概算编制导则	DL/T 5464—2013
3	火力发电工程施工图预算编制导则	DL/T 5465—2013
4	火力发电工程初步可行性研究投资估算编制导则	DL/T 5466—2013
5	燃煤发电工程建设预算项目划分导则	DL/T 5470—2013
6	燃气—蒸汽联合循环发电工程建设预算项目划分导则	DL/T 5473—2013
7	生物质发电工程建设预算项目划分导则	DL/T 5474—2013
8	垃圾发电工程建设预算项目划分导则	DL/T 5475—2013
9	电力建设工程工程量清单计算规范　火力发电工程	DL/T 5369—2016
10	电力建设工程工程量清单计价规范	DL/T 5745—2016
11	火力发电工程建设预算编制与计算规定（2013 年版）	国能电力〔2013〕289 号
12	电力建设工程概算定额（2013 年版）　建筑工程	国能电力〔2013〕289 号
13	电力建设工程概算定额（2013 年版）　热力设备安装工程	国能电力〔2013〕289 号
14	电力建设工程概算定额（2013 年版）　电气设备安装工程	国能电力〔2013〕289 号
15	电力建设工程概算定额（2013 年版）　调试工程	国能电力〔2013〕289 号
16	电力建设工程预算定额（2013 年版）　建筑工程	国能电力〔2013〕289 号
17	电力建设工程预算定额（2013 年版）　热力设备工程	国能电力〔2013〕289 号
18	电力建设工程预算定额（2013 年版）　电气设备工程	国能电力〔2013〕289 号
19	电力建设工程预算定额（2013 年版）　调试工程	国能电力〔2013〕289 号
20	电力建设工程预算定额（2013 年版）　加工配置品	国能电力〔2013〕289 号
21	电力建设工程装置性材料综合预算价格（2013 年版）	中电联定额〔2013〕470 号
22	电力建设工程定额估价表（2013 年版）　建筑工程	定额〔2016〕45 号
23	电力建设工程定额估价表（2013 年版）　热力设备安装工程	定额〔2016〕45 号
24	电力建设工程定额估价表（2013 年版）　电气设备安装工程	定额〔2016〕45 号
25	电力建设工程定额估价表（2013 年版）　调试工程	定额〔2016〕45 号

表 A-2　　　　　　　　　　　　**电 网 工 程 部 分**

序号	标准、规程规范名称	标准代号
1	工程造价术语标准	GB/T 50875—2013
2	输变电工程经济评价导则	DL/T 5438—2009
3	输变电工程可行性研究投资估算编制导则	DL/T 5469—2013

序号	标准、规程规范名称	标准代号
4	输变电工程初步设计概算编制导则	DL/T 5467—2013
5	变电站、开关站、换流站工程建设预算项目划分导则	DL/T 5471—2013
6	架空输电线路工程建设预算项目划分导则	DL/T 5472—2013
7	串联补偿站及静止无功补偿工程建设预算项目划分导则	DL/T 5477—2013
8	电缆输电线路工程建设预算项目划分导则	DL/T 5476—2013
9	20kV 及以下配电网工程建设预算项目划分导则	DL/T 5478—2013
10	输变电工程施工图预算编制导则	DL/T 5468—2013
11	输变电工程结算审核报告编制导则	DL/T 5528—2017
12	输变电工程项目后评价导则	DL/T 5523—2017
13	变电工程施工组织大纲设计导则	DL/T 5520—2016
14	架空输电线路工程施工组织大刚设计导则	DL/T 5527—2017
15	输变电工程可行性研究内容深度规定	DL/T 5448—2012
16	架空输电线路工程初步设计内容深度规定	DL/T 5451—2012
17	变电工程初步设计内容深度规定	DL/T 5452—2012
18	电力调度数据网络工程初步设计内容深度规定	DL/T 5364—2015
19	串补站初步设计文件内容深度规定	DL/T 5502—2015
20	110kV～750kV 架空输电线路施工图设计内容深度规定	DL/T 5463—2012
21	20kV 及以下配电网工程预算定额　第三册　架空线路工程	国能电力〔2009〕123 号
22	20kV 及以下配电网工程预算定额　第四册　电缆工程	国能电力〔2009〕123 号
23	20kV 及以下配电网工程预算定额　第五册　调试工程	国能电力〔2009〕123 号
24	20kV 及以下配电网工程预算定额　第六册　通信及自动化工程	国能电力〔2009〕123 号
25	电网工程建设预算编制与计算规定（2013 年版）	国能电力〔2013〕289 号
26	电力建设工程概算定额（2013 年版）　第一册　建筑工程	国能电力〔2013〕289 号
27	电力建设工程概算定额（2013 年版）　第三册　电气设备安装工程	国能电力〔2013〕289 号
28	电力建设工程概算定额（2013 年版）　第四册　调试工程	国能电力〔2013〕289 号
29	电力建设工程概算定额（2013 年版）　第五册　通信工程	国能电力〔2013〕289 号
30	变电工程装置性材料综合预算价格（2013 年版）	国能电力〔2013〕289 号
31	电力建设工程预算定额（2013 年版）　第一册　建筑工程（上册、下册）	国能电力〔2013〕289 号
32	电力建设工程预算定额（2013 年版）　第三册　电气设备安装工程	国能电力〔2013〕289 号
33	电力建设工程预算定额（2013 年版）　第四册　输电线路工程	国能电力〔2013〕289 号
34	电力建设工程预算定额（2013 年版）　第五册　调试工程	国能电力〔2013〕289 号
35	电力建设工程预算定额（2013 年版）　第六册　通信工程	国能电力〔2013〕289 号
36	电力建设工程预算定额（2013 年版）　第七册　加工配制品	国能电力〔2013〕289 号
37	电力建设工程装置性材料预算价格（2013 年版）（上册、下册）	中电联定额〔2013〕469 号
38	电力建设工程常用设备材料价格信息（2013 年版）（上册、下册）	
39	西藏地区电网工程建设预算编制与计算规定（2013 年版）	国能电力〔2013〕331 号
40	西藏地区电力建设工程概算定额（2013 年版）　第一册　建筑工程	国能电力〔2013〕331 号

序号	标准、规程规范名称	标准代号
41	西藏地区电力建设工程概算定额（2013年版）　第二册　电气设备安装工程	国能电力〔2013〕331号
42	西藏地区电力建设工程概算定额（2013年版）　第三册　通信工程	国能电力〔2013〕331号
43	西藏地区电力建设工程预算定额（2013年版）　第一册　建筑工程（上册、下册）	国能电力〔2013〕331号
44	西藏地区电力建设工程预算定额（2013年版）　第二册　电气设备安装工程	国能电力〔2013〕331号
45	西藏地区电力建设工程预算定额（2013年版）　第三册　输电线路工程	国能电力〔2013〕331号
46	西藏地区电力建设工程预算定额（2013年版）　第四册　调试工程	国能电力〔2013〕331号
47	西藏地区电力建设工程预算定额（2013年版）　第五册　通信工程	国能电力〔2013〕331号
48	西藏地区电网建设工程装置性材料预算价格及单项预算价格（2013年版）（上册、下册）	中电联定额〔2014〕3号
49	电网技术改造工程预算编制与计算规定（2015年版）	国能电力〔2015〕270号
50	电网检修工程预算编制与计算规定（2015年版）	国能电力〔2015〕270号
51	电网技术改造工程概算定额（2015年版）　第一册　建筑修缮工程	国能电力〔2015〕270号
52	电网技术改造工程概算定额（2015年版）　第二册　电气工程	国能电力〔2015〕270号
53	电网技术改造工程概算定额（2015年版）　第三册　通信工程	国能电力〔2015〕270号
54	电网技术改造工程预算定额（2015年版）　第一册　建筑修缮工程（上册、下册）	国能电力〔2015〕270号
55	电网技术改造工程预算定额（2015年版）　第二册　电气工程	国能电力〔2015〕270号
56	电网技术改造工程预算定额（2015年版）　第三册　输电线路工程	国能电力〔2015〕270号
57	电网技术改造工程预算定额（2015年版）　第四册　调试工程	国能电力〔2015〕270号
58	电网技术改造工程预算定额（2015年版）　第五册　通信工程	国能电力〔2015〕270号
59	电网拆除工程预算定额（2015年版）　第一册　电气工程	国能电力〔2015〕270号
60	电网拆除工程预算定额（2015年版）　第二册　输电线路工程	国能电力〔2015〕270号
61	电网拆除工程预算定额（2015年版）　第三册　通信工程	国能电力〔2015〕270号
62	电网检修工程预算定额（2015年版）　第一册　电气工程	国能电力〔2015〕270号
63	电网检修工程预算定额（2015年版）　第二册　输电线路工程	国能电力〔2015〕270号
64	电网检修工程预算定额（2015年版）　第三册　调试工程	国能电力〔2015〕270号
65	电网检修工程预算定额（2015年版）　第四册　通信工程	国能电力〔2015〕270号
66	送电工程概算编制细则	电规总院1998年7月6日发布
67	电力建设工程工程量清单计价规范　输电线路工程	DL/T 5205—2016
68	电力建设工程工程量清单计价规范　变电工程	DL/T 5341—2016
69	电力建设工程工程量清单计价规范	DL/T 5745—2016
70	输变电工程工程量清单计价规范	Q/GDW 11337—2014
71	变电工程工程量计算规范	Q/GDW 11338—2014
72	2013年版电力建设工程定额估价表　建筑工程	定额〔2016〕45号
73	2013年版电力建设工程定额估价表　热力设备安装工程	定额〔2016〕45号
74	2013年版电力建设工程定额估价表　输电线路工程	定额〔2016〕45号
75	2013年版电力建设工程定额估价表　调试工程	定额〔2016〕45号

序号	标准、规程规范名称	标准代号
76	2013 年版电力建设工程定额估价表　通信工程	定额〔2016〕45 号
77	2013 版西藏地区电网工程概算定额估价表	定额〔2016〕45 号
78	2013 版西藏地区电网工程预算定额估价表（上册、下册）	定额〔2016〕45 号
79	2015 年版电网技术改造工程概算定额估价表	定额〔2016〕45 号
80	2015 年版电网技术改造工程预算定额估价表（上册、下册）	定额〔2016〕45 号
81	2015 年版电网检修工程概算定额估价表	定额〔2016〕45 号
82	2015 年版电网检修工程预算定额估价表	定额〔2016〕45 号
83	20kV 及以下配电网工程建设预算编制与计算规定（2016 年版）	国能电力〔2017〕6 号
84	20kV 及以下配电网工程预算定额（2016 年版）	国能电力〔2017〕6 号
85	20kV 及以下配电网工程概算定额（2016 年版）	国能电力〔2017〕6 号
86	20kV 及以下配电网工程估算指标（2016 年版）	国能电力〔2017〕6 号

附录 B　建设预算表格格式

一、发电（变电）工程建设预算表格

1. 发电（变电）工程建设预算表格清单

（1）总预（概、估）算表（表一）

（2）安装工程专业汇总预（概、估）算表（表二甲）

（3）建筑工程专业汇总预（概、估）算表（表二乙）

（4）安装工程预（概、估）算表（表三甲）

（5）建筑工程预（概、估）算表（表三乙）

（6）其他费用预（概、估）算表（表四）

（7）发电工程概况及主要技术经济指标［表五（一）］

（8）变电工程概况及主要技术经济指标［表五（二）］

（9）进口设备工程费用计算表（表六）

2. 发电（变电）工程建设预算表格格式

总 预（概、估）算 表

表一　机组容量：　　　　　　　　　　　　　　　　　　　　　　　　　　　　　　　　　　　　　（万元）

序号	工程或费用名称	建筑工程费	设备购置费	安装工程费	其他费用	合计	各项占静态投资（%）	单位投资（元/kW）

安装工程专业汇总预（概、估）算表

表二　甲 （元）

| 序号 | 工程项目名称 | 设备购置费 | 安装工程费 | | | | 合计 | 技术经济指标 | | |
			装置性材料费	安装费	其中人工费	小计		单位	数量	指标

建筑工程专业汇总预（概、估）算表

表二　乙 （元）

| 序号 | 工程项目名称 | 设备费 | 建筑费 | | 建筑工程费合计 | 技术经济指标 | | |
			金额	其中人工费		单位	数量	指标

安装工程预（概、估）算表

表三　甲 （元）

序号	编制依据	项目名称	单位	数量	单价				合价			
					设备	装置性材料	安装	其中工资	设备	装置性材料	安装	其中工资

建筑工程预（概、估）算表

表三　乙 （元）

序号	编制依据	项目名称	单位	数量	设备单价	建筑费单价		设备合价	建筑费合价	
						金额	其中工资		金额	其中工资

其他费用预（概、估）算表

表四 （元）

序号	工程或费用项目名称	编制依据及计算说明	合价

发电工程概况及主要技术经济指标

表五（一）

本期容量		MW	规划容量		MW
厂区自然条件及主厂房特征					
场地土类别		地震烈度	度	地下水位	m
布置方式		主机布置		框架结构	
汽机房跨度	m	汽机房柱距	m	设备露天程度	
主要工艺系统简况					
输煤系统			除尘系统		
制粉系统			除灰系统		
主蒸汽系统			电气主接线		
化学水系统			供水系统		
脱硫系统			脱硝系统		
主要技术经济指标					
静态投资		万元	单位投资		元/kW
厂区占地		ha	厂区利用系数		%
主厂房体积		m³	主厂房指标		m³/kW
标准煤耗		kg/（kW·h）	厂用电率		%
发电成本		元/（kW·h）	电厂定员		人

变电工程概况及主要技术经济指标

表五（二）

工程名称				电压等级	～	kV	设计单位		
站区自然条件	地耐力	kPa	地震烈度	度	地下水位	m	最低温度	℃	污秽等级	级

电　气　部　分

主变压器型号			本期容量	×	MVA	规划容量	×	MVA	单价		万元/台
高压侧	kV	电气主接线方式	本期出线		回	规划出线		回	断路器型式	台	万元/台
中压侧	kV	电气主接线方式	本期出线		回	规划出线		回	断路器型式	台	万元/台
低压侧	kV	电气主接线方式	本期出线		回	规划出线		回	断路器型式	台	万元/台
无功补偿装置	高压电抗器	本期容量	× MV·A	规划容量	× MV·A	规划容量	万元/组	计算机监控系统	万元	控制方式	
	低压电抗器		×× MV·A		× MV·A		万元/组	电力电缆	km	元	
	低压电容器		×× MV·A		× MV·A		万元/组	控制电缆	km	元	

土　建　部　分

主变压器	构架及基础	跨	t	m³	支架及基础	t	m³	接地	材料	长度	km	重量	t	单价	元/t
高压侧		跨	t	m³		t	m³	通信方式				站外给/排水管线		/	m
中压侧		跨	t	m³		t	m³	站外电源	架空线	kV	km	电缆	kV	km	水源方案
低压侧		跨	t	m³		t	m³	主控通信楼	面积	m²	体积	m³	继电器小室	本期/规划	/ 个

总占地面积	公顷	围墙内占地面积	公顷	征地单价	万元/亩	进站道路	新建	m	改造	m	总建筑面积	m²
总土石方量	挖方 m³	填方 m³	土石比 ：	弃土工程量	m³	购土工程量	m³	地基处理		m³		
护坡/挡土墙/排洪沟	/	/	站内道路	m³	电缆沟	主沟	/ m	支沟		/ m		
钢材	t	水泥	t	木材	m³	镀锌钢管	t	镀锌型钢	t	主变压器消防方式	采暖通风	

工程经济指标	建筑工程费	万元	安装工程费	万元	其他费用	万元	静态投资	万元	元/kVA
	设备购置费	万元	编制期价差	万元	其中建场费	万元	动态投资	万元	元/kVA

进口设备工程费用计算表

表六 （万元）

序号	项目名称	外币金额（　）					人民币							总价
		成交价	国外段运费	国外段保险费	合计		关税	增值税	进口代理手续费	银行财务费	进口商品检验费	国内段运杂费	合计	
					外币	折人民币								
	费率及汇率													
一	国外供货设备及材料													
1														
2														
3														
	……													
二	备品备件													
	……													
三	技术服务费													
	……													
四	其他													
	……													

二、线路工程建设预算表格格式

1. 线路工程建设预算表格清单

（1）架空输电线路工程总预（概、估）算表（表一）

（2）架空输电线路安装工程费用汇总预（概、估）算表（表二甲）

（3）架空输电线路单位工程预（概、估）算表（表三甲）

（4）输电线路辅助设施工程预（概、估）算表（表三丙）

（5）输电线路工程其他费用预（概、估）算表（表四）

（6）电缆输电线路工程总预（概、估）算表（表一）

（7）电缆输电线路安装工程费用汇总预（概、估）算表（表二甲）

（8）电缆输电线路建筑工程费用汇总预（概、估）算表（表二乙）

（9）电缆输电线路安装工程预（概、估）算表（表三甲）

（10）电缆输电线路建筑工程预（概、估）算表（表三乙）

（11）架空输电线路工程概况及主要技术经济指标表［表五（一）］

（12）电缆工程概况及主要技术经济指标表［表五（二）］

（13）综合地形增加系数计算表（附表一）

（14）输电线路工程装置性材料统计表（附表二）

（15）输电线路工程土石方量计算表（附表三）

（16）输电线路工程工地运输重量计算表（附表四）

（17）输电线路工程工地运输工程量计算表（附表五）

（18）输电线路工程杆塔分类一览表（附表六）

2. 线路工程建设预算表格格式

架空输电线路工程总预（概、估）算表

表一　建设规模：

（万元）

序号	工程或费用名称	费用金额	各项占总计（%）	单位投资（万元/km）

注　本表金额除单位投资外，均以万元为单位，均不留小数，有小数时四舍五入。

架空输电线路安装工程费用汇总预（概、估）算表

表二　甲

（元）

序号	工程或费用名称	取费基数	费率（%）	基础工程	杆塔工程	接地工程	架线工程	附件安装工程	辅助工程	合计	各项占总计（%）	单位投资（元/km）

架空输电线路单位工程预（概、估）算表

表三　甲 （元）

序号	编制依据	项目名称及规格	单位	数量	单价			合价		
					装置性材料	安装费		装置性材料	安装费	
						合计	其中：人工费		合计	其中：人工费

注　1. 填写本表时，应将所采用的定额或指标的编号，在编制依据栏内注明，调整使用定额的应注明调整系数。

　　2. 单价栏中的数据应保留两位小数，合价栏中的数据只保留整数，有小数时四舍五入。

输电线路辅助设施工程预（概、估）算表

表三　丙 （元）

序号	工程或费用名称	编制依据及计算说明	总价

注　各项费用必须写明确编制和计算依据，以及必要的计算方法和说明。

输电线路工程其他费用预（概、估）算表

表四 （元）

序号	工程或费用名称	编制依据及计算说明	合价

注　各项费用必须写明编制和计算依据，以及必要的计算方法和说明。

电缆输电线路工程总预（概、估）算表

表一　建设规模： （万元）

序号	工程或费用名称	费用金额	各项占静态投资比例（%）	单位投资（万元/km）

电缆输电线路安装工程费用汇总预（概、估）算表

表二　甲 （元）

序号	工程或费用名称	取费基数	费率（%）	电缆桥、支架制作安装	电缆敷设	电缆附件	电缆防火	调试及试验	电缆监测（控）系统	合计	各项占静态投资（%）	单位投资（元/km）

电缆输电线路建筑工程费用汇总预（概、估）算表

表二　乙 （元）

序号	工程或费用名称	取费基数	费率（%）	土石方	构筑物	辅助工程	合计	各项占静态投资（%）	单位投资（元/km）

电缆输电线路安装工程预（概、估）算表

表三　甲 （元）

序号	编制依据	项目名称及规范	单位	数量	单价				合价			
					设备	装置性材料	安装工程费	其中：人工费	设备	装置性材料	安装工程费	其中：人工费

电缆输电线路建筑工程预（概、估）算表

表三　乙　　　　　　　　　　　　　　　　　　　　　　　　　　　　　　　　　　　　　　　（元）

序号	编制依据	项目名称及规格	单位	数量	单价				合价			
					设备	装置性材料	建筑费	其中：人工费	设备	装置性材料	建筑费	其中：人工费

架空输电线路工程概况及主要技术经济指标表

表五（一）

工程名称				电压等级～			kV	设计单位			
起讫点			回路数			全长		km	转角次数	次	海拔 km
地形（%）	平地		丘陵		山地		高山		峻岭	泥沼	河网
气象条件	最高气温 ℃		最低气温 ℃		设计风速 m/s		覆冰厚度 mm		雷电日 天/年		雷电小时 小时/年
土石方	工程量（m³/km）	基坑		接地		基面		尖峰	合计 0.00	护坡挡墙排水沟	m³
	土质比例（%）	普通土		坚土	松砂石		岩石（爆破）	岩石（人凿）	泥水	水坑	流砂、干砂
基础型式（基）	阶梯		大板	插入式	掏挖	岩石		锚杆	灌注桩	挖孔桩	其他
杆塔型式（套）	混凝土杆		钢管杆	角钢塔	钢管塔		合计	直线塔		直线转角塔	耐张转角塔
交叉跨越（次）	铁路		公路	高速公路	高压线	10kV		弱电线	河流	其他	
导线	型号 km 相导线数 根			元/t	角钢塔材		元/t	保护角 °		汽车运距	km
	型号 km 相导线数 根			元/t	钢管塔材		元/t	曲折系数 %		人力运距	km
地线	型号 km 地线根数 根			元/t	基础钢材		元/t	污秽等级 级		其他运距	km
	型号 km 地线根数 根			元/t	导地线防振措施						
OPGW	芯数 OPGW 根数 根 单价 元/km				维护通信方式						
平均档距 m		最大档距 m		平均耐张段长度 m		线路换位循环个数			地线绝缘方式		
绝缘子串型式	悬垂串			耐张串			跳线串				
导 线 t/km		基础钢材 t/k		角钢塔材 t/km		现浇混凝土 m³/km		经济指标（万元/km）			
地 线 t/km		地脚螺栓 t/k		钢管塔材 t/km		其中灌注桩 m³/km		本体工程		其中：建设场地费用	
挂线金具 t/km		插入角钢 t/k		导线绝缘子：		水 泥 t/km		辅助工程			
间隔棒 个/km		接地钢材 t/k		盘式 片/km		砂 子 m³/km		编制期价差		静态投资	
防振锤 个/km		降阻剂 t/k		合成 支/km		碎 石 m³/km		其他费用		动态投资	

电缆工程概况及主要技术经济指标表

表五（二）

	起点：		终点：		电压等级：	kV	输送容量		MVA	电缆回长		km
电缆工程概况	土建	隧道	长　m	宽　m	宽　m	土建施工方式		浅埋暗挖	m	盾构		m
		排管	长　m	排　孔　列				顶管	m	拉管		m
		桥架	长　m	排　孔　列				开挖				m
		沟道	长　m	排　孔　列								
		直埋	长　m	宽　m	埋深　m			开挖				m
	井		直线井　座	转角井　座	三通井　座			三通井　座				
	电缆	牌号		芯数　芯		光缆	牌号		根数			
		牌号		芯数　芯			牌号		根数			
	地质	普通土	m³	淤泥	m³	坚土		m³				
	人力运距		km	骑车运距	km	余土运距		km				
主要技术经济指标	主要材料价格											
	电缆	万元/km		GIS	个	元/个	终端接头	GIS	个	元/个		
	光缆	万元/km	中间接头	空气	个	元/个		空气	个	元/个		
				Tr	个	元/个		Tr	个	元/个		
	光缆	芯		元/km	商品混凝土	元/t	顶管（拉管）	元/m				

综合地形增加系数计算表

附表一

序号	项目	地形增加系数						地形比例						综合增加系数					
		丘陵	山地	高山	峻岭	泥沼	河网	丘陵	山地	高山	峻岭	泥沼	河网	丘陵	山地	高山	峻岭	泥沼	河网

输电线路工程装置性材料统计表

附表二

序号	材料名称及规格	单位	单重	单价	设计用量	损耗率（%）	总重	总价

输电线路工程土石方量计算表

附表三

地形	土质	基础型式	坑底长×宽（m）	每坑土石方量（m³）		每基坑数（个）	每基土石方量（m³）	坑深2m以内		坑深3m以内		坑深3m以上		备注
				杆塔坑	马道			基数	合计	基数	合计	基数	合计	

输电线路工程工地运输重量计算表

附表四

材料类别	单位	全线工程量（含损耗）							包装系数	运输重量（t）
		基础工程	杆塔工程	接地工程	架线工程	附件工程	其他工程	合计		

输电线路工程工地运输工程量计算表

附表五

材料站	项目名称	地形运输量（t）	平地	丘陵	山地	高山	峻岭	泥沼
			运距（t·km）	运距（t·km）	运距（t·km）	运距（t·km）	运距（t·km）	运距（t·km）

输电线路工程杆塔分类一览表

附表六

序号	杆塔型式	高度（m）	单基重量（t）	全线基数	按地形分类							总重量（t）	备注
					平地	丘陵	一般山地	高山	峻岭	泥沼	河网		

主要量的符号及其计量单位

量的名称	符号	计量单位	量的名称	符号	计量单位
长度	L (l)	m	温升（温差）	Δt	℃
高度	H (h)	m	热量	Q	J
半径	R (r)	m	热负荷	Q	kW
直径	D (d)	m	热（冷）指标	q	W/m²
公称直径	DN	mm	热耗率	q	kJ/（kW·h）
厚度（壁厚）	δ	m	导热系数	λ	W/（m·K）
面积	A, S	m²	换热系数	k	W/（m²·K）
体积（容积）	V	m³	热化系数	α	%
速度	v	m/s	比热容	c	kJ/（kg·℃）
密度	ρ	kg/m³	煤耗量	B	t
比体积	v	m³/kg	单位发电、供热煤耗	b	kg/（kW·h），kg/GJ
力	F	N	功率	P	W
力矩	M	N·m	电量	W	kW·h
压力	p	Pa	设备利用小时数	n	h
热力学温度	T	K	厂用电率	ξ	%
摄氏温度	t	℃	效率	η	%

参 考 文 献

［1］ 全国造价工程师执业资格考试培训教材编审委员会. 建设工程技术与计量（土建）［M］. 北京：中国计划出版社，2014.

［2］ 电力工程造价与定额管理总站. 电力建筑工程［M］. 北京：中国电力出版社，2014.

［3］ 电力工程造价与定额管理总站. 电网工程变电站安装［M］. 北京：中国电力出版社，2014.

［4］ 张金明. 施工图预算［M］. 北京：中国电力出版社，2016.

［5］ 国家发展改革委建设部. 建设项目经济评价方法与参数［M］. 3 版. 北京：中国计划出版社，2006.

［6］ 朱晓虹，葛维平. 不平衡报价法在电网工程投标报价中的应用［J］. 安徽电力，2008（2）：24-27.

［7］ 谷云. 电网工程项目投标风险分析与对策研究［D］. 保定：华北电力大学，2008.

［8］ 季彦娇. 电力工程项目投标报价决策与应用研究［D］. 保定：华北电力大学，2009.

［9］ 戴萍. 浅谈工程量清单计价在电力工程招投标中的应用［J］. 中国新技术新产品，2013（20）：56-57.

［10］ 邓贤治，罗湘. 电力工程 EPC 总承包存在的问题及对策［J］. 陕西电力，2008，36（12）：125-127.